Renault Kangoo
1.1- und 1.4-Liter-Benzinmotor
1.9-Liter-Dieselmotor, auch dTi
Baujahre 1997 bis 2001

1 Allgemeines

1.1 Einleitung

Diese Reparaturanleitung befasst sich mit dem im Dezember 1997 vorgestelltem Mehrzweckfahrzeug, welches mit den oben genannten Motoren ausgeliefert wird. Bei den Dieselmotoren handelt es sich bei den am Anfang gebauten Fahrzeugen um einen normalen Dieselmotor mit indirekter Einspritzung, jedoch wurde ab Baujahr 2000 ein zweiter Dieselmotor mit Direkteinspritzung angeboten, von Renault mit „dTi" bezeichnet.
Im April 1998 erschien die als Pampa vorgestellte Ausführung des Kangoos mit verstärkter Radaufhängung und zusätzlicher Bodenfreiheit, die man als „off Road"-Version bezeichnen kann.
Bei den Motortypenbezeichnungen handelt es sich nicht einfach um Buchstaben und Zahlen. Sie weisen auf den Motortyp (erster Buchstabe), die Anordnung der Ventile und die Kraftstoffaufbereitung (Zahl) und den Hubraum (letzter Buchstabe) hin. Aus der nachstehenden Aufstellung lassen sich die Kennzeichnungen für die eingebauten Benzinmotoren erkennen:

D7F-Motor (1149 cm^3)
D = Obenliegende Nockenwelle
7 = Mit Kraftstoffeinspritzung
F = Hubraum zwischen 1126 und 1200 cm^3

E7J-Motor (1.4 Liter)
E = Gusseisenzylinderblock, obenliegende Nockenwelle
7 = Mit Kraftstoffeinspritzung
J = Hubraum zwischen 1351 und 1425 cm^3

F8Q-Motor (Diesel)
F = Gusseisenzylinderblock, trockene Laufbüchsen
8 = Dieselmotor mit Vorkammern (Ricardo-System)
Q = Hubraum zwischen 1851 und 1950 cm^3

F9Q-Motor (Turbodiesel direkt)
F = Gusseisenzylinderblock, trockene Laufbüchsen
9 = Direkteinspritzung
Q = Hubraum zwischen 1851 und 1950 cm^3

Hinweis: Der Hubraum in „Litern" liegt beim 1149 cm^3-Motor in der Mitte zwischen 1.1- und 1.2-Liter-Motor. In der gesamten Anleitung geben wir diesen Motor mit 1.1-Liter-Motor an.

Mit seinem Vorderradantrieb und dem quer eingebauten Vierzylinder-Reihenmotor folgt die Baukonzeption vielen der existierenden Merkmale anderer Renault-Modelle, wie z.B. dem Clio oder bestimmten Mégane-Modellen.
Das Fahrgestell setzt sich aus einer selbsttragenden Karosserie mit vorderem Hilfsrahmen und Einzelradabfederung der Vorder- und Hinterräder zusammen. Die Vorderradaufhängung, mit negativem Rollradius, besteht aus Federbeinen mit Schraubenfedern und ko-axialen Stoßdämpfern, unteren Dreiecks-Querlenkern und einem Kurvenstabilisator. Bei der Hinterachse handelt es sich um eine so genannte Torsionskurbelachse, mit Längslenkern, Torsionsfederstäben, einem Kurvenstabilisator und Teleskopstoßdämpfern.
Die Bremsanlage ist als Zweikreisanlage mit einem serienmäßig eingebauten Bremskraftverstärker gebaut. Scheibenbremsen werden bei allen Modellen an den Vorderrädern verwendet. Bei allen Fahrzeugen sind die Bremsscheiben belüftet. Ebenfalls bei allen Fahrzeugen sind Trommelbremsen an den Hinterrädern eingebaut. Die Handbremse wirkt auf die Hinterräder. Eine Zahnstangenlenkung ist eingebaut, welche bei allen Fahrzeugausführungen, auch bei Fahrzeugen mit dem kleinen Motor, mit Servounterstützung arbeitet.
Unterschiede zwischen den einzelnen Modellvarianten werden erwähnt, wenn sie wichtig sind. Abgesehen von den Unterschieden in den einzelnen Motoren, sind die Getriebe aller Modelle nicht gleich, so dass es wichtig ist, die Fahrgestellnummer und die Motornummer immer anzugeben, wenn man Ersatzteile bezieht. Im Text werden Sie auf die verschiedenen Renault-Bezeichnungen für die einzelnen Modelle stoßen, welche aus diesem Grund der oben angeführten Aufstellung zu entnehmen sind.
Wie bereits erwähnt, werden die Motoren durch ihre Renault-Typennummer angegeben. Auch diese sind der Aufstellung zu entnehmen, wenn man nicht genau Bescheid weiß. Um nochmals zusammenzufassen: Die Motoren in dieser Ausgabe haben die Bezeichnungen „D7F" (1.1-Liter), „E7J" (1.4-Liter), „F8Q" und „F9Q" (Dieselmotor).

Die folgenden Motoren sind in der Ausgabe behandelt:
1.1-Liter-Motor, 44 kW (60 PS), Motortyp D7F
1.4-Liter-Motor, 55 kW (75 PS), Motortyp E7J
1.9-Liter-Dieselmotor, 47 kW (64 PS), Motortyp F8Q
1.9-Liter-Dieselmotor, 59 kW (80 PS), Motortyp F9Q (Turbodiesel direkt)

Eingebaut in den Modellen:
Kangoo Kombi 1.2
Kangoo Kombi 1.4
Kangoo Kombi 1.9 D
Kangoo Kombi 1.9 dTi
Kangoo 1.4 RXE
Kangoo 1.9 dTi RXE
Kangoo 1.9 dTi RXE
Pampa

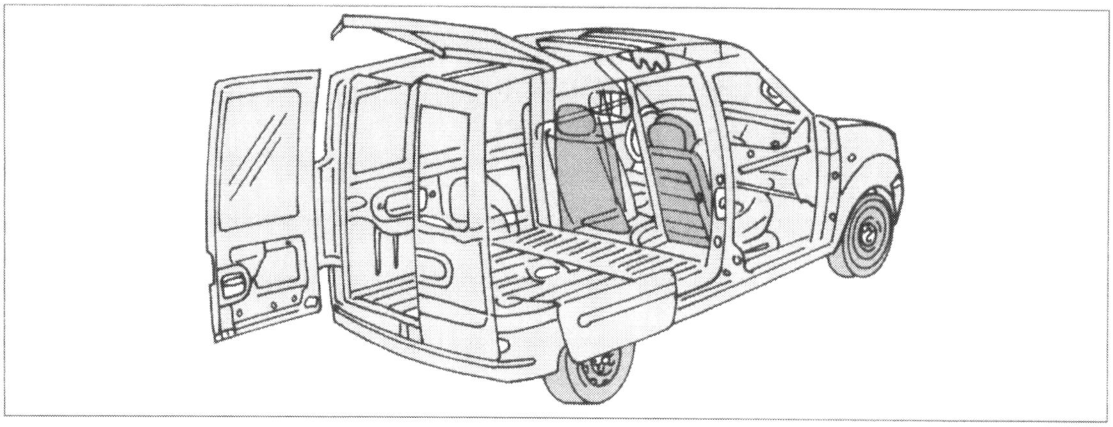

Bild 1
Ansicht des Kangoos mit zwei Hecktüren.

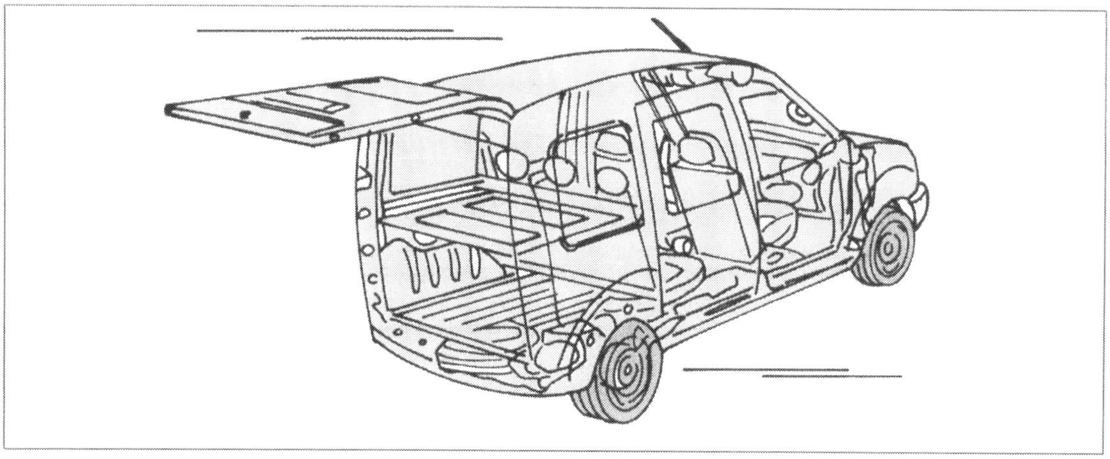

Bild 2
Ansicht des Kangoos mit Heckklappe.

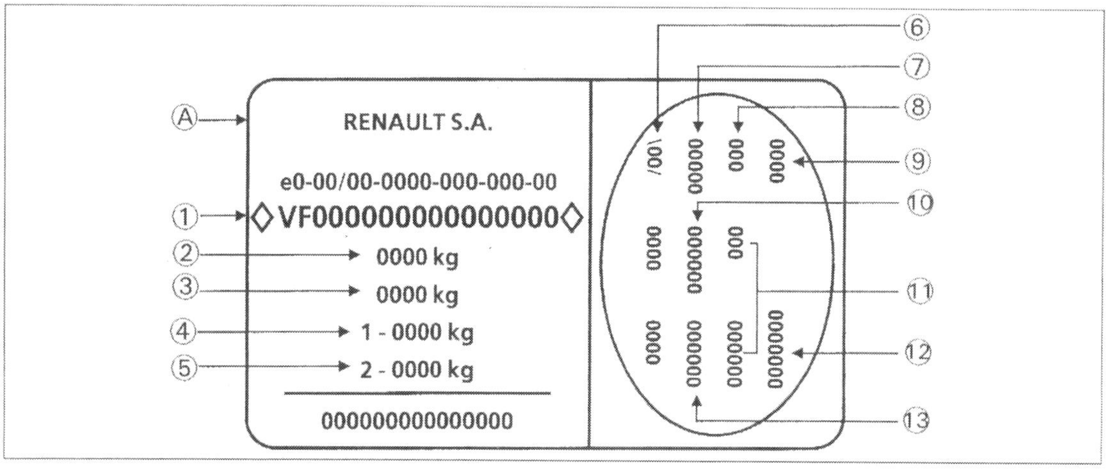

Bild 3
Das rechtwinklige Typenschild enthält die folgenden Angaben:
- A Fahrzeughersteller
- 1 Fahrzeugausführung und Fahrgestellnummer
- 2 Max. zulässiges Gewicht
- 3 Max. zulässiges Gesamtgewicht mit Anhänger
- 4 Max. zulässiges Gewicht auf Vorderachse
- 5 Max. zulässiges Gewicht auf Hinterachse
- 6 Code für technische Ausrüstung
- 7 Hinweis auf Lackfarbe
- 8 Ausrüstungsstand
- 9 Fahrzeugausführung
- 10 Angaben über die Innenverkleidung
- 11 Sonderwunschausrüstung
- 12 Herstellungsnummer
- 13 Innenausstattungs-Code

Je nach Bauweise werden die Fahrzeuge entweder mit einer nach oben schwingenden Heckklappe oder mit zwei Doppeltüren am Heck gebaut. Die beiden Ausführungen sind in Bildern 1 und 2 gezeigt. Beide Ausführungen sind außerdem mit einer seitlichen Schiebetür versehen.

Um die Fahrzeugausführungen auseinander zu halten, hat Renault den Fahrzeugen bestimmte Kennzeichnungen gegeben, aus denen auch der eingebaute Motor ersichtlich ist. Diese beginnen immer mit „FC" oder „KC". Der erste Buchstabe weist auf die Karosserieausführung hin, der zweite Buchstabe auf das Bauprojekt. Die beiden nachfolgenden Bezeichnungen geben den eingebauten Motor an, „0A" für den 1.1-Liter-Motor, „0C" für den 1.4-Liter-Motor, „0D" oder „0E" für den F8Q-Dieselmotor oder „0U" für den F9Q-Dieselmotor.

1.2 Fahrzeugkennzeichnung und Erkennung

Die Fahrzeugkennzeichnung wird anhand von zwei Schildern im Motorraum und ein Schild am Motor durchgeführt. Ein rechtwinkliges Schild (Bild 3) ist am Unterteil der Beifahrertür an der in Bild 4 gezeigten

Stelle angebracht. Alle Typenschilder enthalten verschiedene Linien mit Zahlen- und Buchstabenangaben, von welchen einige von besonderer Wichtigkeit sind. An Stelle (1) ist die Fahrgestellnummer eingestanzt (die ebenfalls auf der rechten Seite in den Federbeinturm eingeschlagen ist); unterhalb dieser Linie ist das zulässige Fahrzeuggewicht eingestanzt und unter dieser Zeile ist das zulässige Gesamtgewicht zusammen mit einem beladenen Anhänger angegeben. Die andere wichtige Angabe ist die Angabe über das höchstzulässige Gewicht auf die Vorder- und Hinterachse, um zu verhindern, dass man ein Fahrzeug überlastet. Wir möchten darauf hinweisen, dass die in den Typenschildern angegebenen Einzelheiten nicht in allen Ländern vorgeschrieben sind, d.h. einige könnten fehlen.

Das Typenschild des Motors ist nicht bei allen in dieser Ausgabe behandelten Motoren an der gleichen Stelle angebracht. Da es wichtig ist, dass man die behandelten Motoren genau bestimmen kann, z.B. bei der Bestellung von Ersatzteilen, sollte man sich an die Bilder 5 bis 7 halten. Die ersten drei Zahlen/Buchstaben weisen jeweils auf die Motorausführung hin, weitere Zahlen im Anschluss an diese Kennzeichnung weisen auf eine bestimmte Bezeichnung des Motors hin. Weiterhin wichtig sind die letzten Zahlen in der unteren Reihe, da diese die Produktionsnummer des Motors angeben. Andere, in diesem Schild angeführten Angaben sind nicht so wichtig, da sie auf interne Renault-Identifizierungen und/oder auf französische Zulassungsgesetze hinweisen.

Diese Codebuchstaben und -zahlen müssen beim Bestellen von Teilen immer angegeben werden. Die wichtigen Nummern immer aufschreiben und zum Ersatzteilhändler mitnehmen. Dies wird Ihnen Zeit ersparen und verhindert außerdem den Einbau von falschen Teilen.

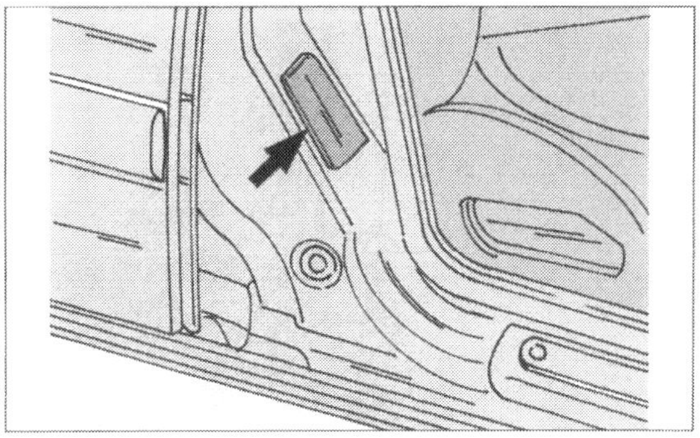

Bild 4
Das Typenschild ist an der gezeigten Stelle der Türöffnung auf der Beifahrerseite angebracht.

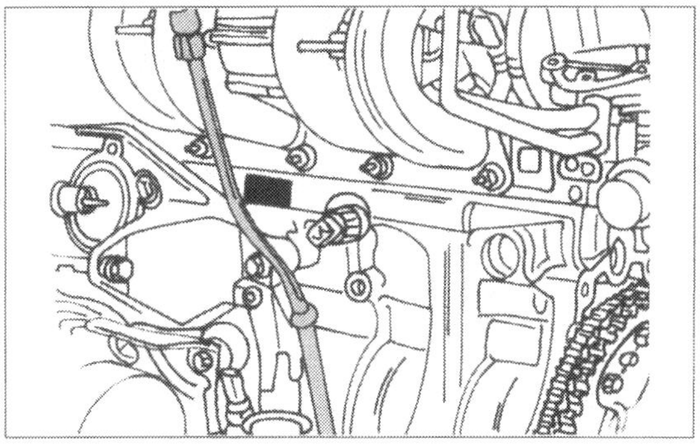

Bild 5
Die Lage der Motornummer bei einem 1.1-Liter-Motor mit der Bezeichnung D7F.

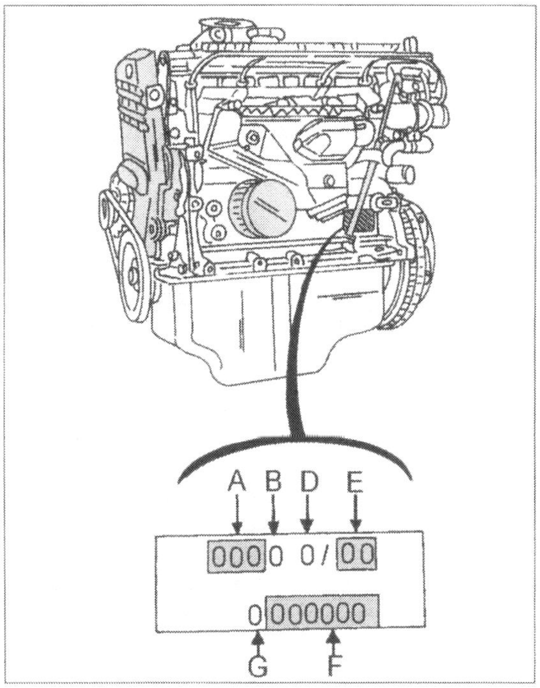

Bild 6
Die Lage der Motornummer bei einem 1.4-Liter-Motor (EJ7).

1.3 Allgemeine Anweisungen bei Reparaturen

Die Beschreibungen in dieser Reparaturanleitung sind in einfacher Weise und allgemein verständlich gehalten. Wenn dem Text und den Abbildungen bei der Arbeit Schritt für Schritt gefolgt wird, dürften keine Schwierigkeiten auftreten.

Die Maß- und Einstelltabelle am Ende des Buches ist hierbei ein wichtiger Teil und muss bei allen Reparaturarbeiten am Fahrzeug hinzugezogen werden. Innerhalb der einzelnen Anleitungen werden die notwendigen Maßangaben oder Einstellwerte nicht immer angeführt, weshalb in der genannten Tabelle nachzuschlagen ist. Es sei besonders darauf hingewiesen, dass man unter dem in Frage kommenden Modell nachlesen muss, um jegliche Fehler zu vermeiden. Dies bezieht sich besonders auf den Motor und die Hinterradaufhängung, da man hier die meisten Unterschiede innerhalb der in der Ausgabe behandelten Baureihe finden wird.

Einfache Handgriffe, wie z.B. „Motorhaube öffnen" vor Arbeiten im Motorraum, oder „Radmuttern lösen" vor Arbeiten an den Radbremsen werden nicht immer erwähnt, da diese als selbstverständlich vorausgesetzt werden. Falls es also „Räder abschrauben" heißt, bedeutet dies, dass das Fahrzeug bereits auf Unterstellböcken steht.

Dagegen befasst sich der Text ausführlich mit schwierigen Arbeiten, die in allen Einzelheiten so gut wie möglich beschrieben sind. Eine Reihe wichtiger Hinweise, die bei jeder Reparaturarbeit beachtet werden sollten, werden im folgenden Text angegeben:

- Schrauben und Muttern sind in sauberem Zustand und leicht eingeölt zu verwenden. Mutternflächen und Gewindegänge immer auf Beschädigung untersu-

Hinweis: Beim Abklemmen der Batterie wird der Sicherheitscode des Autoradios gelöscht. Nach Anschließen der Batterie muss der Code wieder eingegeben werden.

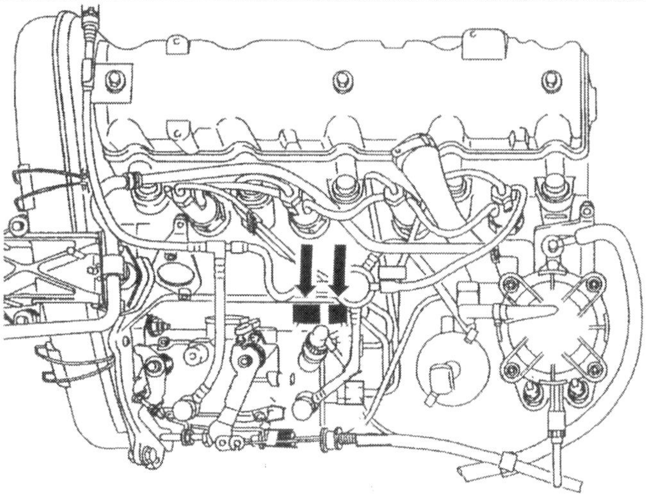

Bild 7
Die Lage der Motornummer bei einem Dieselmotor.

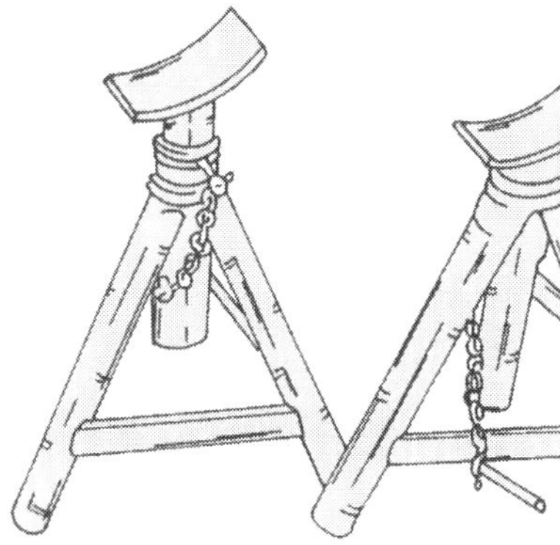

Bild 8
Dreibeinige Unterstellböcke sind die beste Lösung zum Aufbocken eines Fahrzeuges. Wichtig dabei ist, dass der zum Verstellen der Höhe benutzte Bolzen kräftig genug ist, um das Fahrzeug zu tragen. Beim Anordnen der Böcke muss eines seiner Beine nach außen und zwei zur Wagenmitte zu zeigen.

chen und vorhandene Grate entfernen. Im Zweifelsfall neue Schrauben oder Muttern verwenden. Einmal gelöste, selbstsichernde Muttern sollten immer erneuert werden. Auf keinen Fall dürfen Muttern und Schrauben entfettet werden.

- Stets die in der Anzugsdrehmoment-Tabelle oder im Verlauf der Arbeitsbeschreibungen angeführten Anzugsdrehmomente beachten. Diese Werte sind nahezu in den gleichen Gruppen zusammengefasst, die auch die Kapitel dieser Reparaturanleitung bilden und lassen sich somit leicht auffinden.
- Alle Dichtscheiben, Dichtungen, Sicherungsbleche, Sicherungsscheiben, Splinte und „O"-Dichtringe (Rundschnurringe) sind beim Zusammenbau zu erneuern. Öldichtringe (Radialdichtringe, Simmerringe) sollten ebenfalls erneuert werden, sofern die Welle aus dem Dichtring genommen wurde. Die Lippe eines Dichtringes ist vor dem Zusammenbau mit Fett einzuschmieren. Man muss darauf achten, dass sie beim Einbau in die Richtung weist, aus welcher Öl oder Fett austreten kann.
- Bei Hinweisen auf die linke oder rechte Seite des Fahrzeuges wird angenommen, dass man aus der Fahrtrichtung bei Vorwärtsfahrt die Seitenbezeichnung ableiten kann, analog der Begriffe „vorn" und „hinten". Im Zweifelsfall wird im Text nochmals eine Erläuterung gegeben.
- Ganz besonders ist darauf zu achten, dass zu Arbeiten an den Bremsen, an der Radaufhängung oder allgemein an der Unterseite des Fahrzeuges für eine sichere Abstützung des hochgebockten Wagens gesorgt ist.
- Der dem Fahrzeug beiliegende Wagenheber ist nur zum Radwechsel für unterwegs vorgesehen. Falls er dennoch bei Reparaturen zur Hilfe genommen wird, ist lediglich der Wagen damit anzuheben und dann auf geeignete Montageböcke abzulassen. Derartige, dreibeinige Unterstellböcke, wie sie in Bild 8 gezeigt sind, sollen zur Sicherheit auch unter dem Fahrzeug platziert werden, wenn ein Garagenwagenheber zur Verfügung steht. Ziegelsteine sollten zum Unterbauen nicht verwendet werden, allenfalls Hohlblocksteine wegen ihren größeren Auflageflächen, doch sind dann zwischen Fahrzeug und Steine noch genügend starke Holzbretter zu legen. Das Anheben des Fahrzeuges wird getrennt weiter hinten in diesem Abschnitt beschrieben.
- Fette, Öle, Unterbodenschutz und alle mineralischen Substanzen wirken auf die Gummiteile des Fahrwerks und der Bremsanlage aggressiv. Besonders von Teilen der hydraulischen Anlage sind solche Mittel, zu denen auch Kraftstoff gehört, fern zu halten. Für Reinigungsarbeiten an der Bremsanlage soll nur Bremsflüssigkeit oder Spiritus verwendet werden. Hierbei sei aber darauf verwiesen, dass Bremsflüssigkeit giftig ist und z.B. auf lackierte Flächen ätzend wirkt, d.h. Lackschäden könnten die Folge sein.
- Zur Erzielung der besten Reparaturergebnisse ist die Verwendung von Originalersatzteilen Voraussetzung. Um späteren Schwierigkeiten aus dem Wege zu gehen, muss der Einbau irgendwelcher Fremdprodukte unterbleiben. Ausnahmen sind nur bei Teilen der elektrischen Anlage gegeben oder falls das Herstellerwerk dementsprechende Freigaben macht.
- Bei Bestellungen von Ersatz- und Austauschteilen müssen die genaue Modellbezeichnung mit Fahrgestellnummer, gegebenenfalls die Motornummer und das Baujahr angegeben werden. Hier sei besonders wieder der Motor erwähnt. Damit beschleunigt man die Bestellung und das Beziehen von falschen Teilen wird verhindert.
- Alle Arbeiten am Fahrzeug, besonders solche an der Bremsanlage und an der Lenkung sowie Radaufhängung, sind mit Sorgfalt und Umsicht durchzuführen. Die Verkehrssicherheit des Fahrzeuges muss

nach jeder Reparatur gewährleistet sein. Keine Arbeiten durchführen, wenn man nicht vollkommen vertraut mit der Baugruppe ist.

1.4 Arbeitsbedingungen und Werkzeuge

Um Reparaturarbeiten durchzuführen, benötigt man einen sauberen, gut beleuchteten Arbeitsplatz, der mit einer Werkbank und Schraubstock versehen ist. Es soll auch genügend Raum vorhanden sein, um die verschiedenen Teile auszulegen und zu ordnen, ohne dass man sie immer wieder wegräumen muss. In einer gut ausgerüsteten Werkstatt lässt sich gemütlich und ohne Hast arbeiten, die Maschine kann in einer sauberen Umgebung zerlegt und wieder zusammengebaut werden. Leider verfügt aber nicht jeder über einen solchen idealen Arbeitsplatz und dementsprechend muss auch da und dort improvisiert werden. Um diesen Nachteil auszugleichen, muss besonders viel Zeit und Sorgfalt aufgewendet werden.
Als Weiteres benötigt man unbedingt einen möglichst vollständigen Satz Qualitätswerkzeuge. Qualität ist hier oberstes Gebot, da billiges Werkzeug auf lange Sicht eher teuer werden kann, falls man damit abrutscht oder es zerbricht und dabei teuren Schrott baut. Ein gutes Qualitätswerkzeug wird sich lange verwenden lassen und rechtfertigt in jedem Falle die Anschaffungskosten.
Die Grundlage des Werkzeugsatzes ist ein Satz Gabelschlüssel, die sich an jedem gut zugänglichen Teil des Fahrzeuges ansetzen lassen. Ein Satz Ringschlüssel stellt einen wünschenswerten Zusatz dar, die sich besonders bei festsitzenden Schrauben und Muttern verwenden lassen, oder wo die Platzverhältnisse ungünstig sind.
Um die Kosten tief zu halten, kann man sich auch mit einem Satz kombinierter Ringgabelschlüssel behelfen, diese tragen an einem Ende eine Gabelöffnung und am anderen einen Ring von der gleichen Weite. Bild 9 zeigt derartige Schlüssel zusammen mit den bereits genannten Gabelschlüssel, auch Maulschlüssel genannt. Stecknüsse (-einsätze) stellen ebenfalls eine lobenswerte Investition dar. Vorausgesetzt, dass der Außendurchmesser der Nüsse nicht allzu groß ist, können auch sehr versteckt oder in Vertiefungen sitzende Muttern und Schrauben gelöst werden.
Weitere benötigte Werkzeuge sind ein Satz Kreuzschlitzschraubendreher, Zangen und ein Hammer. Im Automobilbau werden mehr und mehr Schrauben mit so genannten „Torx"-Köpfen verwenden. Falls Ihnen der Name „Torx" kein Begriff ist, können Sie anhand von Bild 10 erkennen, wie die Köpfe dieser Schrauben aussehen. Zum Lösen derartiger Schrauben wird ein spezieller Stecknusssatz benutzt, der wie normale Sechskant-Stecknusssätze, Einsätze verschiedener Größe hat, die vor der Größenangabe den Buchstaben „T" haben.
Zusätzlich zur Grundausrüstung kann man sich noch ein paar speziellere Werkzeuge beschaffen, die sich meistens als unschätzbare Hilfe erweisen, besonders wenn man gewisse Reparaturen immer wieder durchführen muss. Damit lässt sich also recht viel Zeit ersparen. Als Beispiel sei hier einmal der Schlagschraubendreher erwähnt, ohne den sich die maschinell angezogenen Kreuzschlitzschrauben kaum lösen lassen, ohne dass man sie dabei beschädigt. Selbstverständlich kann er auch zum Anziehen verwendet werden, um einen gasdichten Sitz zu gewährleisten.
Ebenfalls oft benötigt werden Seegerringzangen, da Getrieberäder, Wellen und ähnliche Teile meist durch Sicherungsringe gehalten werden, die sich mit einem Schraubenzieher nur schwer entfernen lassen. Es sind zwei Typen von Seegerringzangen erhältlich, einer für die Außensicherungsringe, welche mit der in Bild 11 gezeigten Zange geöffnet werden und eine für Innensicherungsringe. Sie sind mit geraden oder abgewinkelten Klauen erhältlich. Abgesehen von diesen

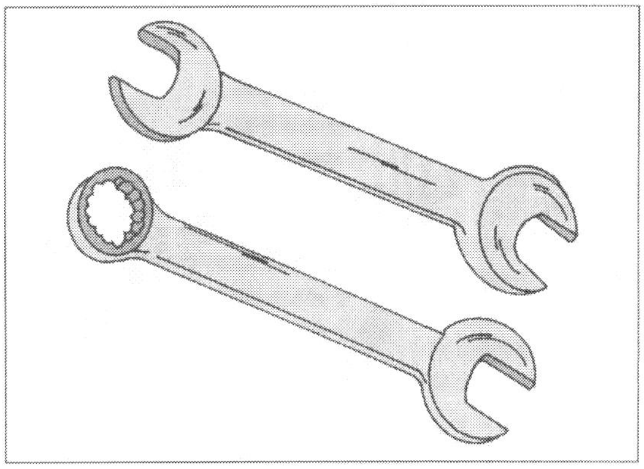

Bild 9
Ansicht eines doppelseitigen Gabelschlüssels (oben) und eines Ringgabelschlüssels (unten). Immer darauf achten, dass die Schlüsselweite der Größe der Mutter oder des Schraubenkopfes entspricht.

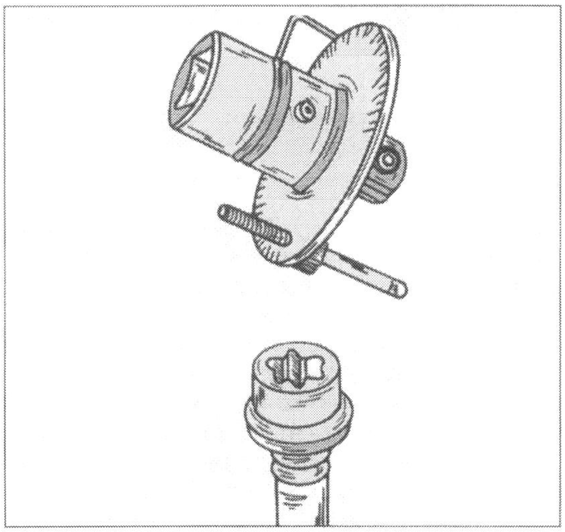

Bild 10
Eine Gradscheibe (oben) wird zum Winkelanzug von Schrauben und Muttern benutzt. Schrauben mit „Torx"-Köpfen haben das unten gezeigte Aussehen.

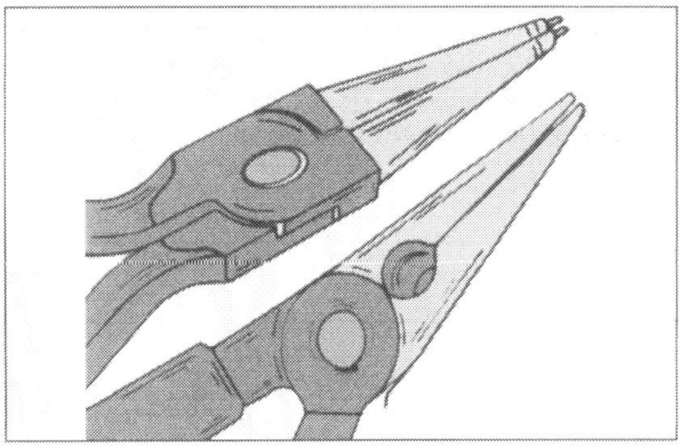

Bild 11
Seegerringzangen sehen wie im oberen Bild gezeigt aus. Die gezeigte Ausführung öffnet Außensprengringe. Das untere Bild zeigt eine manchmal erwähnte Spitzzange.

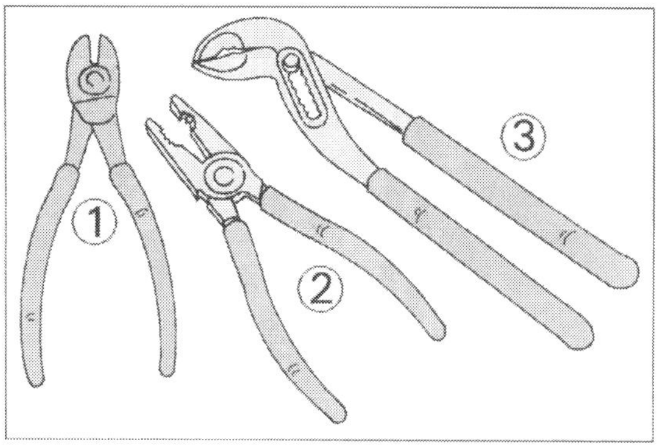

Bild 12
Ohne die gezeigten Zangen werden Sie kaum in der Lage sein irgendwelche Arbeiten am Fahrzeug durchzuführen.
1 Seitenschneider
2 Kombizange
3 Wasserpumpenzange

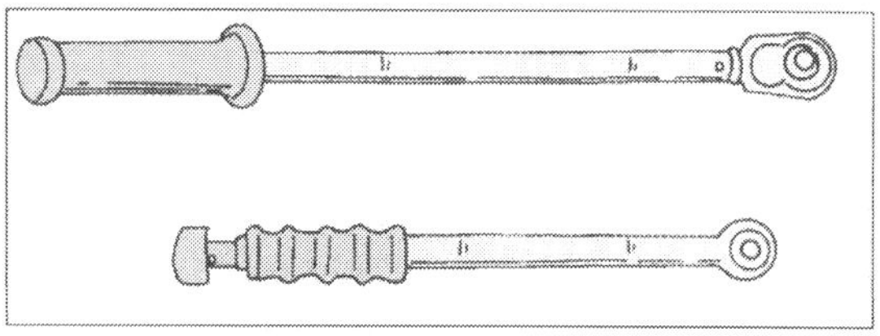

Bild 13
Drehmomentschlüssel sind in einer der gezeigten Formen erhältlich.

Zangen, schaffen Sie sich Zangen der in Bild 12 gezeigten Ausführungen an, d.h. Seitenschneider, Kombizange und Wasserpumpenzange.
Eines der nützlichsten Werkzeuge ist der Drehmomentschlüssel, eigentlich eine Art Schraubenschlüssel, der so eingestellt werden kann, dass er durchrutscht, wenn ein gewisses Anzugsdrehmoment einer Schraube oder Mutter erreicht ist. Derartige Schlüssel sind ebenfalls mit einen Zeiger erhältlich, welcher das erreichte Drehmoment anzeigt. Anzugsdrehmomente werden in jedem modernen Werkstatthandbuch oder jeder Reparaturanleitung aufgeführt, sodass auch besonders komplexe Baugruppen oder Komponenten, wie z.B. ein Zylinderkopf, angezogen werden können, ohne dass man Beschädigungen oder Lecke infolge Verzugs befürchten muss. Bild 13 zeigt zwei der gebräuchlichsten Ausführungen von Drehmomentschlüsseln. Beide verrichten den gleichen Zweck.
In diesem Zusammenhang soll auch eine Gradscheibe erwähnt werden. Eine solche hat das im oberen Teil von Bild 10 gezeigte Aussehen. Viele Schrauben und Muttern müssen um einen bestimmten Winkel nachgezogen werden (man spricht von einem Winkelanzug). Um den genauen Winkel zu erhalten, eignet sich eine Gradscheibe am besten.
Je höher entwickelt ein Automodell ist, desto mehr Werkzeuge benötigt man, um es im Do-it-yourself-Verfahren immer im bestmöglichen Zustand zu halten. Leider lassen sich aber einige ganz spezielle Arbeiten nicht ohne die richtige Ausrüstung durchführen, für die man meist tief in die Tasche greifen muss. Hier ist auch eine gewisse Vorsicht am Platz: es gibt nun einfach verschiedene Arbeiten, die man am besten einem Fachmann überlässt. Obwohl ein Vielfachmessgerät zum Aufspüren von elektrischen Schäden eine große Hilfe darstellt, kann es in ungeübten Händen großen Schaden anrichten.
Obschon in dieser Reparaturanleitung gezeigt wird, wie sich verschiedene Komponenten auch ohne Spezialwerkzeuge aus- und wieder einbauen lassen (falls nicht unbedingt nötig) empfiehlt es sich, die Anschaffung der gebräuchlichsten Spezialwerkzeuge in Betracht zu ziehen. Dies wird sich besonders dann lohnen, wenn man das Auto über längere Zeit behalten will. In Bild 14 sind einige der gebräuchlichsten Werkzeuge und Hilfswerkzeuge gezeigt, die man immer wieder brauchen wird. Man sollte sich diese im Laufe der Zeit anschaffen, wenn man die Absicht hat sein Auto selbst zu pflegen.
Auch mit den vorgeschlagenen, improvisierten Methoden und Werkzeugen lassen sich verschiedene Teile ohne Gefahr von Beschädigung aus- und einbauen. In jedem Fall lässt sich mit den Spezialwerk-

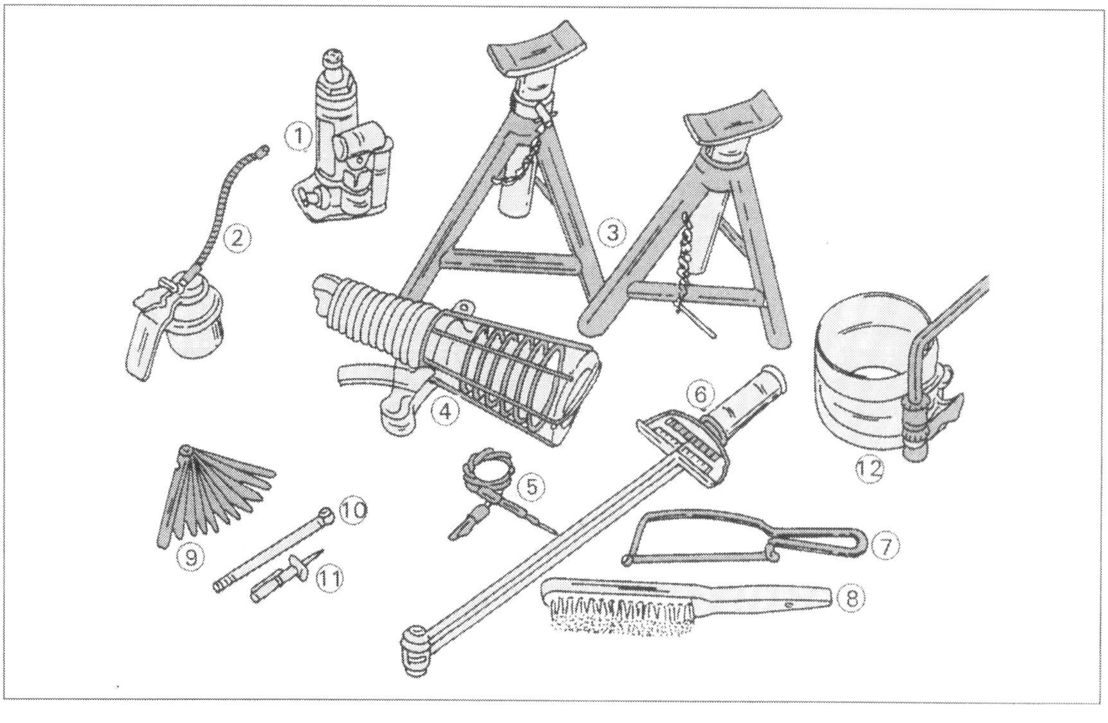

Bild 14
Vorgeschlagene Werkzeuge und Hilfswerkzeuge zur Pflege und Reparatur Ihres Fahrzeuges.
1 Hydraulischer Heber
2 Ölkanne
3 Unterstellböcke
4 Elektrische Handlampe
5 Prüflampe (12 Volt)
6 Drehmomentschlüssel
7 Minisäge
8 Drahtbürste
9 Blattfühlerlehren
10 Reifendruckprüfer
11 Reifenprofilmesser
12 Kolbenringspannband

zeugen, die vom Hersteller produziert und verkauft werden, eine Menge Zeit (und Ärger) sparen.
Ehe man irgendwelche Arbeiten an einem Fahrzeug durchführt, raten wir Ihnen, die folgenden Hinweise gründlichst durchzulesen und einzuprägen, damit Sie vor allen Verletzungen, gleich welcher Art, bewahrt werden:

- Auf einen einzelnen Wagenheber kann man sich nie hundertprozentig verlassen. Immer zusätzliche Böcke unterstellen. Zwei übereinandergelegte, abgeschraubte Räder kann man z.B. auf der Seite der Reparatur entweder vorn oder hinten unterlegen, falls keine Böcke zur Verfügung stehen. Ein abrutschender Wagen wird dann wenigstens auf den Rädern landen.
- Niemals die Räder oder Achsmuttern anziehen, wenn das Fahrzeug aufgebockt ist.
- Niemals den Verschluss der Kühlanlage bei heißem Motor öffnen. Falls es unumgänglich ist, einen dicken Lappen um den Deckel legen und diesen bis zur ersten Raste lösen, damit der Dampf entweichen kann.
- Niemals das Motoröl ablassen, wenn das Fahrzeug bis zum letzten Moment gefahren wurde. Motoröl nur entsprechend den geltenden Vorschriften entsorgen, auf keinen Fall wegschütten.
- Keine Bremsflüssigkeit oder Frostschutzmittel auf Lackstellen tropfen lassen. Die hinterlassenen Flecke lassen sich nur schwer oder nicht entfernen.
- Keinen Bremsstaub einatmen. Obwohl Beläge und Bremsklotzmaterial jetzt asbestfrei hergestellt sind, schadet dies trotzdem Ihrer Gesundheit. Falls Sie Pressluft zum Ausblasen von Bremsen benutzen, kann man den Kopf von der Staubstelle wegdrehen. Erkundigen Sie sich über die Erhältlichkeit von Sprays, mit denen man die Bremsteile absprüht, um die Staubentwicklung zu vermeiden (Autozubehörgeschäft oder Werkstatt).
- Öl- oder Fettreste sofort vom Boden abwischen, ehe Sie selbst oder andere Leute darauf ausrutschen.
- Keine Schlüssel falscher Schlüsselweite oder ausgeweitete Schlüssel zum Lösen von festsitzenden Muttern oder Schrauben benutzen. Ein Abrutschen bedeutet in den meisten Fällen eine Verletzung. Offene Wunden auf jeden Fall „verpflastern" lassen, ehe Schmutz oder Öl usw. eindringen kann.
- Krawatten haben bei Arbeiten am Auto keinen Platz. Ebenfalls lange Hemdsärmel oder andere lose Kleidungsstücke fern von sich bewegenden Teilen halten. Lange Haare während der Arbeit festbinden. Fingerringe und Armbanduhren am besten abziehen. Abgesehen davon, dass man daran hängen bleiben kann, bieten sie auch einen Leiter für die elektrische Anlage.
- Den Arbeitsplatz von unnötigen Teilen befreien. Ein Stolpern wird dadurch offensichtlich weitgehend verringert.
- Falls es möglich ist, arbeiten Sie niemals allein an einem Fahrzeug. Familie, Freunde oder Bekannte können öfters mal kurz nachschauen, ob alles in Ordnung ist.
- Niemals versuchen eine Arbeit überhastet zu Ende zu führen. Viele Radmuttern wurden lose gelassen, um das Fahrzeug wieder schnell zum Fahren zu bringen.
- Niemals in der Nähe des Fahrzeuges rauchen oder andere rauchende Personen in die Nähe lassen. Ebenfalls aus diesem Grund sollte man die Batterie abklemmen, wenn Kraftstoffleitungen abgeschlossen werden. Mit Metallgegenständen hergestellte Kurzschlüsse könnten zu Funkenbildung führen. Sicherheitshalber sollten Sie einen Handfeuerlöscher bereit haben. Besonders bei Benzinmotoren ist dies zu beachten.
- Eine Handlampe niemals auf den Motor auflegen, um besser zu sehen. Bestimmte Handlampen entwickeln große Wärme und könnten Teile am Motor verbrennen, obwohl man annimmt, dass sie durch den Drahtkäfig geschützt werden. Am besten ist es, wenn man eine Handlampe bei Arbeiten im Motorraum an der geöffneten Motorhaube „anhängt".

Falls Sie die angeführten Hinweise sorgfältig beachten, sollten bei den im Buch beschriebenen Arbeiten keine Verletzung Ihrer Person oder Beschädigung des Fahrzeuges auftreten.

Achtung: Schlechte Werkzeuge führen in den meisten Fällen zu Verletzungen oder Beschädigung von Muttern, Schrauben usw. – unbedingt vermeiden. Die Anschaffung einer hochwertigen Werkzeugausrüstung ist ein guter Anfang zur Selbstpflege des Autos.

Falls Sie sich die unten genannten Werkzeuge und/ oder Hilfswerkzeuge besorgen, werden Sie bald zum Profi:

- Ein Sortiment Schraubendreher mit rutschfestem Griff für Schlitz-, Kreuzschlitz- und Torxschrauben.
- Innensechskantschlüssel (Inbusschlüssel) am Ring in den Größen 2-8 Millimeter. Wir möchten darauf hinweisen, dass sich diese Schlüssel gern an den Kanten abnutzen. Wenn der Schlüssel mehr als einmal abrutschen sollte, ohne dass er seinen Zweck verrichtet, wird es Zeit, dass man sich einen neuen Satz anschafft.
- Mit einem Radkreuzschlüssel für Pkw lösen Sie auch festsitzende Radschrauben. Andernfalls muss der im Bordwerkzeugsatz beigefügte Radschraubenschlüssel reichen.
- Kombizange, Wasserpumpenzange (Länge mindestens 240 mm) und Seitenschneider biegen, halten, drehen und trennen so ziemlich alle Materialien an Ihrem Fahrzeug. Die entsprechenden Zangen wurden bereits in Bild 12 gezeigt.
- Der Schlosserhammer (empfohlenes Gewicht ca. 300 g) wird als Schlagwerkzeug benutzt, um beispielsweise mit einem Durchschlag festsitzende Bolzen aus Verbindungen zu lösen. Empfindliche Bauteile wie Lager, gegossene oder gehärtete Teile sollten dagegen nur mit einem Kunststoff- oder Gummihammer bearbeitet werden. Bei Richtarbeiten an der Blechstruktur hilft ein Ausbeulhammer.
- Ein Körner hilft bei Bohrarbeiten an Metallen. Bringen Sie die gehärtete Spitze exakt an die gewünschte Bohrstelle. Mit einem leichten Hammerschlag auf den Schaft des Körners erzeugen Sie an der Oberfläche eine kleine Vertiefung, an der Sie den Metallbohrer ansetzen.
- Ein Durchschlag (Durchmesser 3 und 6 mm) ist bei Montage- und Demontagearbeiten an Fahrwerk, Motor und Bremsen universell einsetzbar. Wenn Sie damit Haltebolzen entfernen: Achten Sie darauf, dass

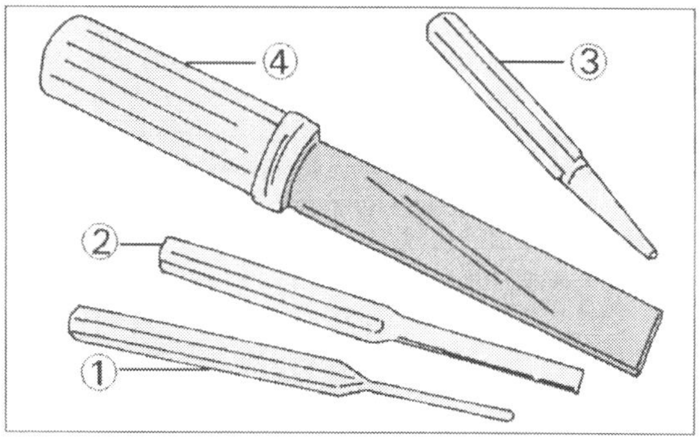

Bild 15
Zum Schlagen, Ausschlagen und Abschlagen gehören diese Werkzeuge in den Kasten.
1 Durchschlag (vorgeschlagen ca. 3 mm)
2 Durchschlag (vorgeschlagen ca. 6 mm)
3 Körner für Bohrungsarbeiten
4 Flachmeißel mit gehärteter Schneide

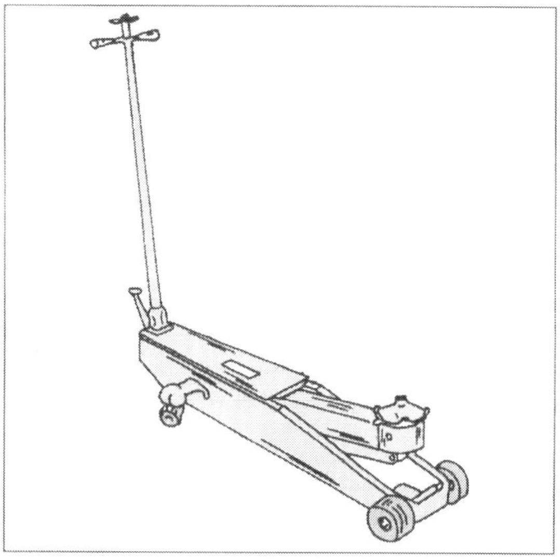

Bild 16
Ein Rollwagenheber gehört zur Heimwerkerausrüstung, falls Wartungs- und Reparaturarbeiten selbst durchgeführt werden sollen.

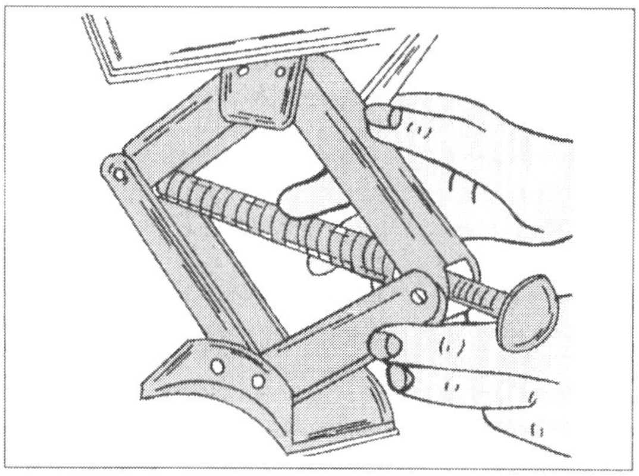

Bild 17
Ein Scherenwagenheber eignet sich vortrefflich zum Anheben einer Seite.

die Auflagefläche des Durchschlags etwa der Größe der Bolzens entspricht, da diese sich sonst verformen. In Bild 15 geben wir Ihnen weitere Beispiele von Teilen, die im Werkzeugsatz unerlässlich sind. **Hier ein Wort der Warnung:** Nach mehrmaliger Benutzung eines Durchschlags bilden sich durch das Aufschlagen mit dem Hammer Grate, welche wie Ausfransungen aussehen. Ohne Vorwarnung kann es also passieren, dass sich ein Stück des breitgeschlagenen Materials löst und in die Augen springt. Arbeiten Sie also nur mit Durchschlägen, welche auf der Aufschlagseite noch einwandfrei aussehen. Als Abhilfe kann man einen solchen Dorn kurz nachschleifen lassen, damit er wieder „unfallsicher“ aussieht.

- Mit einem Flachmeißel (gehärtete Schneide, siehe Bild 15) werden Sie zur Not auch mit deformierten oder festgerosteten Schraubverbindungen fertig, indem Sie die Mutter mitsamt dem Gewindebolzen abmeißeln. An „weichen“ Stellen sollten Sie jedoch von einem Helfer einen Hammer an der Schlagstelle unterhalten lassen, damit es keine Verbiegungen gibt. Lassen Sie keine Grate an der Aufschlagstelle „wachsen“, da Splitter in die Augen springen können.
- Für Arbeiten im Motorraum und unter dem Fahrzeug empfiehlt sich die Anschaffung eines Steckschlüsselsatzes mit den Einsätzen 10-32 Millimetern und einer Umschaltknarre mit 1/2-Zoll-Antrieb. Ein komplettes Set ist billiger als der Kauf der jeweils benötigten Einzeleinsätze. Hier gehören auch die bereits genannten Sets der „Torx“-Einsätze dazu.
- Für Arbeiten im Innenraum ist ebenfalls ein Steckschlüsselsatz sinnvoll, allerdings mit kleinerem 1/4-Zoll-Antrieb. Neben Kreuz-, Torx-, Schlitzschrauben und Kunststoffclips verbauen die Hersteller hier oft Schrauben mit SW 6 bis 13 Millimeter.
- Für Arbeiten an der Elektrik sind zu empfehlen: eine isolierte Kombizange, eine Quetschzange für Steckeranschlüsse und Kabelverbindungen, ein isolierter Schraubendreher und eine Phasenprüflampe mit Nadelspitze und separatem Massekabel.

Hinweis: Überprüfen Sie Ihr Bordwerkzeug. Die beste Grundausstattung in der Garage nützt nichts, wenn Ihnen bei einer Panne unterwegs die Hilfsmittel fehlen. Sind Wagenheber, Radkreuz und Schraubendreher an Bord? Bei einem Wackelkontakt oder einer gelösten Kabelverbindung helfen Elektrokombizan-

Bild 18
Anheben des Fahrzeuges auf einer Seite. Einen Holzklotz zwischen Wagenheberkopf und Einstieg unterlegen, um das Gewicht zu verteilen.

ge, ein paar Drähte und Isolierband. Ebenfalls sinnvoll: ein Lampenset und Ersatzsicherungen, Abschleppseil, Starthilfekabel und Taschenlampe. Und vergessen Sie nicht, dass man bei Reparaturen unterwegs schmutzige Hände bekommt. Papiertaschentücher oder Papierhandtücher sollten immer einen Platz im Kofferraum haben, falls Sie eine Reise antreten (sie eignen sich auch immer wieder bei der Kontrolle des Ölstands im Motor, Flüssigkeitsbehälter der Servolenkung, usw.).

Hinweis: Nachdem die Motorhaube geöffnet ist, könnten einige der im Motorraum befindlichen Teile sehr heiß sein. Wenn der Motor läuft oder der Zündschlüssel steht in Stellung „2", besteht Gefahr von den drehenden Teilen des Motors oder hohen elektrischen Spannungen von Teilen der elektrischen Anlage.

1.5 Aufbocken des Fahrzeuges

Der zum Anheben benutzte Wagenheber muss dem Gewicht des Fahrzeuges genügen. Überzeugen Sie sich deshalb vorher von der Tauglichkeit eines solchen Wagenhebers. Vor dem Aufbocken des Fahrzeuges kontrollieren, dass keine zusätzlichen Lasten im Kofferraum oder im Heckraum des Fahrzeuges liegen. Dies wird oftmals übersehen.
Um keine Schäden an der Unterseite des Fahrzeuges anzurichten, dürfen ein Wagenheber sowie die zum Aufbocken verwendeten Dreieckböcke nur an den dafür bestimmten Stellen angesetzt werden. An der Vorderseite des Wagens darf ein Wagenheber nur mit Hilfe eines Holzklotzes angehoben werden, welchen man unter die Seitenträger ansetzt. Auf keinen Fall das Fahrzeug unter den Querlenkern oder unter den Querträger zwischen den Seitenträgern oder an der Rückseite unter dem V-förmigen Teil der Hinterachse ansetzen.
Zum Anheben der Vorder- oder der Rückseite des Fahrzeuges den Wagenheber unter den Ihnen bekannten Ansatzstellen für den Bordwagenheber untersetzen. Dabei ist es besonders wichtig, dass das Fahrzeug hinten nicht zu schwer ist. Zum Anheben eignet sich am besten ein so genannter Rollwagenheber, wie er in Bild 16 gezeigt ist. Andernfalls eignet sich ein Scherenwagenheber der in Bild 17 gezeigten Form.
Falls nur eine Seite des Fahrzeuges aufgebockt werden soll, setzt man einen Wagenheber unter die am Wagenboden befindlichen Ansatzstellen an. Ebenfalls ist es möglich, dass man einen Wagenheber wie in Bild 18 gezeigt benutzt. Dazu einen Holzblock (Pfeilstelle) benutzen und unter der Einstiegskante ansetzen. In den Holzblock sollte man eine Nut einschneiden, die sich um den Falz des Einstiegs anlegen kann.
Vor Aufbocken der Rückseite des Fahrzeuges in den Rückwärtsgang schalten, damit der Wagen nicht von den Böcken rollen kann. Beim Anheben der Vorderseite des Fahrzeuges die Handbremse anziehen.

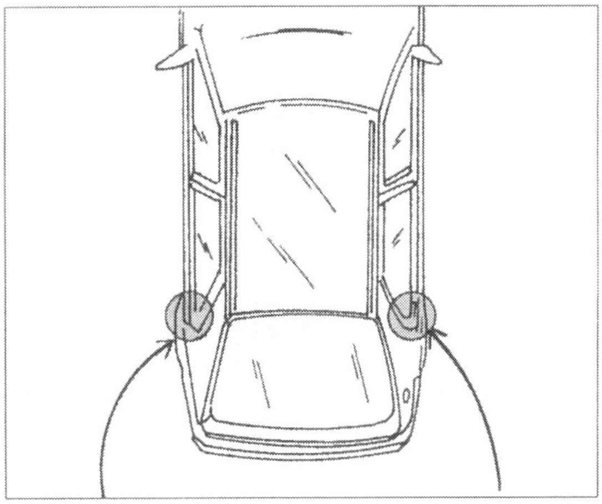

Bild 19
Unterstellböcke nur an den im Bild gezeigten Stellen untersetzen.

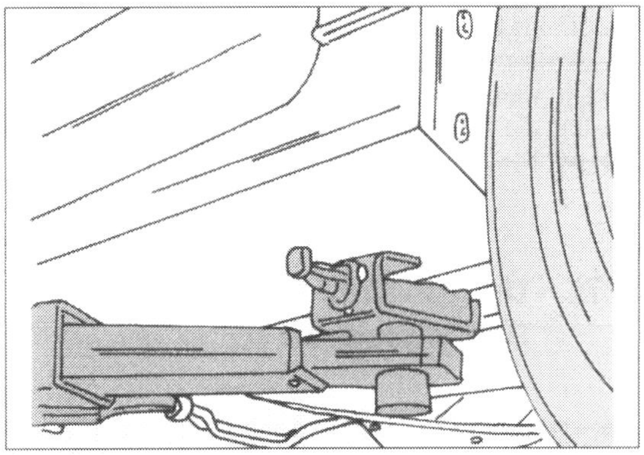

Bild 20
Anheben der Vorderseite des Fahrzeuges mit einem Grubenwagenheber. Der Ausleger wird an der Ansatzstelle für den Bordwagenheber angesetzt.

Unbedingt darauf achten, dass die Bodenfläche, auf welcher das Fahrzeug aufgebockt werden soll, nicht zu weich ist, damit der Wagenheber oder die Böcke nicht in den Boden einsinken können.
Unterstellböcke können unter die Seite der Karosserie untergestellt werden, ohne dabei die Lackierung zu beschädigen, aber nur an den in Bild 19 gezeigten Stellen.
Nur sichere Unterstellböcke zum Aufbocken des Fahrzeuges benutzen. Bei diesen handelt es sich um dreibeinige Böcke, deren Höhe verstellbar ist, wie sie bereits in Bild 8 gezeigt wurden. Zur zusätzlichen Sicherheit kann man das abgeschraubte Rad unter die aufgebockte Seite unterlegen.
Da man manchmal in der Lage ist sich den Zugang zu einem Grubenwagenheber zu schaffen, möchten wir auch diese Möglichkeit erwähnen. In diesem Fall wird das Fahrzeug an der gleichen Stelle angehoben, die auch für den Bordwagenheber angegebenen sind. Bild 20 zeigt, wie dies an der Vorderseite aussieht. An der Rückseite sieht es ähnlich aus.

1.6 Schmiermittel, Dichtungsmasse, „Loctite", etc.

Jeder Autohersteller empfiehlt die Verwendung von bestimmten Schmiermitteln, die während der Produktion auf das Fahrzeug abgestimmt wurden. Dies trifft ebenfalls auf Renault zu und aus diesem Grund halten wir uns bei Reparaturen an die von Renault an-

gegebenen Schmieröle, Fette und dergleichen. Am Ende entscheiden Sie jedoch selbst, welche Mittel Sie verwenden.
Oft wird „Loctite“ erwähnt. Bei diesem handelt es sich um eine Sicherungsflüssigkeit für Muttern- und Schraubengewinde, die ein Lösen von angezogenen Verbindungen verhindert. Obwohl im Text nur auf „Loctite“ eingegangen wird, sollten Sie wissen, dass verschiedene Ausführungen zur Verfügung stehen. Ihr Renault-Ersatzteillager wird Sie über die Erhältlichkeit dieser Sicherungsmittel unterrichten.
Oftmals kommt es jedoch vor, dass andere, ebenfalls geeignete Mittel zum Sichern von Gewindeverbindungen benutzt werden. Auch hier sollten Sie in der Lage sein, dies in der Werkstatt zu erfahren.
Das Gleiche trifft auch auf Graphit-Fett und Dichtungsmasse zu. Erkundigen Sie sich, welche Fettart und Dichtungsmasse örtlich verwendet wird, um zu gewährleisten, dass die Arbeiten einwandfrei durchgeführt werden können. Wiederum gibt der betreffende Text die von Renault empfohlenen Dichtmittel und dergleichen an.

1.7 Umgang mit Gewinden, Schrauben, Muttern, usw.

Bei einem ziemlich neuen Fahrzeug, bzw. Motor wird man keine Schwierigkeiten mit dem Lösen von Schrauben, Muttern, Stiftschrauben, usw. haben. Ist das Fahrzeug jedoch älter, kommen schon mal Probleme beim Lösen von Gewindeverbindungen vor, vor allem wenn die Teile längere Zeit dem Straßenschmutz ausgesetzt waren. Die folgenden Hinweise sollten Ihnen helfen, diese Probleme aus dem Weg zu räumen.

- Beim Lösen von Muttern auf Stiftschrauben immer das herausstehende Gewinde mit einer Drahtbürste reinigen, um Schmutz oder auch Rost zu entfernen. Man erspart sich dadurch, dass die Mutter über die Schmutzstellen geschraubt werden muss. Die Verbindungsstelle jetzt mit einem Rostlösesprühmittel behandeln. Hier gibt es verschiedene Produkte, d.h. man muss den Gebrauchsanweisungen folgen.
- Falls eine in eine Schweißmutter eingedrehte Schraube gelöst werden soll (meistens in der Karosserie), möglichst die Gewindestelle von der Rückseite mit dem Rostlösemittel einsprühen. Schraubenköpfe derartiger Verbindungen reißen gern ab oder man löst die Schweißmutter.
- Schrauben mit Schlitz- oder Kreuzschlitzköpfen lassen sich manchmal nur sehr schwer lösen. Kreuzschlitzschraubendreher rutschen gern aus dem Kreuzschlitz heraus und beschädigen diesen dabei. Um diesem vorzubeugen, kann man einen Schraubendreher oder Kreuzschlitzschraubendreher mit einem durchgehenden Schaft an der Schraube ansetzen und durch einen kurzen Schlag mit einem Hammer „behandeln“. In den meisten Fällen löst sich der Schraubenkopf von der Verbindung und die Schraube kann leicht herausgedreht werden.
- Im modernen Automobilbau werden mehr und mehr Schrauben mit Spezialköpfen verwendet, die ähnlich wie Kreuzschlitzköpfe aussehen aber keine sind. Diese als „Torx“-Kopf bezeichneten Schraubenköpfe werden mit speziellen Einsätzen gelöst, die man in einem Satz erstehen kann. In Bild 9 kann man sehen, wie eine solche Schraube aussieht. Auf diese „Torx“-Stecknüsse kann man dann in normaler Weise eine Ratsche, Verlängerung, usw. ansetzen.
- Innensechskantschrauben (der bekannte „Inbuskopf“) oder Schrauben mit „Polygon“-Kopf (Vielverzahnung, meistens 12 Ecken) können ebenfalls Schwierigkeiten beim Lösen bringen. Als Erstes gilt, dass man die Öffnung des Innensechskants einwandfrei reinigt (mit einem kleinen Schraubendreher zum Beispiel), um den Innensechskantschlüssel oder Vielzahnschlüssel anzusetzen. Falls möglich sollte man hier auch einen Steckeinsatz benutzen. Vor Lösen der Schrauben kann man einen Hammerschlag auf den Steckeinsatz geben, um das Beharrungsvermögen der Schraube zu lösen. Manchmal ist jedoch ein abgewinkelter Inbusschlüssel erforderlich. Durch dessen Winkelstellung wird das Lösen oftmals zum Problem. Wir schlagen vor: Den Schlüssel in die Schraube einsetzen und einen kleinen Ringschlüssel über das lange Ende des Inbusschlüssels schieben. Den Inbusschlüssel jetzt gut gerade halten und die Schraube durch Druck auf den Ringschlüssel lösen. Dadurch vermeidet man, dass sich der Winkelschlüssel bei festsetzenden Schrauben innerlich verdreht.
- Kleine jedoch zugängliche Inbusschraubenköpfe kann man auch mit einer Gripzange erfassen, deren Aussehen in Bild 21 gezeigt ist, und auf diese Weise die Schraube herausdrehen, vor allem, wenn das Innensechskant abgerundete Kanten erhalten hat. Beim Zusammendrücken der Gripzange nicht die Finger einquetschen, d.h. die Finger nicht an der Pfeilstelle einlegen, wenn die Zangenenden zusammengedrückt werden.
- Schwierigkeiten können auch manchmal beim Lösen von Muttern oder Schrauben auftreten, deren Kanten bereits durch unvorschriftsmäßige Verwendung der falschen Schlüsselgröße abgerundet sind (aus Erfahrung gesprochen bei Zweithandwagen manchmal anzutreffen). Mit der bereits erwähnten Gripzange kann man versuchen die Mutter oder Schraube zu lösen. Je nach Lage der Mutter kann man diese auch aufmeißeln oder am Gewinde entlang aufsägen. In diesem Zusammenhang möchten wir auch den Mutternspalter erwähnen, falls man zu des-

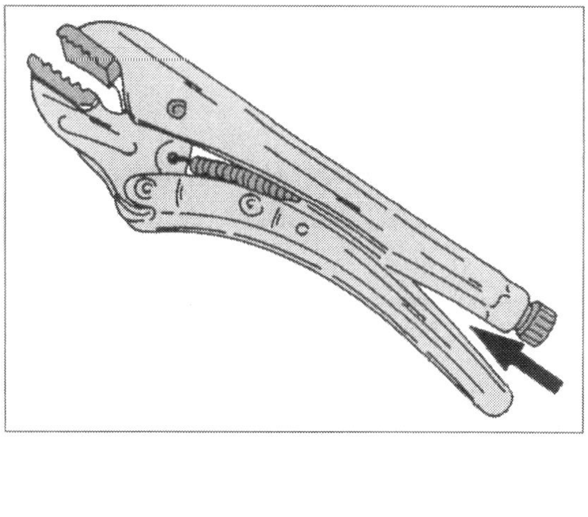

Bild 21
Benutzung einer Gripzange. Die Finger beim Schließen der Zange aus der mit dem Pfeil gezeigten Gegend fern halten.

sen Benutzung genügend Arbeitsraum hat. Das Werkzeug arbeitet in der in Bild 22 gezeigten Weise, d.h. man zieht die Schraube an, bis die Mutter platzt. Ein Vorteil ist dabei, dass man das Gewinde der Schraube nicht beschädigt.

- Im Text werden oftmals selbstsichernde Muttern erwähnt. Wie der Name besagt, werden diese durch ihre eigene Sicherungsfähigkeit gesichert, welche nach dem Lösen meistens zerstört wird. Wenn selbstsichernde Muttern erwähnt werden, sollte man diese immer erneuern.
- Manchmal passiert es und eine Schraube reißt am Kopf ab. Um das verbleibende Gewindestück aus der Bohrung zu bekommen, bohrt man ein Loch in der Mitte der „Schraube" und benutzt einen so genannten „Linksgewindezieher" (Bild 23). Diese sind in Autozubehörgeschäften erhältlich und werden wie eine Schraube in das gebohrte Loch eingesetzt. Durch Anziehen schneidet sich das Werkzeug in das Schraubenstück ein und hoffnungsvoll zieht man es heraus. Die einzige andere Lösung ist ein Aufbohren auf den ungefähren Gewindedurchmesser der Schraube (etwas weniger) und das Nachschneiden mit einem Gewindeschneider.
- Stehbolzen werden mit zwei gegeneinander gekonterten Muttern herausgedreht. Beim Herausdrehen den Schlüssel an der inneren Mutter ansetzen, zum Hineinschrauben den Schlüssel an der äußeren Mutter ansetzen. Bild 24 zeigt, wie man Bolzen aus- und einschrauben kann.
- In Aluminiumteile eingearbeitete Gewinde werden manchmal beim Anziehen von Schrauben beschädigt. In Ihrer Werkstatt werden Sie Gewindeeinsätze unter der Markenbezeichnung „Heli-Coil" erhalten. Diese können entsprechend den Anweisungen in der Schachtel in das alte Gewindeloch eingezogen werden oder man bringt das beschädigte Teil zur Erneuerung des Gewindes in eine Werkstatt.

Anzugsdrehmomente

Die Anzugsdrehmomente werden für die Schrauben und Muttern der wichtigsten Teile angegeben. Um die Anzugsdrehmomente einzuhalten, muss man eine Stecknuss der passenden Schlüsselweite sowie einen Drehmomentschlüssel, manchmal mit einer Verlängerung, benutzen. In vielen Fällen ist es aber einfach nicht möglich an eine Schraube oder Mutter heranzukommen, um einen Drehmomentschlüssel anzusetzen oder das Drehmoment ist zu klein, um es am Drehmomentschlüssel abzulesen. Hier heißt es, dass man das Drehmoment schätzen muss. Unter Berücksichtigung des Gewindedurchmessers der Schraubenverbindung heißt dies in der Mechanikersprache „gut anziehen", wobei Gefühl eine wichtige Rolle spielt, besonders bei Gewindedurchmessern von 6 oder 7 mm.

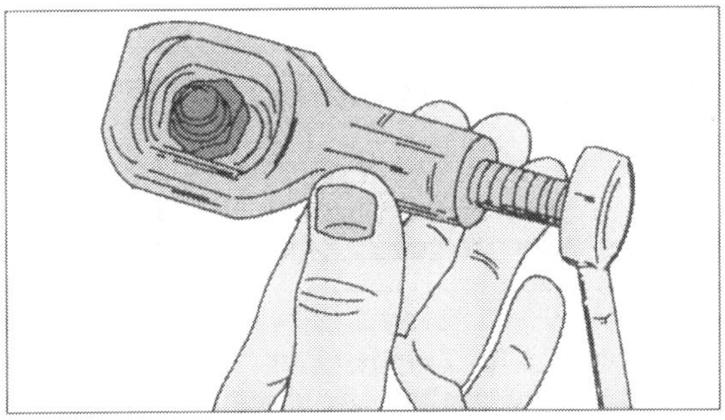

Bild 22
Benutzung eines Mutternspalters. Durch Anziehen der Schraube wird die Mutter in zwei Teile gespalten und kann abgenommen werden.

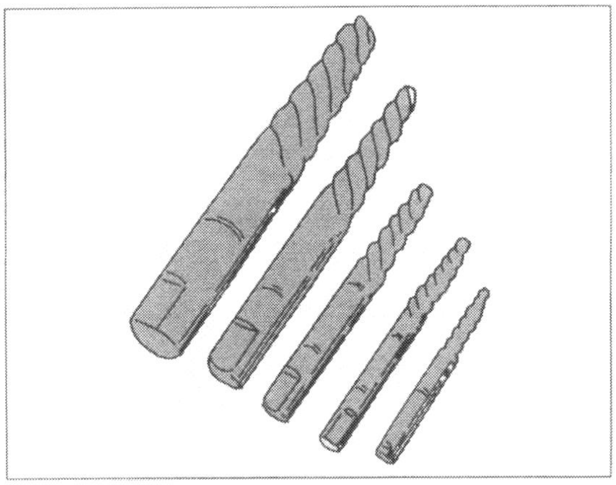

Bild 23
Ansicht von Linksgewindeausziehern zum Entfernen von abgescherten Schrauben oder Stehbolzen aus der Gewindebohrung.

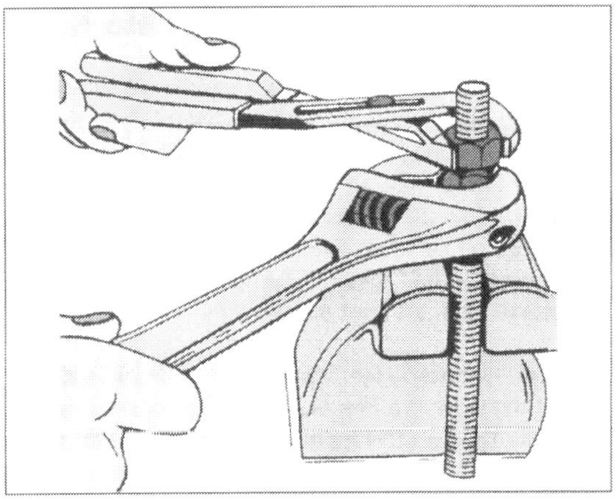

Bild 24
Aus- oder Einziehen eines Stehbolzens, auch als Stiftschraube bekannt, kann in der gezeigten Weise stattfinden.

Die Bauteile des Motors

Um Ihnen einen kurzen Überblick über das Innenleben des Motors zu geben, führen wir die Hauptteile des Motors kurz an:

Motorblock oder Zylinderblock. Hier sind die beweglichen Teile gelagert. Der Motorblock trägt auch Aggregate wie Lichtmaschine, Anlasser und Zündanlage. Auch als Kurbelgehäuse bekannt. Der 1.4-Liter-Motor hat „nasse“ Laufbüchsen, d.h. sie sind getrennt in den Zylinderblock eingesetzt. Alle anderen Motoren haben Trockenlaufbüchsen, d.h. sie sind in den Zylinderblock eingearbeitet.

Zylinderkopf. Schließt den Zylinder nach oben ab. Er enthält Kanäle für Frisch- und Abgas, Ventilsitze, Lager und Führungen für Teile der Ventilsteuerung, Zündkerzengewinde bzw. Gewinde für die Glühkerzen, Einspritzdüsen und die Vorkammern beim Dieselmotor, falls dieser damit versehen ist, Wasserkanäle und Brennraum. Die Zylinderkopfdichtung zwischen den Metallflächen von Zylinderkopf und Zylinderblock verhindert, dass an dieser Stelle Luft und Kühlwasser in den Zylinder gelangen. Die Nockenwelle ist ebenfalls in den Zylinderkopf eingebaut.

Zylinder. Bilden zusammen mit dem Zylinderkopf den Verbrennungsraum. Sie sind glatt ausgeschliffen (gehont) und exakt auf den Kolbendurchmesser abgestimmt. Für die Kühlung sorgt Wasser, das durch Kanäle in der Zylinderwand fließt. Der 1.4-Liter-Motor hat so genannte „nasse“ Zylinderlaufbüchsen, d.h. sie lassen sich getrennt ausbauen.

Kolben. Nehmen den Verbrennungsdruck auf und geben ihn über die Pleuel an die Kurbelwelle weiter. Die Hauptbestandteile sind Kolbenboden, Ringzone mit Kolbenringen, Schaft und Bolzenaugen. Die beiden oberen Kolbenringe (Verdichtungsringe) verhindern, dass Gas aus dem Verbrennungsraum ins Kurbelgehäuse entweicht. Der untere Ring (Ölabstreifring) führt überschüssiges Schmieröl von der Zylinderwand in die Ölwanne zurück. Offensichtlich haben die Kolben eines Dieselmotors eine unterschiedliche Form, da sie durch die Arbeitsweise der Vorkammern oder die Direkteinspritzung bestimmt werden.

Pleuel. Verbinden den Kolben mit der Kurbelwelle. Ihre Bestandteile: Pleuelkopf (umschließt den Kolbenbolzen), Pleuelschaft, Pleuelfuß und Pleueldeckel (umschließen den Kurbelzapfen).

Kurbelwelle. Wandelt das Auf und Ab der Kolben in eine Drehbewegung um. Ihre Teile: Wellenzapfen (für Lagerung im Kurbelgehäuse), Kurbelzapfen, Kurbelwangen (verbinden Kurbelzapfen und Wellenzapfen). Bei allen Motoren ist die Kurbelwelle an mehreren Stellen im Motorblock in auswechselbaren Gleitlagerschalen gelagert.

Ventile. Lassen Frischgas ein- und Abgas ausströmen. Sämtliche Teile, die am Öffnen und Schließen der Ventile beteiligt sind, nennt man zusammenfassend „Ventiltrieb“. Alle in dieser Ausgabe behandelten Motoren haben 8 Ventile.

Nockenwelle. Öffnet und schließt die Ventile im richtigen Zeitpunkt. Jedes Ventil wird über Tassenstößel von einer Nocke betätigt. Die Nockenwelle wird bei allen behandelten Motoren über einen Zahnriemen von der Kurbelwelle angetrieben.

Aufgrund der Unterschiede wird der Aus- und Einbau des Motors getrennt für die einzelnen Motorgruppen beschrieben.

2.1 Ausbau und Einbau des Motors

2.1.1 1.1-Liter-Motor

Die folgende Beschreibung behandelt den Ausbau des Motors zusammen mit dem Getriebe. Wir möchten darauf hinweisen, dass man den Motor mit dem Getriebe sowie mit dem vorderen Querträger ausbauen kann, jedoch haben Erfahrungen gezeigt, dass es leichter ist das Triebwerk allein auszubauen. Der Einbau wird im Anschluss an die Ausbauanweisungen beschrieben.
„Loctite“ und Graphitfett (Molykote BR2) müssen zum Einbau zur Verfügung stehen. Außerdem sollte man sich vor Beginn der Arbeiten die folgenden Spezialwerkzeuge bzw. geeignete Hilfswerkzeuge besorgen. In der folgenden Aufstellung werden jeweils die von Renault zugeteilten Ersatzteilnummern angegeben:

- Zylinderschaftdorn (B.Vi. 31-01) zum Ausschlagen der Sicherungsstifte beim Ausbau einer der Antriebswellen (rechte Seite).
- Spezialzange (Mot. 1202) zum Lösen von Schlauchschellen der Kühlmittelschläuche.
- Das Messgerät zum Einstellen der Riemenspannung (siehe betreffende Beschreibung).
- Ein Werkzeug zum Abschließen der Kraftstoffleitungen (Mot. 1311-06).
- Ein Werkzeug zum Halten des Motors am Nebenrahmen (Mot. 1379).
- Ein Kugelbolzenabzieher beliebiger Ausführung zum Trennen der Spurstangenkugelgelenke von den Hebeln am Achsschenkel.

Hinweis: Das Getriebe kann getrennt ausgebaut werden. Der Motor verbleibt in diesem Fall im Fahrzeug (siehe Kapitel „Getriebe“).

- Fahrzeug vorn auf Böcke setzen, die beiden Räder abschrauben.
- Das Massekabel der Batterie abklemmen und die Batterie ausbauen.

• Die Motorhaube abschrauben, um das Herausheben des Triebwerks zu erleichtern. Die Umrisse der Scharniere am Motorhaubenblech mit einem Bleistift anzeichnen, um die Ausfluchtung der Haube bei der Montage zu erleichtern.
• Alle zwischen dem Motor und der Karosserie angeschlossenen elektrischen Kabel abschließen. Falls man nicht genau weiß, wo die Kabel später wieder verlegt werden, muss man sie in geeigneter Weise kennzeichnen.
• Die Kühlanlage durch Abschließen des unteren Kühlerschlauchs vom Kühler entleeren. Das Fahrzeug über eine geeignete Fläche zum Ablassen des Kühlmittels schieben, um den Arbeitsplatz nicht zu verschmutzen, und möglichst viel des Kühlmittels auffangen. Da das Kühlmittel chemische Mittel enthält, sollte man es umweltfreundlich entsorgen.
• Alle zwischen dem Kühler und dem Motor angeschlossenen Kühlmittelschläuche nach Lockern der Schlauchschellen von den Anschlussstutzen abziehen. Ebenfalls die beiden an der Stirnwand angeschlossenen Heizungsschläuche abschließen.
• Den Ausgleichsbehälter der Kühlanlage ausbauen und auf einer Seite des Motors ablegen und festbinden.
• Das Motoröl sowie das Getriebeöl ablassen. Das Motoröl kann man in der Ölwanne lassen, jedoch ist es von Vorteil es abzulassen, falls der Motor später an der Unterseite geöffnet werden soll. Das Getriebeöl muss abgelassen werden, damit das Öl nicht nach Abschließen der Antriebswellen aus der Seite des Getriebes auslaufen kann.

Die beiden Achswellen folgendermaßen aus dem Getriebe ausbauen:

Auf der linken Seite:
• Den Bremssattel abschrauben, ohne den Bremsschlauch abzuschließen, und mit einem Stück Draht am Federbein festbinden. Nur die beiden Führungsschrauben des Bremssattels lösen, nicht den Trägerrahmen abschrauben.
• Die drei Befestigungsschrauben der Platte mit der Gummimanschette entfernen (siehe Bild 25).
• Die Kugelbolzenverbindung der Spurstangenverbindung am Lenkhebel trennen, wie es im Abschnitt „Lenkung“ beschrieben ist.
• Die beiden Befestigungsschrauben der unteren Stoßdämpferaufhängung entfernen und die Schraube des unteren Aufhängungskugelgelenks lösen.
• Den Achsschenkel nach außen abkippen, bis die Welle frei wird und vom Getriebe abgezogen werden kann. Dabei nicht die Gummimanschette beschädigen. Den gesamten Achsschenkel in der in Bild 26 gezeigten Weise mit der daran angeschlossenen Antriebswelle herausziehen.

Auf der rechten Seite:
• Die Vorderradnabe durchdrehen, bis der Sicherungsstift in der Achswelle in einer geeigneten Lage liegt, und den Stift mit einem Dorn des passenden Durchmessers austreiben, wie es in Bild 27 gezeigt ist. Den kompletten Achsschenkel braucht man hier nicht auszubauen. Es reicht, wenn man die obere Schraube der Verbindung Achsschenkel-Federbein ausbaut und die untere Mutter und Schraube löst.
• Den Bremssattel abschrauben, ohne den Bremsschlauch abzuschließen, und mit einem Stück Draht am Federbein festbinden. Nur die beiden Führungsschrauben lösen, nicht den Bremssattelträger abschrauben.
• Die Kugelbolzenverbindung der Spurstangenverbindung am Lenkhebel trennen, wie es im Abschnitt „Lenkung“ beschrieben ist.
• Den Achsschenkel nach außen ziehen, bis die Antriebswelle aus dem Eingriff mit dem Getriebe kommt. Falls vorgezogen, kann man natürlich auch den kompletten Achsschenkel ausbauen, wie es bei der linken Welle beschrieben wird.

Nach Ausbau der beiden Antriebswellen folgendermaßen fortfahren:

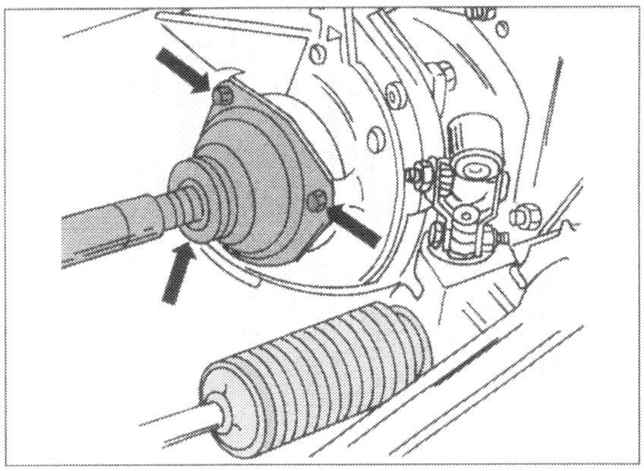

Bild 25
Die Pfeile weisen auf die Befestigungsmuttern der Achswelle auf der linken Seite des Getriebes.

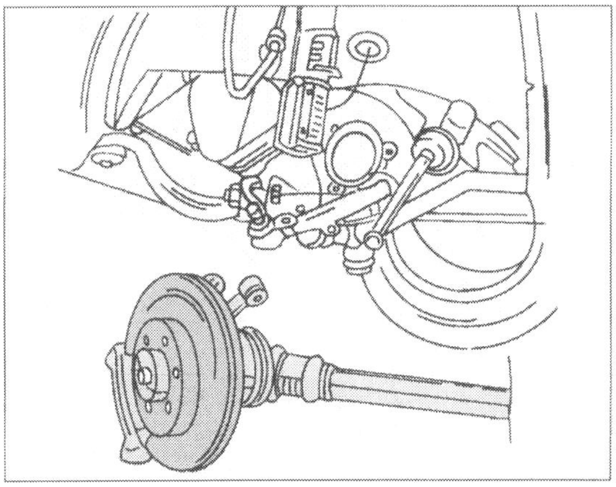

Bild 26
Ausbau des linken Achsschenkels. Der Achsschenkel muss auf dieser Seite ausgebaut werden. Der Ausbau auf der anderen Seite ist wahlweise.

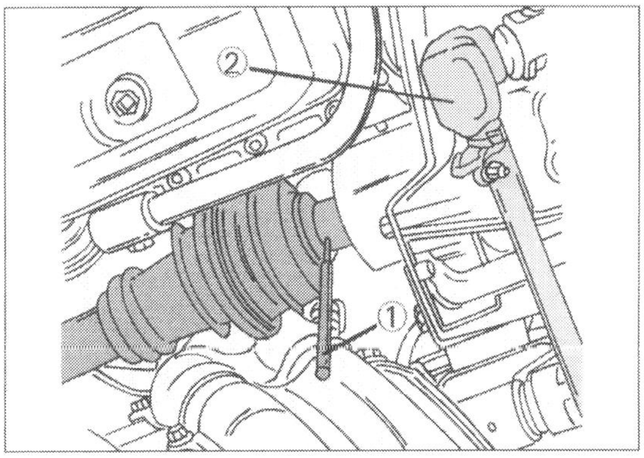

Bild 27
Ausschlagen des Verbindungsstiftes der rechten Antriebswelle. Die Welle muss dabei in der gezeigten Stellung stehen.
1 Ausschlagdorn
2 Befestigung des Schaltgestänges

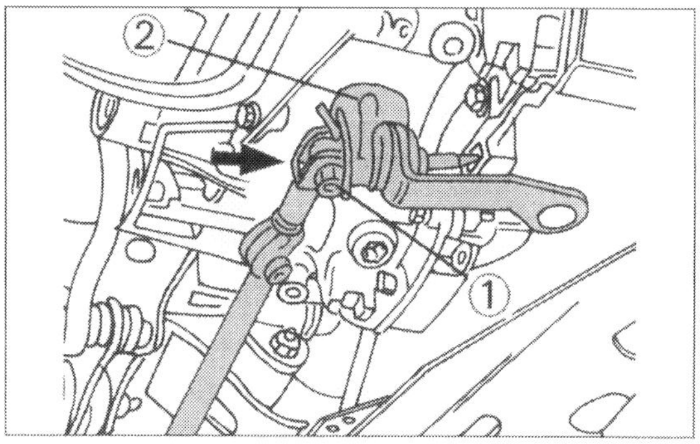

Bild 28
Befestigung der Schaltstange am Getriebe. Nach Zurückziehen der Gummiabdeckung (1) den Verbindungsbolzen (2) ausbauen.

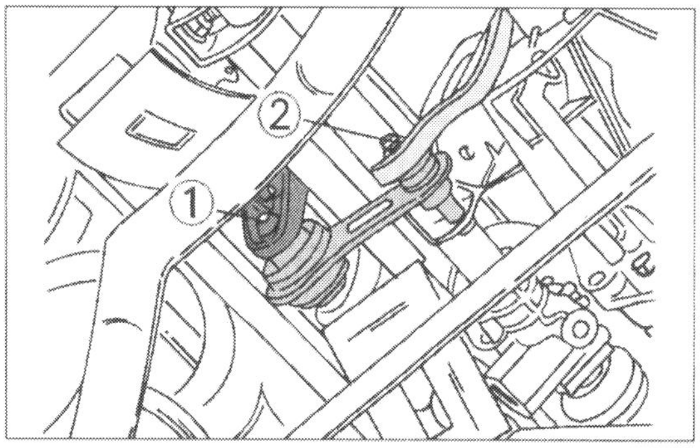

Bild 29
Einzelheiten zum Aus- und Einbau der Drehmomentstütze. Die Schraube (1) wird nur gelockert, die Schraube (2) herausgedreht.

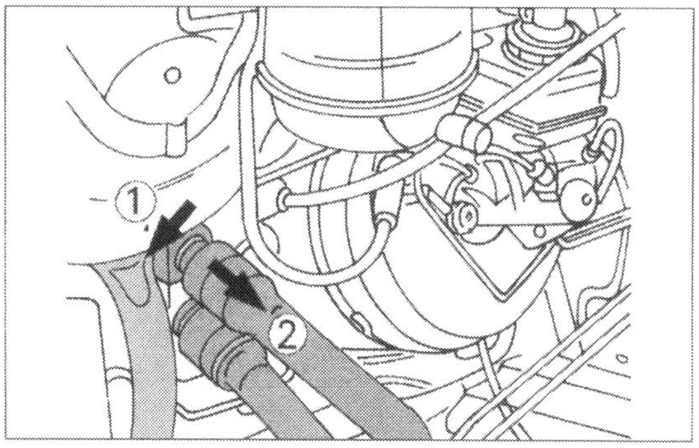

Bild 30
Lösen der Heizungsschläuche an der Stirnwand. Anschlussverbindungen aus Kunststoff entsprechend den Pfeilangaben trennen.

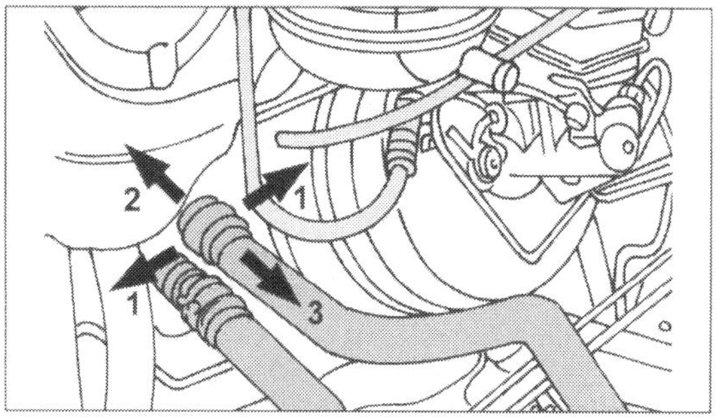

Bild 31
Lösen der Heizungsschläuche an der Stirnwand. Anschlussverbindungen aus Metall entsprechend den Pfeilangaben trennen. An Stelle (1) wird die Anschlussverbindung zusammengedrückt.

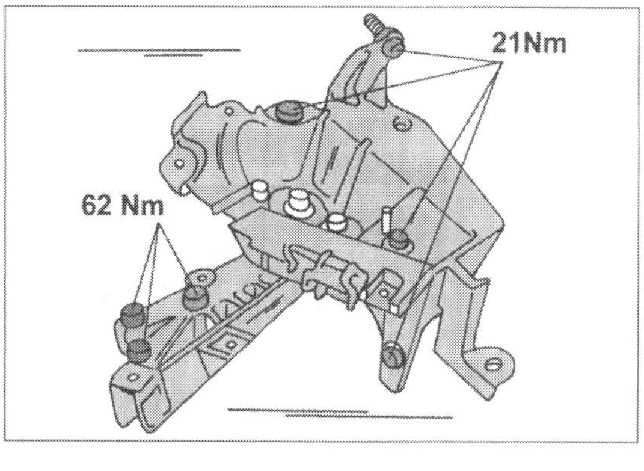

Bild 32
Die Aufhängung auf der Getriebeseite beim 1.1-Liter-Motor zusammen mit den Anzugsdrehmomenten.

- Die Schraube des Massebands auf der Getriebeseite entfernen.
- Das Schaltgestänge von der Seite des Getriebes abschließen. Bild 28 zeigt die Anschlussweise des Schaltgestänges. Ehe man die Schraube und die Mutter löst, muss man die Gummimanschette (2) zurückschieben, um an die Schraubenverbindung (1) heranzukommen. Das Gestänge zur Seite drücken und mit einem Stück Draht festbinden, so dass es beim weiteren Ausbau nicht im Wege ist.
- Die Drehmomentstütze unter Bezug auf Bild 29 ausbauen. Dazu die Schraube (1) lockern, ohne sie herauszuziehen. Danach die Schraube (2) lockern, die Mutter abschrauben und die Schraube herausziehen. Die Strebe von der Verbindung abdrücken.
- In folgender Reihenfolge abschließen: Den Gasseilzug, die zum Aktivkohlebehälter führende Schlauchleitung, die Unterdruckleitung vom Bremskraftverstärker, den oberen Kühlmittelschlauch zwischen dem Kühler und dem Zylinderblock auf der Seite des Motors.
- Die beiden Heizungsschläuche von der Stirnwand des Motorraums abschließen. Zu beachten ist die unterschiedliche Anschlussweise, die man Bildern 30 und 31 entnehmen kann. Zum Abschließen des oberen Schlauchs in Bild 30 den Schnellverschluss nach links verdrehen (Pfeil 1) und den Schlauch vom Anschluss abziehen (Pfeil 2). Ebenfalls kann der Schlauch in der in Bild 31 gezeigten Weise angeschlossen sein. In diesem Fall den Schnellverschluss entsprechend Pfeilen (1) zusammendrücken, den Anschluss nach innen drücken (Pfeil 2) und danach abziehen.
- Die Kabelstecker von der Lambdasonde und dem Kühlungslüfter abziehen.
- Die Kraftstoffleitungen abschließen (siehe Abschnitt „Kraftstoffeinspritzung" zwecks Einzelheiten).
- Den großen Kabelstecker vom elektronischen Steuergerät sowie den Stecker vom Sicherungsschalter abziehen und die Tragkonsole des Steuergeräts abschrauben. Insgesamt muss das Teil an 6 Stellen gelöst werden.
- Die Befestigung der Leitung für die Servolenkung am Motor lösen, den Antriebsriemen der Servolenkung ausbauen, die Riemenscheibe der Lenkhilfspumpe abschrauben und die Pumpe abschrauben. Die betreffenden Arbeiten sind im Abschnitt „Lenkung" beschrieben.
- Alle am Getriebe angeschlossenen Verbindungen trennen (am Schalter der Rückfahrleuchte, Tachometerspirale, usw.).
- Den Motor und das Getriebe an geeignete Ketten oder Seilschlingen hängen, welche an den Hebeösen an der Oberseite des Motors angebracht werden. Das Triebwerk leicht aus den Aufhängungslagern heben, bis diese nicht länger unter Spannung stehen.
- Die Aufhängung an der Seite des Getriebes abschrauben (Pfeilstellen in Bild 32) und die Schrauben der Motoraufhängung herausdrehen (Bild 33). Vor Abschrauben des Gummilagers der Motoraufhängung (1) in Bild 33 muss man die Umrisse des Lagers an der Karosserie anzeichnen, damit man es später in der gleichen Lage befestigen kann.
- Nochmals allen Kabelverbindungen zwischen dem Motor und der Karosserie folgen und die Kabel mo-

torseitig abschließen, falls man einige davon vergessen hat. Falls man nicht sicher wo die Kabel hinkommen, kann man sie in geeigneter Weise kennzeichnen.

- Den Motor und das Getriebe vollkommen aus dem Motorraum herausheben. Darauf achten, dass keine anderen Teile im Motorraum oder des Triebwerks beschädigt werden und dass alle Anschlüsse gelöst wurden. Die Lenkhilfspumpe muss man entsprechend auf eine Seite schieben, falls sie im Wege ist. Besonders darauf achten, dass man den Kühlerblock beim Ausbau des Triebwerks nicht beschädigt.

Der Einbau des Motors geschieht in umgekehrter Reihenfolge wie der Ausbau. Genauere Einzelheiten über den Einbau des Getriebes und die Antriebswellen sind in den betreffenden Kapiteln angegeben. Die folgenden Punkte müssen jedoch besonders beachtet werden:

- Verzahnungen der Kupplungswelle und der Antriebswellen mit Graphitfett (Molykote BR2) einschmieren, ehe der Motor am Getriebe angeflanscht wird.
- Das Triebwerk in den Motorraum senken und die vorderen Motorlager ungefähr in die Einbaulage bringen. Die Rückseite des Getriebes in die Aufhängungen führen. Den Motor vollkommen in die Aufhängungen senken und das Hebezeug abnehmen.
- Die Aufhängungslager jetzt unter Bezug auf Bilder 32 und 33 jetzt anziehen. Dabei ist eine bestimmte Reihenfolge zu beachten. Zuerst die drei in Bild 32 gezeigten Schrauben mit 21 Nm anziehen. Die anderen Schrauben danach mit den angegebenen Anzugsdrehmomenten anziehen.
- Die Drehmomentstütze in Bild 29 anschließen. Die Schrauben (1) und (2) mit 65 Nm anziehen.
- Schaltgestänge anschließen und mit der Schraube und Mutter befestigen. Die Gummimanschette wieder über die Anschlussverbindung schieben.
- Die rechte Welle durchdrehen, bis das Loch in der Welle mit dem Loch in der Ausgangswelle des Differentialseitenrades fluchtet. Der Achsschenkel muss nach unten gedrückt werden, um die Welle einzuführen, es sei denn, dass Welle und Achsschenkel als Gesamteinheit ausgebaut wurden (siehe Bild 26). Die Löcher für den Stift müssen mit Spezialdichtungsmasse „Rhodorseal 5661" eingeschmiert werden. Den Stift in die Wellenverbindung einschlagen.
- Die linke Antriebswelle entsprechend Bild 25 montieren. Die Muttern mit 25 Nm anziehen.
- Die unteren Stoßdämpferenden auf beiden Seiten des Fahrzeuges montieren. Darauf achten, dass die Schraube von der richtigen Seite aus eingeschoben wird. Das Anzugsdrehmoment der Schrauben beträgt 180 Nm.
- Bremssattel oder Bremssättel montieren. Die Führungsbolzen der Bremssattelbefestigung mit 40 Nm anziehen. Das Bremspedal muss einige Male durchgepumpt werden, damit sich die Bremssattelkolben gegen die Bremsbeläge setzen können.
- Spurstangenkugelgelenk am Lenkhebel anschließen. Die Mutter mit 35 Nm anziehen.
- Tachometerspirale anschließen.
- Getriebe und Motor mit Öl füllen.

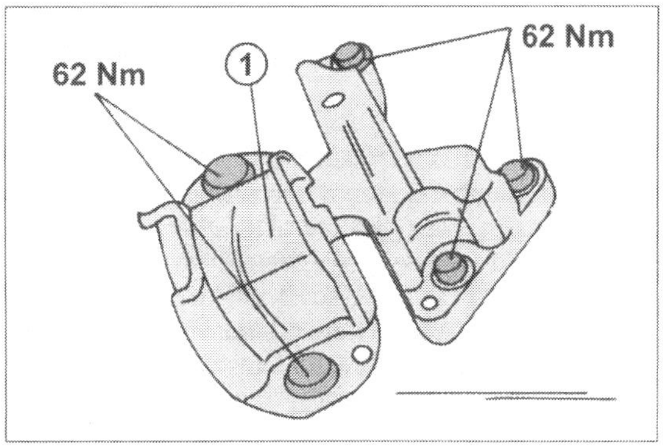

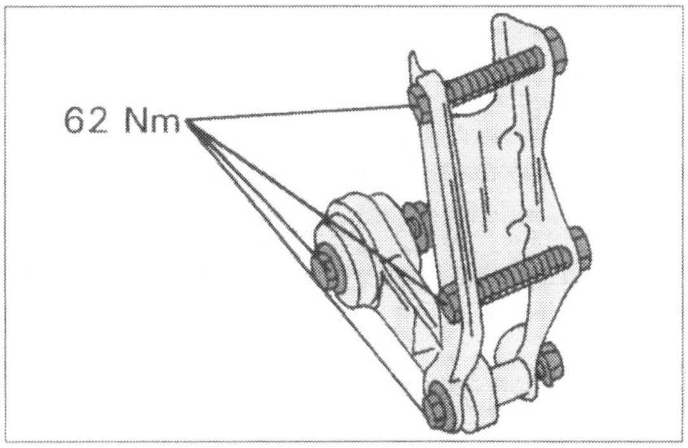

Bild 33
Die Aufhängung auf der Motorseite zusammen mit den Anzugsdrehmomenten. Das Aufhängungslager (1) muss im Verhältnis zur Karosserie angezeichnet werden. Erst dann die Schrauben lösen.

- Kühlanlage vorschriftsmäßig nach Wiedereinbau des Kühlers auffüllen (siehe Abschnitt „Kühlanlage"). Nachdem der Motor läuft, alle Schlauchanschlussstellen auf Leckstellen kontrollieren.
- Den Motor anlassen und den einwandfreien Betrieb des Motors kontrollieren.
- Die Motorhaube wieder anschrauben. Das einwandfreie Öffnen und Schließen der Haube muss kontrolliert werden. Ebenfalls überprüfen, dass die Spalte zwischen der Haube und den Karosserieblechen an allen Stellen gleich sind.

2.1.2 1.4-Liter-Motor und Dieselmotor

Bei diesen Motoren muss der Nebenrahmen ausgebaut werden. Da diese ziemlich umfangreiche Arbeit außerdem das Anheben der Karosserie erfordert, damit man das gesamte Triebwerk, auf einem Spezialträger sitzend, unter dem Fahrzeug hervorziehen kann, raten wir Ihnen ab, das Triebwerk auszubauen. Da jedoch viele Heimwerker gut eingerichtet sind, werden die Arbeiten trotzdem beschrieben.
Ein Dorn ist zum Trennen der rechten Antriebswelle von der Abtriebswelle des Differentials erforderlich. Am besten ist es natürlich das Fahrzeug mit einem Grubenlift anzuheben, andernfalls das Fahrzeug vorn auf Böcke setzen.
Die Beschreibungen beziehen sich auf den Benzinmotor. Unterschiede beim Dieselmotor werden entsprechend angegeben.

- Batterie abklemmen.
- Die Motorhaube abschrauben. Die Umrisse der Scharniere am Motorhaubenblech mit einem Bleistift anzeichnen, um die Ausfluchtung der Haube bei der Montage zu erleichtern. Ein Helfer sollte beim Abheben der Haube hinzugezogen werden, um Lackschä-

den unter allen Umständen zu vermeiden. Die Arbeit ist nicht unbedingt erforderlich, jedoch erhält man mehr Arbeitsraum.

- Kühlanlage ablassen. Dazu am besten den unteren Wasserschlauch abschließen. Das Kühlwasser so gut wie möglich auffangen, um den Arbeitsplatz nicht zu verschmutzen. Da das Kühlmittel chemische Mittel enthält, sollte man es umweltfreundlich entsorgen.
- Öl aus dem Getriebe ablassen und beiden Vorderräder abschrauben während das Öl abläuft. Ebenfalls kann man das Öl aus der Ölwanne ablassen.
- Die beiden Vorderräder abschrauben.
- Die beiden Streben zwischen dem Nebenrahmen und der Karosserie ausbauen.
- Die Verbindung zwischen der Spurstange und dem Lenkhebel mit einem geeigneten Kugelbolzenausdrücker trennen. Eine geeigneter Auszieher ist im Abschnitt „Lenkung" gezeigt.
- Beide Bremssättel abschrauben ohne den Bremsschlauch abzuschließen. Bremssattel mit einem Stück Draht an der Vorderradaufhängung festbinden. Ebenfalls die beiden Drehzahlgeber für die ABS-Anlage ausbauen.

Auf der linken Seite des Fahrzeuges

- Die linke Antriebswelle ausbauen. Dazu die in Bild 25 gezeigten Muttern von der Seite des Getriebes lösen und die Schraubenverbindung der unteren Stoßdämpferbefestigung trennen. Nach Trennen der unteren Kugelgelenkverbindung (siehe Abschnitt „Vorderradaufhängung") am Achsschenkel kann der gesamte Achsschenkel in der in Bild 26 gezeigten Weise mit der daran angeschlossenen Antriebswelle herausgezogen werden. Der Achsschenkel muss dabei in die beste Lage verdreht werden. Die Gummimanschette dabei nicht beschädigen.

Auf der rechten Seite des Fahrzeuges

- Zum Ausbau der rechten Antriebswelle die Vorderradnabe verdrehen, bis der Verbindungsstift der Achswellenbefestigung in der in Bild 27 gezeigten Stellung steht und den Stift mit einem passenden Dorn ausschlagen. Den kompletten Achsschenkel braucht man hier nicht unbedingt auszubauen. Es reicht, wenn man die obere Schraube der Verbindung Achsschenkel-Federbein ausbaut und die untere Mutter und Schraube löst. Man sollte sich notieren, von welcher Seite aus die Schraube eingeschlagen ist. Den Achsschenkel danach nach außen ziehen, bis die Antriebswelle aus dem Eingriff mit dem Getriebe kommt. Falls vorgezogen, kann man natürlich auch den kompletten Achsschenkel ausbauen, wie es bei der linken Welle beschrieben wurde.

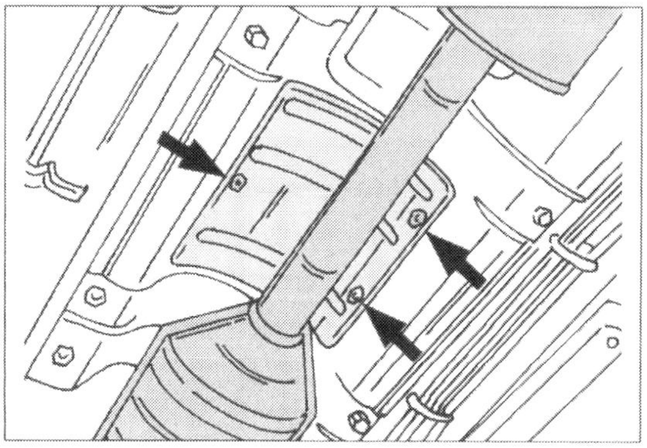

Bild 34
Anordnung des Wärmeschutzschilds über dem Auspuff (1.4-Liter- und Dieselmotor). Das Schild an den Pfeilstellen lösen.

- Das Wärmeschutzschild in Bild 34 ausbauen. Ebenfalls das Schaltgestänge von der Seite des Getriebes abschließen.
- Klemmschelle des Katalysators am Schalldämpfer lösen und die Auspuffanlage an der Unterseite des Fahrzeuges festbinden.
- Das Masseband vom Getriebe abschrauben.
- Die beiden Befestigungen der Lenkflüssigkeitsleitung auf der rechten Seite des Nebenrahmens abschrauben.
- Das Luftansaugrohr vom Luftfilter abschließen und herausnehmen.
- Den großen Kabelhauptstecker vom elektronischen Steuergerät und vom Sicherheitsschalter abziehen und den Träger des Steuergeräts abschrauben.
- Die folgenden Teile der Reihe nach abschließen: die Kabelanschlüsse und die Schläuche vom Thermostatgehäuse, die Schläuche vom Ausgleichsbehälter der Kühlanlage, den Schlauch für den Bremskraftverstärker, die Heizungsschläuche (siehe Beschreibung beim 1.1-Liter-Motor). Beim Dieselmotor die Kraftstoffleitungen vom Luftfilter und vom Steuerriemenschutzdeckel ausclipsen, den Kraftstofffilter vom Träger befreien und auf der linken Seite (von vorn gesehen rechts) ablegen.
- Den Relaisträger, einen Kabelstecker und die Sicherungsdose ausbauen.
- Die Leitung vom Aktivkohlebehälter abziehen (Benziner).
- Die beiden Kraftstoffanschlüsse abschließen, wie es im Abschnitt über die Kraftstoffanlage des betreffenden Motors beschrieben ist.
- Gasseilzug und Kupplungsseil abschließen.
- Den Vorratsbehälter der Servolenkung ausbauen und auf dem Motor ablegen.
- Die Schutzabdeckung an der Kreuzgelenkverbindung der Lenkwelle zurückschieben und die Klemmschraube lösen, um die Lenkwelle zu lösen. Jedoch:

Achtung: Da ein Airbag eingebaut ist, müssen die folgenden Anweisungen unbedingt beachtet werden:

- Vor Trennen der Lenksäulenverbindung muss das Lenkrad in der Geradeausstellung blockiert werden und darf auch nicht bei weiteren Arbeiten oder nach Ausbau von Motor und Getriebe verdreht werden. Andernfalls kann der Drehschalter unter dem Lenkrad beschädigt werden.

- Den vorderen Stoßfänger ausbauen.
- Seilschlingen oder Ketten an den beiden Hebeösen an Motor und Getriebe befestigen und das Triebwerk an einen Handkran oder sonstiges Hebezeug anhängen.
- Die Abdeckung der „hängenden" Motoraufhängung ausbauen (Bild 35), einen Holzklotz zwischen Getriebe und Nebenrahmen einschieben und die Mutter in Bild 36 abschrauben. Mit einem Kupferhammer auf die Stiftschraube schlagen, bis die Stiftschraube aus dem Aufhängungslager austritt.

- Unter dem Fahrzeug die in Bild 37 gezeigten Schrauben herausdrehen.
- In der Werkstatt wird jetzt ein Tragschemel unter den Nebenrahmen gesetzt, um diesen beim Lösen zu halten. Da man diesen bestimmt nicht zur Verfügung hat, muss man einen Wagenheber entsprechend untersetzen. Nach Lösen der Befestigungsschrauben des Nebenrahmens wird die Karosserie angehoben. Leichter gesagt, als getan. Dies bedeutet, dass man das Triebwerk mit dem Nebenrahmen auf dem Wagenheber lassen muss, während man die Karosserie mit dem Hebezeug anhebt, bis man Motor/Getriebe herausziehen kann. Bei dieser Arbeit muss ebenfalls der Katalysator an der gelösten Verbindung getrennt werden und der Kühler ist aus der oberen Aufhängung zu befreien und auf dem Nebenrahmen abzulegen. ***Hier müssen wir unbedingt vor Unfällen warnen.***

Der Einbau des Motors und Getriebes findet in umgekehrter Reihenfolge statt. Zur genauen Führung kann man Stiftschrauben in die beiden Gewindebohrungen an der Vorderseite des Nebenrahmens einschrauben, damit dieser beim Einbau geführt wird. Die vorderen Schrauben des Rahmens mit 62 Nm, die hinteren mit 105 Nm anziehen. Die Motoraufhängungen mit den in den Abbildungen angegebenen Anzugsdrehmomenten anziehen. Der Katalysator muss in Verbindung mit dem Rohr gebracht werden, während man Motor und Getriebe in die richtige Lage bringt. Über den Einbau der Antriebswellen, Zusammenbau der Vorderradaufhängung, Anschrauben der Bremssättel und anderen Arbeiten muss man in den betreffenden Abschnitten nachlesen.

2.2 Reparatur des Motors

2.2.1 Zerlegung

Vor Beginn der Arbeiten sind alle Außenflächen des Motors gründlich zu reinigen. Alle Öffnungen des Motors vorher mit einem sauberen Putzlappen abdecken, damit keine Fremdkörper in die Innenseite des Motors gelangen können.
Das Zerlegen des Motors wird in Einzelheiten im nachfolgenden Text beschrieben. Außerdem werden Arbeiten beschrieben, die entweder bei eingebautem Motor oder ausgebautem Motor durchgeführt werden können. Falls eine komplette Zerlegung durchgeführt werden soll, braucht man nur die einzelnen Arbeitsgänge miteinander zu kombinieren, und zwar in der angeführten Reihenfolge.
Im Allgemeinen sollte man beim Zerlegen daran denken, dass alle sich bewegenden oder gleitenden Teile vor dem Ausbau zu zeichnen sind, um sie wieder in der ursprünglichen Lage einzubauen, falls sie wieder verwendet werden. Dies ist besonders bei Kolben, Ventilen, Lagerdeckeln und Lagerschalen wichtig. Die Teile so ablegen, dass man sie nicht durcheinander bringen kann. Lager- und Dichtflächen auf keinen Fall mit einer Reißnadel oder gar Schlagzahlen zeichnen.

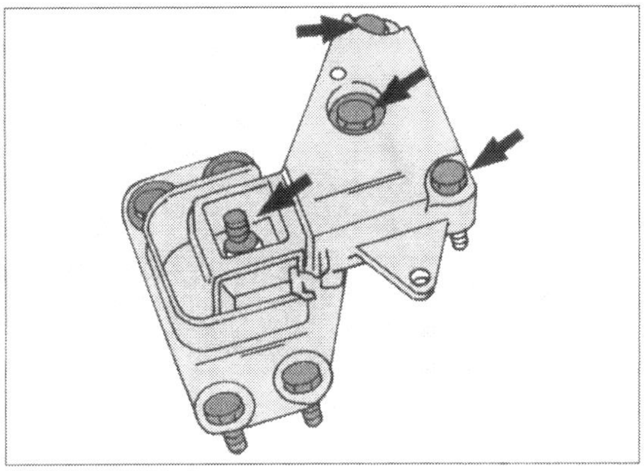

Bild 35
Die mit den Pfeilen gezeigten Befestigungen zum Ausbau des Aufhängungslagers lösen (1.4-Liter- und Dieselmotor).

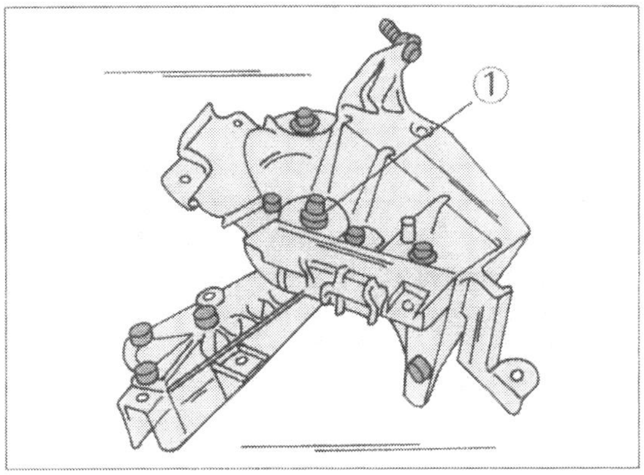

Bild 36
Mutter (1) entfernen und die Stiftschraube mit einem Kupferhammer ausschlagen.

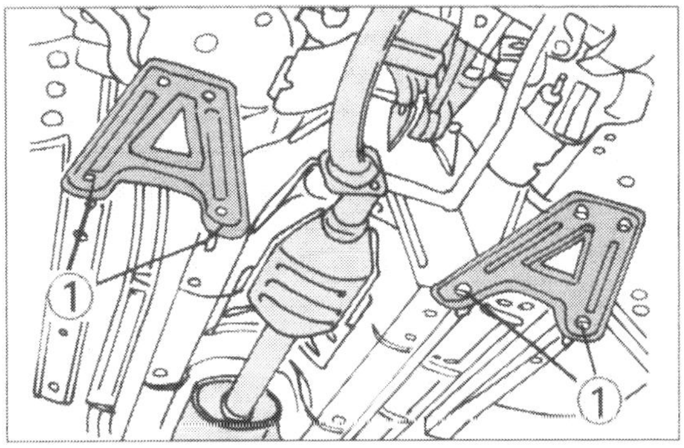

Bild 37
Ein Schwungrad kann in der gezeigten Weise mit einer Zahnsperre blockiert werden. Diese wird am Block angeschraubt und greift in die Zähne des Schwungrades ein.

Viele Teile sind aus Aluminium hergestellt und sind dementsprechend zu behandeln. Falls Hammerschläge zum Trennen bestimmter Teile erforderlich sind, nur einen Gummi-, Plastik- oder Hauthammer verwenden.
Die Zerlegung kann wesentlich erleichtert werden, wenn man einen geeigneten Montagestand hat, welcher an der Oberseite einen Schwenkkopf besitzt. Andernfalls den Motor auf eine Werkbank aufsetzen und ihn seitlich abstützen, damit er nicht umfallen kann.
Das Getriebe zuerst vom Motor abflanschen. Zuerst das Abdeckblech des Schwungradgehäuses abschrauben. Die folgenden Punkte müssen beim Trennen des Getriebes vom Motor beachtet werden:

- Anlasser abschrauben und herausziehen.
- Das Getriebe nach Lösen der Schrauben abziehen, ohne dass man das Gewicht des Getriebes auf der Kupplungswelle ruhen lässt, da andernfalls die Kupplungsmitnehmerscheibe oder die Kupplungswelle beschädigt werden kann.

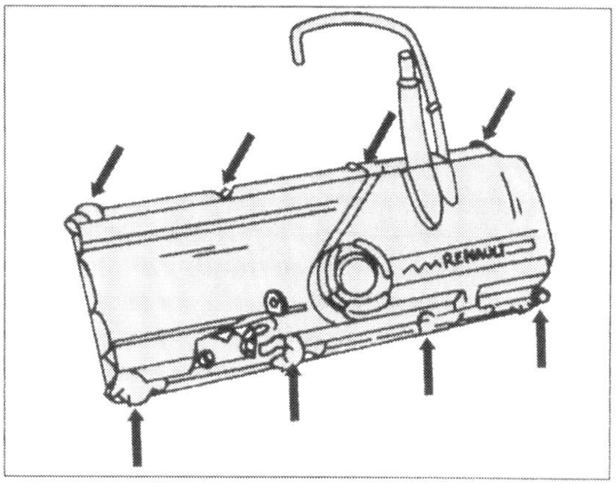

Bild 38
Die Lage der Schrauben für die Zylinderkopfhaube beim 1.4-Liter-Motor ist mit den Pfeilen gezeigt.

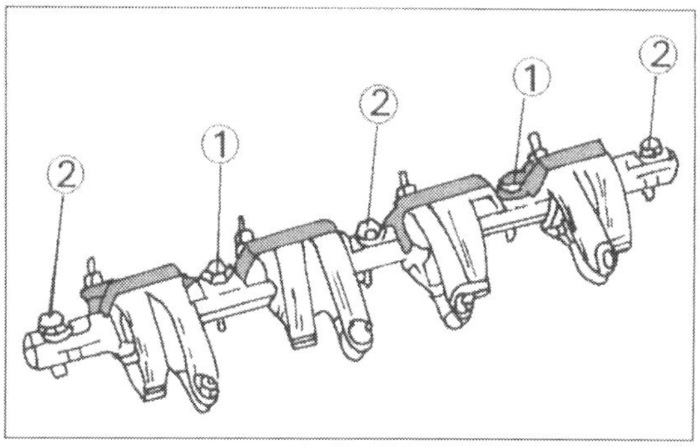

Bild 39
Die Schrauben der Kipphebelwelle sind farbig gezeichnet. Schrauben (1) und Schrauben (2) sind gleich. Schrauben nur anhand der Farbkennzeichnung erneuern. Drei Schrauben (schwarze Farbe) sind Hohlschrauben und müssen an der richtigen Stelle eingeschraubt werden.

Bild 40
Die Anzugsreihenfolge der Zylinderkopfschrauben. Die Schrauben in umgekehrter Zahlenreihenfolge in mehreren Durchgängen lockern.

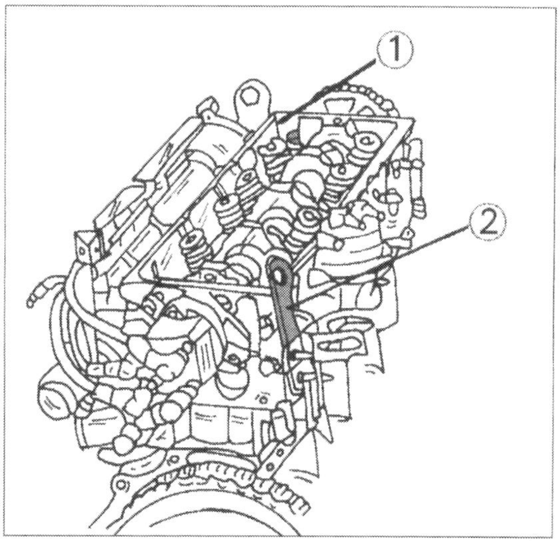

Bild 41
Ausbau des Zylinderkopfes. Die Schraube (1) nur lockern, ohne sie herauszudrehen. Danach gegen den Hebebügel (2) schlagen, bis sich der Kopf seitlich verschiebt.

Aufgrund der Unterschiede zwischen den einzelnen Motoren werden die einzelnen Motorengruppen getrennt beschrieben.
Beim Zerlegen des Motors in der folgend vorgeschlagenen Reihenfolge vorgehen, welche man jedoch beliebig ändern kann:

Zerlegung des 1.4-Liter-Motors

- Motoröl ablassen. Ablassstopfen wieder einschrauben und sofort festziehen, falls keine Arbeiten an der Ölwanne durchgeführt werden.
- Alles im Zylinderblock befindliche Kühlmittel ablassen. Ablassstopfen für das Kühlmittel wieder einschrauben.
- Die Drehstromlichtmaschine abmontieren und den Antriebsriemen abnehmen.
- Den Ölmessstab herausziehen und das Führungsrohr abschrauben.
- Den Ölfilter abschrauben, Öldruckschalter ausschrauben und den Ansaug- und Auspuffkrümmer vom Kopf abschrauben. Alle Teile der Kraftstoffeinspritzung abmontieren und zur Seite legen.
- Das Schwungrad gegen Mitdrehen gegenhalten und die Schraube der Kurbelwellenriemenscheibe lösen. Falls man eine Schwungradsperre hat, wird diese entsprechend Bild 37 eingesetzt. Die Riemenscheibe mit zwei an gegenüberliegenden Stellen untergesetzten Reifenhebeln abdrücken.
- Kupplungsdeckel und Schwungrad an gegenüberliegenden Stellen mit einem Körner kennzeichnen und die Kupplungsschrauben gleichmäßig über Kreuz lockern, bis der Deckel abgenommen werden kann.
- Bei weiterhin blockiertem Schwungrad die Schwungradschrauben lösen und das Schwungrad abnehmen. Ein festsitzendes Schwungrad mit einem Gummi- oder Kunststoffhammer abschlagen, aber darauf achten, dass es nicht herunterfallen kann.
- Auf die Vorderseite des Motors gesehen, die Spannrolle für den Zahnriemen auf der linken Seite lockern. Die Spannrolle ist mit einer Mutter befestigt und kann nach innen oder außen bewegt werden, um den Zahnriemen zu spannen. Zum Ausbau des Riemens die Mutter lockern und die Rolle soweit wie möglich nach außen drücken. Die Mutter der Spannrolle wieder in der neuen Stellung anziehen und den lockeren Zahnriemen abnehmen.
- Die Zylinderkopfhaube abmontieren. Die Befestigungsschrauben der Haube sind in Bild 38 gezeigt. Die Haube mit der Dichtung abheben.
- Die Kipphebelwelle ausbauen. Die Befestigung ist in Bild 39 zu sehen. Zu beachten ist, dass nicht alle Schrauben gleich sind. Die beiden gelben Schrauben (1) sind feste Schrauben, die drei schwarzen Schrauben (2) sind Hohlschrauben und dienen zur Schmierung der Kipphebelwelle und anderer Teile an der Oberseite des Motors. Da die Schrauben von oben ähnlich aussehen, darf man sie beim späteren Zusammenbau nicht verwechseln. Die Kipphebelwelle kann in ihre Einzelteile zerlegt werden (siehe spätere Beschreibung).
- Den Zylinderkopf ausbauen. Die Schrauben werden in entgegengesetzter Reihenfolge von Bild 40 von außen nach innen gelockert und herausgedreht, jedoch wird eine Schraube nicht vollkommen herausgedreht. Diese Schraube ist in Bild 41 zu sehen. Diese Schraube wird nur ausreichend gelockert, damit sich der Kopf auf dieser verdrehen kann, ehe er heruntergehoben wird. Zylinderkopfschrauben müssen mit einem passenden Schlüssel mit „Torx"-Kopf gelöst werden (siehe auch Bild 10).

- Mit einem Kunststoff- oder Gummihammer gegen die Hebeöse (2) in Bild 41 schlagen. Dadurch verdreht sich der Kopf auf der noch eingesetzten Schraube (1), bis er von den Laufbüchsen und der Dichtung frei ist. Warum muss man den Kopf verdrehen? Ein einfaches Herunterheben würde dazu führen, dass man eine oder mehrere Zylinderlaufbüchsen mit herauszieht. Abschließend die Schraube vollkommen herausdrehen und den Kopf abnehmen.
- Damit die Laufbüchsen nicht herausfallen können, befestigt man diese mit Klemmstücken. Da die in Bild 42 gezeigten Spezialbrücken nicht zur Verfügung stehen werden, muss man sich in ähnlicher Weise helfen. Die Klemmstücke an den Zylinderblock anschrauben. Große Scheiben und Schrauben benutzen, um die Laufbüchsen festzuklemmen.
- Den Motor auf die Zylinderkopffläche aufsetzen und die Ölwanne abschrauben. Die Dichtung abnehmen.
- Das Steuerrad der Kurbelwelle herunterziehen. Normalerweise wird dazu ein Abzieher benutzt, d.h. der Abzieher muss zwei Ausziehschrauben haben, die man in entsprechende Gewindebohrungen im Steuerrad einschrauben kann. Durch Anziehen der Mittelschraube kommt das Steuerrad herunter. Nach Herunterziehen des Steuerrades die Scheibenfeder aus der Kurbelwelle herausziehen (Seitenschneider).
- Die nächsten Arbeiten an der Vorderseite des Motors durchführen. An der Unterseite wird der vordere Deckel abgeschraubt. Die Pfeile in Bild 43 zeigen wo die Schrauben sitzen. Den Deckel vorsichtig mit einem Schraubendreher abdrücken. Die Flächen von Deckel und Zylinderblock sofort von alter Dichtungsmasse reinigen (beim Einbau werden die Flächen mit dieser eingeschmiert).
- Die Spannrolle für den Zahnriemen und die Wasserpumpe ausbauen.
- Als Nächstes die in Bild 44 mit den Pfeilen gezeigten Schrauben der Reihe nach herausdrehen. Drei der Schrauben halten das Antriebsrad der Ölpumpe an der Nabe. Das Antriebsrad der Ölpumpe zusammen mit der Kette vom Zylinderblock abnehmen.
- Den Zylinderblock umkehren, so dass die Kurbelwelle an der Oberseite liegt, und die Kennzeichnungen an Pleuelstangen und Pleuellagerdeckel kontrollieren. Falls keine sichtbar sind, die Deckel mit Farbe oder einem Körner kennzeichnen. Pleuelstange Nr. 1 liegt auf der Schwungradseite.
- Der Reihe nach die Muttern der Pleuellagerdeckel abschrauben. Die Lagerdeckel abnehmen und zusammen mit den Lagerschalen in Einbaureihenfolge ablegen. Die Lagerschalen aller Pleuel sind gleich, ursprüngliche Schalen müssen jedoch gezeichnet werden (Filzstift auf dem Rücken der Schalen).
- Der Reihe nach die Schrauben der Hauptlagerdeckel lösen. Dabei von der Mitte nach außen vorgehen. Die Schrauben in gleichmäßigen Stufen lockern, bis sie alle frei sind. Ein Kunststoff- oder Gummihammer wird zum Abschlagen der Lagerdeckel erforderlich sein. Die Deckel der Reihe nach abnehmen und sofort die darunterliegende Lagerschale in den Deckel einlegen. Ebenfalls die Halbscheiben für das Axialspiel der Kurbelwelle herausnehmen.

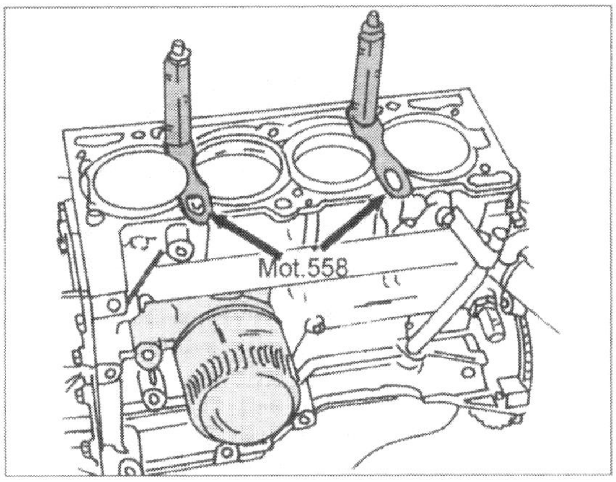

Bild 42
Klemmbriden zur Befestigung der Zylinderlaufbüchsen. Die Laufbüchsen unbedingt befestigen, ehe man den Motor umkehrt.

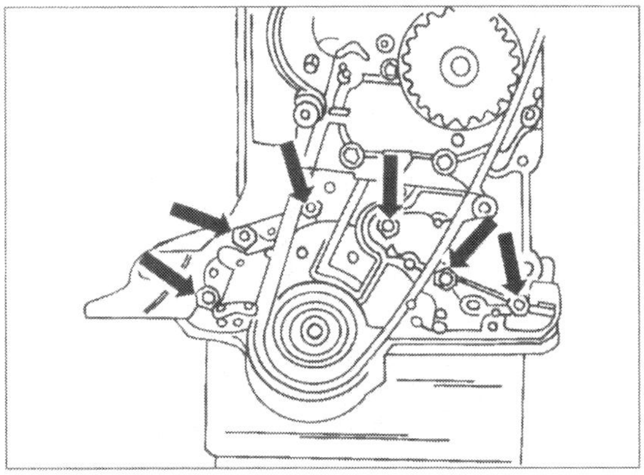

Bild 43
Die mit den Pfeilen bezeichneten Schrauben halten den unteren Deckel am Zylinderblock.

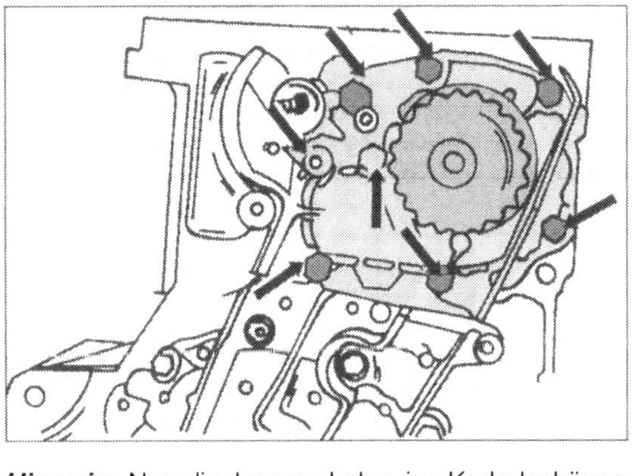

Bild 44
Ansicht des oberen Endes des Zylinderkopfes. Die mit den Pfeilen bezeichneten Schrauben lösen und das Pumpenrad mit der Ölpumpe abnehmen.

Hinweis: Nur die Lagerschalen im Kurbelgehäuse haben Ölschmiernuten, jedoch hat die obere Schale im Lager Nr. 5 ein spezielles Aussehen, d.h. sie hat eine Anschrägung zur Schmierung des Antriebsrades der Ölpumpe. Vor dem Ausbau kontrollieren, wie die Schale eingesetzt ist.

- Kurbelwelle vorsichtig herausheben und die Lagerschalen aus dem Kurbelgehäuse herausnehmen. Die Hauptlagerdeckel und die beiden Lagerschalen mit einem Stück Schnur zusammenbinden, um sie nicht zu verwechseln. Die Anlaufscheiben herausnehmen.
- Die Klemmstücke für die Laufbüchsen abschrauben und die Laufbüchsen mit den Kolben aus dem Zylinderblock herausziehen. Jede Laufbüchse muss mit der Zylindernummer gezeichnet werden, falls man sie wieder einbauen will. Die Kolben verbleiben in der Zwischenzeit in den Laufbüchsen.

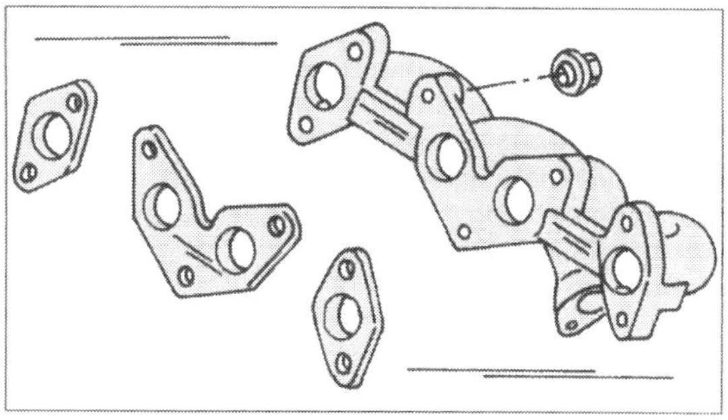

Bild 45
Auspuffkrümmer zusammen mit den Dichtungen.

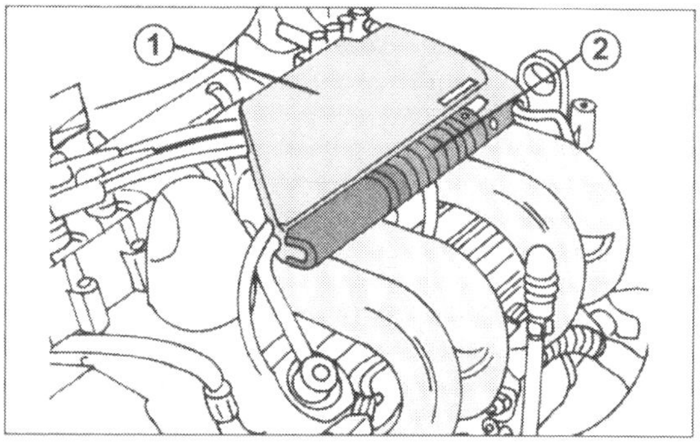

Bild 46
Das am Motor angebrachte Werkzeug (2) zum Abziehen der Zündkerzenstecker befindet sich in der Kunststoffabdeckung (1).

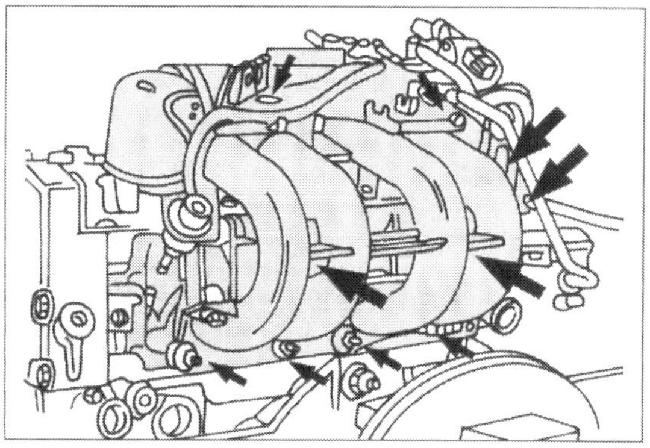

Bild 47
Nach Lösen der Befestigungen das Ansaugsammelrohr mit Drosselklappengehäuse und Einspritzverteilerrohr abnehmen.

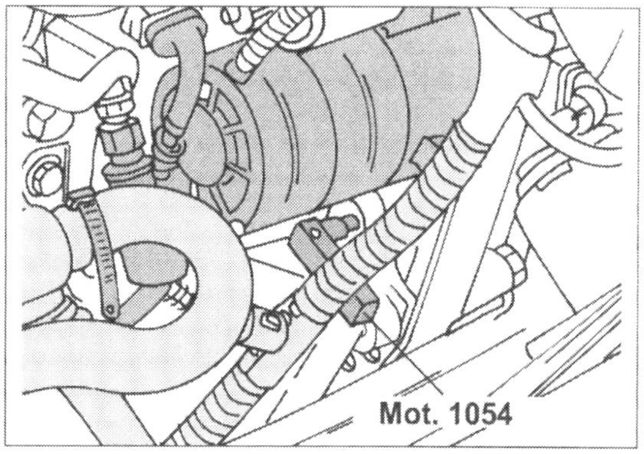

Bild 48
Der Arretierbolzen zum Sperren der Kurbelwelle, in diesem Fall der Spezialbolzen gezeigt, wird an der gezeigten Stelle eingeschoben.

Zerlegung des 1.1-Liter-Motors

Um die Kurbelwelle beim Ausbau der Steuerungsteile auf den oberen Totpunkt zu arretieren, wird in der Werkstatt ein Arretierbolzen benutzt. Bei diesem handelt es sich um einen an einem Griff angebrachten Bolzen, welcher in den Zylinderblock eingeschoben wird und bei richtiger Kurbelwellenstellung in eine Bohrung der Kurbelwelle hinein rutscht. In einer der Abbildungen wird das Werkzeug gezeigt.

- Motoröl ablassen, falls es noch im Motor ist. Ablassstopfen wieder einschrauben und sofort festziehen, falls keine Arbeiten an der Ölwanne durchgeführt werden.
- Alles im Zylinderblock befindliche Kühlmittel ablassen. Ablassstopfen für das Kühlmittel wieder einschrauben.
- Den Luftfilter ausbauen.
- Den in Bild 45 gezeigten Auspuffkrümmer abschrauben und die Dichtungen abnehmen. Dichtungen immer erneuern.
- Die Zündkerzenkabel abziehen. Dazu wird das in dem am Motor angebrachten Kunststoffdeckel untergebrachte Spezialwerkzeug benutzt. Bild 46 zeigt wo man das Werkzeug finden kann.
- Ansaugsammelrohr, Drosselklappengehäuse und Kraftstoffverteilerrohr zusammen abschrauben. Die Befestigungsstellen sind in Bild 47 gezeigt.
- Drehstromlichtmaschine abmontieren und den Antriebsriemen abnehmen.
- Schwungrad gegen Mitdrehen gegenhalten und die Schraube der Kurbelwellenriemenscheibe lösen. Falls man eine Schwungradsperre hat, wird diese entsprechend Bild 37 eingesetzt. Die Riemenscheibe mit zwei an gegenüberliegenden Stellen untergesetzten Reifenhebeln abdrücken.
- Kupplungsdeckel und Schwungrad an gegenüberliegenden Stellen mit einem Körner kennzeichnen und die Kupplungsschrauben gleichmäßig über Kreuz lockern, bis der Deckel abgenommen werden kann.
- Bei weiterhin blockiertem Schwungrad die Schwungradschrauben lösen und das Schwungrad abnehmen. Ein festsitzendes Schwungrad mit einem Gummi- oder Kunststoffhammer abschlagen, aber darauf achten, dass es nicht herunterfallen kann.
- Die Riemenscheibe der Kurbelwelle ausbauen.
- Den unteren Zahnriemenschutzdeckel abschrauben und die verbleibenden Deckel ausbauen. Als Nächstes wird der Zahnriemen ausgebaut.
- Den Arretierbolzen an der in Bild 48 gezeigten Stelle in den Zylinderblock einschieben (oder man benutzt einen Metallstab von 8 mm Durchmesser und schiebt diesen ein). Der Bolzen lässt sich einschieben, wenn die Steuerzeichen an den Steuerrädern der Kurbelwelle und Nockenwelle fluchten. **Zu beachten:** Das Steuerrad der Nockenwelle hat fünf Steuerzeichen, jedoch zeigt nur die rechtwinklige Kennzeichnung den oberen Totpunkt an. Die anderen Zeichen dienen zur Einstellung der Ventile. Bild 49 zeigt das Steuerrad mit Lage der Kennzeichnungen.
- Auf die Vorderseite des Motors gesehen, unter Bezug auf Bild 50 die Spannrolle für den Zahnriemen (1) auf der linken Seite lockern. Die Spannrolle ist mit einer Mutter befestigt und kann nach innen oder außen bewegt werden, um den Zahnriemen zu spannen. Zum Ausbau des Riemens die Mutter lockern und die Rolle so weit wie möglich nach außen drücken. Die Mutter der Spannrolle wieder in der neuen Stellung anziehen und den lockeren Zahnriemen abnehmen. Die Schraube des Steuerrades der Nockenwelle (1) kann ebenfalls gelöst werden. Dabei das Steuerrad in geeigneter Weise gehen Mitdrehen halten.
- Die Zylinderkopfhaube abmontieren.
- Die Kipphebelwelle ausbauen. Die Befestigungsweise erfolgt in ähnlicher Weise wie beim 1.4-Liter-

Motor. Die entsprechende Beschreibung ist zu befolgen.

- Das Steuerrad der Nockenwelle herunterziehen. Den Öldichtring für die Nockenwelle aus der Bohrung im Zylinderkopf herausziehen.
- Die Befestigungsschrauben der Halteplatte der Nockenwelle herausdrehen und die Nockenwelle aus dem Zylinderkopf herausziehen. Die Befestigung geschieht an der gegenüberliegenden Seite des Zahnriemens (siehe ebenfalls Montagebild des Zylinderkopfes).
- Thermostatgehäuse abschrauben. Dies ist das in Bild 51 gezeigte Teil am Zylinderkopf.
- Den Zylinderkopf ausbauen. Die Schrauben werden in entgegengesetzter Reihenfolge von Bild 52 von außen nach innen gelockert und herausgedreht. Zylinderkopfschrauben müssen mit einem passenden Schlüssel mit „Torx"-Kopf gelöst werden (siehe auch Bild 10).
- Den Motor auf die Zylinderkopffläche aufsetzen und die Ölwanne abschrauben. Die Dichtung abnehmen, falls eine eingebaut ist.
- Das Steuerrad der Kurbelwelle herunterziehen. Normalerweise wird dazu ein Abzieher benutzt, d.h. der Abzieher muss zwei Ausziehschrauben haben, die man in entsprechende Gewindebohrungen im Steuerrad einschrauben kann. Durch Anziehen der Mittelschraube kommt das Steuerrad herunter. Nach Herunterziehen des Steuerrades die Scheibenfeder aus der Kurbelwelle herausziehen (Seitenschneider).
- Bei den nächsten Arbeiten wird Bild 53 helfen. An der Vorderseite sitzt die Ölpumpe zusammen mit dem daran angebrachten Ölfilter. Zuerst den Öldichtring aus dem Ölpumpengehäuse herausziehen und das Ölansaugrohr mit dem Ölsieb an der Unterseite abschrauben. Die Ölpumpe danach abschrauben. Die Pumpe sitzt auf Passstiften. Sie kann in die in Bild 54 gezeigten Teile zerlegt werden, lässt sich aber nicht reparieren.
- Die Spannrolle für den Zahnriemen und die Wasserpumpe abschrauben (Bild 55).
- Zylinderblock umkehren, so dass die Kurbelwelle an der Oberseite liegt, und die Kennzeichnungen an Pleuelstangen und Pleuellagerdeckel kontrollieren. Falls keine sichtbar sind, die Deckel mit Farbe oder einem Körner kennzeichnen. Pleuelstange Nr. 1 liegt auf der Schwungradseite.
- Der Reihe nach die Muttern der Pleuellagerdeckel abschrauben. Die Lagerdeckel abnehmen und zusammen mit den Lagerschalen in Einbaureihenfolge ablegen. Die Lagerschalen aller Pleuel sind gleich, ursprüngliche Schalen müssen jedoch gezeichnet werden (Filzstift auf dem Rücken der Schalen).
- Der Reihe nach die Schrauben der Hauptlagerdeckel lösen. Dabei von der Mitte nach außen vorgehen. Die Schrauben in gleichmäßigen Stufen lockern, bis sie alle frei sind. Ein Kunststoff- oder Gummihammer wird zum Abschlagen der Lagerdeckel erforderlich sein. Die Deckel der Reihe nach abnehmen und sofort die darunterliegende Lagerschale in den Deckel einlegen. Die Lagerschale Nr. 3 im Zylinderblock hat Flansche zur Aufnahme des Kurbelwellenaxialspiels an der Seite. Die dazugehörige Lagerschale im Lagerdeckel ist eine einfache Lagerschale ohne Ölschmiernut.

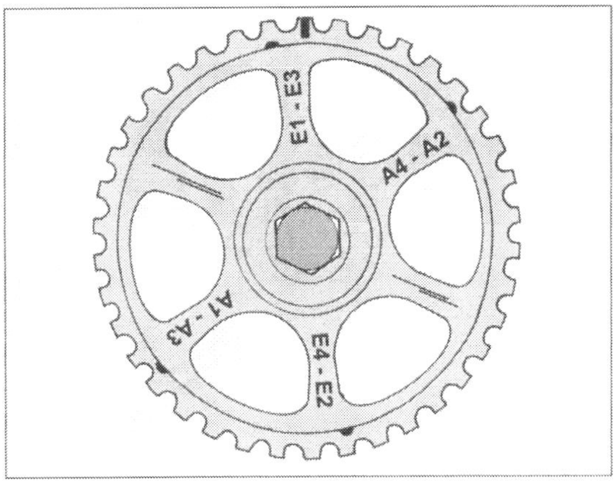

Bild 49
Das Steuerrad der Nockenwelle hat die gezeigten Kennzeichnungen. Nur die rechtwinklige Kennzeichnung wird zum Ausrichten der Steuerzeichen benutzt.

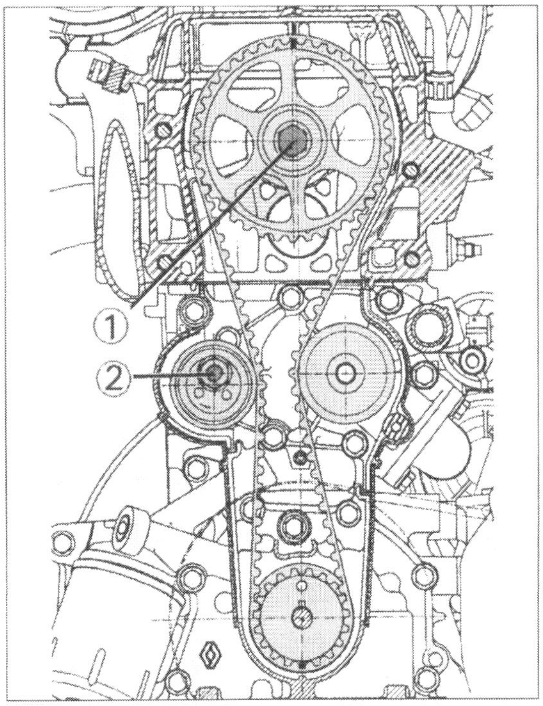

Bild 50
Ansicht des eingebauten Zahnriemens beim 1.1-Liter-Motor.
1 Schraube des Steuerrades der Nockenwelle (immer erneuern)
2 Mutter des Zahnriemenspanners

Bild 51
Das Thermostatgehäuse, hier beim 1.1-Liter-Motor gezeigt, sitzt an der gezeigten Stelle.

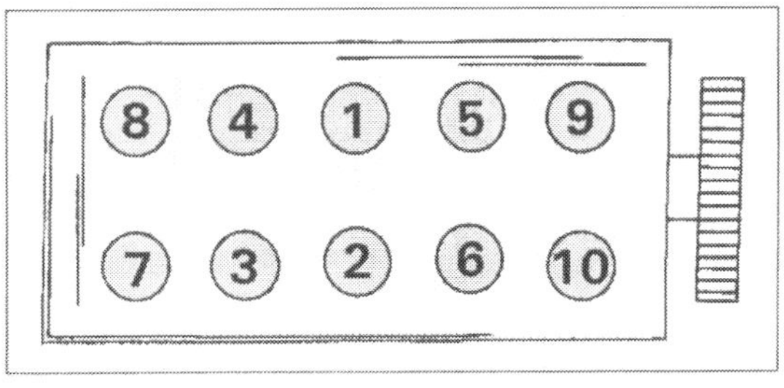

Bild 52
Anzugsreihenfolge der Zylinderkopfschrauben. Beim Lösen in umgekehrter Reihenfolge vorgehen.

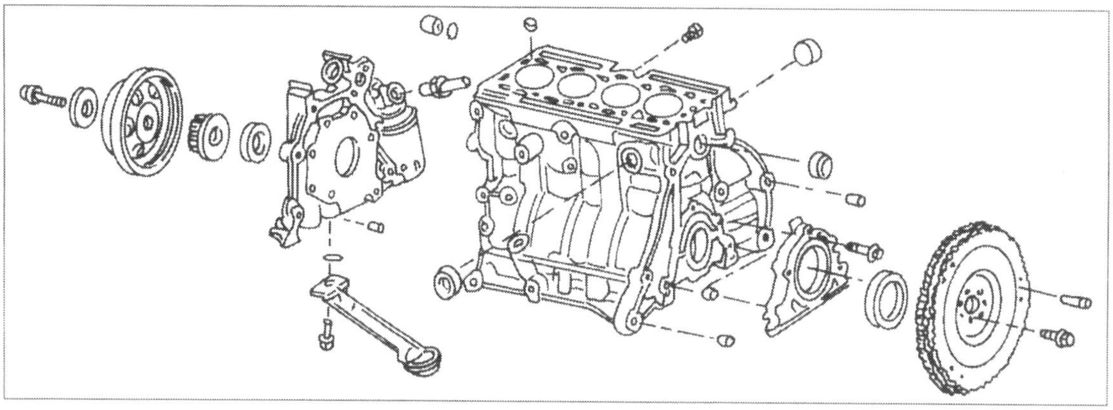

Bild 53
Der Zylinderblock des 1.1-Liter-Motors mit den daran befestigten Teilen.

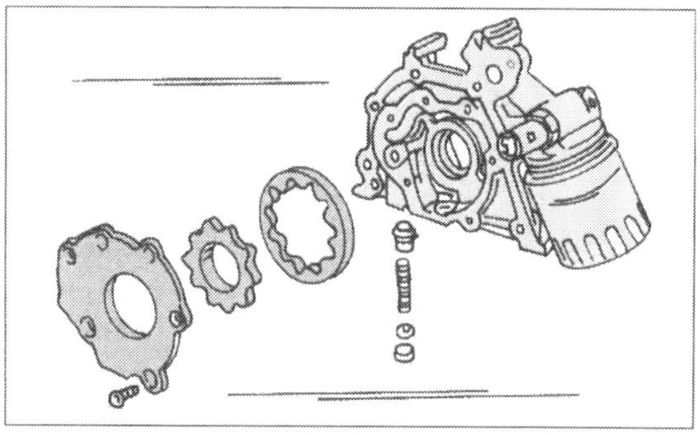

Bild 54
Die zerlegte Ölpumpe. Die Pumpe nur zur Überprüfung zerlegen. Sie kann nicht repariert werden.

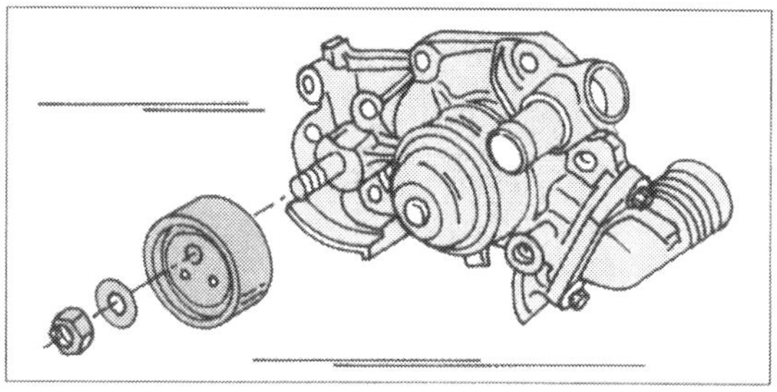

Bild 55
Der Zahnriemenspanner ist mit einer Stiftschraube an der Wasserpumpe verschraubt.

Hinweis: Nur die Lagerschalen der Lager Nr. 1, 2, 4 und 5 im Kurbelgehäuse haben Ölschmiernuten. Schalen ohne Ölschmiernut, jedoch mit einem Ölschmierloch werden in den Hauptlagerdeckel eingebaut.

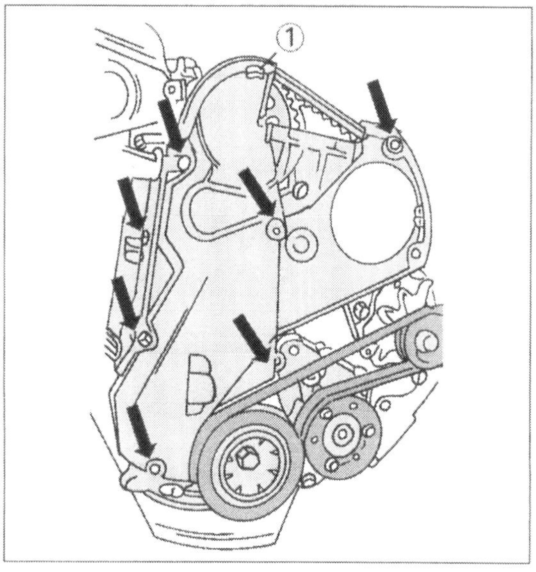

Bild 56
Motor auf den oberen Totpunkt bringen und die Steuermarke in der Öffnung (1) kontrollieren. Die Pfeile weisen auf die Deckelschrauben.

- Kurbelwelle vorsichtig herausheben und die Lagerschalen aus dem Kurbelgehäuse herausnehmen. Die Hauptlagerdeckel und die beiden Lagerschalen mit einem Stück Schnur zusammenbinden, um sie nicht zu verwechseln.

Zerlegung des Dieselmotors

Hinweis: Ehe man einen Dieselmotor zerlegt sollte man die Anweisungen in Kapitel 2.8.1 durchlesen, da es bei bestimmten Motoren sehr schwierig ist die Spannung des Zahnriemens einwandfrei einzustellen. Dies gilt besonders bei eingebautem Motor mit der Bezeichnung F8Q 632 (mit Lucas-Einspritzanlage).

- Drehstromlichtmaschine, Einspritzpumpe, Ölfilter und Öldruckschalter, und alle anderen Motornebenteile, einschließlich des Ansaug- und Auspuffkrümmers abschrauben.
- Kupplung und Schwungrad an gegenüberliegenden Stellen mit einem Körner kennzeichnen und die Kupplung gleichmäßig und über Kreuz vom Schwungrad abschrauben. Das Schwungrad muss dabei gegen Mitdrehen gehalten werden, indem man einen Schraubendreher in den Zahnkranz einsetzt. Andernfalls kann es entsprechend Bild 37 gegengehalten werden.
- Die Ablassschraube für das Kühlmittel aus dem Zylinderblock herausdrehen und alle Flüssigkeit aus dem Block herauslaufen lassen.
- Die Kurbelwelle durchdrehen, bis der Kolben des ersten Zylinders auf OT im Verdichtungshub steht. Renault-Werkstätten benutzen einen Arretierbolzen (Mot. 1054) zu diesem Zweck, welcher in der Nähe des Ölmessstabs in die Seite des Zylinderblocks eingeschoben wird (ähnlich wie in Bild 48) und in eine entsprechende Öffnung im Gegengewicht der Kurbelwelle eingreift. Dadurch wird die Kurbelwelle in der OT-Stellung arretiert. Falls dieser Bolzen nicht zur Verfügung steht, darf man die Kurbelwelle nicht durchdrehen, bis der Zylinderkopf ausgebaut wurde, oder man benutzt einen Metallstab von 8 mm Durchmesser und schiebt diesen ein. Weitere Einzelheiten werden später beim Zusammenbau dieses Motors gegeben.
- Kontrollieren, dass das Steuerzeichen im Steuerrad der Nockenwelle im kleinen Sichtfenster an der Oberseite des Zahnriemenschutzdeckels zu sehen ist (siehe Bild 56) und die Schrauben des Schutzdeckels für den Zahnriemen lösen. Die Befestigungsstellen sind in Bild 56 gezeigt. Den Deckel abnehmen.

• Die Steuerzeichen im Zahnriemen anhand von Bild 57 auf den dahinter sitzenden Deckel mit einem Filzstift übertragen. Kleine Linien sind in den Zahnriemen und „Punkte“ in die Steuerräder eingezeichnet. Außerdem sind zwei kleine Pfeile in den Zahnriemen eingezeichnet. Diese Stelle kommt zwischen die Räder der Nockenwelle und der Einspritzpumpe. Nach dem Zusammenbau müssen die Pfeile in Drehrichtung des Motors weisen.

Hinweis: Ab Baujahr 2000 hergestellte Motoren haben meistens einen automatischen Spanner für den Zahnriemen. Auf diesen wird in Kapitel 2.8 eingegangen. Bei diesem Motor muss auch das Steuerrad der Nockenwelle bei Erneuerung des Zahnriemens erneuert werden. Die folgende Beschreibung gilt nur für Motoren vor dem genannten Baujahr.

• Die Mutter des Zahnriemenspanners lockern, indem man die Mutter in der Mitte in Pfeilrichtung von Bild 58 verdreht. Dabei wird der Riemen locker und kann abgenommen werden. Den Riemen von Öl und Fett fern halten und nicht zu kleinen Krümmungen zusammendrücken. Am besten wird der Riemen an einen Nagel gehängt. *Als Erinnerungsstütze:* Soll der Riemen wieder verwendet werden, kennzeichnet man die Laufrichtung in der Außenseite mit einem Pfeil, jedoch nur einen Filzstift dazu verwenden.
• Die Befestigungsmuttern des Steuerrades der Nockenwelle und Antriebsrades der Einspritzpumpe lockern. Beide Räder müssen dabei gegengehalten werden. Man kann zum Beispiel einen Dorn durch eine Bohrung im Steuerrad einschieben und gegen den Zylinderkopf/block anlegen.
• Das Steuerrad der Nockenwelle herunterziehen. Ebenfalls das Antriebsrad der Einspritzpumpe. Im letzteren Fall ist ein Abzieher erforderlich.
• Den Riemenspanner abschrauben.
• Das Schild von der Stirnseite des Motors abschrauben (am Kopf und Block verschraubt).
• Die Zylinderkopfhaube abmontieren. Diese ist mit drei Hutmuttern und Scheiben befestigt.
• Das Metallschutzblech über der Drehstromlichtmaschine abschrauben.
• Die Einspritzleitungen zwischen den Einspritzdüsen und der Einspritzpumpe abschließen und herausnehmen. Die Leitungen dabei nicht verbiegen.
• Die Zylinderkopfschrauben in umgekehrter Reihenfolge von Bild 59 in mehreren Durchgängen lockern. Ein besonderer Schlüsseleinsatz (Mot. 852) mit Ansatz für einen Stecknussknebel ist zum Lösen der Schrauben erforderlich. Der Zylinderkopf wird durch zwei Passstifte geführt und wird nach oben heruntergehoben. Ein festhängender Zylinderkopf kann gelöst werden, indem man einen Holzklotz an der in Bild 60 gezeigten Stelle ansetzt und mit einem Hammer dagegenschlägt.
• Glühkerzen, Einspritzdüsen und Wirbelkammern, falls erforderlich, aus dem Zylinderkopf ausbauen.
• Schwungrad gegenhalten, wie es weiter oben bereits erwähnt wurde, und die Schraube der Kurbelwellenriemenscheibe entfernen. Die Riemenscheibe abdrücken, indem man zwei Reifenhebel an gegenüberliegenden Stellen untersetzt.

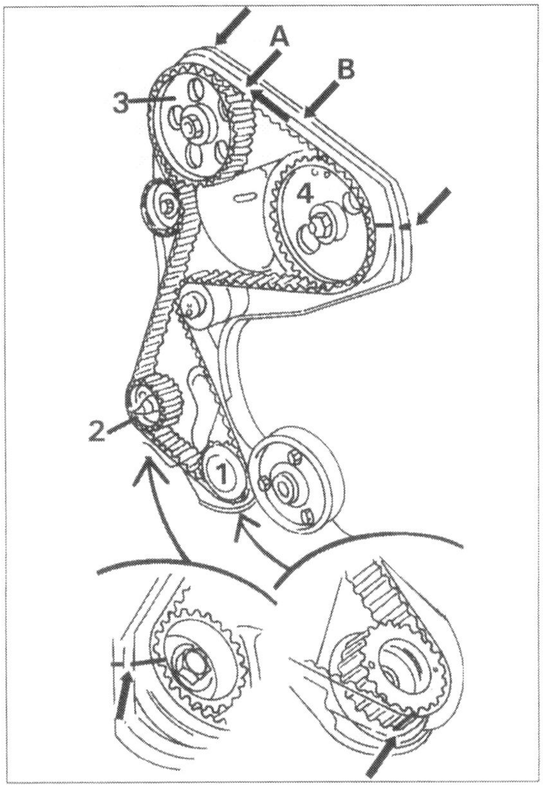

Bild 57
Einzelheiten zum Ausbau des Zahnriemens beim ursprünglich eingebauten F8Q-Motor. Den Riemen in der Reihenfolge 1-2-3-4 über die Zahnräder abheben. Gilt nicht bei den in Abschnitt 2.8 angegebenen Motoren.

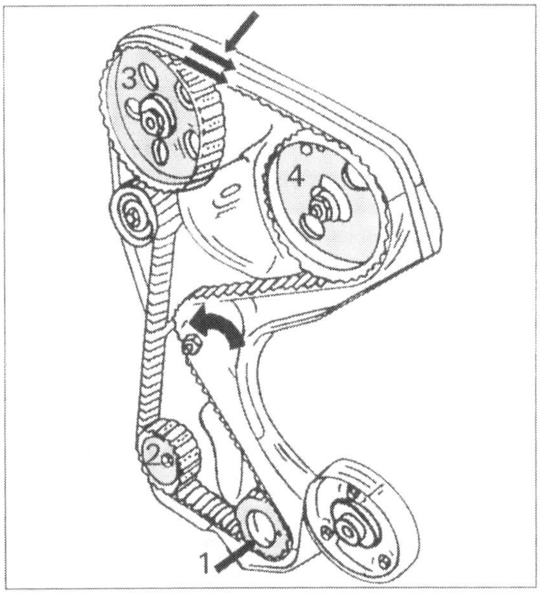

Bild 58
Ansicht des eingebauten Zahnriemenantriebs bei einem F8Q-Motor. Die Zahlen geben an, in welcher Reihenfolge der Riemen aufgelegt wird. Auf die Pfeile im Zahnriemen achten. Gilt nicht bei allen Motoren (siehe Abschnitt 2.8).

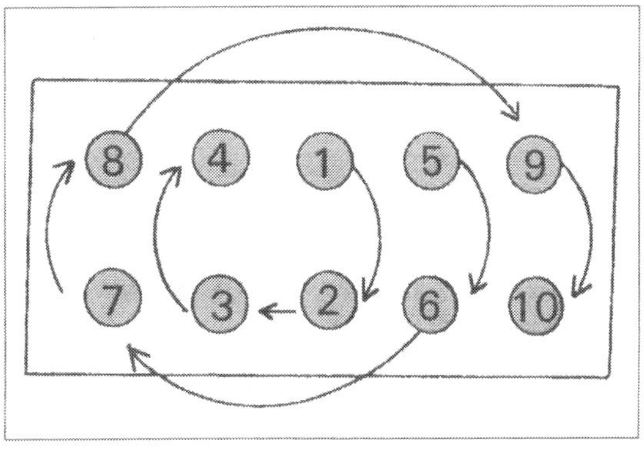

Bild 59
Reihenfolge zum Anziehen der Zylinderkopfschrauben. Die Schrauben in umgekehrter Reihenfolge lösen.

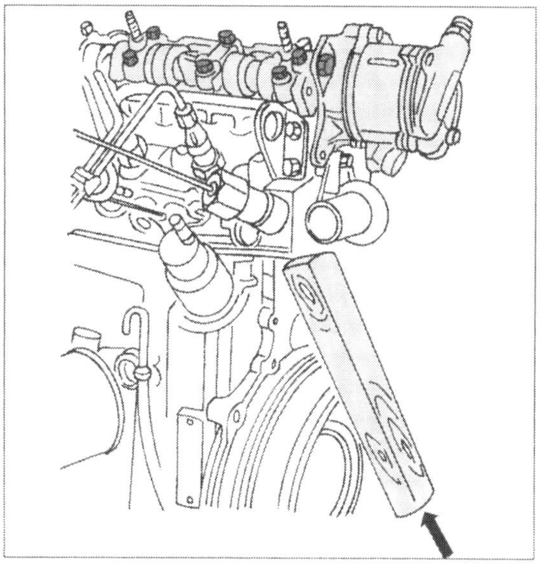

Bild 60
Lösen des Zylinderkopfes. Einen Holzklotz an der gezeigten Stelle ansetzen und mit einem Hammer dagegenschlagen. Dadurch löst sich der Kopf von den Passhülsen.

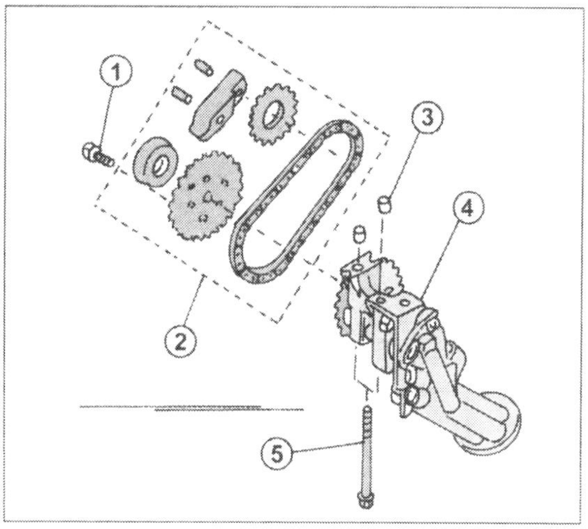

Bild 61
Die Teile der Ölpumpe des Dieselmotors.
1 Kettenradschraube
2 Teile des Kettenantriebs
3 Passhülse
4 Ölpumpe
5 Befestigungsschraube

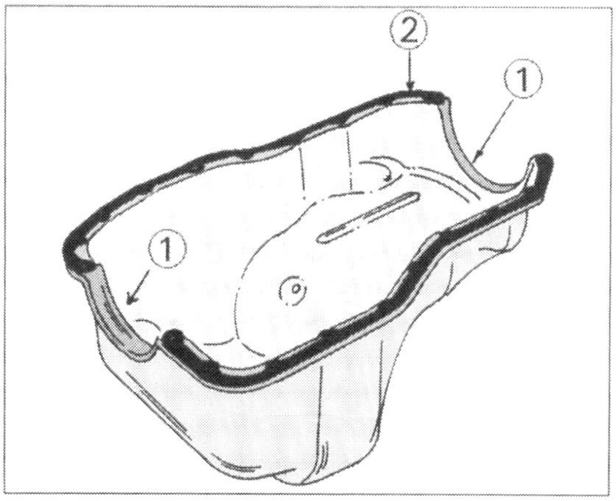

Bild 62
Die Pfeile weisen auf die Befestigungsschrauben der Ölpumpe (Motor mit Zwischenwelle).

- Das Steuerrad der Kurbelwelle abmontieren. Das Steuerrad sitzt ziemlich fest und ein Abzieher sollte zum Herunterziehen verwendet werden. Andernfalls zwei Reifenhebel benutzen, wie es oben erwähnt wurde, aber darauf achten, dass das Steuerrad nicht beschädigt wird.
- Schwungrad weiterhin gegenhalten und die 7 Schrauben des Schwungrades lösen. Falls das Schwungrad nicht sofort herunterkommt, kann man es mit einem Kunststoff- oder Gummihammer abschlagen.
- Ölpumpe ausbauen, wie es in Kapitel 3 beschrieben wird. Bild 61 zeigt die auszubauenden Teile.
- Von der Vorderseite des Zylinderkopfes die Wasserpumpe abschrauben und die Dichtung abnehmen. Die Riemenscheibe kann vom Pumpenflansch abgeschraubt werden, falls dies erwünscht ist. Ebenfalls von der Vorderseite des Motors den Öldichtringträger abschrauben. Den Dichtring von der Innenseite aus dem Träger ausschlagen.
- Den Motor auf die Zylinderblockfläche aufsetzen und die Ölwanne abschrauben. Sofort beachten, wie diese abgedichtet ist. Bild 62 gibt nähere Einzelheiten.
- Den Motor so verdrehen, dass die Kurbelwelle an die Oberseite kommt, und die Zusammengehörigkeit der Pleuel und Pleuellagerdeckel auf der Seite der Zwischenwelle kennzeichnen. Dazu mit einem Körner ein, zwei, drei und vier Schläge in beide Teile einschlagen.
- Die Schrauben der Pleuel der Reihe nach lösen. Die Lagerdeckel abnehmen und die Lagerschale vom Kurbelzapfen abnehmen, falls sie noch daran klebt. Die Schale mit der jeweiligen Lagerschale zusammen lassen.
- Mit einem Hammerstiel der Reihe nach die Kolben und Pleuelstangen von der Innenseite aus nach oben aus dem Zylinderblock drücken. Falls sich an der Oberkante der Zylinderbohrungen ein Ölkohlering gebildet hat, kann man diesen vorsichtig mit einem Schaber entfernen. Die Kolben und die Pleuelstangen entsprechend ihrer Zylindernummer auf einer sauberen Werkbank auslegen.
- Die Markierungen der Hauptlagerdeckel entsprechend der Lage am Zylinderblock kontrollieren und falls erforderlich mit einem Körner oder mit Farbe kennzeichnen. Lagerdeckel Nr. 1 befindet sich auf der Schwungradseite.
- Die Hauptlagerdeckel der Reihe nach abschrauben. Ein Innensechskantschlüssel (Inbusschlüssel, siehe Bild 63) mit einer Stecknuss muss zum Lösen der Schrauben des Deckels auf der Schwungradseite benutzt werden, jedoch treten weiter Probleme auf. Der Lagerdeckel sitzt sehr fest und man muss sich eine Metallbrücke aus ca. 2,5 mm starkem Stahl zurechtbiegen und wie in Bild 64 gezeigt in den Bohrungen des Lagerdeckels befestigen. Danach einen Hebel oder eine Stange unter die Brücke untersetzen und den Deckel heraushebeln.
- Die oberen Lagerschalen herausnehmen und mit dem Deckel zusammenlegen.
- Die Kurbelwelle vorsichtig herausheben und die verbleibenden Lagerschalen aus dem Kurbelgehäuse herausnehmen. Die einzelnen Schalen mit den anderen Schalen und den dazugehörigen Lagerdeckeln zusammenbinden, damit sie nicht verwechselt werden (nur im Fall, dass man sie wieder einbauen will).
- Die Anlaufhalbscheiben (1) in Bild 65 für den Axialdruck der Kurbelwelle herausnehmen.

Bild 66 zeigt ein Montagebild des Kurbeltriebs und sollte beim Zerlegen und beim späteren Zusammenbau und sonstigen Arbeiten hinzugezogen werden.

2.3 Zusammenbau des Motors

Dieses Kapitel beschreibt den allgemeinen Zusammenbau des Motors. Einzelheiten über Reparatur und Überholung der einzelnen Baugruppen werden in Kapiteln 2.4 und danach beschrieben. Die nachstehenden, allgemeinen Anweisungen sollten beim Zusammenbau eines Motors immer beachtet werden. Der Zusammenbau der einzelnen Motorengruppen wird aufgrund der Konstruktionsunterschiede getrennt beschrieben.

- Kontrollieren, ob alle Teile sauber und frei von Fremdkörpern sind, ehe sie zusammengebaut werden.
- Einen Ölschmierfilm an alle Teile, die sich drehen oder die gleiten, auftragen. Dies ist vor dem Zusammenbau durchzuführen und nicht nachdem die Teile bereits zusammengebaut sind, da sonst das Öl nicht an die eigentlichen Lagerstellen heran kann. Es ist besonders wichtig, dass Kolben, Kolbenringe und Zylinderwandungen vor dem Zusammenbau reichlich mit Motoröl geschmiert werden.
- Alle Teile des Zylinderblocks gründlich reinigen, wenn der Motor vollkommen zerlegt wurde. Bei teilweiser Zerlegung darauf achten, dass keine Fremdkörper in die nicht zerlegten Teile des Motors, oder in Hohlräume, fallen können. Alle Öffnungen entweder abkleben oder mit Lappen abdecken, um dies zu verhindern.
- Ölkanäle und -bohrungen am besten mit Pressluft ausblasen. Falls diese nicht zur Verfügung steht, die Kanäle oder Bohrungen mit einem Stück Holz durchstoßen, aber niemals mit Metallgegenständen.
- Dichtringe, Dichtungen, usw. sollten immer erneuert werden. Auf keinen Fall an diesen Teilen sparen und ursprünglich beschädigte Teile wieder verwenden.
- In der Maß- und Einstelltabelle sind die Verschleißgrenzen der meisten beweglichen Teile angegeben. Falls Zweifel über ein Teil bestehen, oder die Verschleißgrenze ist bald erreicht, ist es vielleicht besser, wenn man das Teil erneuert, um sich eine baldige Wiederzerlegung zu ersparen.

Zusammenbau des 1.1-Liter-Motors

Der Zusammenbau erfolgt nach dem folgenden Schema, zuerst wird die Kurbelwelle eingebaut:

- Zylinderblock in einen Montagestand einspannen oder auf eine Werkbank aufsetzen.
- Den Zylinderblock so ausrichten, dass die offene Seite nach oben steht und die Hauptlagerschalen **mit Ölschmiernuten** in die Lagerbohrungen 1, 2, 4 und 5 im Zylinderblock und die Lager **ohne Ölschmiernuten** in die entsprechenden Hauptlagerdeckel ein einlegen. Die Lagerschalen gut einölen. Da man hier keine Fehler machen darf, muss man sich unbedingt an Bild 67 halten.
- Die Lagerschale Nr. 3 (3, Bild 67) mit den Anlaufflanschen an beiden Seiten in den Zylinderblock einlegen, die einfache Schale (4) in den dementsprechenden Hauptlagerdeckel einlegen.
- Die Hauptlagerzapfen und Kurbelzapfen der Welle einölen und die Kurbelwelle vorsichtig in die Lager heben. Die Welle einige Male durchdrehen, damit sich die Zapfen gut in den Schalen einspielen können.

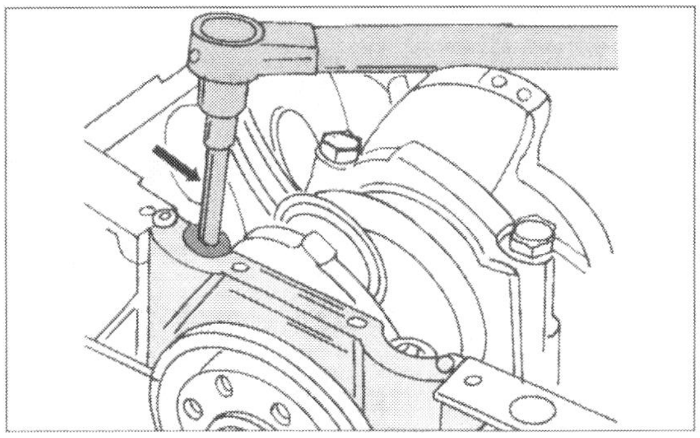

Bild 63
Der Hauptlagerdeckel Nr. 1 wird mit Inbusschrauben (Innensechskantschrauben) gehalten.

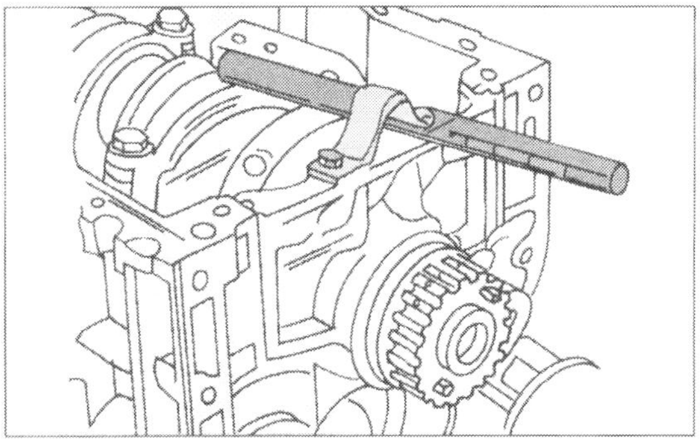

Bild 64
Der Hauptlagerdeckel Nr. 1 sitzt ziemlich fest und wird mit der gezeigten Vorrichtung aus dem Zylinderblock gezwungen.

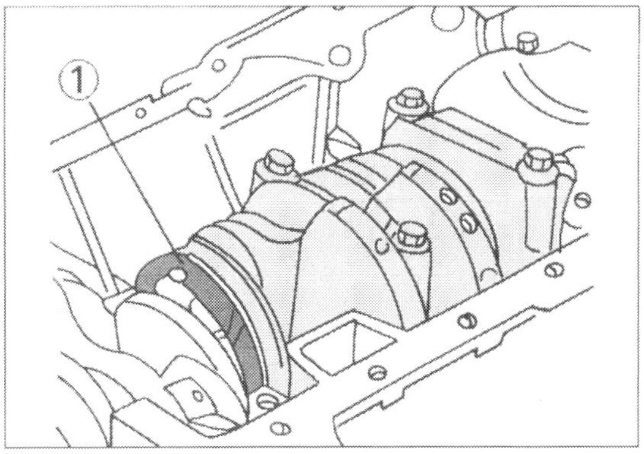

Bild 65
Die Lage der Anlaufscheiben (1) zur Regulierung des Axialspiels der Kurbelwelle beim Dieselmotor.

- Die Hauptlagerdeckel entsprechend ihrer Kennzeichnung aufsetzen. Die Deckel gut mit einem Gummihammer anschlagen. Die Schrauben gleichmäßig und über Kreuz auf 20 Nm anziehen und aus der Endstellung um weitere 80° im Winkelanzug nachziehen.
- Die Kurbelwelle einige Male durchdrehen, um Klemmstellen festzustellen. Die Welle kann frei gemacht werden, indem man mit einem Gummihammer einige Male auf die Lagerdeckel schlägt.
- Das Axialspiel der Kurbelwelle mit einer Messuhr ausmessen, welche in ähnlicher Weise wie in Bild 68 gezeigt am Zylinderblock montiert wird. Den Taststift gegen den Flansch der Kurbelwelle anlegen und die Welle mit einem Hammerstiel, zwischen der ersten Kurbelkröpfung und dem Kurbelgehäuse eingesetzt, hin- und herbewegen. Der an der Messuhr angezeigte Wert muss zwischen 0,06 - 0,235 mm liegen, falls die alte Welle wieder eingebaut wird. Wird das Höchstmaß überschritten, haben sich höchstwahrscheinlich die Anlageflächen der Flansche am mittleren Lager abgenutzt. Falls nötig die Schalen erneuern.

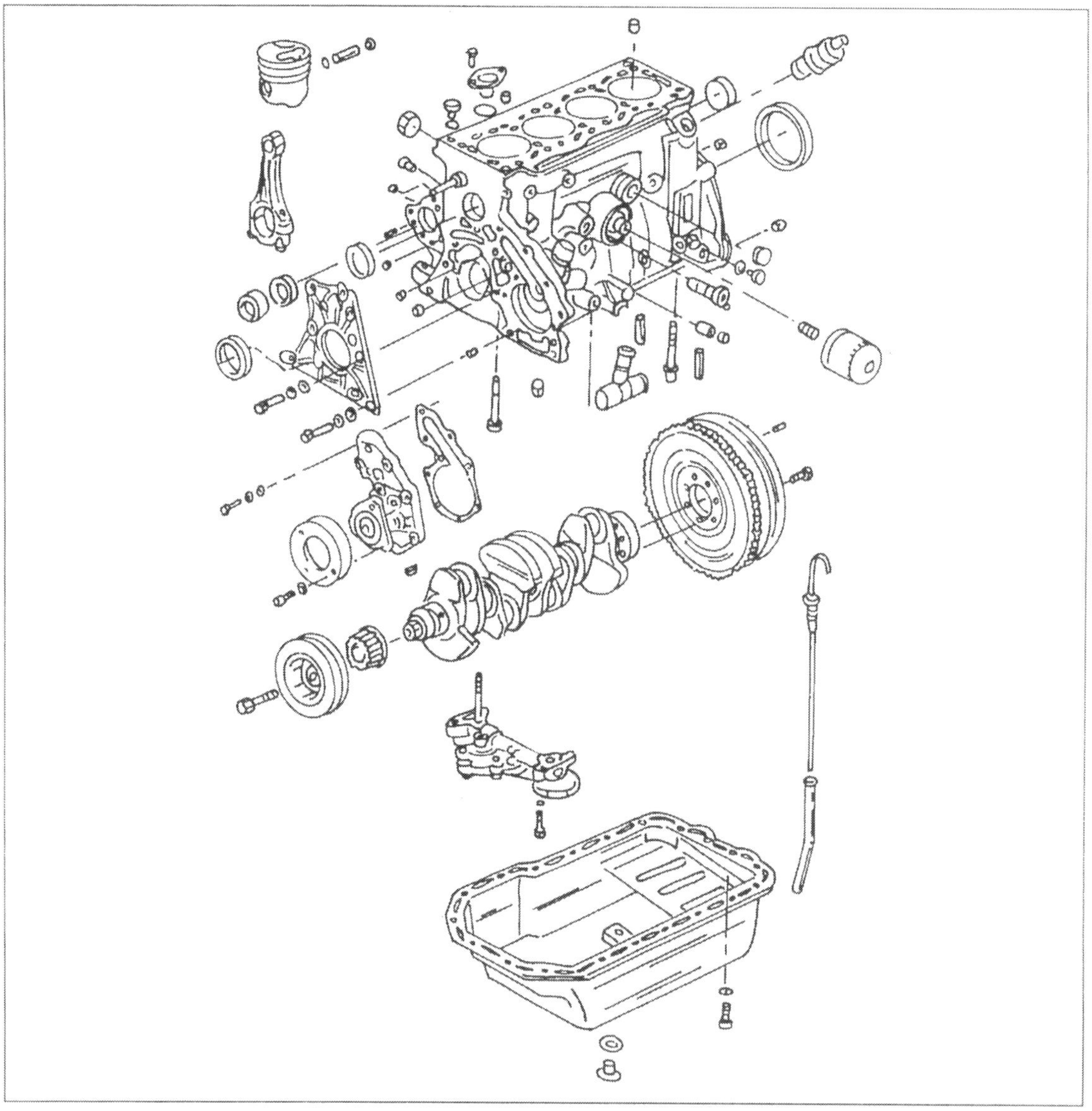

Bild 66
Der zerlegte Dieselmotor (bei eingebauter Zwischenwelle).

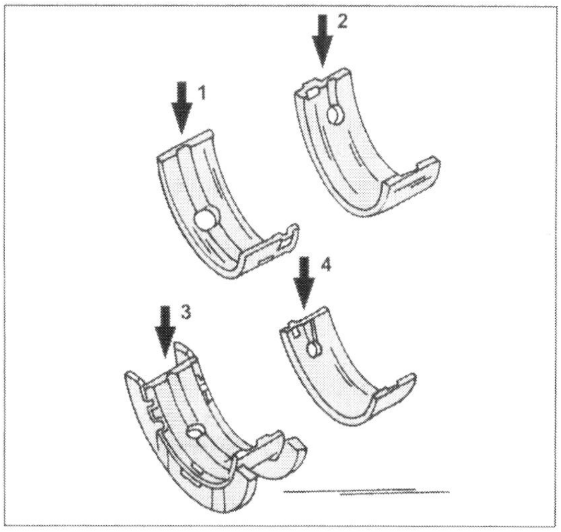

Bild 67
Ansicht der Hauptlagerschalen beim 1.1-Liter-Motor. Schale (1) kommt in den Zylinderblock, Schale (2) in den Lagerdeckel (mit Ölschmiernuten). Schale (3) mit Ölschmiernut kommt in den Zylinderblock, Schale (4) ohne Ölschmiernut in den Lagerdeckel.

• Die Kolben montieren und die Pleuellagerdeckel an den Pleuelstangen anschrauben, wie es im betreffenden Kapitel beschrieben ist. Die Lagerdeckel der Pleuelstangen sind mit einer Zahl und einem Pfeil versehen. Der Pfeil in den Deckeln muss jeweils zur Schwungradseite weisen. Die Schrauben werden zuerst mit 14 Nm und beim zweiten Durchgang im Winkelanzug 39° weiter angezogen. Dies ist natürlich ein „ungerader“ Winkel, so dass man am besten eine Gradscheibe benutzt. Gewinde der Schrauben und Unterseite der Schraubenköpfe einölen.

• Die Dichtfläche der Wasserpumpe an den in Bild 69 gezeigten Stellen mit einer Wulst Dichtungsmasse versehen (in der Werkstatt wird Rhodorseal 5661 benutzt) und die Pumpe montieren.

• An der Stirnseite des Motors einen neuen „O“-Dichtring in die Ölbohrung einsetzen und die Ölpumpe montieren. Die Pumpe wird durch zwei Mitnehmer an der Kurbelwelle angetrieben und muss entsprechend aufgesteckt werden. Zuerst wird jedoch wieder die Dichtfläche mit einer Wulst Dichtungsmasse versehen (Rhodorseal 5661), dieses Mal jedoch wie es in Bild 70 gezeigt ist. Die Pumpe gegen den Zylinderblock ansetzen (auf einwandfreien Eingriff achten) und die Schrauben mit 9 Nm anziehen.

• Einen neuen Öldichtring vorsichtig in die Bohrung des Ölpumpengehäuses und über die Kurbelwelle schlagen. Eine Einziehhülse, in der Form eines Rohrstücks, wird zum Einziehen benutzt. Das in Bild 71 gezeigte Spezialwerkzeug kann anhand der Beschaffenheit improvisiert werden. Das Rohr wird über den Dichtring gesetzt und eine Schraube in die Kurbelwelle eingeschraubt. Durch Anziehen der Schraube wird der Dichtring in die Öffnung gezogen.

- An der Rückseite des Zylinderblocks den Flansch für den hinteren Öldichtring anbringen. Die Dichtfläche wiederum mit der bereits oben genannten Dichtungsmasse einschmieren und den Deckel ansetzen. Die Schrauben gleichmäßig ringsherum mit 9 Nm anziehen. Einen neuen Öldichtring an der Außenseite mit Fett und an der Dichtlippe mit Öl einschmieren und vorsichtig in den Zylinderblock und über die Kurbelwelle schlagen. Hier eignet sich ein Schlagdorn zur Montage, welcher jedoch gut auf der Außenseite des Dichtringes aufsitzen muss. Die Bauweise des von Renault benutzten Dorns ist jedoch so geschaffen, dass der Dichtring auf eine Tiefe eingeschlagen wird, so dass die Dichtlippe auf einer unterschiedlichen Fläche des Kurbelwellenzapfens laufen kann. Man sollte also die Lauffläche vorher kontrollieren. Sind Verschleißerscheinungen erkennbar, treibt man den Dichtring etwas weiter in den Lagerdeckel. Alles überschüssige Öl abwischen. Den Dichtring beim Einbau nicht beschädigen. Bild 72 zeigt den Einbau des Dichtringes.
- Einen neuen „O"-Dichtring in die Öffnung des Ölansaugrohres einsetzen (gut eingeölt) und das Ansaugrohr ansetzen und anschrauben.
- Die Ölwanne montieren. Obwohl die Ölwanne ursprünglich mit Dichtungsmasse montiert war, muss man bei der Neumontage eine Dichtung verwenden. Die Dichtflächen von Ölwanne und Zylinderblock gut reinigen, Dichtung mit etwas Fett ankleben und die Ölwanne ansetzen. Die Schrauben der Reihe nach ringsherum mit 10 Nm anziehen.
- Das Schwungrad montieren. Neue Schrauben gleichmäßig ringsherum mit 17 Nm anziehen und aus der Endstellung ringsherum im Winkelanzug um weitere 110° anziehen. Eine Gradscheibe sollte benutzt werden. Andernfalls muss man den Winkel, von einer Viertelumdrehung ausgegangen (90°), entsprechend schätzen. Der Schlag des Schwungrades kann ausgemessen werden, wie es im Verlauf der nachfolgenden Beschreibung gezeigt wird.
- Mitnehmerscheibe und Kupplungskörper montieren (siehe betreffendes Kapitel).

Den zusammengebauten Zylinderkopf jetzt unter Verwendung neuer Schrauben folgendermaßen montieren:

- Den Motor durchdrehen, bis die Kolben alle in der Mitte der Zylinderbohrungen stehen.
- Flächen von Zylinderkopf und -block auf Sauberkeit kontrollieren. Beide Passhülsen müssen im Block sitzen.
- Die neue Zylinderkopfdichtung auflegen. Sie muss über die Passhülsen kommen.
- Den Zylinderkopf über den Zylinderblock senken, mit den Passhülsen im Eingriff, und mit einem Gummihammer festschlagen.
- Die Gewinde der Zylinderkopfschrauben und die Unterseite der Schraubenköpfe einölen und die

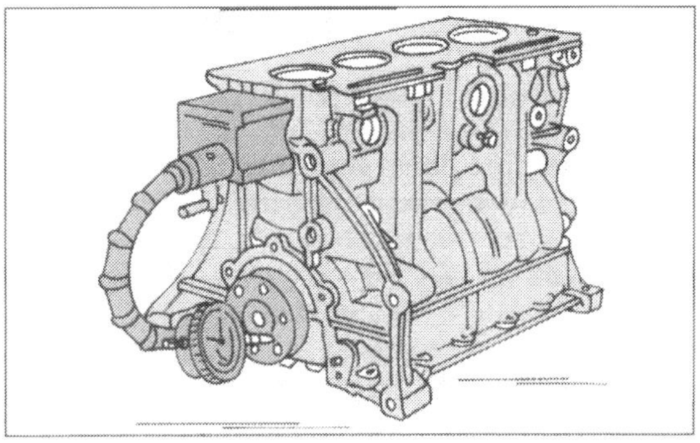

Bild 68
Ausmessen des Axialspiels der Kurbelwelle beim 1.1-Liter-Motor.

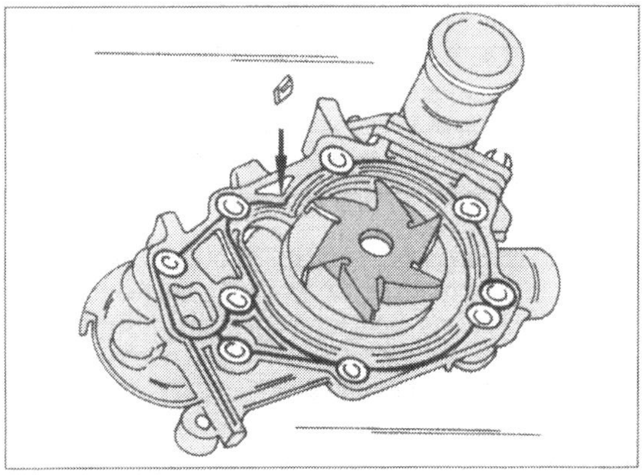

Bild 69
Die Dichtfläche der Wasserpumpe in der gezeigten Weise mit einer Wulst Dichtungsmasse versehen, ehe sie wieder angeschraubt wird.

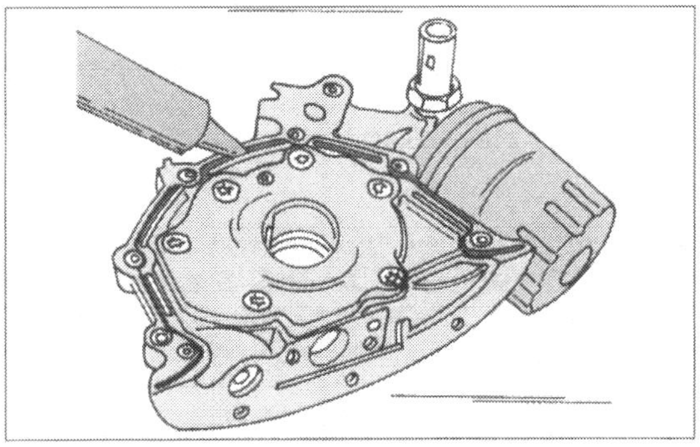

Bild 70
Die Dichtfläche der Ölpumpe in der gezeigten Weise mit einer Wulst Dichtungsmasse versehen, ehe sie wieder angeschraubt wird.

Bild 71
Einziehen des Dichtringes der Kurbelwelle an der Vorderseite mit einem Rohrstück, einer Scheibe und der Schraube der Kurbelwelle (1.1-Liter-Motor).

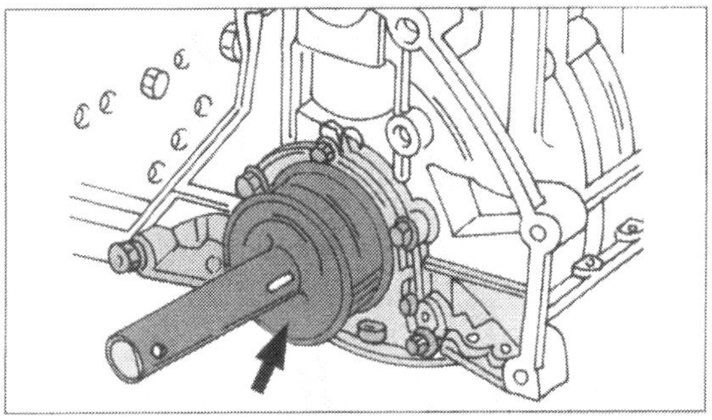

Bild 72
Einschlagen des Dichtringes an der Rückseite bei einem 1.1-Liter-Motor.

Schrauben einsetzen. Alle Schrauben fingerfest anziehen.

- Die Schrauben in der in Bild 52 gezeigten Reihenfolge auf 20 Nm anziehen. Zum Anziehen wird ein Steckeinsatz mit „Torx"-Kopf gebraucht.
- Nach dem ersten Durchgang die Schrauben erneut in der angegebenen Reihenfolge im Winkelanzug von 90° nachziehen (Viertelumdrehung). Den Motor danach mindestens 3 Minuten stehen lassen.

Die weiteren Anzugsarbeiten sind ziemlich verwirrend und müssen laut Text gewissenhaft durchgeführt werden:

- Die Zylinderkopfschrauben (1) und (2) vollkommen lockern und danach in Reihenfolge (1), (2) mit 20 Nm anziehen. Die Schrauben müssen jetzt im Winkelanzug angezogen werden. Der Winkel beträgt in diesem Fall 200°. Dazu benutzt man die oben genannte Gradscheibe. Andernfalls muss man den Winkel ermessen, wenn man davon ausgeht, dass 180° eine halbe Umdrehung darstellen.
- Die Zylinderkopfschrauben (3), (4), (5) und (6) vollkommen lockern und in Anzugsreihenfolge mit 20 Nm anziehen. Alle vier Schrauben danach in Reihenfolge mit dem bereits angegebenen Winkel nachziehen.
- Die Zylinderkopfschrauben (7), (8), (9) und (10) vollkommen lockern und in der beschriebenen Weise festziehen. Die Anzugsreihenfolge muss eingehalten werden.

Nachdem die Zylinderkopfschrauben in der beschriebenen Weise angezogen wurden, ist ein Nachziehen bei warmem oder kaltem Motor nicht mehr erforderlich.

Als Nächstes wird der Steuerriemen eingebaut. Bestimmte Steuermarken an den Steuerrädern der Nockenwelle und der Kurbelwelle müssen dazu ausgefluchtet werden, um das richtige Verhältnis zwischen Nockenwelle und Kurbelwelle herzustellen. Die Arbeiten müssen gewissenhaft durchgeführt werden, um keine Fehler zu machen.

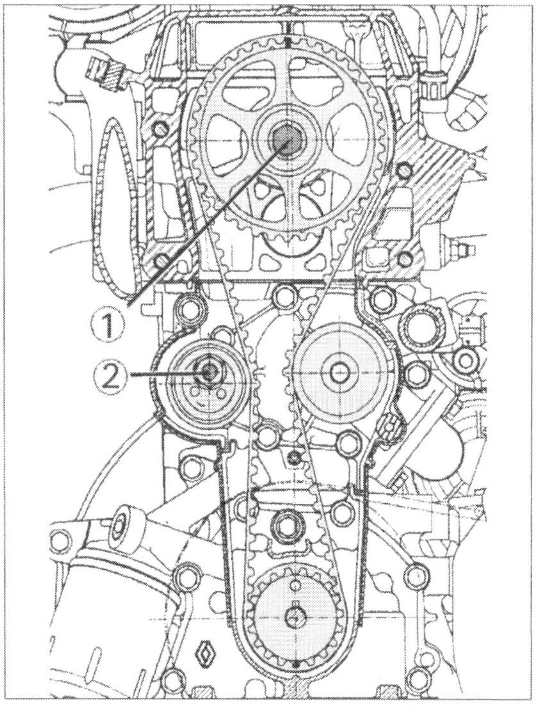

Bild 73
Einstelldiagramm für den Zahnriemen (siehe Text).

Der Zahnriemen muss nach dem Einbau gespannt werden. In der Werkstatt wird dazu ein Spezialinstrument benutzt, jedoch sollte man in der Lage sein, das Spannen auch ohne dieses Instrument durchzuführen, wenn man den Anweisungen genau folgt. Nachdem die Steuerung einwandfrei eingestellt wurde, den Motor wieder auf den oberen Totpunkt des ersten Zylinders bringen und alle Steuerzeichen nochmals auf Flucht kontrollieren.

- Die Zylinderkopfhaube mit zwei Schrauben aufbauen.
- Falls ausgebaut, den Riemenspanner anschrauben.
- Die Nockenwelle und die Kurbelwelle langsam durchdrehen, bis die Steuerzeichen an der Kurbelwelle und an der Nockenwelle gegenüber den feststehenden Zeichen stehen (siehe Bild 50). Das Nockenwellenrad hat verschiedene Zeichen, jedoch nur ein Zeichen hat ein rechteckiges Aussehen. Dieses ist das Steuerzeichen.
- Zahnriemen in der richtigen Laufrichtung auflegen (falls der alte Riemen wieder verwendet wird). Den Riemen so ausrichten, dass die Filzstift-Pfeilmarke in Drehrichtung weist (wie sie beim Ausbau eingezeichnet wurde) und den Riemen über das Steuerrad der Nockenwelle, die Führungsrolle, das Steuerrad der Kurbelwelle und über die Innenseite der Riemenspannrolle auflegen. Die Spannrolle muss so weit wie möglich nach außen verschoben und in dieser Stellung festgezogen werden, um den Riemen leicht aufzulegen. Der Riemen darf nicht mit einem Schraubendreher oder Ähnlichem aufgehebelt werden.
- Die Mutter der Spannrolle lockern und die Rolle nach innen drücken, bis der Riemen ziemlich stramm ist.
- Der Riemen wird jetzt gespannt. Wie bereits erwähnt, wird in der Werkstatt ein Messinstrument dazu benutzt. Das Instrument wird gegen die Außenseite des Riemens zwischen Nockenwellenrad und Führungsrolle angesetzt und ein Druckstück gegen den Riemen gedrückt, um die richtige Spannung anzuzeigen, wie es durch „S" (für Spannung) in Bild 73 zu sehen ist. Falls das Werkzeug nicht zur Verfügung steht, eine Stück gerades Eisen oder ein Messlineal an der Stelle „S" auf den Riemen auflegen. Der Riemen ist einwandfrei gespannt, wenn man ihn mit einem Druck von 3 kg nach innen drückt und der Ausschlag dabei ca. 6,0 mm beträgt. Eine Toleranz von 0,5 mm ist dabei zulässig. Die Arbeit muss durch mehrere Versuche durchgeführt werden.
- Die Mutter der Spannrolle dabei jedes Mal mit 50 Nm anziehen und die Spannung nachprüfen. Falls mehr Spannung erforderlich ist, die Mutter wieder lockern, die Spannrolle nach innen drücken und die Mutter wieder festziehen. Ist der Riemen zu fest gespannt, die Mutter lockern und die Spannrolle etwas nach außen verschieben. Die Mutter abschließend wieder mit 50 Nm anziehen.
- Den Motor um genau zwei Umdrehungen in Drehrichtung durchdrehen und kontrollieren, dass alle Steuermarken entsprechend Bild 50 ausgerichtet

sind. Falls dies nicht der Fall ist, könnte es sein, dass sich der Riemen um einen Zahn verschoben hat und die Einstellung muss von vorn begonnen werden. Abschließend nochmals das Anzugsdrehmoment der Mutter an der Spannrolle nachprüfen. Die Zylinderkopfhaube wieder abschrauben.

- Die Kurbelwellenriemenscheibe montieren. Die Schraube bei blockiertem Schwungrad mit 20 Nm anziehen und aus dieser Stellung im Winkelanzug mit 90° nachziehen (Viertelumdrehung).
- Den Zahnriemenschutzdeckel montieren.
- Drehstromlichtmaschine und Antriebsriemen einbauen.
- Ventile einstellen, wie es später beschrieben ist.
- Alle anderen Arbeiten in umgekehrter Reihenfolge wie beim Zerlegen durchführen.

Zusammenbau des 1.4-Liter-Motors

Die an der Unterseite der Laufbüchsen dieses Motors eingesetzten „O"-Dichtringe dienen nur als Dichtringe für das Kühlmittel. Die Laufbüchsen sitzen direkt gegen den Zylinderblock an. Das Vorstehmaß der Laufbüchsen muss jedoch ausgemessen werden. Dazu die Laufbüchsen mit Handdruck in die Bohrungen drücken, bis sie fest ansitzen. Falls die ursprünglichen Teile verwendet werden, müssen sie entsprechend ihrer Nummernkennzeichnung eingebaut werden. *Die „O"-Dichtringe zu diesem Zeitpunkt nicht anbringen.*

Das Vorstehmaß jetzt folgendermaßen ausmessen:

- Das in Bild 74 gezeigte Werkzeug mit der Messuhr auf der Oberseite der Zylinderblockfläche aufsetzen. Immer am ersten Zylinder anfangen. Falls die im Bild gezeigten Spezialwerkzeuge nicht zur Verfügung stehen, kann man sich anhand der Abbildung durch Verwendung eines präzisionsgeschliffenen Messblocks ohne weiteres helfen. Wichtig ist, dass die Auflagefläche des Messblocks glatt geschliffen ist. Falls keine Messuhr zur Verfügung steht, kann man ein Stahllineal auf die Zylinderlaufbüchse auflegen und den Spalt zwischen der Laufbüchse und der Zylinderblockfläche mit einer Fühlerlehre ausmessen, jedoch müssen wir darauf hinweisen, dass der zu messende Spalt sehr gering ist. Die folgende Beschreibung bezieht sich auf die Verwendung der Spezialwerkzeuge.
- Den Messuhrhalter so verschieben, dass der Taststift der Messuhr auf der Oberkante der Laufbüchse aufsitzt. Die Messuhr in dieser Stellung auf Null stellen.
- Messuhr auf Null stellen und den Messuhrhalter so verschieben, dass der Taststift auf die Zylinderblockfläche kommt. Der an der Messuhr angezeigte Wert ist das Vorstehmaß und muss zwischen 0,02 und 0,09 mm liegen.
- Die gleiche Messung der Reihe nach an den verbleibenden Laufbüchsen durchführen. Die Laufbüchsen mit der Zylindernummer kennzeichnen (falls neue Laufbüchsen eingebaut werden) und den Unterschied zwischen zwei nebeneinanderliegenden Laufbüchsen ausmessen. Dieser darf nicht größer als 0,05 mm sein. Falls größere Unterschiede vorgefunden werden, kann man versuchen die Laufbüchsen innerhalb der einzelnen Bohrungen zu vertauschen (aber nur bei neuen Laufbüchsen) und die Messung zu wiederholen. Ebenfalls kann man die Laufbüchsen so einsetzen, dass das Vorstehmaß von einer Seite zur anderen allmählich abfällt.
- Die Laufbüchsen abschließend aus dem Zylinderblock herausziehen.

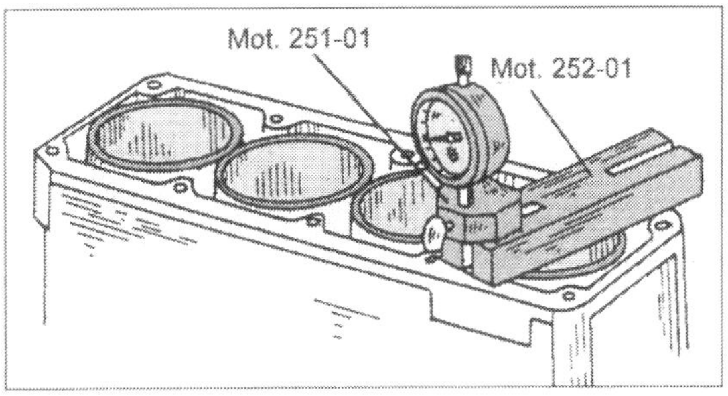

Bild 74
Aufgesetzte Spezialwerkzeuge zum Ausmessen des Vorstehmaßes der Zylinderlaufbüchsen.

Der weitere Zusammenbau des Motors geschieht jetzt in folgender Reihenfolge, wobei man aber die folgenden Hinweise beachten sollte:

- Zylinderblöcke werden mit eingepassten Kolben, Kolbenringen, Kolbenbolzen und Hauptlagerschalen geliefert.
- Ein Austauschmotor kommt mit den folgenden Teilen: Ölmessstab und Führungsrohr, Schwungrad, Kupplung und Mitnehmerscheibe, Wasserpumpe, Kurbelwellenriemenscheibe, Zylinderkopfhaube, Zündkerzen, Antriebsriemenspanner, Druck- und Öldruckschalter, Zahnriemenschutzdeckel und Ölfilter. Alle anderen Teile müssen vom alten auf den neuen Motor umgerüstet werden.
- Falls der ursprüngliche Zylinderblock wieder zusammengebaut wird, müssen die Vorbereitungs- und Reparaturarbeiten entsprechend den angegebenen Anweisungen durchgeführt werden.

Die folgende Beschreibung setzt voraus, dass der Motor vollkommen zerlegt ist. Falls neue Kolben eingebaut werden sollen, muss man unter der entsprechenden Überschrift darüber nachlesen.
Der Zusammenbau erfolgt nach dem folgenden Schema, zuerst wird die Kurbelwelle eingebaut.

- Zylinderblock in einen Montagestand einspannen oder auf eine Werkbank aufsetzen.
- Die Zylinderlaufbüchsen zusammen mit den Kolben einbauen, wie es unter der betreffenden Überschrift beschrieben ist. Die Laufbüchsen abschließend mit den Briden gegen Herausfallen festspannen.

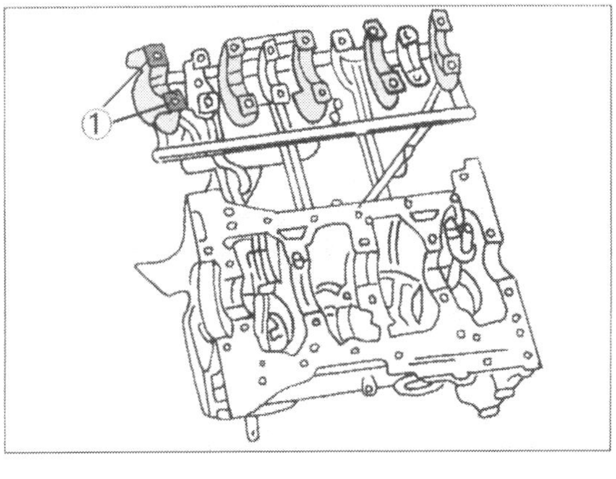

Bild 75
Ansicht des geöffneten Kurbelgehäuses und der Hauptlagerdeckel. Die Fläche des Lagerdeckels Nr. 1, mit (1) bezeichnet, muss an der gezeigten Stelle mit Dichtungsmasse einschmiert werden (CAF 4/60 THIXO).

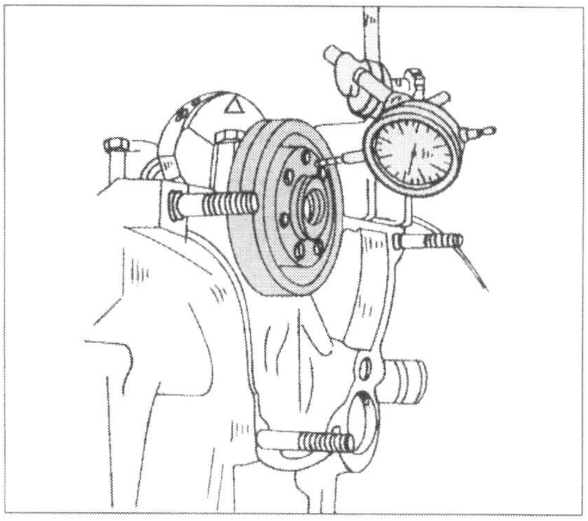

Bild 76
Ausmessen des Axialspiels der Kurbelwelle mit einer Messuhr. Den Messstift auf den Flansch der Welle aufsetzen (1.4-Liter-Motor).

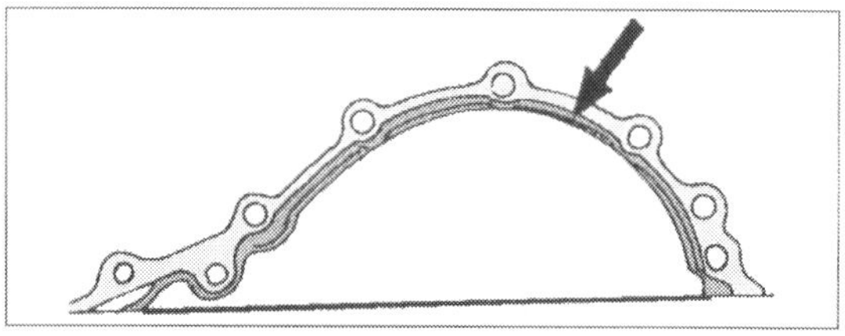

Bild 77
Dichtungsmasse in einer Breite von 1,0 mm in gezeigter Weise auf den vorderen Deckel aufschmieren.

- Den Zylinderblock so ausrichten, dass die offene Seite nach oben steht und die Hauptlagerschalen in die Bohrungen einlegen. Dies sind die Schalen mit den Ölschmiernuten. Zu beachten ist, dass es sich bei der Lagerschale des Lagers Nr. 5 um eine Spezialschale handelt, da sie eine Anschrägung zur Schmierung des Antriebsrades der Ölpumpe besitzt. Bild 75 zeigt, wo sich der Lagerdeckel Nr. 1 befindet. Nr. 5 liegt auf der gegenüberliegenden Seite. Falls die ursprünglichen Schalen wieder eingebaut werden, müssen sie entsprechend ihrer Kennzeichnung eingelegt werden.
- Lagerschalen gut einölen. Ebenfalls die Hauptlagerzapfen und Kurbelzapfen der Welle einölen und die Kurbelwelle vorsichtig in die Lager heben. Die Welle einige Male durchdrehen, damit sich die Zapfen gut in den Schalen einspielen können.
- Die beiden Anlaufhalbscheiben. Die Schmierölnut muss gegen die Druckfläche der Kurbelwelle anliegen.
- Die Lagerschalen ohne Schmierölbohrung in die Hauptlagerdeckel einlegen. Die Schalen gut mit Öl einschmieren. Dazu jedoch keinen Pinsel benutzen.
- Die Hauptlagerdeckel entsprechend ihrer Kennzeichnung aufsetzen. Die Kennzeichnungen müssen alle auf der gleichen Seite liegen. Die Deckel gut mit einem Gummihammer anschlagen. Beim Einbau ist jedoch zu beachten, dass der Lagerdeckel Nr. 1 an den Pfeilstellen in Bild 75 mit Dichtungsmasse eingeschmiert werden muss. In der Werkstatt wird eine spezielle Dichtungsmasse benutzt. Die Schrauben gleichmäßig und über Kreuz auf 25 Nm anziehen und aus der Endstellung um weitere 45° nachziehen. Dies entspricht der Hälfte einer Viertelumdrehung. Zum genauen Bestimmen des Winkels eignet sich hier eine Gradscheibe.
- Die Kurbelwelle einige Male durchdrehen, um Klemmstellen festzustellen. Die Welle kann frei gemacht werden, indem man mit einem Gummihammer oder einem Kunststoffhammer einige Male auf die Lagerdeckel schlägt.
- Axialspiel der Kurbelwelle mit einer Messuhr ausmessen, welche in ähnlicher Weise wie in Bild 76 gezeigt am Zylinderblock montiert wird. Den Taststift gegen den Flansch der Kurbelwelle anlegen und die Welle mit einem Hammerstiel, zwischen der ersten Kurbelkröpfung und dem Kurbelgehäuse eingesetzt, hin- und herbewegen. Der an der Messuhr angezeigte Wert muss zwischen 0,045 - 0,85 mm liegen, falls die alte Welle wieder eingebaut wird. Werden Neuteile verwendet, darf die Höchstgrenze 0,25 mm nicht überschreiten. Falls nötig die beiden Anlaufhalbscheiben am zweiten Hauptlager in ihrer Stärke verändern, um das Axialspiel herzustellen. Scheiben stehen in mehreren Stärken zur Verfügung, und die entsprechende Stärke ist zu bestimmen (2.80, 2.85, 2.90 und 2.95 mm).
- Die Pleuellagerdeckel an den Pleuelstangen anschrauben, wie es in Kapitel 2.5.5 beschrieben wird. Die Schrauben werden mit 40 - 45 Nm angezogen. Gewinde der Schrauben und Unterseite der Schraubenköpfe einölen.
- Die Ölpumpe montieren. Kontrollieren, dass die Passhülsen eingeschlagen sind. Die Pumpe vorsichtig aufschlagen und die Schrauben mit 25 Nm anziehen.
- Die beiden Antriebsräder und die Antriebskette der Ölpumpe montieren. Die drei Schrauben des Pumpenrades mit 10 Nm an der Nabe festziehen.
- Den Deckel an der Stirnseite des Motors montieren. Die Deckelfläche muss mit „Loctite 518“ abgedichtet werden, jedoch darf die Wulst der Dichtungsmasse nicht breiter als 1,0 mm sein. Bild 77 veranschaulicht, wie man die Dichtungsmasse um die Schraubenlöcher herum aufträgt.
- Den vorderen Dichtring montieren. Die Dichtlippe und die Außenseite des Dichtringes mit Motoröl einschmieren und den Ring gerade einschlagen. Normalerweise wird ein Spezialeinzieher dazu verwendet. Dieser hat die Form eines Rohrstücks, welches auf einer Seite verschlossen ist. Das Rohr wird über den Dichtring gesetzt und eine Schraube in die Kurbelwelle eingeschraubt. Durch Anziehen der Schraube wird der Dichtring in die Öffnung gezogen.
- Den hinteren Dichtring der Kurbelwelle einziehen. Wiederum wird als Werkzeug ein Spezialdorn verwendet. Dieser hat das in Bild 78 gezeigte Aussehen und kann durch einen entsprechenden Schlagdorn ersetzt werden. Die Bauweise des Dorns ist jedoch so geschaffen, dass der Dichtring auf eine Tiefe eingeschlagen wird, so dass die Dichtlippe auf einer unterschiedlichen Fläche des Kurbelwellenzapfens laufen kann. Man sollte also die Lauffläche vorher kontrollieren. Sind Verschleißerscheinungen erkennbar, treibt man den Dichtring etwas weiter in den Lagerdeckel ein (ca. 2 mm). Dichtlippe und Außenseite des Dichtringes vor der Montage einölen. Alles überschüssige Öl abwischen.
- Ölwanne montieren, wie es im betreffenden Kapitel beschrieben wird. Die Schrauben mit 10 Nm anziehen.
- Die Endfläche der Kurbelwelle mit „Loctite Autoform“ einschmieren und das Schwungrad aufsetzen.

Neue Schrauben am Gewinde mit „Loctite"-Sicherungsmittel einschmieren und gleichmäßig ringsherum mit 50 - 55 Nm anziehen.

- Mitnehmerscheibe und Kupplungskörper montieren (siehe betreffendes Kapitel).
- Wasserpumpe montieren. Wiederum wird „Loctite 518" gebraucht. Die Wulst der Dichtungsmasse wird in diesem Fall entsprechend Bild 79 aufgetragen (nicht breiter als 1,0 mm).

Den zusammengebauten Zylinderkopf jetzt folgendermaßen montieren:

- Den Motor durchdrehen, bis der Kolben des ersten Zylinders auf dem oberen Totpunkt im Verdichtungshub steht.
- Flächen von Zylinderkopf und -block auf Sauberkeit kontrollieren. Beide Passhülsen müssen im Block sitzen.
- Die neue Zylinderkopfdichtung auflegen. Sie muss über die Passhülsen kommen.
- Den Zylinderkopf über den Zylinderblock senken, mit den Passhülsen im Eingriff, und mit einem Gummi- oder Kunststoffhammer festschlagen.
- Die Gewinde der Zylinderkopfschrauben und die Unterseite der Schraubenköpfe einölen und die Schrauben eindrehen. Alle Schrauben fingerfest anziehen.
- Die Schrauben in der in Bild 80 gezeigten Reihenfolge auf 20 Nm anziehen. Zum Anziehen wird ein Steckeinsatz mit „Torx"-Kopf gebraucht.
- Nach dem ersten Durchgang die Schrauben erneut in der angegebenen Reihenfolge im Winkelanzug von 97° nachziehen (Toleranz plus oder minus 2°). Dazu eignet sich natürlich am besten eine Gradscheibe (siehe Bild 10). Falls dies nicht zur Verfügung steht, geht man davon aus, dass 90° einer Viertelumdrehung entsprechen. Den Motor danach mindestens 3 Minuten stehenlassen.

Die weiteren Anzugsarbeiten sind ziemlich verwirrend und müssen laut Text gewissenhaft durchgeführt werden:

- Die Zylinderkopfschrauben (1) und (2) vollkommen lockern und danach in Reihenfolge (1), (2) mit 20 Nm anziehen. Die Schrauben müssen jetzt im Winkelanzug angezogen werden. Der Winkel beträgt 97 ± 2°. Dazu benutzt man die oben genannte Gradscheibe, die wie in Bild 81 gezeigt angesetzt wird.
- Die Zylinderkopfschrauben (3), (4), (5) und (6) vollkommen lockern und in Anzugsreihenfolge mit 20 Nm anziehen. Alle vier Schrauben danach in Reihenfolge mit dem bereits angegebenen Winkel nachziehen.
- Die Zylinderkopfschrauben (7), (8), (9) und (10) vollkommen lockern und in der beschriebenen Weise festziehen. Die Anzugsreihenfolge muss eingehalten werden.

Nachdem die Zylinderkopfschrauben in der beschriebenen Weise angezogen wurden, ist ein Nachziehen bei warmem oder kaltem Motor nicht mehr erforderlich.

Als Nächstes wird der Steuerriemen eingebaut. Bestimmte Steuermarken an den Steuerrädern der Nockenwelle und der Kurbelwelle müssen dazu ausgefluchtet werden, um das richtige Verhältnis zwischen Nockenwelle und Kurbelwelle herzustellen. Die Arbeiten müssen gewissenhaft durchgeführt werden, um keine Fehler zu machen.

Der Zahnriemen muss nach dem Einbau gespannt werden. In der Werkstatt wird dazu ein Spezialinstrument benutzt, jedoch sollte man in der Lage sein, das Spannen auch ohne dieses Instrument durchzuführen, wenn man den Anweisungen genau folgt. Nachdem die Steuerung einwandfrei eingestellt wurde, den Motor wieder auf den oberen Totpunkt des

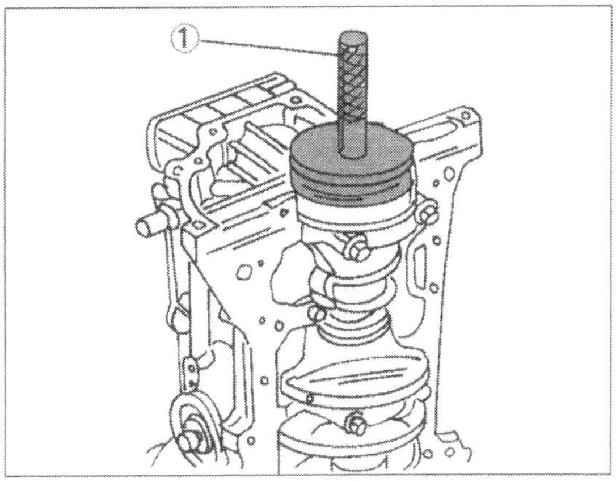

Bild 78
Einschlagen des hinteren Kurbelwellenöldichtringes mit dem Spezialwerkzeug (1). Der Schlagdorn muss auf dem gesamten Umfang des Dichtringes aufliegen (1.4-Liter-Motor).

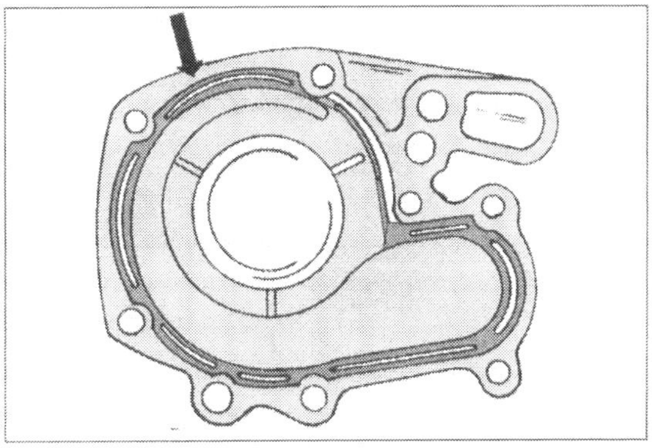

Bild 79
Dichtungsmasse in einer Breite von 1,0 mm auf der Wasserpumpe auftragen (1.4-Liter-Motor).

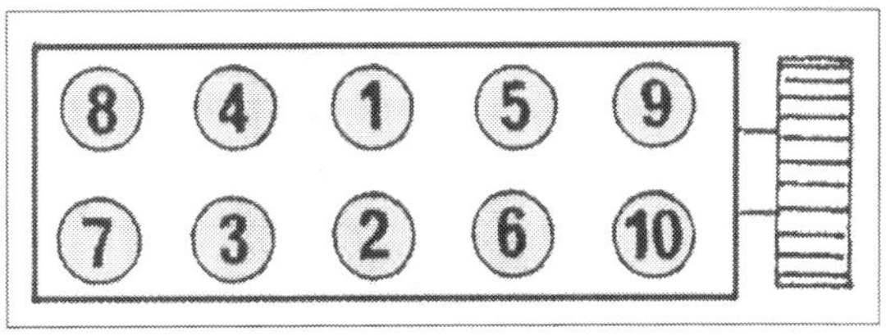

Bild 80
Anzugsreihenfolge der Zylinderkopfschrauben.

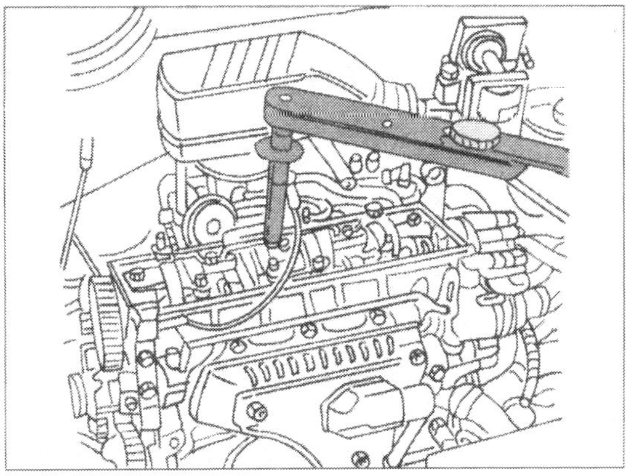

Bild 81
Zylinderkopfschrauben werden im Winkelanzug nachgezogen. Eine Gradscheibe dabei in der gezeigten Weise verwenden.

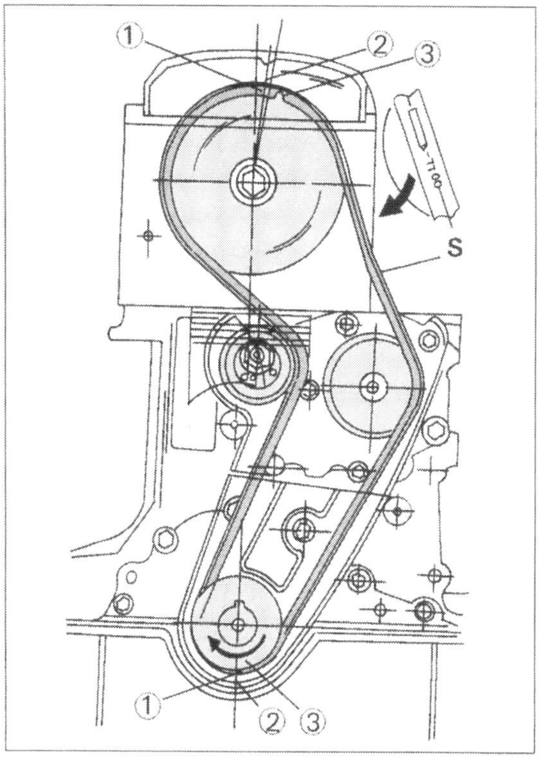

Bild 82
Einstelldiagramm für den Zahnriemen (siehe Text).

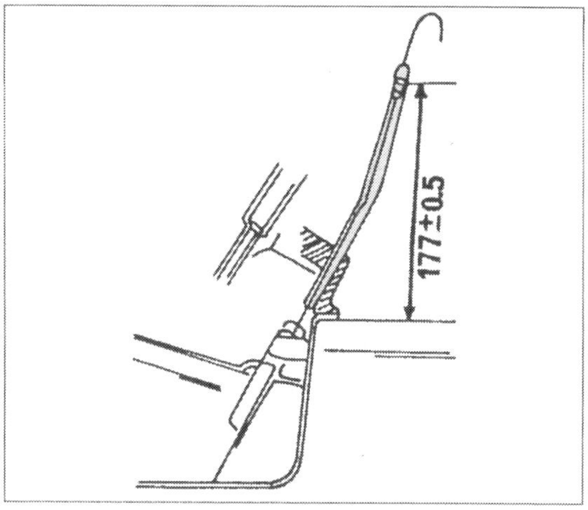

Bild 83
Vorschriftsmäßiger Einbau des Führungsrohres für den Ölmessstab beim Dieselmotor.

ersten Zylinders bringen und alle Steuerzeichen nochmals auf Flucht kontrollieren. Der Riemen wird unter Bezug auf Bild 82 eingebaut:

- Die Zylinderkopfhaube mit zwei Schrauben aufbauen.
- Das Steuerrad der Kurbelwelle aufbringen.
- Falls ausgebaut, den Riemenspanner anschrauben.
- Die Nockenwelle und die Kurbelwelle langsam durchdrehen, bis die Steuerzeichen (3) an der Kurbelwelle und an der Nockenwelle gegenüber den feststehenden Zeichen (2) stehen.
- Zahnriemen anschauen und die Linien (2) an der Oberseite und Unterseite des Riemens feststellen. Den Riemen so ausrichten, dass die Filzstift-Pfeilmarke in Drehrichtung weist (wie sie beim Ausbau eingezeichnet wurde) und den Riemen über das Steuerrad der Nockenwelle, die Führungsrolle, das Steuerrad der Kurbelwelle und über die Innenseite der Riemenspannrolle auflegen. Die Linien (2) im Steuerriemen jeweils mit den Steuerzeichen in den beiden Steuerrädern ausrichten. Die Spannrolle muss soweit wie möglich nach außen verschoben und in dieser Stellung festgezogen werden, um den Riemen leicht aufzulegen. Der Riemen darf nicht mit einem Schraubendreher oder Ähnlichem aufgehebelt werden.
- Die Mutter der Spannrolle lockern und die Rolle nach innen drücken, bis der Riemen ziemlich stramm ist.
- Der Riemen wird jetzt gespannt. Wie bereits erwähnt, wird in der Werkstatt ein Messinstrument dazu benutzt. Das Instrument wird gegen die Außenseite des Riemens zwischen Nockenwellenrad und Führungsrolle angesetzt und ein Druckstück gegen den Riemen gedrückt, um die richtige Spannung anzuzeigen, wie es durch „S" (für Spannung) in Bild 73 zu sehen ist. Falls das Werkzeug nicht zur Verfügung steht, eine Stück gerades Eisen oder ein Messlineal an der Stelle „S" auf den Riemen auflegen. Der Riemen ist einwandfrei gespannt, wenn man ihn mit einem Druck von 3 kg nach innen drückt und der Ausschlag dabei 6,0 mm beträgt. Eine Toleranz von 0,5 mm ist dabei zulässig. Die Arbeit muss durch mehrere Versuche durchgeführt werden.
- Die Mutter der Spannrolle dabei jedes Mal mit 50 Nm anziehen und die Spannung nachprüfen. Falls mehr Spannung erforderlich ist, die Mutter wieder lockern, die Spannrolle nach innen drücken und die Mutter wieder festziehen. Ist der Riemen zu fest gespannt, die Mutter lockern und die Spannrolle etwas nach außen verschieben. Die Mutter abschließend wieder mit 50 Nm anziehen.
- Den Motor um genau zwei Umdrehungen in Drehrichtung durchdrehen und kontrollieren, dass alle Steuermarken entsprechend Bild 83 ausgerichtet sind. Falls dies nicht der Fall ist, könnte es sein, dass sich der Riemen um einen Zahn verschoben hat und die Einstellung muss von vorn begonnen werden. Abschließend nochmals das Anzugsdrehmoment der Mutter an der Spannrolle nachprüfen. Die Zylinderkopfhaube wieder abschrauben.
- Die Kurbelwellenriemenscheibe montieren. Die Schraube bei blockiertem Schwungrad entsprechend den Angaben in der Anzugsdrehmomenttabelle anziehen. Das Anzugsdrehmoment ist wichtig. Eine zu lockere Schraube könnte die Ölpumpe am Drehen hindern.
- Zahnriemendeckel montieren.
- Drehstromlichtmaschine und Antriebsriemen einbauen. Die entsprechenden Anweisungen sind in Kapitel 4.4 zu finden. Die Lichtmaschine nach Einstellen der Spannung festziehen.
- Ventile einstellen, wie es später beschrieben ist.
- Alle anderen Arbeiten in umgekehrter Reihenfolge wie beim Zerlegen durchführen.

Zusammenbau des Dieselmotors

Alle den allgemeinen Zusammenbau betreffenden Anweisungen für den oben beschriebenen Motor gelten auch für den Dieselmotor. Folgende Hinweise sind zu beachten:

- Zylinderblöcke werden zusammen mit passenden Kolben, Kolbenringen, Kolbenbolzen, Hauptlagerschalen, Büchsen für die Zwischenwelle, dem Ölmessstabrohr und der Öltrennleitung geliefert. Falls der ursprüngliche Zylinderblock wieder zusammengebaut wird, muss in den betreffenden Kapiteln nachgelesen werden, um die Teile zu reparieren oder zu überholen. Bei der folgenden Beschreibung nehmen wir an, dass der Motor vollkommen zerlegt ist. Alle nicht zutreffenden Arbeiten können einfach übergangen werden:

- Zylinderblock in einen Montagestand einspannen oder auf eine Werkbank aufsetzen.
- Das Führungsrohr für den Ölmessstab montieren. Falls sich dieses nicht leicht einsetzen lässt, kann man das einzusetzende Ende etwas mit Schmirgelleinwand abreiben. Das Ende mit „Loctite" einschmieren und in den Zylinderblock eindrücken, bis das in Bild 83 gezeigte Maß erhalten wird. Dieses Maß ist wichtig, um später den richtigen Ölstand am Ölstand anzuzeigen.
- Den Ölabscheider in der Oberseite des Zylinderblocks montieren. Wieder die Ansatzfläche etwas mit Schmirgelleinwand abreiben, falls er sich nicht leicht einsetzen lässt. Ein Stück Rohr des passenden Außendurchmessers wird zum Einschlagen gebraucht.
- Zylinderblock so ausrichten, dass die offene Seite nach oben steht und die Hauptlagerschalen in die Bohrungen einlegen. Dies sind die Schalen mit den Ölschmiernuten. Falls die ursprünglichen Schalen wieder eingebaut werden, müssen sie entsprechend ihrer Kennzeichnung eingelegt werden.
- Die Lagerschalen gut einölen. Ebenfalls die Hauptlagerzapfen und Kurbelzapfen der Welle einölen und die Kurbelwelle vorsichtig in die Lager heben. Die Welle einige Male durchdrehen, damit sich die Zapfen gut in den Schalen einspielen können.
- Die beiden Anlaufhalbscheiben am zweiten Hauptlager anbringen, so dass die Schmierölnut (1) in Bild 65 in die gezeigte Richtung weisen.
- Die Lagerschalen ohne Schmierölbohrung in die Hauptlagerdeckel einlegen. Die Schalen gut einölen.
- Die Hauptlagerdeckel entsprechend ihrer Kennzeichnung aufsetzen. Die Kennzeichnungen müssen auf der gleichen Seite wie die Zwischenwelle liegen. Die Deckel gut mit einem Gummihammer anschlagen.
- Die drei in Bild 84 gezeigten Deckel in mehreren Durchgängen auf ein Drehmoment von 65 Nm anziehen. Die Kurbelwelle einige Male durchdrehen, um Klemmstellen festzustellen. Die Welle kann frei gemacht werden, indem man mit einem Gummihammer einige Male auf die Lagerdeckel schlägt.
- Das Axialspiel der Kurbelwelle mit einer Messuhr ausmessen, welche in ähnlicher Weise wie in Bild 76 gezeigt am Zylinderblock montiert wird. Den Taststift gegen den Flansch der Kurbelwelle anlegen und die Welle mit einem Hammerstiel, zwischen der ersten Kurbelkröpfung und dem Kurbelgehäuse eingesetzt, hin- und herbewegen. Der an der Messuhr angezeigte Wert muss zwischen 0,07 - 0,23 mm liegen. Falls nötig die beiden Anlaufhalbscheiben in ihrer Stärke verändern, um das Axialspiel herzustellen. Scheiben stehen in mehreren Stärken zur Verfügung und die entsprechende Stärke ist zu bestimmen.
- Den Lagerdeckel des zweiten Lagers in der oben beschriebenen Weise montieren und die beiden Schrauben abwechselnd und in mehreren Stufen auf ein Anzugsdrehmoment von 65 Nm anziehen.
- Den hinteren Deckel (Nr. 1) montieren. Dabei müssen die Seiten des Deckels abgedichtet werden. In der Werkstatt wird dies auf zwei verschiedene Weisen durchgeführt, einmal wird Silikon-Paste eingespritzt, zum anderen Male werden seitliche Dichtungen verwendet. Wir halten uns an die zweite Methode:
- Hinteren Lagerdeckel am Kurbelgehäuse anbringen (mit der eingelegten Lagerschale) und mit einem Spiralbohrerschaft von 5,0 mm Durchmesser das in Bild 85 zwischen den Pfeilen liegende Maß ausmessen.
- Falls das Maß 5,0 mm oder weniger beträgt, muss ein Dichtstab von 5,10 mm Stärke verwendet werden, beträgt das Maß mehr als 5,0 mm, d.h. der Bohrer läßt sich nicht einsetzen, muss ein 6,0 mm starker Dichtstab eingebaut werden.
- Die Dichtstäbe sind mit Farbkennzeichnungen markiert und Ihr Ersatzteilhändler wird Ihnen sagen, welcher Dichtstab eingebaut werden muss. Die 5,1-mm-Dichtstäbe haben keine Kennzeichnung.
- Den hinteren Lagerdeckel wieder abnehmen und die beiden Dichtstäbe in die Seiten des Lagerdeckels einsetzen. Die Dichtlippe muss zur Außenseite weisen und an der Oberseite 2,0 mm überstehen.
- Zwei M10 x 1,5-Schrauben vorbereiten, indem man die Schraubenköpfe absägt und einen Schlitz in die Oberseite einsägt. Diese beiden hergestellten Stiftschrauben mit einem Schraubendreher in das Kurbelgehäuse eindrehen. Die Stiftschrauben dienen als Führung für den Hauptlagerdeckel.
- Beide Seitendichtstäbe mit Motorenöl einschmieren und die beiden Dichtflächen des Lagerdeckels

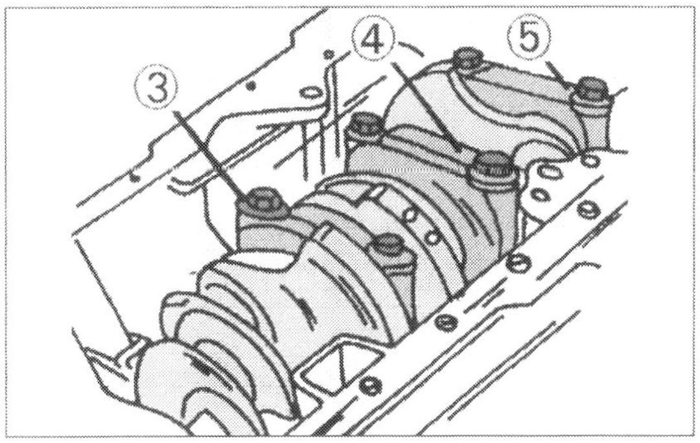

Bild 84
Die Lagerdeckel 3, 4 und 5 auf das vorgeschriebene Anzugsdrehmoment anziehen, ehe die verbleibenden Deckel montiert werden.

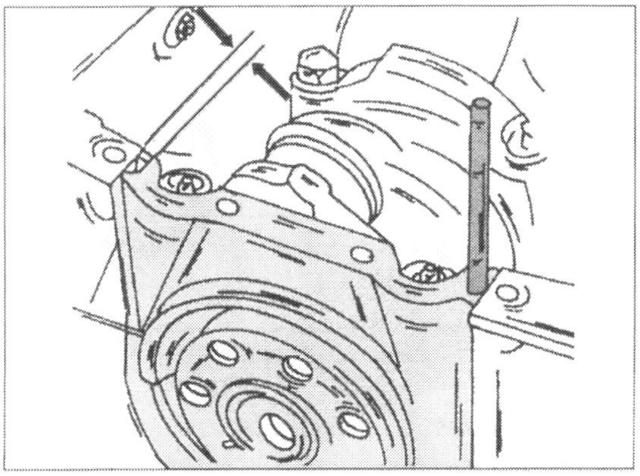

Bild 85
Einzelheiten zur Montage der Seitendichtungen für den hinteren Lagerdeckel. Der zwischen den Pfeilen liegende Spalt muss ausgemessen werden, um die richtige Dichtstabstärke zu bestimmen.

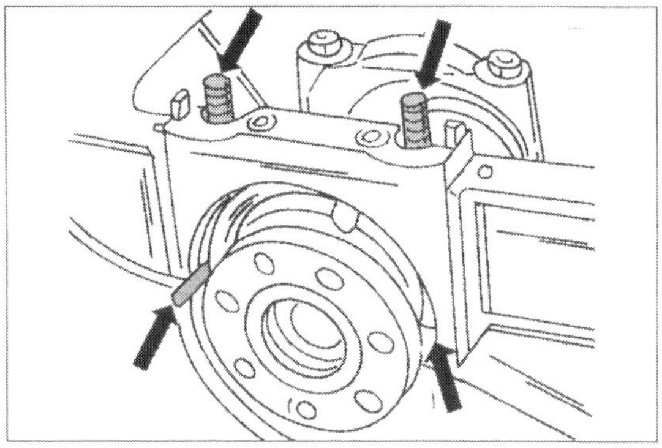

Bild 86
Montage des hinteren Lagerdeckels. Die Stiftschrauben (obere Pfeile) wie gezeigt einsetzen. Die Flächen (untere Pfeile) müssen mit Dichtungsmasse eingeschmiert werden.

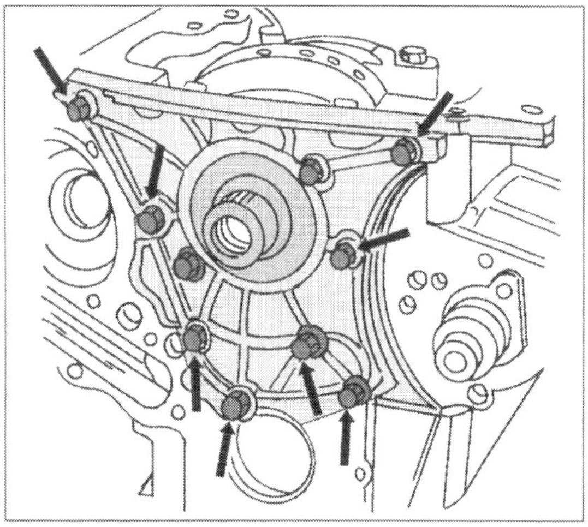

Bild 87
Befestigung des Deckels auf der Steuerseite des Motors.

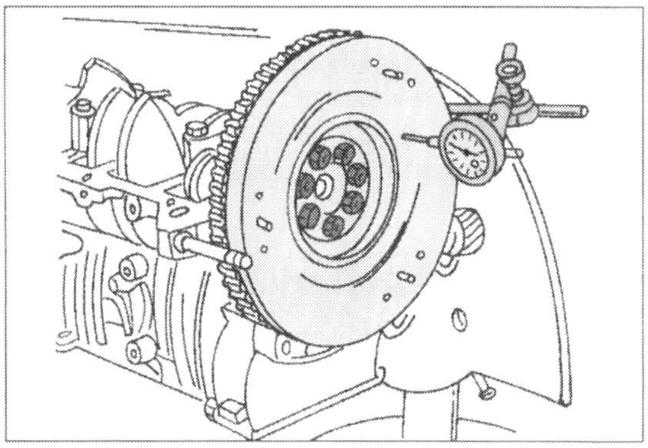

Bild 88
Kontrolle der Schwungradfläche auf Schlag.

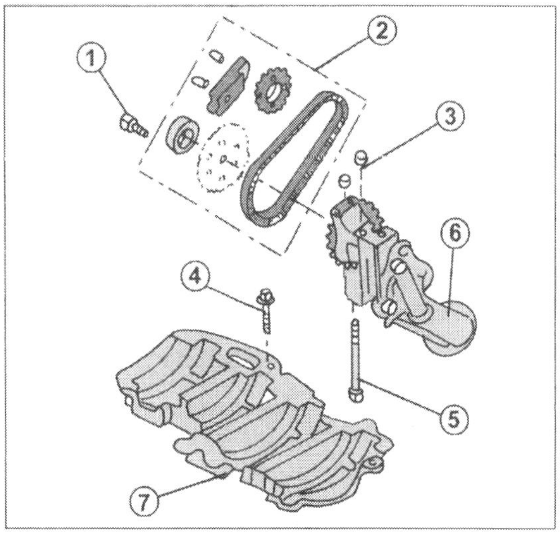

Bild 89
Ölpumpenantrieb und Ölpumpe des Dieselmotors.
1 Schraube, Kettenrad an Ölpumpe
2 Reparatursatz, Pumpenantrieb
3 Passhülse
4 Schraube, Ölleitblech
5 Pumpenschraube
6 Ölpumpe
7 Ölleitblech

(untere Pfeile in Bild 86 mit Dichtungsmasse einschmieren. Von Renault wird die Dichtungsmasse „CAF TH IXO 4/60“ empfohlen.

- Den Hauptlagerdeckel über die beiden Stiftschrauben setzen ohne dabei die Seitendichtstäbe zu verschieben. Wenn der Lagerdeckel fast sitzt, kontrollieren, dass die Dichtstäbe an der Oberseite immer noch herausstehen. Danach den Deckel vollkommen anschlagen.
- Die beiden Stiftschrauben mit einem Schraubendreher herausdrehen und die beiden Innensechskantschrauben eindrehen. Einen Inbusschlüssel mit einer aufgesetzten Stecknuss benutzen und die beiden Schrauben abwechselnd auf 65 Nm anziehen. Nach dem Einbau des Lagerdeckels die vorstehenden Enden der Seitendichtstäbe mit einem scharfen Messer bündig mit der Lagerdeckelfläche abschneiden.
- Den hinteren Öldichtring in den Zylinderblock einschlagen. Dazu einen Dorn verwenden, welcher auf der Außenseite des Dichtringes aufsitzt, wie es bereits weiter vorn bei den anderen Motoren gezeigt wurde. Den Dichtring einschlagen, bis die Außenfläche abschneidet.
- Wenn die ursprüngliche Kurbelwelle wieder eingebaut wurde, was meistens der Fall sein wird, und die Lauffläche auf der Kurbelwelle zeigt Einlaufverschleiß des alten Dichtringes, kann man den neuen Dichtring bis zu 3 mm weiter nach innen einschlagen.
- Kontrollieren, dass die beiden Passstifte in den Zylinderblock eingeschlagen sind. Diese befinden sich auf der Steuerseite des Motors links und rechts des Lagerdeckels.
- Den Träger des vorderen Öldichtringes mit der oben genannten Dichtungsmasse einschmieren. Dabei darauf achten, dass die Dichtungsmasse nicht in die Innenseite des Deckels tropfen kann. Den Deckel an der Vorderseite des Zylinderblocks anschrauben. Die Oberseite dabei über die Passstifte schlagen. Die in Bild 87 gezeigten Schrauben gleichmäßig anziehen.
- Den vorderen Öldichtring in den Dichtringträger und über die Kurbelwelle schlagen, bis die Außenseite bündig abschneidet. Bei eingebauter, ursprünglicher Kurbelwelle den Dichtring noch etwas weiter einschlagen (nicht mehr als 3 mm), um diesem eine neue Laufstelle auf der Welle zu geben.
- Das Schwungrad montieren. Die Montagefläche des Schwungrades an der Kurbelwelle mit Dichtungsmasse einschmieren. Neue Schwungradschrauben mit „Loctite“-Gewindesicherungsmittel einschmieren und die Schwungradschrauben der Reihe nach auf ein Anzugsdrehmoment von 50 - 55 Nm anziehen.
- Den Schlag des Schwungrades kontrollieren, wie es in Bild 88 gezeigt und beim anderen Motor beschrieben ist. Der Schlag darf 0,06 mm nicht überschreiten. Andernfalls das Schwungrad wieder abmontieren und die beiden Anlageflächen auf eingedrungene Fremdkörper kontrollieren.
- Die Ölpumpe entsprechend den Anweisungen in Kapitel 3 montieren. Bild 89 zeigt die zu montierenden Teile. In Bild 90 ist die eingebaute Pumpe gezeigt.
- Den vorderen Dichtring der Kurbelwelle mit einem geeigneten Schlagdorn über die Kurbelwelle in den

Deckel einschlagen, wie man es in Bild 90 sehen kann.

- Das Steuerrad der Kurbelwelle mit einem Rohrstück auf die Welle schlagen.

Hinweis: Falls die Wirbelkammern ausgebaut wurden (falls eingebaut), müssen sie in einer Werkstatt erneuert werden lassen.

Der Zylinderkopf wird jetzt in folgender Weise eingebaut. Der Einbau des Zylinderkopfes ist kritisch, da man die Stärke der Zylinderkopfdichtung berechnen muss. Zylinderkopfdichtungen kommen in verschiedenen Stärken, d.h. die richtige Dichtung muss ausgewählt werden. Falls nur die Dichtung erneuert wird, muss man eine der Originalstärke entsprechende Dichtung einbauen. Es müssen die bereits vorher erwähnten Spezialwerkzeuge zum Ausmessen des Vorstehmaßes der Zylinderlaufbüchsen beim bereits beschriebenen 1.4-Liter-Benzinmotor zur Verfügung stehen, um die Messung durchzuführen. Andernfalls kann man ein Stahllineal und Blattfühlerlehren benutzen. Die folgenden Kriterien sind zum richtigen Zusammenbau des Motors von Wichtigkeit:

- Die Kolben müssen um den vorgeschriebenen Wert über die Zylinderblockfläche herausstehen. Dieses Maß wird durch den Einbau der richtigen Zylinderkopfdichtung ausgeglichen.
- Nur eine Dichtungsausführung, jedoch in drei verschiedenen Stärken, wird benutzt. Ein Buchstabe ist in die Dichtung eingestanzt. Die darüberliegenden Löcher geben die Stärke der Dichtung an.

Beim Ausmessen der Kolben folgendermaßen vorgehen:

- Falls die Kolben nicht ausgebaut wurden, alle Kolbenböden sorgfältig von Ölkohleresten reinigen, um falsche Anzeigen zu erhalten.
- Die Kurbelwelle durchdrehen, bis der Kolben des ersten Zylinders sich dem oberen Totpunkt nähert. Falls die in Bild 91 gezeigten Spezialwerkzeuge zur Verfügung stehen, sind sie entsprechend der Abbildung auf der Blockfläche anzuordnen. Andernfalls wird eine Fühlerlehre zwischen Messlineal und Blockfläche eingeschoben.
- Den Messfinger auf die Blockfläche aufsetzen, die Messuhr auf „Null" justieren und danach den Fuß der Messuhr verschieben, bis der Messfinger auf dem Kolbenboden aufsitzt. Der Unterschied der beiden Messungen ist das Vorstehmaß. Die Messung der Kolben muss entlang der Mittellinie durchgeführt werden, um falsche Anzeigen aufgrund eines „kippenden" Kolbens zu vermeiden. Ebenfalls darauf achten, dass man auf die Messuhr oder den Kolben keinen übermäßigen Druck ausübt.
- Die verbleibenden Kolben in gleicher Weise ausmessen. Die Kurbelwelle dabei weiterdrehen, bis der nächste Kolben oben erscheint. Das höchste Vorstehmaß bestimmt die Stärke der Dichtung. Falls man diese Arbeit selbst durchführt, raten wir Ihnen mit diesem Maß zum Ersatzteillager zu gehen, um die richtige Dichtung zu erhalten.
- Kontrollieren, dass die Passhülsen in zwei der Ecken des Zylinderblocks sitzen und eine neue Zylinderkopfdichtung auflegen. Die Kurbelwelle durchdrehen, bis alle Kolben in der Mitte der Zylinderbohrungen sitzen.
- Den Zylinderkopf auf den Block aufsetzen, wobei die beiden Passhülsen in Eingriff zu bringen sind, und mit einem Gummi- oder Kunststoffhammer anschlagen.
- Die Gewinde der Zylinderkopfschrauben mit Motoröl einschmieren und die Scheiben aufstecken. Die Flächen der Scheiben ebenfalls mit Motoröl einschmieren. Die Gewindebohrungen für die Zylinderkopfschrauben müssen vollkommen frei von Öl sein. Die Schrauben einsetzen und fingerfest anziehen.

Bild 90
Einschlagen des vorderen Dichtringes der Kurbelwelle.

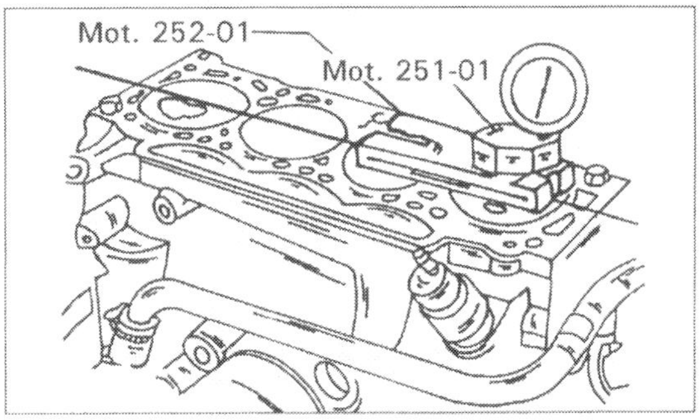

Bild 91
Ausmessen des Vorstehmaßes der Kolben. Das Maß bestimmt die Stärke der Zylinderkopfdichtung.

Bei den Motoren liegen einige Unterschiede vor, auf welche untenstehend eingegangen werden soll:

F8Q-Motor

- Die Zylinderkopfschrauben in der in Bild 59 gezeigten Reihenfolge mit einem Anzugsdrehmoment von 30 Nm anziehen. Dazu einen geraden Innensechskantschlüssel benutzen, auf welchen man eine Stecknuss aufsetzen kann.
- In der gleichen Anzugsreihenfolge die Schrauben im Winkelanzug um weitere 80° mit einer Toleranz von 4° nachziehen. Renault-Werkstätten verwenden dazu eine Gradscheibe, jedoch sollte es möglich sein, dass man sich eine 360°-Scheibe anfertigt und diese entsprechend anbringt (90° sind eine Viertelumdrehung).
- 3 Minuten warten.
- Die Schrauben 1 und 2 vollkommen lockern (bis sie frei sind) und mit einem Anzugsdrehmoment von 25 Nm anziehen. In der gleichen Anzugsreihenfolge die Schrauben 1 und 2 im Winkelanzug um weitere 213° mit einer Toleranz von 7° nachziehen. Renault-Werkstätten verwenden dazu eine Gradscheibe, jedoch sollte es möglich sein, dass man sich eine 360°-

Scheibe anfertigt und diese entsprechend anbringt.
- Die anderen Schraubenpaare 3 und 4, 5 und 6, 7 und 8 sowie 9 und 10 in der gleichen Weise behandelt.

F9Q 780-Motor
Das Anziehen der Zylinderkopfschrauben erfolgt in der oben beschriebenen Weise, mit dem Unterschied, dass man die Schrauben nach dem ersten Voranzug auf 30 Nm die Schrauben im Winkelanzug um 100° nachziehen muss (anstelle der oben angegebenen 80°).

- Den oberen Deckel montieren. Die Verbindungsfläche zum unteren Deckel mit Dichtungsmasse einschmieren.
- Die Zylinderkopfhaube mit einer neuen Dichtung montieren. Drei Hutmuttern mit Scheiben werden zur Befestigung verwendet.
- Die Wasserpumpe komplett mit der Riemenscheibe montieren. Die Drehstromlichtmaschine wird während dem Einbau des Motors montiert.
- Den Zahnriemen einbauen, wie es später für den betreffenden Motor beschrieben wird.
- Die Kurbelwellenriemenscheibe und ebenfalls den Antriebsriemen montieren (siehe betreffendes Kapitel).
- Der weitere Zusammenbau geschieht in umgekehrter Reihenfolge.

2.4 Zylinderkopf und Ventile

2.4.1 Aus- und Einbau

Der Ausbau des Zylinderkopfes wurde bereits beim Zerlegen des Motors beschrieben worden, nachdem der Motor ausgebaut wurde. Im folgenden Text wird eine kurze Beschreibung gegeben, wenn es nur erforderlich ist den Zylinderkopf auszubauen, wie dies zum Beispiel beim Erneuern der Zylinderkopfdichtung oder beim Überholen des Zylinderkopfes der Fall ist. Wiederum muss man unter dem in Frage kommenden Motor nachlesen.

1.1-Liter-Motor
Das Fahrzeug sollte vorn auf Unterstellböcke gesetzt werden, um an bestimmte Teile heranzukommen. Das Rad auf der Steuerseite des Motors kann abgeschraubt werden, da man an den Steuermechanismus kommen muss. Eine Gradscheibe zum Anziehen der Zylinderkopfschrauben und eine Zange zum Öffnen der Schlauchschellen sollten zur Verfügung stehen. Folgende Arbeiten durchführen:
- Massekabel der Batterie abklemmen.
- Die Schutzverkleidung an der Unterseite des Motors abschrauben.
- Die Motorhaube nach Kennzeichnung der Scharniere ausbauen.
- Kühlanlage ablassen (Abschnitt „Kühlanlage").
- Einen Wagenheber unter den Motor untersetzen (Holzklotz zwischen Wagenheberkopf und Ölwanne) und den Motor anheben, bis er soeben unter Spannung steht.
- Den Steuerriemen ausbauen, wie es später beschrieben wird.
- Folgende Arbeiten in der angegebenen Reihenfolge durchführen: Den Ölmessstab herausziehen, die Unterdruckleitung vom Bremskraftverstärker abschließen, den Luftfilter ausbauen, den Gasseilzug abschließen.
- Die Kraftstoffleitungen abschließen (siehe Abschnitt „Kraftstoffeinspritzanlage") und vom Zahnriemenschutzdeckel frei machen.
- Das an der Seite des Motors angebrachte Spezialwerkzeug herausnehmen und die Zündkerzenkabel damit abziehen. Das Werkzeug wird in der in Bild 92 gezeigten Weise angesetzt.
- Die Leitung zum Aktivkohlebehälter sowie die Belüftungsschläuche vom Schaltventil abschließen.
- Alle am Zylinderkopf angeschlossenen elektrischen Leitungen abschließen. Dies sind die Kabelstecker auf dem Zündmodul, den Einspritzventilen, dem Stufenmotor der Leerlaufregulierung, dem Potentiometer der Drosselklappe und dem Temperaturgeber für das Kühlmittel.
- Den Wasserschlauch zwischen der Wasserpumpe und dem Heizungskühler abschließen.
- Den Kabelstrang vom Wärmeschutzschild an der Zylinderkopfhaube lösen.
- Auf der rechten Seite des Motors die Stütze für das Drosselklappengehäuse ausfindig machen und die Schrauben aus der Stütze am Zylinderkopf herausdrehen.
- Das Ansaugsammelrohr vom Zylinderkopf abschrauben. Die Schrauben sitzen versteckt zwischen den Ansaugrohren. Ebenfalls die Schrauben des Rohres an der Zylinderkopfhaube ausfindig machen und herausdrehen. Das Ansaugsammelrohr mit allen daran befestigten Teilen abheben.
- Schläuche vom Thermostatgehäuse abschließen und die Zylinderkopfhaube abmontieren.
- Den Zylinderkopf jetzt ausbauen, wie es bei der Beschreibung der Zerlegungsarbeiten beschrieben wurde.

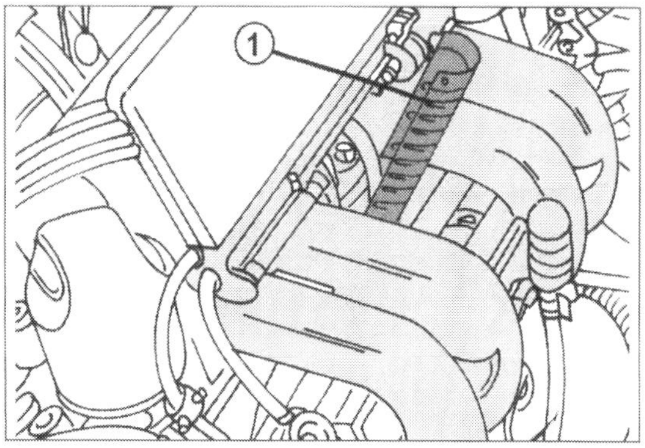

Bild 92
Das am Motor angebrachte Werkzeug (siehe Bild 46) zum Abziehen der Zündkerzenkabel (1) wird in der gezeigten Weise benutzt (1.1-Liter-Motor).

1.4-Liter-Motor
Die oben beschriebenen Vorbereitungsarbeiten gelten auch für diesen Motor.
Folgende Arbeiten durchführen:
- Massekabel der Batterie abklemmen und die Motorhaube ausbauen.

- Den Steuerriemen ausbauen, wie es später für den betreffenden Motor beschrieben wurde.
- Kühlanlage ablassen (Abschnitt „Kühlanlage").
- Einen Wagenheber mit einem Holzklotz unter den Motor untersetzen und diesen anheben, bis er soeben unter Spannung steht.
- Die folgenden Teile der Reihe nach ausbauen: Den Kabelstecker zusammen mit der Leitung vom Geber für den Absolutdruck, den Kabelstecker für den Stufenmotor der Leerlaufregulierung, den Luftfilterdeckel und den Luftfilter, den Kabelstecker vom Drosselklappenpotentiometer, das Gaszugseil, das Luftansaugrohr nach Abziehen des Kabelsteckers für den Lufttemperaturgeber.
- Die nächsten Arbeiten unter Bezug auf Bild 93 durchführen. Der Reihe nach abschließen bzw. ausbauen: Die Kabelstecker von der Zündspule (1) abziehen, Zündspule (2) ausbauen, die Leitungen (3) zusammen mit dem Kabelstecker (4) ausbauen, die Leitung an Stelle (5) abschließen, die Hebeöse (6) abschrauben und die beiden Kraftstoffleitungen (7) abschließen (siehe dazu Abschnitt „Kraftstoffeinspritzanlage"), Kabelstecker der Einspritzventile abziehen.
- Die Zylinderkopfhaube ausbauen.
- Die Stecker und Schläuche vom Thermostatgehäuse abschließen/abziehen.
- Wärmeschutzschild des Auspuffkrümmers abschrauben und die Verbindung zwischen dem Auspuffkrümmer und dem Auspuffrohr trennen. Das Rohr langsam nach unten absenken. Eventuell mit einem Stück Draht festbinden.
- Drehstromlichtmaschine ausbauen.
- An der in Bild 94 gezeigten Stelle die Halterung (1) und den Kabelstecker (2) lösen.
- Die folgenden Teile unter Bezug auf Bild 95 lösen. Den Halter an Stelle (1) lösen, die Schraube (2) der Stütze und die Mutter an Stelle (3) abschrauben, die Befestigungsschraube (4) des Führungsrohres für den Ölmessstab entfernen und den Kabelstrang an Stelle (5) lösen.
- Den Zylinderkopf jetzt ausbauen, wie es für den 1.4-Liter-Motor bei der Beschreibung der Zerlegungsarbeiten beschrieben wurde.

Dieselmotor

In ähnlicher Weise wie bei den anderen Motoren vorgehen und danach den Anweisungen für die Zerlegung dieses Motors vorgehen. Folgend wird noch einmal eine Zusammenfassung der durchzuführenden Arbeiten gegeben:

- Gasseilzug, Kabel und Leitungen der Einspritzpumpe abschließen, Auspuffrohr vom Auspuffkrümmer trennen, Heizungsschläuche vom Kopf abschließen, Unterdruckschlauch vom Bremskraftverstärker abschließen, die Schläuche der Motorbelüftung abschließen, den Luftschlauch des Luftfilters abschließen, den Antriebsriemen der Aggregate ausbauen, den Zahnriemen ausbauen und die Schrauben des inneren Steuergehäusedeckels vom Zylinderblock abschrauben.
- Die Kraftstoffleitungen entsprechend den Angaben im Abschnitt „Dieseleinspritzanlage" trennen.
- Den Kabelstecker vom Kraftstofffilter abziehen, den Filter von der Halterung lösen und den Filter auf einer Seite ablegen.
- Den Zylinderkopf jetzt in der bereits beschriebenen Weise ausbauen.

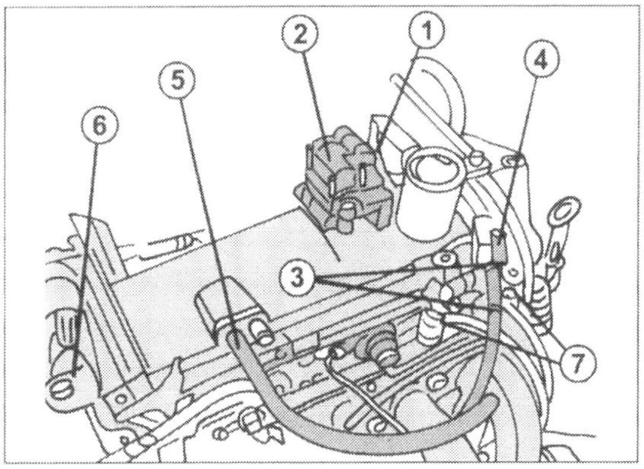

Bild 93
Zum Ausbau des Zylinderkopfes beim 1.4-Liter-Motor. Auf die Zahlen wird im Text eingegangen.

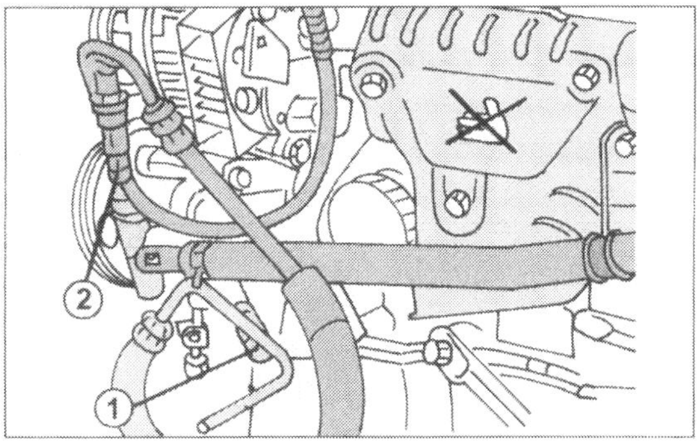

Bild 94
Auf der gezeigten Seite eines 1.4-Liter-Motors den Kabelstecker (1) und die Halterung (2) abmontieren.

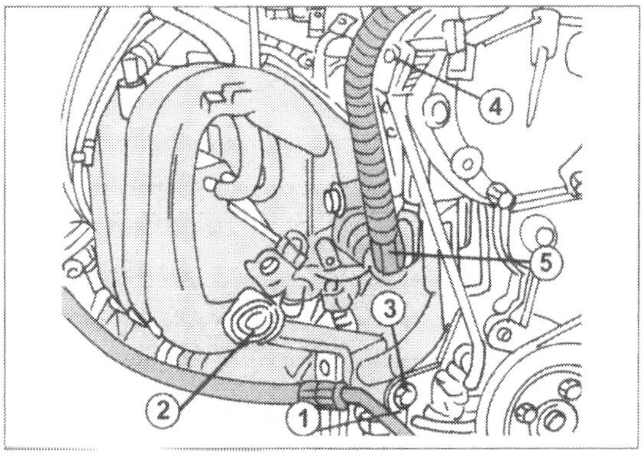

Bild 95
Einzelteile an den gezeigten Stellen entsprechend den Angaben im Text abmontieren.

2.4.2 Zylinderkopf zerlegen

Um den Zylinderkopf vollkommen zu zerlegen, ist den folgenden Anweisungen entsprechend dem in Frage kommenden Motor zu folgen.

1.1-Liter-Motor

Um den Zylinderkopf vollkommen zu zerlegen, ist den folgenden Anweisungen nachzugehen. Bild 96 zeigt den zerlegten Zylinderkopf und kann beim Zerlegen des Zylinderkopfes hinzugezogen werden. Den Zylinderkopf mit einem geeigneten Bügel (an den Stiftschrauben des Krümmers befestigt) in einen Schraubstock einspannen.

- Zündkerzen ausschrauben.
- Das Steuerrad der Nockenwelle ausbauen. Dieses muss dabei gegen Mitdrehen gehalten werden. Bild

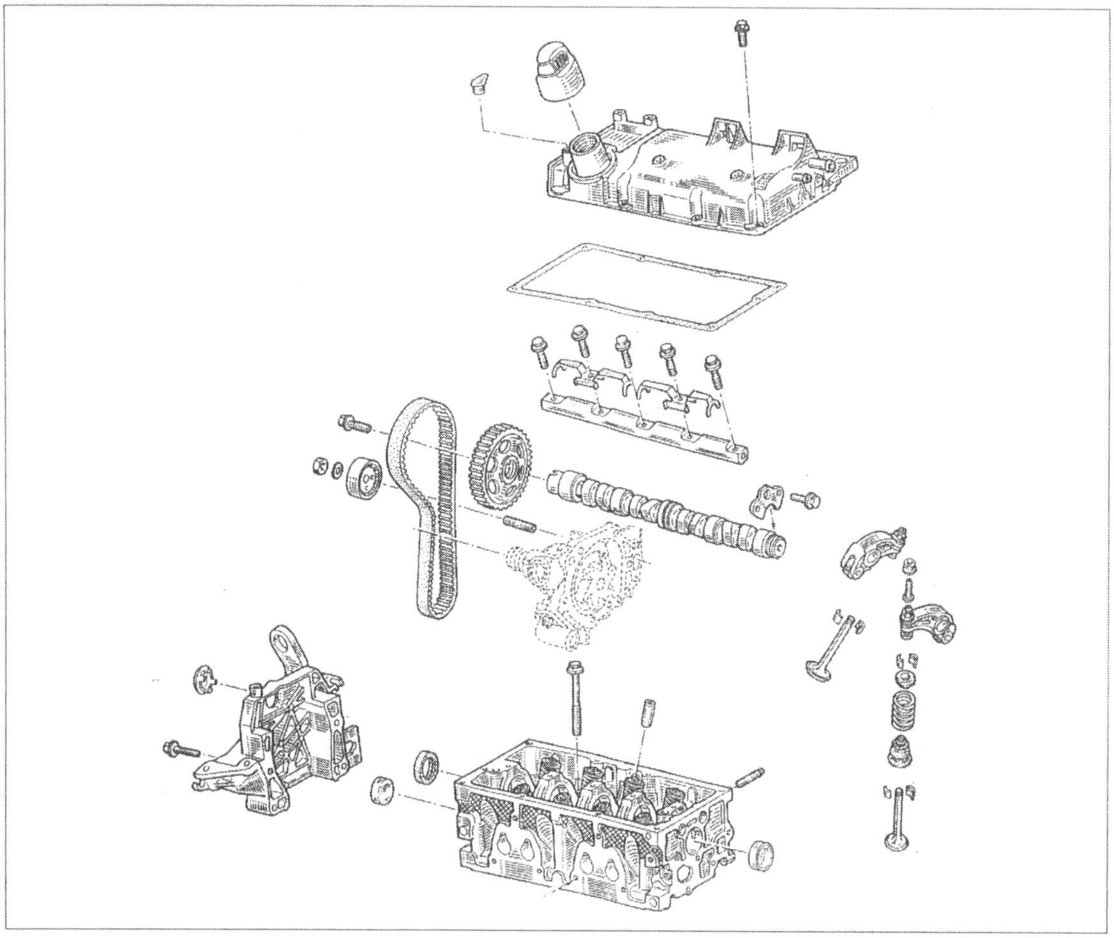

Bild 96
Montagebild des Zylinderkopfes eines 1.1-Liter-Motors.

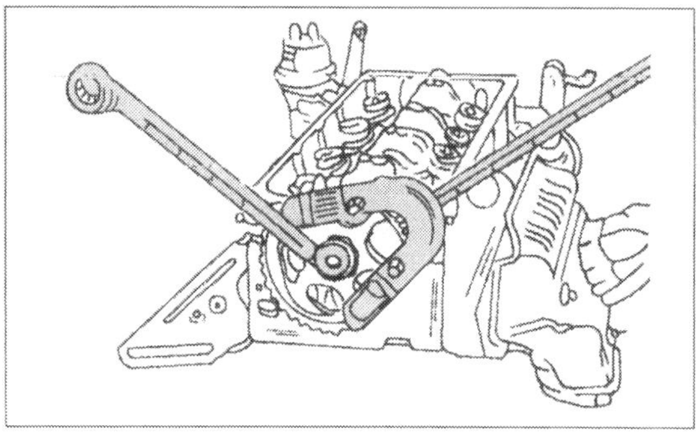

Bild 97
Gegenhalten des Steuerrades der Nockenwelle beim Lösen der Schraube in der Mitte.

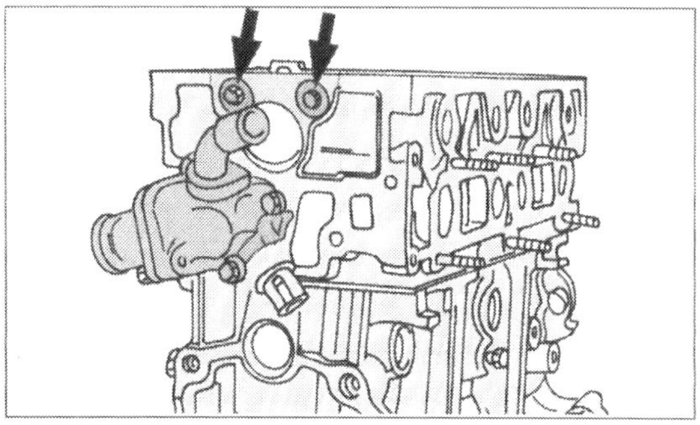

Bild 98
Die beiden mit den Pfeilen bezeichneten Schrauben halten die Halteplatte der Nockenwelle am Zylinderkopf (1.1-Liter-Motor).

97 zeigt einen Niederhalter, mit welchem man das Steuerrad gegenhalten kann. Andernfalls einen Metallstab in eine der Steuerradöffnungen einschieben und gegen den Zylinderkopf anlegen. Die Schraube kann danach mit einem Ringschlüssel oder einer Stecknuss gelöst werden.

- Steuerrad von der Nockenwelle herunterziehen. Den Dichtring der Nockenwelle vorsichtig mit einem Schraubendreher heraushebeln.
- Die Halteplatte der Nockenwelle abschrauben. Diese sitzt ähnlich wie in Bild 98 gezeigt an der Seite des Kopfes. Die beiden mit den Pfeilen gezeigten Schrauben herausdrehen und die Platte nach oben herausziehen. Die Nockenwelle vorsichtig in gerader Linie herausziehen, ohne dabei mit den Nocken oder den Lagerzapfen gegen die Lagerbohrungen anzustoßen.
- Die Ventile der Reihe nach mit einem passenden Ventilheber ausbauen. Bild 99 zeigt einen Ventilheber, mit welchem man die Ventilfedern zusammendrückt, bis die Ventilkegelhälften herauskommen und mit einer Spitzzange abgenommen werden können. Den Ventilheber zurücklassen und den Ventilfederteller, die Ventilfedern und den Ventilfedersitz der Reihe nach herunterheben. Alle Teile nummernmäßig zusammenhalten (in kleinen Schachteln oder Plastiktüten).
- Die Ventile der Reihe nach aus den Ventilführungen herausziehen und in Einbaureihenfolge ablegen, falls es sein könnte, dass man sie wieder einbauen kann. Am besten kann man die Ventile durch den Boden einer umgekehrten Pappschachtel stoßen und die Nummer dagegenschreiben. Ebenfalls einen Vermerk machen, wo vorn und hinten liegt. Auf den Ventilführungen sind Ventilschaftdichtringe aufgesetzt. Diese kann man mit einem unter die Anlaufscheiben untergesetzten Schraubendreher abdrücken. Die An-

laufscheiben kommen dabei mit herunter.

- Die Ventilschaftdichtringe der Reihe nach mit einer Zange von den Ventilführungen herunterziehen, wie es in Bild 100 zu sehen ist. Ebenfalls kann man eine Klinge eines Schraubendrehers unter die Dichtringe ansetzen und sie damit abdrücken.
- Thermostatgehäuse vom Zylinderkopf abschrauben.

1.4-Liter-Motor

Bild 101 zeigt den zerlegten Zylinderkopf des 1.4-Liter-Motors und kann beim Zerlegen des Zylinderkopfes hinzugezogen werden. Den Zylinderkopf mit einem geeigneten Bügel (an den Stiftschrauben des Krümmers befestigt) in eine Schraubstock einspannen. Folgendermaßen zerlegen:

- Kabelstrang der Zündkerzen und Zündkerzen ausschrauben.
- Das Steuerrad der Nockenwelle ausbauen. Dieses muss dabei gegen Mitdrehen gehalten werden. Bild 97 zeigt einen Niederhalter, mit welchem man das Steuerrad gegenhalten kann. Andernfalls einen Metallstab in eine der Steuerradöffnungen einschieben und gegen den Zylinderkopf anlegen. Die Schraube kann danach mit einem Ringschlüssel oder einer Stecknuss gelöst werden.
- Steuerrad von der Nockenwelle herunterziehen. Den Dichtring der Nockenwelle vorsichtig mit einem Schraubendreher heraushebeln.
- Die Halteplatte der Nockenwelle abschrauben.

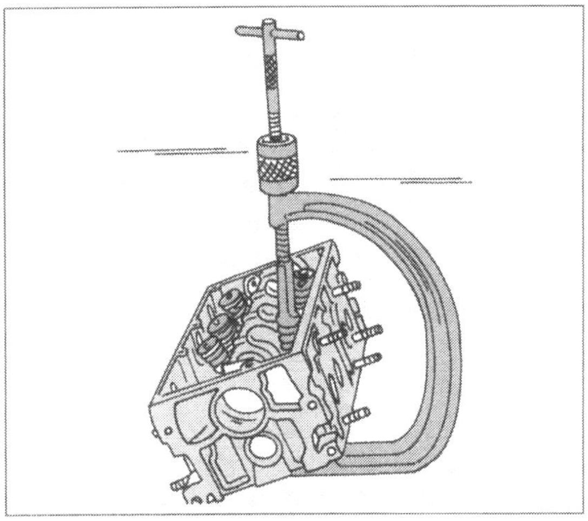

Bild 99
Ausbau von Ventilen.

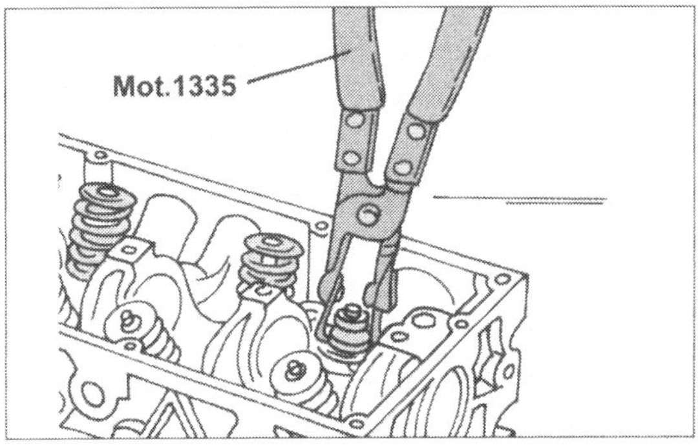

Bild 100
Ausbau von Ventilschaftdichtringen.
Ein Schraubendreher kann ebenfalls benutzt werden.

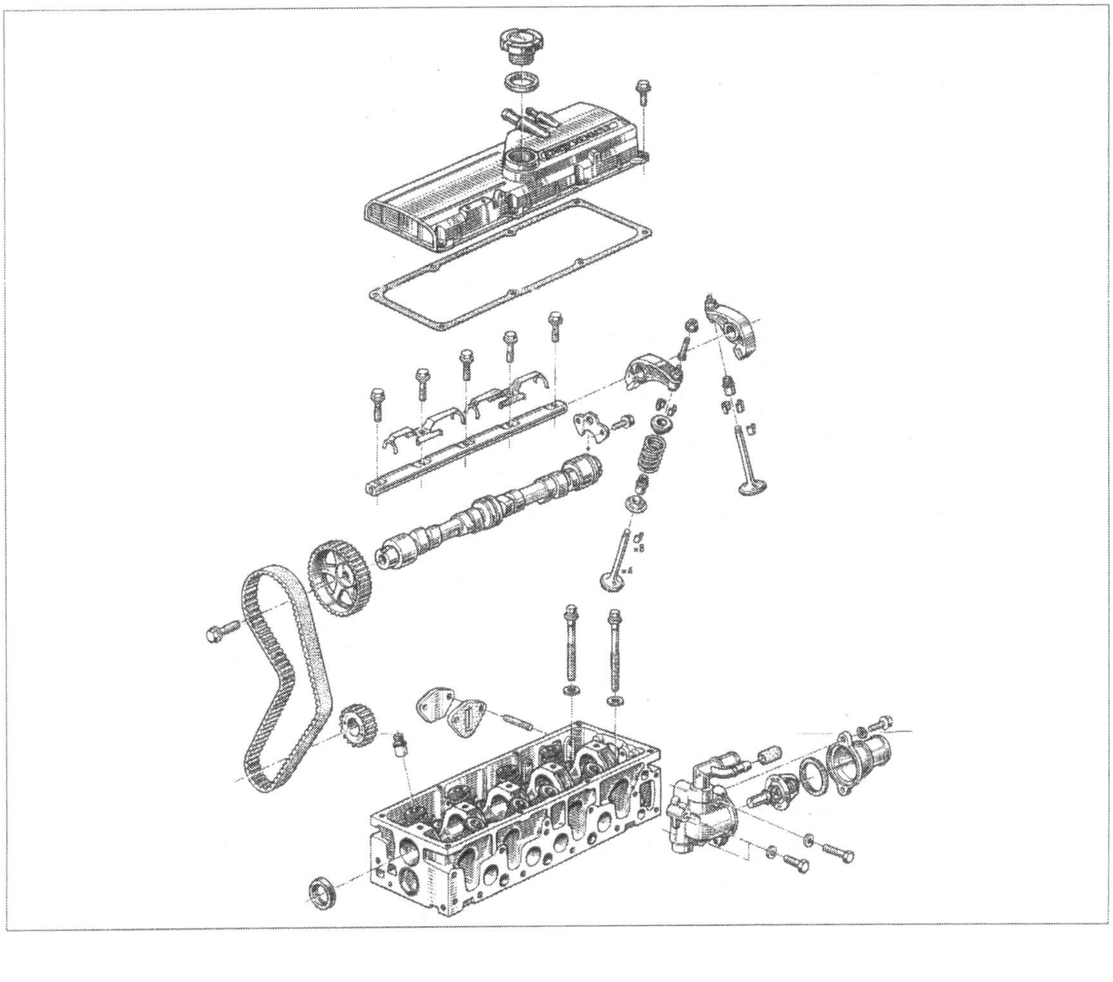

Bild 101
Montagebild des Zylinderkopfes des 1.4-Liter-Motors.

Bild 102
Die Nockenwelle des 1.4-Liter-Motors wird durch die beiden Schrauben (Pfeile) und eine Halteplatte befestigt.

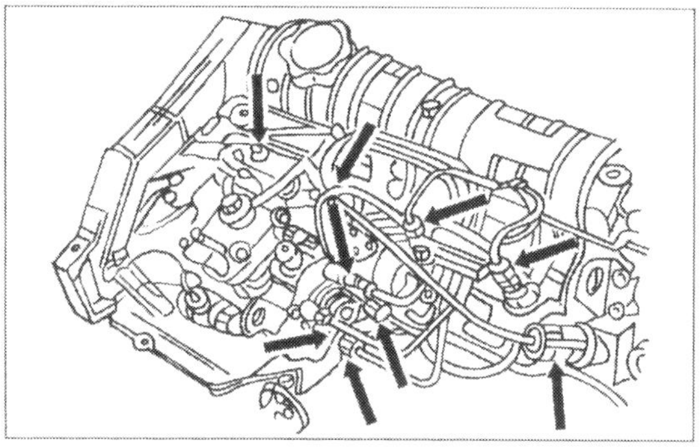

Bild 103
Beim Dieselmotor die mit den Pfeilen bezeichneten Teile abmontieren.

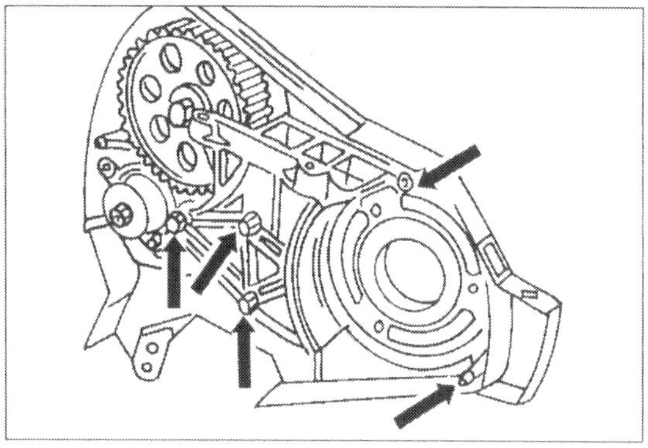

Bild 104
Die mit den Pfeilen bezeichneten Schrauben und Muttern an der Stirnseite des Zylinderkopfes lösen.

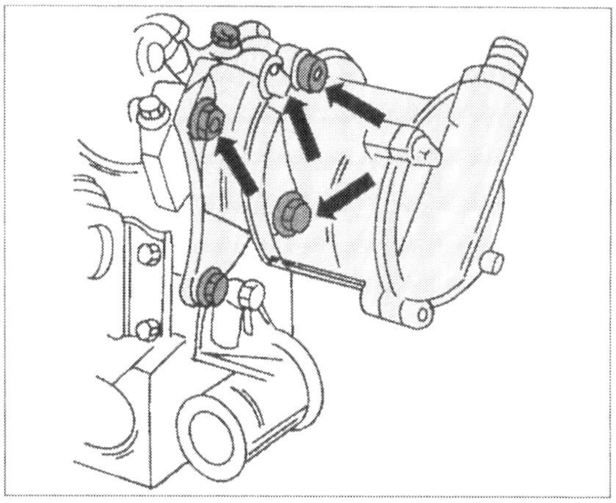

Bild 105
Die Befestigung der Unterdruckpumpe. Die Pumpe dient zum Betrieb des Bremskraftverstärkers.

Diese sitzt an der in Bild 102 gezeigten Stelle. Die beiden mit den Pfeilen gezeigten Schrauben herausdrehen und die Platte nach oben herausziehen. Die Nockenwelle vorsichtig in gerader Linie herausziehen, ohne dabei mit den Nocken oder den Lagerzapfen gegen die Lagerbohrungen anzustoßen.

- Die Ventile der Reihe nach mit einem passenden Ventilheber ausbauen, wie es bereits beim 1.1-Liter-Motor beschrieben wurde.
- Auf den Ventilführungen sind Ventilschaftdichtringe aufgesetzt. Diese kann man mit einem unter die Anlaufscheiben untergesetzten Schraubendreher abdrücken oder man benutzt eine Zange, wie es Bild 100 zeigt.
- Das Thermostatgehäuse vom Zylinderkopf abschrauben (3 Schrauben).

Dieselmotor

- Das Antriebsrad der Einspritzpumpe gegenhalten, die Mutter lösen und das Rad mit einem geeigneten Abzieher herunterziehen. Die in Bild 103 mit den Pfeilen gezeigten Teile abmontieren.
- Die vordere Tragkonsole der Einspritzpumpe abschrauben, die Konsole abnehmen und die Pumpe abheben. Den im Antriebskonus befindlichen Keil herausziehen. Dazu einen Seitenschneider benutzen.
- Die in Bild 104 mit den Pfeilen gezeigten Muttern und Schrauben lösen. Dadurch werden die Halterung der Einspritzpumpe und die Spannrolle des Zahnriemens frei.
- Die Schraube des Steuerrades der Nockenwelle lösen. Die Nockenwelle muss dabei gegengehalten werden. Dies geschieht entweder wie in Bild 97 gezeigt, oder man schiebt einen Dorn von 10 mm Durchmesser durch eines der Löcher im Steuerrad. Die Schraube mit einem Ringschlüssel lösen und danach ausschrauben.
- Unter dem Steuerrad der Nockenwelle die beiden Schrauben des inneren, oberen Deckels herausdrehen und den Deckel abnehmen.
- Die Unterdruckpumpe von einem Ende des Zylinderkopfes abschrauben (Bild 105) und den Mitnehmer herausziehen.
- Die Einbaureihenfolge und Einbaurichtung der Lagerdeckel für die Nockenwelle in geeigneter Weise kennzeichnen (Bild 106) und die Schrauben auf einer Seite sowie die Muttern auf der anderen Seite gleichmäßig lockern. Die Deckel der Reihe nach abnehmen und die Nockenwelle herausheben.
- Die Einbaureihenfolge der Stößel kennzeichnen und die Stößel aus den Bohrungen herausziehen. Die Stößel in gezeichneter Reihenfolge ablegen.
- Einspritzdüsen und Glühkerzen aus dem Kopf ausschrauben. Die Stromleitschienen zwischen den Glühkerzen vorher entfernen.
- Falls der Zylinderkopf erneuert werden soll, muss man die Wirbelkammern ausbauen (falls eingebaut). Dazu mit einem geeigneten Durchschlag der Reihe nach alle Kammern in der in Bild 107 gezeigten Richtung ausschlagen. Ebenfalls die mit den Pfeilen gezeigten Teile vom Kopf abmontieren.
- Die Ventile in der bereits beschriebenen Weise ausbauen (siehe 1.1-Liter-Motor).

2.4.3 Zylinderkopf überholen

Benzinmotoren

Vor dem Zerlegen alle Teile der Kipphebelwelle auf Einbaulage kennzeichnen. Die Befestigungsschrauben der Kipphebel und Haltebänder von der Kipphebelwelle abschrauben. Wie bereits erwähnt und in

Bild 39 gezeigt, werden unterschiedliche Schrauben verwendet (100 mm und 29 mm lang). Unbedingt die Einschraubstelle kennzeichnen. Kipphebel der Reihe nach herunterziehen und in Einbaureihenfolge ablegen. Ein Ende der Kipphebelwelle hat eine Kennzeichnung, welche man in Bild 108 sehen kann. Diese Seite kommt immer auf die Steuerseite des Motors.
Die Welle auf Verschleiß oder Riefenbildung kontrollieren und Teile ggf. erneuern. Jeder Kipphebel besitzt eine Schmierbohrung für die Nocken, welche sich in der Nähe der Auflagestellen des Kipphebels befindet. Um diese Bohrungen zu reinigen, sollte man einen Draht durchstoßen.
Alle Teile gut einölen und in der in Bild 108 gezeigten Reihenfolge über die Welle schieben. Die mit (1) gezeigte Seite kommt auf die Steuerseite. Die Haltebänder und Schrauben entsprechend Bild 39 befestigen und die zusammengebaute Welle bis später zur Seite legen.

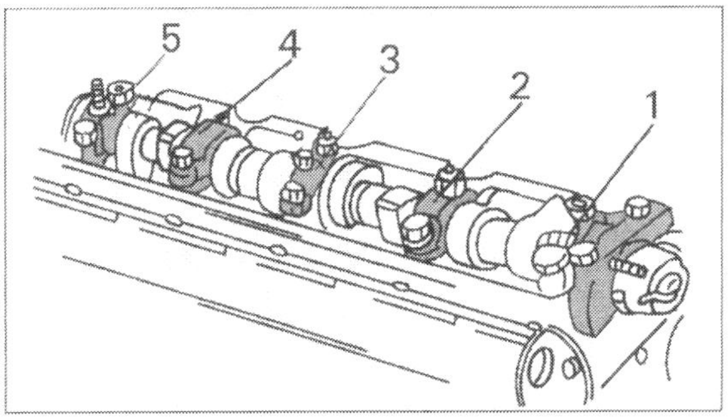

Bild 106
Kennzeichnung der Nockenwellenlagerdeckel.

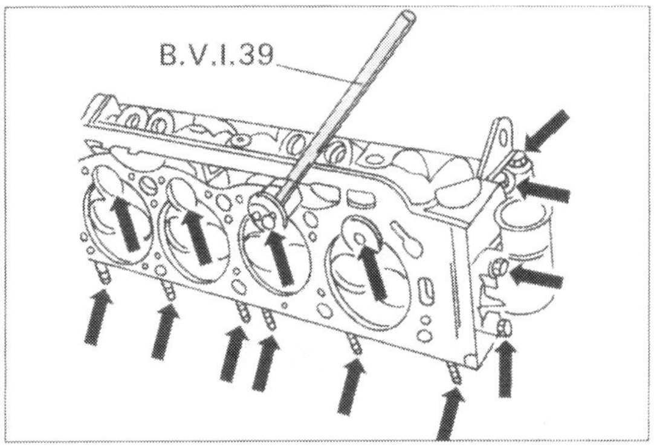

Bild 107
Ausbau der Wirbelkammern (falls eingebaut). Andere mit Pfeilen bezeichneten Teile ebenfalls bei Erneuerung des Zylinderkopfes ausbauen.

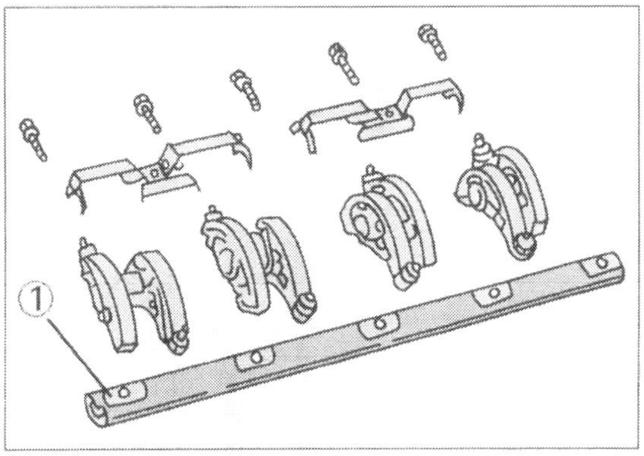

Bild 108
Die zerlegte Kipphebelwelle eines 1.4-Liter-Motors. Die mit (1) bezeichnete Seite kommt auf die Steuerseite.

Ventile

Ventile lassen sich am besten mit einer maschinenbetriebenen Drahtbürste reinigen.
Die Ventilflächen auf Abbrand, Verschleiß oder eingearbeitete Rillen kontrollieren. Falls der Verschleiß nur leicht erscheint, kann man die Ventile in einer Ventilschleifmaschine nachschleifen lassen, jedoch muss noch genügend Material verbleiben, um eine ausgeprägte Ventiltellerkante zu bilden.
Den Durchmesser der Ventilschäfte und in diesem Zusammenhang den Innendurchmesser der Führungen ausmessen. Falls diese Maße von den Sollwerten abweichen, könnte es erforderlich sein, dass man die Ventilführungen erneuern muss (siehe unten). Ebenfalls die Enden der Ventilschäfte kontrollieren. Kein bedeutsamer Verschleiß sollte an diesen Stellen feststellbar sein.

Ventilsitze

Ventilsitze können mit den entsprechenden Fräsern wieder auf die ursprünglichen Winkel, geschnitten werden. Mit Korrekturfräsern muss man die Sitzfläche für die Ventile in die Mitte bringen. Dies erzielt man durch Verwendung von Fräsern mit unterschiedlichen Winkeln. Wir schlagen vor, dass man den Zylinderkopf in eine Motorenwerkstatt bringt, um ihn renovieren zu lassen. Da die Ventilteller um einen bestimmten Wert unterhalb der Zylinderkopffläche liegen müssen, wird auch hier die Motorenwerkstatt die zuständigen Werte ermitteln.

Ventilfedern

Zur einwandfreien Kontrolle der Ventilfedern sollte ein vorschriftsmäßiges Federprüfgerät verwendet werden. Falls dieses nicht zur Verfügung steht, kann eine gebrauchte Feder mit einer neuen Feder verglichen werden. Dazu beide Federn in einen Schraubstock einspannen und diesen langsam schließen. Falls beide Federn um den gleichen Wert zusammengedrückt werden, ist dies eine sichere Anzeige, dass sie ungefähr die gleiche Spannung haben. Lässt sich die alte Feder jedoch weitaus kürzer als die neue Feder zusammendrücken, so ist dies ein Zeichen von Ermüdung und die Federn sollten im Satz erneuert werden.
Federn der Reihe nach so auf eine glatte Fläche aufstellen (Glasplatte), dass sich die geschlossene Wicklung an der Unterseite befindet. Einen Stahlwinkel neben der Feder aufsetzen. Den Spalt zwischen der Feder und dem Winkel an der Oberseite ausmessen, welcher nicht mehr als ca. 2,0 mm betragen darf. Andernfalls ist die Feder verzogen.

Ventilführungen

Die Ventilführungen reinigen, indem man einen in Benzin getränkten Lappen durch die Führungen hin- und herzieht. Ventilschäfte lassen sich am besten reinigen, indem man eine rotierende Drahtbürste in eine elektrische Bohrmaschine einspannt und den Schaft gegen die Drahtbürste hält.
Die Ventilführungen werden normalerweise mit einem Innenmikrometer auf Verschleiß kontrolliert. Falls kein Mikrometer zur Verfügung steht, kann man das Ventil in die Führung einsetzen und herausziehen, bis es ca. bündig mit der Zylinderkopffläche abschneidet. Das Ventil hin- und herbewegen und das Spiel ermitteln. Obwohl keine festen Werte vorhanden sind, kann man annehmen, dass das Spiel nicht mehr als 1,0 -

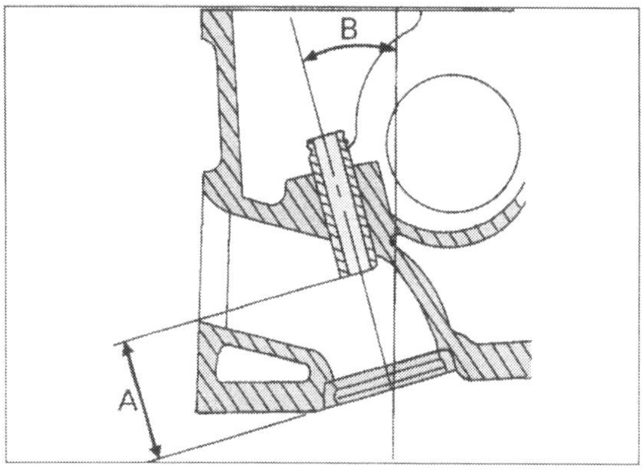

Bild 109
Nach dem Einbau der Ventilführungen das Maß „A“ beim 1.4-Liter-Motor auf den im Text angegebenen Wert bringen.

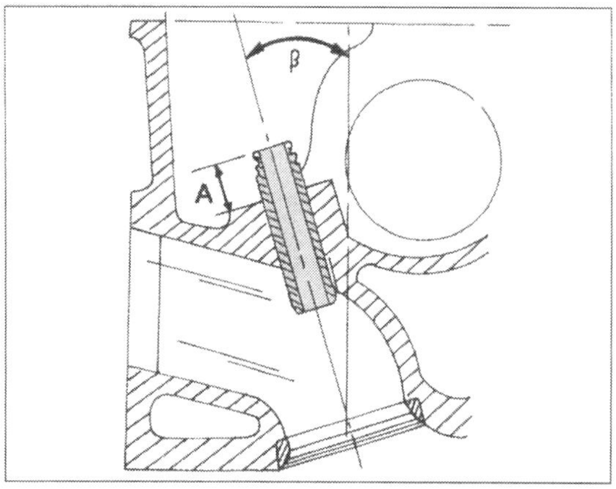

Bild 110
Nach dem Einbau der Ventilführungen das Maß „A“ beim 1.1-Liter-Motor auf einen Wert von 15 mm bringen.

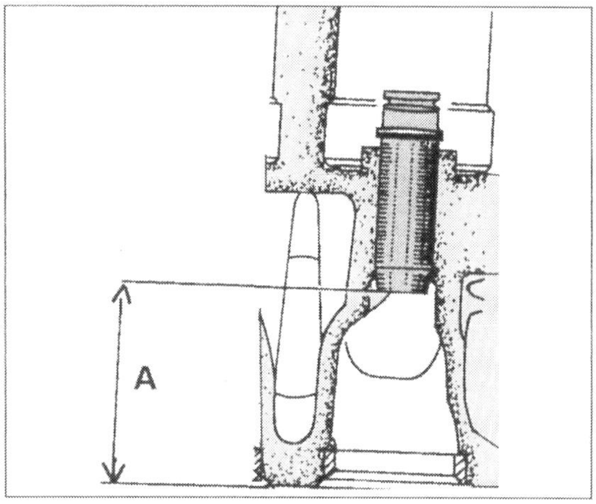

Bild 111
Beim Dieselmotor nach Einbau neuer Ventilführungen das Maß „A“ zwischen der Unterkante der Ventilführung und der Dichtfläche des Zylinderkopfes ausmessen. Das Maß muss 43 mm betragen.

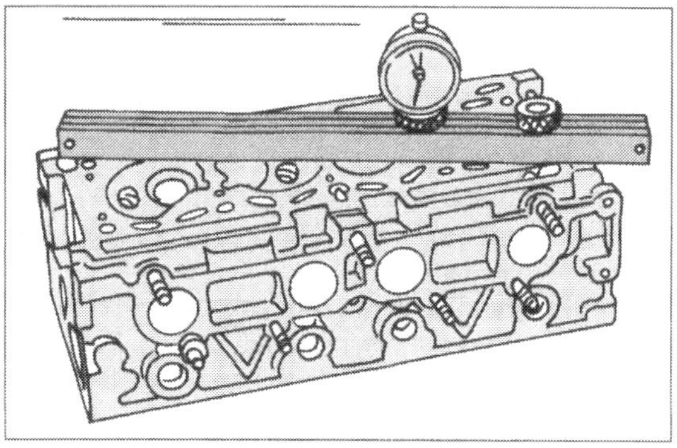

Bild 112
Kontrolle eines Zylinderkopfes auf Verzug.

2,0 mm betragen darf.
Reparatur-Ventilführungen stehen mit Übergröße-Außendurchmessern zur Verfügung und die Bohrungen im Zylinderkopf müssen entsprechend ausgebohrt oder ausgerieben werden, um die neuen Führungen einzuschlagen. Die Ventilführung wird mit einem abgesetzten Dorn ausgeschlagen, jedoch misst man vor dem Ausschlagen das Überstehmaß der Führungen, um die neuen Führungen auf die gleiche Höhe einzuschlagen. Dazu sieht man sich Bilder 109 (1.4 Liter) und 110 (1.1 Liter) an. Die Ventilführungen sind in einer Schrägstellung von 17,5° eingepresst und beim Erneuern der Führungen muss der Kopf entsprechend untergelegt werden, damit man gerade auspressen kann. Das Einbaumaß der Führungen steht im Verhältnis zum Ventilsitz und wird im Bild mit „A“ bezeichnet. Gezeigt ist ein Einlassventil. Neue Führungen in den Kopf einpressen, bis das Maß „A“ bei einem 1.4-Liter-Motor vom Zylinderkopf bis zur Oberkante der Führung genau 12,34 mm beträgt (Bild 109). Beim 1.1-Liter-Motor erfolgt die Messung jedoch auf der anderen Seite der Führung (Bild 110). Das Maß „A“ muss in diesem Fall 15,0 mm betragen (± 0,15 mm). Bei beiden Führungen ist das Maß gleich.
Beim Dieselmotor findet die Messung in unterschiedlicher Weise statt. Gemessen wird in der in Bild 111 gezeigten Weise. Bei allen Ventilen muss das gezeigte Maß „A“ 43,00 mm, mit einer Toleranz von 2 mm betragen.

Zylinderkopffläche überprüfen
Mit einem Stahllineal und Fühlerlehren die Zylinderkopffläche auf Verzug kontrollieren. Gemessen wird diagonal, in Längsrichtung und quer zum Kopf (siehe Bild 112). Der Lichtspalt darf nicht mehr als 0,05 mm betragen. Der Kopf des 1.4-Liter-Motors kann nachgeschliffen werden, jedoch sollte man sich in einer Werkstatt darüber erkundigen. Beim 1.1-Liter-Motor und beim Dieselmotor ist ein Nachschleifen nicht möglich. Auch die Zylinderkopfhöhe hat einen bestimmten Wert. Falls Sie Zweifel haben, wird Ihnen die Werkstatt bestimmt mitteilen, ob der Kopf noch zu retten ist oder ein neuer Kopf fällig ist.

Wirbelkammern (Dieselmotor)
Falls angenommen wird, dass die Wirbelkammern erneuert werden müssen (nur Motoren mit indirekter Einspritzung), schlagen wir vor, dass man die Arbeiten einer Motorenwerkstatt überlässt, welche auf Dieselmotoren spezialisiert sind.

2.4.4 Zylinderkopf zusammenbauen

Beim Einbau der Ventile sind die folgenden Punkte zu beachten:

Bei einem Benzinmotor
- Die Ventilfedern so aufsetzen, dass die flache Seite der Wicklungen auf dem Zylinderkopf aufsitzt.
- Die Ventilschaftabdichtungen dürfen nicht vergessen werden.
- Die Ventilkegelstücke des Motors sind bei Einlass- und Auslassventilen gleich, sollten aber wieder an den ursprünglichen Ventilen montiert werden, falls diese wieder einzubauen sind.

- Darauf achten, dass die Kipphebelwelle entsprechend den Anweisungen eingebaut werden.
- Beim Zusammenbau der Schnittansicht von Bild 113 folgen.

Falls ein Zylinderkopf eines 1.1-Liter- oder 1.4-Liter-Motors zusammengebaut wird, so müssen Nockenwelle und die verbleibenden Teile folgendermaßen eingebaut werden:

- Die Ventilschaftdichtringe gut einölen und auf die Ventilführungen aufschieben. Hier kann man vorsichtig einen Ringschlüssel von 11 mm Schlüsselweite benutzen. Die Ventile danach montieren.
- Die Lagerzapfen der Nockenwelle mit Motoröl einschmieren und die Welle in die Bohrungen einschieben. Die Halteplatte mit den beiden Schrauben befestigen und das Axialspiel der Nockenwelle ausmessen (siehe Kapitel 2.8.3). Falls das Spiel mehr als 0,06–0,15 mm (1.4 Liter) bzw. 0,07–0,15 mm (1.1 Liter) beträgt, die Nockenwelle wieder ausbauen und die Anlagefläche der Nockenwelle auf Verschleiß kontrollieren, welcher vielleicht vorher nicht augenscheinlich war.
- Einen neuen Öldichtring mit Motoröl einschmieren und in den Kopf einschlagen. Um diesem eine neue Dichtstelle zu geben, schlägt man ihn bündig ein und danach um weitere 2,0 mm. Der Dichtring hat jetzt eine neue Lauffläche und verbessert die Abdichtung. Bei neuen Teilen gilt dies natürlich nicht.
- Kabelstrang der Zündung und andere gelöste Teile wieder montieren.
- Das Thermostatgehäuse montieren. Das Thermostatgehäuse muss anhand Bild 114 mit Dichtungsmasse „Loctite 518" behandelt werden. Die Wulst darf nicht breiter als 1,0 mm sein (beim 1.4-Liter-Motor gezeigt).
- Steuerrad der Nockenwelle über das Wellenende schieben, Steuerrad gegenhalten (siehe Bild 97) und die Schraube mit 50 Nm anziehen (beide Motoren).
- Der verbleibende Zusammenbau geschieht in umgekehrter Reihenfolge.

Bei einem Dieselmotor

Beim Zusammenbau des Zylinderkopfes der Dieselmotoren folgendermaßen vorgehen:

- Die Ventile und Ventilschaftdichtringe in der bereits beschriebenen Weise montieren. Die flache Seite der Ventilfedern kommt auf den Zylinderkopf.

Wurde der Zylinderkopf vollkommen zerlegt, die Einzelteile folgendermaßen wieder montieren (siehe auch Bild 115 bei einem F8Q-Motor):

- Glühkerzen einschrauben und mit 15 - 30 Nm anziehen.
- Einspritzdüsen montieren (siehe betreffendes Kapitel) und mit 65 - 75 Nm (F8Q-Motor) anziehen oder mit den Klemmstücken befestigen (F9Q-Motor).
- Thermostat mit neuer Dichtung einsetzen und den Gehäusedeckel aufschrauben.
- Die Ventilstößel gut einölen und in die entsprechenden Bohrungen des Zylinderkopfes einsetzen. Die Einstellscheiben für das Stößelspiel auf die Stößel auflegen, wiederum entsprechend ihrer Kennzeichnung beim Ausbau. Kontrollieren, dass die Passhülsen für die Nockenwellenlagerdeckel an der in Bild 116 gezeigten Stelle in den Zylinderkopf eingeschlagen wurden.
- Die Lagerzapfen der Nockenwelle gut einölen und die Nockenwelle in den Zylinderkopf einlegen.
- Die Lagerdeckel der Nockenwelle entsprechend der Zahlenkennzeichnung aufsetzen (Nr. 1 auf der Steuerradseite) und mit einem Gummihammer auf die Passhülsen schlagen. Die Anlageflächen der beiden Endlagerdeckel müssen mit Dichtungsmasse eingestrichen werden.

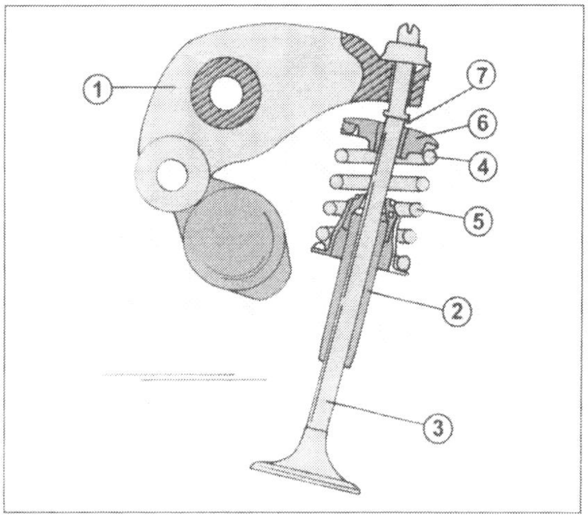

Bild 113
Schnitt durch ein Ventil bei einem 1.1-Liter-Motor.
1 Kipphebel
2 Ventilführung
3 Ventil
4 Ventilfeder
5 Ventilschaftdichtring
6 Ventilfederteller
7 Ventilkegelhälften

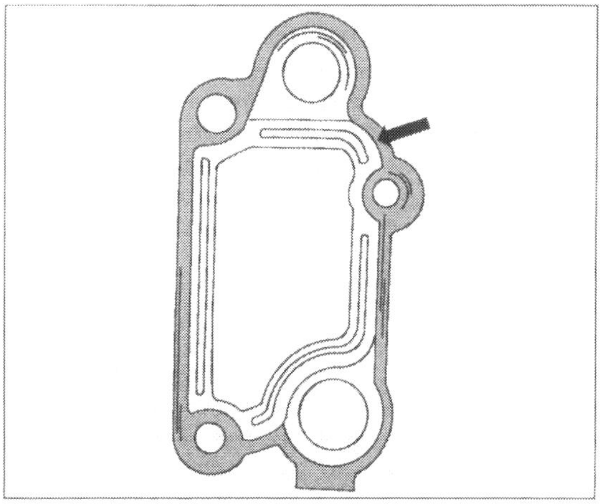

Bild 114
Das Thermostatgehäuse an der gezeigten Stelle mit der genannten Dichtungsmasse einschmieren (1.4-Liter-Motor).

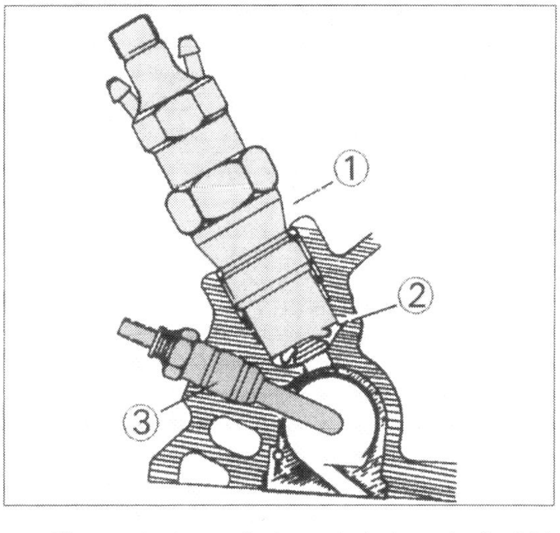

Bild 115
Schnitt durch den Zylinderkopf (F8Q-Motor).
1 Einspritzdüse
2 Flammenschutzscheibe
3 Glühkerze

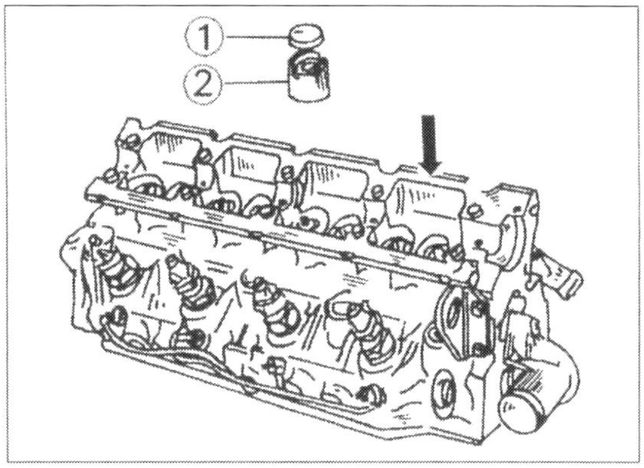

Bild 116
Der Pfeil weist auf die Passhülsen für die Nockenwellenlagerdeckel. Ventilstößel (2) und Einstellscheibe (1) wie gezeigt einsetzen.

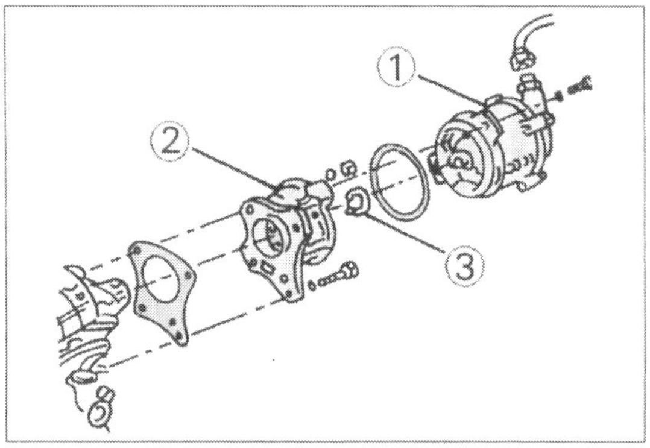

Bild 117
Die Unterdruckpumpe ist am Ende des Zylinderkopfes befestigt. Den Mitnehmer (3) immer bei einer neuen Unterdruckpumpe erneuern.
1 Unterdruckpumpe
2 Anbaugehäuse
3 Antriebsmitnehmer

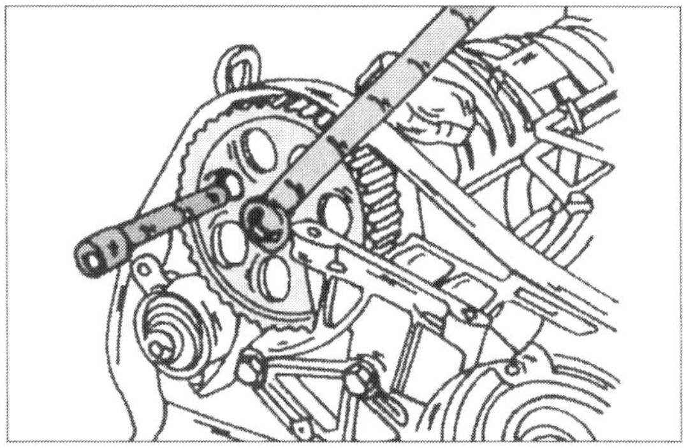

Bild 118
Gegenhalten des Steuerrades der Nockenwelle bei einem Dieselmotor.

- Die Gewinde der Schrauben für die Nockenwellenlagerdeckel mit Dichtungsmasse einschmieren, um Leckstellen aus dem Zylinderkopf zu vermeiden.
- Die Lagerdeckelmuttern und -schrauben von der Mitte nach außen vorgehend gleichmäßig auf ein Anzugsdrehmoment von 10 Nm (6-mm-Gewinde) bzw. 20 Nm (8-mm-Gewinde) anziehen.
- Das Anbaugehäuse für die Unterdruckpumpe mit einer neuen Dichtung anbringen, den Antriebsmitnehmer einsetzen und die Unterdruckpumpe mit einem neuen „O“-Dichtring anbringen. Falls die Unterdruckpumpe erneuert wurde, muss man ebenfalls einen neuen Mitnehmer einbauen. Die Einbauweise der Pumpe ist in Bild 117 gezeigt.
- Den Öldichtring auf der Steuerseite der Nockenwelle einbauen. Spezialwerkzeuge werden normalerweise zu dieser Arbeit verwendet und größte Vorsicht ist am Platz, falls man den Dichtring mit einem Dorn und einem Hammer einschlägt.
- Die Blechplatte (oberer Deckel) am Zylinderkopf anschrauben, ohne die Schrauben fest anzuziehen. Die Scheibenfeder für das Nockenwellensteuerrad in die Nockenwelle einschlagen. Die Fläche der Scheibenfeder muss parallel mit der Welle liegen.
- Das Steuerrad der Nockenwelle aufschlagen, ohne dabei die Scheibenfeder zu verschieben. Das Steuerrad der Nockenwelle gegenhalten und die Schraube mit einem Drehmoment von 50 Nm anziehen. Eine Scheibe kommt auf die Schraube. Das Gegenhalten kann entsprechend Bild 118 durchgeführt werden.
- Konsole der Einspritzpumpe montieren. Diese wird durch die in Bild 104 mit den Pfeilen gezeigten Schrauben gehalten. Die Schrauben des oberen Deckels können jetzt angezogen werden. Die Einspritzpumpe und die hintere Stütze montieren. Alle Schrauben zuerst fingerfest und danach mit 20 Nm anziehen.
- Das Thermostatelement mit einem neuen Dichtring einschrauben.
- Spannrolle des Zahnriemens montieren. Die Schraube einstweilen lose anziehen.
- Die Ventile einstellen, wie es im nächsten Kapitel beschrieben ist.
- Das Antriebsrad über die Welle der Einspritzpumpe stecken (Keil beachten) und die Mutter mit 50 Nm anziehen. Das Rad ähnlich wie in Bild 118 gezeigt gegenhalten.
- Alle anderen Teile in umgekehrter Reihenfolge wieder am Zylinderkopf montieren. Der Kopf ist jetzt wieder einbaufertig. Die Einbauanweisungen wurden beim Zusammenbau des Motors beschrieben.

2.4.5 Ventile einstellen

Falls die Einstellung bei eingebautem Motor vorgenommen wird, muss die Zylinderkopfhaube vom Motor abmontiert werden. Die Einstellung ist bei den beiden Benzinmotoren und dem Dieselmotor unterschiedlich und wird getrennt beschrieben. Es sollte beachtet werden, dass man ein Spezialwerkzeug zum Auswechseln der Einstellscheiben des Dieselmotors benötigt und wir empfehlen, dass man diese Arbeit in einer Renault-Werkstatt durchführen lässt, falls das Ventilspiel nicht stimmen sollte.

Außer Dieselmotor

Bei beiden Motoren könnte ein Nockenwellensteuerrad mit eingezeichneter Kennzeichnung eingebaut sein. In diesem Fall folgt man der im Anschluss an den folgenden Text gegebenen Beschreibung beim Einstellen der Ventile. Die Einstellung erfolgt im kalten Zustand. Hatte der Motor seine Betriebstemperatur, muss man ihn mindestens 2 Stunden stehen lassen, ehe man mit der Kontrolle beginnt.

Wo liegen die Ventile? Die näher zur Vorderseite liegenden Ventile sind die Auslassventile, die anderen Ventile sind die Einlassventile. In Fahrrichtung gesehen befindet sich der erste Zylinder auf der linken Seite.

Ehe man mit der Kontrolle oder Einstellung beginnt, sind die folgenden Vorarbeiten zu treffen:

- Den Belüftungsschlauch und die Zündkabel von der Zylinderkopfhaube abschließen.

- Bei einem 1.4-Liter-Motor den Luftfilterkasten ausbauen und das Gasbetätigungsseil vom Drosselklappengehäuse abschließen. Das Widerlager des Seils von der Zylinderkopfhaube abschrauben.
- Die Zylinderkopfhaube abmontieren.
- Den Motor durchdrehen, bis das Auslassventil des ersten Zylinders vollkommen geöffnet ist. Zum Durchdrehen des Motors ein Vorderrad anheben und den fünften Gang einschalten. Das Rad dann durchdrehen, bis der Motor richtig gestellt ist. Die Zündkerzen können ausgeschraubt werden, um das Durchdrehen zu erleichtern.
- In dieser Stellung das Einlassventil des dritten Zylinders und das Auslassventil des vierten Zylinders einstellen. Dies sind die beiden geschlossenen Ventile.
- Den Motor durchdrehen, bis das nächste Auslassventil öffnet und die Einstellung entsprechend der folgenden Tabelle durchführen:

Auslassventil geöffnet	Einlassventil einstellen	Auslassventil einstellen
1	3	4
3	4	2
4	2	1
2	1	3

Ebenfalls kann man die Ventile einstellen indem man den Motor durchdreht, bis beide Ventile des ersten Zylinders geschlossen sind, d.h. beide Kipphebel müssen ein leichtes Spiel aufweisen. Einlass- und Auslassventil dieses Zylinders einstellen und den Motor durchdrehen, bis das nächste Ventilpaar geöffnet ist. Die Ventile schließen in der Reihenfolge der Zündfolge und wenn man sich an diese hält, wird man die geschlossenen Ventile leicht finden.
Das Ventilspiel kontrollieren, indem man eine Fühlerlehre der entsprechenden Stärke (siehe Maß- und Einstelltabelle) zwischen den Ventilschaft und den Kipphebel einschiebt, wie es in Bild 119 bei einem 1.1-Liter-Motor gezeigt ist. Beim 1.4-Liter-Motor sieht es ähnlich aus. Die Fühlerlehre sollte eine gleitende Passung haben. Eine gute Anzeige wird erhalten, wenn sich die Fühlerlehre ohne zu klemmen einschieben lässt, sich leicht durchbiegt und dann in den Spalt hineinschnellt. Alle Ventile werden im kalten Zustand eingestellt.
Nach fertiger Einstellung die ausgebauten Teile wieder montieren.

Dieselmotor

Die Kurbelwelle in der oben beschriebenen Weise durchdrehen, bis die Ventile des betreffenden Zylinders „wechseln", d.h. das Ende des Ansaughubs und der Beginn des Auspuffhubs. Die Nocken dieses Zylinders befinden sich dann in der in der linken Ansicht von Bild 120 gezeigten Lage. Die Nocken der Ventile des einzustellenden Zylinders nehmen die in der rechten Ansicht gezeigte Stellung ein.
Das Ventilspiel ausmessen indem man eine Fühlerlehre der entsprechenden Stärke (siehe Maß- und Einstelltabelle) zwischen dem Rücken des Nockens und der Stößeleinstellscheibe einschiebt, wie es aus Bild 121 ersichtlich ist. Die Passung der Fühlerlehre sollte wie bei den anderen Motoren sein. Die Ventile in der folgenden Reihenfolge einstellen:

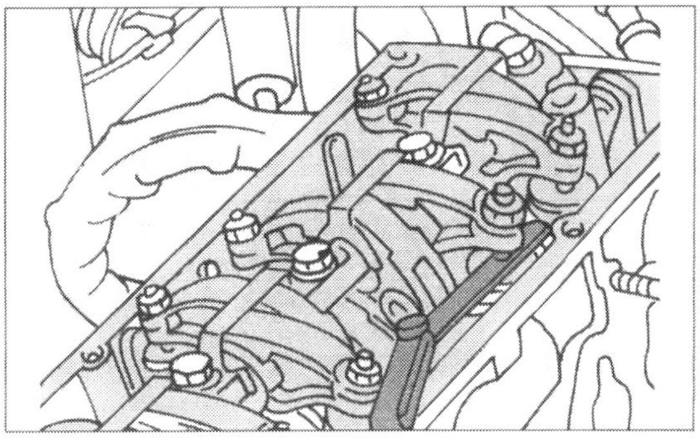

Bild 119
Kontrolle der Ventilspiele bei einem 1.1-Liter-Motor.

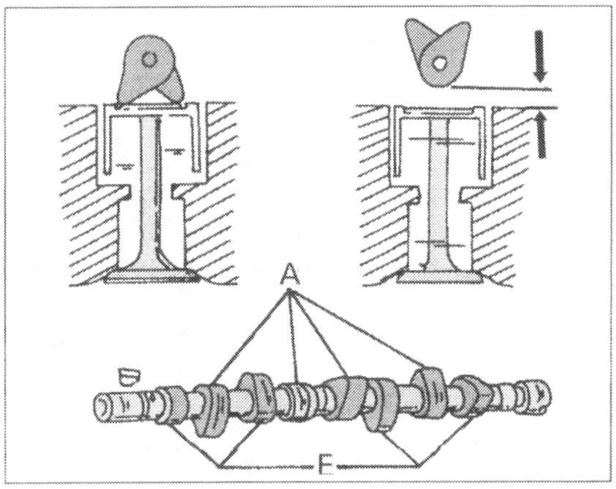

Bild 120
Kontrolle der Ventilspiele beim Dieselmotor. Die linke Ansicht oben zeigt die Stellung der Nocken, wenn die Ventile wechseln; die rechte Ansicht zeigt die Stellung der Nocken, wenn das Ventilspiel ausgemessen wird. Die untere Ansicht zeigt die Lage der Einlassventilnocken (A) und Auslassventilnocken (E).

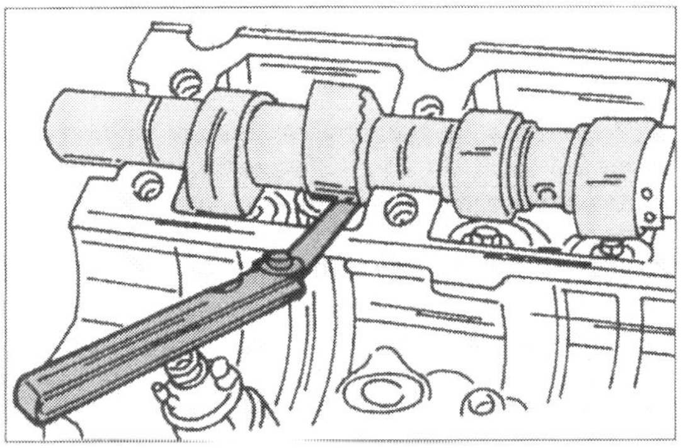

Bild 121
Kontrolle des Ventilspiels bei einem Dieselmotor.

Ventile der folgenden Zylinder „wechseln"	Ventile der folgenden Zylinder einstellen
1	4
3	2
4	1
2	3

Die untere Ansicht von Bild 120 zeigt die Lage der Einlass- und Auslassnocken an der Welle. Diesem Bild genau folgen, um die Kontrolle der falschen Ventile zu vermeiden. Die Kontrolle der Ventilspiele darf bei diesem Motor nur im kalten Zustand durchgeführt werden.
Falls mehr als ein Ventil nicht mehr der Einstellung entspricht, sollte man die Spiele in einer Renault-Werkstatt einstellen lassen.

Motor mit Kennzeichnungen am Steuerrad der Nockenwelle

Die gemeinte Kennzeichnung ist in Bild 122 gezeigt. Die Kontrolle und Einstellung der Ventile kann anhand der Zeichen „E" (franz. Kennzeichnung für Auslass) und „A" (für Einlass) durchgeführt werden:

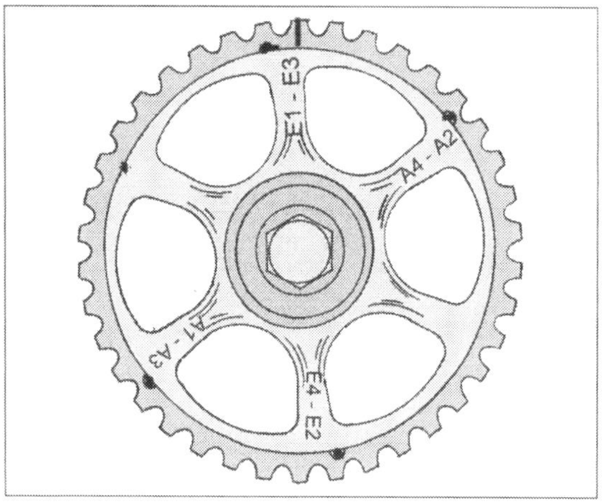

Bild 122
Bei beiden Benzinmotoren kann das Steuerrad der Nockenwelle die gezeigte Kennzeichnung haben, mit deren Hilfe man die Ventile kontrollieren und einstellen kann.

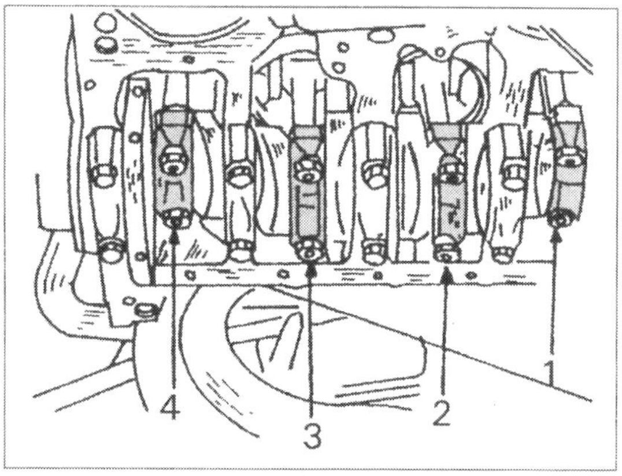

Bild 123
Die vorschriftsmäßige Kennzeichnung der Pleuellagerdeckel.

- Die Kurbelwelle durchdrehen, bis der Kolben des ersten Zylinders auf OT im Zündzeitpunkt steht.
- Von der Vorderseite des Motors aus gesehen die Kurbelwelle nach rechts verdrehen, bis die erste Markierung in einer Linie mit der OT-Marke steht. In dieser Motorstellung Auslassventil von Zylinder 1 und 3 kontrollieren oder einstellen.
- Kurbelwelle durchdrehen, bis die zweite Marke fluchtet und die Einlassventile der Zylinder 1 und 3 kontrollieren oder einstellen.
- Kurbelwelle durchdrehen, bis die dritte Marke fluchtet und die Auslassventile der Zylinder 2 und 4 kontrollieren oder einstellen.
- Kurbelwelle durchdrehen, bis die vierte Marke fluchtet und die Einlassventile der Zylinder 2 und 4 kontrollieren oder einstellen.

Die Einstellung erfolgt unverändert in der oben beschriebenen Weise.

2.5 Kolben und Pleuelstangen

Der Motor sollte ausgebaut werden, um die Kolben und Zylinderlaufbüchsen bei einem 1.4-Liter-Motor zu erneuern. Dieser Motor ist mit Kolben/Laufbüchseneinheiten versehen. Ein 1.1-Liter-Motor oder ein Dieselmotor muss ebenfalls zum Austausch der Kolben ausgebaut werden. Bei diesen Motoren sind die Zylinderbohrungen direkt in das Kurbelgehäuse eingearbeitet. Der Zylinderblock muss aufgebohrt werden. Neue Zylinderblöcke dieses Motors werden zusammen mit Kolben, Kolbenbolzen, Kolbenringen, Hauptlagerschalen, Büchsen für die Zwischenwelle (Diesel, falls eingebaut), dem Rohr für den Ölmessstab und der Ölabscheideleitung geliefert.
Falls neue Zylinderlaufbüchsen und Kolben für einen 1.4-Liter-Motor gekauft werden müssen, sollte man wissen, dass diese aufeinander abgestimmt wurden und aus diesem Grund zusammenzuhalten sind. Dies gilt ebenfalls, wenn die ursprünglichen Teile wieder verwendet werden. In diesem Fall die Laufbüchsen, Kolben und Pleuelstange mit der Zylindernummer zeichnen.
Alle Kolben sind mit zwei Kompressionsringen und einem Ölabstreifring versehen. Der obere Verdichtungsring ist an der Außenfläche verchromt, während der zweite Kolben einen Trapezquerschnitt besitzt. Die Kennzeichnungen müssen nach dem Einbau von oben sichtbar sein.

2.5.1 Ausbau der Kolben

1.1- und 1.4-Liter-Motor

- Ölwanne abschrauben und den Motor durchdrehen, bis die Kolben des ersten und vierten Zylinders auf dem oberen Totpunkt stehen. Die Ölwanne in dieser Stellung abschrauben und abnehmen.
- Ölpumpe abschrauben.
- Die Pleuellagerdeckel und Pleuelstangen an gegenüberliegenden Seiten kennzeichnen, Pleuel Nr. 1 auf der Kupplungsseite und auf der Nockenwelle gegenüberliegenden Seite mit einem Körner zeichnen (Nr. 1 einen Körnerschlag, Nr. 2 zwei Schläge, usw.). Bild 123 zeigt die Nummerierung der Pleuelstangen.
- Muttern der Pleuelstangen lösen und die Lagerdeckel abnehmen. Zwei der Kurbelzapfen stehen im unteren Totpunkt und diese Pleuellagerdeckel sind zuerst abzuschrauben.
- Die Lagerschale sofort abnehmen (falls sie am Kurbelzapfen festhängt) und in den Lagerdeckel einlegen.
- Mit einem Hammerstiel den Kolben, die Pleuelstange und die Zylinderlaufbüchse (im Fall des 1.4-Liter-Motors) nach oben zu herausschieben. Den Lagerdeckel sofort an der Pleuelstange anschrauben.
- Die anderen Einheiten in gleicher Weise ausbauen.

Hinweis zum 1.4-Liter-Motor: Bei einem 1.4-Liter-Motor sind die Teile sind mit einem Rostschutzfilm versehen, welcher vor Montage entfernt werden muss. Vor der Reinigung jede Einheit aus der Verpackung nehmen und die Teile mit A, B, C und D (oder 1, 2, 3 und 4) zeichnen, wie es aus Bild 124 ersichtlich ist. Dies gilt ebenfalls, wenn die ursprünglichen Teile wieder verwendet werden. In diesem Fall jedes zusammengehörige Teil mit der Zylindernummer zeichnen, um den Einbau in die gleiche Bohrung zu gewährleisten.

Hinweis zum 1.1-Liter-Motor: Die Außenseite des Zylinderblocks ist mit Bohrungen versehen, aus welchem die Motorenwerkstatt die Größe der einzelnen Zylinderbohrungen ersehen kann. Die Kolbenböden sind ebenfalls in dieser Hinsicht gezeichnet.

Dieselmotor
Steuerungsteile, der Zylinderkopf, die Ölwanne und die Ölpumpe müssen ausgebaut werden, um an die Pleuelstangen zu kommen.
- Die Oberseite der Kolben entsprechend den Zylinderbohrungen kennzeichnen. Ein kleiner Schraubendreher kann verwendet werden, um die Nummer in die Ölkohle zu kratzen, jedoch dabei nicht die Kolbenböden beschädigen. Zylinder Nr. 1 befindet sich auf der Schwungradseite.
- Pleuellagerdeckel und Pleuelstangen mit der Zylindernummer kennzeichnen. Nr.1 liegt auf der Schwungradseite und die Kennzeichnungen sind auf der Seite der Zwischenwelle durchzuführen. Die Teile mit Körnerschlägen entsprechend der Zylindernummer zeichnen.
- Die Pleuellagerschrauben entfernen und die Deckel abnehmen. Jeweils die zwei an der Unterseite liegenden Pleuelstangen zuerst vornehmen.
- Lagerschale entfernen (falls sie am Kurbelzapfen festklebt) und in den Lagerdeckel einlegen.
- Mit einem Hammerstiel die Einheit Kolben/Pleuelstange zur Oberseite des Zylinders zu herausstoßen. Falls sich ein Ölkohlering an der Oberkante der Zylinderbohrung geformt hat, kann man diesen vorsichtig mit einem Schaber abkratzen. Den Deckel wieder an die betreffende Pleuelstange anschrauben.

Die Kolben und Pleuelstangen entsprechend den Anweisungen in Kapitel 2.5.3 überprüfen.
Der Zusammenbau der Pleuel/Kolben-Einheiten wird in Kapitel 2.5.4 beschrieben.

2.5.2 Kolben und Pleuelstangen trennen

Außer Dieselmotor
Das Trennen der Kolben und Pleuelstangen geschieht beim 1.1-Liter- und 1.4-Liter-Motor in ähnlicher Weise. Zum Trennen der Kolben von den Pleuelstangen sind auf jeden Fall Spezialwerkzeuge erforderlich. Falls man sich diese nicht besorgen kann, sollte man die Arbeiten in einer Motorwerkstatt durchführen lassen. Auch wenn die Kolben erneuert werden sollen, werden die gleichen Werkzeuge zum Einziehen des Kolbenbolzens benötigt. Ebenfalls muss eine Kochplatte zur Verfügung stehen, so dass man das Pleuelauge (nicht den gesamten Pleuel) auf eine Temperatur von 250°C erwärmen kann. Ein Schmelzstift, welcher bei dieser Temperatur erweicht, ist bei der Kontrolle erforderlich. Folgende Arbeiten durchführen, falls man entsprechend der obigen Angaben ausgerüstet ist:
- Kolben und Pleuelstange aus der Zylinderlaufbüchse herausziehen (1.4 Liter). Nochmals kontrollieren, dass man die Kennzeichnung markiert hat.
- Kolbenringe der Reihe nach mit einer Kolbenringzange abnehmen. Falls die Ringe wieder verwendet werden sollen, sind sie entsprechend zu zeichnen. Falls keine Kolbenringzange zur Verfügung steht, können Metallstreifen an gegenüberliegenden Stellen an den Seiten des Kolbens unter den Ring geschoben werden (Kratzer vermeiden). Einen Streifen unbedingt unter das Ende des Ringes unterlegen, um Kratzer zu vermeiden.

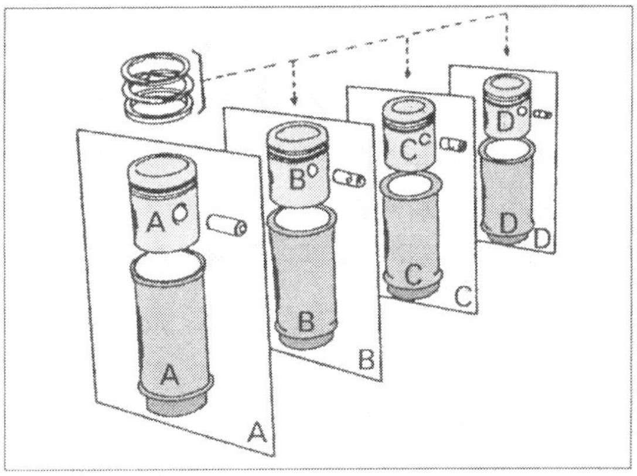

Bild 124
Nach Auspacken von neuen Kolben/Laufbüchseneinheiten müssen die einzelnen Teile mit Buchstaben oder Zahlen gezeichnet werden.

- Das in Bild 125 gezeigte Spezialwerkzeug oder eine ähnliche Vorrichtung wird jetzt zum weiteren Zerlegen benötigt. Den Kolben wie im Bild gezeigt auf das Werkzeug unter einer Presse auflegen und den Bolzen mit dem Pressstempel herausdrücken. Eine „V"-Markierung in der Seite der Bodenplatte hilft bei der genauen Ausrichtung des Kolbens.

Falls die Vorrichtung nicht zur Verfügung steht, ist es möglich, dass man einen ähnlichen „V"-Block benutzt und den Kolben mit einem Dorn des passenden Durchmessers herauspresst.

Dieselmotor
Das Zerlegen der Kolben und Pleuelstangen ist eine einfache Angelegenheit, da die Kolbenbolzen vollschwimmend gelagert sind, d.h. sie haben im Pleuelauge und im Kolbenauge eine Spielpassung. Zum Zerlegen die Sicherungsringe in der in Bild 126 gezeigten Weise mit einem spitzen Gegenstand heraushebeln und danach den Kolbenbolzen mit einem passenden Dorn ausschlagen. Den Kolben dazu in die

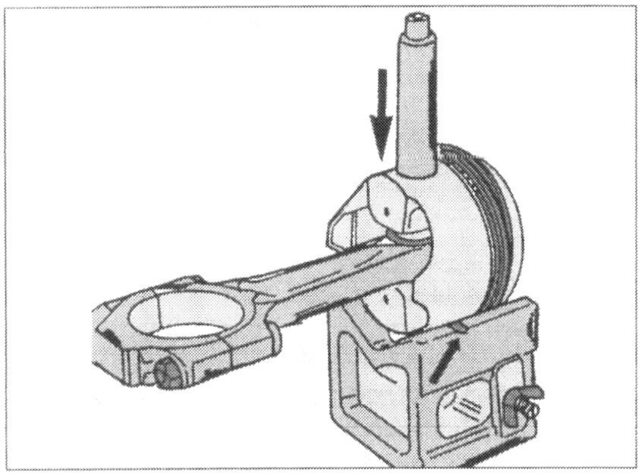

Bild 125
Auspressen eines Kolbenbolzens. Der untere Pfeil weist auf die Lage der Bohrung, durch welche der Bolzen gepresst wird, um aus dem Kolben und der Pleuelstange herauszukommen (Benzinmotoren).

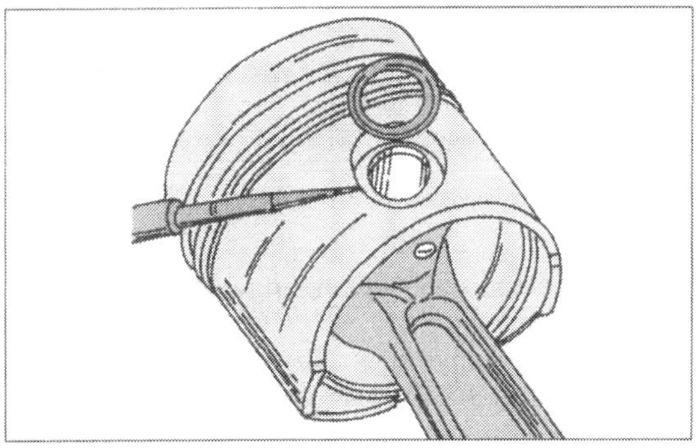

Bild 126
Die Sicherungsringe mit einem spitzen Gegenstand aus den Kolbenbolzenbohrungen aushebeln, wenn ein Dieselmotor zerlegt wird.

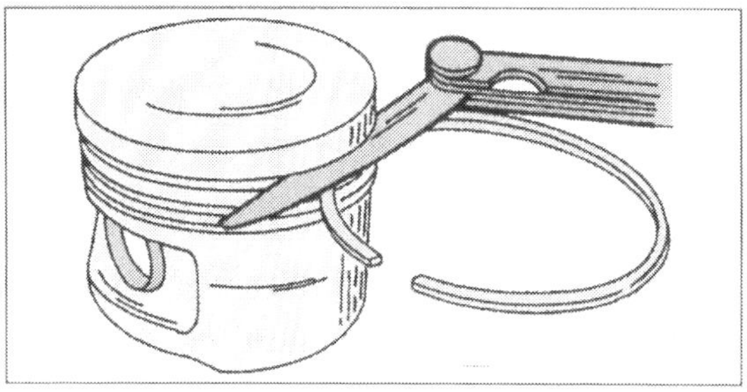

Bild 127
Ausmessen des Höhenspiels der Kolbenringe in den Nuten des Kolbens.

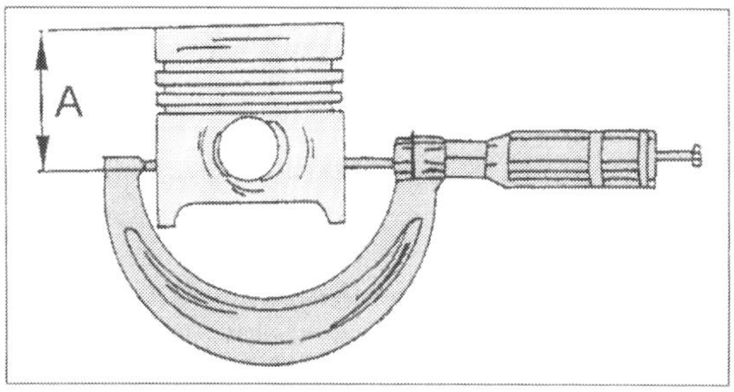

Bild 128
Ausmessen eines Kolbendurchmessers. Siehe Text zwecks Maßangaben.

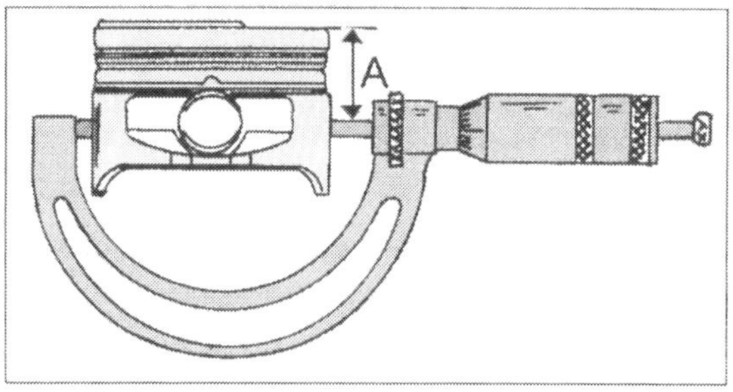

Bild 129
Ausmessen des Kolbendurchmessers beim Dieselmotor.

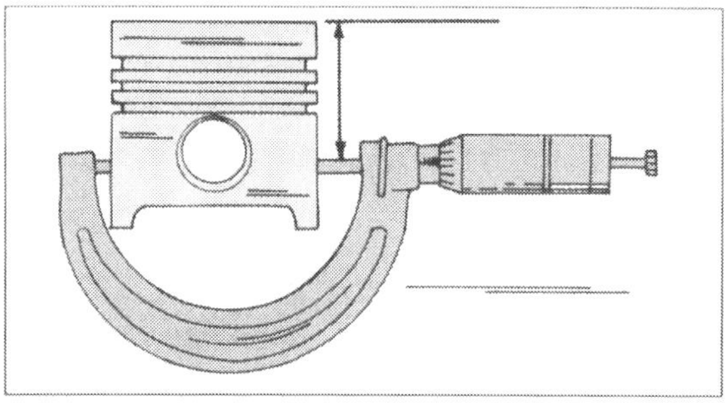

Bild 130
Ausmessen des Kolbendurchmessers beim 1.1-Liter-Motor.

hohle Hand legen. Ein Anwärmen des Kolbens vereinfacht vielleicht den Ausbau.
Die Kolben können einzeln erneuert werden. Erkundigen Sie sich jedoch in der Motorenwerkstatt darüber, ob dies für jeden einzelnen Motor in Frage kommt. Kolben- und Zylinderbohrungsgrößen sind äußerlich gekennzeichnet. Da die Anpassung von Kolben und Zylinderbohrungen ziemlich kompliziert ist, möchten wir nicht weiter darauf eingehen. Zu erwähnen wäre, dass die Außenseite des Zylinderblocks mit Bohrungen versehen ist, aus welchen die Motorenwerkstatt die Größe der einzelnen Zylinderbohrungen ersehen kann.

2.5.3 Kolben und Pleuelstangen überprüfen

Alle Teile gründlich reinigen. Falls Teile Anzeichen von Fressern, Kratzern oder Verschleiß aufweisen, müssen sie erneuert werden. Die Teile sollte man folgendermaßen kontrollieren, falls man sie wieder verwenden will:

- Das Höhenspiel der Kolbenringe in den Nuten des Kolbens ausmessen, indem man die Kolbenringe der Reihe nach in die jeweilige Nut einsetzt (Bild 127). Mit einer Fühlerlehre den Spalt zwischen der Ringfläche und der Kolbennutfläche ermitteln. Falls die Spalte eines Ringes mehr als 0,15 mm betragen, sind entweder die Ringe oder der Kolben abgenutzt.
- Als Nächstes der Reihe nach alle Kolbenringe von der Oberseite in die Laufbüchse oder die Zylinderbohrung einsetzen. Mit einem umgekehrten Kolben den Ring nach unten stoßen, bis er ca. 15 mm von der Unterkante der Bohrung entfernt steht. Zylinderblock dazu auf eine Seite legen. Eine Fühlerlehre in den Spalt zwischen den beiden Ringenden einschieben, um das Kolbenringstoßspiel auszumessen. Die Stoßspiele können nicht eingestellt werden und sind nicht länger verwendungsfähig, falls sie zu groß erscheinen. Falls neue Kolbenringe eingebaut werden, darf man die Ringenden in keiner Weise bearbeiten, da „einbaufertig" geliefert werden.
- Zum Prüfen des Kolbenlaufspiels den Durchmesser der Bohrung ausmessen. Bohrungen werden in Längs- und Querrichtung gemessen und in drei Tiefen der Laufbüchsen. Auf diese Weise werden der größte und kleinste Durchmesser gefunden. Die Werte aufschreiben.
- Den Kolbendurchmesser jetzt von den Bohrungsdurchmessern abziehen. Die Messung erfolgt in unterschiedlicher Weise, je nach Motor. Bei den Kolben des Dieselmotors wird von der Oberkante des Kolbenbodens aus im rechten Winkel zur Kolbenbolzenbohrung gemessen, wie es in Bild 128 gezeigt ist. Beim 1.4-Liter-Motor muss man ein Maß „A" von 46 mm anstreben, beim Dieselmotor ein Maß von 60 mm (Bild 129). Der Unterschied ist das Laufspiel der Kolben, welches den Angaben in der Maß- und Einstelltabelle entsprechen muss. Falls das Laufspiel größer ist, müssen neue Laufbüchsen/Kolbensätze eingebaut werden, bzw. die Zylinderbohrungen müssen ausgeschliffen werden (Dieselmotor).
- Der Kolbendurchmesser eines 1.1-Liter-Motors wird anhand Bild 130 ausgemessen. Die Wangen des Mikrometers 40,0 mm von der Oberkante des Kolbens ansetzen (Maß „A").
- Kolbenbolzen und -bohrungen auf Verschleiß oder Beschädigung kontrollieren. Bolzen werden nur zusammen mit den Kolben geliefert.
- Bei einem Dieselmotor ist es möglich, dass man nur einen Kolben erneuert oder erneuern lässt. Die Kolben sind in Klassen eingeteilt und ein Kolben der richtigen Klasse muss eingebaut werden. In die Seite des Zylinderblocks sind Bohrungen eingearbeitet, aus welchen die Motorenwerkstatt die eingebaute Größenklasse feststellen kann. Es würde zu weit führen auf die beiden Motoren einzugehen.

Hinweis: Falls man irgendwelche Zweifel bei der Durchführung der obigen Arbeiten hat, sollte man den Zylinderblock zusammen mit den Kolben in eine Werkstatt bringen, um Block und Kolben vermessen zu lassen.

2.5.4 Kolben und Pleuelstangen zusammenbauen

Es wird angenommen, dass die Teile entsprechend Kapitel 2.5.3 kontrolliert und überholt worden sind.

1.1- und 1.4-Liter-Motor

- Pleuelstangen in einem Pleuelprüfgerät auf Verdrehung oder Verbiegung kontrollieren. Dies sollte man am besten in einer Werkstatt durchführen lassen, da verbogene oder in sich selbst verdrehte Pleuelstangen keinen einwandfreien Lauf des Motors herstellen können.
- Pleuelstangen auf eine Kochplatte auflegen. Dazu die Pleuelaugen sternförmig auf die Platte auflegen (Bild 131). Der Pleuelfuß jeder einzelnen Stange ist entsprechend unterzulegen, damit die Pleuelstangen in waagerechte Lage kommen. Mit dem Schmelzstift laufend kontrollieren, ob die vorgeschriebene Temperatur von 250°C erreicht ist. Die Pleuellagerdeckel müssen so aufgeschraubt werden, dass ein Spalt von 1,0 mm zwischen den Anlageflächen von Pleuel und Pleuellagerdeckel verbleibt.
- Die Kolben und die Pleuelstangen zur Vorbereitung in Montagerichtung zusammen auslegen.
- Den Kolbenbolzen auf den Montagedorn stecken und das konische Führungsstück am anderen Ende anschrauben, ohne es aber festzuziehen. Sowohl den Bolzen als auch den Dorn gut einölen.
- Beim Zusammenbau der Kolben und Pleuelstangen und Verwendung von neuen Pleuellagerschalen können die Pleuelstangen beliebig am Kolben montiert werden. Falls die alten Lagerschalen wieder eingebaut werden, muss man diese entsprechend den Kennzeichnungen beim Zerlegen anordnen.
- Den Kolben auf das Spezialwerkzeug auflegen, mit der Kolbenbolzenbohrung über das Loch und mit der Federspange festklemmen, wie es in Bild 132 gezeigt ist.
- Den Montagedorn des Werkzeugsatzes in den Kolbenbolzen einschrauben.
- Die Montagearbeiten müssen so schnell wie möglich durchgeführt werden, damit sich das Pleuelauge nicht wieder abkühlen kann.
- Pleuelstange mit einer Wasserpumpenzange schnell von der Kochplatte nehmen und in die Innenseite des Kolbens einführen.
- Bolzen mit der Hand und dem Montagedorn eindrücken. Die Pleuelstange wie erforderlich hin- und herbewegen, damit die Flucht zustande kommt. Den Kolbenbolzen bis zum Anschlag eindrücken. Das Spezialwerkzeug gewährleistet, dass der Kolbenbolzen in die genaue Lage eingepresst wird. Nach einigen Sekunden den Kolben von der Auflage befreien und kontrollieren, dass sich der Kolben frei auf dem Pleuelauge bewegen lässt, nachdem er abgekühlt ist.
- Den Montagedorn aus dem Kolben ausschrauben und die anderen Kolben in gleicher Weise montieren.
- Mit einer Ölkanne Öl in die Lagerstelle des Bolzens spritzen.
- Der Reihe nach die Kolbenringe am Kolben anbringen. Die beiden oberen Ringe müssen mit der Markierung „Top“ nach oben weisen (siehe auch Bild 134). Vor dem Einsetzen jeden Ring nochmals kontrollieren, da man leicht Fehler machen kann. Eine Kolbenringzange sollte zum Aufsetzen der Kolbenringe verwendet werden, jedoch kann man drei dünne Metallstreifen (z.B. Blattfühlerlehren) um den Kolben legen und die Ringe über die Metallstreifen schieben. Die Streifen herausziehen, wenn der Ring in Höhe der betreffenden Nut ist. Ringe können leicht brechen und beim Einbau ist mit größter Sorgfalt vorzugehen.
- Kolbenringe gut einölen und auf dem Außenumfang des Kolbens verdrehen, um die Ringstöße vorschriftsmäßig anzuordnen. Die Ringstöße müssen in Abständen von je 120° versetzt werden (siehe Bild 133).

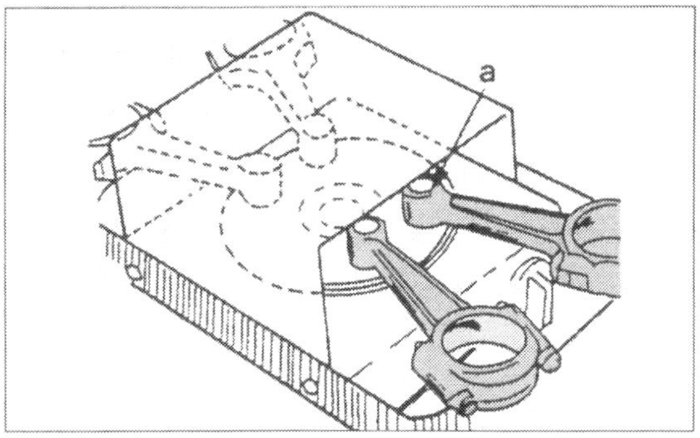

Bild 131
Anwärmen der Pleuelstangen. Nur die Enden „a“ dürfen auf die Heizplatte aufgelegt werden.

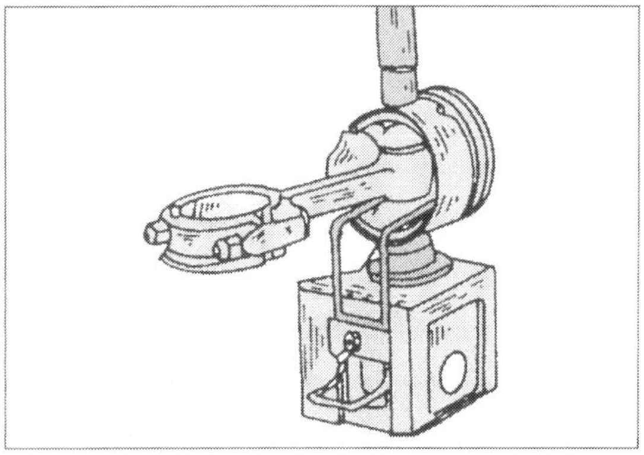

Bild 132
Einpressen des Kolbenbolzens. Der Kolben wird mit der Spannfeder auf dem Einpressblock gehalten.

Dieselmotor

Um die Kolben und Pleuelstangen zusammenzubauen, könnte es von Vorteil sein, wenn man die Kolben und die Enden der Pleuelstangen etwas anwärmt. Den Kolbenbolzen und die Bohrungen und Kolben gut einölen, die Kolben richtig zusammensetzen und den Kolbenbolzen mit Daumendruck einschieben. Darauf achten, dass Einbaurichtung von Kolben und Pleuel stimmen, d.h. die „Vorn“-Markierung in beiden

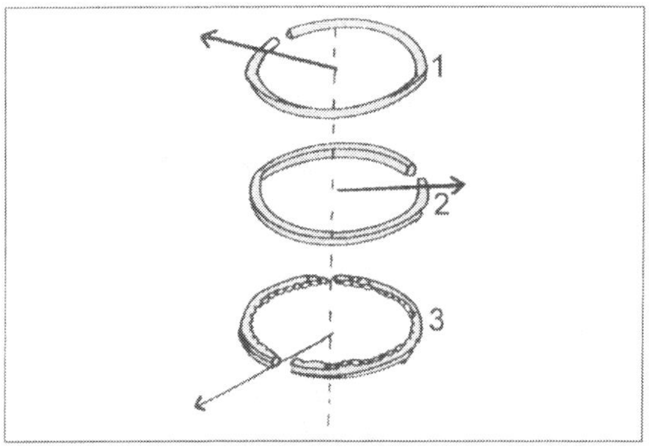

Bild 133
Anordnung der Kolbenringstöße (alle Motoren).

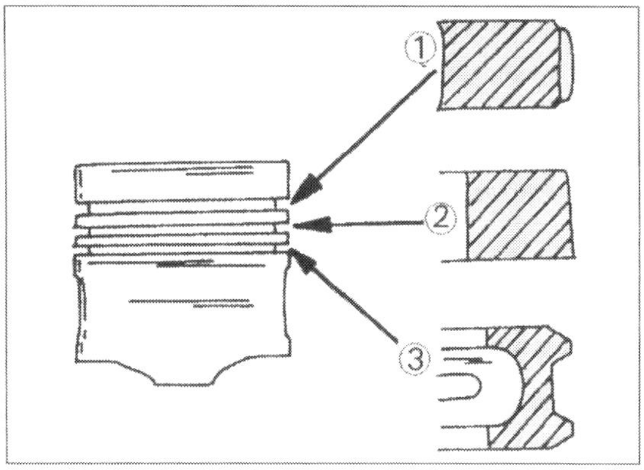

Bild 134
Schnitt durch einen Kolben und die Kolbenringe eines Dieselmotors. Die Kennzeichnung „Top" ist an den Pfeilstellen in die Kolbenringe eingestanzt.

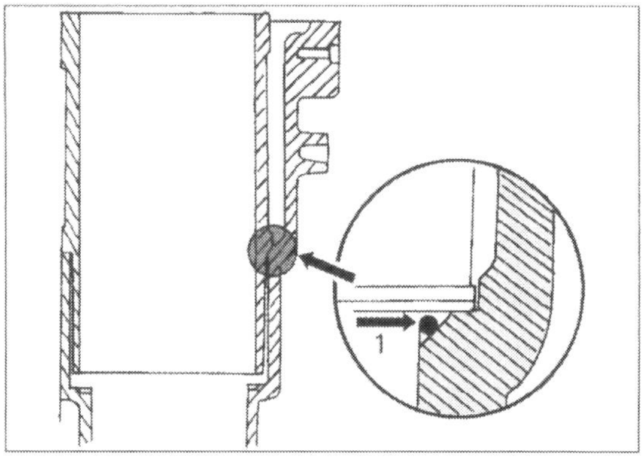

Bild 135
Die Lage des „O"-Dichtringes (1) an der Unterseite der Laufbüchsen beim 1.4-Liter-Motor.

Teilen muss zur Steuerseite weisen. Beide Sicherungsringe einwandfrei in die Rillen des Kolbenauges einsetzen.
Die Kolbenringe entsprechend Bild 134 montieren, wobei zu beachten ist, dass die mit den Pfeilen bezeichneten Kolbenringe mit „TOP" (oben) markiert sind. Die Beschriftung muss nach Aufsetzen der Ringe sichtbar sein. Die Kolbenringstöße werden wie in Bild 133 gezeigt versetzt.

2.5.5 Kolben und Pleuelstangen einbauen

1.4-Liter-Motor

- Kolben mit Motoröl einschmieren und in die dazugehörigen Laufbüchsen einsetzen. Geeignete Kolbenringspannbänder müssen zum Eindrücken der Kolbenringe in die Nute benutzt werden. Die Kolben werden so eingesetzt, dass die flachen Seiten der Pleuelstangen und die Fläche an der Oberseite der Laufbüchse parallel ausgerichtet sind. Der Pfeil im Kolbenboden muss zur Seite des Schwungrades weisen.
- Die Laufbüchsen an der Unterseite mit den „O"-Dichtringen versehen. Diese sitzen an den in Bild 135 gezeigten Stellen.
- Laufbüchsen in den Zylinderblock einsetzen, ohne sie dabei zu verdrehen.
- Pleuellagerdeckel entsprechend den Anweisungen in Kapitel 2.3 montieren.

Dieselmotor und 1.1-Liter-Motor

- Kolben mit Motoröl einschmieren und in die Zylinderbohrungen einsetzen. Auf die Nummerierungen achten. Ein Kolbenringspannband muss zum Einbau benutzt werden, um die Kolbenringe in die Nuten zu drücken. Nach dem Einbau kontrollieren, dass das „V"-Zeichen in den Kolbenböden zur Schwungradseite weist.
- Pleuellagerdeckel entsprechend den Anweisungen in Kapitel 2.3 montieren. Beim 1.1-Liter-Motor ist das Anzugsdrehmoment zu beachten. Die Muttern zuerst mit 14 Nm anziehen und aus dieser Stellung um 39° nachziehen. Dazu eine Gradscheibe benutzen oder davon ausgehen, dass 45° einer Viertelumdrehung entsprechen.

2.6 Zylinderblock und Laufbüchsen

Bei jeder Überholung des Motors muss der Zylinderblock gründlich gereinigt werden, wobei besondere Aufmerksamkeit auf die Ölbohrungen zu legen ist. Der Ausbau der Laufbüchsen (falls zutreffend), Kolben und Pleuelstangen wurde bereits in den vorausgegangenen Kapiteln beschrieben. Kapitel 2.5.5 beschreibt den Einbau der Kolben und Pleuelstangen aller Motoren.
Zu beachten ist, dass beim 1.4-Liter-Motor ein „O"-Dichtring an der Unterseite jeder Laufbüchse eingesetzt ist (Bild 135), und als Abdichtung für das Kühlmittel dient.
Neue Zylinderblöcke für einen 1.1-Liter-Motor oder einen Dieselmotor werden zusammen mit angepassten Kolben, Kolbenringen, Kolbenbolzen, Hauptlagerschalen, Büchsen für die Zwischenwelle (Dieselmotor, falls eingebaut), dem Führungsrohr des Ölmessstabes und dem Ölabscheiderohr geliefert.
Kontrollieren, dass alle Gewindelöcher frei von Reinigungsflüssigkeit sind, um die Bildung von Hydraulikpolstern zu vermeiden, wenn man die Schrauben später anzieht (dadurch werden falsche Anzugsdrehmomente erhalten).

2.7 Kurbelwelle und Lager

Irgendwelche Reparaturen an der Kurbelwelle überlässt man einer Werkstatt. Die Welle kann entsprechend den Anweisungen beim Zerlegen des Motors beschrieben ausgebaut und danach zusammen mit dem Zylinderblock in eine Werkstatt gebracht werden. In den meisten Fällen werden Sie den Zylinderblock vollkommen zusammengebaut zurückerhalten.
Auch das Ausmessen der Lagerzapfen ist eine Sache für die Spezialwerkstatt.
Falls erforderlich das Führungslager aus dem Ende der Kurbelwelle herausziehen. Dazu kann man einen Linksgewindeschneider des passenden Durchmessers einschrauben und die Büchse damit herausziehen. Die neue Büchse mit einem geeigneten Durchschlag einschlagen.
Der Einbau der Kurbelwelle wird in Kapitel 2.3 für alle Motorengruppen beschrieben. Das Axialspiel der

Welle muss ausgemessen werden, ehe die Hauptlagerdeckel endgültig angezogen werden.

2.7.1 Schwungrad

Die Schwungradschrauben müssen an den Gewinden mit „Loctite"-Gewindesicherungsmittel eingeschmiert werden und da sie selbstsichernd sind, muss man sie erneuern, wenn das Schwungrad abgeschraubt wurde. Die Schrauben des Schwungrades mit dem zutreffenden Anzugsdrehmoment anziehen (siehe Tabelle am Ende der Anleitung).

2.7.2 Kurbelwellendichtringe

Der Öldichtring auf der Schwungradseite kann wie in Kapitel 2.3 bei den verschiedenen Motorgruppen beschrieben, erneuert werden. Diese Anweisungen gut durchlesen, um den Dichtring nicht zu beschädigen. Der Öldichtring im vorderen Dichtringträger aller Motoren wird ebenfalls erneuert, wie es in Kapitel 2.3 beschrieben ist. Wiederum die Anweisungen sorgfältig durchlesen, um den Dichtring einwandfrei über der Kurbelwelle zu zentrieren und den Dichtringträger vorschriftsmäßig zu montieren.

2.8 Nockenwelle und Steuerung

2.8.1 Erneuerung des Zahnriemens bei eingebautem Motor

Der Zahnriemen aller behandelten Motoren kann bei eingebautem Motor erneuert werden. Zahnriemen halten nur eine gewisse Zeit, d.h. man kann die Erneuerung des Riemens sozusagen als Wartungsarbeit ansehen. Intervalle zwischen den empfohlenen Wechselzeiten werden durch laufende technische Entwicklung und Verbesserung manchmal verlängert und wir empfehlen Ihnen, dass Sie die geltenden Wechselzeiten anhand Ihres Wartungs-Scheckhefts feststellen. Andernfalls können Sie sich in der Werkstatt erkundigen.
Die Erneuerung des Riemens geschieht bei den Benzinmotoren in ähnlicher Weise, die Arbeiten werden trotzdem getrennt beschrieben. Anders sieht es beim Dieselmotor aus, da Motoren mit verschiedenen Bezeichnungen auch unterschiedliche Arbeiten erfordern.

1.4-Liter-Motor

Das bereits in Kapitel 2.3 erwähnte Messinstrument zur Einstellung der Zahnriemenspannung sollte vorzugsweise benutzt werden, um die Spannung des Riemens einzustellen. Man sollte sich jedoch das genannte Kapitel durchlesen, um eine Ausweichlösung zu finden. Der Hersteller gibt an, dass man einen einmal ausgebauten Riemen nicht wieder einbauen sollte. Darüber müssen Sie selbst entscheiden.

- Vorderseite des Fahrzeuges auf der rechten Seite Unterstellböcke setzen und das Vorderrad abschrauben. Das Abdeckblech in der Innenseite des Radkastens ausbauen.
- Massekabel der Batterie abklemmen.
- Motor mit Ketten oder Seilen an ein geeignetes Hebezeug hängen und den Motor aus den Aufhängungen heben. Die Abdeckung der Motoraufhängung auf der Seite der Steuerung abschrauben (drei Stellen) und die Mutter in der Mitte der Aufhängung entfernen (dies ist die in Bild 35 gezeigte Aufhängung).
- Antriebsriemen der Lenkhilfspumpe und den Riemen der Drehstromlichtmaschine ausbauen (siehe betreffendes Kapitel).
- Die Riemenscheibe der Kurbelwelle und das Riemenrad abmontieren. Da die Schraube sehr fest angezogen ist, muss man die Kurbelwelle gegenhalten. Dazu entweder einen Gang einschalten oder besser noch das Abdeckblech unter dem Schwungradgehäuse abschrauben und die Klinge eines kräftigen Schraubendrehers in die Zähne des Anlasserzahnkranzes einsetzen. Dazu ist natürlich ein Helfer erforderlich. Das Steuerrad mit einem Abzieher oder zwei untergesetzten Reifenhebeln abdrücken.
- Den Steuerdeckel an der Oberseite und der Unterseite abschrauben.
- Die Kurbelwelle jetzt auf die Steuerstellung bringen. Dazu unter Bezug auf das bereits in Bild 83 gezeigte Diagramm die Steuerzeichen (2) an den Zahnriemenrädern mit den Steuerzeichen (1) oben und unten in eine Linie bringen.
- Die Befestigungsmutter (3) lockern und den Riemenspanner nach außen bewegen, bis man den Zahnriemen abnehmen kann. Falls der Riemen aus anderen Gründen ausgebaut wurde, darf man ihn nicht mit öligen oder fettigen Händen anfassen. Soll der gleiche Riemen wieder eingebaut werden, ist er entsprechend zu lagern.

Hinweis: Wie bereits erwähnt hat das Steuerrad der Nockenwelle verschiedene Kennzeichnungen. Zum Zweck der Steuerungseinstellung gilt nur die rechteckige Kennzeichnung an der Außenkante des Steuerrades, welche man in Bild 122 sehen kann.

Der Einbau des Zahnriemens erfolgt entsprechend der Anweisungen in Kapitel 2.3. Folgend werden jedoch einige besondere Punkte angeführt, die dabei zu beachten sind:

- Auf der Rückseite des Zahnriemens ist ein Pfeil (Drehrichtung) sowie zwei Marken für die Steuereinstellung eingezeichnet.
- Die Steuermarken der Steuerräder und die Bezugsmarken am Motor entsprechend Bild 83 ausrichten.
- Den Zahnriemen entsprechend der eingezeichneten Laufrichtung auf die Riemenräder auflegen. Dabei am Steuerrad der Kurbelwelle beginnen.
- Die Mutter der Zahnriemenspannrolle mit einem Anzugsdrehmoment von 50 Nm anziehen. Das Anzugsdrehmoment ist wichtig, damit sich die Mutter und damit der Riemen später nicht lockern können.
- Die Riemenscheibe mit einem Anzugsdrehmoment von 20 Nm anziehen und aus der Endstellung im Winkelanzug um weitere 70° nachziehen. Dazu entweder eine Gradscheibe benutzen oder anhand eines 90°-Winkels (Viertelumdrehung) schätzen.

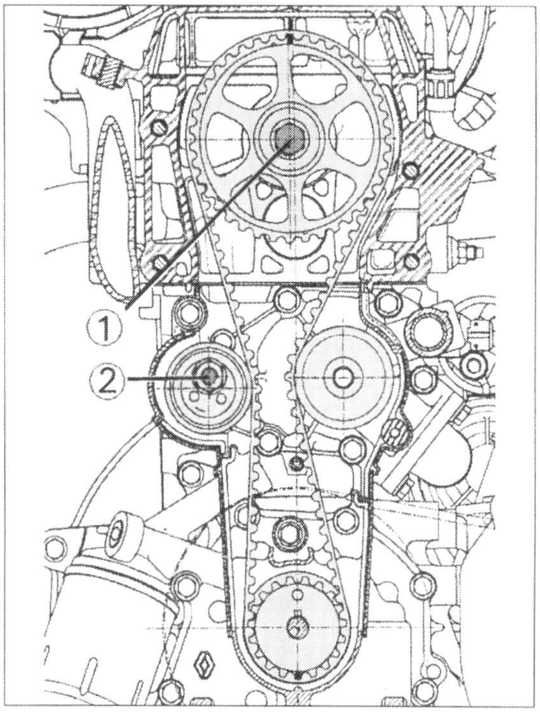

Bild 136
Ansicht des eingebauten Zahnriemens beim 1.1-Liter-Motor.
1 Schraube des Steuerrades der Nockenwelle (immer erneuern)
2 Mutter des Zahnriemenspanners

• Antriebsriemen der betreffenden Aggregate spannen, wie es im betreffenden Kapitel beschrieben ist.

1.1-Liter-Motor

Das bereits beim Zusammenbau erwähnte Messinstrument zur Einstellung der Zahnriemenspannung sollte vorzugsweise benutzt werden, um die Spannung des Riemens einzustellen. Man sollte sich jedoch das genannte Kapitel durchlesen, um eine Ausweichlösung zu finden.

• Vorderseite des Fahrzeuges auf der rechten Seite Unterstellböcke setzen und das Vorderrad abschrauben.

• Massekabel der Batterie abklemmen.

• Antriebsriemen der Lenkhilfspumpe und den Riemen der Drehstromlichtmaschine ausbauen (siehe betreffendes Kapitel).

• Das Abdeckblech in der Innenseite des rechten Radkastens abschrauben.

• Riemenscheibe der Kurbelwelle und das Riemenrad abmontieren. Da die Schraube sehr fest angezogen ist, muss man die Kurbelwelle gegenhalten. Dazu entweder einen Gang einschalten oder besser noch das Abdeckblech unter dem Schwungradgehäuse abschrauben und die Klinge eines kräftigen Schraubendrehers in die Zähne des Anlasserzahnkranzes einsetzen. Dazu ist natürlich ein Helfer erforderlich. Das Steuerrad mit einem Abzieher oder zwei untergesetzten Reifenhebeln abdrücken.

• Einen Wagenheber unter den Motor untersetzen (mit Holzunterlage auf dem Wagenheberkopf) und den Motor etwas anheben, bis man die in Bild 33 gezeigte Motoraufhängung abschrauben und herausnehmen kann.

• Die Kurbelwelle jetzt auf die Steuerstellung bringen. Dazu unter Bezug auf das bereits bei den anderen Motoren in Bild 83 gezeigte Diagramm die Steuerzeichen (2) an den Zahnriemenrädern mit den Steuerzeichen (1) oben und unten in eine Linie bringen. Ebenfalls kann man die Ansicht des aufgelegten Steuerriemens für diesen Motor in Bild 136 hinzuziehen. In dieser Stellung den Arretierbolzen in Zylinderblock und Kurbelwelle einschieben, wie es in Bild 48 zu sehen ist.

• Die Befestigungsmutter (2) in Bild 136 lockern und den Riemenspanner nach außen bewegen, bis man den Zahnriemen abnehmen kann. Falls der Riemen aus anderen Gründen ausgebaut wurde, darf man ihn nicht mit öligen oder fettigen Händen anfassen. Soll der gleiche Riemen wieder eingebaut werden, ist er entsprechend zu lagern.

Hinweis: Wie beim 1.4-Liter-Motor hat das Steuerrad der Nockenwelle ebenfalls verschiedene Kennzeichnungen. Nur die rechtwinklige Steuermarke (oben im Bild) gilt, um den Motor auf die OT-Stellung zu bringen.

Der Einbau des Zahnriemens erfolgt entsprechend der Anweisungen beim Zusammenbau dieses Motors. Folgend werden jedoch einige besondere Punkte angeführt, die dabei zu beachten sind:

• Auf der Rückseite des Zahnriemens ist ein Pfeil (Drehrichtung) sowie zwei Marken für die Steuereinstellung eingezeichnet.

• Die Steuermarken der Steuerräder und die Bezugsmarken am Motor entsprechend den oben erwähnten und in den betreffenden Bildern gezeigten Abbildungen ausrichten.

• Den Zahnriemen entsprechend der eingezeichneten Laufrichtung auf die Riemenräder auflegen. Dabei am Steuerrad der Kurbelwelle beginnen.

• Die Mutter der Zahnriemenspannrolle mit einem Anzugsdrehmoment von 50 Nm anziehen. Das Anzugsdrehmoment ist wichtig, damit sich die Mutter und damit der Riemen später nicht lockern können.

• Die Riemenscheibe mit einem Anzugsdrehmoment von 20 Nm anziehen und aus der Endstellung im Winkelanzug um weitere 90° nachziehen. Dazu entweder eine Gradscheibe benutzen oder um eine Viertelumdrehung anziehen.

• Antriebsriemen der betreffenden Aggregate spannen, wie es im betreffenden Kapitel beschrieben ist.

Dieselmotor

Der Aus- und Einbau des Zahnriemens bei dem ursprünglich eingebauten Dieselmotor und den nachfolgend installierten Motoren ist nicht gleich und ist anhand der unten angegebenen Anweisungen durchzuführen:

Ursprünglich eingebauter Motor (F8Q)

• Vorderseite des Fahrzeuges auf der rechten Seite Unterstellböcke setzen und das Vorderrad abschrauben. Dias Abdeckblech in der Innenseite des Radkastens ausbauen.

• Massekabel der Batterie abklemmen.

• Motor mit Ketten oder Seilen an ein geeignetes Hebezeug hängen und den Motor aus den Aufhängungen heben. Die Abdeckung der Motoraufhängung auf der Seite der Steuerung abschrauben (drei Stellen) und die Mutter in der Mitte der Aufhängung entfernen (dies ist die in Bild 35 gezeigte Aufhängung).

- Antriebsriemen der Lenkhilfspumpe und den Riemen der Drehstromlichtmaschine ausbauen (siehe betreffendes Kapitel).
- Die Kurbelwelle durchdrehen, bis der Kolben des ersten Zylinders auf OT im Verdichtungshub steht. Renault-Werkstätten benutzen einen Arretierbolzen (Mot. 1054) zu diesem Zweck, welcher in der Nähe des Ölmessstabs in die Seite des Zylinderblocks eingeschoben wird (Bild 137) und in eine entsprechende Öffnung im Gegengewicht der Kurbelwelle eingreift. Dadurch wird die Kurbelwelle in der OT-Stellung arretiert. Falls dieser Bolzen nicht zur Verfügung steht, darf man die Kurbelwelle nicht durchdrehen, bis der Zylinderkopf ausgebaut wurde, oder man benutzt einen Metallstab von 8 mm Durchmesser und schiebt diesen ein.
- Kontrollieren, dass das Steuerzeichen im Steuerrad der Nockenwelle im kleinen Sichtfenster an der Oberseite des Zahnriemenschutzdeckels zu sehen ist (siehe Bild 138) und die Schrauben des Schutzdeckels für den Zahnriemen lösen. Die Befestigungsstellen sind in Bild 138 gezeigt. Den Deckel abnehmen.
- Die Steuerzeichen im Zahnriemen anhand von Bild 57 auf den dahinter sitzenden Deckel mit einem Filzstift übertragen. Kleine Linien sind in den Zahnriemen und „Punkte" in die Steuerräder eingezeichnet. Außerdem sind zwei kleine Pfeile in den Zahnriemen eingezeichnet. Diese Stelle kommt zwischen die Räder der Nockenwelle und der Einspritzpumpe. Nach dem Zusammenbau müssen die Pfeile in Drehrichtung des Motors weisen.
- Die Mutter des Zahnriemenspanners lockern, indem man die Mutter in der Mitte in Pfeilrichtung von Bild 58 verdreht (nicht um mehr als eine Umdrehung). Dabei wird der Riemen locker und kann abgenommen werden. Den Riemen von Öl und Fett fern halten und nicht zu kleinen Krümmungen zusammendrücken. Am besten wird der Riemen an einen Nagel gehängt. *Als Erinnerungsstütze:* Soll der Riemen wieder verwendet werden, kennzeichnet man die Laufrichtung in der Außenseite mit einem Pfeil, jedoch nur einen Filzstift dazu verwenden.

Die Steuerung wird folgendermaßen montiert:

- Kontrollieren, ob der Kolben des ersten Zylinders immer noch auf dem oberen Totpunkt steht, d.h. die Steuerzeichen im Nockenwellensteuerrad und des inneren Deckels stehen gegenüber. Der OT-Stab Mot. 1054 wird in den Zylinderblock eingeschoben, wie es in 137 gezeigt ist. Der Stab greift in die Aussparung der Kurbelwellenwange ein, wie es in Bild 139 zu sehen ist. Ein ähnlicher Stab mit dem gleichen Durchmesser (8 mm) kann ohne weiteres verwendet werden, um den Motor auf den oberen Totpunkt zu bringen.
- Den Zahnriemen zur Hand nehmen und die Pfeile in Bild 58 finden (Pfeil oben). Diese geben die Drehrichtung des Zahnriemens an. Diesen Abschnitt des Riemens zwischen den Steuerrädern der Nockenwelle und der Einspritzpumpe anordnen.
- Die Steuermarken des Zahnriemens in eine Linie mit den Markierungen an den Steuerrädern bringen.
- Den Zahnriemen zuerst über das Steuerrad (1), danach das Steuerrad (2) über Steuerrad (3) und schließlich über das Steuerrad (4) in Bild 57 auflegen.

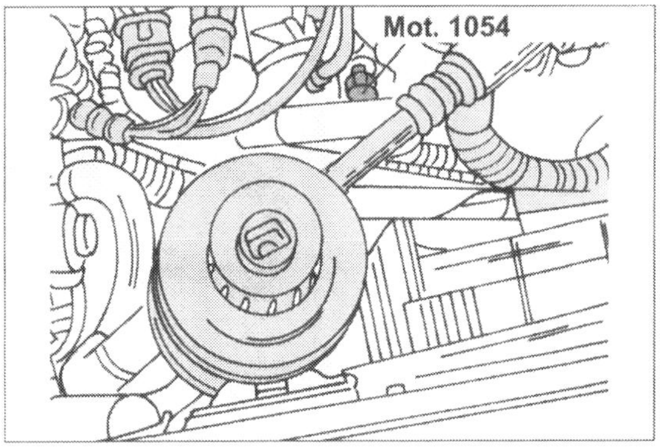

Bild 137
Beim Dieselmotor den Arretierbolzen zum Feststellen der Kurbelwelle an der gezeigten Stelle einschieben.

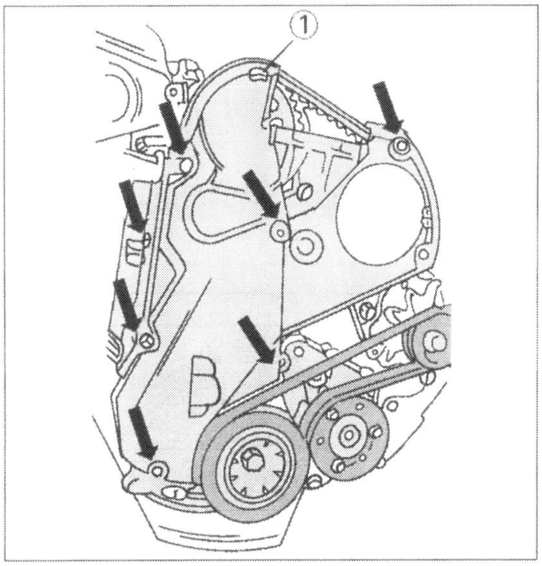

Bild 138
Motor auf den oberen Totpunkt bringen und die Steuermarke in der Öffnung (1) kontrollieren. Die Pfeile weisen auf die Deckelschrauben.

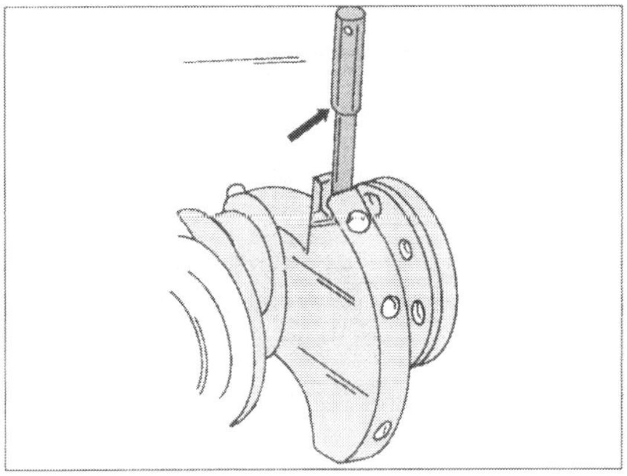

Bild 139
Der OT-Stab greift in der Innenseite in eine Aussparung der Kurbelwellenwange ein. Man muss dabei vorsichtig sein, damit der Stab nicht in eine der Auswuchtbohrungen eingreift.

Der Zahnriemen muss jetzt gespannt werden. Dazu benötigt man ein Spezialwerkzeug, dessen Benutzung unten beschrieben ist. Die Großansicht der Steuerteile in Bild 140 kann beim Zusammenbau hinzugezogen werden:

- Eine M6-Schraube an Stelle „A" in Bild 141 in das Gewinde das Metallgehäuses einschrauben. Die Schraube anziehen, bis sie gegen den Riemenspanner drückt und dabei den Zahnriemen nach innen schiebt.
- Bei Verwendung des Messgeräts wird die Spannung des Zahnriemens in so genannten Seem-Ein-

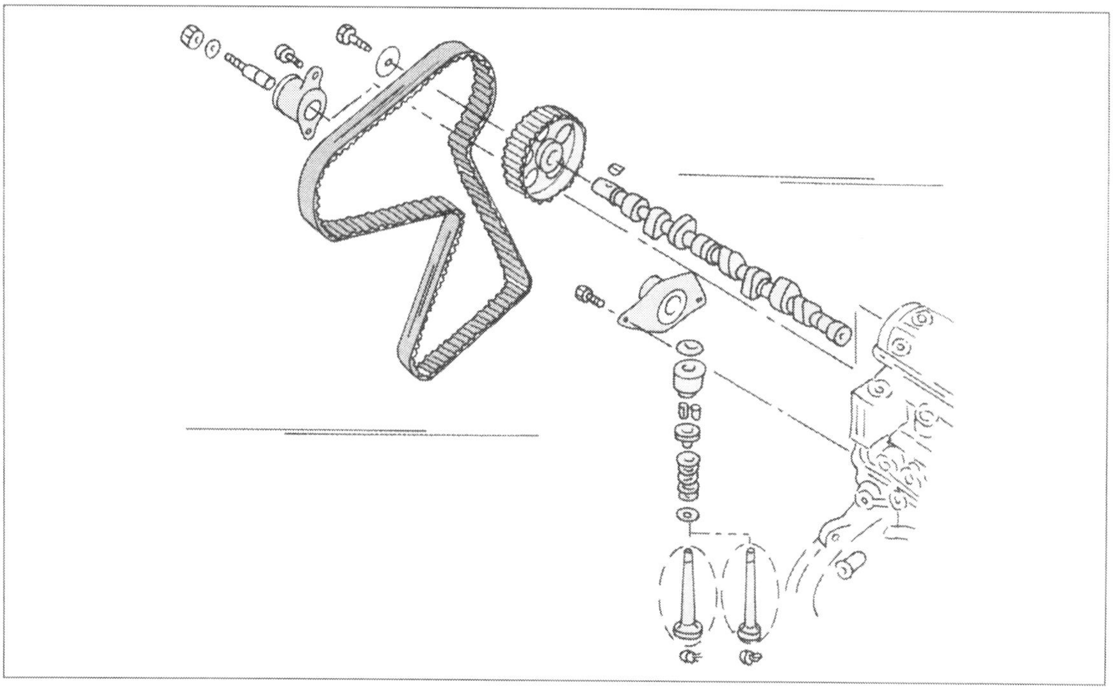

Bild 140
Der Ventiltrieb eines Dieselmotors.

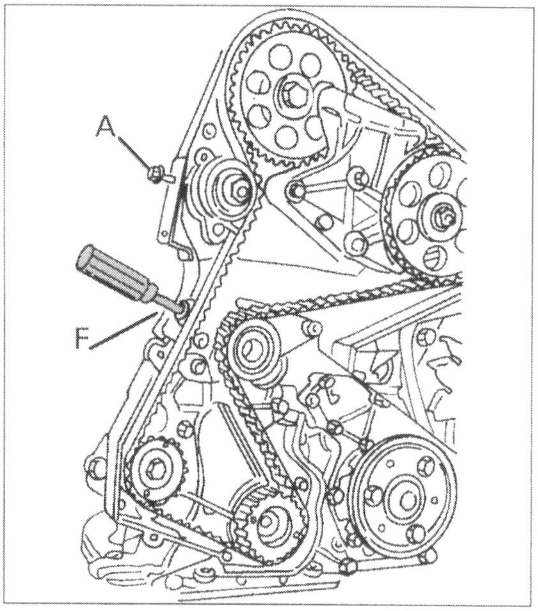

Bild 141
Zum Einbau des Zahnriemens bei einem Dieselmotor (außer den genannten Motoren).

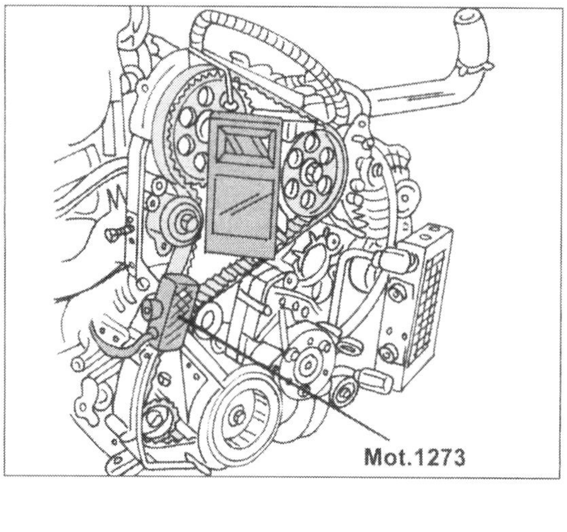

Bild 142
Zum Spannen des Zahnriemens beim Dieselmotor (außer den genannten Motoren) unter Verwendung des Messgeräts (siehe Text).

heiten angegeben. Den Geber des Messgeräts in der in Bild 142 gezeigten Weise ansetzen und den Knopf an der Seite verdrehen, bis er aus dem Eingriff kommt (3 Klicks).

- Die Mutter der Zahnriemenspannrolle lockern und die an der Seite eingesetzte Schraube (Pfeil im Bild) anziehen, bis die Anzeige am Messgerät bei einem neuen Riemen 30 Seem-Einheiten und bei einem gebrauchten Riemen mindestens 25 anzeigt. Die Spannrolle in dieser Stellung festziehen. Die Mutter wird mit 50 Nm angezogen. Drehmoment unbedingt beachten.
- Die Kurbelwelle drei Umdrehungen in normaler Drehrichtung durchdrehen (OT-Stab vorher herausziehen) und den Kolben des ersten Zylinders erneut auf den oberen Totpunkt bringen. Den OT-Stab wieder einschieben. Kontrollieren, dass die Spannung noch stimmt, innerhalb einer Toleranz von 10%.

Hinweis: Wird die Spannung bei einem eingebauten Zahnriemen gemessen, muss der Riemen erneuert werden, falls die Mindestanzeige nicht erhalten wird.

Falls man das in Bild 142 gezeigte Messgerät nicht zur Verfügung hat, kann man die Zahnriemenspannung in der unten beschriebenen Weise einstellen. So wurde sie bis zur Einführung des oben genannten Messgeräts eingestellt. Wir möchten darauf hinweisen, dass diese Einstellweise als Ausweichmethode angegeben ist:

- Die Mutter der Zahnriemenspannrolle lockern und die an der Seite eingesetzte Schraube („A“ in Bild 141) anziehen, bis der Zahnriemen unter Spannung kommt.
- Das im Bild gezeigte Messwerkzeug an der linken Laufstrecke des Zahnriemens ansetzen und mit einem Kraftaufwand von 30 Nm gegen den Riemen drücken. Der Riemen sollte einen Ausschlag von 7,0 bis 8,0 mm haben. Falls erforderlich die M6-Schrau-

be weiter anziehen. Dadurch wird die Spannrolle weiter nach innen gedrückt und spannt den Zahnriemen. Die Mutter der Riemenspannrolle anziehen. Die Mutter wird mit 50 Nm angezogen. Drehmoment unbedingt beachten.

- Die Kurbelwelle zwei Umdrehungen in normaler Drehrichtung durchdrehen (OT-Stab vorher herausziehen) und den Kolben des ersten Zylinders erneut auf den oberen Totpunkt bringen. Den OT-Stab wieder einschieben.

In allen Fällen muss die Steuereinstellung jetzt folgendermaßen kontrolliert werden:

- Den Steuerriemendeckel provisorisch anbringen. Durch das „Fenster" an der Oberseite kontrollieren, dass das Steuerzeichen im Nockenwellensteuerrad gegenüber dem Zeiger im „Fenster" steht. Die Zahnriemenspannung danach nochmals prüfen.
- Bei richtig eingestellter Steuerung die M6-Schraube wieder herausdrehen und, falls benutzt, das Messgerät wieder abmontieren. Die Spannrolle beim Anziehen der Mutter gegen Verstellung halten. Das Drehmoment unbedingt einhalten, da eine sich später gelockerte Spannrolle zu Motorschäden führen kann.

Hinweis: Die Einspritzzeiten der Pumpe müssen nach Einstellung oder Erneuerung des Zahnriemens eingestellt oder eingestellt werden lassen.

- Den OT-Stab herausziehen und die Zahnriemenabdeckungen unter Bezug auf Bild 138 montieren. Das Steuerzeichen im Antriebsrad der Einspritzpumpe kann man ebenfalls in einem „Fenster" auf der rechten Seite des Motors sehen.
- Schraube in der Mitte der Riemenscheibe mit 20 Nm anziehen und aus dieser Stellung um weitere 115° im Winkelanzug nachziehen (± 15°).
- Alle anderen Arbeiten in umgekehrter Reihenfolge wie beim Ausbau durchführen. Die Motoraufhängung wieder montieren, wie es beim Einbau dieses Motors beschrieben wurde.

F9Q 780-Motor

Die Erneuerung des Zahnriemens sollte man bei diesem Motor einer Werkstatt überlassen, da der Zahnriemenantrieb außerdem mit einer automatisch arbeitenden Riemenspannrolle versehen ist. Außerdem sehen wir die Einstellung der Riemenspannung als ziemlich kompliziert an, so dass wir davon ausgehen, dass man eine gewissen Übung haben muss.

F8Q 632-Motor mit Lucas EPIC-Einspritzanlage

Die Erneuerung des Zahnriemens sollte man bei diesem Motor einer Werkstatt überlassen, da ein neu vorgestelltes Messgerät für die Zahnriemenspannung vorgestellt wurde und die EPIC-Einspritzpumpe vollkommen eingestellt werden muss, nachdem der er Zahnriemenantrieb wieder eingebaut wurde.

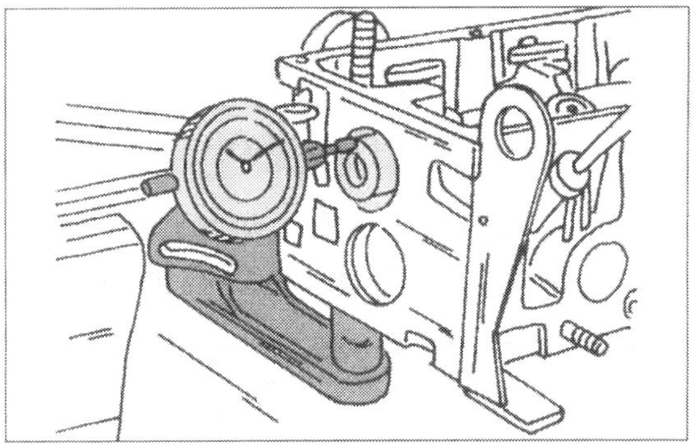

Bild 143
Ausmessen des Axialspiels der Nockenwelle. Die Arbeit wird bei allen Motoren in ähnlicher Weise durchgeführt.

2.8.2 Aus- und Einbau der Nockenwelle

Der Aus- und Einbau der Nockenwelle verlangt den Ausbau und die Zerlegung des Zylinderkopfes. Diese Arbeiten sind im entsprechenden Kapitel beschrieben. Die verbleibenden Arbeiten werden in gleicher Weise wie während der Motorzerlegung ausgeführt. Die Steuerungsteile und den Zahnriemen wieder montieren, wie es in Kapitel 2.3.2 beschrieben ist.

2.8.3 Teile der Steuerung überprüfen

Kontrollieren, dass die Nockenwelle nicht verzogen ist, indem man sie mit den äußeren Lagerzapfen in Prismen einlegt und eine Messuhr an den mittleren Lagerzapfen ansetzt. Die Messuhrnadel darf beim Durchdrehen der Welle nicht ausschlagen.
Um das Axialspiel der Nockenwelle zu kontrollieren, muss man wieder auf die Unterschiede innerhalb der einzelnen Motorbaugruppen achten.

Bei einem Benzinmotor

- Eine Messuhr mit einem geeigneten Halter in der in Bild 143 gezeigten Weise am Zylinderkopf anbringen und die Nockenwelle in den Lagern hin- und herbewegen. Falls der Wert die Verschleißgrenze von 0.15 mm erreicht hat, müssen Nockenwelle und Zylinderkopf kontrolliert werden, da die Anlaufflächen verschlissen sein könnten.

Beim Dieselmotor

Um das Axialspiel der Nockenwelle zu kontrollieren, eine Messuhr an der Stirnfläche des Zylinderkopfes ansetzen (ähnlich wie in Bild 143) und die Welle in den Lagern hin- und herbewegen. Falls der angezeigte Wert mehr als 0,13 mm beträgt, müssen der Zylinderkopf und die Nockenwelle kontrolliert werden, da der Verschleiß an den Anlaufstellen übermäßig groß sein könnte.

3 Die Motorschmierung

3.1 Wissenswertes über die Motorschmierung

Das Öl soll die Reibung vermindern, damit Kolben und Zylinder nebst Kurbelwellenlagern, Ventiltrieb und sonstige Lagerstellen mit möglichst geringem Verschleiß ihren Betrieb verrichten können. Das Motoröl muss aber auch abdichten: Zwischen Kolben und Zylinderwand bleibt trotz der Kolbenringe noch ein gewisser, nur tausendstel Millimeter breiter Spalt. Das Öl muss hier die Feinabdichtung schaffen zwischen Kolben, Kolbenringen und Zylinderlaufflächen. Weiter wird das Öl zur Kühlung herangezogen. Bei der Verbrennung kann nur etwa ein Drittel der anfallenden Energie für die Fortbewegung nutzbar gemacht werden, ein Teil verlässt den Motor als Wärme durch den Auspuff und ein weiterer Teil Wärmeenergie muss über das Kühlwasser und Öl abgeführt werden. So kann z.B. ein Kolben nur durch das Motoröl gekühlt werden. Zum einen wird die Wärme vom Kolben über die Kolbenringe und das abdichtende Öl an die Zylinderlaufflächen und weiter an das Kühlmittel geleitet, und zum anderen kühlt das im Kurbelgehäuse umherspritzende Öl den Kolben direkt. Aber auch jedes einzelne Lager von Kurbelwelle, Nockenwelle usw. wird durch das Öl gekühlt. Die vom Motoröl aufgenommene Wärme wird über die Ölwanne an den Fahrtwind abgeleitet.

Die Motoren-Konstrukteure haben noch spezielle Wünsche an das Öl: Es soll bei den hohen Temperaturen, wie sie an den Zylinderlaufbahnen auftreten, nicht verdampfen. Es darf bei diesen ungünstigen Bedingungen den Schmierfilm nicht abreißen lassen. Wenn es verbrennt, soll dies ohne Rückstände geschehen – Ölverbrauch bedeutet im Grunde genommen, dass das Öl verbrannt wird. Das Öl soll Ruß und Schmutz binden, damit sie sich nicht im Motor ablagern. Es soll alterungsbeständig sein, im Motor eine Schlammbildung verhindern und noch einiges mehr.

Prüfen des Motorölstandes

Der Motorölstand wird am besten bei jedem Volltanken kontrolliert. Den Ölmessstab finden Sie seitlich vorn am Motor, wie Ihnen ja bekannt sein wird. Bilder 144 bis 146 zeigen die Lage des Öleinfüllverschlusses beim Benzin- und Dieselmotor. Bei der folgenden Beschreibung gehen wir davon aus, dass Sie das Motoröl das erste Mal wechseln.

- Wagen auf waagrechtem Boden abstellen.
- Nach dem Abstellen des vorher warm gefahrenen Motors mindestens fünf Minuten warten, damit alles Öl in die Ölwanne abtropfen kann. Besser ist die Kontrolle vor dem ersten Start bei noch kaltem Motor.
- Den Peilstab ziehen – Vorsicht bei heißem Motor. Mit einem fusselfreien Lappen oder Papiertuch abwischen, bis zum Anschlag wieder hineinschieben, kurz warten und erneut herausziehen.
- An der Peilstabspitze können Sie nun den Ölstand ablesen: Der Pegel muss sich zwischen den Markierungen befinden; dann ist alles in Ordnung.
- Reicht die Schmiermittelmenge nur noch bis zur unteren Markierung, muss Motoröl nachgefüllt werden.

Falls Öl nachgefüllt werden muss, gelten die folgenden Hinweise, bzw. Vorschriften:

- Die Ölmenge zwischen der oberen und unteren Peilstabmarke beträgt ca. 1 Liter. Es passt also eine handelsübliche 1-Liter-Dose Öl in den Motor, wenn sich der Ölstand im unteren Peilstabdrittel befindet. Zum Nachfüllen aus einem 5-Liter-Kanister besorgen Sie sich eine Einfüllkanne. Das Motoröl wird über die Zylinderkopfhaube in den Motor gegossen. Dazu den in den Bildern gezeigten Verschlussdeckel abnehmen. Noch Folgendes beachten:
- Bei gemäßigtem Fahrstil genügt Nachfüllen, wenn sich der Ölstand im unteren Peilstabdrittel befindet. Bei rasanter Fahrweise empfiehlt es sich, den Ölstand nahe der oberen Peilstabmarke zu halten. Die größere Ölmenge kann die Kühlungsaufgaben besser erfüllen.
- Sie erweisen dem Motor keinen Gefallen, wenn Sie zu viel Öl einfüllen. Die MAX-Marke am Peilstab darf

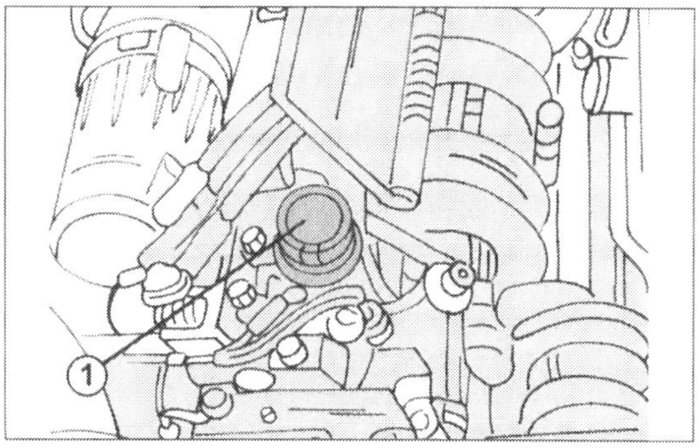

Bild 144
Die Lage des Einfüllverschlussdeckels für das Motoröl (1) bei einem 1.1-Liter-Motor.

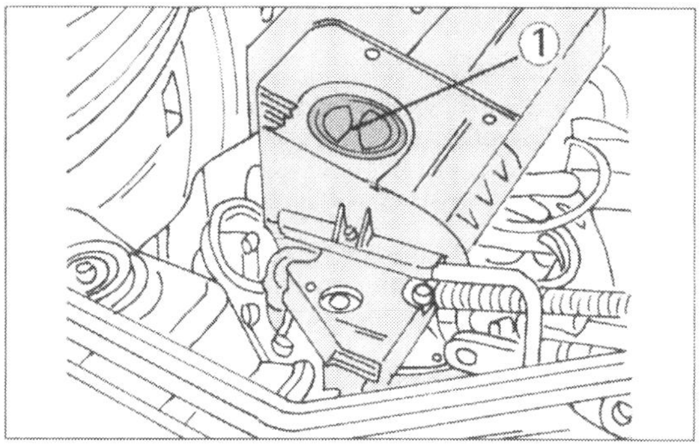

Bild 145
Die Lage des Einfüllverschlussdeckels für das Motoröl (1) bei einem 1.4-Liter-Motor.

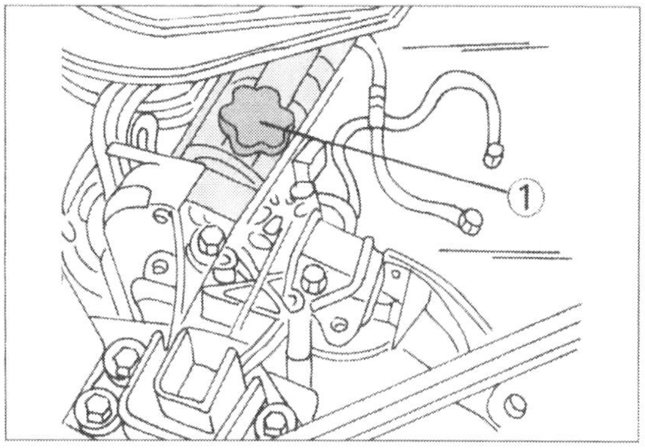

Bild 146
Die Lage des Einfüllverschlussdeckels für das Motoröl (1) bei einem Dieselmotor.

nicht überschritten werden. Deshalb besser erst gar nicht versuchen, möglichst genau bis zur Markierung aufzufüllen. Zu viel eingefülltes Öl wird schneller verbraucht und bildet mehr Verbrennungsrückstände und schadet außerdem dem Katalysator, vor allem bei den Benzinmotoren.

Die folgenden Hinweise sollen Ihnen bei Durchführung eines Ölwechsels helfen:

- Manche Ölhersteller haben inzwischen dem Öl Zusätze beigemischt, welche die Schlammbildung verhindern und verschleißmindernd wirken. Ihre Werkstatt hat ein Verzeichnis mit besonders untersuchten und geeigneten Ölen, und wir raten Ihnen, den Empfehlungen der Werkstatt zu folgen.
- In den Werkstätten kostet der Ölwechsel nach unseren Erfahrungen das meiste Geld, weil nur sehr teure Ölsorten vorrätig sind. Außerdem ist der Motor oft schon wieder kalt, bis das alte Öl abgelassen wird, sodass nicht aller Schmutz herausgeschwemmt wird. Manche Werkstätten berechnen die Arbeit für den Ölwechsel zusätzlich zum Ölpreis. Vorteilhaft ist allerdings, dass die neuesten Betriebsstoffvorschriften des Herstellers vorliegen.
- An Tankstellen kommt der Wagen dagegen meist sofort dran, Sie können auch ein billigeres Öl aus dem Tankstellenverkaufsprogramm auswählen, und im Ölpreis ist die Arbeit des Tankwarts inbegriffen.
- Ölwechsel zu Hause lohnt sich nur dann, wenn Sie das Öl sehr billig einkaufen können und Spaß an dieser Arbeit haben.

Ratgeber: Bei jedem Ölwechsel auch den Ölfilter erneuern. Dies ist für die Lebensdauer des Motors von entscheidender Bedeutung! Die entsprechende Beschreibung erfolgt später in diesem Abschnitt.

Beim Ölwechsel folgendermaßen vorgehen:

- Vor dem Beginn der Arbeit den Motor warm fahren (ca. 10 Minuten Fahrt).
- Das Fahrzeug vorn etwas anheben.
- Den Öleinfülldeckel von der Zylinderkopfhaube abnehmen.
- Die Ölablassschraube unten in der Ölwanne etwas lösen. Dazu wird ein Vierkantschlüssel (8 mm) gebraucht. Die Schraube sitzt nicht bei allen Motoren an der gleichen Stelle. Bild 147 zeigt, wo sie beim 1.4-Liter-Motor sitzt. Im Allgemeinen befindet sie sich gegenüber der Schaltstange.
- Eine kleine Wanne unterschieben und Schraube vollends herausdrehen. Vorsicht, das heiße Öl kommt im Bogen schwungvoll herausgeflossen!
- Wenn das Öl ausgelaufen ist, Ablassschraube zusammen mit einem neuen Dichtring in die Ölwanne hineinschrauben. Behutsam festdrehen (25 Nm).
- Nun den Ölfilter erneuern, wie es im betreffenden Kapitel beschrieben ist.
- Den Motor mit der vorgeschriebenen Menge des empfohlenen Motor füllen und den Verschlussdeckel aufschrauben. Nach einer Weile den Ölstand wie oben beschrieben kontrollieren. Folgende Ölmengen gelten:

- **Für den 1.1-Liter-Motor:** 3,7 Liter Motoröl. Sollte der Ölfilter aus irgendwelchen Gründen einmal nicht gewechselt werden, ca. einen halben Liter weniger einfüllen. ***Das Öl sollte alle 10 000 km gewechselt werden.***
- **Für den 1.4-Liter-Motor:** 2,9 Liter Motoröl. Sollte der Ölfilter aus irgendwelchen Gründen einmal nicht gewechselt werden, ca. einen halben Liter weniger einfüllen. ***Das Öl sollte alle 10 000 km gewechselt werden.***
- **Für den Dieselmotor:** 5,2 Liter Motoröl mit Filterwechsel. Sollte der Ölfilter aus irgendwelchen Gründen einmal nicht gewechselt werden, ca. einen halben Liter weniger einfüllen. ***Das Öl sollte alle 7500 km gewechselt werden.***

- Anschließend den Motor starten und den Ölstand sowie Dichtheit an Ölablassschraube und am Ölfilter kontrollieren. Evtl. Ölfilter etwas nachziehen.

Da die Schmierung des Motors einen wichtigen Faktor während der Lebenszeit Ihres Fahrzeuges bildet, möchten wir untenstehend auf einige Besonderheiten eingehen.

Kann ich Motoröl mischen?

Die Ölsorten aller Hersteller lassen sich ohne Gefahr untereinander mischen, auch Einbereichs- mit Mehrbereichsölen. Diese Mischbarkeit ohne schädliche Folgen ist eine Grundforderung der internationalen Ölnormen. Zwar werden spezifische Eigenschaften eines bestimmten Öls durch die Vermischung mit anderem Motoröl möglicherweise leicht beeinträchtigt, da jede Ölmarke ihre eigene Additivkombination besitzt. Die Schmierwirkung ist jedoch nie gefährdet.

Ölverbrauch

Muss nach hoher Laufleistung oft Öl nachgekippt werden, sollten Sie sich einmal die Mühe machen und den Ölverbrauch genau ermitteln:

- Mit Geduld genau bis zur oberen Marke Öl einfüllen.
- Nach 500 oder 1000 km Fahrstrecke Motorenöl aus einem Messbecher nachgießen und den Verbrauch auf 1000 km feststellen.

Ein Teil des Motoröls verbrennt bei seiner Schmiertätigkeit. Ölverbrauch ist also völlig natürlich. Gut eingefahrene Motoren kommen mit 0,2 Liter je 1000 km aus. Wie viel Öl Ihr Fahrzeug braucht, hängt von folgenden Umständen ab:

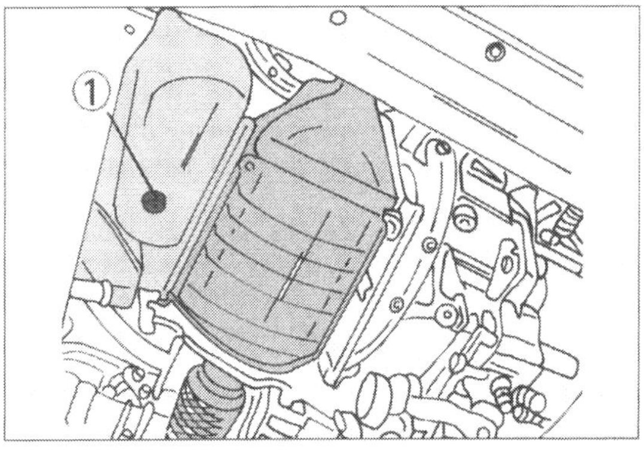

Bild 147
Der Ölablassstopfen kann in der Mitte der Ölwanne gefunden werden, hier bei einem 1.4-Liter-Motor gezeigt. Ein Vierkantschlüssel von 8 mm Schlüsselweite ist zum Herausschrauben erforderlich.

- Ölüberfüllung bewirkt höheren Verbrauch, denn die Kurbelgehäuseentlüftung bläst das Zuviel wieder zum Motor hinaus.
- Dünnflüssiges Öl verbrennt schneller als dickflüssiges. Einbereichsöl wird in heißem Zustand dünn wie Wasser, Mehrbereichsöl bleibt dickflüssiger. Letzteres kann vor allem bei Langstreckenfahrten den Ölverbrauch senken.
- Motoröl – vor allem Mehrbereichsöl –, welches zu lange im Motor bleibt, muss öfters ergänzt werden.
- Scharfe Fahrweise treibt außer dem Kraftstoffkonsum auch den Ölverbrauch in die Höhe. Besonders stark wirkt sich aus, wenn der neue Motor sofort voll belastet wurde.
- In der Einlaufzeit braucht der Motor etwas mehr Schmiermittel.
- Verschleiß in den Teilen des Motors, z.B. Ventilschaftabdichtungen defekt, Spiel zwischen Ventilführung und Ventilschaft zu groß, Kolbenringe falsch eingebaut (falls man diese erneuert hat) oder schadhaft, beschädigte Zylinderwand durch Kolbenfresser.

Trotz öfterer Kontrolle verbraucht der Motor wenig oder kein Öl

Im winterlichen Kurzstreckenbetrieb kann es vorkommen, dass der Ölstand zwischen den Messungen überhaupt nicht abnimmt oder gar ansteigt. Das ist kein Grund zur Freude, denn dann ist das Motoröl durch Kraftstoff und Kondenswasser verdünnt. Diese in ihrer Schmiereigenschaft wesentlich beeinträchtigte Ölfüllung sollte durch eine regelmäßige, längere Fahrt „aufgekocht" werden, damit die Kondensate verdunsten. Sofort anschließend den Ölstand kontrollieren, da der Pegel durch die verdunsteten Benzin/Wasseranteile erheblich absinkt! Bei extremem Stadtbetrieb ohne zwischenzeitliche Langstreckenfahrt sollten Sie das Öl vor den üblichen Intervallen wechseln. Den eigentlichen Wartungsintervall wird man nach Erfahrungen ermitteln, falls Sie das Fahrzeug längere Zeit haben.

Welches Öl soll ich einfüllen?

Beim Öleinkauf müssen Sie grundsätzlich auf zweierlei achten:

- Die Ölqualität: Alle Fahrzeughersteller haben eine eigene Schmierstoff-Versuchsabteilung, wo ständig alle erhältlichen Motoröle untersucht werden. Erfüllt das untersuchte Produkt alle Anforderungen, wird es namentlich in einer Freigabeliste aufgeführt. Die Listen sind sehr lang. Für Auskünfte bzw. Einblicke wenden Sie sich an die Vertragswerkstatt. Die Qualität des Motoröls wird mit unterschiedlichen Systemen bezeichnet. Neben der verbreiteten Bezeichnung vom Amerikanischen Petroleum Institut (API) gibt es noch die der europäischen Autohersteller (CCMC), eine vom US-Militär (MIL) und noch einige weitere.
- Das Fließverhalten des Öls, also die Dick- bzw. Dünnflüssigkeit bestimmt, ob der Anlasser den kalten Motor durchdrehen kann, alle Schmierstellen nach dem Kaltstart sofort versorgt werden und bei hohen Temperaturen und Drehzahlen der Schmierfilm nicht abreißt. Die amerikanische Society of Automotive Engineers (SAE) hat die Öle entsprechend ihrer Zähflüssigkeit in Klassen eingeteilt. Die reichen vom dünnflüssigen Winteröl SAE 5 W, 10 W, 15 W über die Zwischenstufe SAE 20 W/20 zu den dickflüssigen Sommerölen SAE 30, 40 und 50. Mehrbereichsöl besitzt Viskositätsindex (V1)-Verbesserer – lange Molekülketten, die beim Erhitzen quellen und beim Abkühlen wieder schrumpfen. Das Öl kann sich damit den Temperaturen elastisch anpassen und mehrere Viskositätsklassen überspannen. Ein Öl SAE 15 W-50 entspricht bei einer Temperatur von –15°C der Zähflüssigkeitsklasse 15 W und bei 100°C der Klasse 50. Problematisch ist bei manchen Mehrbereichsölen, dass die Molekülketten ihrer Viskositäts-Verbesserer mit der Zeit regelrecht klein gehackt (abgeschert) werden können. Dann ist die obere Zähflüssigkeitsklasse nicht mehr voll erhalten, das Öl also nicht mehr so temperaturbeständig. Aus diesem Grund sind Mehrbereichsöle der Klassen SAE 10 W-30 und 5 W-20 in der warmen Jahreszeit nicht freigegeben.

Ich habe Ölschlammbildung im Motor festgestellt

Mit der Einführung moderner Einspritzsysteme und dem Katalysator kommt es in den Motoren aller Hersteller verstärkt zur Ölschlammbildung. Verdichteter Ölschlamm behindert die Motorschmierung durch verstopfte Ölkanäle, und der Motor kann so recht schnell zerstört werden. Die Ölschlammbildung erkennen Sie auf der Innenseite der ausgebauten Zylinderkopfhaube oder wenn Sie bei herausgedrehter Ölablassschraube mit dem Finger über den Boden der Ölwanne streifen.

Die Ursachen für die Schlammbildung sind unter anderem:

- Die Gemischaufbereitung arbeitet in allen Lastbereichen des Motors möglichst „mager" (viel Sauerstoff), um Kraftstoff zu sparen. Hierbei entstehen zwangsläufig mehr Stickoxide, welche das Motoröl belasten.
- Die Motorölwechselintervalle sind inzwischen so groß, dass die Motorenöle eher bis an ihre Leistungsgrenze belastet werden. Daher unbedingt den Ölwechsel pünktlich ausführen. Bei überwiegendem Kurzstreckenverkehr den Ölwechsel eher durchführen.

3.2 Kurze Beschreibung der Anlage

Der Motor wird mit einer Druckumlaufschmierung durch eine Zahnradpumpe mit Öl versorgt. Die folgenden Unterschiede liegen bei den behandelten Motoren vor:

- Der Antrieb der Ölpumpe des 1.1-Liter-Motors geschieht durch einen Mitnehmer auf dem Ende der Kurbelwelle.
- Der Antrieb der Ölpumpe des 1.4-Liter-Motors geschieht durch eine Kette vom Ende der Kurbelwelle.
- Der Antrieb der Ölpumpe des Dieselmotors erfolgt durch ein Schraubenrad auf der Zwischenwelle oder die Zwischenwelle wurde weggelassen und der An-

trieb erfolgt ebenfalls mit Hilfe einer getrennten Kette. Der Dieselmotor mit Direkteinspritzung wurde ab Baubeginn mit einem Kettenantrieb für die Ölpumpe hergestellt.
Der Ölfilter ist in die Seite des Zylinderblocks angeschraubt. In der Werkstatt wird ein Spezialschlüssel zum Lösen des Filters benutzt. Beim Filter handelt es sich um eine Wegwerf-Filterpatrone.
Das Anzugsdrehmoment des Ölablassstopfens beträgt 25 Nm. Die Ölwanne kann bei eingebautem Motor ausgebaut werden, jedoch ist es beim 1.4-Liter-Motor und bei den Dieselmotoren erforderlich, dass man den vorderen Nebenrahmen absenkt, um die Ölwanne herauszubekommen.

3.3 Die Ölpumpe (Ölwanne)

3.3.1 Aus- und Einbau

Bei der folgenden Beschreibung werden der Aus- und Einbau der Ölwanne und der Ölpumpe zusammengefasst.
Da sich die Arbeiten bei den verschiedenen Motoren unterscheiden, ist es wichtig, dass man unter dem in Frage kommenden Motor nachliest, d.h. 1.1-Liter-Motor, 1.4-Liter-Motor, F8Q-Motor mit indirekter Einspritzung und F9Q-Motor mit Direkteinspritzung.

Arbeiten am 1.1-Liter-Motor

Ausbau und Einbau der Ölwanne

- Fahrzeug vorn auf Böcke setzen, die Batterie abklemmen und das Motoröl in der bereits beschriebenen Weise ablassen.
- Den Geber für den Ölstand ausschrauben. Dazu braucht man einen 19-mm-Gabelschlüssel, um an das Sechskant des Gebers heranzukommen.
- Die Befestigungsschrauben der Ölwanne herausdrehen und die Ölwanne abnehmen. Dazu muss man diese etwas zur Rückseite des Fahrzeuges zu verdrehen, um das Ölansaugsieb aus der Zwischenwand der Ölwanne herauszubekommen.
- Die Dichtfläche der Ölwanne sofort reinigen, ohne dabei das Aluminiummaterial zu zerkratzen.

Der Einbau der Ölwanne geschieht in umgekehrter Reihenfolge. Die Schrauben der Ölwanne mit 10 Nm anziehen. Abschließend den Motor wieder mit der vorgeschriebenen Ölmenge füllen.

Aus- und Einbau der Ölpumpe

Der Zahnriemen muss ausgebaut werden, um die Ölpumpe abzuschrauben. Dies bedeutet, dass die Motoraufhängung vor der Steuerseite des Motors ausgebaut werden muss, d.h. man muss den Motor aus den Aufhängungen heben. Falls man die Arbeiten selbst durchführen will:

- Zahnriemen ausbauen, wie es für diesen Motor beschrieben wurde (Abschnitt 2, Kapitel 2.8).
- Den Geber für den Ölstand in der Ölwanne mit einem 19-mm-Gabelschlüssel ausschrauben.
- Den Ölmessstab herausziehen.
- Kurbelwellenriemenscheibe abmontieren und danach das Steuerrad der Kurbelwelle vom Wellenende herunterziehen.
- Motor jetzt aus den Aufhängungen heben, bis man feststellen kann, dass alle Teile einwandfrei zugänglich sind.
- Ölwanne abschrauben und in der oben beschriebenen Weise herausnehmen.
- Das Ölansaugrohr an der Unterseite des Kurbelgehäuses abschrauben.
- Die Ölpumpe abschrauben und von der Vorderseite des Motors abziehen. Sofort alle Dichtflächen reinigen, ohne dabei das Aluminiummaterial zu zerkratzen.

Beim Einbau folgendermaßen vorgehen:

- Die Fläche der Ölpumpe in der in Bild 148 gezeigten Weise mit Dichtungsmasse einschmieren. In der Werkstatt wird dazu Rhodorseal 5661 benutzt.
- Die Ölpumpe am Motor ansetzen. Zwei Mitnehmerstifte in der Kurbelwelle müssen dabei in Eingriff gebracht werden. Die Schrauben der Ölpumpe mit 9 Nm anziehen.
- Einen neuen Öldichtring in das Gehäuse der Ölpumpe und über die Kurbelwelle montieren. Dies wird anhand von Bild 71 durchgeführt (bei ausgebautem Motor gezeigt). Nicht den Dichtring an der Keilnut in der Kurbelwelle beschädigen.
- Das Ölansaugsieb mit einem neuen „O"-Dichtring einbauen.
- Ölwanne wieder montieren. Schrauben mit 10 Nm anziehen.
- Zahnriemen wieder einbauen und montieren.
- Antriebsriemen der Aggregate einbauen und spannen (siehe betreffendes Kapitel).

Arbeiten am 1.4-Liter-Motor

Aus- und Einbau der Ölwanne

Ein Flaschenzug oder ein kleiner Handkran muss zur Verfügung stehen, um die Ölwanne und die Ölpumpe auszubauen. Je nach Hebezeug könnte es sein, dass man die Motorhaube abmontieren muss. Der Aus- und Einbau der Ölwanne ist bei diesem Motor ziemlich kompliziert.

- Fahrzeug vorn auf Böcke setzen und beide Vorderräder abschrauben.
- Batterie abklemmen und das Motoröl ablassen. Das in der Innenseite des rechten Radkastens befestigte Blech entfernen.

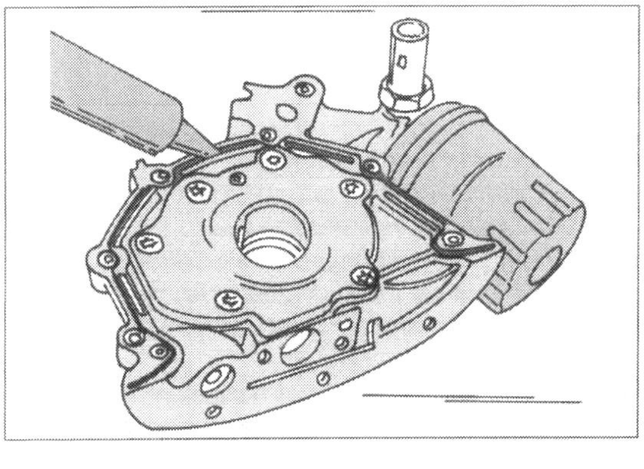

Bild 148
Die Dichtfläche der Ölpumpe in der gezeigten Weise mit einer Wulst Dichtungsmasse versehen, ehe sie wieder angeschraubt wird.

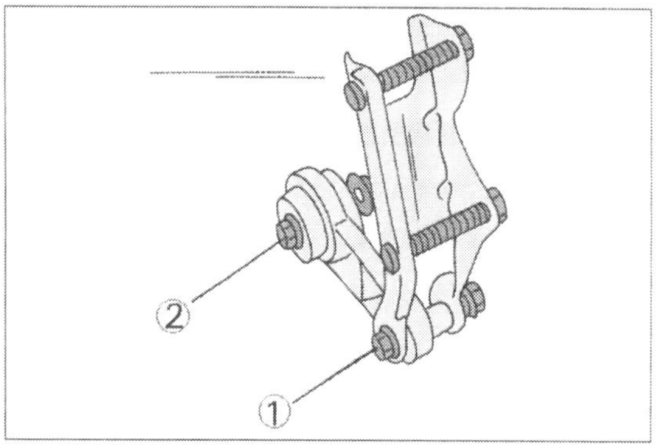

Bild 149
Die Schrauben (1) und (2) der Spannstrebe (Drehmomentstütze) am Motor lösen, ohne die Schrauben zu entfernen.

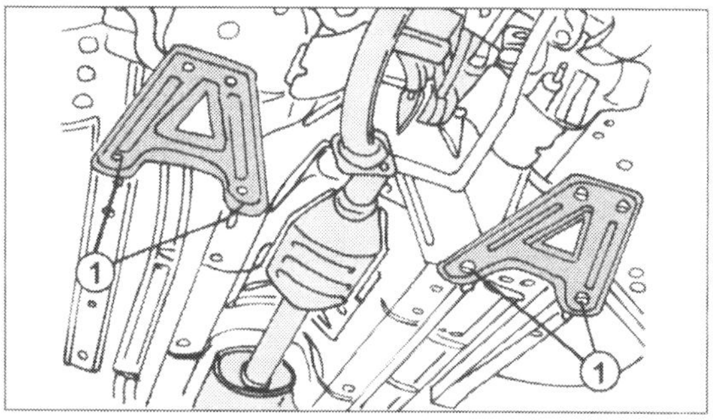

Bild 150
Die gezeigten Versteifungen nach Lösen der Schrauben (1) abmontieren.

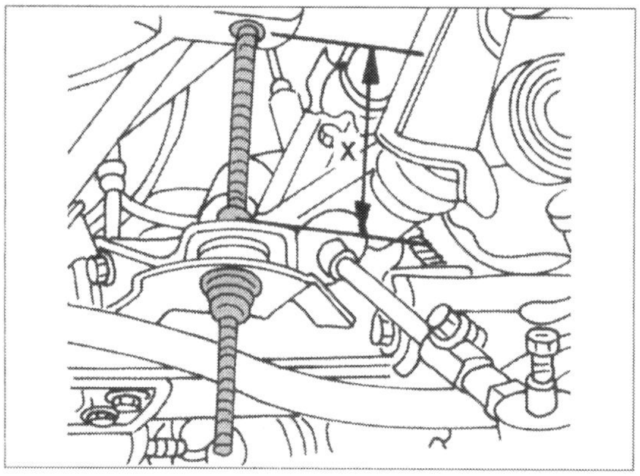

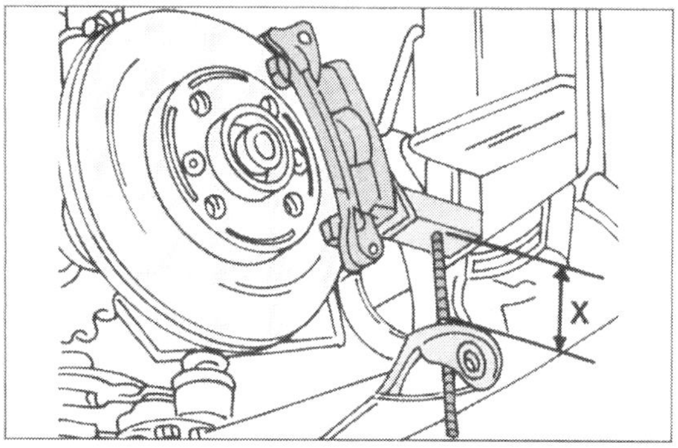

Bild 151
Einschrauben von langen Stiftschrauben (in der Werkstatt werden natürlich Spezialbolzen verwendet) neben der Spurstange (oben) und unterhalb der Bremsscheibe (unten). Die Muttern lösen, bis das Maß „X" auf beiden Seiten dem angegebenen Wert entspricht. Andere Werte gelten bei den Dieselmotoren.

- Die Mutter und die Exzenterschraube der Kreuzgelenkverbindung an der Lenksäule entfernen, nachdem die Schutzabdeckung zurückgeschoben wurde.
- In der genannten Reihenfolge die Kugelgelenke der Querlenker und Spurstangen trennen (Abschnitt „Vorderradaufhängung"), die Spannstreben zwischen Nebenrahmen und Karosserie ausbauen, Schaltgestänge vom Getriebe abschließen.
- Die Schraube (1) in Bild 149 herausdrehen und die Schraube (2) lösen, ohne sie herauszudrehen.
- Die unteren Stoßfängerbefestigungen lösen.
- Das Wärmeschutzschild des Auspuffkrümmers abschrauben und den Katalysator ausbauen.
- Das Schutzblech unter dem Schwungradgehäuse abschrauben.
- Die Befestigungen der Lenkungsflüssigkeitsleitungen am Zylinderblock lösen.
- Die in Bild 150 gezeigten Schrauben der Tragbügel herausdrehen.
- Von der Unterseite des Motors die Schrauben des Nebenrahmens ausfindig machen. Nach Lösen der ersten Schraube eine lange Stiftschraube des entsprechenden Gewindes einschrauben, mit einer Mutter auf dem Ende der Stiftschraube. Die Mutter anziehen, so dass der Nebenrahmen in seiner Lage bleibt. Diese Arbeit an allen Nebenrahmenschrauben (3 Stück) durchführen.
- Nach Lösen aller Schrauben die Muttern auf den eingeschraubten Stiftschrauben lösen, bis die im Bild 151 gezeigten Maße an den gezeigten Stellen 9 cm betragen, d.h. der Nebenrahmen muss um dieses Maß gesenkt werden. In der unteren Ansicht ist ein zweites Maß gezeigt. Dieses muss in der gleichen Weise auf 12 cm gebracht werden.
- Die Ölwanne abschrauben und nach unten absenken.
- Dichtflächen von Ölwanne und Zylinderblock sofort reinigen.

Beim Einbau der Ölwanne:
- Eine Wulst Dichtungsmasse entsprechend Bild 152 in einer Breite von 3 mm auftragen. Um eine vorschriftsmäßige Abdichtung herzustellen, sollte man die von Renault benutzte Dichtungsmasse Rhodorseal 5661 benutzen. Die Tube des Dichtmittels wird an der Spitze abgeschnitten, um die angegebene Breite gut herzustellen. Nicht die Schraubenlöcher füllen.
- Die beiden seitlichen Abdichtungen (1) an den gezeigten Stellen in die Ölwanne einlegen.
- Die Ölwanne ansetzen und die Schrauben gleichmäßig ringsherum mit einem Anzugsdrehmoment von 10 Nm anziehen.
- Abschließend den Motor mit der vorgeschriebenen Ölmenge des empfohlenen Öls füllen.

Die Anzugsdrehmomente der Motoraufhängungen und anderer gelöster Teile sind der Tabelle am Ende des Buchs zu entnehmen.

Aus- und Einbau der Ölpumpe
- Ölwanne in der oben beschriebenen Weise ausbauen.
- Die Ölpumpe jetzt abschrauben und etwas abkippen, um sie aus dem Eingriff mit der Antriebskette zu bringen. Bild 154 zeigt die Teile der Ölpumpe.

Der Einbau der Ölpumpe findet in umgekehrter Reihenfolge statt. Pumpe etwas ankippen, und das Kettenrad in Eingriff mit der Kette bringen. Die Pumpe flach gegen das Kurbelgehäuse ansetzen, die Schrauben eindrehen und die Schrauben der Reihe nach mit ca. 25 Nm anziehen.
Abschließend die Ölwanne wieder einbauen (siehe oben).

Arbeiten am Dieselmotor

Aus- und Einbau der Ölwanne

Der Aus- und Einbau der Ölwanne findet in der beim 1.4-Liter-Motor beschriebenen Weise statt. Wie beim 1.4-Liter-Motor ist die Arbeit wiederum sehr umfangreich. Unterschiedlich sind die in Bild 151 gezeigten Masse herzustellen.

- Beim F8Q-Motor das Maß „X" in der oberen Ansicht auf 7 cm, das Maß „X" in der unteren Ansicht auf 9 cm bringen.
- Beim F9Q 780-Motor (Direkteinspritzung) das Maß „X" in der oberen Ansicht auf 5 cm, das Maß „X" in der unteren Ansicht auf 6 cm bringen

Beim Einbau der Ölwanne folgende Punkte beachten:

„F9Q" 780-Motor-Motor (Direkteinspritzung)

- Etwas Dichtungsmasse (in der Werkstatt wird Rhodorseal 5661 benutzt) links und rechts des ersten Lagerdeckels auf die Zylinderblockfläche und auf der anderen Seite auf die Verbindungsfuge zwischen vorderen Deckel und Zylinderblock aufschmieren.
- Ölwanne mit einer neuen Dichtung montieren und die Schrauben gleichmäßig von der Innenseite nach außen vorgehend mit einem Drehmoment von 10 Nm anziehen.
- Alle anderen Arbeiten in umgekehrter Reihenfolge durchführen. Die Schrauben des Nebenrahmens vorn mit 62 Nm und hinten mit 105 Nm anziehen. Weitere Anzugsdrehmomente: Lenkwellengelenk 30 Nm, Schraube der Motorstützstrebe 62 Nm, Stützstrebe an Nebenrahmen 30 Nm, Querlenkerkugelgelenk 60 Nm, Radbolzen 90 Nm.

„F8Q"-Motor (Diesel)

- Eine Wulst der oben angegebenen Dichtungsmasse in einer Breite von 1 mm ringsherum auf die Dichtfläche der Ölwanne auftragen (nicht die Löcher verschmieren) und die Ölwanne am Zylinderblock ansetzen. Zwei der Ölwannenschrauben einschrauben und die Ölwanne einstweilen festziehen.
- Die Stiftschrauben in das Getriebe schrauben und die Muttern aufschrauben (25 Nm).
- Die verbleibenden Schrauben eindrehen und gleichmäßig ringsherum mit 12 bis 15 Nm anziehen.
- Schrauben des Nebenrahmens anziehen, vorn mit 62 Nm, hinten mit 105 Nm. Die Klemmschraube des Lenkwellengelenks mit 30 Nm anziehen.

Aus- und Einbau der Ölpumpe

F8Q-Motoren

- ***Bei einem F8Q-Motor mit Zwischenwelle*** die vier Befestigungsschrauben der Ölpumpe entfernen und die Ölpumpe nach unten herausziehen. Da die Ölpumpe auf zwei Passstiften sitzt, könnte es sein, dass man sie hin- und herwackeln muss.

Der Einbau geschieht in umgekehrter Reihenfolge wie der Ausbau. Kontrollieren, dass die Passhülse (Pfeil in Bild 153) auf der Pumpenwelle fest gegen das Gehäuse anliegt und die Pumpe mit den Keilverzahnungen der Welle in Eingriff bringen. Die Pumpe muss flach gegen das Kurbelgehäuse anliegen, ehe die Schrauben mit 20 - 25 Nm angezogen werden.

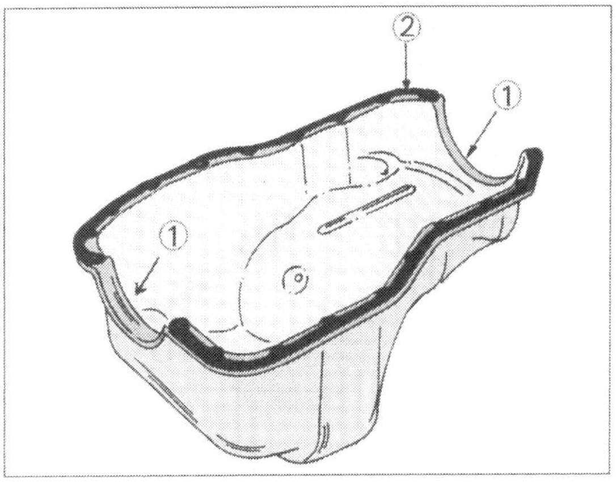

Bild 152
Ölwanne eines 1.4-Liter-Motors mit Ölwannendichtung.
1 Halbrunde Dichtringe
2 Dichtungsmasse wie gezeigt auftragen

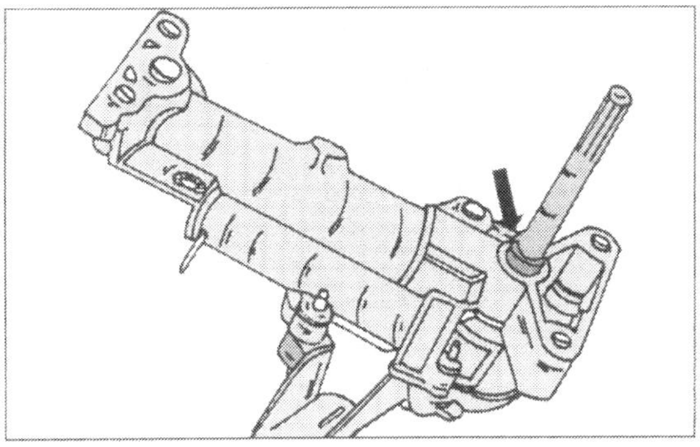

Bild 153
Die mit dem Pfeil gezeigte Passhülse muss vor Einbau der Pumpe auf der Welle sitzen (Dieselmotor mit Zwischenwelle).

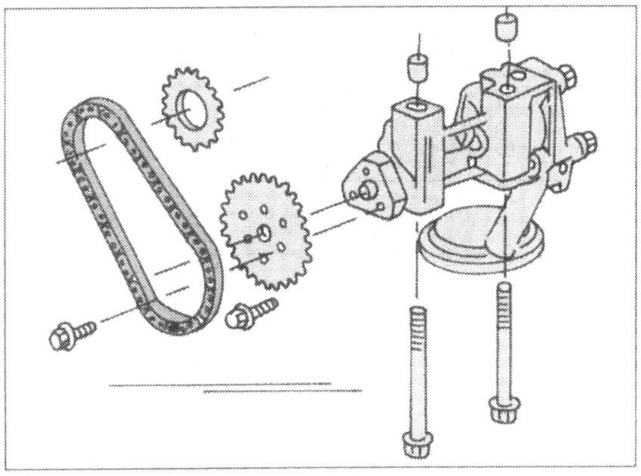

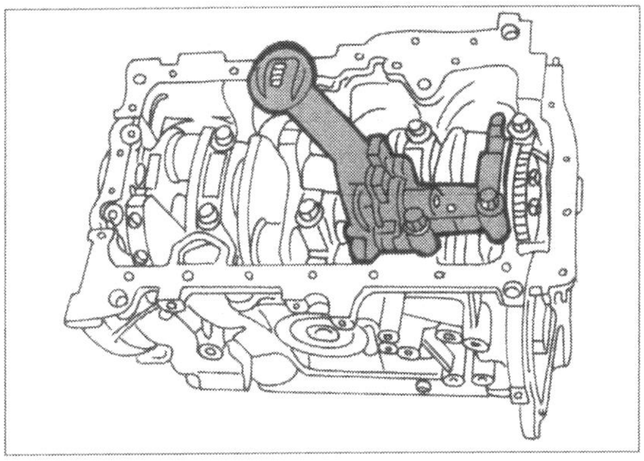

Bild 154
Eingebaute Ölpumpe bei einem 1.4-Liter-Motor in der oberen Ansicht und eines Dieselmotors ohne Zwischenwelle in der unteren Ansicht.

Nach dem Einbau den Motor mit der vorgeschriebenen Menge des empfohlenen Motoröls füllen. Nachprüfen, ob der Ablassstopfen festgezogen wurde.

- ***Bei einem Motor ohne Zwischenwelle (F8Q/F9Q)*** die Ölpumpe jetzt abschrauben und etwas ab-

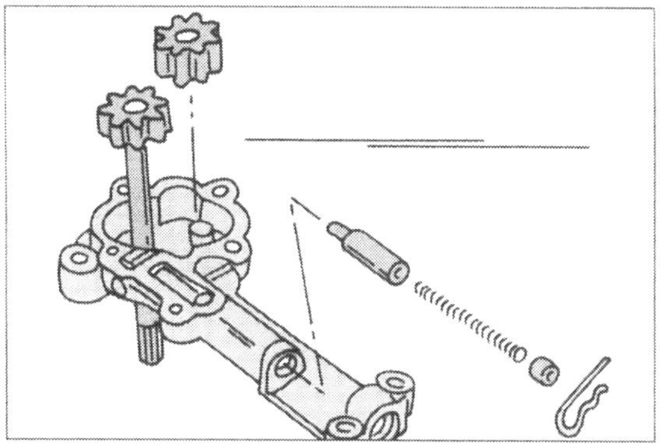

Bild 155
Die Einzelteile der Ölpumpe bei einem Dieselmotor, falls diese durch die Zwischenwelle angetrieben wird.

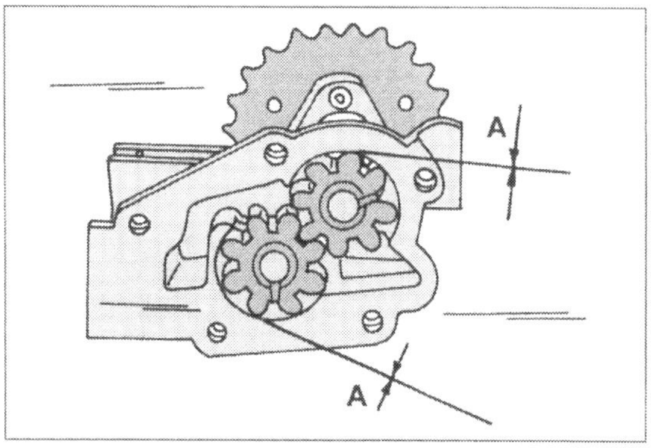

Bild 156
Ausmessen des Spalts zwischen den Zahnrädern und der Pumpengehäusebohrung bei einer Pumpe mit Kettenantrieb. Der Spalt wird an Stelle „A" gemessen (nicht mehr als ca. 0,25 mm).

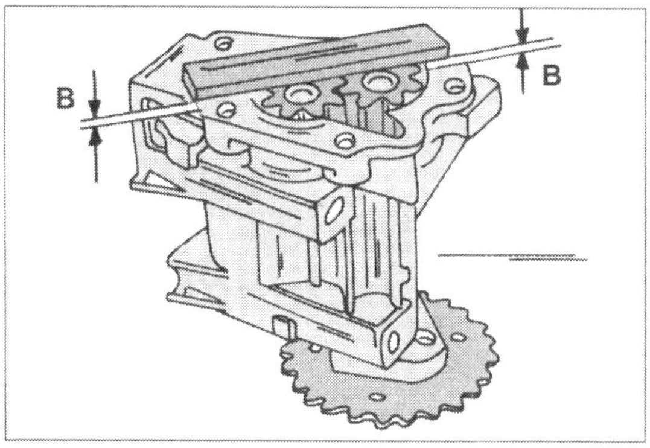

Bild 157
Ausmessen des Axialspiels (B) der Pumpenräder bei einer Pumpe mit Kettenantrieb (nicht mehr als ca. 0,085 mm).

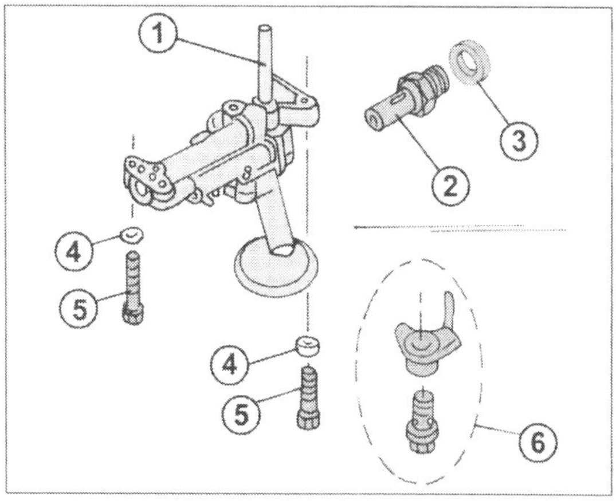

Bild 158
Die Teile der Ölpumpe und Motorschmierung bei einem Dieselmotor mit Zwischenwelle.
1 Ölpumpe
2 Öldruckschalter
3 Dichtring
4 Unterlegscheibe
5 Pumpenschraube
6 Ölspritzdüse zur Kolbenkühlung

kippen, um sie aus dem Eingriff mit der Antriebskette zu bringen. Bild 154 zeigt wo die Ölpumpe bei einem solchen Motor sitzt.

Der Einbau der Ölpumpe findet in umgekehrter Reihenfolge statt. Pumpe etwas ankippen, und das Kettenrad in Eingriff mit der Kette bringen. Die Pumpe flach gegen das Kurbelgehäuse ansetzen, die Schrauben eindrehen und die Schrauben der Reihe nach mit ca. 25 Nm anziehen.

3.3.2 Reparatur der Ölpumpe

F8Q-Dieselmotor mit Zwischenwelle

- Den Deckel der Ölpumpe abschrauben und abnehmen.
- Am Pumpengehäuse ist ein Passring um die Welle herum gelegt, welcher frei wird, sobald man die Pumpenwelle aus dem Gehäuse zieht.
- Die Befestigungsspange des Überdruckventils entfernen und die Kappe, die Feder und die Teile des Kolbens herausnehmen. Bild 155 zeigt ein Montagebild der Pumpe.

Alle Teile gründlich reinigen und auf Verschleiß oder Beschädigung kontrollieren. Die Zahnräder falls erforderlich im Satz erneuern. Das Spiel zwischen den Pumpenrädern und der Pumpengehäusebohrung in Bild 156 darf an den Stellen „A" 0,25 mm nicht überschreiten. Andernfalls sind die Teile abgenutzt.

Die beiden Pumpenräder in das Gehäuse einsetzen und ein Messlineal auf die Oberfläche der Pumpe auflegen. Mit einer Blattfühlerlehre den Spalt zwischen dem Messlineal und jedem Zahnrad ausmessen. Dies ist das Axialspiel der Zahnräder (Bild 157) und darf 0,086 mm nicht überschreiten.

Der Zusammenbau der Pumpe geschieht in umgekehrter Reihenfolge wie das Zerlegen. Bild 158 zeigt die zur Schmierung gehörenden Teile dieser Motoren. Alle Innenteile vor dem Zusammenbau gut einölen und den Deckel wieder aufschrauben. Die Teile des Überdruckventils müssen in einwandfreiem Zustand sein und sind entsprechend Bild 155 zu montieren. Abschließend den Passring über die Pumpenwelle schieben und fest gegen das Pumpengehäuse andrücken. Die Pumpe nach dem Zusammenbau mit etwas Öl füllen, damit sie sofort nach dem Anlassen des Motors geschmiert wird.

1.4-Liter-Motor, F9Q-Motor und F8Q-Motor ohne Zwischenwelle

Bilder 159 und 160 zeigen die Teile der Motorschmierung bei den genannten Motoren. Die Ölpumpe kann in der folgenden Weise zerlegt werden. Falls die Antriebskette erneuert werden soll, kommen die in Bild 159 mit „3" bezeichneten Teile im Reparatursatz. In diesem Fall müssen alle gezeigten Teile erneuert werden, d.h. beide zum Antrieb der Pumpe dienenden Zahnräder müssen erneuert werden.

Die Zerlegung der Pumpe kann unter Bezug auf Bild 160 durchgeführt werden. Das Bild zeigt die Pumpe eines 1.4-Liter-Motors. Bei den anderen Motoren ist sie ähnlich aufgebaut:

- Die fünf Schrauben herausdrehen und den Pumpengehäusedeckel abnehmen.
- Die Federspange aus dem Unterteil der Pumpe herausziehen. Darauf achten, wie sie eingesetzt ist.

Die Anschlagschraube herausdrehen, die Feder entfernen und den Schieber des Rückschlagventils herausziehen.

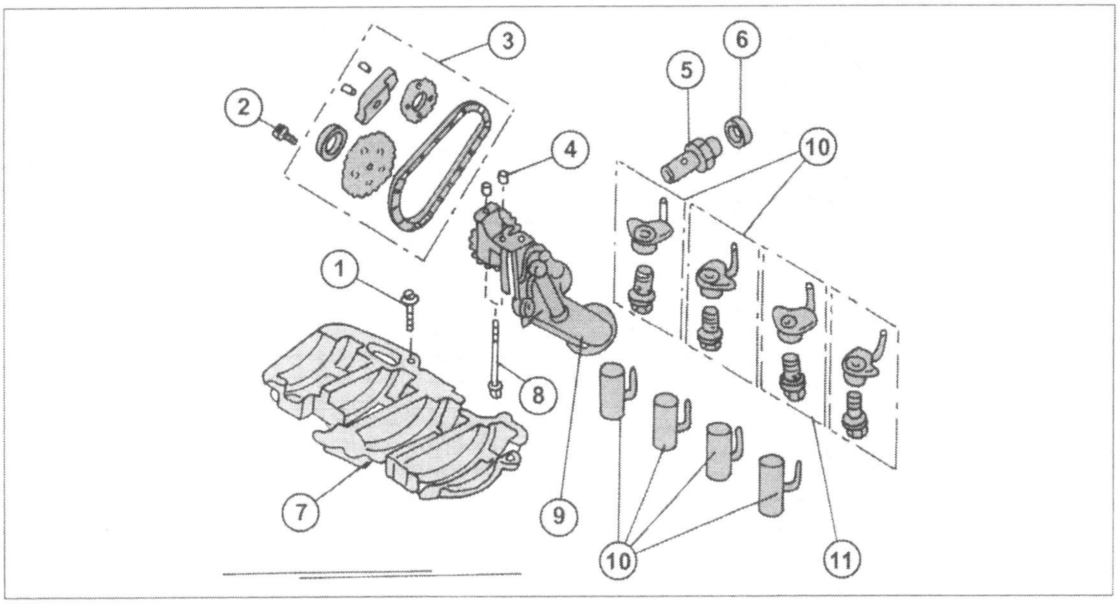

Bild 159
Die Teile der Ölpumpe und der Motorschmierung bei einem Dieselmotor mit Kettenantrieb der Ölpumpe.
1 Schraube, Ölleitblech
2 Schraube, Kettenrad an Pumpenflansch
3 Reparatursatz, Pumpenantrieb
4 Passhülse
5 Öldruckschalter
6 Dichtring
7 Ölleitblech
8 Pumpenschraube
9 Ölpumpe
10 Ölspritzdüsen zur Kolbenkühlung
11 Ölspritzdüsen zur Kolbenkühlung

- Alle Teile gründlich reinigen und wie oben beschrieben kontrollieren. Der Spalt (A) in Bild 161 und der Spalt „B" in Bild 162 entsprechen den angegebenen Werten.

Die Pumpe in umgekehrter Reihenfolge zusammenbauen. Die oben angegebenen Punkte gelten auch bei dieser Pumpe. Die Pumpe nach dem Zusammenbau mit etwas Öl füllen, damit sie sofort nach dem Anlassen des Motors geschmiert wird.

1.1-Liter-Motor
Bei der Pumpe dieses Motors ist keine Reparatur vorgesehen. Irgendwelche an der Pumpe festgestellte Defekte können nur durch Einbau einer neuen Pumpe behoben werden. Die Pumpe kann man entsprechend Bild 163 zerlegen. Den Pumpendeckel abschrauben und die beiden Pumpenläufer herausnehmen. Das Überdruckventil an der Unterseite kann ebenfalls ausgeschraubt werden, um die Teile zu kontrollieren.
Die Pumpe nach dem Zusammenbau mit etwas Öl füllen, damit sie sofort nach dem Anlassen des Motors geschmiert wird.

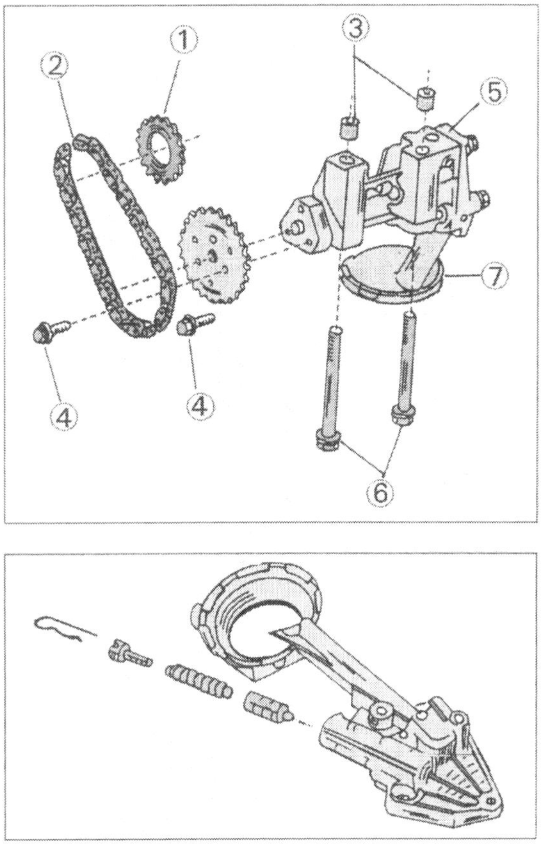

Bild 160
Die Teile der Ölpumpe und des Antriebs beim 1.4-Liter-Motor. Das untere Bild zeigt die zerlegte Pumpe.
1 Antriebsrad auf der Kurbelwelle
2 Antriebskette
3 Passhülsen
4 Schraube des Ölpumpenkettenrades
5 Ölpumpengehäuse
6 Ölpumpenschrauben
7 Integrales Ansaugsieb

3.4 Ölfilter erneuern

Zum Ausbau des Filters ist ein Filterspannband erforderlich, wie es in Bild 164 gezeigt ist. In der Abbildung wird eine bestimmte Ausführung gezeigt, jedoch sind verschiedene andere Schlüssel erhältlich, die auf dem gleichen Prinzip arbeiten. Andernfalls ein Stück Schmirgelleinwand um den Filter legen, mit der Schmirgelseite gegen den Filter, den Filter mit beiden Händen erfassen und abschrauben. Vor dem Ausbau des Filters die Batterie abklemmen.
Den Dichtring eines neuen Filters einölen und den Filter anziehen, bis er soeben gegen den Zylinderblock ansitzt. Aus dieser Stellung den Filter mit den Händen um eine weitere Viertelumdrehung anziehen.

Den Filter nochmals lösen und erneut anziehen, bis der Gummidichtring den Zylinderblock berührt. Aus dieser Stellung die Filterpatrone um eine Viertelumdrehung anziehen und wieder lockern. Den Filter nochmals anziehen, bis er den Gummiring berührt und dann um eine weitere Dreiviertelumdrehung anziehen. Falls erforderlich zusätzliches Öl in den Motor einfüllen.
Beim Kauf eines neuen Filters immer den Motor angeben, damit man nicht den falschen Filter einbaut. Das Gewinde für den Filteranschluss ist nicht unbedingt bei allen Filtern gleich.

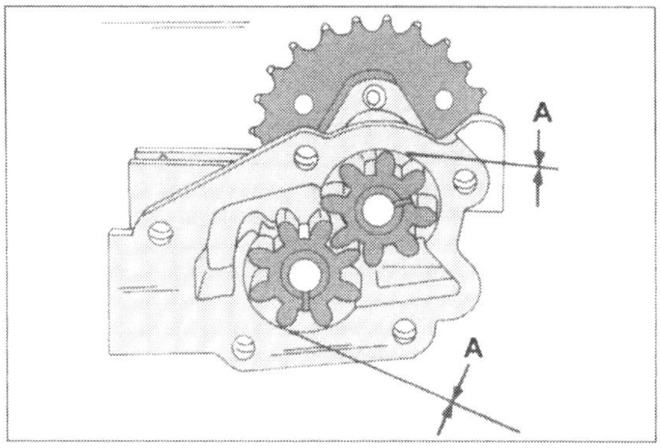

Bild 161
Ausmessen des Spalts zwischen den Zahnrädern und der Pumpengehäusebohrung bei einer Pumpe mit Kettenantrieb. Der Spalt wird an Stelle „A" gemessen (nicht mehr als ca. 0,25 mm).

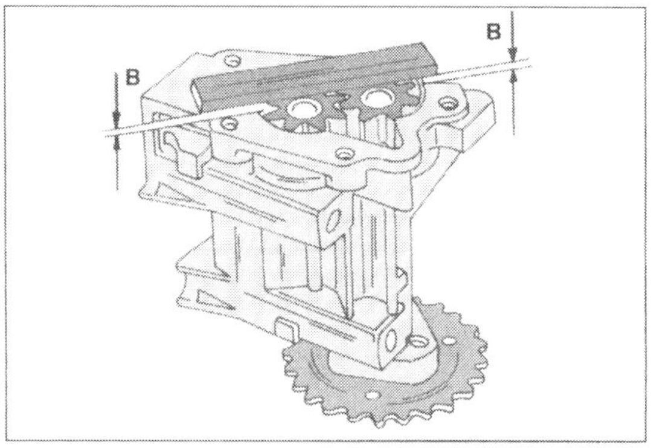

Bild 162
Ausmessen des Axialspiels (B) der Pumpenräder bei einer Pumpe mit Kettenantrieb (nicht mehr als ca. 0,085 mm).

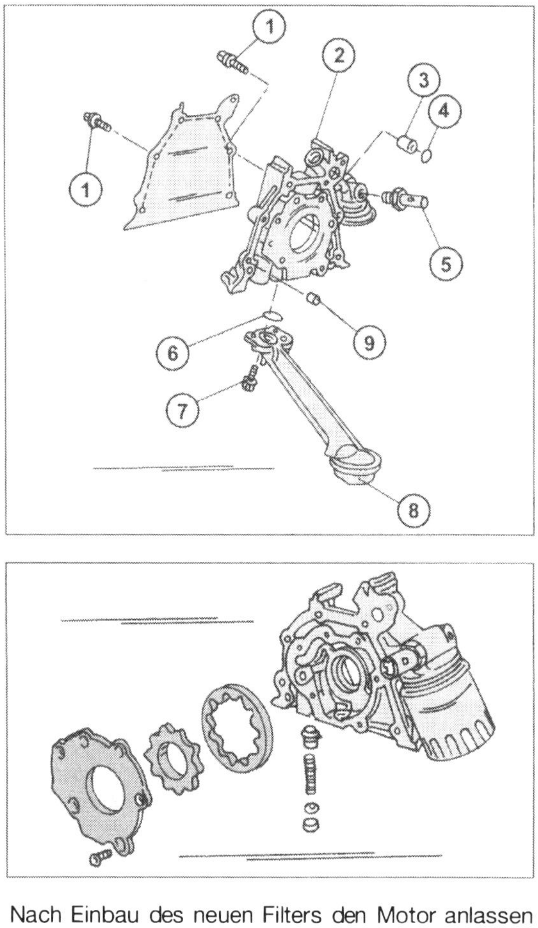

Bild 163
Die Teile der Ölpumpe des 1.1-Liter-Motors. In der unteren Ansicht die zerlegte Ölpumpe. Die Pumpe nur zur Überprüfung zerlegen. Sie kann nicht repariert werden.

1 Schraube
2 Ölpumpe
3 Passhülse
4 Dichtring
5 Öldruckschalter
6 „0"-Dichtring
7 Schraube für Ölansaugrohr
8 Ölansaugrohr
9 Passhülse

Nach Einbau des neuen Filters den Motor anlassen und auf Betriebstemperatur bringen. Die Filteranschlussstelle auf eine öldichte Verbindung überprüfen.

3.5 Öldruck überprüfen

Falls ein geeignetes Anschlussstück zur Verfügung steht, welches man mit einem Manometer in die Bohrung für den Öldruckschalter einschrauben kann, lässt sich der Öldruck bei laufendem Motor kontrollieren. Der Gewindedurchmesser ist nicht bei allen Motoren gleich. Motor laufen lassen, bis eine Temperatur von 80°C erhalten wird, d.h. das Fernthermometer zeigt einen betriebswarmen Motor an.

- Motor abstellen, den Öldruckschalter abklemmen und herausdrehen. Der Schalter befindet sich im Zylinderblock.
- Anschlussstück einschrauben und das Manometer anschließen. Bild 165 zeigt, wo man den Druckmesser anschließt im Fall eines Dieselmotors.
- Den Motor anlassen und im Leerlauf laufen lassen. Die Anzeige am Manometer sollte 0,8 bar bei einem 1.1-Liter-Motor bzw. 1,0 bar bei einem 1.4-Liter-Motor oder 1,2 bar bei einem Dieselmotor betragen.
- Die Drehzahl beim 1.4-Liter-Motor und einem Dieselmotor auf 3000/min erhöhen (4000/min beim 1.1-Liter-Motor) erhöhen und kontrollieren, ob der Öldruck auf 3,5 bar beim 1.1-Liter-Motor, 3,0 bar beim 1.4-Liter-Motor bzw. 3,5 bar beim Dieselmotor ansteigt. Falls der Motor längere Zeit in Betrieb war, ist es möglich, dass der Öldruck im Leerlauf etwas weniger beträgt.
- Das Manometer abschließen und den Öldruckschalter wieder mit der Kupferscheibe einschrauben. Den Schalter mit 20 Nm anziehen.

3.6 Ölkühler

Alle Dieselmotoren haben einen Ölkühler zwischen dem Ölfilter und dem Zylinderblock, welcher durch das Kühlmittel der Kühlanlage umspült wird. Nach Ablassen der Kühlanlage und Abschließen der am Ölkühler angeschlossenen Schläuche kann der Ölkühler unter Bezug auf Bild 166 ausgebaut werden. Dazu einen Schlüssel am Sechskant des Verbindungsstücks (2) ansetzen. Der Einbau findet in umgekehrter Reihenfolge statt. Untergelegte Dichtringe immer erneuern.

3.7 Störungen in der Motorschmierung

- Die einzigen Probleme in der Motorschmierung liegen in überhöhtem Ölverbrauch, niedrigem Öldruck oder Erhellung oder Nichtausschalten der Öldruckkontrollleuchte.
- Erhöhter Ölverbrauch kann durch verschlissene Zylinder, Kolben und/oder Kolbenringe, verschlissene Ventilführungen oder Ventilführungsdichtringe, oder undichte Kurbelwellendichtringe oder leckende Dichtungen an anderen Stellen des Motors hervorgerufen

werden. In den meisten Fällen bedeutet dies, dass eine Zerlegung des Motors fällig ist, um die Schaden zu beheben.

- Niedriger Öldruck kann durch den Öldruckschalter oder dessen Verkabelung, ein schadhaftes Ölüberdruckventil, niedrigen Ölstand, ein verstopftes Ölansaugsieb im Kurbelgehäuse, eine defekte Ölpumpe oder beschädigte Haupt- oder Pleuellager verursacht werden. In den meisten Fällen folgert, dass man den Ölstand als Erstes kontrolliert. Alle anderen Schäden ziehen eine Zerlegung des Motors nach sich.
- Um nochmals zu wiederholen: Falls die Öldruckkontrollleuchte nicht sofort abschaltet, den Motor SOFORT abschalten. Nicht erst warten, ob das Erlöschen etwas später stattfindet. Verzögerung könnte zum sofortigen Festfressen des Kurbeltriebs führen.
- In Autozubehörgeschäften gibt es bestimmte Mittel, die man durch die Kerzenbohrungen in die Zylinder einfüllen kann. Diese bilden bei richtigem Gebrauch eine „zweite Haut" auf den Zylinderbohrungen und werden den Ölverbrauch etwas eindämmen, falls dieser durch heftigen Verschleiß der Bohrungen zustande gekommen ist. Wir möchten Ihnen jedoch raten, dass Sie derartige Probleme vorher mit Ihrem Werkstattfachmann besprechen.

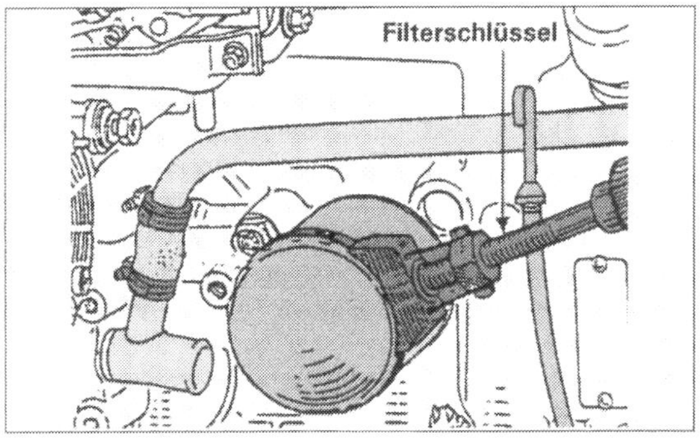

Bild 164
Verwendung eines Spannbandes zum Ausbau des Ölfilters. Dazu kann man auch einen anderen Filterschlüssel benutzen.

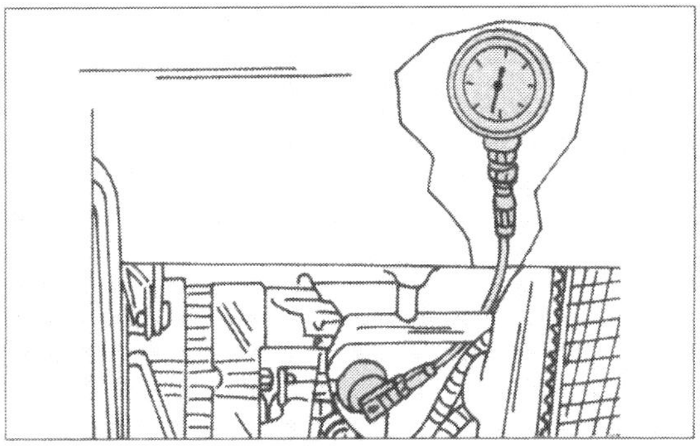

Bild 165
Anschlussweise des Öldruckmessers am Beispiel des Dieselmotors.

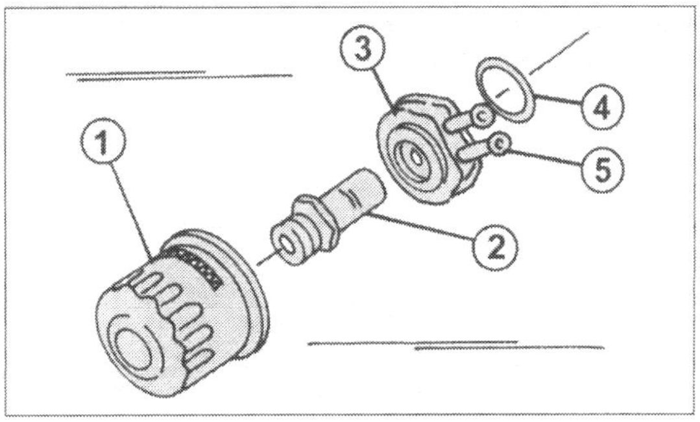

Bild 166
Die Teile des Ölkühlers (Dieselmotor).
1 Ölfilter
2 Verbindungsstück
3 Ölkühler
4 Dichtring
5 Anschlussstücke für Kühlmittelschläuche

4 Die Kühlanlage

Bei der Verbrennung des Kraftstoff/Luft-Gemisches wird es dem Motor ausgesprochen warm. Denn außer der Kraft für die Fortbewegung entsteht Wärme, und das nicht wenig: $^1/_4$ Kraft, $^3/_4$ Wärme. Diese Wärme gilt es über das Kühlmittel abzuführen. Um Gewicht zu sparen und damit der Motor schnell auf die Betriebstemperatur kommt, ist die Kühlmittelmenge recht klein.

Das Kühlmittel wird ständig von der Wasserpumpe vorn am Motor durch die Kanäle und Schläuche gepumpt. Angetrieben wird die Wasserpumpe durch den Zahnriemen der Steuerung beim 1.1-Liter- und 1.4-Liter-Motor oder durch den Keilriemen der Aggregate im Fall des Dieselmotors.

Geregelt wird das Kühlsystem vom Thermostat. Er hat im so genannten Thermostatgehäuse seinen Platz. Je nach erforderlicher Kühlleistung wird der Kühlmitteldurchfluss durch den Kühler vom Thermostat gesteuert. Man unterscheidet Warmlaufphase (Kühlmittelweg durch den Kühler gesperrt), Normalbetrieb (unterschiedlicher Durchfluss des Kühlers) und Maximalkühlung (das gesamte Kühlmittel muss durch den Kühler).

Um die Abkühlung des Kühlmittels beim Durchfluss durch den Kühler noch zu verbessern, sitzt hinter dem Kühler ein großer Lüfterflügel (bei allen Motoren). Dieser unterstützt den Fahrtwind, indem er zusätzlich kräftig Luft durch den Kühler saugt. Der Lüfter aller Motoren wird elektrisch betrieben. Um nicht unnötig Motorleistung zu verbrauchen, wird der Lüfter nur dann zugeschaltet, wenn es wirklich erforderlich ist. Falls die Temperatur des Kühlmittels bei einem Benzinmotor mehr als 99°C beträgt, wird der Lüfter automatisch durch das Steuergerät der Einspritzanlage zugeschaltet.

Ihr Renault besitzt ein Kühlsystem mit separatem Ausgleichsbehälter rechts im Motorraum, welcher die Form einer Flasche hat. Durch die Ausgleichsleitung unten am Behälter wird entweder Kühlmittel abgesaugt oder zurückgedrückt; je nach dem Kühlmittel-Volumen im restlichen System. Die obere Leitung ist die Entlüftungsleitung. Das Kühlsystem entlüftet sich nicht selbstständig. Aus diesem Grund sind an bestimmten Stellen Entlüftungsschrauben in die Anlage eingesetzt, welche beim Auffüllen der Kühlanlage geöffnet werden müssen. Der Verschlussdeckel auf dem Ausgleichsbehälter regelt den Druck im Kühlsystem.

Die Anlage ist mit Frostschutzmittel gefüllt, je nach Motor sind die Füllmengen der Anlage unterschiedlich.

1.1-Liter-Motor = 5,0 Liter
1.4-Liter-Motor = 6,0 Liter
Dieselmotoren = 7,5 Liter

Die Wasserpumpe ist am Kurbelgehäuse angeschraubt und wird mit einen „O"-Dichtring oder mit Dichtungsmasse abgedichtet und mit vier Schrauben gehalten. Die Wasserpumpe sollte nicht zerlegt werden.

Bilder 167 bis 170 zeigen die Kühlmitteldiagramme der in Frage kommenden Motoren.

Hinweis: Der Öffnungsdruck der Verschlusskappe des Ausgleichsbehälters ist bei allen Motoren gleich. Der Druck ist auf 1,2 bar kalkuliert (Kunststoffventil von brauner Farbe). Öffnungsdrücke werden manchmal geändert. Eine Zahl (z.B. 12) ist in den Deckel eingestanzt um dies anzuzeigen. Immer einen Deckel mit der gleichen Zahl verwenden, falls er einmal erneuert werden muss.

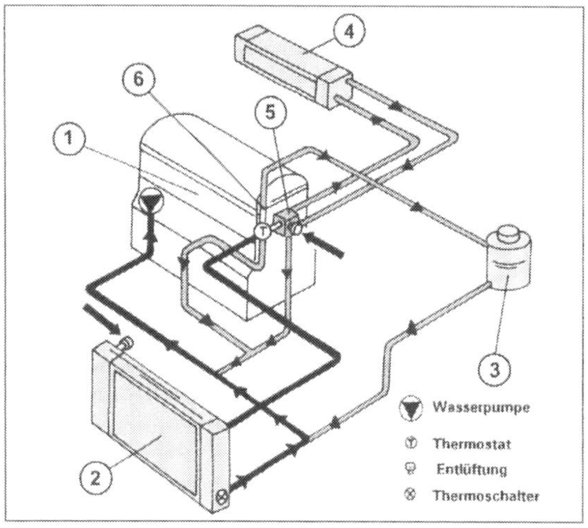

Bild 167
Der Kühlmittelkreis beim 1.1-Liter-Motor. Die drei Symbole zeigen wo Wasserpumpe, der Thermostat und die Entlüftungsschraube für das Kühlmittel gefunden werden können.
1 Motor
2 Kühler
3 Ausgleichsbehälter
4 Heizungskühler
5 3-mm-Drosselstelle

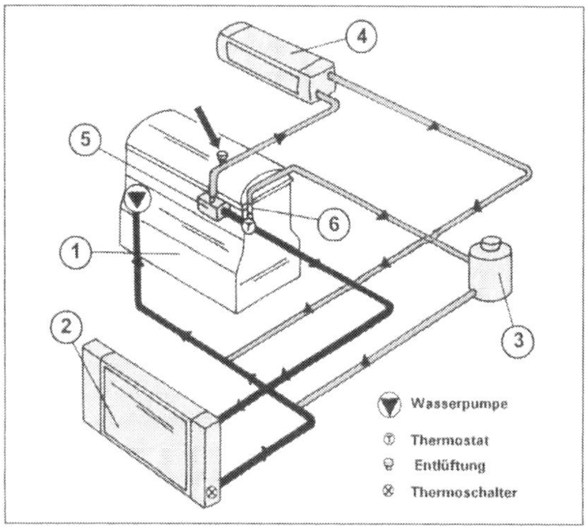

Bild 168
Der Kühlmittelkreis des 1.4-Liter-Motors. Die vier Symbole zeigen wo Wasserpumpe, der Thermostat, die Entlüftungsschraube und der Temperaturschalter gefunden werden können.
1 Zylinderblock
2 Kühler
3 Ausgleichsbehälter
4 Heizungskühler
5 Thermostatgehäuse
6 3-mm-Drosselstelle

Der Thermostat

Dieser temperaturabhängige Regler steuert den Strom des Kühlmittels.

Eine mit Wachs gefüllte Buchse und eine Feder sorgen dafür, dass sich die beiden Ventilplatten am Thermostat wunschgemäß bewegen. Der Thermostat regelt die Temperatur des Kühlmittels in zwei Phasen:

Warmlaufphase: Das Hauptventil am Thermostat versperrt den Weg zum Kühler. Das Kurzschlussventil auf der anderen Seite lässt Kühlmittel gleich wieder zur Wasserpumpe strömen. Von dort gelangt es wieder in den Motor. Dieser so genannte „Kleine Kreislauf" dient dem möglichst schnellen Erwärmen von Motor und Heizung.

Normalbetrieb: Der Durchfluss durch den Kühler wird teilweise freigegeben, und der direkte Weg zur Wasserpumpe bleibt mehr oder weniger weit geöffnet. So wird bewirkt, dass sich kalte Flüssigkeit vom Kühler etwas mit warmem Kühlmittel vermischt, bevor es in den Motor gepumpt wird. Ein Kälteschock für den Motor wird verhindert.

Maximale Kühlung: Das Hauptventil ist ganz geöffnet, das Kurzschlussventil voll geschlossen. Das gesamte Kühlmittel durchströmt den Kühler.

4.1 Kühlmittel

4.1.1 Ablassen und Auffüllen der Kühlanlage

Ratgeber: Den Verschlussdeckel auf dem Ausgleichsbehälter (Dehngefäß) nur bei einer Kühlmittel-Temperatur unter 90°C öffnen. Zuerst den Druckabbau abwarten und dann den Deckel vollends abnehmen.

Zum Ergänzen kleiner Kühlmittelverluste normales Wasser verwenden. Mit völlig kalkfreiem Wasser, Regenwasser, destilliertem oder entsalztem Wasser tun Sie der Kühlanlage keinen Gefallen, weil diese Wasserarten korrosiver wirken.
Falls Sie unterwegs erhebliche Wassermengen aus dem Kühlsystem verloren haben, soll bei heißer Maschine kein kaltes Wasser nachgegossen werden, denn der Zylinderkopf kann sich verziehen oder gar Spannungsrisse bekommen. Kleinere Wassermengen dürfen aber auch bei warmem Motor nachgegossen werden.

Das Kühlmittel des Motors sollte alle 60 000 km auf jeden Fall erneuert werden.

- Ablassstopfen im Zylinderblock herausdrehen und den unteren Wasserschlauch vom Kühler abschließen. Das Frostschutzmittel in der Anlage kann durch Unterstellen eines Behälters aufgefangen werden. Die Arbeiten jedoch im Freien durchführen und auslaufendes Kühlmittel umweltfreundlich entsorgen.
- Falls das Frostschutzmittel lange in der Anlage war, diese durchspülen. Dazu den Verschluss des Kühlwasserbehälters abschrauben und einen Wasserschlauch in die Öffnung einhängen. Das Wasser durchlaufen lassen, bis es klar aus den Öffnungen für die Stopfen oder aus dem unteren Kühlerstutzen herausläuft.
- Frostschutzmittel entsprechend den zu erwartenden Temperaturen zusammenmischen. Eine Mischung von 35% Frostschutz und 65% Wasser eignet sich für normale Temperaturen unter Null (bis ca. -23°C). 50% Frostschutz und 50% Wasser schützt die Kühlanlage bis auf –40°C. Beim Kauf des Frostschutzmittels muss man angeben, dass es sich um einen Motor mit Aluminiumteilen handelt.

Beim Auffüllen der Kühlanlage folgendermaßen vorgehen:

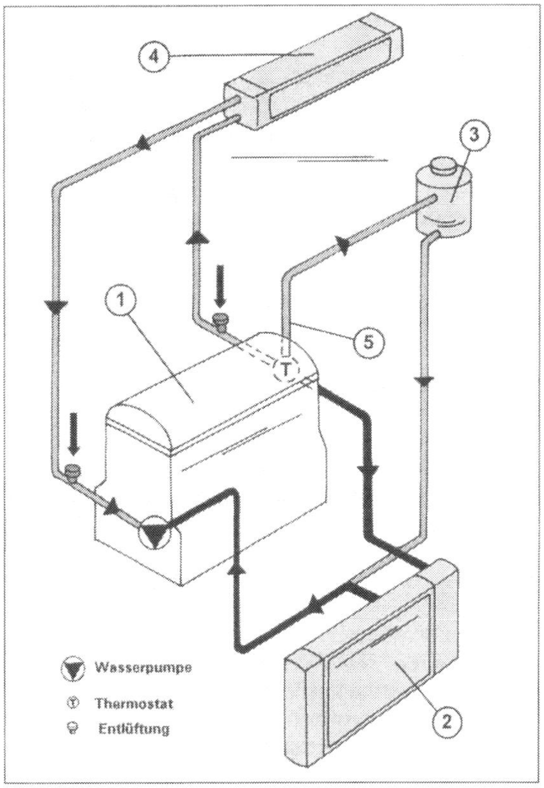

Bild 169
Der Kühlmittelkreis des Dieselmotors (F8Q). Die vier Symbole zeigen wo Wasserpumpe, der Thermostat, die Entlüftungsschraube und der Temperaturschalter gefunden werden können.
1 Zylinderblock
2 Kühler
3 Ausgleichsbehälter
4 Heizungskühler
5 3-mm-Drosselstelle

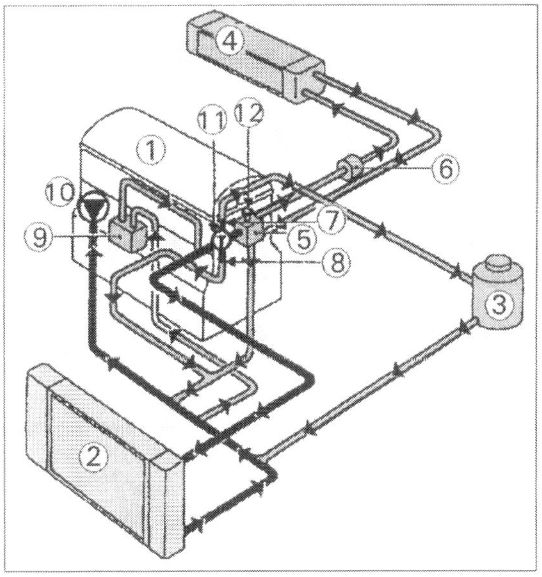

Bild 170
Der Kühlmittelkreis des Dieselmotors (F9Q).
1 Motor
2 Kühler
3 Ausgleichsbehälter
4 Heizungskühler
5 Thermostatgehäuse
6 Kühlmittelheizung
7 Drosselstelle, 3 mm
8 Drosselstelle, 6 mm
9 Ölkühler
10 Wasserpumpe
11 Thermostat
12 Entlüftungsschraube

- Den Ablassstopfen wieder einschrauben und den Kühlerschlauch anschließen. Unbedingt eine gute Abdichtung herstellen.
- Die Entlüftungsschraube oder Schrauben öffnen (zwecks Lage siehe Bilder 167 bis 170, in der Heizungsleitung, beim Diesel ebenfalls in einer Ecke des Kühlers).
- Die Kühlanlage durch die Öffnung des Ausgleichsbehälters füllen. Die Entlüftungsschraube(n) sofort schließen, wenn man sehen kann, dass Flüssigkeit ohne Luftblasen ausläuft. Das Dehngefäß danach bis zur oberen Marke füllen.
- Den Motor anlassen und mit einer Drehzahl von 2500/min laufen lassen. Den Kühlmittelstand auf die

„Maxi“-Marke am Dehngefäß bringen und die Kappe aufschrauben.

- Um ein vorschriftsmäßiges Entlüften der Kühlanlage zu gewährleisten, lässt man den Motor 10 Minuten lang mit einer Drehzahl von 2500/min laufen, bis der Lüfter oder die Lüfter automatisch einschaltet(n). Kontrollieren, dass der Kühlmittelstand stimmt. Andernfalls berichtigen. Beim Öffnen der Verschlusskappe jedoch mit Vorsicht vorgehen.
- Den Verschlussdeckel des Ausgleichsbehälters bei warmen Motor aufschrauben.

4.1.2 Frostschutzmittel

Die Kühlanlage wird werkseitig mit Frostschutzmittel gefüllt und dieses sollte während des ganzen Jahres in der Anlage gelassen werden. Falls Frostschutzmittel gemischt wird, sind die Mischungsverhältnisse zwischen Frostschutz und Wasser zu beachten. Wir empfehlen, das von Renault gehandelte Frostschutzmittel „Glaceol AL“ zu verwenden, da dessen chemische Zusammensetzung speziell für den Motor hergestellt wurde. Die Mischungszusammensetzungen für die zu erwartenden Temperaturen wurden bereits in Kapitel 4.1.1 gegeben und sind entsprechend zu beachten. Nicht mit Frostschutzmittel sparen.

4.2 Kühler und Ventilator

4.2.1 Kühler – Aus- und Einbau

Der Aus- und Einbau des Kühlers geschieht bei allen Fahrzeugen in ähnlicher Weise. In Bild 171 ist eine Ansicht eines eingebauten Kühlers zusammen mit den verschiedenen Verkleidungen gezeigt.

- Batterie abklemmen.
- Kühlanlage ablassen (Kapitel 4.1).
- Kühlwasser- und Heizungsschläuche vom Kühler abschließen.
- Die elektrischen Kabel vom Motor für den Kühlungsventilator und dem Thermoschalter an der Unterseite des Kühlers abklemmen.
- Befestigungsmuttern des Kühlers entfernen und den Kühler zur Innenseite des Motorraums drücken und herausheben. Darauf achten, dass der Kühlerwabenblock dabei nicht beschädigt wird. Alle Befestigungsteile abnehmen.
- Falls der Kühler ausgetauscht werden soll, den Kühlungsventilator und den Thermoschalter vom alten Kühler abmontieren. Alle in Bild 171 gezeigten Teile vom alten auf den neuen Kühler umrüsten.

Der Einbau geschieht in umgekehrter Reihenfolge wie der Ausbau. Die Kühlanlage auffüllen, wie es in Kapitel 4.1 beschrieben wurde.

4.2.2 Kühlerverschlusskappe und Kühler prüfen

Die Kühlanlage arbeitet unter Druck. Der Verschlussdeckel des Dehngefäßes (Ausgleichsbehälters) ist mit einem Ventil versehen, welches so ausgewählt ist, dass es öffnet, wenn der Druck auf 1,2 bar ansteigt (siehe Hinweis in der Einleitung dieses Abschnitts). Aufgrund der Ausdehnung des Kühlmittels führt der zusätzliche Druck zur Erhöhung des Siedepunktes.
Zum Prüfen der Verschlusskappe ist eine Kühlerprüfpumpe erforderlich. Die Pumpe auf die Kappe schrauben und sie betätigen, bis das Ventil öffnet. Dies sollte innerhalb des angegebenen Drucks stattfinden. Falls dies nicht der Fall ist, muss die Verschraubung erneuert werden.
Mit der gleichen Abdrückpumpe kann die Kühlanlage in gleicher Weise auf Leckstellen kontrolliert werden, indem man die Pumpe am Dehngefäß anbringt. Wie Bild 172 zeigt, können zwei verschiedene Dehngefäße je nach eingebautem Motor eingebaut sein. Den Druck auf ca. 1,0 bar bringen und kontrollieren, dass der Druckmesser diesen Druck mindestens 2 Minuten lang hält. Falls dies nicht der Fall ist, befindet sich eine Leckstelle in der Kühlanlage, welche durch den im Kühler befindlichen Druck leichter herauszufinden

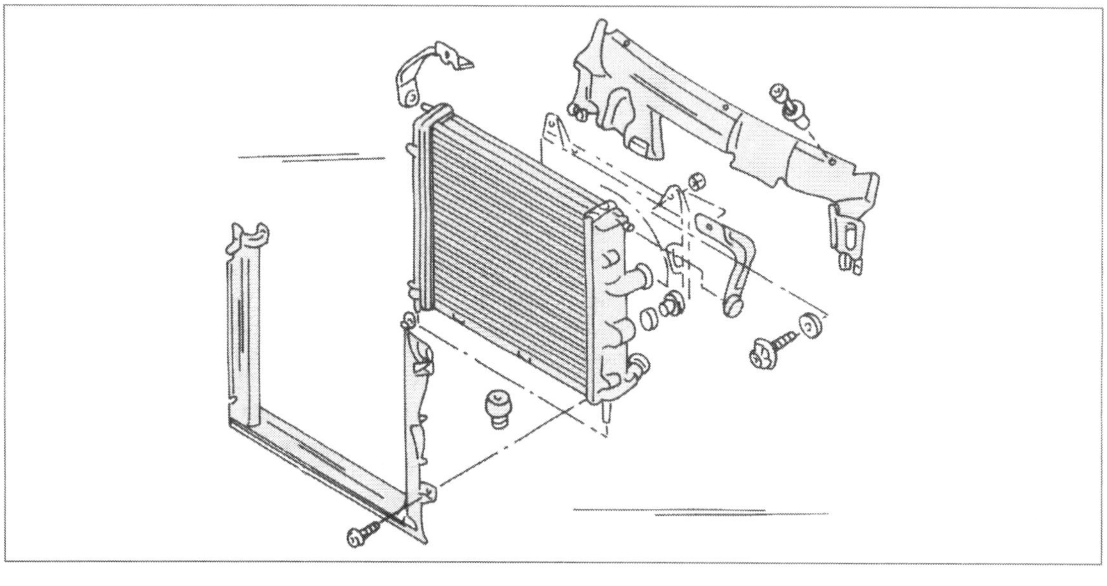

Bild 171
Der eingebaute Kühler zusammen mit den damit verbundenen Teilen.

ist (Auslaufen von Kühlmittel an der Leckstelle). Steht das Fahrzeug auf einer trockenen Stelle, kann man die Tropfstelle sehen.

4.2.3 Aus- und Einbau des Kühlungsventilators

- Batterie abklemmen.
- Den Verbindungsstecker von der Klemme des Ventilatormotors abziehen.
- Die Befestigungsmuttern der Ventilatorverkleidung vom Kühler abschrauben (zwei oben und zwei unten) und die Verkleidung mit dem Motor herausheben.

Der Einbau geschieht in umgekehrter Reihenfolge wie der Ausbau. Nach dem Einbau die Arbeitsweise des Ventilators kontrollieren. Der Ventilator muss einschalten, nachdem der Motor warmgelaufen ist.

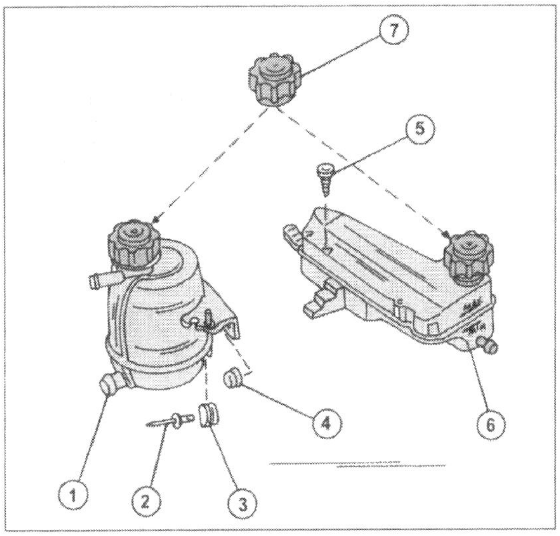

Bild 172
Der eingebaute Ausgleichsbehälter kann eines der beiden Aussehen haben und ist auch in unterschiedlicher Weise befestigt.
1 Ausgleichsbehälter
2 Befestigungsstift
3 Gummitülle
4 Gummitülle
5 Schraube
6 Ausgleichsbehälter
7 Verschlusskappe

4.2.4 Temperaturschalter

Die Temperaturschalter können nicht eingestellt oder repariert werden. Der Schalter ist in das Gehäuse der Wasserpumpe oder in die Unterseite des Kühlers eingeschraubt.
Die Funktion eines Temperaturschalters kann kontrolliert werden, indem man ihn in Wasser einhängt, welches langsam erwärmt wird. Ein Thermometer muss ebenfalls verwendet werden. Eine Prüflampe im Kreis mit einer Batterie an den beiden Schalterklemmen anschließen und das Fühlerende des Schalters in das Wasser halten. Bild 173 zeigt die Kontrolle des Schalters.
Kontrollieren, dass die Prüflampe bei einer Temperatur von ca. 88°C aufleuchtet. Das Wasser danach abkühlen lassen und kontrollieren, ob die Prüflampe bei einer Temperatur von ca. 79°C wieder schließt. Dies sind Mittelwerte, die Ihnen aber einen kurzen Überblick über die Arbeitsweise gestatten.

4.3 Die Wasserpumpe

Die Wasserpumpe kann nicht repariert werden. Falls eine Pumpe nicht mehr einwandfrei fördert oder Leckstellen sichtbar sind, muss eine neue Pumpe eingebaut werden. Der Steuerriemen muss ausgebaut werden, um die Wasserpumpe eines 1.1- oder 1.4-Liter-Motors auszubauen. Nach Ausbau der Teile kann die Pumpe abgeschraubt werden.
Folgend sind noch einige Hinweise über den Ausbau bei den einzelnen Motoren gegeben:

1.1-Liter-Motor
- Den Zahnriemen der Steuerung ausbauen, wie es für diesen Motor beschrieben wurde.
- Falls eine Servolenkung eingebaut ist, die Riemenscheibe der Lenkhilfspumpe abschrauben.
- Die obere Befestigungsschraube der Drehstromlichtmaschine lösen und entfernen und die untere Schraube lockern.
- Die Schrauben der Befestigung der Leitung für die Servolenkung an der Seite des Zylinderblocks lösen und entfernen.
- Die Lenkhilfspumpe von der Konsole abschrauben. Die Flüssigkeitsleitung dabei auf eine Seite drücken. Die Montagekonsole der Pumpe danach abschrauben.
- An der Wasserpumpe angeschlossenen Schlauch abschließen.
- Die Spannrolle für den Zahnriemen abschrauben und danach die Pumpe entfernen. Bild 174 zeigt in der oberen Ansicht wie die Pumpe mit der Spannrolle befestigt ist. Die Pumpe selbst kann nur in die in der unteren Ansicht gezeigten Teile zerlegt werden.

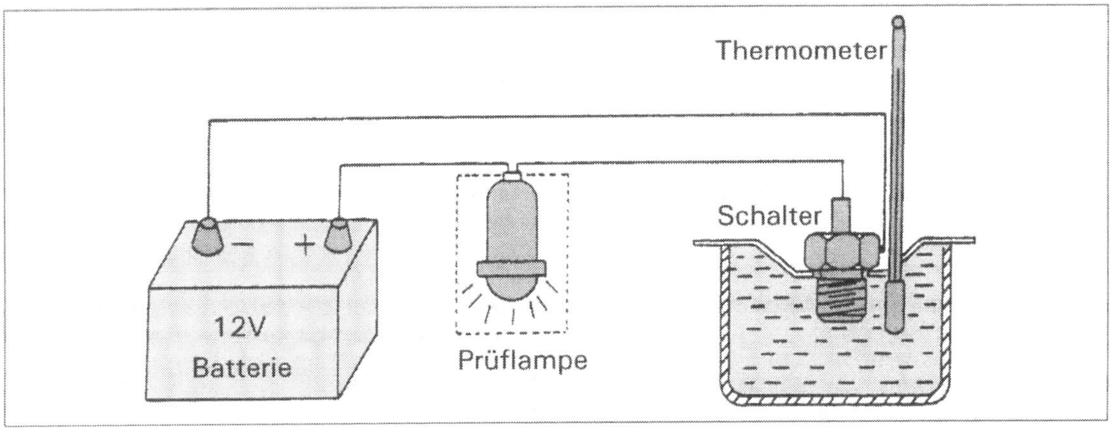

Bild 173
Stromkreis zur Kontrolle eines Temperaturschalters.

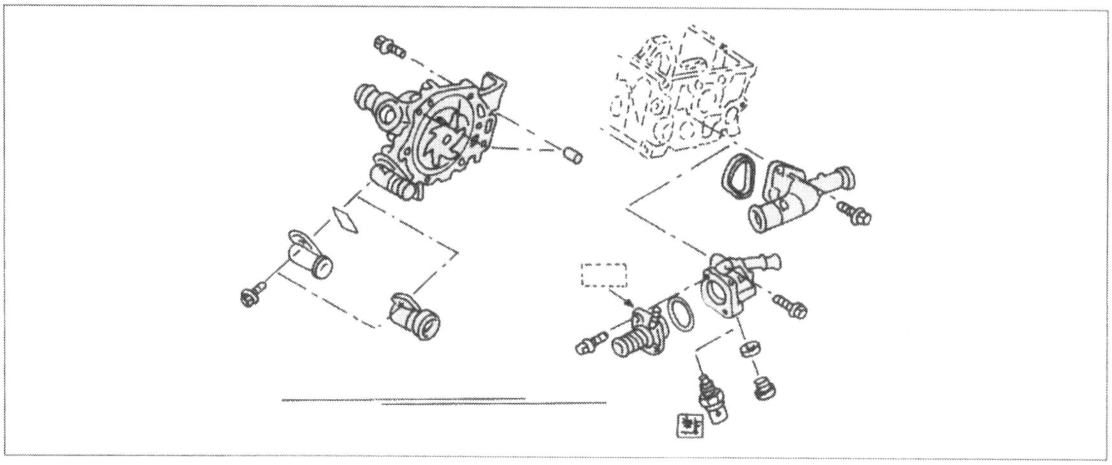

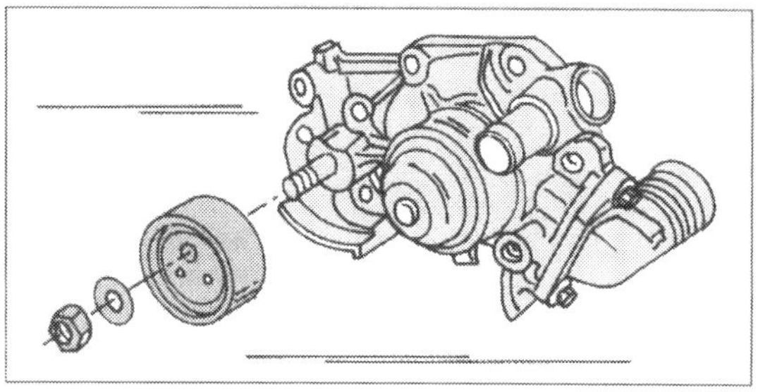

Bild 174
Die Wasserpumpe sowie die Spannrolle für den Zahnriemen werden zusammen ausgebaut. In der unteren Ansicht sind die an der Pumpe angebrachten Teile zu sehen.

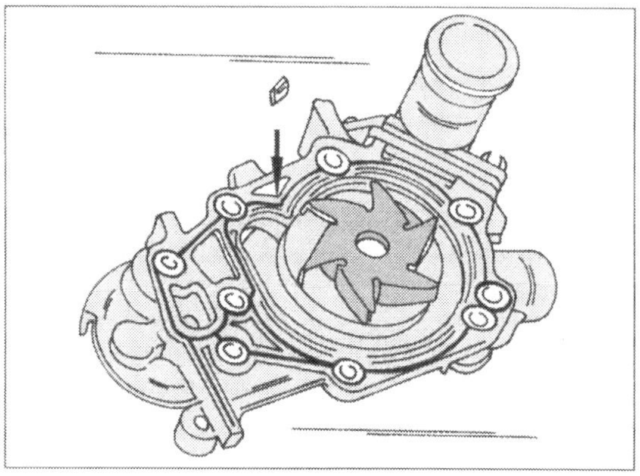

Bild 175
Die Dichtfläche der Wasserpumpe in der gezeigten Weise mit einer Wulst Dichtungsmasse versehen, ehe sie wieder angeschraubt wird (1.1-Liter).

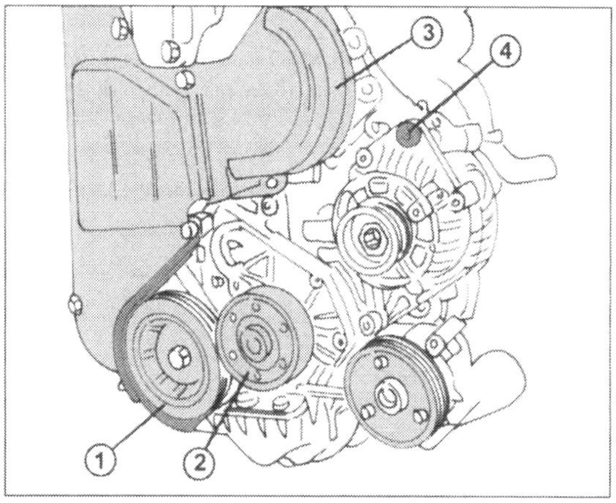

Bild 176
Einzelheiten zum Aus- und Einbau der Wasserpumpe beim Dieselmotor.
1 Kurbelwellenriemenscheibe
2 Riemenscheibe der Wasserpumpe
3 Abdeckung der Einspritzpumpe
4 Schraube der Drehstromlichtmaschine

Beim Reinigen der Pumpenfläche nicht die Oberfläche zerkratzen (Aluminium).
Die Wasserpumpe dieses Motors wird mit Dichtungsmasse eingestrichen (in der Werkstatt wird Rhodorseal 5661 benutzt). Dabei eine Wulst Dichtungsmasse entsprechend Bild 175 auf die Fläche der Pumpe auftragen. Falls der Stutzen an der Seite der Pumpe abgeschraubt wurde, muss er beim Einbau mit Dichtungsmasse „Loctite 518" eingeschmiert werden. Der Zahnriemen muss danach eingebaut und eingestellt werden, wie es weiter vorn für diesen Motor beschrieben wurde.
Den Antriebsriemen montieren und einstellen, wie es untenstehend beschrieben ist.
Die folgenden Anzugsdrehmomente sind zu beachten, die auch beim Einbau des Zahnriemens gelten:

Riemenscheibe der Kurbelwelle	20 Nm + 90°
Schraube der rechten Motoraufhängung an Motor	62 Nm
Schraube der rechten Motoraufhängung an Karosserie	62 Nm
Mutter der Zahnriemenspannrolle	50 Nm
Schrauben der Wasserpumpe	10 Nm

Dieselmotor

- Fahrzeug vorn auf sichere Unterstellböcke setzen.
- Massekabel der Batterie abklemmen.
- Kühlanlage durch Abschließen des unteren Kühlmittelschlauchs ablassen. Kühlmittel umweltfreundlich auffangen.
- Motor in geeigneter Weise aus den Aufhängungen heben, die aus Kunststoff hergestellte Abdeckung der Motoraufhängung abschrauben und die das Oberteil der Motoraufhängung ausbauen (4 Befestigungsstellen).
- Die Verkleidung in der Innenseite des rechten Radkastens ausbauen.
- Spannvorrichtung für den Antriebsriemen von Wasserpumpe und Drehstromlichtmaschine lockern und den Riemen abnehmen.
- Unter Bezug auf Bild 176: die Riemenscheibe der Kurbelwelle (1) ausbauen, die Riemenscheibe der Wasserpumpe (2) abschrauben (den Motor dazu so weit wie möglich mit dem Hebezeug absenken), die Abdeckung der Einspritzpumpe (3) entfernen, die Schraube (4) lösen und die Drehstromlichtmaschine nach rechts drehen.
- Die Pumpe vom Zylinderblock abschrauben. Bild 177 zeigt die Befestigungsstellen. Eine festsitzende Pumpe könnte am Block festkleben und kann mit einem Kunststoffhammer abgeschlagen werden. Sofort die Dichtflächen von Pumpe und Block reinigen

(Pumpenfläche nur bei Wiederverwendung). Die Fläche des Aluminiumgehäuses dabei nicht zerkratzen.
Der Einbau der Pumpe geschieht in umgekehrter Reihenfolge wie der Ausbau. Die Dichtung trocken auflegen. Dichtungsmasse darf nicht verwendet werden.
Die Spannung des Antriebsriemens einstellen wie es weiter unten beschrieben ist. Kühlanlage auffüllen, wie es bereits beschrieben wurde.
Die folgenden Anzugsdrehmomente sind zu beachten:

Wasserpumpenschrauben	16 Nm
Schrauben der Wasserpumpenriemenscheibe	20 Nm
Schraube der Kurbelwellenriemenscheibe	20° + 115°

1.4-Liter-Motor

- Fahrzeug vorn auf Böcke setzen und das Massekabel der Batterie abklemmen.
- Kühlanlage ablassen (Kapitel 4.1.1).
- Zahnriemen der Steuerung ausbauen, wie es für diesen Motor beschrieben wurde und die Spannrolle des Zahnriemens abschrauben.
- Die Wasserpumpe abschrauben und nach oben zu herausnehmen.

Die Wasserpumpe dieses Motors wird mit Dichtungsmasse eingestrichen (Loctite 518), wie es in Bild 79 gezeigt ist, jedoch darauf achten, dass die Wulst der Dichtungsmasse nicht weiter als 1,0 mm wird. Der Zahnriemen muss danach eingebaut und eingestellt werden, wie es weiter vorn beschrieben wurde.
Die Keilriemenspannung einstellen, wie es untenstehend beschrieben ist.
Die folgenden Anzugsdrehmomente sind zu beachten, die auch beim Einbau des Zahnriemens gelten:

Mutter der Zahnriemenspannrolle	50 Nm
Schraube der Kurbelwellenriemenscheibe	20 Nm + 68°
Schraube der Abdeckung der Motoraufhängung	62 Nm
Mutter der Abdeckung der Motoraufhängung	44 Nm
Schrauben der Wasserpumpe	22 Nm
Mutter der Wasserpumpe	10 Nm
Radbolzen	90 Nm

4.4 Keilriemen spannen

Da der Riemen der Drehstromlichtmaschine nach Ausbau der Wasserpumpe gespannt werden muss, wird auch dieser Riemen in diesem Kapitel behandelt.
Bei eingebauter Servolenkung ist ein einzelner Riemen zwischen Kurbelwellenriemenscheibe und Riemenscheibe der Lenkhilfspumpe eingebaut. Dieser Riemen ist in Abschnitt „Lenkung" behandelt.
Die Spannung des Riemens wird immer in der Mitte seiner längsten Laufstrecke kontrolliert. Renault-Werkstätten benutzen ein Spezialwerkzeug zur Kontrolle der Keilriemenspannung, jedoch ist es möglich, dass man die Kontrolle ohne dieses Werkzeug durchführt.

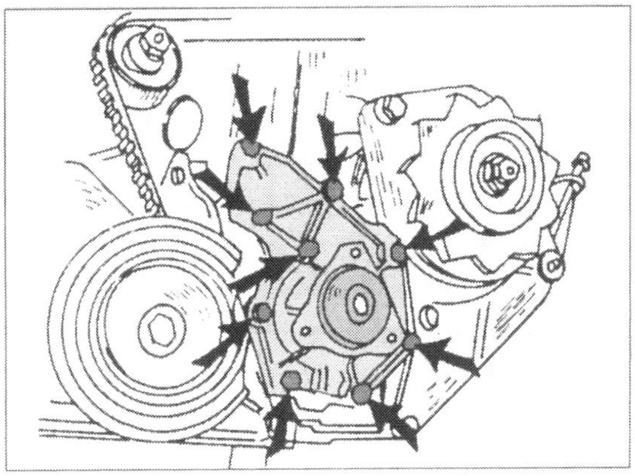

Bild 177
Die Wasserpumpe des Dieselmotors im eingebauten Zustand. Die Pfeile weisen auf die Befestigungsschrauben.

1.4-Liter-Motor

Zu beachten ist, dass der Keilriemen, ein so genannter Keilrippenriemen, eine Innenverzahnung an der Innenseite besitzt, die außerdem eine unterschiedliche Anzahl von Zähnen (Rillen) hat. Der Riemen muss immer erneuert werden, falls er abgenutzt, eingeschnitten oder eingerissen ist oder Gummireste in den Riemenscheiben festgestellt werden können. Verölte Riemen müssen immer erneuert werden. Falls ein Riemen erneuert wird, müssen die Verzahnungen in den Innenseiten der Riemenscheiben immer gut gereinigt werden, um eine gute Mitnahme zu erzielen.
Zur genauen Einstellung ist ein Spannungsmessgerät erforderlich. Die folgende Beschreibung wird jedoch den Riemen ausreichend spannen. Sie können die Spannung in der Werkstatt nachprüfen lassen.

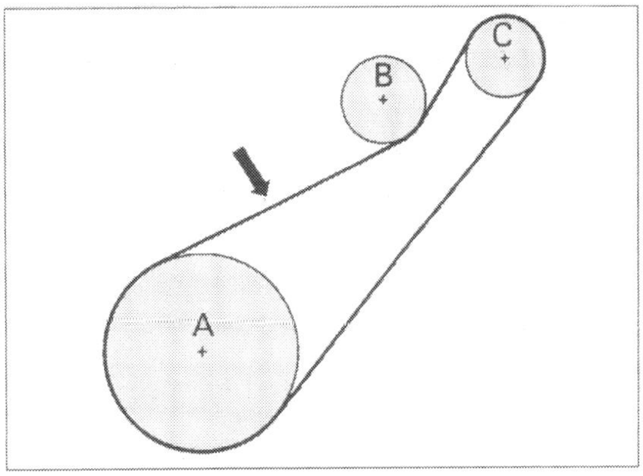

Bild 178
Kontrolle des Riemens der Drehstromlichtmaschine bei einem 1.4-Liter-Motor. Den Ausschlag an der Pfeilstelle kontrollieren.
A Kurbelwellenriemenscheibe
B Riemenspannrolle
C Drehstromlichtmaschine

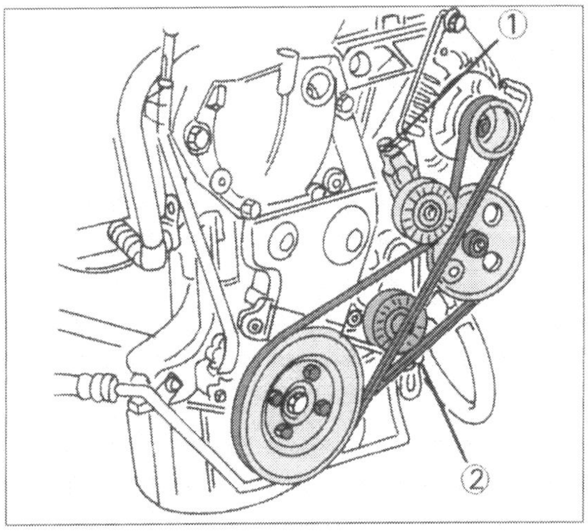

Bild 179
Zur Einstellung des Antriebsriemens beim 1.4-Liter-Motor die Schrauben/Muttern (1) lockern und die Lichtmaschine nach außen drücken, bis die Spannung hergestellt ist.

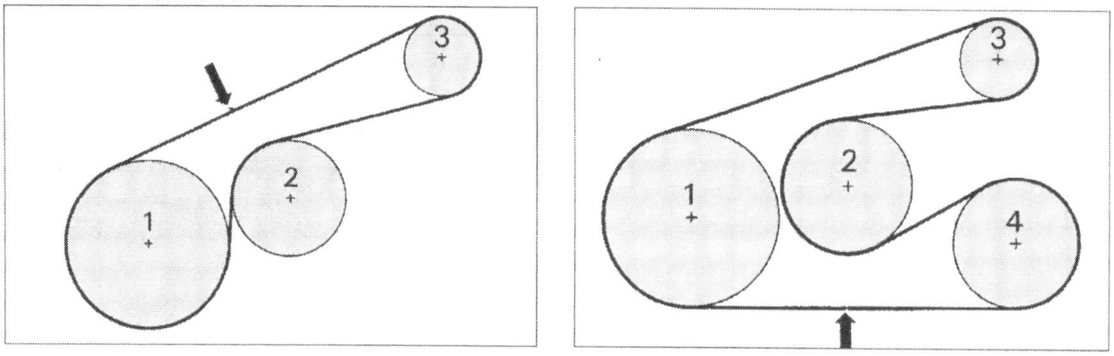

Bild 180
Verlegung des Antriebsriemens bei einem F8Q-Dieselmotor. Links für die Lichtmaschine, rechts für Lichtmaschine und Lenkhilfspumpe. Ein einteiliger Riemen wird verwendet.
1 Kurbelwellenriemenscheibe
2 Riemenspannrolle
3 Drehstromlichtmaschine
4 Riemenscheibe der Lenkhilfspumpe

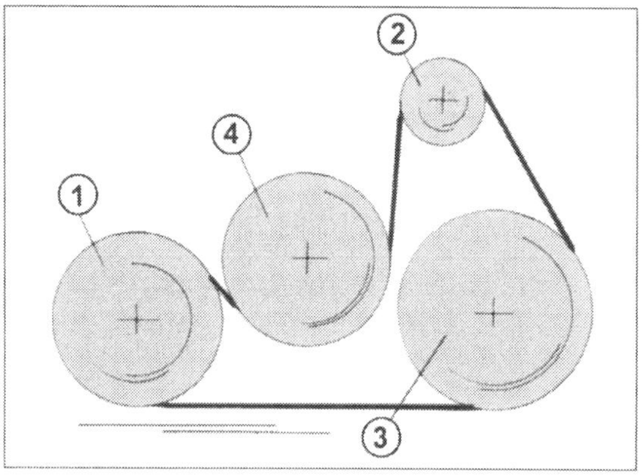

Bild 181
Die Verlegung des Antriebsriemens bei einem F9Q-Dieselmotor (Direkteinspritzung).
1 Riemenscheibe der Kurbelwelle
2 Riemenscheibe der Drehstromlichtmaschine
3 Riemenscheibe der Lenkhilfspumpe
4 Riemenscheibe der Wasserpumpe

Um die Spannung des Riemens der Drehstromlichtmaschine zu kontrollieren, den Riemen an der Pfeilstelle in Bild 178 und hin- und herbewegen. Bei einem kalten Motor sollte es möglich sein den Riemen um 3,2 mm zu bewegen. Keine Einstellung ist erforderlich, solange man den Riemen nicht mehr als 4,5 mm bewegen kann.
Bei der Einstellung folgendermaßen vorgehen:

- Die Befestigungsschrauben (1) und (2) in Bild 179 lockern und die Spannrolle auf den Riemen wirken lassen. Mutter(n) und Schraube(n) in dieser Stellung wieder anziehen.
- Die Riemenspannung erneut kontrollieren. Falls sie stimmt, alle Befestigungsschrauben nochmals festziehen.

Die Spannung des Riemens der Lenkhilfspumpe wird im betreffenden Kapitel behandelt.

Achtung: Es besteht die Vorschrift, dass man einen einmal ausgebauten Riemen nicht wieder einbauen soll. Denken Sie daran.

Dieselmotor – F8Q
Die Spannung des Antriebsriemens der Wasserpumpe wird an der in Bild 180 gezeigten Stelle kontrolliert. Wie aus der rechten Abbildung ersichtlich ist, dient ein einzelner Riemen bei diesem Motor ebenfalls zum Antrieb der Lenkhilfspumpe. Wiederum wird ein Gerät zur Messung der Spannung in der Werkstatt benutzt, um die Arbeit fachmännisch durchzuführen. Die folgenden Anweisungen können deshalb nur als provisorisch betrachtet werden.
Zur Kontrolle der Riemenspannung den Riemen an der gezeigten Stelle zwischen Daumen und Zeigefinger erfassen und mit gutem Druck hin- und herbewegen, um die allgemeine Spannung zu ermitteln. Danach mit gutem Daumendruck auf den Riemen drücken. Der Riemen sollte sich 2,5 bis 3,5 mm durchdrücken lassen, wenn der Motor kalt ist. Den Motor warm laufen lassen und kontrollieren, ob sich der Riemen jetzt 3,5 - 4,5 mm durchdrücken lässt. Eine Einstellung ist nicht erforderlich, solange sich der Riemen nicht um mehr als 5,0 mm durchdrücken lässt.
Zum Einstellen der Riemenspannung die Kontermutter des Spanners lockern und die Spannrolle verschieben, bis die Spannung erhalten ist. Danach die Rolle wieder anziehen.
Wie bei den oben genannten Motoren hat der Riemen eine Verzahnung. Die bereits oben gegebenen Hinweise gelten auch bei diesem Riemen.

Dieselmotor – F9Q – Direkteinspritzung
Die Verlegung des Antriebsriemens dieses Motors entspricht dem Diagramm in Bild 181. Drehstromlichtmaschine, Lenkhilfspumpe und Wasserpumpe werden durch den gleichen Rippenriemen angetrieben. Die Kontrolle der Spannung erfolgt an der Pfeilstelle.

1.1-Liter-Motor
Die Anordnung des Riemenantriebs bei eingebauter Servolenkung entspricht Bild 178 beim 1.4-Liter-Motor. Bei einem Fahrzeug ohne Servolenkung ist der Riemen direkt um die Riemenscheibe der Kurbelwelle und die Riemenscheibe der Drehstromlichtmaschine verlegt, d.h. keine Spannvorrichtung für den Riemen ist vorhanden. Bei der Einstellung des letztgenannten Riemens wird die Spannung durch Versetzen der Lichtmaschine hergestellt. Ist eine Servolenkung eingebaut, erfolgt die Einstellung am Riemenspanner „B“ in Bild 178. Da auch bei diesem Riemen das Messgerät zur Messung der Riemenspannung in der Werkstatt benutzt wird, gelten die beim 1.4-Liter-Motor angegebenen Anweisungen nur als Richtlinie.

4.5 Der Thermostat

Der Thermostat befindet sich im Wasserstutzen am inneren Ende des oberen Kühlers. Obwohl die Einbauweise nicht bei allen Motoren gleich ist, bleibt das Grundprinzip das gleiche. In Bildern 167 bis 170 ist die Lage des Thermostats im Vergleich zu den anderen Teilen der Kühlanlage verdeutlicht. In der unteren Ansicht von Bild 174 kann man die Einbaulage des Thermostats beim 1.1-Liter-Motor sehen. Bilder 182

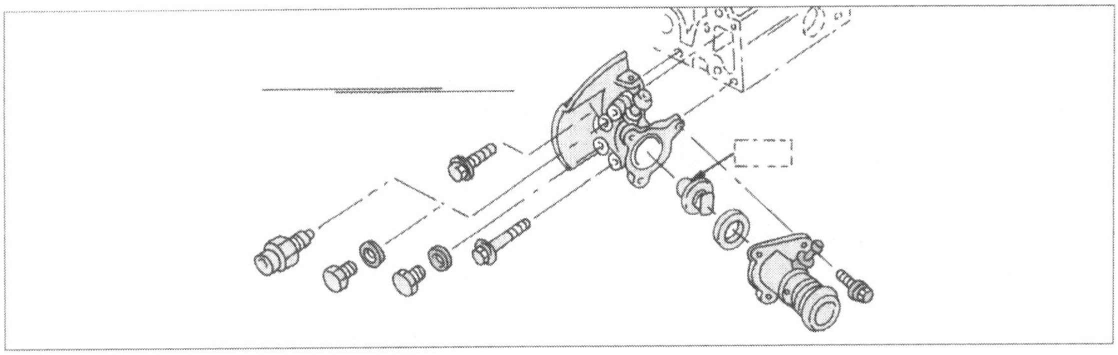

Bild 182
Thermostatgehäuse und Thermostat sowie Befestigungsteile und Temperaturschalter bei der Wasserpumpe des 1.4-Liter-Motors.

und 183 zeigen wo der Thermostat beim 1.4-Liter-Motor und beim Dieselmotor sitzt.
Zum Ausbau die Kühlanlage ablassen (Kapitel 4.1.1) und den Schlauch vom Anschluss am Stutzen nach Lockern der Schlauchschelle abziehen. Den Thermostat herausnehmen.
Ein Thermostat kann nicht repariert werden und ist im Schadensfall zu erneuern. Eine einfache Prüfung lässt sich folgendermaßen durchführen:

- Thermostat an einem Stück Draht in einen Behälter mit kaltem Wasser einhängen und ein Thermometer in ähnlicher Weise einhängen. Bild 184 zeigt diese Anordnung.
- Wasser allmählich erhitzen und kontrollieren, ob sich der Thermostat bei der eingeschlagenen Temperatur zu öffnen beginnt. Bei 98°C muss der Thermostat vollkommen geöffnet sein.
- Der Thermostatstift muss bei dieser Kontrolle mindestens 7,5 mm aus dem Thermostat heraustreten. Falls der Thermostat diese Prüfungen nicht besteht, muss er erneuert werden.

Beim Einbau des Thermostats eine neue Abdichtung verwenden. Die Schlauchschellen kontrollieren, ehe sie wieder am Schlauch festgezogen werden. Die Kühlanlage auffüllen (Kapitel 4.1.1).

4.5.1 Störungen am Thermostat

Der Thermostat öffnet nicht, weil er klemmt oder eine Ventilplatte festklebt. Obwohl die Temperaturanzeige schon die rote Marke überschritten hat, fühlt sich dann der Kühler immer noch kalt an. Warten Sie, bis sich der Motor abgekühlt hat, schrauben Sie das Thermostatgehäuse auf und bauen Sie den Thermostat aus. Wenn Sie einige Zeit ohne Thermostat fahren, schadet dies Ihrem Motor nicht. Wer hingegen mit geschlossenem Thermostat weiterfahrt, riskiert einen gewaltigen Motorschaden. So kann die Zylinderkopfdichtung durchbrennen, der Zylinderkopf kann sich hoffnungslos verziehen oder gar Risse bekommen.

Der Thermostat schließt nicht mehr richtig, weil ihn ein Fremdkörper verklemmt hat. In diesem Fall wird der Kühler nach dem Kaltstart gleich warm wie beispielsweise das Thermostatgehäuse. Die Fahrzeugheizung kommt nur langsam in Schwung. Ersetzen Sie baldmöglichst den Thermostat, denn auf Dauer ist es unwirtschaftlich und für den Motor schädlich, wenn er seine Arbeitstemperatur nicht mehr erreicht.

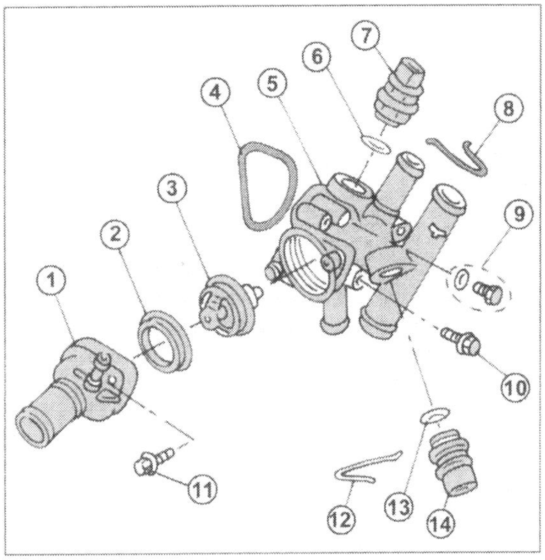

Bild 183
Thermostatgehäuse und Thermostat sowie Befestigungsteile und Temperaturschalter bei der Wasserpumpe eines Dieselmotors.

1 Thermostatgehäusedeckel
2 Dichtring
3 Thermostat
4 Dichtung
5 Thermostatgehäuse
6 Dichtring
7 Temperaturschalter
8 Sicherungsklammer
9 Schraube und Scheibe
10 Schraube
11 Schraube, Thermostatgehäusedeckel
12 Sicherungsklammer
13 Dichtring
14 Temperaturschalter

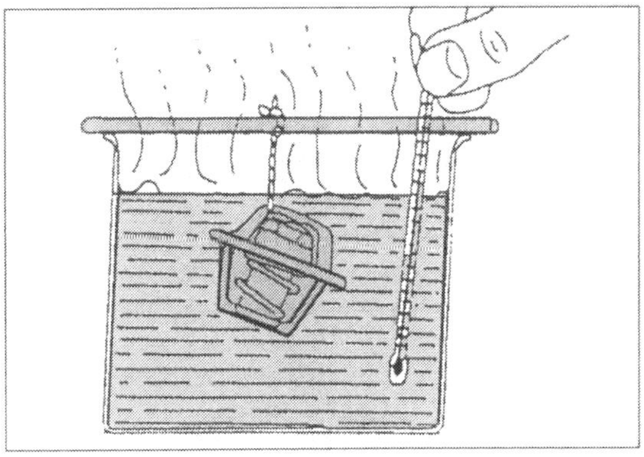

Bild 184
Kontrolle eines Thermostats.

4.6 Kühlanlage prüfen, Störungen an der Kühlanlage

Kühlanlage überprüfen

Die Kühlanlage sollte im Rahmen eines gut organisierten Wartungsprogramms regelmäßig an den folgenden Stellen kontrolliert werden:

- An Kühler, Wasserpumpe, Thermostatgehäuse, Ausgleichsbehälter und Heizung nachsehen, ob alle Kühlmittelschläuche weit genug auf den Stutzen sitzen und die Schlauchbinder festgezogen sind.
- Die Gummischläuche dürfen nicht hart, spröde oder gar schon eingerissen sein. Gealterte Schläuche werden meist dann undicht oder platzen, wenn im Kühlsystem der volle Druck herrscht.

- Ist der Kühler undicht? Vielleicht ist eines der dünnen Röhrchen zwischen den Lamellen beschädigt. Irgendwo ein Riss in den Wasserkästen?
- Der Thermostat muss richtig arbeiten.
- Arbeitet der elektrische Ventilator richtig?
- Die Wasserpumpe kann undicht werden, wenn ihr Wellendichtring verschlissen ist. Dann tropft aus einer Bohrung unterhalb der Pumpe Kühlmittel aus (durch Riemenscheibe verdeckt). Die Wasserpumpe muss ausgetauscht werden.
- Wie Sie schon gelesen haben, regelt der Verschlussdeckel am Ausgleichsbehälter den Druck im Kühlsystem. Die Gummidichtungen am Verschlussdeckel dürfen nicht eingerissen oder spröde sein.
- Sind die Kühlmittelschläuche nach dem Abkühlen des Kühlsystems zusammengeschrumpft, ist das Unterdruckventil im Verschlussdeckel schadhaft.

Überhitzung des Motors

Steigt die Anzeigenadel über die rote Marke, anhalten, Motor abstellen und Folgendes prüfen:

- Steigt die Anzeige nur kurzfristig bis zur roten Marke, gilt dies für die folgenden Betriebszustände als normal: Vollgas-, Berg- oder Kolonnenfahrt bei großer Hitze; nach dem Abstellen eines recht heißen Motors; im Stau mit Automatikgetriebe (wegen Ölkühler; Abhilfe: öfters nach „N“ schalten).
- Stillstand der Wasserpumpe (nur beim Dieselmotor), weil der Antriebsriemen zu locker oder gerissen ist?
- Kühlmittelstand in Ordnung?
- Klemmt der Thermostat? Dann fühlt sich der Kühler kalt an, während z.B. das Thermostatgehäuse schon sehr heiß ist.
- Schaltet der Lüfter ein?

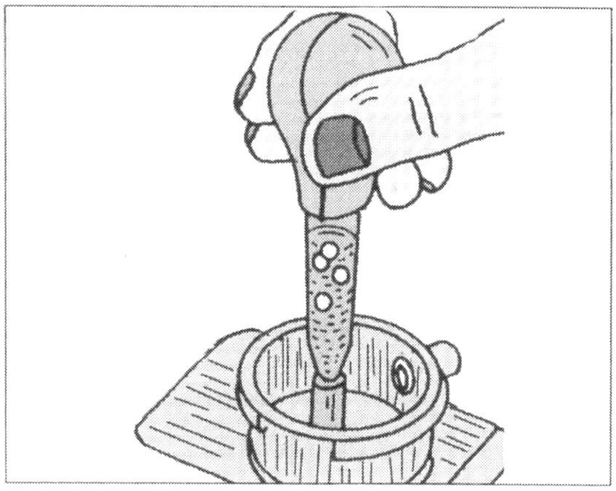

Bild 185
Kontrolle der Stärke von Frostschutzmittel.

- Sind alle vorherigen Punkte in Ordnung, ist der Kühler verstopft und muss erneuert werden.

Stärke des Frostschutzmittels prüfen

Vor dem Beginn der kalten Jahreszeit den Gefrierschutz des Kühlmittels prüfen. Dazu den Verschlussdeckel des Ausgleichsbehälters abnehmen und mit dem Testgerät etwas Kühlmittel aus dem Ausgleichsbehälter saugen. Meistens haben diese Instrumente einen Gummiball zum Absaugen des Kühlmittels, wie man es in Bild 185 sehen kann. Am Stand des Schwimmers können Sie die Stärke des Frostschutzes bestimmen und entsprechend durch Nachfüllen von Gefrierschutz berichtigen. Natürlich können auch Prüfer unterschiedlicher Ausführungen benutzt werden.

4.7 Kühlmittelschläuche

Grundsätzlich gilt, dass man den richtigen Kühlmittelschlauch beziehen muss, d.h. Schläuche nur anhand der Motornummer bestellen.

Meistens entwickeln sich Leckstellen an einem Kühlmittelschlauch während einer Fahrt, so dass man sich umgehend weiterhelfen muss. An Tankstellen gibt es meistens Schnellreparatursätze. Bei diesen handelt es sich um Klebbänder; die auf einem gut gereinigten Schlauch gut haften. Falls der Riss ziemlich groß ist, kann man den Verschlussdeckel des Dehngefäßes um eine Umdrehung öffnen, um den Druck in der Anlage zu entlasten. Während man die Kühlmitteltemperatur und den Kühlmittelstand im Auge behält, kann man in die nächste Werkstatt fahren. Bei Erneuerung eines Kühlmittelschlauchs:

- Kühlanlage ablassen, wie es bereits beschrieben wurde.
- Bei Schraubschellen die Schraube mit einem Schraubendreher ausreichend lösen; bei Federband-Schlauchschellen die beiden Enden der Schelle bis zum Anschlag zusammendrücken.
- Den Schlauch abziehen. Sitzt der Schlauch sehr fest, kann man einen Schraubendreher zwischen Schlauch und Stutzen einzwingen und vorsichtig von der „Anklebung“ abdrücken.
- Den neuen Schlauch auf die Anschlussstutzen schieben. Zum Befestigen dabei Schraubschellen benutzen. Die Klemmschraube nicht übermäßig anziehen, damit man das Gewinde nicht beschädigt oder gar den Schlauch einschneidet.

5.1 F8Q-Dieselmotor

Hinweis: Der F9Q-Motor mit Direkteinspritzung wird weiter hinten in diesem Abschnitt zusammengefasst.

Der Dieselmotor mit der Bezeichnung F8Q arbeitet mit einer von Lucas hergestellten Einspritzpumpe, die jedoch nicht bei allen Motoren gleich ist. Bei der ursprünglich eingebauten Anlage (Motoren F8Q 662 und F8Q 630) handelt es sich um eine elektronisch programmierte Einspritzregulierung mit einer vollkommen elektronisch arbeitenden Verteilereinspritzpumpe. Die Anlage besteht aus einem Computer welcher Betriebsdaten aus den folgenden Bauelementen erhält:

- Vom Geber der Kühlmitteltemperatur
- Vom Geber der Ansauglufttemperatur
- Vom Geber der Motordrehzahl
- Vom Geber der Fahrgeschwindigkeit
- Vom Potentiometer der Motorbelastung
- Vom Geber des Einspritzbeginns, welcher einen Teil der Einspritzdüse des dritten Zylinders bildet, d.h. die Düse selbst hat einen Geber.

Der Computer, d.h. das elektronische Steuergerät reguliert die folgenden Abschnitte der Einspritzanlage:

- Die Einspritzpumpe
- Den Höhengeber über ein Relais (nur beim Motor F8Q 630)
- Das Einspritzverstellventil
- Das Kaltstartventil (Glühkerzen und Vorglüh- und Nachglühanlage)
- Die Abgasrückführungsanlage
- Die Warnleuchte der Dieseleinspritzanlage, welche durch Aufleuchten auf aufgetretene Fehler in der Anlage hinweist.
- Die Kontrollleuchte der Glühkerzen
- Das Regelventil des Schnellleerlaufs
- Das Relais zum Betrieb der elektrischen Lenkhilfspumpe (Fahrzeuge mit Klimaanlage)

Die Anlage wird durch ein Selbstdiagnosesystem überwacht, welches nur durch ein Spezialgerät in der Werkstatt abgefragt werden kann.

Im Jahr 1999 wurde eine von Lucas hergestellte, so genannte E.P.I.C.-Einspritzpumpe in den Motor mit der Bezeichnung F8Q 632 eingebaut. „EPIC“ bedeutet elektronische programmierte Einspritzregulierung. Im Gegensatz zu früher eingebauten Einspritzpumpen wird man bei dieser Bauweise viele neue Teile vorfinden. Falls Sie eine solche Pumpe das erste Mal sehen, möchten wir Sie in kurzen Umrissen in die Bauweise einweihen. Die folgenden Bauteile wird man an der Pumpe vorfinden, deren Lage in Bild 186 gezeigt wird.

- Ein Magnetschaltventil (1) zur Frühstellung der Einspritzung
- Ein positives Strömungsventil (2)
- Ein negatives Strömungsventil (3)
- Ein elektrisches Schaltventil (4)
- Ein Positionssensor für das Strömungsventil (5) (kann nicht ausgebaut werden)
- Ein Positionssensor für das Magnetschaltventil zur Frühstellung (kann nicht ausgebaut werden)
- Ein Temperatursensor für den Dieselkraftstoff. Dieser befindet sich in der Innenseite der Pumpe und kann nicht ausgebaut werden.

Die Einspritzpumpe wird mit einem Einspritzcomputer gesteuert, welchen man als Einspritzsteuergerät bezeichnen kann. Das Steuergerät reguliert die einzuspritzende Kraftstoffmenge entsprechend den durch die Stellung des Fahrpedals bedingten Anforderungen und den allgemeinen Anforderungen des Motors. Der Förderbeginn hängt vom Betriebszustand des Motors ab.
Das Abstellen des Motors, d.h. das Abschneiden der Kraftstoffzufuhr, wird von der Einspritzpumpe durchgeführt.

Eine Abgasrückführungsanlage und ein Oxidationskatalysator sind serienmäßig eingebaut. Wiederum

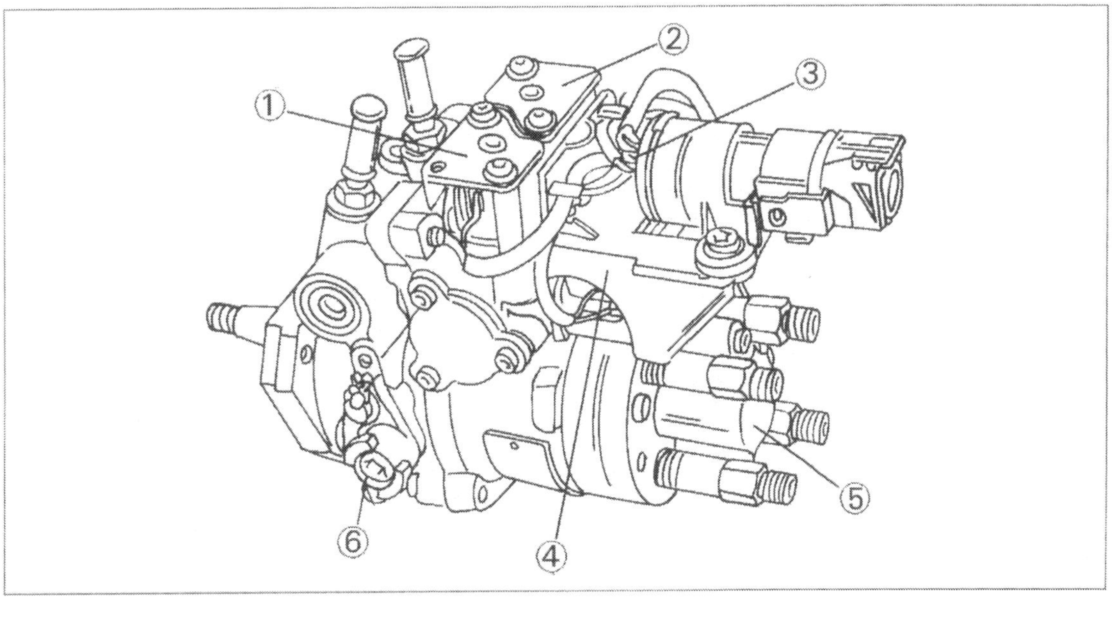

Bild 186
Ansicht der Einspritzpumpe mit Lage der wichtigen Teile.
1 Schaltventil für Einspritzverstellung
2 Positives Strömungsregelventil
3 Negatives Strömungsregelventil
4 Elektrisches Magnetschaltventil
5 Stellungssensor für Strömungsregelventil (kann nicht ausgebaut werden)
6 Schaulochstopfen für Steuerzeiteneinstellung

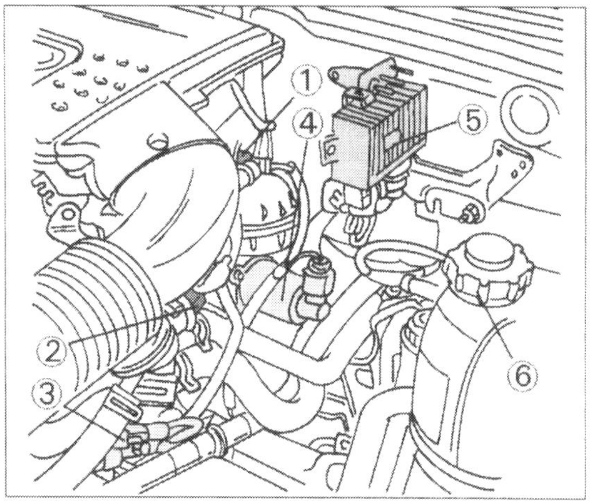

Bild 187
Anordnung von Teilen der Einspritzanlage im Motorraum.
1 Sensor für Ansauglufttemperatur
2 Sensor für Kühlmitteltemperatur
3 Sensor für OT und Motordrehzahl
4 AGR-Ventil
5 Vorheizgerät für Kraftstoffaufwärmung
6 Potentiometer für Fahrpedalstellung

übernimmt das Steuergerät die Regulierung der Anlagen, ohne zusätzliche Einflüsse.
Die Glühkerzen werden durch ein getrenntes Steuergerät mit Nachglühfunktion in Betrieb gebracht.
Die Einspritzanlage ist mit einem Speicher zur Aufzeichnung von Störungen versehen. Irgendwelche aufgetretenen Störungen verbleiben im Speicher, auch wenn die Zündung ausgeschaltet oder die Batterie abgeklemmt wird. Bei ernsthaften Störungen leuchtet eine Lampe im Armaturenbrett auf. Ernsthafte Störungen können in den folgenden Bauteilen auftreten:

- Stellungsgeber der Kurbelwelle
- Einspritzpumpe
- Geber der Verteilerwellenstellung in der Einspritzpumpe
- Kraftstoffabsperrventil
- Rücklaufventil
- Verstellventil

Außer den oben genannten Teilen an der Einspritzpumpe wird man ebenfalls die in Bild 187 gezeigten Teile im Motorraum vorfinden.

Kraftstoffaufbereitung

Der Kraftstofftank befindet sich unter dem Fahrzeugboden. Er fasst die in der Betriebsanleitung angegebene Kraftstoffmenge. Die Kraftstoffleitungen müssen einem hohen Betriebsdruck widerstehen. Sie sind daher aus besonders druckfestem Material gefertigt und werkseitig mit Schellen (Klemm- bzw. Schraubschellen) gesichert. Man unterscheidet zwischen einer Vorlaufleitung und der Rücklaufleitung, welche nicht verbrauchten Kraftstoff wieder dem Tank zurückführt. Eine Pumpe versorgt den Motor aus dem Tank über dieses Leitungssystem mit Kraftstoff. An der Oberseite des Kraftstofftanks ist auch der Geber für die Kraftstoff-Vorratsanzeige angebracht.
Auch die Tankentlüftung funktioniert nach einem ausgeklügelten System. Am Tankeinfüllstutzen ist die Belüftungsleitung angeschlossen, die zur Oberseite des Tanks führt. Durch diese Leitung entweicht die Luft, wenn der Tank mit Kraftstoff gefüllt wird. Während der Fahrt strömt durch diese Leitung entsprechend der verbrauchten Kraftstoffmenge von außen Luft in den Tank hinein, sodass sich kein Unterdruck bilden kann.

So sparen Sie Kraftstoff

Beschleunigen Sie stets zügig, schalten Sie jedoch möglichst früh in den nächsthöheren Gang. Ist die gewünschte Geschwindigkeit erreicht, wählen Sie den höchstmöglichen Gang und lassen das Fahrzeug mit wenig Gas rollen. Der Motor soll nur beim Überholen oder beim Einspuren in den fließenden Verkehr hochdrehen. Außerdem sollten Sie auch beim kurzen Halt vor einer Eisenbahnschranke, Baustellenampel oder im Stau den Motor abstellen – bereits bei 5-7 Sekunden Wartezeit sparen Sie Kraftstoff.

Der Dieselkraftstoff

Dieselkraftstoff besteht überwiegend aus so genannten Paraffinen. Diese Kohlenwasserstoffe sind sehr zündwillig, haben jedoch den Nachteil, dass sie bei sinkenden Temperaturen zunehmend auskristallisieren. Die einzelnen Kristalle lagern sich rasch aneinander an und bilden komplexe, netzförmige Verbindungen. Wird es zu kalt, bilden sich viele Kristallnetze – der Kraftstoff versulzt und kann nicht mehr durch den Kraftstofffilter fließen. Diesem Problem begegnen die Hersteller durch Zugabe so genannter Fließverbesserer. Diese chemischen Zusätze verhindern zwar nicht die Bildung von Paraffinkristallen. Sie legen sich jedoch um die einzelnen Kristalle und verhindern so, dass sich Kristallnetze bilden. Einzelne Kristalle sind klein genug, um durch die Poren des Filters zu schlüpfen. Der Kraftstoff kann also bis zur Einspritzpumpe gelangen.

- Tanken Sie mit Ihrem Diesel nur Dieselkraftstoff nach DIN 51 601 mit einer Cetanzahl (CZ) von mindestens 45. Der Kraftstoff ist überdies vom Hersteller auf die jeweilige Jahreszeit abgestimmt.
- Sommer-Dieselkraftstoff kommt ohne Fließverbesserer aus. Er würde daher schon stocken, wenn das Thermometer unter –2°C fällt.
- Übergangsdiesel verkaufen die Tankstellen im Frühjahr und im Herbst. Er ist noch bei – 8° bis –10°C filtergängig.
- Winterdiesel wird durch Zugabe von Fließverbesserern in der Regel mit Temperaturen bis etwa –22°C fertig (DIN-Norm –12°C).

Fahren mit Dieselkraftstoff

Unter einer bestimmten Temperatur bilden sich im Dieselkraftstoff Kristalle, die den Kraftstoff zähflüssig machen, sodass er nicht mehr durch den Filter fließen kann. Man spricht davon, dass der Kraftstoff „versulzt“ ist.
Um diesen Störungen vorzubeugen, verkaufen die Tankstellen Kraftstoff, welcher den entsprechenden Jahreszeiten angeglichen ist. Dadurch wird auch bei Minusgraden Kraftstoff verkauft, welcher mit Fließverbesserern versehen ist, um das Versulzen zu verhindern.
Der im Sommer verkaufte Kraftstoff würde z.B. schon bei einer Temperatur von –2 Grad C Schwierigkeiten bereiten, während der im Winter verkaufte Kraftstoff bis zu einer Temperatur von -15 Grad C fließfähig ist. Zwischen den beiden Jahreszeiten werden dem Kraftstoff entsprechende Zusätze beigegeben, sodass er bis ca. -8 bis -10 Grad C geeignet ist.

Die folgenden Schwierigkeiten können beim Fahren mit einem Dieselfahrzeug bei kalten Temperaturen auftreten:

- Die Temperaturen fallen unter -15 Grad C ab.
- Das Fahrzeug wurde lange Zeit nicht gefahren, im Winter wieder im Betrieb genommen, und man kann feststellen, dass man im Sommer getankten Kraftstoff im Tank hat.
- Sie haben Kraftstoff an einer Tankstelle gekauft, welche noch nicht auf Winterkraftstoff umgestellt hat.

Sommerdiesel im Winter
Haben Sie Ihren Diesel ein halbes Jahr oder länger nicht bewegt, kann es vorkommen, dass Sie bei Minusgraden mit Sommerdiesel fahren müssen. In diesem Fall hilft die Zugabe eines Fließverbesserers, den Sie in Tankstelle oder Zubehörhandel kaufen können. Fragen Sie nach einer geeigneten Sorte und studieren Sie die Gebrauchsanleitung auf der Dose. Den Fließverbesserer (Zimmertemperatur) in den Tank kippen und dann randvoll tanken. Der in den Erdtanks gelagerte Dieselkraftstoff ist warm genug, der Zusatz kann sich während der Fahrt gut mit dem Tankinhalt vermischen. Ist der Kraftstoff jedoch schon versulzt, ist es für die Zugabe des Fließverbesserers zu spät. Dann sollten Sie den Wagen zunächst in eine beheizte Garage schleppen, wo sich die Paraffinkristalle zurückbilden können. Je wärmer es dort ist, um so schneller zeigt sich eine Wirkung. Erst danach können Sie den Fließverbesserer beimischen.

Begriffe und Normen rund um den Kraftstoff
Dieselkraftstoff. Dieselkraftstoff ist perfekt auf den Dieselmotor zugeschnitten. Durch seine hohe Zündwilligkeit läuft die Selbstzündung kontrolliert im Bruchteil einer Sekunde ab. Für den Benzinmotor ist Dieselkraftstoff Gift. Er würde nicht auf den Funken der Zündkerze warten, sondern sich bereits während der Aufwärtsbewegung des Kolbens entzünden. Folgen: hoher Druckanstieg im Zylinder, der Kolben erhält einen Schlag auf den Boden und leitet ihn über den Pleuel auf die Lager der Kurbelwelle weiter. Außerdem entsteht eine enorme Hitze, bei der die Kolbenböden schmelzen können.
Cetanzahl. Steht für die Zündwilligkeit eines Kraftstoffes und übernimmt die bei Benzinmotoren bekannte Oktanzahl. Eine reine Verhältniszahl, die im Labor ermittelt wird. Dem sehr zündwilligen Kraftstoff Cetan wird die Zahl 100 zugeordnet, dem extrem zündträgen Vergleichskraftstoff (Methylnaphtalin) die Ziffer 0. Die Cetanzahl gibt an, wie viel Volumenprozent Cetan sich in einem Gemisch mit diesem Vergleichskraftstoff befinden müssen, das die gleiche Zündwilligkeit besitzt wie der zu messende Kraftstoff. Beim Diesel soll sie 45 betragen.

Über den Umgang mit Kraftstoff
Der Umgang mit Kraftstoff ist gefährlich. Nehmen Sie daher Wartungsarbeiten und Reparaturen an Teilen der Kraftstoffanlage nicht auf die leichte Schulter. Vor allem beim Entleeren des Kraftstoffbehälters müssen Sie mit äußerster Vorsicht vorgehen. Grundsätzlich müssen Sie beim Umgang mit Kraftstoff folgende Vorsichtsmaßnahmen beachten:

- Zuerst die Batterie abklemmen, Kabel gegen Berühren mit den Polen der Batterie sichern.
- Kraftstoffbehälter nur im Freien entleeren. Dazu brauchen Sie ein entsprechendes Abpumpgerät (z.B. Balgenpumpe). Auf keinen Fall den Kraftstoff durch die Öffnung des Gebers der Kraftstoff-Vorratsanzeige auskippen oder durch Ansaugen an einem Schlauch mit dem Mund entleeren – Vergiftungsgefahr durch die hochgiftigen Kraftstoffzusätze!
- CO_2-Pulver- oder Schaumlöscher der Brandklasse B muss in greifbarer Nähe sein.
- Den Kraftstoffbehälter nie über einer Grube entleeren. Die entweichenden Gase sind schwerer als Luft, würden für mehrere Stunden in der Grube bleiben. Folge: Gesundheitsschädigung durch Einatmen, akute Explosionsgefahr.
- Stellen Sie sicher, dass sich während der Arbeit mit Kraftstoff keine eingeschalteten elektrischen Geräte, offenen Flammen, Wärme- und Funkenquellen im Raum befinden.
- Kraftstoff darf nur in einen verschließbaren, klar beschrifteten Behälter umgefüllt werden. Dazu gibt's spezielle Behälter mit Flammschutz und Druckausgleichsverschluss.
- Im entleerten Kraftstofftank befinden sich Restgase. Auch die sind gefährlich. Alle Arbeiten deshalb mit besonderer Vorsicht ausführen.

Kraftstoff ablassen
Der Tank besitzt keine Ablassschraube. Da die Kraftstoffsaugleitung und der Rücklauf an der Tankoberseite sitzen, kann man nicht einfach eine Leitung abziehen und den Kraftstoff auslaufen lassen.

- Ist der Tank noch gut gefüllt, durch den Einfüllstutzen einen Schlauch so tief wie möglich in den Tank schieben.
- Obere Schlauchöffnung mit dem Finger dicht verschließen. Das Auffanggefäß muss unterhalb des Tankbodenniveaus stehen. Schlauch wieder ein Stück herausziehen und ins Gefäß halten. Reicht der Schlauch weit genug in den Kraftstoff, fließt er jetzt durch das Gefälle heraus. Ansaugen von Kraftstoff mit dem Mund gefährdet die Gesundheit.
- Befindet sich zu wenig Kraftstoff im Tank, hilft diese Methode meist nicht mehr. Dann müssen Sie den Kraftstoff mit einer kraftstofffesten Handpumpe (Balgenpumpe) abpumpen.

Abgasentgiftung beim Diesel
Im Auspuffsystem des Dieselmotors ist ein so genannter Oxidationskatalysator (entspricht ungeregeltem Kat) eingebaut. Er verringert die Emissionen von Kohlenwasserstoffen und Kohlenmonoxid um bis zu 50 Prozent. Der Kat ist zwar kein Rußfilter, trotzdem spielt er auch bei der Reduktion der Rußpartikel eine wichtige Rolle. Die gasförmigen Kohlenwasserstoffe lagern sich nämlich normalerweise an die festen Rußteilchen an und erhöhen so die ausgestoßene Partikelmenge. Da die Kohlenwasserstoffe aber bereits im Kat oxidieren, können sie sich nicht mehr mit dem Ruß verbinden.

AGR – einfach, aber wirksam
Die Abgasrückführungsanlage, heutzutage oft auch als AGR- oder EGR-Anlage bezeichnet, dient der Vermin-

derung des Stickstoffoxids in den Auspuffgasen (laut Abgasvorschrift EG 96 – 94/12). Aus den Abgasen wird durch ein über ein Ventil geregeltes System ein bestimmter Teil abgezweigt und wieder dem Ansaugrohr zurückgeleitet. Da das Abgas in diesem Zustand wenig verbrennbares Gas enthält, bewirkt dies eine Verringerung der Temperaturen im Verbrennungsraum und damit eine Verringerung des Stickstoffoxidanteils.
Auf die genaue Arbeitsweise der Anlage einzugehen ist nicht der Zweck dieses Leitfadens, vor allem, da die Funktion und Regulierung des Abgasrückführungssystems durch die Selbstdiagnose der eingebauten Einspritzanlage überwacht wird.

5.2 Vorsichtsmaßnahmen bei Arbeiten an der Einspritzanlage

Bei allen Reparaturen an der Einspritzanlage, ganz gleich, um welchen Umfang es sich handelt, ist die größte Sauberkeit erforderlich. Die folgenden Anweisungen sind jederzeit zu beachten, jedoch möchten wir auch besonders auf die durch den Einbau der elektronischen Anlage bedingten Vorsichtsmaßnahmen hinweisen:

- Immer die Zündung ausschalten, ehe Kabel der Einspritzanlage oder Vorglühanlage abgeschlossen oder angeschlossen werden.
- Die Batterie nur abklemmen wenn die Zündung ausgeschaltet ist, um die Anlage nicht zu beschädigen. Beim Abklemmen der Batterie daran denken, dass das Radio einen Diebstahl-Sicherheits-Code haben könnte.

Die folgenden Vorsichtsmaßnahmen sind als allgemein zu betrachten:

- Alle Arbeiten an der Einspritzanlage dürfen nur unter saubersten Verhältnissen durchgeführt werden. Arbeiten im Freien sollten nur an windfreien Tagen vorgenommen werden, um die Möglichkeit von Staubbildung zu vermeiden.
- Alle Anschluss-Überwurfmuttern müssen vor dem Lösen sauber mit einem Lappen abgewischt werden.
- Alle ausgebauten Teile auf einer sauberen Werkbank oder dergleichen ablegen und mit Papier oder einem Plastikbogen abdecken. Keine flusenden Lappen zum Abdecken verwenden.
- Alle geöffneten oder teilweise zerlegten Bauteile der Einspritzanlage müssen entsprechend abgedeckt oder in einer verschlossenen Schachtel aufbewahrt werden, falls die Reparatur nicht unmittelbar durchgeführt werden kann.
- Vor dem Einbau alle Teile auf größte Reinlichkeit kontrollieren.
- Wenn Teile der Anlage geöffnet sind, keine Pressluft zum Abblasen irgendwelcher Teile des Motors benutzen.
- Den Motor keiner Motorwäsche unterziehen.
- Fahrzeug möglichst nicht wegschieben, während Teile der Einspritzanlage ausgebaut sind.
- Darauf achten, dass Dieselkraftstoff nicht an die Kühlerschläuche gelangen kann. Falls dies der Fall ist, diese sofort reinigen. Durch Dieselkraftstoff verschmutzte und damit beschädigte Schläuche müssen immer erneuert werden. Die Einspritzpumpe kann nicht repariert oder überholt werden und im Schadensfall ist eine Austauschpumpe oder neue Pumpe einzubauen oder man bringt die ursprüngliche Pumpe in eine Spezialwerkstatt zur Überholung.

Zum Einstellen der Einspritzzeiten der Pumpe und auch zum Aus- und Einbau sind Spezialwerkzeuge erforderlich. Das Einstellen der Pumpe kann nur vorschriftsmäßig mit den Spezialeinrichtungen in der Werkstatt durchgeführt werden.

5.3 Kurze Beschreibung der Arbeitsweise

Die folgende Beschreibung ist auf die neuere Einspritzanlage mit EPIC-Einspritzpumpe aufgebaut. Bei der älteren Einspritzanlage fehlen einige der nachfolgend genannten Bauelemente.
Das elektronische Steuergerät wertet die von den verschiedenen Gebern und Sensoren der Anlage angelieferten Daten aus. Abhängig von diesen Werten und der im Speicher des Steuergeräts programmierten Kennfelder werden die Steuersignale für die verschiedenen Magnetschaltventile erzeugt. Das Steuergerät vergleicht ständig die erhaltenen Ergebnisse und gleicht sie entsprechend ab.
Eine Kraftstoffpumpe saugt den Dieselkraftstoff aus dem Tank an und drückt ihn über einen Kraftstofffilter mit einem geringen Überdruck in den Saugraum der Einspritzpumpe. Die Einspritzpumpe drückt dann den Kraftstoff über die Hochdruckleitungen zu den Einspritzdüsen. Man unterscheidet zwischen direkter und indirekter Einspritzung (Vorkammereinspritzung). Für diesen Dieselmotor wird die Vorkammereinspritzung verwendet. Bei diesem Verfahren wird der Kraftstoff in eine im Zylinderkopf befindliche Vorkammer eingespritzt, die mit dem Hauptverbrennungsraum verbunden ist. Die Verbrennung des Kraftstoffs wird in dieser Vorkammer eingeleitet. Durch den hierbei entstehenden Druckanstieg werden die brennenden Kraftstoffteilchen in den Hauptverbrennungsraum gedrückt, in dem der Verbrennungsvorgang zu Ende geführt wird.
Die Einspritzpumpe ist eine Kolbenpumpe. Sie wird vom Zahnriemen der Steuerung aus angetrieben. Für jeden Zylinder des Motors enthält sie ein Pumpenelement, das aus Zylinder und Kolben besteht. Der Kolben dieses Elements wird durch einen Nockenring gehoben und durch eine Feder wieder zurückgestellt. Der Kolben ist so genau eingepasst, dass er selbst bei hohen Drücken abdichtet. Die Einspritzpumpe wird durch eine Ölbohrung mit dem Schmierkreis des Motors verbunden.
Der Nockenring bestimmt den Beginn und die Dauer der Einspritzphase. Das Steuergerät bestimmt die Stellung dieses Nockenringes durch Inbetriebnahme des Verstellventils, indem es den Beginn der Bewe-

gung des Kolbenelements verändert. Der Positionssensor für den Nockenring teilt dem Steuergerät ständig den genauen Beginn des Einspritzpunktes mit.
Die Dosierung der Kraftstoffmenge für jeden Zylinder wird durch den Hub des Kolbens bestimmt. Zwei Magnetschaltventile, als positives und negatives Strömungsventil bezeichnet, erlauben diesen Hub zu verändern, sodass die Strömung des eingespritzten Dieselkraftstoffs ebenfalls verändert werden kann.
Der Positionssensor für das Strömungsventil teilt dem Steuergerät ständig die Menge des eingespritzten Kraftstoffs mit.
Der Kraftstoff wird dann zum Verteilerteil der Einspritzpumpe geleitet. Durch die Einspritzdüse wird der Kraftstoff fein zerstäubt in den Zylinder, bzw. die Vorkammer eingespritzt. Der in der Einspritzpumpe erzeugte Kraftstoffdruck hebt die Düsennadel aus ihrem konischen Sitz und gibt die Einspritzöffnung frei. In dem Moment, wo durch die Schrägkantennut des Pumpenkolbens die Verbindung zur Rückflussleitung hergestellt wird, fällt der Druck ab und die Düsennadel wird durch Federkraft in ihren Sitz zurückgedrückt.
Bei den verschiedenen Betriebsphasen der Einspritzanlage geschieht Folgendes:

Vor dem Anlassen
Zwischen dem Drehen des Zündschlüssels und dem Anlassen des Motors unternimmt die Anlage die folgenden Prüfungen:
- sie kontrolliert, dass der Verteilerläufer auf dem Maximalanschlag steht
- sie kontrolliert, dass der Kolben der Einspritzverstellung auf dem Minimalanschlag steht
- sie kontrolliert die vorschriftsmäßige Arbeitsweise des positiven und negativen Strömungsventils
- sie kontrolliert die Arbeitsweise des Verstellventils

Beim Anlassen
Während der Motor angelassen wird, wird der Verteilerlaufer in die angegebene Stellung verdreht und der Abstellmagnetschalter wird betätigt.

Bei normalem Betrieb
Die Kraftstoffströmung wird unter Verwendung des positiven und negativen Strömungsventils vom Steuergerät verändert. Bei plötzlicher Beschleunigung oder Abbremsung wird die Kraftstoffzufuhr abgeglichen oder abgeschaltet, wie dies im Kennfeld des Steuergeräts festgelegt wurde.

Abstellen des Motors
Wenn der Fahrer die Zündung ausschaltet, reguliert das Steuergerät das Abschalten des Abstellventils und danach die Veränderung in der Motordrehzahl. Falls diese nicht sofort abfällt, bringt das Steuergerät das negative Strömungsventil in Betrieb.

Aufleuchten der Warnleuchte für die Einspritzanlage
Eine in die Instrumententafel eingesetzte Warnleuchte verrichtet zwei Funktionen:
- Beim Einschalten der Zündung leuchtet sie während der Vorglühphase auf und verlöscht dann.
- Wenn eine Störung in der Einspritzanlage aufgetreten ist, leuchtet sie auf und bleibt erhellt.

Falls eine Störung bei eingeschalteter Zündung vorliegt, leuchtet die Warnleuchte einige Sekunden während der Vorglühphase auf, erlöscht einen kurzen Moment und, je nach Störung, erhellt sich wieder und bleibt erhellt.
Die folgenden Bauteile könnten zum Aufleuchten der Warnleuchte beitragen:
- Störung in der Stromzufuhr zum Steuergerät oder zur Einspritzpumpe
- Störung im Sensor (Geber) der Motordrehzahl
- Störung im inneren Speichersystem der Anlage
- Störung im Positionssensor des Fahrpedals
- Störung in den beiden Strömungsregelventilen
- Störung im elektrischen Schaltventil
- Störung im Positionssensor für den Nockenring
- Störung im Steuergerät

5.4 Einspritzpumpe

5.4.1 Aus- und Einbau der Einspritzpumpe

Verschiedene Spezialwerkzeuge sind zum Aus- und Einbau der Einspritzpumpe erforderlich. Falls Sie sich diese Werkzeuge nicht besorgen können, müssen Sie die Arbeiten einer Werkstatt überlassen. Wir schlagen deshalb vor, dass Sie die folgenden Beschreibungen, auch die Anweisungen zum Einstellen der Einspritzzeiten, gut durchlesen, ehe Sie sich verleiten lassen die Pumpe auszubauen. *Nach jedem Ausbau muss die Pumpe vollkommen eingestellt werden.* Die folgende Beschreibung ist auf der Verwendung dieser Werkzeuge aufgebaut.

Hinweis: Bei den beschriebenen Arbeiten müssen alle bereits angegebenen Vorsichtsmaßnahmen über die Sauberkeit beachtet werden. Auch kleinste, in die Anlage eindringende Teilchen, könne bereits zu Störungen führen.

Einspritzpumpe in Motor F8Q 632 (EPIC-Pumpe)
- Massekabel der Batterie unter Beachtung der Vorsichtsmaßnahmen abklemmen.

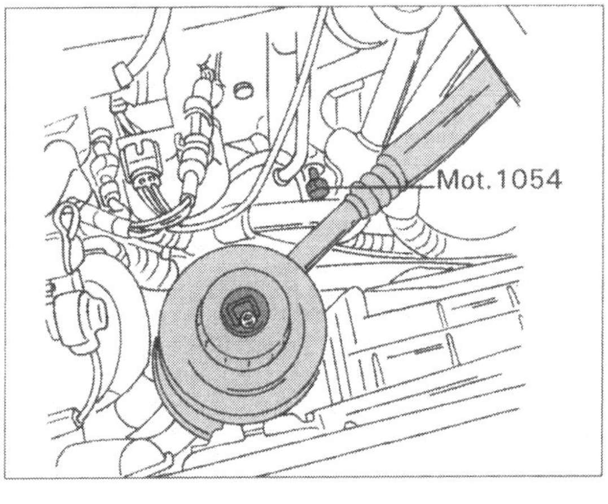

Bild 188
Der Arretierbolzen zum Blockieren der Kurbelwelle wird an der gezeigten Stelle in den Zylinderblock (und damit in die Kurbelwelle) eingeschoben.

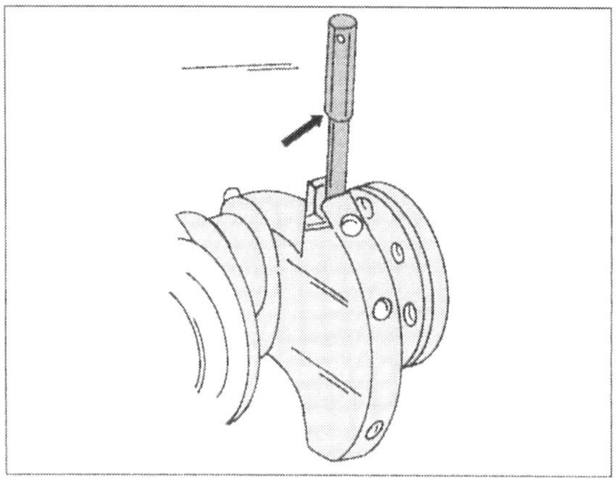

Bild 189
Der eingeschobene Arretierbolzen greift in der richtigen OT-Stellung in eine Bohrung der Kurbelwelle ein.

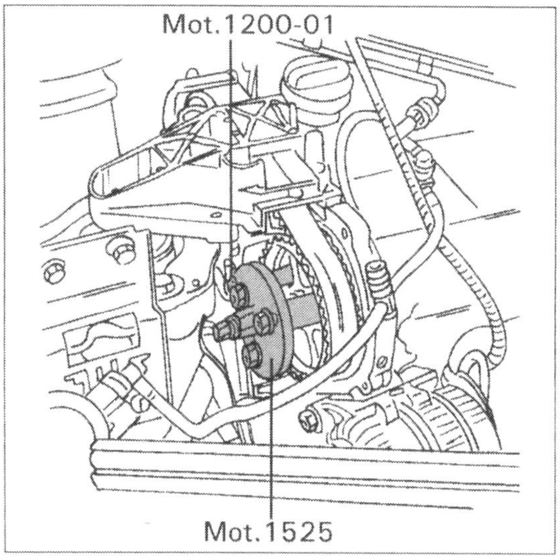

Bild 190
Ausbau des Antriebsrades für die Einspritzpumpe. Die beiden Spezialwerkzeuge werden entsprechend angesetzt.

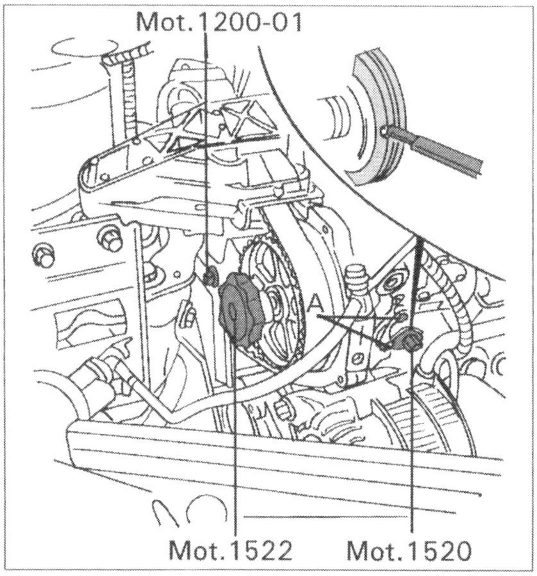

Bild 191
Einzelheiten zum Einstellen des Einspritzbeginns. Im Kreisausschnitt kann man sehen, wie der Einstellbolzen in die Kerbe der Pumpenwelle eingreift. Nicht die mit „A" bezeichneten Schrauben lockern.

- Den Kolben des ersten Zylinders auf den oberen Totpunkt setzen und in dieser Stellung arretieren, wie es im Abschnitt „Motor" beschrieben wurde. Dazu wird der Arretierbolzen Mot. 1054 benutzt, den man an der in Bild 188 gezeigten Stelle in den Zylinderblock einschiebt. Dadurch werden die beiden Steuerräder an der Oberseite in die richtige Stellung gebracht, d.h. das Steuerzeichen im Steuerrad der Nockenwelle ist in einer Linie mit dem Zeichen am inneren Deckel. Was in der Innenseite des Motors mit dem Arretierbolzen passiert, können Sie Bild 189 entnehmen.
- Das Gehäuse der Pumpenriemenscheibe ausbauen.
- Die Kraftstoffleitungen von der Einspritzpumpe abschließen, die Gasbetätigung aushängen und das Kabel des Abstellzugmagnets sowie andere angeschlossene Leitungen abschließen.
- Die Einspritzleitungen von der Pumpe und den Einspritzdüsen abschrauben und von den Leitungsschellen freimachen.

Hinweis: Alle abgeschlossenen Leitungen und Anschlüsse in geeigneter Weise gegen Eindringen von Schmutz schützen. Im Ersatzteillager gibt es spezielle Verschlussstopfen für diese Arbeit.

- Die Mutter von der Pumpenwelle abschrauben, bis die Mutternfläche bündig mit dem Ende des Gewindes abschneidet. Falls der in Bild 190 gezeigte Gegenhalter Mot. 1200-01 benutzt wird, kann sich das Antriebsrad nicht mitdrehen; wird es nicht benutzt, muss man das Rad in geeigneter Weise gegenhalten. Dazu vielleicht einen Dorn durch einen Durchbruch im Antriebsrad einschieben und gegen den Zylinderblock anlegen.
- Den in Bild 190 gezeigten Abzieher (Mot. 1525) ansetzen (oder einen Abzieher, welcher in ähnlicher Weise funktioniert) und das komplette Antriebsrad herunterziehen. Der benutzte Abzieher muss drei Arme haben, die jeweils unter die drei Arme des Antriebsrades kommen. Nicht mit einem Hammer gegen das Steuerrad schlagen oder die Klauen des Abziehers unter das Rad untersetzen. Die Schraube des Abziehers anziehen, bis sich die Nabe vom Konus der Welle löst.
- Kontrollieren, dass alle Leitungen, Kabel, usw. von der Einspritzpumpe abgeschlossen wurde, die hintere Stütze der Pumpe abschrauben und die drei Befestigungsschrauben der Pumpe an der Vorderseite lösen. Dazu eine Stecknuss mit Verlängerung durch die Speichen des Antriebsrades einsetzen. Darauf achten, dass der Keil nicht aus der Pumpenwelle herausfallen kann. Nachdem die Pumpe ausgebaut wurde, darf man die Kurbelwelle nicht durchdrehen. Denken Sie daran, dass der Zahnriemen abgenommen wurde.

Der Einbau der Pumpe geschieht in umgekehrter Reihenfolge wie der Ausbau. Zu beachten ist jedoch, dass man die Pumpe wieder genau in die ursprüngliche Montagestellung zurückbringen muss, um einen einwandfreien Lauf des Motors zu erzielen. Beim Einbau sind die folgenden Punkte zu beachten, welche im Zusammenhang mit der Steuereinstellung der Pumpe zu lesen sind:

- Den „O"-Dichtring auf der Pumpenwelle immer erneuern.
- Den zum Einstellen der Steuerzeiten benutzten Bolzen in die Pumpe einsetzen (siehe unter „Steuerzeiten der Pumpe einstellen"), wie es nachfolgend beschrieben wird. Der Bolzen wird an der in Bild 191 gezeigten Stelle in die Pumpe eingeschoben.

Achtung: Der Arretierbolzen für die Pumpenwelle muss einwandfrei sauber sein. Ihn vor Einsetzen gut reinigen.

- Die Mutter der Pumpenwelle bei Gegenhaltung mit 55 Nm anziehen.
- Einspritzpumpe festziehen. Zuerst die drei Schrauben an der Vorderseite handfest anziehen, danach die Schrauben an der Rückseite eindrehen und handfest anziehen und schließlich alle Schrauben gleichmäßig anziehen, Schrauben an der Vorderseite mit 25 Nm, Schrauben an der Rückseite mit 22 Nm.
- Einspritzleitungen anschließen und mit 25 Nm anziehen.
- Alle im Kapitel 5.4.2 beschriebenen Arbeiten durchführen.

Einspritzpumpe in Motoren F8Q 662 oder 630

- Massekabel der Batterie abklemmen und die in Bild 192 gezeigten Teile ausbauen. Dies sind die Abdeckung der Motoraufhängung (1) und die Abdeckung des Antriebsrades der Einspritzpumpe (2).
- Die Kurbelwelle durchdrehen, bis die Marke im Steuerrad der Nockenwelle im Fenster des Zahnriemenschutzdeckels (3) in Bild 192 ausgerichtet ist. Die Markierung im Steuerrad kann man nur mit einem kleinen Spiegel sehen. Eine Taschenlampe wird dabei ebenfalls helfen. Nachdem die OT-Stellung hergestellt wurde, den Arretierbolzen für die Feststellung der Kurbelwelle einschieben, wie es beim Erneuern des Zahnriemens beschrieben wurde.
- In folgender Reihenfolge abschließen: die Kraftstoffzufuhrleitung, die Kraftstoffrücklaufleitung, einen Stecker an der Pumpe, das Drosselklappenzugseil. Eine Unterdruckleitung vom Regler des Schnellleerlaufs und den Kabelstrang. Um an diesen heranzukommen, braucht man einen Spezialschlüssel, welcher die in Bild 193 gezeigte Form hat.
- Die Befestigungsschraube der hinteren Pumpenstütze entfernen.
- Das Antriebsrad der Einspritzpumpe in geeigneter Weise gegen Mitdrehen halten (mit dem in Bild 190 gezeigten Werkzeug Mot. 1200), einen Torx-Schraubendreher in den Spalt des Pumpenrades einsetzen und die drei Befestigungsschrauben der Pumpe sowie die mittlere Mutter der Pumpenwelle lösen. Alle drei Schrauben der Pumpe sowie die Mutter der Reihe nach lösen, bis die Pumpe vollkommen frei ist und herausgezogen werden kann.

Beim Einbau der Pumpe folgendermaßen vorgehen:

- Die Pumpenwelle gut reinigen, um vorhandene Fettreste zu entfernen, und die Pumpe in die richtige Lage bringen.
- Die drei Befestigungsschrauben der Pumpe festziehen (22 Nm).
- Die mittlere Mutter der Pumpenwelle mit 20 Nm im Voranzug anziehen. Danach die Mutter auf ein Anzugsdrehmoment von 45 Nm anziehen.
- Die Steuerzeiten der Pumpe einstellen, wie es im folgenden Kapitel für diese Motoren beschrieben wird.
- Alle anderen Arbeiten in umgekehrter Reihenfolge wie beim Ausbau vorgehen.

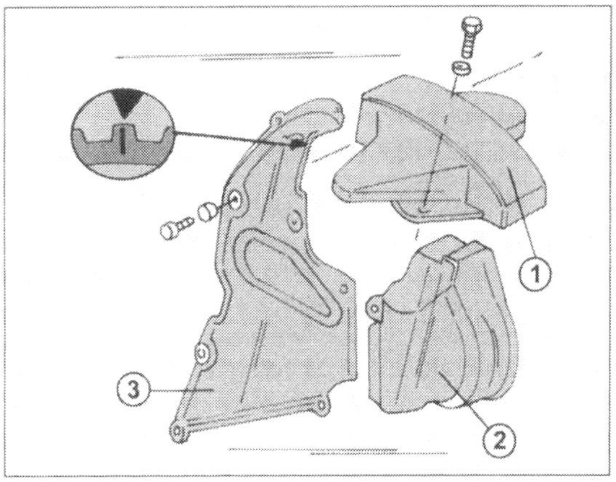

Bild 192
Auszubauende Teile beim Ausbau der Einspritzpumpe. Im Ausschnitt (oben links) kann man die Stellung des Nockenwellensteuerrades durch das Fenster im Zahnriemenschutzdeckel sehen.
1 Abdeckung der Motoraufhängung
2 Abdeckung des Einspritzpumpenrades
3 Abdeckblech

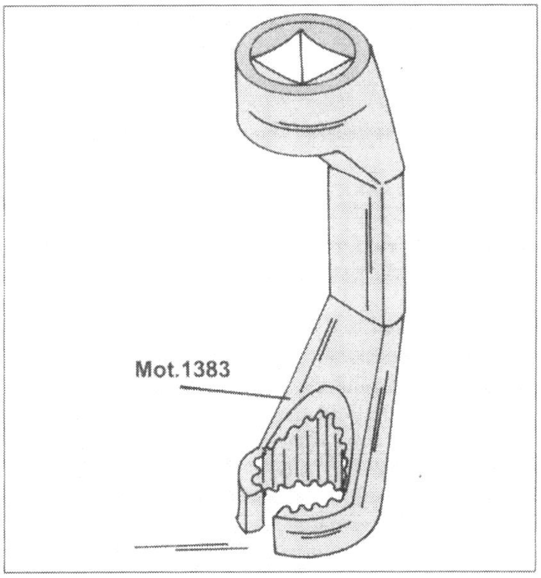

Bild 193
Der gezeigte Spezialschlüssel wird zum Abschrauben des Kabelstrangs gebraucht, um an die Befestigung zu kommen.

5.4.2 Steuerzeiten der Pumpe einstellen

Um zu gewährleisten, dass die Pumpe einwandfrei eingestellt wird, muss man eine komplette Einstellung vornehmen, bei welcher, wie bereits erwähnt, wiederum verschiedene Spezialwerkzeuge gebraucht werden. Bei den folgenden Anweisungen darf man den Motor niemals entgegengesetzt der normalen Drehrichtung durchdrehen. Bei der folgenden Beschreibung wird davon ausgegangen, dass die Pumpe eingebaut ist. Entsprechende Anweisungen sind zu übergehen, wenn diese erwähnt werden:

Einspritzpumpe in Motor F8Q 632 (EPIC-Pumpe)

- Kraftstofffilter abmontieren und auf einer Seite ablegen.
- Die Abdeckung der Pumpenriemenscheibe ausbauen.
- Die Kurbelwelle durchdrehen, bis der Kolben des ersten Zylinders auf dem oberen Totpunkt steht und die Welle in dieser Stellung sichern, wie es beim Ausbau der Pumpe beschrieben wurde. Falls die Einstellung im Rahmen des Einbaus der Pumpe durchgeführt wird, befindet sich der Arretierbolzen noch an der in Bild 188 gezeigten Stelle.
- Den in Bild 190 gezeigten Gegenhalter Mot. 1200-01 anbringen, die Mutter der Pumpenwelle

lockern und das Antriebsrad abziehen (siehe Beschreibung beim Ausbau der Pumpe). Der Abzieher hat eine Schlüsselfläche, an welcher er gegengehalten werden kann.

• Die Pumpenwelle muss bei der weiteren Einstellung durchgedreht werden. In der Werkstatt wird dabei das in Bild 191 gezeigte Verstellrad Mot. 1522 auf das Ende der Pumpenwelle aufgeschoben.

• Einen Auffangbehälter unter die Pumpe unterhalten, um auslaufenden Kraftstoff aufzufangen und den Stopfen zur Kontrolle der Einstellung an Pos. 6 in Bild 186 herausdrehen. Der Behälter sollte eine ausreichende Aufnahmefähigkeit haben, da eine ziemlich große Menge auslaufen könnte. Eventuelle dicke Lappen unterlegen, damit man keine anderen Teile mit dem Dieselöl verschmutzt.

• Die Pumpe durch Verdrehen des Verstellrades in Drehrichtung verdrehen, um die Pumpe in die Steuerstellung zu bringen. Dazu muss man in der Öffnung des ausgeschraubten Stopfens nachprüfen (Taschenlampe), in welcher man eine Kerbe sehen wird.

Achtung: Die beiden Schrauben (A) in Bild 191 dürfen nicht gelockert werden. Falls dies aus Versehen durchgeführt wird, kann man die Pumpe nur auf einem Prüfstand einstellen lassen.

• Den Einstellbolzen Mot. 1520 (Bild 191) vorsichtig anziehen, bis man die Stelle findet, an welcher er am weitesten in die Pumpe geschraubt werden kann. In dieser Stellung sperrt der Bolzen die Pumpenwelle, wie es im Kreisausschnitt von Bild 191 gezeigt ist.

• Die Pumpenwelle mit dem Gegenhalter gegen Mitdrehen halten und die Mutter der Welle mit 55 Nm anziehen. Den Gegenhalter danach abnehmen.

• Die Arretierbolzen (einer im Zylinderblock und einer in der Pumpe) herausziehen.

• Alle anderen Arbeiten jetzt in umgekehrter Reihenfolge durchführen. Abschließend den Motor anlassen und auf einwandfreien Lauf und Leckstellen kontrollieren.

Einspritzpumpe in Motoren F8Q 662 oder 630

Zur Einstellung der Einspritzpumpe dieser Motoren sind ein kompletter Werkzeugsatz von Lucas sowie andere Hilfswerkzeuge erforderlich, sodass wir von einer Beschreibung der Einstellung der Pumpensteuerzeiten absehen. Es verbleibt in diesem Fall, dass man die Pumpe wieder in die ursprüngliche Stellung gebracht hat. Falls die Arbeiten einwandfrei durchgeführt werden, wird der Motor anspringen, so dass man in der Lage ist die Einstellung in einer Werkstatt durchführen zu lassen.

5.5 F9Q-Dieselmotor

5.5.1 Kurze Beschreibung der Arbeitsweise

Die zusammen mit dem F9Q-Motor mit Direkteinspritzung eingebaute Einspritzanlage wird von Bosch hergestellt. Bei der Pumpe handelt es sich um eine Verteilereinspritzpumpe mit einem Computer (Steuergerät), welcher die Einspritzpumpe (Verstellung und Kraftstofffluss), das Kaltstartsystem, die Abgasrückführungsanlage und den Kühlungslüfter reguliert. Der Motor arbeitet mit einem von Garrett hergestellten Abgasturbolader und einem Oxydationskatalysator und einer Abgasrückführungsanlage.

Wie bereits bei der EPIC-Anlage weiter vorn beschrieben, wertet das elektronische Steuergerät die von den verschiedenen Gebern und Sensoren der Anlage angelieferten Daten aus. Abhängig von diesen Werten und der im Speicher des Steuergeräts programmierten Kennfelder werden die Steuersignale für die verschiedenen Magnetschaltventile erzeugt. Das Steuergerät vergleicht ständig die erhaltenen Ergebnisse und gleicht sie entsprechend ab.

Eine Kraftstoffpumpe saugt den Dieselkraftstoff aus dem Tank an und drückt ihn über einen Kraftstofffilter mit einem geringen Überdruck in den Saugraum der Einspritzpumpe. Die Einspritzpumpe drückt dann den Kraftstoff über die Hochdruckleitungen zu den Einspritzdüsen. Man unterscheidet zwischen direkter und indirekter Einspritzung (Vorkammereinspritzung). Für diesen Dieselmotor wird die Direkteinspritzung verwendet.

Die Einspritzpumpe ist eine Drehverteilerpumpe. Sie wird vom Zahnriemen der Steuerung aus angetrieben. Das Besondere bei diesem Motor ist jedoch, dass man die Einspritzpumpe ausbauen kann, ohne dass dazu der Zahnriemen ausgebaut werden muss. Die Befüllung der Zylinder erfolgt in ähnlicher Weise wie bei den anderen Anlagen.

Wie bei allen elektronisch geregelten Dieseleinspritzanlagen, sind auch bei dieser Anlage Bauteile vorhanden, auf welche wir kurz eingehen wollen.

Das elektronische Steuergerät erhält Daten von den folgenden Teilen der Einspritzanlage:

• dem Geber der Kühlmitteltemperatur
• dem Strömungsmesser mit eingebautem Ansauglufttemperaturgeber
• dem Geber der Motordrehzahl
• dem Geber für die Fahrpedalstellung in jedem gegebenen Moment
• dem Bremspedalschalter
• dem Geber des Einspritzbeginns, welcher einen Teil der Einspritzdüse im ersten Zylinder bildet
• dem Geber der Temperatur des Dieselkraftstoffs und dem Positionsgeber für das Schieberventil der Kraftstoffströmung. Beide sind in der Innenseite der Pumpe einverleibt.
• dem Geber des atmosphärischen Drucks, welcher in der Innenseite des Steuergeräts untergebracht ist.

Der Computer, d.h. das elektronische Steuergerät reguliert die folgenden Abschnitte der Einspritzanlage:

• die Einspritzpumpe, d.h. das Schieberventil für die Regulierung der Kraftstoffströmung und ein Schaltventil für die Einspritzverstellung
• das Kaltstartsystem (Glühkerzen und Vorglüh- und Nachglühanlage)
• die Wegfahrsperre
• die Abgasrückführungsanlage

- die Warnleuchte der Dieseleinspritzanlage, welche durch Aufleuchten auf aufgetretene Fehler in der Anlage hinweist
- die Abstellung des Motors (Unterbrechung der Kraftstoffzufuhr)
- die Heizelemente zur Vorwärmung des Kühlmittels im Motor
- den elektrisch betriebenen Lüfter, um Überhitzung des Motors zu vermeiden.

Die Anlage wird durch ein Selbstdiagnosesystem überwacht, welches nur durch ein Spezialgerät in der Werkstatt abgefragt werden kann.

Die Einspritzpumpe füttert das Steuergerät mit bestimmten Daten. Sie hat dazu 2 Sensoren (Geber), einen zur Ermittlung der Temperatur des Dieselkraftstoffs und einen zur Ermittlung der Stellung des Kraftstoffströmungsschiebers.

Aufgrund der vom Steuergerät erhaltenen Informationen, beliefert die Pumpe jeden Zylinder mit einer bestimmten Kraftstoffmenge in einem bestimmten Moment. Dies wird durch zwei Bauelemente erzielt:

- Ein Magnetschalter zur Verstellung des durch das Steuergerät regulierten Einspritzpunktes ermöglicht die konstante Änderung der Frühstellung (1, Bild 194). Auf den Magnetschalter ist ein zweipoliger Stecker aufgesteckt.
- Ein Elektromagnet, welcher die Änderung der Stellung des Strömungsschiebers verändert.

Nur das Magnetschaltventil und der Temperatur für den Dieselkraftstoff können von der Pumpe abmontiert werden. Alle anderen Störungen an der Einspritzpumpe können nur in einer Spezialwerkstatt behoben werden, die sich mit diesen Pumpen befassen. Bilder 195 bis 199 zeigen die Lage verschiedener Bauelemente dieser Dieseleinspritzanlage.

Die Einspritzanlage ist mit einem Speicher zur Aufzeichnung von Störungen versehen. Irgendwelche aufgetretenen Störungen verbleiben im Speicher, auch wenn die Zündung ausgeschaltet oder die Batterie abgeklemmt wird. Bei ernsthaften Störungen leuchtet eine Lampe im Armaturenbrett auf (gleiche Leuchte wie für die Vorglühung). Ernsthafte Störungen können in den folgenden Bauteilen auftreten, d.h. Sie wissen sofort, wo der Fehler liegen könnte:

- Potentiometer für Fahrpedalstellung
- Kalibrierte Einspritzdüse
- Magnetschaltventil der Einspritzpunktverstellung
- Stellungsgeber der Kurbelwelle
- Kraftstoffabsperrung
- Störung im Steuergerät
- Kraftstoffströmungsschieberventil
- Hauptrelais

Eine Abgasrückführungsanlage und ein Oxydationskatalysator sind serienmäßig eingebaut. Wiederum übernimmt das Steuergerät die Regulierung der Anlagen, ohne zusätzliche Einflüsse.

5.5.2 Aus- und Einbau der Einspritzpumpe

Verschiedene Spezialwerkzeuge sind zum Aus- und Einbau der Einspritzpumpe erforderlich, jedoch wird der Aus- und Einbau dieser Pumpe leichter gemacht, da man den Zahnriemen nicht ausbauen muss. Falls Sie sich diese Werkzeuge nicht besorgen können, müssen Sie die Arbeiten einer Werkstatt überlassen. Wir schlagen deshalb vor, dass Sie die folgenden Beschreibungen, auch die Anweisungen zum Einstellen der Einspritzzeiten, gut durchlesen, ehe Sie sich verleiten lassen die Pumpe auszubauen. *Nach jedem Ausbau muss die Pumpe vollkommen eingestellt werden. Die Einstellung der Pumpe kann nur mit Spezial-*

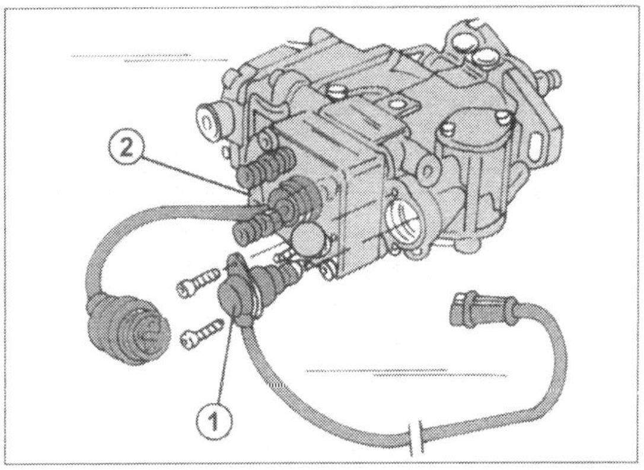

Bild 194
Ansicht der Einspritzpumpe bei einem F9Q-Motor mit Lage der beiden austauschbaren Teile.
1 Magnetschaltventil zur Einspritzverstellung
2 Strömungsregelschieberventil

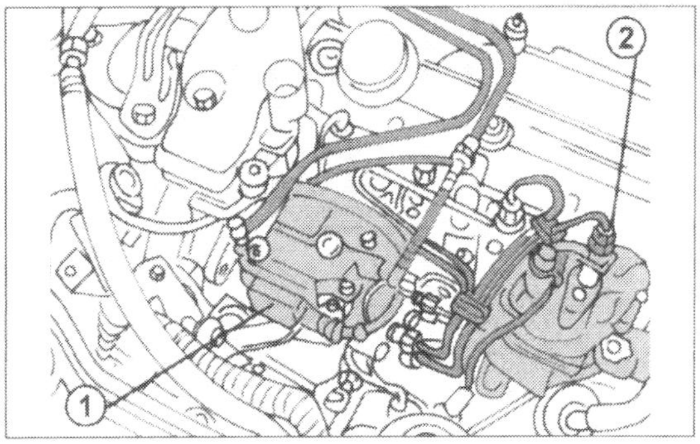

Bild 195
Die kalibrierte Einspritzdüse ist an der gezeigten Stelle zu finden.

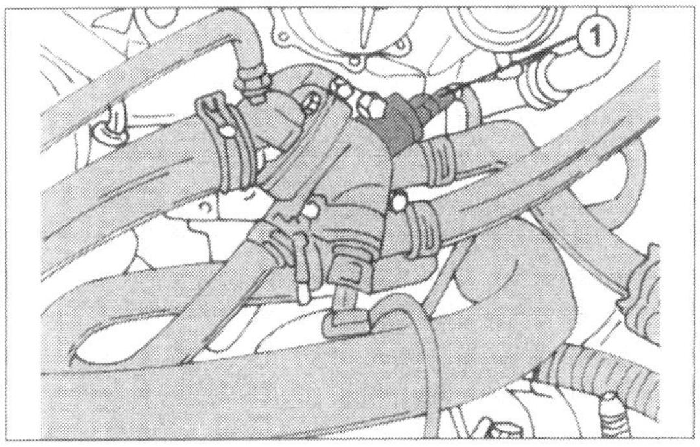

Bild 196
Der Geber für die Temperatur des Kühlmittels (1) ist an der gezeigten Stelle zu finden.

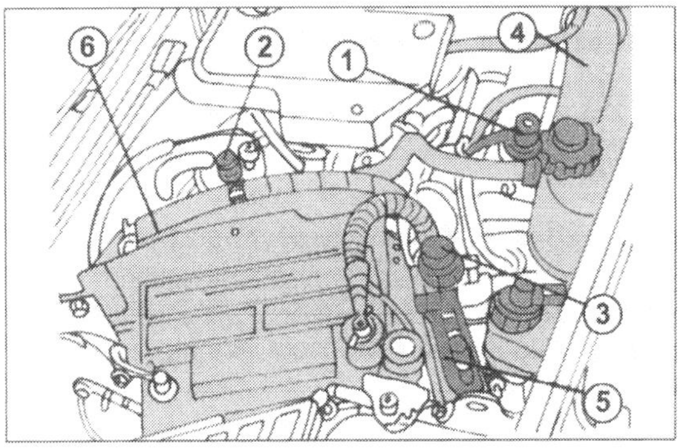

Bild 197
Die Lage verschiedener Teile der Einspritzanlage im Motorraum.
1 Abgasrückführungsventil
2 Kraftstofffilter
3 Regelventil der Abgasrückführungsanlage
4 Luftströmungsmesser mit Ansaugluft-temperaturgeber
5 Relais für Vorglüh/Nachglühanlage
6 Elektronisches Steuergerät (mit Drucksensor)

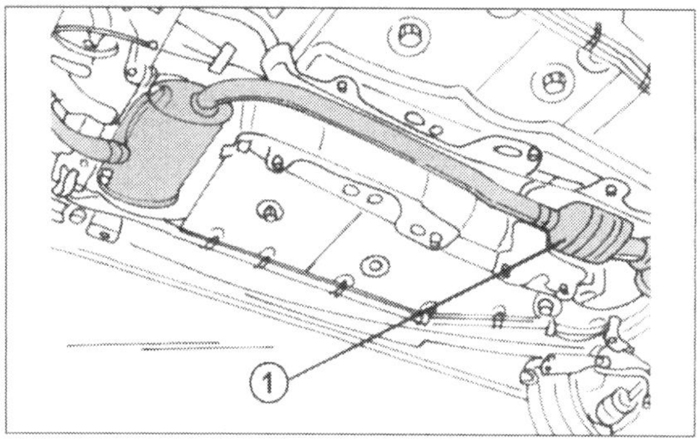

Bild 198
Der Oxydationskatalysator (1) ist in der gezeigten Weise mit dem Schalldämpfer verbunden.

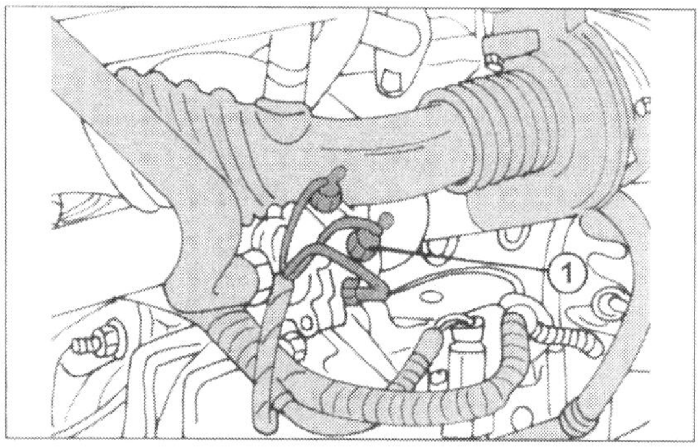

Bild 199
Lage der Heizelemente für verschiedene Abschnitte der Einspritzanlage.

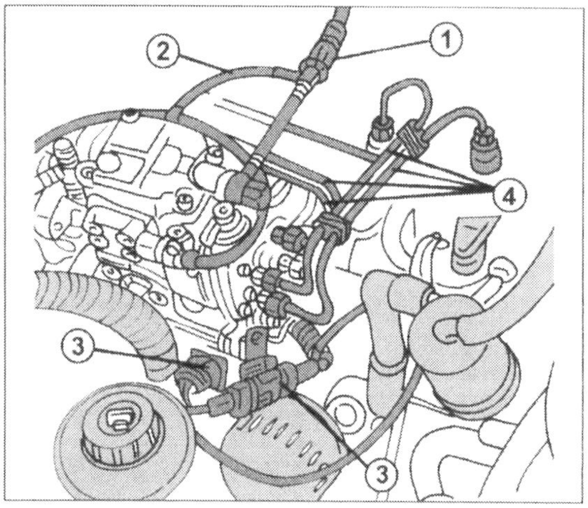

Bild 200
Beim Ausbau der Einspritzpumpe auszubauende Teile (F9Q-Motor).
1 Schnellverschluss der Kraftstoffleitung
2 Rücklaufleitung von den Einspritzdüsen
3 Kabelstecker
4 Einspritzleitungen

werkzeugen durchgeführt werden, d.h. man kann die Pumpe beim Einbau nur in die ursprüngliche Stellung montieren.

Hinweis: Bei den beschriebenen Arbeiten müssen alle bereits angegebenen Vorsichtsmaßnahmen über die Sauberkeit beachtet werden. Auch kleinste, in die Anlage eindringende Teilchen, könne bereits zu Störungen führen.

- Massekabel der Batterie unter Beachtung der Vorsichtsmaßnahmen abklemmen.
- Den Stecker am Steuergerät abziehen und das Steuergerät ausbauen (1 Schraube).
- Alle an der Einspritzpumpe aufgesteckten Stecker abziehen.
- Die in Bild 192 gezeigten Teile ausbauen (das Gehäuse der Pumpenriemenscheibe ausbauen).
- Den Kolben des ersten Zylinders auf den oberen Totpunkt setzen und in dieser Stellung arretieren, wie es im Abschnitt „Motor" beschrieben wurde. Dazu wird der Arretierbolzen Mot. 1054 benutzt, den man an der in Bild 188 gezeigten Stelle in den Zylinderblock einschiebt. Dadurch werden die beiden Steuerräder an der Oberseite in die richtige Stellung gebracht, d.h. das Steuerzeichen im Steuerrad der Nockenwelle ist in einer Linie mit dem Zeichen am inneren Deckel (Fenster im Bild 192). Was in der Innenseite des Motors mit dem Arretierbolzen passiert, können Sie Bild 189 entnehmen.
- Die Kraftstoffleitungen von der Einspritzpumpe abschließen. Diese sitzen an den in Bild 200 gezeigten Stellen, d.h. einen Schnellverschluss der Kraftstoffleitung (1), die Gummileitung der Kraftstoffrückfuhr von den Einspritzdüsen (2), die Stecker (3) und die vier Einspritzleitungen (4).

Hinweis: Alle abgeschlossenen Leitungen und Anschlüsse in geeigneter Weise gegen Eindringen von Schmutz schützen. Im Ersatzteillager gibt es spezielle Verschlussstopfen für diese Arbeit.

- Die Befestigungsschrauben der hinteren Pumpenstütze vom Zylinderblock entfernen.
- Das Antriebsrad der Einspritzpumpe in geeigneter Weise gegen Mitdrehen halten (mit dem in Bild 190 gezeigten Werkzeug Mot. 1200), einen Torx-Schraubendreher in den Spalt des Pumpenrades einsetzen und die drei Befestigungsschrauben der Pumpe sowie die mittlere Mutter der Pumpenwelle lösen. Alle drei Schrauben der Pumpe sowie die Mutter der Reihe nach lösen, bis die Pumpe vollkommen frei ist und herausgezogen werden kann.

Beim Einbau der Pumpe folgendermaßen vorgehen:

- Die Pumpenwelle gut reinigen, um vorhandene Fettreste zu entfernen und die Pumpe in die richtige Lage bringen.
- Die drei Befestigungsschrauben der Pumpe festziehen (25 Nm).
- Die mittlere Mutter der Pumpenwelle mit 45 Nm anziehen.
- Die Befestigungsschrauben der Pumpe folgendermaßen anziehen: Vordere Pumpenschraube 25 Nm, hintere Pumpenschraube 26 Nm, vordere Stütze an Zylinderkopf 33 Nm, hintere Stütze an Zylinderkopf 26 Nm, Hochdruckleitungen 25 Nm.
- Alle anderen Arbeiten in umgekehrter Reihenfolge wie beim Ausbau vorgehen.

5.6 Düsenhalter und Einspritzdüsen

Schadhafte Einspritzdüsen können folgende Störungen hervorrufen:

- Fehlzündungen
- Klopfen in einem oder mehreren Zylindern
- Überhitzung des Motors
- Leistungsverlust
- Schwarzer Auspuffrauch
- Hoher Kraftstoffverbrauch
- Sehr blauer Auspuffrauch beim Anlassen eines kalten Motors

Eine nicht arbeitende Einspritzdüse kann man herausfinden, indem man die Einspritzleitungen der Reihe nach an den Einspritzdüsen lockert, während der Motor im schnellen Leerlauf läuft. Läuft der Motor nach Abschließen einer bestimmten Einspritzleitung mit dem gleichen Geräusch weiter, ist die schadhafte Düse gefunden.

5.6.1 Aus- und Einbau

Die Einspritzdüsen liegen ziemlich versteckt und die entsprechenden Teile müssen ausgebaut werden, um an die Düsen zu kommen. Die Düsen ragen jeweils neben der Glühkerze aus dem Zylinderkopf heraus, wie man es in Bild 201a sehen kann. Die Düsen können jedoch ein unterschiedliches Aussehen haben, da je nach Motor ein Geber an einer der Düsen einverleibt sein kann. Wie die Teile bei diesen Motoren aussehen, können Sie Bild 201b entnehmen. Die folgende Beschreibung gilt für in den Zylinderkopf eingeschraubte Einspritzdüsen. Bei den in Bild 201b gezeigten Düsen werden die Schraube und die Klemmplatte entfernt, um die Düse auszubauen.

- Massekabel der Batterie abklemmen.
- Überwurfmutter der Einspritzleitung mit einem aufgesägten Ringschlüssel an der Düse lockern und die Leitung vorsichtig auf eine Seite drücken. Ein Gabelschlüssel kann ebenfalls verwendet werden, jedoch darf man nicht an den Schlüsselflächen abrutschen.
- Den Düsenhalter herausdrehen (Steckschlüssel, 27 mm Schlüsselweite), die Düsendichtung und das Düsenplättchen herausnehmen. Diese Teile beim Einbau immer erneuern. Der Einbau erfolgt in umgekehrter Reihenfolge wie der Ausbau. Die Düsen mit einem Anzugsdrehmoment von 70 Nm anziehen, die Überwurfmuttern der Einspritzleitungen mit 25 Nm. Beim Anziehen der Überwurfmuttern nicht die Kanten der Sechskante beschädigen. Außerdem die beiden Leitungsenden zuerst fingerfest anziehen, ehe man den Schlüssel zum Festziehen ansetzt.

5.6.2 Reparatur von Einspritzdüsen

Einspritzdüsen können nur in einer Dieselwerkstatt überprüft werden (z.B. Druckprüfung) und sollten nicht zerlegt werden.

5.7 Glühkerzen

Die einzigen Teile welche zur Zündung gehören sind die Glühkerzen, die zum anfänglichen Anwärmen des Verbrennungsgemischs gebraucht werden. Glühkerzen können nicht repariert werden und sind im Schadensfall zu erneuern.

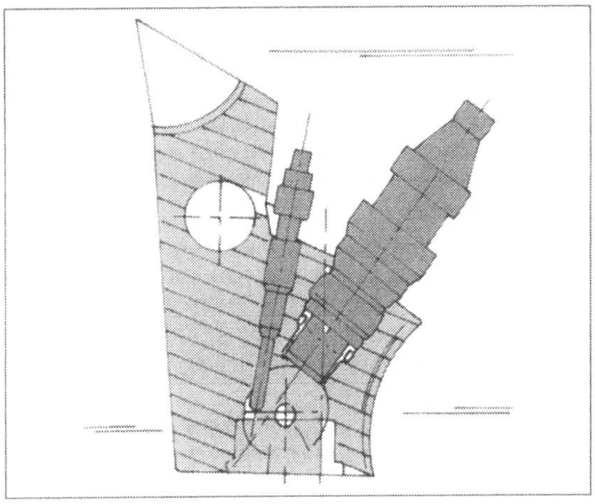

Bild 201a
Einspritzdüsen und Glühkerzen liegen nebeneinander. Die Befestigung ist nicht bei allen Motoren gleich. Bild 201b zeigt die Düsen der zuletzt eingebauten Motoren.

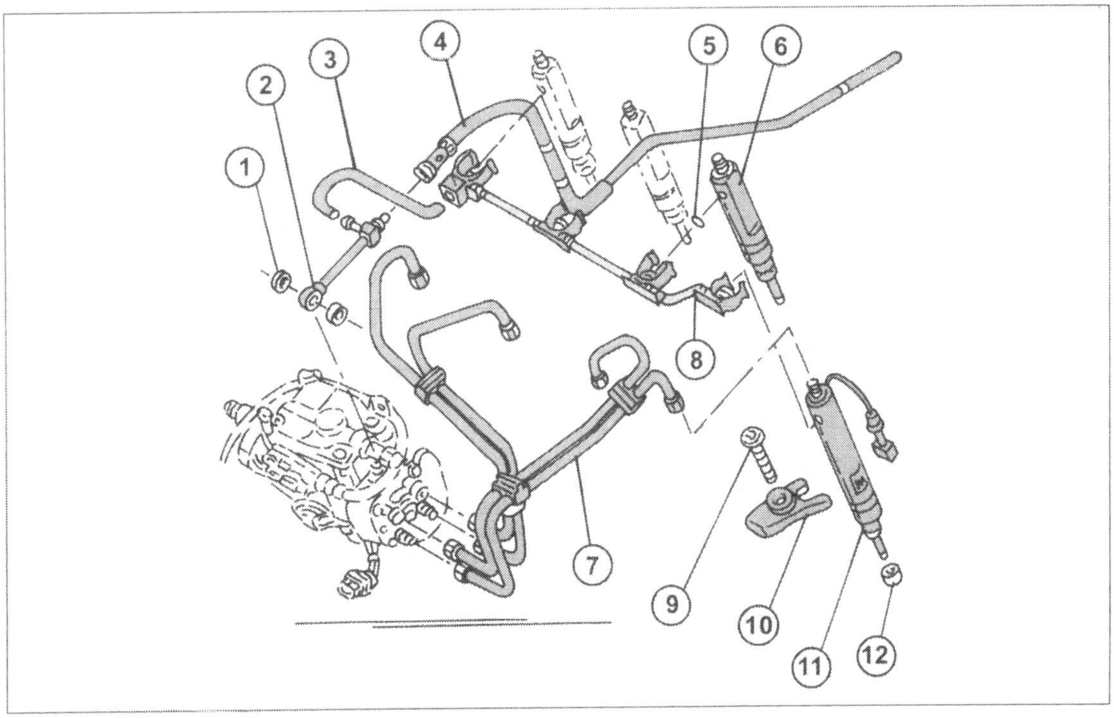

Bild 201b
Mit Klemmplatten befestigte Einspritzdüsen bei den neueren Motoren.

1 Dichtring, links und rechts
2 Leitungsanschluss
3 Gummischlauch
4 Kraftstoff-Rückführschlauch
5 Dichtring
6 Einspritzdüse ohne Geber für Einspritzbeginn
7 Einspritzleitungsbündel
8 Verbindungsleitung
9 Schraube der Klemmplatte
10 Klemmplatte für Einspritzdüse
11 Einspritzdüse mit Geber für Einspritzbeginnanzeige
12 Dichtring

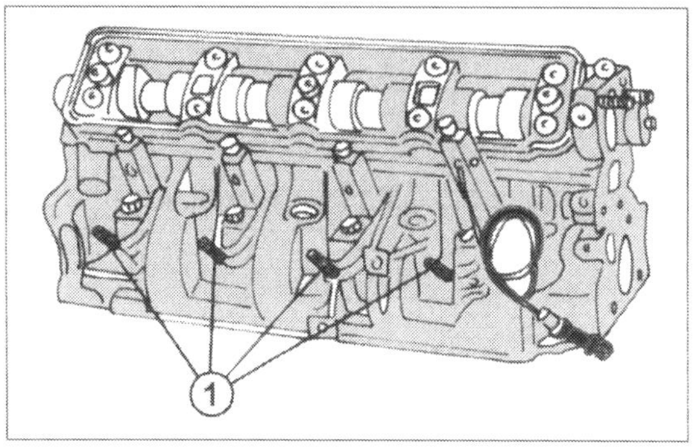

Bild 202
Die Glühkerzen sind in die Seite des Zylinderkopfes eingeschraubt.

Die Glühkerzen können nur im eingebauten Zustand auf Stromführung kontrolliert werden und abgesehen davon wird ein mit Leuchtdiode ausgestattetes Prüfinstrument zur Kontrolle gebraucht. Glühkerzen sollten Sie aus diesem Grund in einer Werkstatt überprüfen lassen. Die Kerzen haben die Aufgabe des Vorglühens und des Nachglühens. Die Glühkerzen sitzen an der in Bild 202 gezeigten Stelle.
Falls man nach Ausschrauben einer Glühkerze feststellt, dass die Spitze fast abgebrannt ist, können Sie sofort eine Einspritzdüse verdächtigen. Ungenauer Förderbeginn der Einspritzpumpe wirkt sich auch auf die Lebensdauer der Kerzen aus. Beim Kauf einer Glühkerze immer den Motortyp und das Baujahr des Fahrzeuges angeben, da Glühkerzen manchmal abgeändert werden.
Ausfallende Glühkerzen machen sich normalerweise bei kaltem Motor bemerkbar. Der Kraftstoff in den „guten“ Zylindern wird zünden, während der Zylinder mit der schlechten Kerze erst später dazukommt. Stotternder Motorlauf und blauer Auspuffrauch sind ein weiterer Beweis dafür.
Um an die Glühkerzen zu kommen, muss man bestimmte Vorarbeiten durchführen, da sie ziemlich versteckt sitzen.

Die Vorglühanlage besteht aus den Glühkerzen, dem Vorglühzeitrelais und der Warnleuchte im Armaturenbrett. Durch die eingebaute Einspritzanlage hat sich auch die Arbeitsweise der Glühkerzen, verglichen mit Glühkerzen in anderen Dieselmotoren etwas verändert. Folgende Glühphasen treten auf:

- Beim Einschalten der Zündung wird das Glühzeitrelais unter Strom gesetzt. Die Dauer des Aufleuchtens der Warnleuchte und der Stromzufuhr zu den Glühkerzen hängt von der Temperatur des Kühlmittels sowie dem atmosphärischen Druck ab. In allen Fällen wird die Leuchte jedoch nicht länger als 15 Sekunden aufleuchten. Andernfalls stimmt etwas nicht.
- Nachdem die Warnleuchte erlöscht ist, werden die Glühkerzen weiterhin 30 Sekunden lang mit Strom versorgt.
- Beim Anlassen des Motors, d.h. beim Betätigen des Anlassers werden die Kerzen fortlaufend mit Strom versorgt.
- Bei laufendem Motor findet das Nachglühen statt. Während dieser Phase werden die Kerzen je nach Kühlmitteltemperatur und Stellung des Strömungsventils ständig mit Strom versorgt. Falls der Geber für die Temperatur des Kühlmittels defekt sein sollte, werden die Glühkerzen trotzdem mit Strom versorgt. In diesem Fall kalkuliert das Steuergerät eine Glühzeit in Abhängigkeit von der Lufttemperatur. Die Kerzen erhalten jedoch niemals mehr als 3 Minuten Strom.

Durch die hohen Temperaturen ist es schon mal möglich, dass eine Glühkerze durchbrennt. Ebenfalls ist es möglich, dass Kerzen durch Störungen an den Einspritzdüsen, falsche Einspritzzeiten oder zu niedrigen Einspritzdruck ausfallen. In diesem Fall können sie ausgebaut und erneuert werden. Beim Erneuern von Glühkerzen muss man sich von der Ausführung überzeugen.

5.7.1 Aus- und Einbau der Glühkerzen

Die Kerzen sitzen, wie auch die Einspritzdüsen, ziemlich versteckt und bestimmte Teile müssen ausgebaut werden, um an die Glühkerzen heranzukommen. Eine Stecknuss mit Verlängerung und Ratsche sollte zum Ausschrauben vorhanden sein.
Die Muttern von den Glühkerzen abschrauben. Die Muttern können nicht abgenommen werden, da sie sich in den Kabelschuhen des Kabelstranges befinden. Die Glühkerzen danach herausdrehen.
Der Einbau geschieht in umgekehrter Reihenfolge. Die Kerzen mit 20 Nm, die Mutter der Leitungsbefestigung mit 4 Nm anziehen.

5.8 Kraftstofffilter

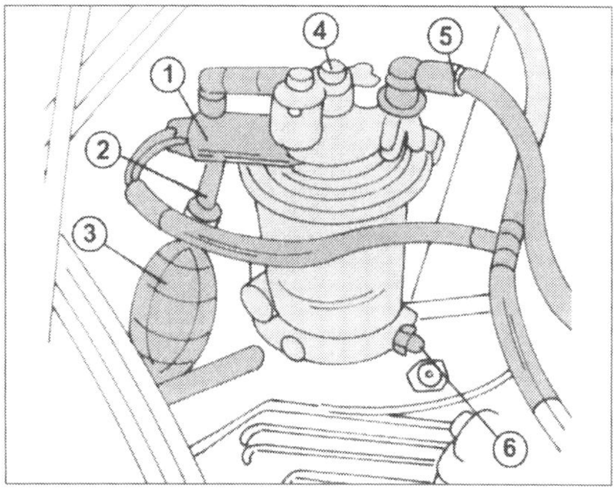

Bild 203a
Eingebauter Kraftstofffilter.
1 Elektrische Kraftstoffvorheizung
2 Kraftstoffzufuhrleitung
3 Handpumpe
4 Schraube der Filtergehäusebefestigung am Filterkopf
5 Kraftstoffauslassleitung
6 Ablassschraube des Filtergehäuses

Der Kraftstofffilter sollte alle 30 000 km erneuert werden, ganz gleich, ob Störungen in der Kraftstoffaufbereitung festgestellt wurden oder nicht. Der Filter ist mit einem austauschbaren Filterelement versehen und ist an der Innenseite des rechten Radkastens montiert (von vorn gesehen links, siehe Bild 203a). In Bild 203b sind der Filter mit dem Einsatz sowie die dazu gehörigen Verbindungen gezeigt. Eine elektrisch arbeitende Vorwärmeinrichtung für den Kraftstoff ist im Filterkopf eingebaut. Bei niedrigen Temperaturen wird der Kraftstoff über einen Thermokontakt sowie ein Relais aufgeheizt. Bei ca. 0°C schließt der Kontakt, bei ca. 8°C öffnet er sich.
Außer der regelmäßigen Erneuerung des Filtereinsatzes sollte sich im Filtergehäuse angesammeltes Kon-

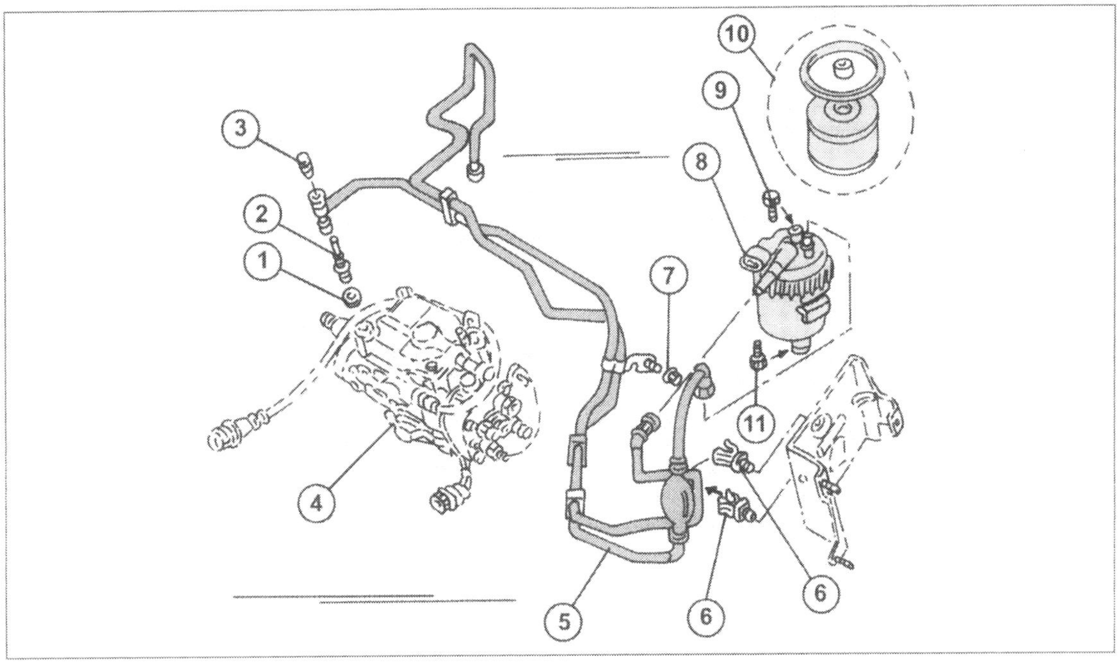

Bild 203b
Die Installation des Kraftstofffilters beim Motor F9Q.
1 Dichtring
2 Leitungsanschlussstück
3 Anschlussschraube
4 Einspritzpumpe
5 Kraftstoffleitung
6 Halteschellen (Clips)
7 Befestigung
8 Filter, cplt.
9 Entlüftungsschraube
10 Filterelement mit Dichtring
11 Ablassschraube

denswasser bei jedem Wechsel des Motoröls abgelassen werden.

5.8.1 Erneuerung des Kraftstofffilters

- Einen geeigneten Behälter unter das Gehäuse des Kraftstofffilters unterhalten, um auslaufendes Dieselöl aufzufangen.
- Den Kabelstecker von der Steckzunge der Vorwärmeinrichtung (1) in Bild 203a abziehen.
- Die beiden Kraftstoffleitungen vom Filterkopf abschließen. Diese sind mit Schnellverschlüssen befestigt, die normalerweise mit einem Spezialwerkzeug geöffnet werden. In Bild 204 kann man sehen, wie dieses Werkzeug (Nr. Mot. 1311-06) aussieht. Die Klammer wird über die beiden mit Pfeilen bezeichneten Flächen geschoben und nach innen gedrückt; jetzt lässt sich der Kraftstoffschlauch abziehen.
- Die Ablassschraube an der Unterseite des Filtergehäuses herausdrehen (Stelle 6 in Bild 204) und den Kraftstoff in den untergehaltenen Behälter laufen lassen.
- Die Befestigungsschraube des Filterkopfes lösen („1" in Bild 205) und das gesamte Filtergehäuse nach unten zu herausnehmen. Das Filterelement herausnehmen. Alle Dichtringe abnehmen, da diese beim Einbau erneuert werden müssen.
- Das Filtergehäuse gründlich reinigen und den neuen Filtereinsatz in das Gehäuse einsetzen. Das Filtergehäuse mit den neuen Dichtringen am Filterkopf montieren und die Schraube in der Oberseite des Filterkopfes anziehen.
- Die Kraftstoffschläuche anschließen. Diese werden aufgeschoben, müssen aber gut in die Schnellverschlüsse einclipsen.
- Den Kabelstecker auf die Steckzunge der Vorwärmvorrichtung aufstecken.
- Die Ablassschraube an der Unterseite des Filtergehäuses einschrauben und festziehen.

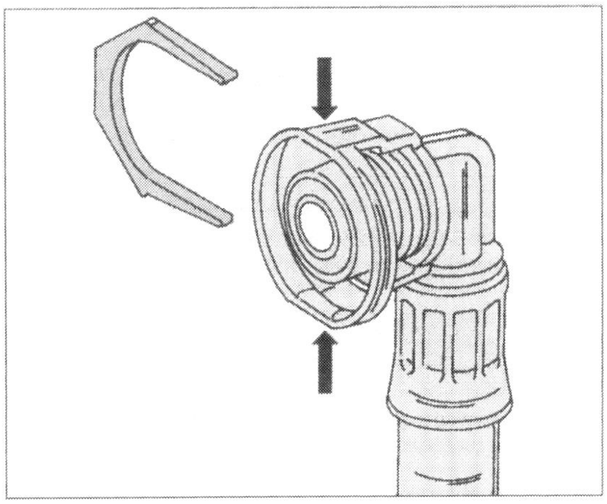

Bild 204
Die Spezialkrampe wird an den Pfeilstellen in den Schnellverschluss eingeschoben. Dadurch werden die Sicherungen zusammengedrückt und der Schlauch kann abgezogen werden.

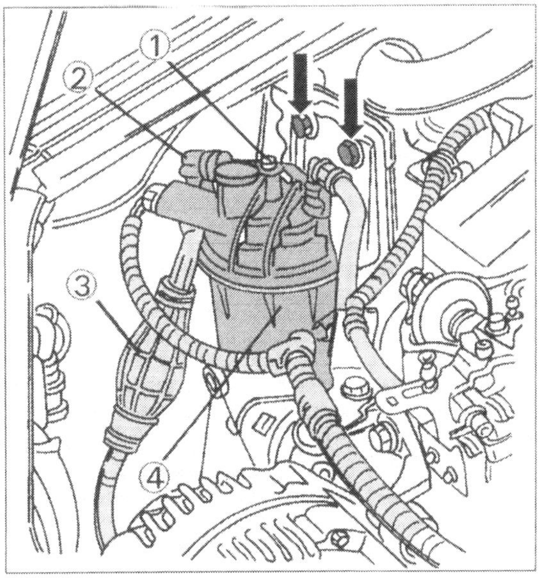

Bild 205
Die Filterbefestigung. Die Pfeilstellen weisen auf die Befestigungsschrauben des Filterkopfes hin.
1 Befestigungsschraube des Filtergehäuses
2 Kraftstoffanschluss
3 Handpumpe

- Die Kraftstoffanlage entlüften, wie es untenstehend beschrieben wird.

5.8.2 Entlüften der Kraftstoffanlage

Hinweis: Die Kraftstoffanlage muss entlüftet werden, wenn der Kreis an irgendeiner Stelle geöffnet wurde, da dadurch Luft in die Anlage gelangt ist.

- Die Entlüftungsschraube öffnen. Diese befindet sich in der Nähe des Anschlusses des Kraftstoffschlauchs.
- Auf das Ende der Entlüftungsschraube einen kleinen Schlauch aufschieben und diesen in einen untergehaltenen Behälter halten.
- Den Handpumpenbalg (3) in Bild 205 betätigen (zusammendrücken), bis nur noch Dieselöl, frei von Luftblasen in den untergehaltenen Behälter läuft.
- Die Entlüftungsschraube wieder anziehen, die Schlauch vom Anschlussnippel abziehen und den Behälter herausnehmen.
- Den Motor anlassen und im Leerlauf drehen lassen, bis sich dieser stabilisiert hat.
- Den Motor abstellen und erneut anlassen. Motor ohne Betätigung des Fahrpedals laufen lassen, um die Anlage auf einwandfreie Entlüftung zu kontrollieren.

5.8.3 Kondenswasser entleeren

Hinweis: Man sollte es sich zur Angewohnheit machen, dass man im Kraftstofffilter angesammeltes Wasser bei jedem Motorölwechsel entleert. Nach fertiger Entleerung muss die Kraftstoffanlage entlüftet werden, wie es oben beschrieben wurde.

- Die Entlüftungsschraube öffnen. Diese befindet sich in der Nähe des Anschlusses des Kraftstoffschlauchs.
- Einen geeigneten Auffangbehälter unter das Filtergehäuse unterhalten.
- Den Ablassstopfen an der Unterseite des Filtergehäuses öffnen und das Dieselöl in den Behälter laufen lassen, bis nur noch Kraftstoff, ohne Wasseranteile herausläuft. Den Stopfen danach wieder anziehen. Der Stopfen ist in Bild 203a mit Pos. 5 bezeichnet.
- Abschließend die Kraftstoffanlage entlüften, wie es oben beschrieben wurde.

5.9 Abgasregulierung und AGR-(EGR)-Anlage

Bei diesem Motor ist ein Rückführungssystem für die Öldämpfe zur Neuverbrennung und eine Abgasrückführungsanlage eingebaut, die ebenfalls unter dem Namen „AGR" oder „ARF" sowie der englischen Bezeichnung „EGR" bekannt ist, je nachdem, mit wem Sie sprechen.
Bild 206 zeigt am Beispiel des F9Q-Motors wie die sich im Motor bildenden Öldämpfe wieder in den Ansaugkrümmer (Ansaugsammelrohr) zurückgelangen und wo die einzelnen Teile zu finden sind. In den Dämpfen enthaltenes Öl wird in einem Ölsammler aufgefangen, die Dämpfe werden danach im Luftfilter von Verunreinigungen befreit und gelangen erst dann wieder zum Ansaugsammelrohr zurück.
Wichtig für die Arbeitsweise dieses Systems ist die Sauberhaltung. Der Ölsammler hat nur eine bestimmte Lebensdauer und muss am Ende erneuert werden.
Das System ermöglicht eine Rückführung der Abgase zur Wiederverbrennung in den Ansaugkrümmer unter bestimmten Last- und Temperaturbedingungen des Motors. Dies wird vom elektronischen Steuergerät der Einspritzanlage reguliert. Ein in das Ansaugsammelrohr eingebautes AGR-Ventil hat eine Regelklappe, welche ständig unter Überwachung durch das Steuergerät steht. Die folgenden Faktoren bestimmen den Betrieb des Ventils:

- die Temperatur der Luft
- die Temperatur des Kühlmittels
- der atmosphärische Druck
- die Stellung des Fahrpedals
- die Drehzahl des Motors
- die Fahrgeschwindigkeit
- die Spannung der Batterie

Die Anlage ist nicht im Betrieb, d.h. das AGR-Ventil wird abgeschaltet, wenn:

- die Lufttemperatur weniger als 15°C oder mehr als 60°C beträgt
- die Kühlmitteltemperatur weniger als 15°C oder mehr als 120°C beträgt
- die Batteriespannung weniger als 10 Volt beträgt
- der atmosphärische Druck weniger als 890 mbar beträgt
- ein bestimmtes Kennfeld (Verhältnis zwischen Motordrehzahl und Motorbelastung) größer als ein bestimmter Sollwert ist.

Das AGR-Ventil wird 30 Sekunden nach Anlassen des Motors mit Strom versorgt, falls dies durch die vorherrschenden Bedingungen erlaubt wird. Das Fahrzeug muss danach mit einer Fahrgeschwindigkeit von mindestens 10 km/h gefahren werden, um die Anlage in Betrieb zu halten.

Mit Ausnahme der Erneuerung des Regelventils kann man keine Reparaturen an der Anlage ausführen. Um das Regelventil zu erneuern, kann man sich die Arbeit erleichtern, indem das Ansaugsammelrohr ausgebaut wird. Um das Regelventil nicht sofort zu verdächtigen, müssen die folgenden Teile der Einspritzanlage einwandfrei arbeiten: die Sensoren (Geber) für die Temperatur des Kühlmittels, der Ansaugluft, des atmosphärischen Drucks, der Fahrgeschwindigkeit und die beiden Strömungsregelventile.

5.10 Abgasturbolader (F9Q-Motor)

Falls man feststellt, dass der Motor weniger Leistung aufbringt als man erwartet, z.B. die Höchstgeschwindigkeit kann nicht mehr erzielt werden, kann der Turbolader verdächtigt werden. Falls der Turbolader

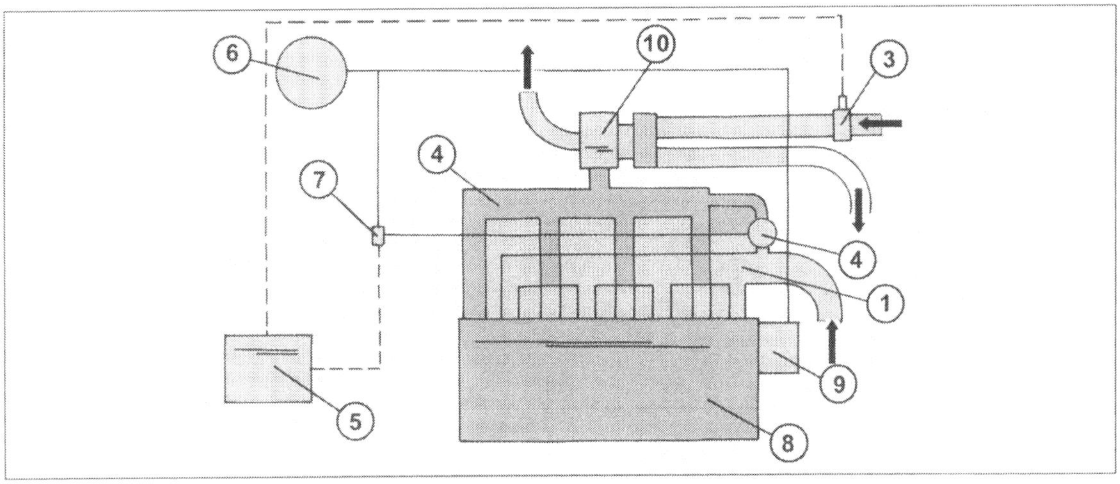

Bild 206a
Anschlussweise des Abgasrückführungssystems.
1 Ansaugsammelrohr
2 Abgasrückführungsventil (20 Nm)
3 Strömungsmesser
4 Auspuffkrümmer
5 Magnetschaltventil für Abgasrückführungssystem
6 Bremskraftverstärker
7 Elektronisches Steuergerät
8 Zylinderkopf
9 Unterdruckpumpe
10 Abgasturbolader

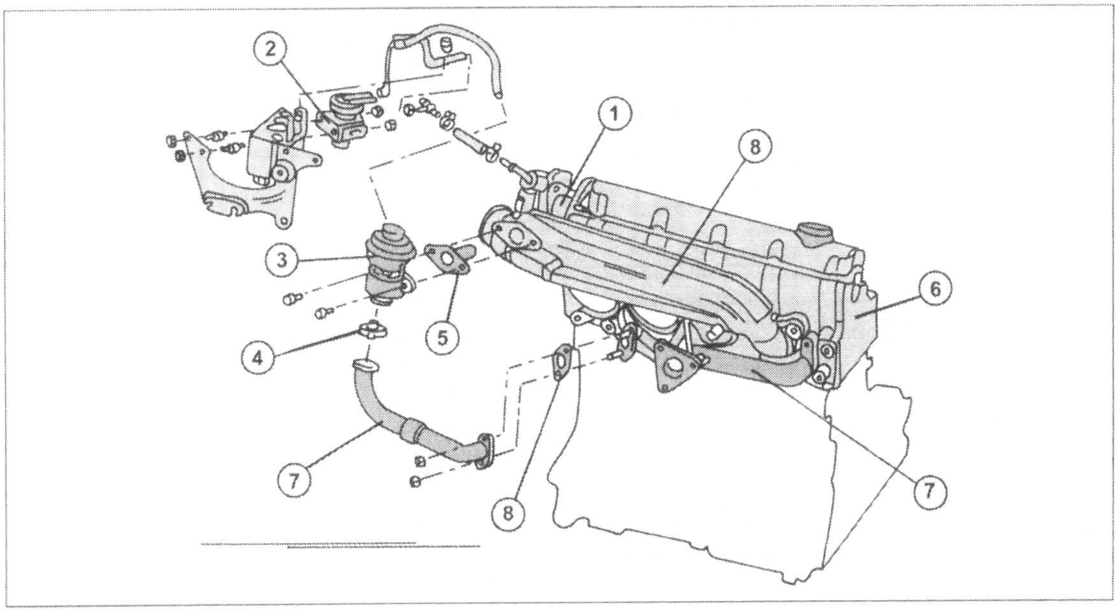

Bild 206b
Anordnung der zum Abgasrückführungssystem gehörenden Teile am Motor.
1 Unterdruckpumpe
2 Magnetschaltventil für Abgasrückführungssystem
3 Abgasrückführungsventil (20 Nm)
4 Clip
5 Zwischenstück
6 Zylinderkopf
7 Stahlrohr für Abgasrückführung
8 Dichtung

nicht mehr einwandfrei arbeitet, muss er erneuert werden, da man ihn nicht mit einfachen Werkstattausrüstungen reparieren kann. Zur Gewährleistung des einwandfreien Betriebs des Turboladers und zum Erzielen des Aufladedrucks muss die gesamte Anlage auf der Ansaug- und der Abgasseite vollkommen luftdicht abgeschlossen sein. Diese Möglichkeit ist als Erstes zu überprüfen:

- Den Luftschlauch zwischen dem Turbolader und dem Ansaugrohr und den Schlauch zwischen dem Ansaugrohr und der Einspritzpumpe kontrollieren. Schläuche können entweder lose oder undicht sein.
- Luft kann zwischen Ansaugrohr und Zylinderkopf in den Motor eintreten.
- Die Flansche am Ansaugrohr können undicht sein.
- Eine Undichtigkeit hat sich zwischen dem Auspuffkrümmer und dem Zylinderkopf oder zwischen dem Krümmer und dem Turbolader gebildet.

Zur Kontrolle des Aufladedrucks wird ein spezieller Druckmesser benötigt und diese Arbeit sollte einer Werkstatt überlassen werden. Falls der Druck zu hoch ist, obwohl die Leitung zum Ladedruckregler nicht verstopft ist, wird es höchstwahrscheinlich einer Erneuerung des Turboladers bedürfen.

Ein Fehler kann auch im Abblaseventil auftreten, wodurch der Ladedruck zu niedrig bleibt.
Falls der Auspuffrauch sich in der Farbe ändert, stimmt irgendetwas in der Einspritzanlage nicht. Sofort kontrollieren lassen.

Turboladerstörungen
Arbeitet der Turbolader nicht mehr einwandfrei, kann man dies durch abfallende Leistung oder Nichterreichen der Höchstgeschwindigkeit feststellen, vorausgesetzt, dass die Kraftstoffeinspritzung einwandfrei arbeitet. Einmal kann dies an einer Leckstelle in der Aufladeanlage liegen, zum anderen Mal an einem defekten Turbolader. Wir schlagen die folgende Reihenfolge beim Prüfen vor:

Undichte Turboladeranlage
- Den Luftschlauch zwischen dem Turbolader und dem Ansaugsammelrohr auf Bruch, Risse, Lockerung, usw. kontrollieren und Defekte evtl. beheben.
- Undichtheit zwischen dem Zylinderkopf und dem Ansaugsammelrohr kontrollieren. Dies kann durch schlechte Dichtungen oder in schlimmen Fällen durch einen geplatzten Krümmer vorkommen.

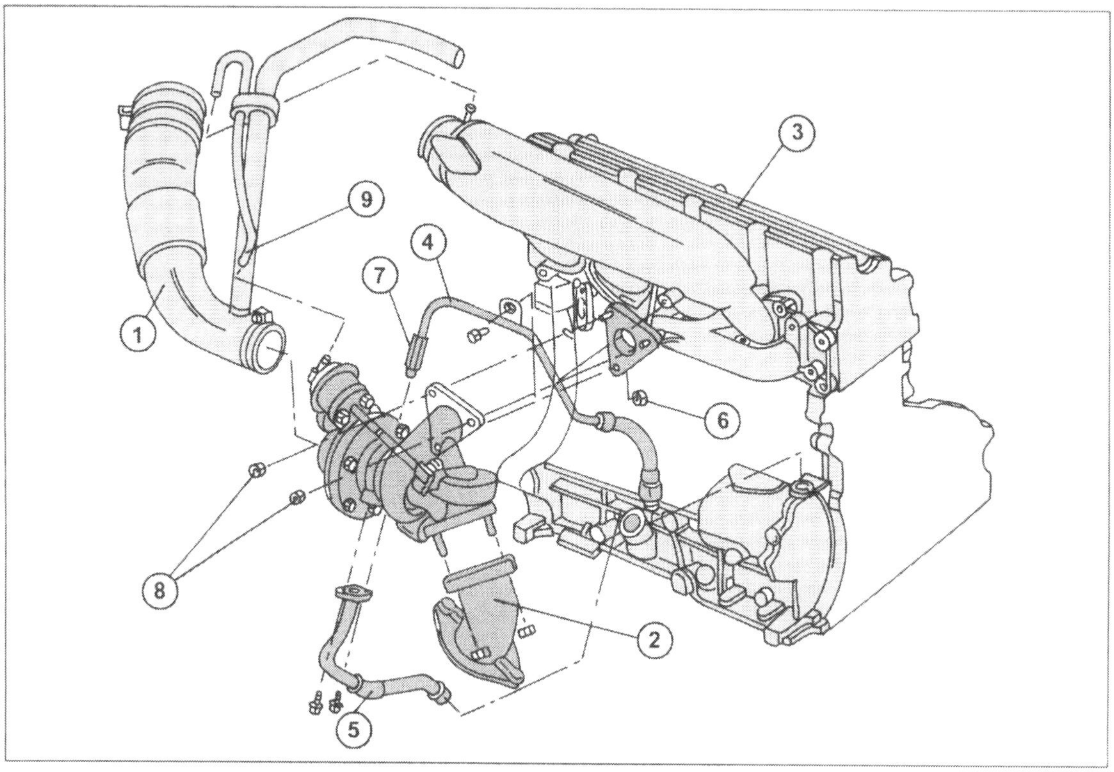

Bild 207
Die Teile der Abgasturboladerinstallation.
1 Luftansaugrohr
2 Auspuffrohr
3 Zylinderkopf
4 Ölzufuhrleitung
5 Ölrücklaufleitung
6 Mutter, Turbolader an Auspuffkrümmer
7 Anschluss der Ölleitung
8 Muttern, Turbolader an Auspuffkrümmer
9 Gummischlauch zum Turbolader

- Die Verbindungsflansche zwischen dem Auspuffkrümmer und dem Zylinderkopf oder zwischen dem Auspuffkrümmer und dem Turbolader sind undicht.

Defekter Turbolader
- Den Ladedruck in einer Werkstatt kontrollieren lassen. Der Ladedruck kann entweder zu hoch oder zu niedrig sein. Ist der Druck zu hoch, kann der Fehler im Magnetventil für die Ladedruckbegrenzung liegen oder die Druckdose des Ladedruckregelventils am Turbolader ist defekt.
- Ist der Ladedruck zu niedrig, kann man die Druckdose für die Ladedruckbegrenzung verdächtigen. Andernfalls muss der Fehler im Turbolader liegen.

Wissenswertes über den Abgasturbolader
Wie Sie bereits wissen werden, darf man einen Motor nach einer langen, schnellen Fahrt nicht sofort abstellen, sondern muss ihn eine Weile im Leerlauf laufen lassen. Was Sie vielleicht nicht wissen, ist der Grund dafür: Würde man den „überheizen" Motor sofort abstellen, könnte sich das Wellenlager des Turboladers so stark erhitzen, dass das Schmieröl im Lager verbrennen kann. Bei einer solchen, wiederholten „Behandlung" würde der Turbolader bald festfressen.
Der Turbolader ist ziemlich empfindlich auf Schmutz oder andere Fremdteile, so dass beim Aus- und Einbau größte Reinlichkeit empfohlen wird.

Aus- und Einbau des Abgasturboladers
Bild 207 kann zum Ausbau des Turboladers hinzugezogen werden. Falls Sie einige Erfahrungen haben, sollte es keine Probleme bei den Arbeiten geben. Beim Einbau sind jedoch die folgenden Anzugsdrehmomente zu beachten:

Befestigungsmuttern des Turboladers	24 Nm
Ölzufuhrleitung (Innengewinde)	23 Nm
Ölzufuhrleitung (Außengewinde)	26 Nm
Schraube, Ölrücklaufleitung	12 Nm
Mutter, Auspuffzwischenrohr an Turbolader	26 Nm
Untere Stütze	35 Nm
Obere Stütze	23 Nm

Folgende Hinweise sind vor Anlassen des Motors zu beachten:
- Den Stecker für die Zufuhr des Kraftstoffs an der Einspritzpumpe abziehen.
- Anlasser betätigen, bis die Öldruckkontrollleuchte erlöscht. Danach den Anlasser einige Sekunden länger betätigen.
- Kabelstecker wieder aufstecken, die Vorglühung einschalten und den Motor anlassen.
- Motor im Leerlauf laufen lassen und kontrollieren, dass die Anschlussstellen der Ölleitungen keine Leckstellen haben.

5.11 Luftfilter

Der Papierfiltereinsatz sollte entsprechend den Anweisungen im Wartungsscheckheft erneuert werden. Nach Ausbau des Deckels den Filtereinsatz herausnehmen. Innenseite des Filtergehäuses einwandfrei reinigen und den neuen Einsatz in umgekehrter Reihenfolge wieder einbauen. Den Deckel wieder montieren. Die Luftfilterinstallation eines Motors mit Abgasturbolader ist in Bild 208 gezeigt.
Um den Filter zu reinigen, kann man ihn gegen eine harte Unterlage aufschlagen und den feinen Staub mit

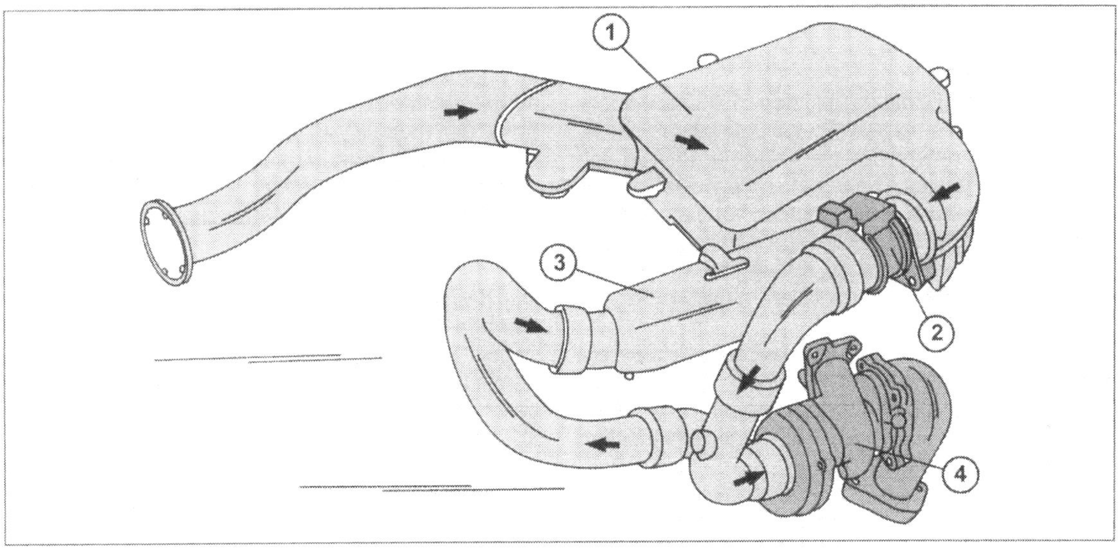

Bild 208
Luftfilterinstallation beim Motor F9Q mit Abgasturbolader.
1 Luftfilter
2 Luftmassenmesser
3 Ansaugkrümmer
4 Turbolader

Pressluft ausblasen. Dabei den Luftstrahl seitlich an den Lamellen vorbeistreichen lassen. Niemals die Luft direkt auf die Lamellen richten, da sonst der Staub nach innen gezwungen wird. Flüssigkeit darf nicht zum Reinigen benutzt werden. Das Filtergehäuse säubern, indem man es mit einem Lappen auswischt.

1.4-Liter-Motor

Die Kraftstoffeinspritzanlage des 1.4-Liter-Motors wird von Siemens hergestellt und unter der Bezeichnung „Fenix 5" geführt. Bei der Anlage handelt es sich um eine so genannte halb-sequentielle Mehrpunkt-Einspritzanlage, d.h. jeder Zylinder hat sein eigenes Einspritzventil. Die Einspritzanlage ist mit verschiedenen Bauelementen versehen, auf welche wir kurz eingehen werden. Der Motor arbeitet mit einem Katalysator.
Die Anlage setzt sich aus drei Hauptabschnitten zusammen, der Kraftstoffanlage, dem Einspritzcomputer (Steuergerät) und den dazugehörigen Teilen sowie der zum Betrieb der Anlage notwendigen elektrischen und/oder elektronischen Teile.
Das Hauptteil der Anlage ist der Computer. Er ist auf einer gedruckten Schaltung montiert, arbeitet digital und hat einen Mikroprozessor. Der Computer der Einspritzanlage enthält die Schaltkreise für die Zündanlage.

Die elektrische Kraftstoffpumpe ist in den Kraftstofftank eingebaut. Sie hat eine Förderleistung von mindestens 80 Liter pro Stunde bei einem geregelten Druck von 3 bar und einer Spannung von 12 Volt. Der Tank muss ausgebaut werden, um an die Pumpe heranzukommen. Der Kraftstoff wird durch einen in die Zufuhrleitung eingesetzten Filter sauber gehalten. Der Filter befindet sich unmittelbar vor dem Tank an der Unterseite des Motors.

Die Kraftstoffeinspritzanlage wird durch verschiedene Sensoren und andere Faktoren reguliert und beeinflusst, auf welche untenstehend erwähnt werden sollen.

Was geschieht mit der Ansaugluftströmung? Wenn die Drosselklappe durch Betätigung des Gaspedals geöffnet wird, wird der Öffnungswinkel der Klappe durch ein Potentiometer gemessen. Der Ansaugluftstrom wird dadurch durch die Stellung der Drosselklappe und die entsprechende Motordrehzahl bestimmt. Die Zündanlage überträgt die Betriebsdaten des Motors zum Steuergerät.

Die Temperatur des Motors wird durch einen Temperaturgeber gemessen. Der Schalter ist in die Kühlanlage eingesetzt und informiert das Steuergerät ständig über die im Motor herrschenden Temperaturen. Dieses kann dadurch die erforderlichen Korrekturen vornehmen.

Die Kraftstoffzufuhr ist eine hochtechnische Angelegenheit. Kurz gesagt, besitzt der Computer einen Mikroprozessor, ein Programm und einen Datenspeicher und außerdem einen Analog-Digitalwandler. Der Computer bestimmt die Einspritzzeit aus den erhaltenen Informationen über Drosselklappenwinkelstellung und Motordrehzahl. Aus den erhaltenen Daten wird ein Kennfeld aus verschiedenen Drosselklappenstellungen und Motordrehzahlen aufgebaut und im Speicher „gelagert". Jedes Mal, wenn die beiden Kriterien abgeglichen sind, kommt die richtige Einspritzzeit zusammen mit dem richtigen Luft/Kraftstoffgemisch zustande, ganz gleich welchen Belastungen der Motor unterliegt.
Erwähnen möchten wir auch den *Klopfsensor*. Dieser ist in den Zylinderblock eingeschraubt und spürt ein „Klingeln" des Kraftstoffgemischs auf. Dieses wird sofort durch das Steuergerät durch Verstellen des Zündzeitpunktes berichtigt.

Das Kraftstoff/Luftgemisch wird außerdem durch die Lambda-Regulierung überwacht. Eine Lambda-Sonde, bei welcher es sich um einen Sensor für vorhandenen Sauerstoff handelt, ist in den Katalysator eingeschraubt und gibt ständig ein elektrisches Signal ab, sodass das Steuergerät das Kraftstoff/Luftgemisch und damit die Einspritzzeit verkürzen oder verlängern kann. Die Lambda-Regulierung ermöglicht ein genaues Dosieren des Kraftstoffs und bestimmt dadurch den CO-Anteil des Gemischs.

Der Leerlauf ist selbstregelnd und wird automatisch verringert oder erhöht, wie dies durch die Betriebsbedingungen verlangt wird. Der richtige Leerlauf liegt zwischen 750 ± 50/min. Ein Stufenmotor verändert die Stellung der Drosselklappe, wenn der programmierte Bezugswert der Motordrehzahl von dem eigentlichen Wert abweicht. Der Bezugswert der Motordrehzahl hängt dabei von den von den verschiedenen Sensoren erhaltenen Daten ab und stellt die Drosselklappe auf den erforderlichen Winkel. Das System erfordert keinerlei Einstellungen, da auch größere Änderungen des Leerlaufs ausgeglichen werden.

1.1-Liter-Motor

Eine von Sagem oder Magnetti Marelli hergestellte Einspritzanlage wird im 1.1-Liter-Motor eingebaut. Wie beim 1.4-Liter-Motor handelt es sich um eine Mehrpunkt-Einspritzanlage mit so genannter halbsequentieller Regulierung. Die Zündung erfolgt statisch und hat 2 Zündspulen mit je einem Doppelausgang, die bei diesem Motor jedoch nicht getrennt werden können. Ein Klopfgeber ist eingebaut.
Alle im betreffenden Kapitel gegebenen Anweisungen treffen in etwa auch auf die eingebaute Anlage zu. Arbeiten zum Ausbau des Ansaug- und Auspuffkrümmers sowie des Kraftstoffverteilerrohres sowie des Drosselkpappengehäuses sind im Großen und Ganzen leichter als beim anderen Motor. Dies betrifft auch die Einspritzventile. Im Verlauf des Textes wird auf Unterschiede eingegangen.
In verschiedenen Abbildungen wird die Lage der wichtigen Teile der Einspritzanlage gezeigt, damit Sie wissen wo ein bestimmtes Teil zu finden ist.

6.1 Arbeiten an der Einspritzanlage

Alle an der Einspritzanlage anfallenden Arbeiten sollten einer Werkstatt überlassen werden, obwohl einige durchführbare Arbeiten anschließend beschrieben werden. Bei allen Arbeiten, die in der Nähe von Teilen der Anlage durchgeführt werden, sind die folgenden Vorsichtsmaßnahmen zu treffen:

- Kein Wasser oder andere Flüssigkeiten auf Teile der Anlage spritzen oder den Motor einer Motorwäsche unterziehen.
- Bei allen Arbeiten an der elektrischen Anlage die Batterie abklemmen.
- Die Spannung der Zündanlage ist sehr hoch. Unter keinen Umständen Messungen mit Instrumenten durchführen, es sei denn, man ist mit der Autoelektrik vollkommen vertraut.
- Falls das Fahrzeug aufgrund von Zündschwierigkeiten abgeschleppt werden muss, das Steuergerät für die Einspritzanlage (welches auch die Zündanlage reguliert) aus dem Stromnetz isolieren.
- Falls Leitungen der Anschlüsse abgeschlossen werden, sollte man diese Arbeit nicht im Freien durchführen, um zu verhindern, dass Staubteile in die Anlage gelangen können.
- Keine Anschlüsse der Einspritzanlage kurzschließen, da man Schäden anrichten kann.

Achtung: Personen mit Herzschrittmacher sollten keine Arbeiten an der Einspritzanlage und der damit verbundenen Zündanlage durchführen, wenn die Batterie angeschlossen ist. Ausschalten der Zündung reicht nicht aus.

6.1.1 Arbeiten an der Anlage

Erneuerung des Drosselklappengehäuses – 1.4-Liter-Motor

- Massekabel der Batterie abklemmen.
- Den Luftfilter ausbauen.
- Das in Bild 209 gezeigte Luftansaugrohr (1) ausbauen.
- Das Gaszugseil abschließen.
- Den Kabelstecker (2) in Bild 209 vom Stufenmotor der Leerlaufregulierung sowie den Kabelstecker (2) in Bild 210 vom Potentiometer der Drosselklappe abziehen.
- Die vier Befestigungsschrauben (1, Bild 210) lösen und das Drosselklappengehäuse herunterheben.

Der Einbau geschieht in umgekehrter Reihenfolge wie der Ausbau. Das Drosselklappengehäuse ist mit einem Dichtring versehen, welchen man immer erneuern muss. Die Schrauben mit 10 Nm anziehen.

Erneuerung des Drosselklappengehäuses – 1.1-Liter-Motor

Der Aus- und Einbau des Drosselklappengehäuses ist bei diesem Motor problemloser. Das Drosselklappengehäuse am Ansaugsammelrohr sowie die Stütze des Gehäuses am Zylinderkopf jeweils mit 10 Nm anziehen.

Kraftstoffverteilerrohr und Einspritzventile – 1.4-Liter-Motor

Hinweis: Beim Öffnen des Kraftstoffkreises kann Benzin ausspritzen. Wir schlagen vor, dass Sie einen

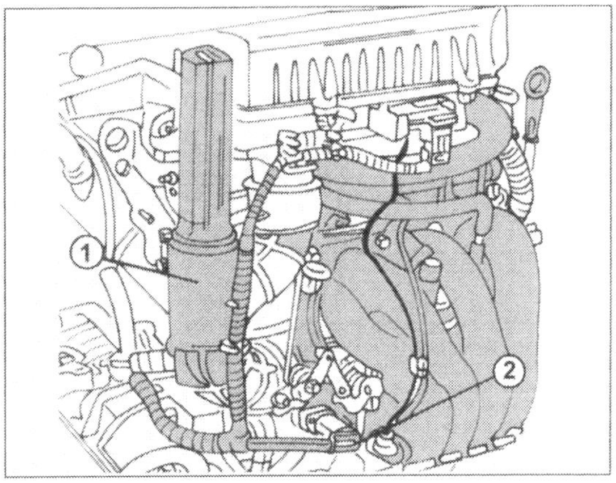

Bild 209
Lage des Luftansaugrohres zwischen Drosselklappengehäuse und Luftfilter (1) und des Steckers für den Stufenmotor der Leerlaufregulierung (2) beim 1.4-Liter-Motor.

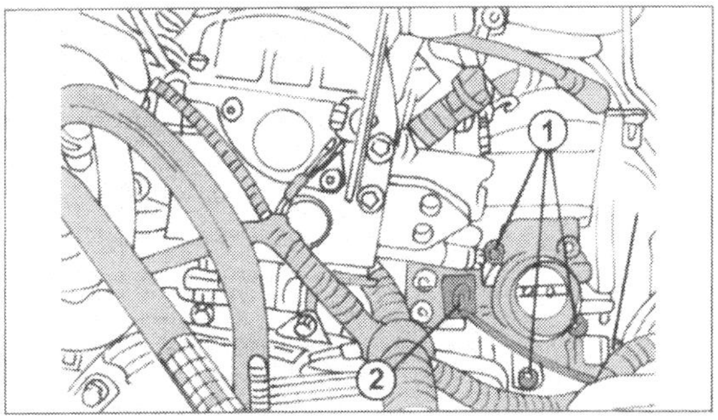

Bild 210
Einzelheiten zum Aus- und Einbau des Drosselklappengehäuses (1.4-Liter).
1 Befestigungsschrauben
2 Stecker des Potentiometers

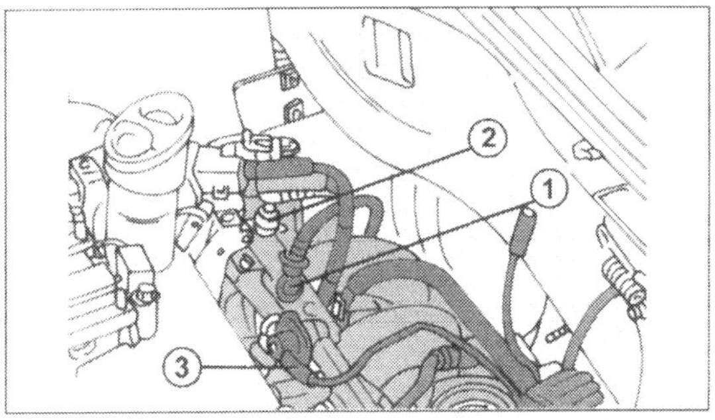

Bild 211
Einzelheiten zum Aus- und Einbau des Kraftstoffverteilerrohres beim 1.4-Liter-Motor.
1 Kraftstoffzufuhrleitung
2 Kraftstoffrücklaufleitung
3 Schlauch zum Kraftstoffdruckregler

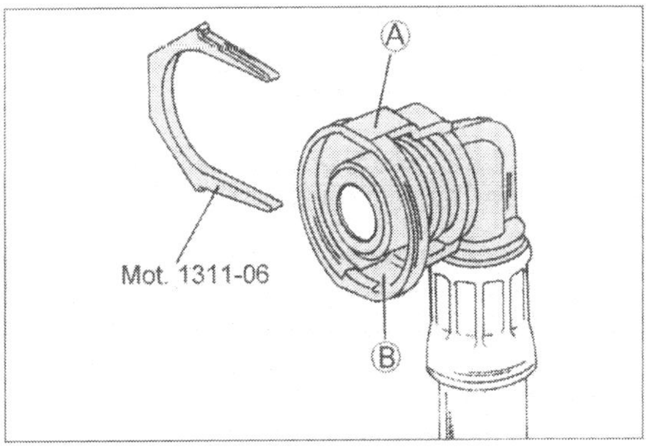

Bild 212
Lösen der Kraftstoffanschlüsse mit der Spezialklammer.

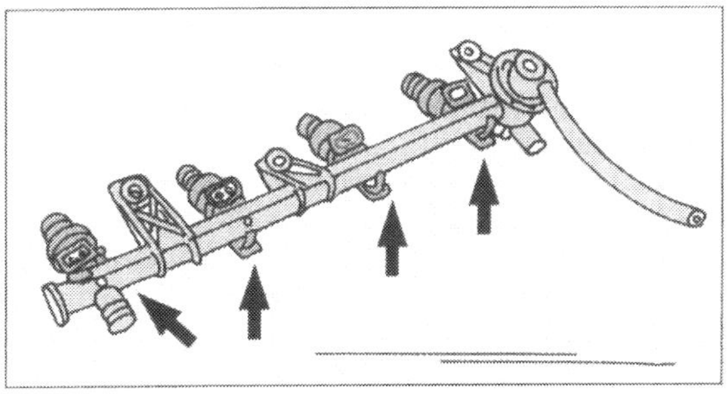

Bild 213
Ansicht des ausgebauten Kraftstoffverteilerrohres. Die Einspritzventile werden durch Clips an den Pfeilstellen befestigt.

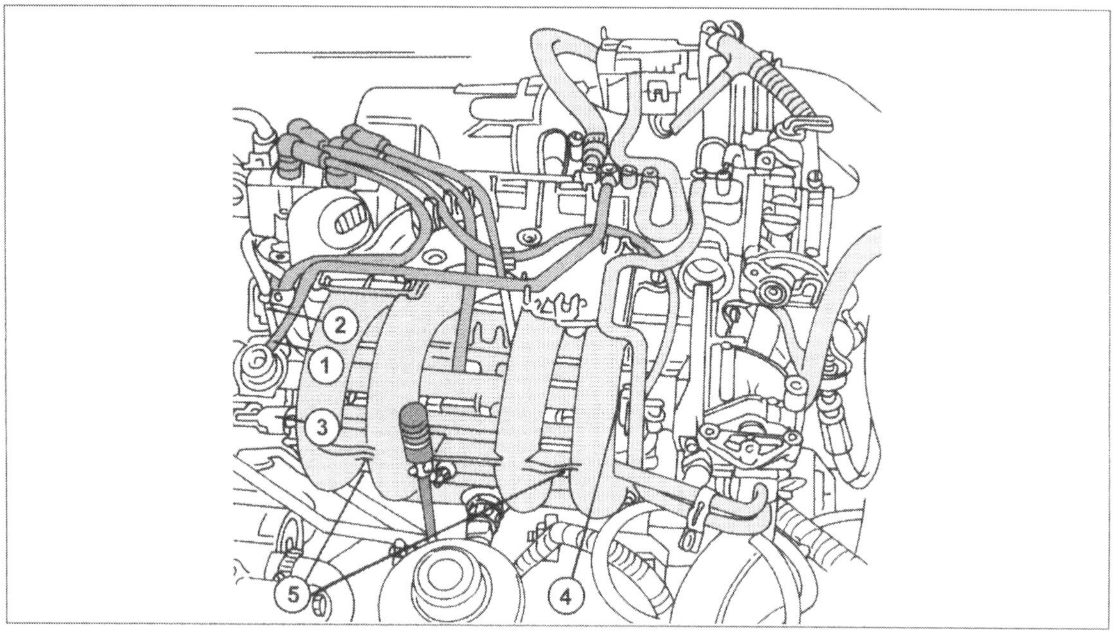

Bild 214
Zum Aus- und Einbau des Kraftstoffverteilerrohres beim 1.1-Liter-Motor. Auf die Zahlen wird im Text eingegangen.

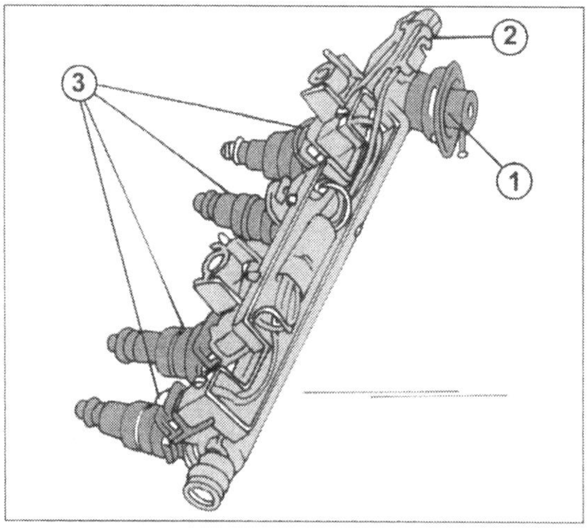

Bild 215
Ausgebautes Kraftstoffverteilerrohr beim 1.1-Liter-Motor.
1 Kraftstoffdruckregler
2 Kabelstecker
3 Stecker der Einspritzventile

dicken Lappen um den Kraftstoffanschluss legen, damit kein Benzin ausspritzen kann.

Beim Aus- und Einbau folgendermaßen vorgehen:
- Massekabel der Batterie abklemmen, den Luftfilter ausbauen.
- Unter Bezug auf Bild 211 die Kraftstoffzufuhrleitung (1) und die Rücklaufleitung (2) von den gezeigten Anschlüssen abschließen (siehe obigen Hinweis). Bei den Verbindungen handelt es sich um Schnellverschlüsse, die normalerweise mit einer Spezialvorrichtung geöffnet werden. In Bild 212 kann man sehen, wie diese Vorrichtung aussieht. Wird die Klammer über die Flächen A und B geschoben zusammengedrückt, kann man am Anschluss ziehen, bis dieser frei ist.
- Den Unterdruckschlauch (3) vom Kraftstoffdruckregler abziehen.
- Die Stecker von den Einspritzventilen abziehen.
- Die Befestigungsschraube des Kraftstoffverteilerrohres an der Unterseite lösen und das Rohr herausnehmen. Dieses kommt wie in Bild 213 gezeigt vom Motor weg. Die Einspritzventile können nach Entfernen der Befestigungsclips (Pfeilstellen) aus dem Verteilerrohr herausgezogen werden.

Beim Einbau die „O"-Dichtringe der Einspritzventile erneuern, falls diese ausgebaut wurden. Beim Aufschieben der Kraftstoffanschlüsse sollte man ein deutliches „Klicken" vernehmen. Erst dann die Klammer abziehen. Das Verteilerrohr mit 8 Nm am Ansaugkrümmer befestigen.

Kraftstoffverteilerrohr und Einspritzventile – 1.1-Liter-Motor

Beim Ausbau Bezug auf Bild 214 nehmen. Den oben angeführten Hinweis vor Abschließen der Kraftstoffleitungen durchlesen.
- Massekabel der Batterie abschließen. Dabei alle Vorsichtsmaßnahmen beachten.
- Vor dem Motor stehend auf der linken Seite den Schlauch (1) vom Kraftstoffdruckregler abschließen.
- Die Rücklaufleitung für den Kraftstoff (2) abziehen.
- Die Kabelstecker (3) der Einspritzventile abziehen.
- Die Kraftstoffzufuhrleitung (Vorlaufleitung) abschließen (4, Bild 214). Bei der Verbindung handelt es sich um einen Schnellverschluss, der normalerweise mit einer Spezialvorrichtung geöffnet wird und an der Verbindung angebracht sein wird. In Bild 212 kann man sehen, wie diese Vorrichtung aussieht. Die Klammer wird über die Flächen A und B geschoben zusammengedrückt. Jetzt am Anschluss ziehen, bis dieser frei ist.
- Die beiden Schrauben (5) ausfindig machen, um das Kraftstoffverteilerrohr vom Ansaugsammelrohr abzuschrauben. Das Verteilerrohr jetzt zusammen mit den Einspritzventilen zwischen dem Sammelrohr und dem Zylinderkopf nach rechts schieben und von der rechten Seite des Fahrzeuges aus herausziehen. Das Verteilerrohr hat das in Bild 215 gezeigte Aussehen. Der Kraftstoffdruckregler (1) wird durch einen Clip im Rohr gehalten. Ein Zwischenkabelstecker (2) ist zwischen den Kabelsteckern (3) der Einspritzventile und dem Steuergerät eingesetzt.
- Die Einspritzventile können nach Entfernen der Befestigungsclips aus dem Verteilerrohr herausgezogen

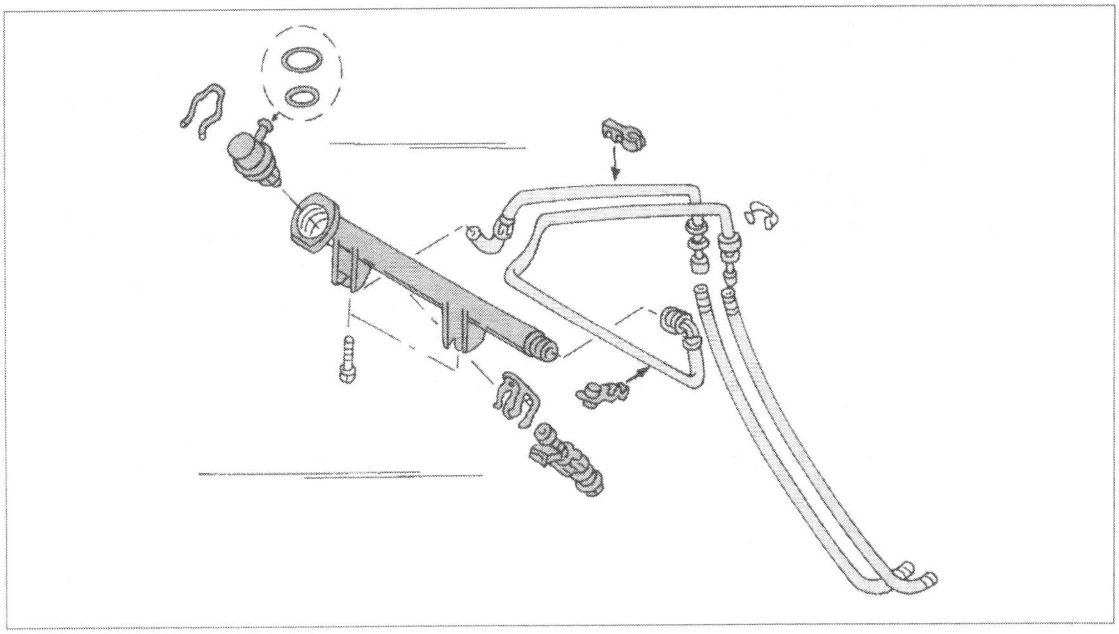

Bild 216
Die Einzelteile des Kraftstoffverteilerrohres, der Einspritzventile und der daran angeschlossenen Schläuche und Leitungen beim 1.1-Liter-Motor.

werden. Bild 216 zeigt nochmals die Verbindungen der in Frage kommenden Teile.
Beim Einbau die „O"-Dichtringe an der Unterseite der Einspritzventile erneuern, falls diese ausgebaut wurden. Beim Aufschieben der Kraftstoffanschlüsse sollte man ein deutliches „Klicken" vernehmen. Erst dann die Klammer abziehen. Das Verteilerrohr mit 10 Nm am Ansaugkrümmer befestigen.

Ansaugkrümmer – Alle Motoren
Den Luftfilter und das Kraftstoffverteilerrohr ausbauen, wie es bereits beschrieben wurde. Beim **1.1-Liter-Motor** ist der Ausbau jetzt ohne Schwierigkeiten durchführbar. Beim **1.4-Liter-Motor** sieht dies etwas unterschiedlich aus:
- Das Fahrzeug danach vorn auf Unterstellböcke setzen, um an die Teile von der Unterseite heranzukommen.
- Die Strebe (1) in Bild 217 ausbauen. Das Spritzblech in der Innenseite des rechten Radkastens ausbauen und das rechte Vorderrad abschrauben, um an die Strebe heranzukommen. Das Rad wieder anschrauben und danach auf die Räder ablassen.
- Das Luftansaugrohr (1) in Bild 209 zwischen dem Drosselklappengehäuse und dem Luftfilter ausbauen.
- Den Gaszugseil abschließen.
- Den Kabelstecker (1) in Bild 218 vom Drosselklappengehäuse abziehen.
- Die Schrauben und Muttern (2) in Bild 218 entfernen.

Der Krümmer ist jetzt noch durch eine Stütze am Zylinderblock befestigt. Diese wird durch zwei Schrauben gehalten, die man in Bild 210 links vom Kabelstecker (3) für das Potentiometer sehen kann. Die beiden Schrauben lösen und den Krümmer abziehen.
Der Einbau geschieht in umgekehrter Reihenfolge wie der Ausbau. Die Krümmerdichtungen immer erneuern. Schrauben und Muttern bei einem 1.4-Liter-Motor gleichmäßig über Kreuz mit einem Anzugsdrehmoment von 20 Nm anziehen. Beim 1.1-Liter-Motor die Mutter am Zylinderkopf mit 17 Nm und die Mutter der Stiftschraube mit 10 Nm anziehen.

6.2 Einbaulage der Teile

In den folgenden Abbildungen wird die Lage einiger Teile der Einspritzanlage gezeigt.

1.4-Liter-Motor
- Bild 219 zeigt die Lage des Steuergeräts (Computers) der Einspritz- und Zündanlage (2) sowie des Sicherheitsschalters (1). Der Letztgenannte verhindert den Ausbruch eines Feuers während eines Unfalls, d.h. während eines Zusammenstoßes werden alle mit

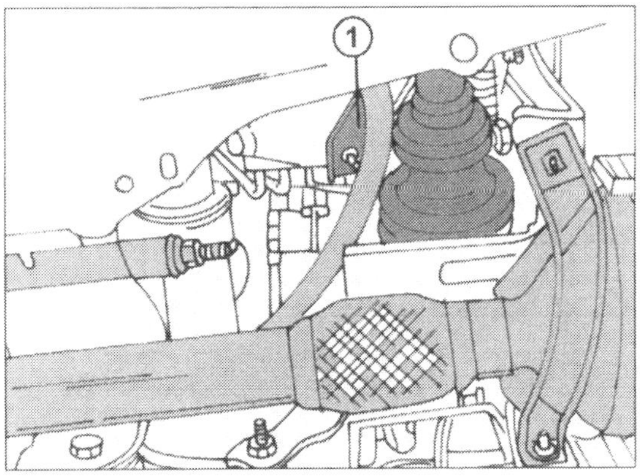

Bild 217
Aus- und Einbau des Ansaugkrümmers. Die Stützstrebe (1) muss von der Unterseite des Fahrzeuges her ausgebaut werden (1.4-Liter).

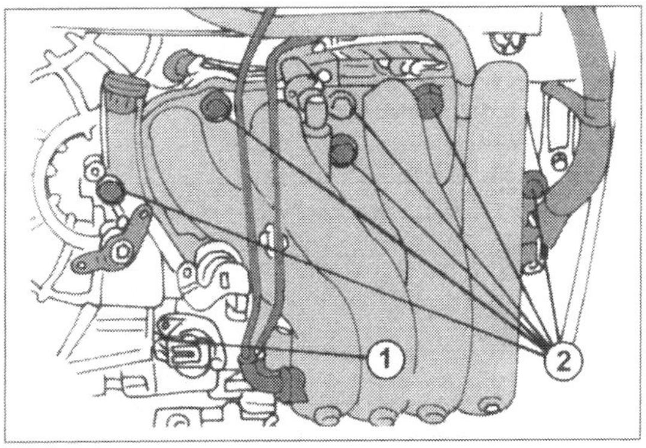

Bild 218
Die Schrauben und Muttern (2) halten den Ansaugkrümmer am Zylinderkopf eines 1.4-Liter-Motors. Vorher den Kabelstecker (1) vom Drosselklappengehäuse abziehen.

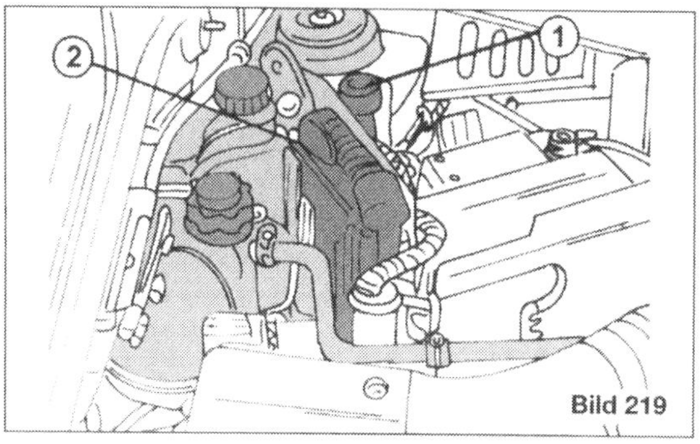

Bild 219

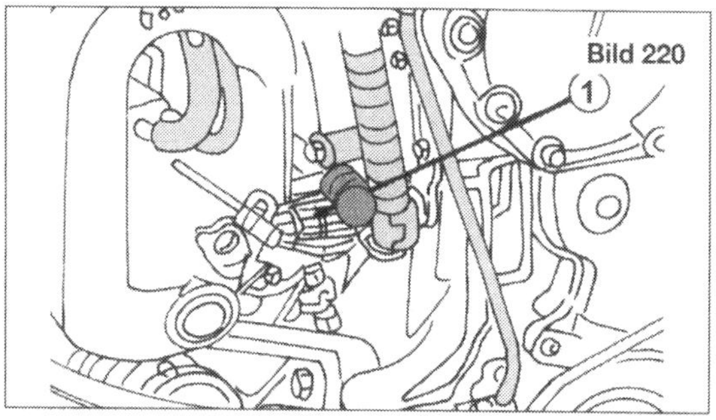

Bild 220

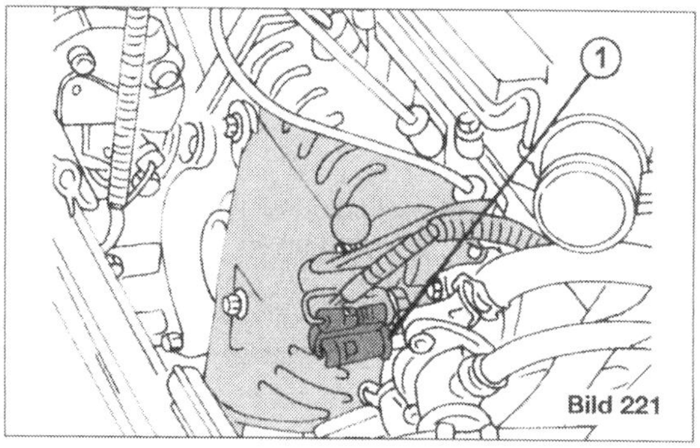

Bild 221

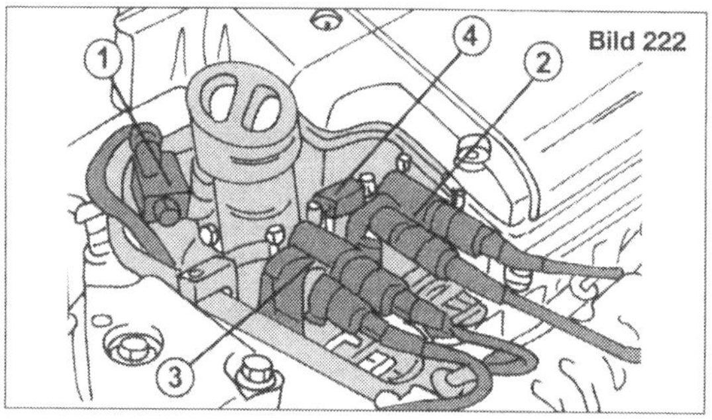

Bild 222

Bild 223

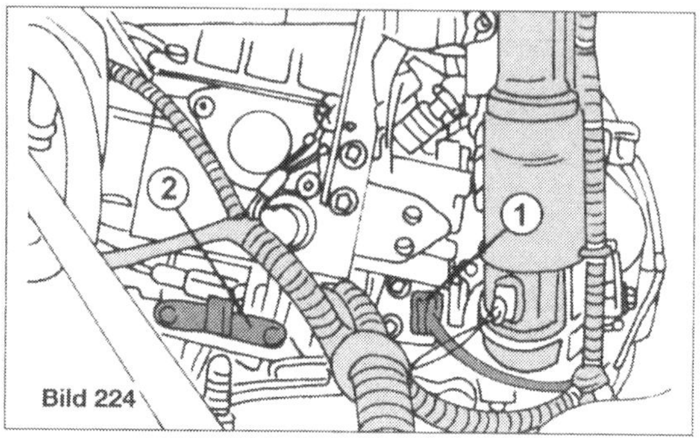

Bild 224

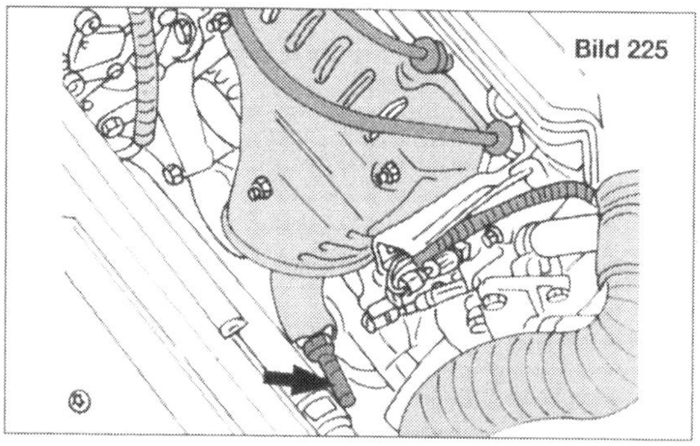
Bild 225

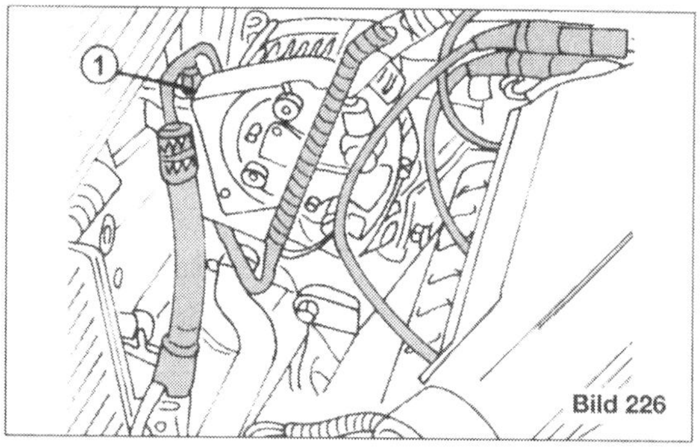

Bild 226

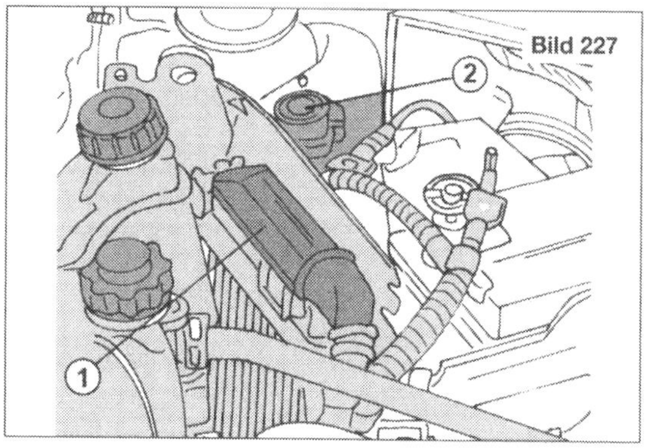

Bild 227

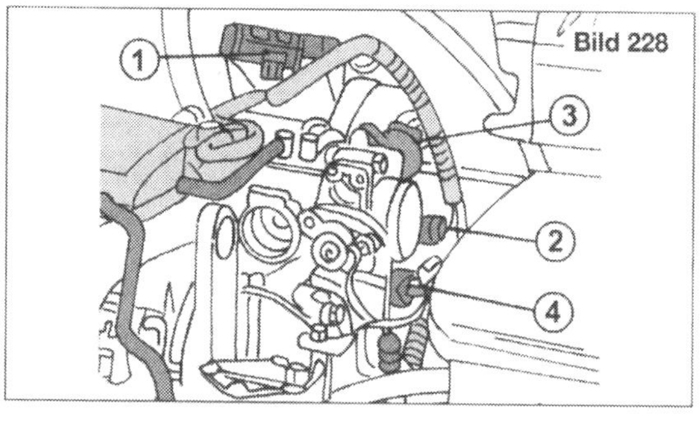

Bild 228

der Zufuhr von Kraftstoff vom Tank zur Einspritzanlage „beschäftigten“ Komponenten abgeschaltet. Dies betrifft vor allem die Kraftstoffpumpe, welche sofort durch Unterbrechung der Stromzufuhr zum Pumpenrelais abstellt. Um die Einspritzanlage wieder mit Strom zu versorgen, drückt man die Oberseite des Schalters nach innen.

- Bild 220 zeigt wo der Klopfsensor sitzt. Wird mit 25 Nm angezogen.
- Bild 221 zeigt wo der Geber der Kühlmitteltemperatur sitzt. Dieser verrichtet zwei Zwecke, indem er die Temperatur dem Instrument im Armaturenbrett mitteilt und außerdem das Steuergerät laufend über die Temperatur des Kühlmittels unterrichtet, damit dieses die entsprechenden Abgleichungen vornehmen kann. Unmittelbar daneben sitzt ein Temperaturschalter, welcher Überhitzung des Motors anzeigt, die im Armaturenbrett wahrgenommen werden. Durch die vom Temperaturgeber erhaltenen Werte steuert das Steuergerät ebenfalls den Betrieb der Einspritzanlage sowie den Kühlungsventilator.
- Bild 222 zeigt in der Hauptsache die Zündspulen. Mit (1) ist das Schaltventil für das Aktivkohlesystem bezeichnet. Die verbleibenden Positionen gehören zu den Zündspulen. Die für die Zylinder Nr. 2 und 3 dienende Zündspule (2), die für die Zylinder 1 und 4 dienende Zündspule (3) und der Entstörkondensator (4).
- Bild 223 zeigt die Lage des Gebers (Sensors) für den Absolutdruck (1), den Stufenmotor der Leerlaufregulierung (2) und den Geber der Lufttemperatur (3).
- In Bild 224 ist die Einbaulage der folgenden Teile zu sehen: Das Potentiometer der Drosselklappe (1) und der OT-Geber (2). Der Letztere teilt dem Steuergerät ebenfalls die augenblickliche Drehzahl der Kurbelwelle mit.
- Die Lambda-Sonde, in Bild 225 mit dem Pfeil bezeichnet, wird mit einem Anzugsdrehmoment von 45 Nm angezogen.
- In Bild 226 ist die Einbaulage des Druckschalters einer eingebauten Servolenkung (1) zu sehen.

1.1-Liter-Motor

- In Bild 227 ist die Lage des elektronischen Steuergeräts (1) und des Sicherheitsschalters (2) gezeigt. Dieser hat die gleiche Aufgabe wie beim 1.4-Liter-Motor (siehe oben).
- In Bild 228 sind der Absolutdrucksensor (1), das Potentiometer der Drosselklappe (2), der Stufenmotor der Leerlaufregulierung (3) und der Sensor (Geber) zur Ermittlung der Temperatur der Ansaugluft (4) zu sehen.
- Der Klopfsensor ist in Bild 229 mit (1) bezeichnet. Wird er ausgebaut, wird er mit 25 Nm angezogen.
- In Bild 230 sind das Schaltventil für das Aktivkohlefiltersystem (1) und der Geber für die Kühlmitteltemperatur (2) zu sehen.
- Die Zündspule (1) und der Entstörungskondensator (2) sind die in Bild 231 gezeigten Bauteile.
- An Stelle (1) in Bild 232 ist der Druckschalter für den Betrieb der Servolenkung eingebaut, falls das Fahrzeug damit ausgerüstet ist.
- Die Lambda-Sonde (1) in Bild 233 ist in die Seite des Auspuffrohres eingeschraubt. Wird sie ausgeschraubt, muss man sie beim Einbau mit 50 Nm anziehen.

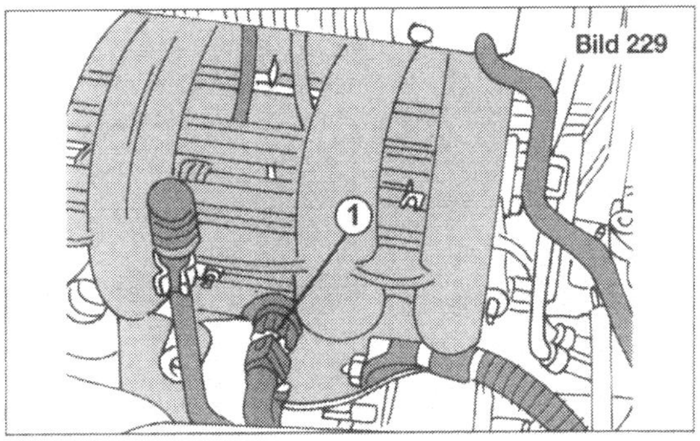

Bild 229

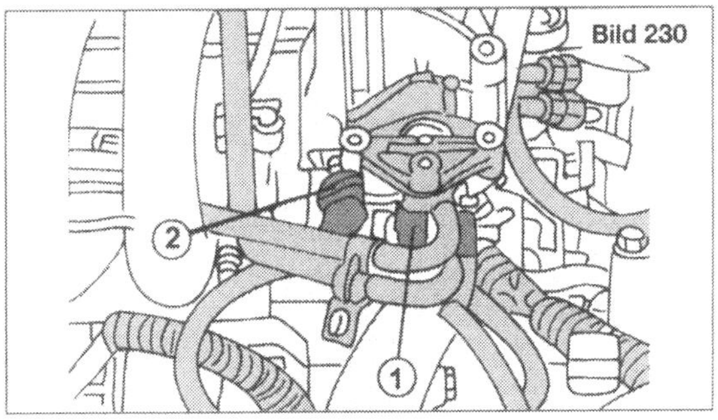

Bild 230

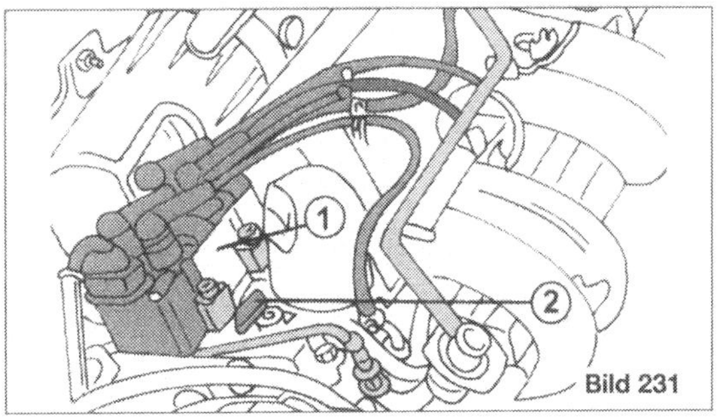

Bild 231

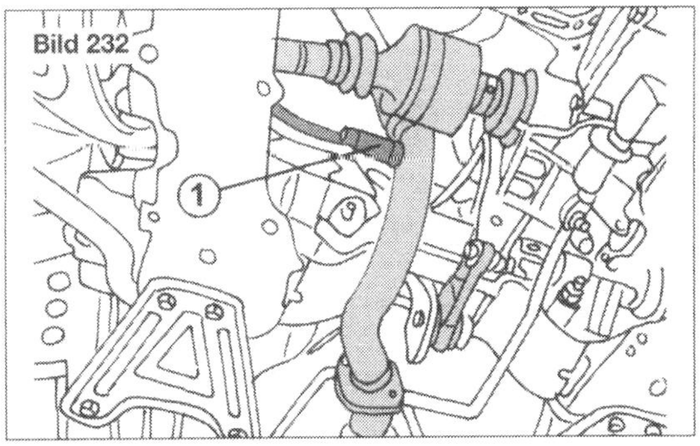

Bild 232

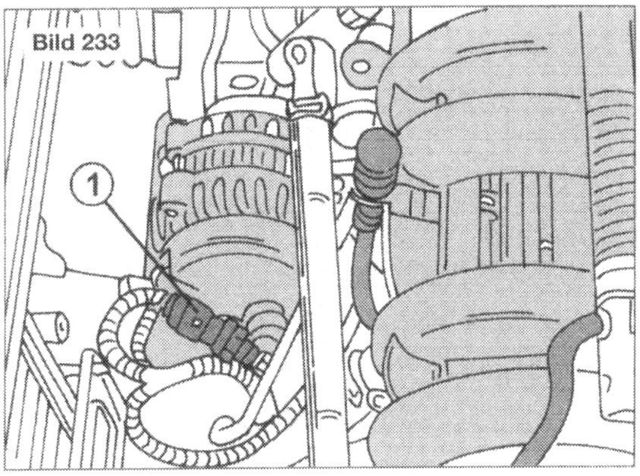

Bild 233

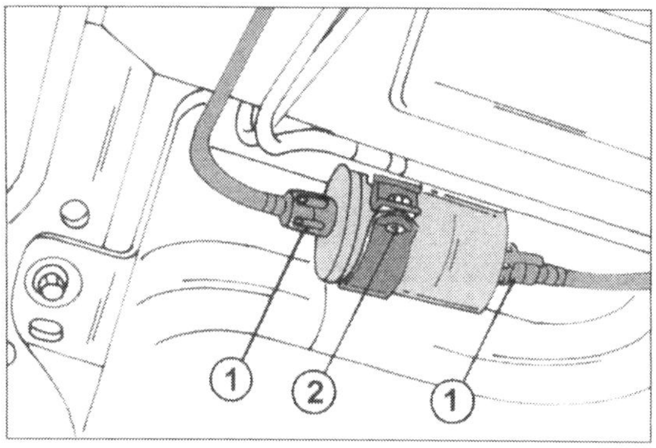

Bild 234
Die Lage des Kraftstofffilters unter dem Fahrzeug. Nach Lösen der Clips (1) und Abschließen der Kraftstoffleitungen die Schraube (2) lösen und den Filter abnehmen.

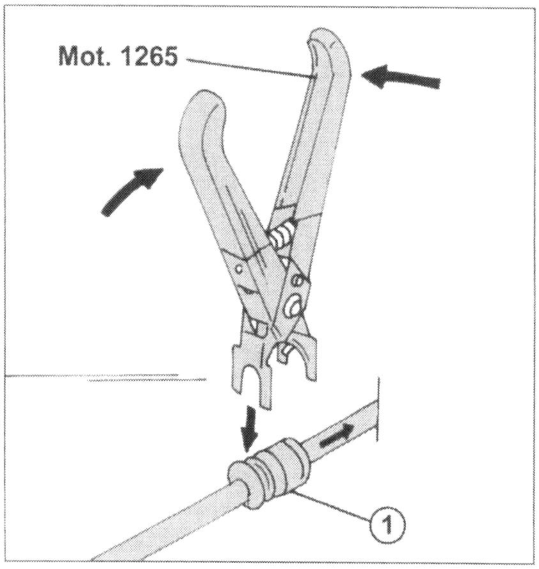

Bild 235
Zange zum Öffnen der Schnellverschlüsse der Kraftstoffleitungen.

6.3 Kraftstofffilter

Der Kraftstofffilter befindet sich unter dem Fahrzeug vor dem Kraftstofftank an der in Bild 234 gezeigten Stelle, d.h. das Fahrzeug muss hinten auf Böcke gesetzt werden, um an den Filter heranzukommen. Die Kraftstoffleitungen können entweder mit Clips gehalten werden oder es werden Schnellverschlüsse benutzt. Im letzteren Fall wir es schwer sein die Verschlüsse ohne die dafür vorgesehene Spezialzange zu lösen. Wie eine solche Zange aussieht, kann man in Bild 235 sehen. Beim Abschließen der Leitungen muss man sich überzeugen, dass der Kraftstoff nicht unter Druck steht. Einen dicken Lappen um die Anschlussstelle wickeln, damit der Kraftstoff nicht ausspritzen kann.

Nach Abschließen der Leitungen die Schraube (2) in Bild 234 entfernen und den Filter herausnehmen.

Der Einbau des Filters geschieht in umgekehrter Reihenfolge. Auf den Filter ist ein Pfeil eingestanzt, dessen Spitze nach dem Einbau in Strömungsrichtung des Kraftstoffs weisen muss. Die Kraftstoffleitungen mit der Hand in die Anschlüsse eindrücken. Kurz an der Leitung ziehen, um festzustellen, ob sie fest sitzt.

6.4 Luftfilter

Alles was über den Luftfilter bei den Dieselmotoren im letzten Kapitel gesagt wurde, gilt ebenfalls für die Benzinmotoren.

7.1 Kurze Beschreibung

Beide Motoren arbeiten mit einer so genannten statischen Zündanlage, d.h. kein Zündverteiler ist eingebaut. Zwei Zündspulen mit Doppelausgangsstufen werden verwendet, welche im Fall des 1.1-Liter-Motors nicht getrennt werden können. Die Hauptteile der Zündanlage ist das Steuergerät der Einspritzanlage mit integraler Leistungsstufe für die Zündanlage, die beiden genannten Zündspulen, vier Zündkerzen und ein Entstörkondensator.

Das Steuergerät bestimmt anhand der von den verschiedenen Sensoren und Gebern erhaltenen Informationen und den Betriebsbedingungen des Motors (Motordrehzahl und Belastung) die Verstellung des Zündzeitpunkts. Es stellt ebenfalls fest, welcher Zylinder sich auf dem oberen Totpunkt im Zündzeitpunkt befinden und damit welche Zündspulen Strom erhalten.

Beide Zündspulen werden getrennt durch das Steuergerät mit Strom versorgt und erzeugen gleichzeitig einen Zündfunken. Wo die Zündspulen sitzen zeigt Ihnen Bild 222 (1.4-Liter) bzw. Bild 231 (1.1-Liter-Motor).

Es möglich, dass man die Spulen bei einem 1.4-Liter-Motor an der falschen Stelle montiert, falls sie ausgebaut wurden. Aus diesem Grund sind sie an der Unterseite entsprechend geformt, um dies zu verhindern. Bei diesem Motor ist ebenfalls zu beachten:

- Die Zündspule für die Zylinder 1 und 4 (siehe Bild 222) hat einen schwarzen Kabelstecker. Diese Spule liefert den Zündstrom gleichzeitig zu den Kerzen der genannten Zylinder.
- Die Zündspule für die Zylinder 2 und 3 (siehe Bild 222) hat einen grauen Kabelstecker. Diese Spule liefert den Zündstrom gleichzeitig zu den Kerzen der genannten Zylinder.
- Beide Zündspulen sind mit einem Entstörkondensator geschlossen.

Bild 236 zeigt den Schaltplan der Zündspulen mit der Anschlussweise am Steuergerät der Motorelektronik. Das Steuergerät erhält seine Informationen vom OT-Geber am Schwungradgehäuse (siehe Bild 237, im Fall des 1.4-Liter-Motors). Das Schwungrad ist mit 60 Zähnen versehen, welche in gleichmäßigen Abständen am Umfang verteilt sind, jedoch sind zwei der Zähne in einem Abstand von 84° weggelassen worden oder mit anderen Worten 14 Zähne vor dem OT-Punkt der Zylinder 1 und 4. Das Schwungrad hat deshalb eigentlich nur 58 Zähne.

Der OT-Geber übermittelt die beiden Totpunktstellungen und die Motordrehzahl und bringt den Zündzeitpunkt früher oder später im Einklang mit der Motordrehzahl. Die Zylinder werden folgendermaßen „erkannt":

- Zylinder Nr. 1 und 4 stehen auf OT-Zündzeitpunkt, wenn der Pfeil „A" in Bild 238 am Motordrehzahlgeber (OT-Geber) vorbeiläuft.
- Zylinder Nr. 2 und 3 stehen auf OT-Zündzeitpunkt, wenn der Pfeil (B) am Motordrehzahlgeber (OT-Geber) vorbeiläuft.

Dem Steuergerät ist bekannt, dass der OT-Punkt für die Zylinder 1 und 4 an der ansteigenden Kante des 15. Zahns nach der Zahnlücke steht. Je nach erforderlicher Zündzeitpunktverstellung verstellt der Computer die Zündung um die erforderliche Anzahl der

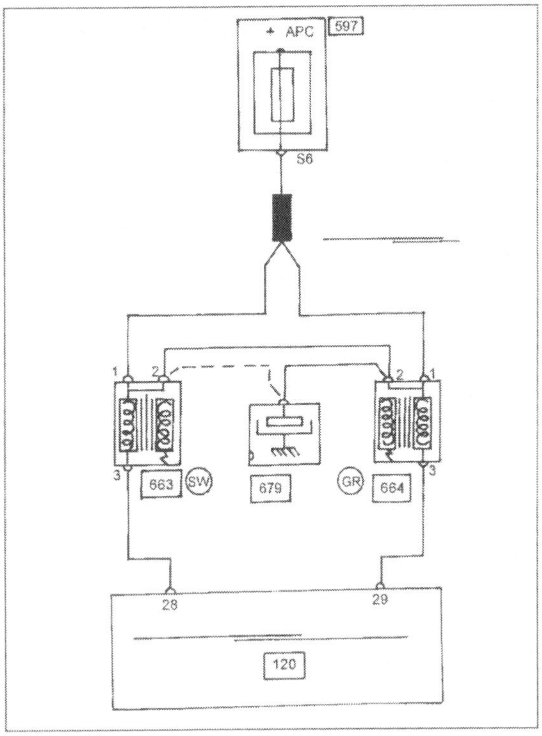

Bild 236
Schaltplan der beiden Zündspulen. Die Bezeichnungen entsprechen der Benennung der Stromverbraucher in den Schaltplänen.
120 Steuergerät
597 Sicherungsdose für Motor
663 Zündspule, Zylinder 1 und 4
664 Zündspule, Zylinder 2 und 3
679 Kondensator
NO Schwarze Farbe
GR Graue Farbe
S6 Sicherung
28 Anschlussklemme am Steuergerät
29 Anschlussklemme am Steuergerät

Bild 237
Der versteckt sitzende OT-Geber teilt dem Steuergerät ständig die Stellung der Kurbelwelle und die Drehzahl des Motors mit.

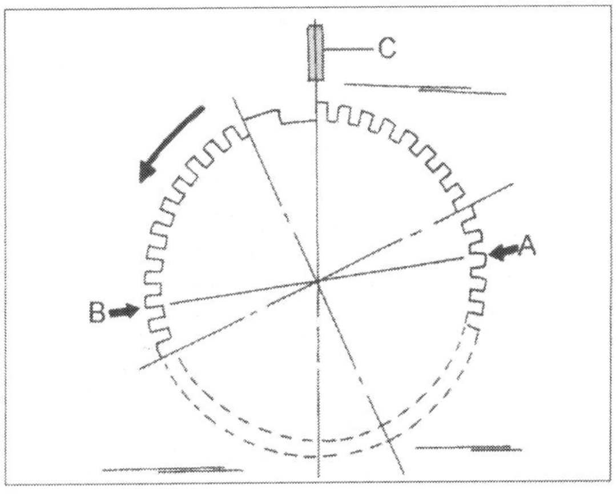

Bild 238
Ansicht des Schwungrades mit den beiden eingearbeiteten Zahnlücken. „A" und „B" sind im Text erwähnt. Der OT-Geber ist mit „C" bezeichnet.

Zähne. Der OT-Punkt für die Zylinder 2 und 3 ist an der ansteigenden Kante des 45. Zahnes nach der Zahnlücke.
Der Zylinder Nr. 1 befindet sich auf der Schwungradseite.

7.2 Zündzeitpunkteinstellung

Der Zündzeitpunkt kann nicht eingestellt werden. Die Kontrolle und auch die Grundeinstellung der Zündungscharakteristiken können nur unter Zuhilfenahme von Messgeräten durchgeführt werden und sind einer Werkstatt zu überlassen. Bei Störungen, welche man auf die Zündanlage zurückführen kann, können die folgenden Fehler vorliegen:

- Falls der Motor schlecht läuft, kann der Fehler im Positionsanzeiger der Kurbelwelle, in der Zündspule und dem Steuergerät liegen.
- Falls der Motor überhaupt nicht läuft: Falls die Grundfunktionen der Zündanlage in Ordnung sind, muss man Fehler in der automatischen Zündverstellung vermuten. Die Ursachen dafür können in verschiedenen Abschnitten der Anlage liegen und nur die Werkstatt wird anhand des Fehleraufzeichnungsprogramms eine schnelle Abhilfe ermöglichen.

7.3 Vorsichtsmaßnahmen bei Arbeiten an der Anlage

Arbeiten an Zündanlage und der damit verbundenen Einspritzanlage sollten einer Werkstatt überlassen werden, um die empfindlichen und gleichzeitig kostspieligen Teile nicht kurzzuschließen, zu beschädigen oder auf andere Weise funktionsunfähig zu machen. Die in der Zündanlage entwickelte Hochspannung ist lebensgefährlich. Aus diesem Grund sind die folgenden Vorsichtsmaßnahmen durchzulesen, ehe man irgendwelche Arbeiten, gleich welcher Art, an der Zündanlage durchführt.

- **Personen mit Herzschrittmacher dürfen unter keinen Umständen an der Zündanlage arbeiten.**
- Keine Kabel der Zündanlage abziehen während der Motor läuft. Dies gilt ebenfalls wenn der Motor mit dem Anlasser durchgedreht wird.
- Arbeiten an der Zündanlage, d.h. zum Beispiel Kabel nur ab- und anschließen, wenn der Motor stillsteht und die Zündung ausgeschaltet ist.
- Alle Messgeräte nur bei stillstehendem Motor und ausgeschalteter Zündung an- und abschließen.
- Keine Prüflampen an der Klemme der Zündspule anklemmen.
- Motor nicht mit dem Anlasser durchdrehen, falls nicht alle Teile der Zündung angeschlossen sind.
- Beim Durchdrehen des Motors mit dem Anlasser oder bei laufenden Motor keine Prüfungen vornehmen, bei welchen irgendwelchen Kabel gegen Masse gehalten werden, wie man dies bei anderen Motoren früher einmal durchgeführt hat. Ebenfalls die Enden von Kerzenkabeln unter diesen Umständen nicht gegen Masse halten.
- Die Zündanlage kann eine Spannung von bis zu 32 Kilovolt erzeugen – Lebensgefahr.

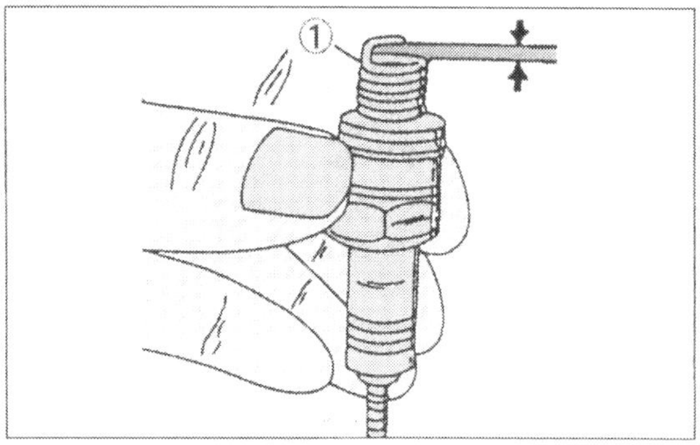

Bild 239
Der Elektrodenabstand wird zwischen den Pfeilen gemessen.

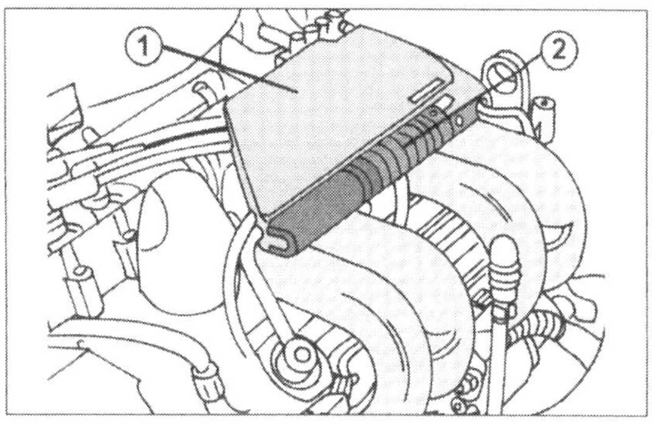

Bild 240
Das Spezialwerkzeug zum Abziehen der Zündkerzenkabelstecker (2) ist bei einem 1.1-Liter-Motor an der Kunststoffabdeckung (1) am Zylinderkopf untergebracht.

7.4 Zündkerzen

Die Zündkerzen haben einen Gewindedurchmesser von 14 mm. Vom Hersteller werden bestimmte Kerzen empfohlen, welche immer verwendet werden sollten. Beim 1.4-Liter-Motor sind dies im augenblicklichen Zeitpunkt von Champion hergestellte RC 10-PYC- oder von Eyquem gelieferte RFC52LS-Kerzen. Beim 1.1-Liter-Motor werden unterschiedliche Kerzen eingebaut. Dies sind entweder Eyquem RFC50LZ2E- oder NGK BKR5EK-Kerzen. Wir müssen darauf hinweisen, dass Kerzen öfters geändert werden. Vor jedem Kerzenwechsel sollten Sie sich deshalb im Ersatzteillager oder in den Listen der Kerzenhersteller überzeugen, ob in der Zwischenzeit andere Kerzen für Ihren Motor vorgesehen sind. Das Anzugsdrehmoment aller Kerzen beträgt 25 – 30 Nm. Ihre Ersatzteilbezugsquelle ist besser in der Lage Ihnen anhand der letzten Verzeichnisse die richtigen Kerzen zu verkaufen. Der Elektrodenabstand der Kerzen beträgt 0,9 mm und wird an der in Bild 239 gezeigten Stelle gemessen.
Vor dem Ausschrauben der Kerzen kontrollieren, ob sich keine Fremdkörper in den Kerzenaufnahmevertiefungen befinden. Eine beim Ausschrauben der Kerze in die Kerzenbohrung fallende Scheibe, Schraube, ein Stein oder Ähnliches kann Ventile, Ventilsitze oder den Zylinderkopf beim ersten Lauf des Motors zerstören.

Beim 1.1-Liter-Motor wird ein spezielles Werkzeug zum Abziehen der Zündkerzenkabel gebraucht. Dieses ist in die Kunststoffabdeckung an der in Bild 240 gezeigten Stelle am Zylinderkopf integriert, wie es bereits weiter vorn im Abschnitt „Motor" beim Ausbau des Zylinderkopfes gezeigt wurde. Nach Abnehmen das Werkzeug am Kabel ansetzen (Bild 241) und herausziehen.
Beim Ausbau von Zündkerzen müssen alle bereits angegebenen Vorsichtsmaßnahmen beachtet werden. Die Batterie auf jeden Fall abklemmen.
Ein langer Zündkerzenschlüssel mit einer Schlüsselweite von 16 mm ist zum Ausschrauben der Kerzen erforderlich. Die Zündfolge von 1-3-4-2 muss beibehalten werden.

Der Einbau der Kerzen findet in umgekehrter Reihenfolge statt. Beim Anschrauben der Zündspulen auf gute Verlegung der einzelnen Kabel achten.
Zündkerzen sollten entsprechend dem gültigen Wartungsplan erneuert werden. Da auch die Zwischenzeiten des Kerzenwechsels öfters geändert werden (meistens im Zusammenhang mit dem Einbau neuer Kerzentypen), möchten wir uns nicht auf einen bestimmten Zeitraum verlegen, da dieser vielleicht nach einiger Zeit nicht mehr gültig ist.
Werden die Kerzen in der Zwischenzeit aus irgendeinem Grund ausgeschraubt, sollte man den Elektrodenabstand auf den entsprechenden Wert stellen. Beim Einstellen des Abstandes niemals die mittlere Elektrode verbiegen, da dadurch der Porzellanisolator platzen kann.
Aus dem Kerzengesicht lassen sich Schlüsse auf Eignung und einwandfreies Arbeiten der Kerzen, die Einstellung der Einspritzanlage, den Gemischzustand und den Zustand des Motors (Kolben, Kolbenringe, etc.) ziehen. Der folgende Text gibt einige typische Fehleranzeigen der Kerzengesichter, aus welchen die entsprechenden Schlüsse zu ziehen sind:

Kerzen einwandfrei
Isolatorfuß mit schwachem, graugelben bis braunen, meist pulverförmigen Niederschlag bedeckt. Die Elektroden weisen, abgesehen von der Abbrandfläche, graugelben bis braunen pulverförmigen Belag auf. Das Gehäuseinnere hat hellbraunen oder gelblichen bis schwarzbraunen Belag. Der Motor ist in Ordnung. Der Wärmewert der Kerze ist richtig gewählt.

Kerze verrußt
Isolatorfuß, Elektroden und Gehäuseinneres mit meist dickerem, pulvrigen, schwarzgrauen, samtartigen Belag bedeckt. Die Ursache dafür liegt an zu fettem Gemisch, zu wenig Luft, zu großer Elektrodenabstand, Kerze hat zu hohen Wärmewert und bleibt im Betrieb zu kalt.

Kerze verölt
Isolatorfuß, Elektroden und Kerzengehäuse mit fettem, ölglänzendem Ruß bedeckt. Ölkohlebildung. Die Ursache dafür kann im Eindringen von Motoröl in den Verbrennungsraum oder an verschlissenen Zylindern und Kolben liegen.

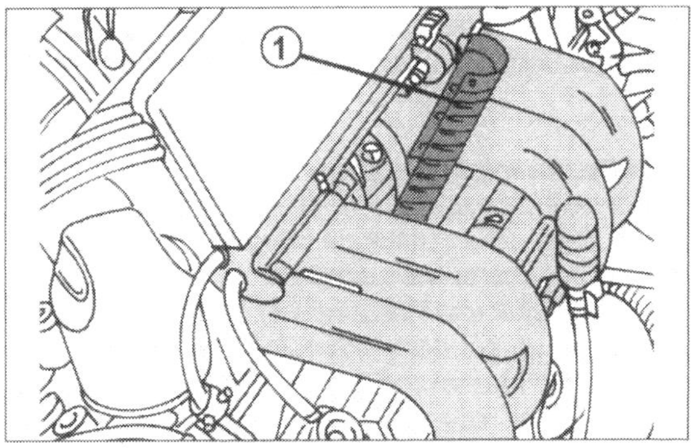

Bild 241
Abziehen eines Zündkerzenkabelsteckers (1). Diesen in der gezeigten Weise einsetzen und den Stecker abziehen.

Kerze überhitzt
Isolatorfuß mit dunkelbraunem bis grau-schwarzem, glasigem oder rauem festgebackenen Niederschlag bedeckt, meist starke Krusten und Perlenbildung am Isolatorfußende. Elektroden, besonders Mittelelektrode, angegriffen. Oberfläche meist aufgeraut, aufgequollen oder zerfressen.
Als Ursache kann man ein zu mageres Gemisch, eine lose Kerze, schlecht schließende Ventile oder eine Kerze mit zu niedrigem Wärmewert verantwortlich machen, die dadurch zu heiß wird. Ablagerungen zwischen dem Porzellanisolator der mittleren Elektrode und dem Kerzengehäuse sind möglichst durch Sandstrahl des Kerzenprüfgeräts zu reinigen. Beim Einschrauben der Kerzen ist unbedingt darauf zu achten, dass das Kerzengewinde vorher gründlich gereinigt wird. Es soll nochmals erwähnt werden, dass man nur den Schlüssel aus dem Fahrzeug verwendet.

7.5 Störungen in der Zündanlage

Kompliziert sieht sie aus, und manch einer wird sich fragen, ob hier die Störungssuche in Eigenregie durchgeführt werden können. Versuchen kann man es nach folgendem System, wenn man im Notfall in Schwierigkeiten ist:
- Zuerst die Sichtprüfung. Da fallen einfach zu behebende Fehler sofort auf.
- Die anschließende Funktionsprüfung zeigt, ob die Zündanlage einen Zündfunken zustande bringt.
- Als Nächstes wird die Spannungsversorgung des Steuergeräts geprüft.
- Jetzt kommt die Prüfung der Zündspulen dran.
- War bis zu diesem Punkt kein Fehler zu finden (was recht unwahrscheinlich ist), kann es eigentlich nur noch am Steuergerät selbst oder an den Gebern liegen. Das Steuergerät ist voll diagnosefähig, d.h. die Renault-Werkstatt kann mit dem Service-Tester genau feststellen, wo der Defekt sitzt.

Sichtprüfung der Zündanlage
- Sitzen alle Kabelanschlüsse und Steckkontakte an den Zündspulen fest?
- Ist im Mehrfachstecker am Steuergerät der Einspritz/Zündanlage eventuell ein einzelner Steckkontakt zurückgerutscht?
- Zeigt die Vergussmasse einer Zündspule Risse oder Verwerfungen? Dies deutet auf Überhitzung hin.

• Sind alle Teile der Zündanlage sauber und trocken? Feuchter Schmutz begünstigt Spannungsüberschläge.

Zündspannung kontrollieren

Gleich zu Anfang prüfen wir, ob die Zündanlage überhaupt Zündfunken zustande bringt:

• Eine Zündkerze herausdrehen.

• Den Stecker und Kerze wieder zusammenstecken und diese so auf dem Motorblock befestigen, dass sie sicheren Massekontakt hat und von der Motorbewegung nicht abgeschüttelt werden kann. Das erreicht man z.B., wenn man das Gewindeteil der Kerze mittels der Klemme eines Starthilfekabels leitend mit dem Motor verbindet.

• Den Motor mit Anlasser durchdrehen.

• Springen kräftige Funken an der Kerzenelektrode über, ist Zündstrom zumindest an dieser Spule vorhanden und damit die Zündanlage aller Wahrscheinlichkeit nach in Ordnung.

• Dennoch können Fehler vorhanden sein, die auf diese Weise nicht zu erkennen sind: ein defekter Geber oder falsches Ausrechnen des Zündzeitpunkts durch das Steuergerät.

• Funkt es nicht, können Sie es mit einem anderen Zylinder versuchen.

• Springen immer noch keine Funken an der Zündkerze über, verbleibt nur noch die Werkstatt.

8.1 Allgemeines über die Kupplung

Bei Fahrzeugen ohne automatisches Getriebe ist die Kupplung die Trennstelle zwischen dem Motor als Kraftquelle und den weiteren Teilen des Fahrzeugantriebes. Beim Anfahren verbindet die Kupplung sanft den drehenden Motor mit den noch stehenden Teilen der Kraftübertragung. So werden die Zahnräder und Gelenke vor übermäßigem Verschleiß verschont. Die Mitnehmerscheibe ist mit einem asbestfreien Belag versehen. Der Kupplungsdurchmesser und die Anpresskraft der Mitnehmerscheibe sind von der Motorleistung abhängig. Bei den in die Fahrzeuge eingebauten Motoren wird eine unterschiedliche Kupplung eingebaut, d.h. man bestellt Neuteile anhand des Motortyps und der Motornummer. Um genauer zu sein, haben der 1.1-Liter- und 1.4-Liter-Motor die gleiche Kupplung und den gleichen Kupplungsdurchmesser. Beim Dieselmotor wird eine andere Kupplung eingebaut, die jedoch ebenfalls nicht gleich bei eingebautem F8Q- oder F9Q-Motor ist. Bild 242 zeigt eine Ansicht der Kupplung sowie der Mitnehmerscheibe. Obwohl der Kupplungskörper (links) bei allen eingebauten Motoren ähnlich aussieht, möchten wir Ihnen anhand der Abbildung die wichtigen Merkmale der Mitnehmerscheibe näher erklären. Falls eine neue Kupplung eingebaut werden soll, können Sie sich aufgrund dessen überzeugen, dass die richtige Mitnehmerscheibe erhalten wurde.

- Die Mitnehmerscheibe ist mit sechs (oder vier, siehe unten) Torsionsfedern versehen. Jeweils vier der Federn sind von gleicher Farbe, ganz gleich, um welche Kupplung es sich handelt, zwei haben eine andere Farbe.
- Beim 1.1-Liter- und 1.4-Liter-Motor sind drei Federn (2) von violetter-roter Farbe. Vier solche Federn sind am Umfang verteilt. Zwei Federn (3) haben eine grausilberne Farbe. Die Stärke der Mitnehmerscheibe (4) beträgt 6,7 mm. Die Zahl „26“ in der Mitte bezieht sich auf die Anzahl der Kerbverzahnungen der Kupplungswelle (bei allen Motoren). Der Durchmesser (181,5 mm) wird zwischen den Pfeilen gemessen. Die Kupplung beträgt die Bezeichnung 180 CP 3300.
- Beim F8Q-Dieselmotor sind vier Federn von dunkelroter Farbe und zwei von graublauer Farbe. Die Stärke der Kupplungsscheibe beträgt 6,8 mm, der Durchmesser 200 mm. Die Kupplung wird unter der Bezeichnung 200 CPOV 3250 geführt.
- Beim F9Q-Dieselmotor hat die Mitnehmerscheibe nur vier Federn, deren Farbe moosgrün, purpur und taubenblau ist. Die Stärke der Kupplungsscheibe beträgt 6,8 mm, der Durchmesser 215 mm. Die Kupplung wird unter der Bezeichnung 215 CPOV 4000 geführt.

Die Kupplung in der Kangoo-Baureihe, wie auch in vielen anderen Fahrzeugen, besteht aus den folgenden Bauteilen:
Zur Kupplungsbetätigung zählen: Kupplungspedal, Kupplungsseil, Ausrückhebel und Ausrücklager. Es folgt in der Getriebeglocke die eigentliche Kupplung. Sie besteht aus der Druckplatte, der Mitnehmerscheibe und einer Anlagefläche an der Schwungscheibe.
Beim Betätigen der Kupplung geschieht das Folgende:
Durch den Tritt auf das Kupplungspedal wird der Ausrückhebel gezogen, Daran ist das Ausrücklager befestigt, welches mit großer Kraft in Richtung Druckplatte bewegt wird. Dort drückt es gegen die Spitzen der Tellerfeder und übernimmt deren Anpresskraft. Die ringförmigen Reibflächen der Druckplatte werden so entlastet. Die Mitnehmerscheibe kann im Raum zwischen den Reibflächen von Druckplatte und Schwungscheibe frei drehen – es ist ausgekuppelt. Wird das Kupplungspedal Ihres Fahrzeuges wieder entlastet, schließt die Tellerfeder den Zwischenraum wieder und klemmt die Mitnehmerscheibe ein.
Um die Einstellung des Kupplungsseils braucht man sich nicht zu kümmern, da diese automatisch stattfindet.

Reparaturhinweise: Die Erneuerung der Kupplung bedingt den Ausbau des Motors oder des Getriebes (ziemlich umfangreiche Arbeit). Systematisch müssen der Kupplungskörper, die Mitnehmerscheibe und das Ausrücklager ersetzt werden. Die Erneuerung des Kupplungsseils bedeutet den Ausbau des Kupplungspedals.

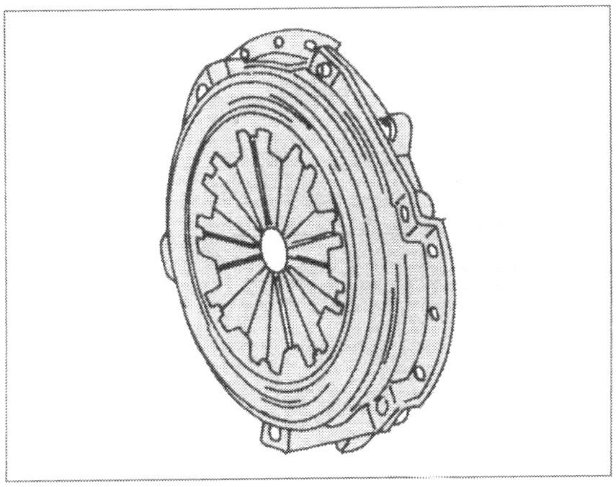

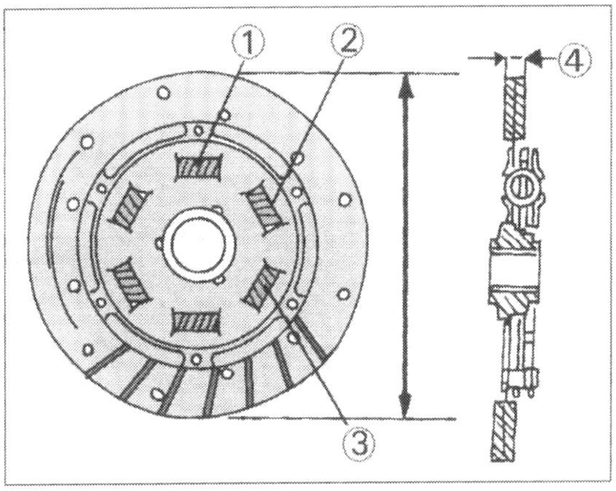

Bild 242
Ansicht des Kupplungskörpers (links) und der Mitnehmerscheibe. Auf die Zahlen wird im Text eingegangen.

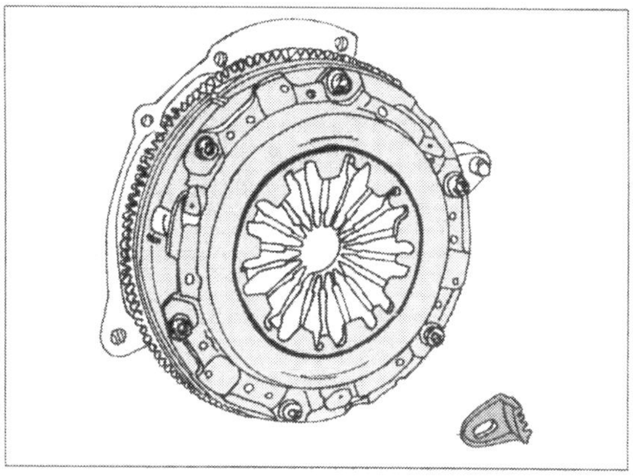

Bild 243
Unten rechts ist die „Schwungradbremse" gezeigt, die man in die Zähne des Schwungradzahnkranzes einsetzen kann.

8.2 Kupplung ausbauen

Wichtiger Hinweis: Druckplatte und Tellerfeder können nicht zerlegt werden und sind bei Beschädigung zusammen zu erneuern. Kupplungen und Mitnehmerscheiben werden manchmal abgeändert, um bestimmte Eigenschaften weiterhin zu verbessern. Deshalb beim Einbau eines neuen Kupplungskörpers oder einer Mitnehmerscheibe immer die Fahrgestellnummer und auch die Motornummer angeben. Bei der Herstellung der Anleitung gelten die obigen Angaben.

Die Kupplung kann ohne Ausbau des Motors aus dem Fahrzeug ausgebaut werden. Bei allen Motoren geschieht der Einbau in gleicher Weise.
- Getriebe ausbauen (Kapitel 9.1).
- Einbaulage der Kupplung im Verhältnis zum Schwungrad kennzeichnen. Dazu verwendet man einen Körner, mit welchem man in das Schwungrad und die Kupplung schlägt.
- Die sechs Schrauben der Kupplung gleichmäßig über Kreuz lösen, bis der Federdruck entlastet ist. Danach die Schrauben der Reihe nach herausdrehen. Das Schwungrad muss dabei gegengehalten werden. Dazu entweder einen kräftigen Schraubendreher in die Zähne des Schwungradzahnkranzes einsetzen oder eine „Schwungradbremse" benutzen. Diese hat die in Bild 243 gezeigte Form, wird am Zylinderblock angeschraubt, so dass die Zähne in den Zahnkranz am Schwungrad eingreifen.
- Die Kupplung abnehmen und die Mitnehmerscheibe herausnehmen. Mit einem Lappen sofort die Innenseite des Schwungrades auswischen und die Reibfläche des Schwungrades überprüfen. Falls die Mitnehmerscheibe bis auf die Nietenköpfe abgenutzt ist, könnte es sein, dass sich die Niete in die Schwungradfläche oder die Fläche der Kupplungsdruckplatte eingearbeitet haben.

Falls der Motor oder das Getriebe ausgebaut werden müssen, sollte die Kupplung immer abgeschraubt werden, so dass man die Teile kontrollieren kann.

8.3 Reparatur

Falls Ihnen bereits bekannt ist, dass die Kupplungsmitnehmerscheibe oder der Kupplungskörper erneuert werden müssen, können Sie sich die Prüfarbeiten ersparen. Andernfalls folgende Prüfungen durchführen.
- Kontrollieren, ob die Federn der Mitnehmerscheibe noch einwandfrei sind und dass die Keilverzahnungen der Scheibe nicht übermäßig ausgeschlagen sind. Da verölte Kupplungsbeläge nicht gereinigt wer-

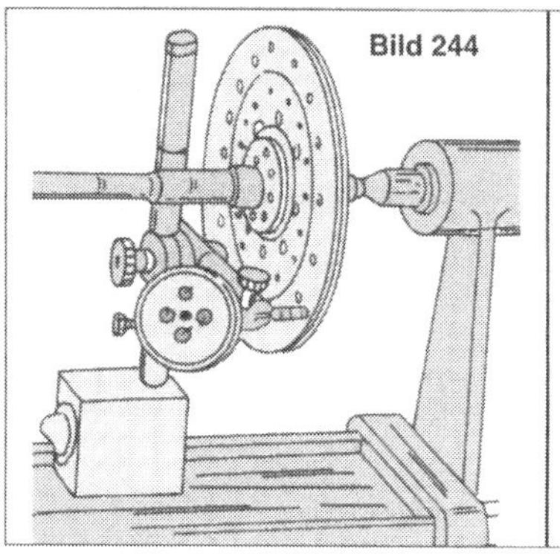
Bild 244

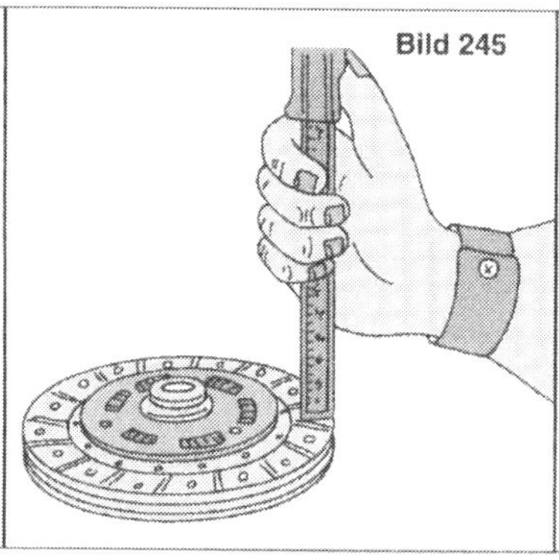
Bild 245

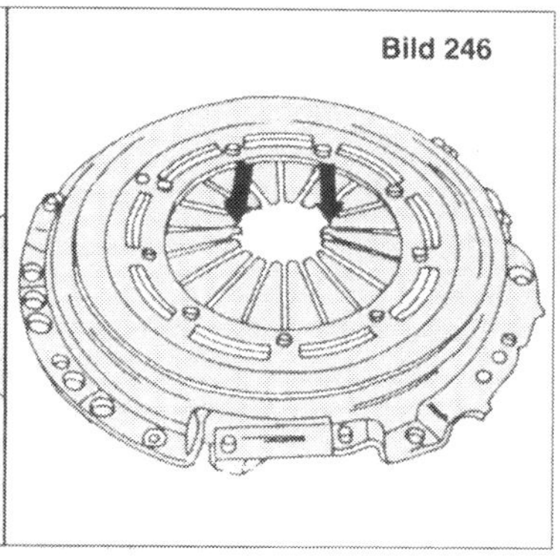
Bild 246

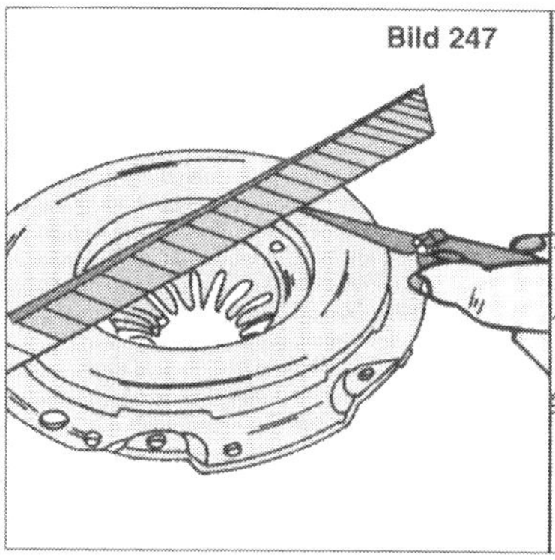
Bild 247

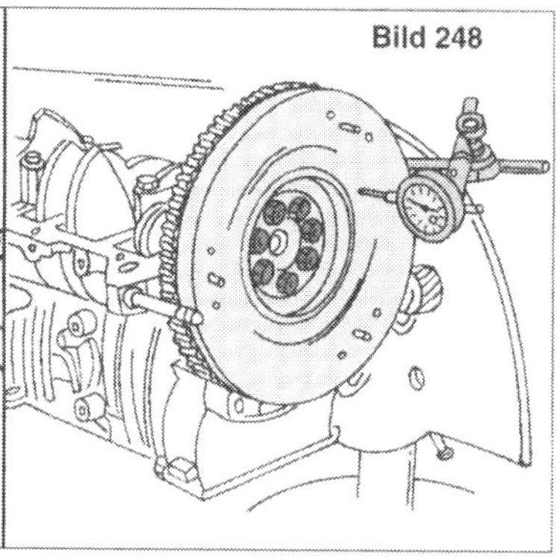
Bild 248

den können, ist die Mitnehmerscheibe in derartigen Fällen zu erneuern. Kupplungsbeläge auf Wiederverwendbarkeit kontrollieren, indem man mit einer Tiefenlehre von der Oberfläche der Beläge bis auf die Oberseite der Nietenköpfe ausmisst. Falls das Maß weniger als 0,30 mm beträgt, muss die Scheibe erneuert werden. Die Scheibe ebenfalls erneuern, falls das Maß bald erreicht ist.

- Die verbleibenden Teile des Kupplungsmechanismus auf Wiederverwendbarkeit kontrollieren. Dazu sieht man sich Bilder 244 bis 248 an und geht anhand der Erklärungen vor:

Bild 244: Um Mitnehmerscheibe auf Schlag zu kontrollieren, spannt man sie auf einem passenden Dorn oder einer Kupplungswelle zwischen die Spitzen einer Drehbank. Eine Messuhr mit einem geeigneten Halter neben der Scheibe so aufsetzen, dass der Messfinger gegen den Rand der Scheibe anliegt und zwar an der Außenkante der Scheibe. Die Scheibe langsam durchdrehen und die Anzeige der Messuhr ablesen. Falls die Anzeige größer als 0,5 mm ist, kann man die Scheibe vorsichtig mit einer Zange richten. Anderenfalls die Scheibe erneuern.

Bild 245: Falls das ermittelte Maß weniger als 0,30 mm beträgt, muss die Scheibe erneuert werden. Die Scheibe ebenfalls erneuern, falls das Maß bald erreicht ist.

Bild 246: Falls tiefe Einlaufstellen an den gezeigten Stellen festgestellt werden, muss man die komplette Kupplung erneuern.

Bild 247: Falls das gemessene Maß mehr als 0,3 mm beträgt, muss die Kupplung erneuert werden.

Bild 248: Das Schwungrad sollte nicht mehr als 0,10 mm schlagen.

Außerdem:

- Die Gleitpassung der Mitnehmerscheibennabe auf den Keilverzahnungen der Kupplungswelle kontrollieren. Dazu die Scheibe aufstecken und an der Außenkante zwischen Daumen und Zeigefinger erfassen. Die Scheibe im Drehsinn hin- und herbewegen. Falls ein Spiel von mehr als 0,4 mm festgestellt werden kann, liegt Verschleiß in den Keilverzahnungen vor. Die Ursache dafür ist meistens bei der Mitnehmerscheibe zu finden.
- Die Spitzen der Tellerfeder müssen alle innerhalb 0,5 mm auf der gleichen Höhe liegen. Verbogene Spitzen können wieder geradegebogen werden. Dazu wird normalerweise ein Spezialwerkzeug verwendet, jedoch kann man einen Stahlstreifen mit einem Schlitz versehen und die Enden biegen.

Falls man das Schwungrad ausbauen muss, dürfen die Schrauben nicht wieder verwendet werden. Beim Anschrauben die Schwungradfläche und Fläche an der Kurbelwelle gut reinigen. Die Schrauben mit 20 Nm anziehen und aus der Endstellung im Winkelanzug mit 60° nachziehen. Das Anziehen muss über Kreuz erfolgen.

8.4 Einbau

Der Einbau der Kupplung geschieht in umgekehrter Reihenfolge wie der Ausbau. Die Kupplung entsprechend der Körnerkennzeichnung am Schwungrad ansetzen, falls die ursprüngliche Kupplung wieder eingebaut wird. Die Mitnehmerscheibe ist unter Verwendung des Spezialzentrierdorns für das eingebaute Getriebe oder einer alten Kupplungswelle in der Innenseite des Schwungrades auszurichten, indem man den Dorn durch die Nabe der Mitnehmerscheibe und das Ende des Führungslagers einschiebt. Die angeschraubte Kupplung muss dann wie in Bild 249 gezeigt aussehen. Die Schrauben gleichmäßig über Kreuz auf ein Anzugsdrehmoment von 18 Nm anziehen, wenn die Kupplung einen Durchmesser von 160 oder 180 mm hat oder auf 23 Nm, wenn der Durchmesser der Kupplung 215 mm beträgt. Das Getriebe abschließend wieder einbauen.

8.5 Kupplungs-Ausrückung

Das Kupplungsausrücklager kann bei ausgebautem Getriebe aus- und eingebaut werden. Dazu die Ausrückgabel ankippen und das Ausrücklager von der Gabel abnehmen. Bild 250 zeigt wie das Ausrücklager mit dem Clip an der Ausrückgabel befestigt ist. Die Führungsmuffe für das Ausrücklager und die Finger der Gabel mit Graphitfett einschmieren, jedoch nicht zu viel auftragen. Das Ausrücklager über die Muffe schieben und die Spange (1) in Bild 250 über die Gabel schnappen, wie es im Bild gezeigt ist.

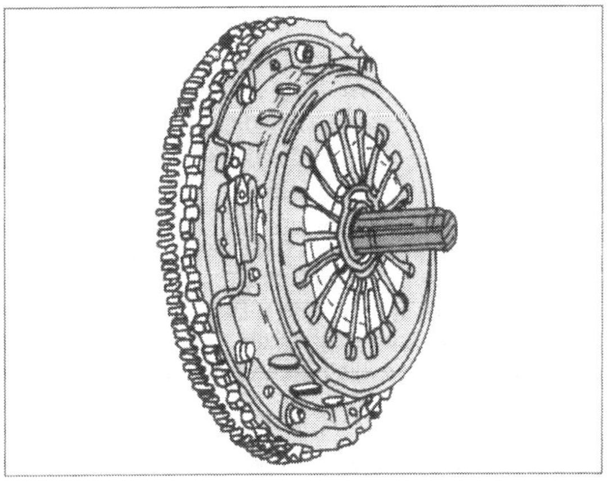

Bild 249
Den Zentrierdorn in der gezeigten Weise in die Mitnehmerscheibe einsetzen, wenn die Schrauben der Kupplung angezogen werden. Beim Anschrauben den Dorn gelegentlich hineinschieben und wieder herausziehen. Er darf sich nicht festklemmen.

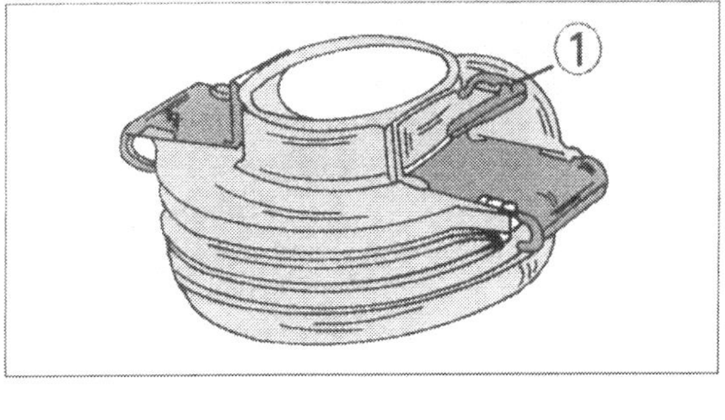

Bild 250
Die Sicherungsclips (1) in der gezeigten Weise in das Ausrücklager

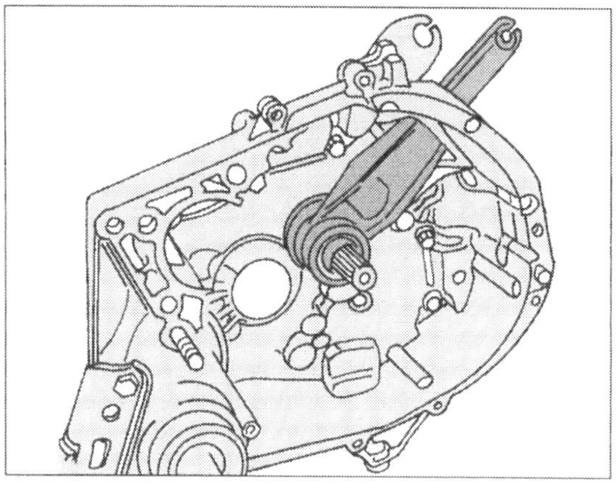

Bild 251
Die Kupplungsausrückgabel wird von innen eingesetzt und in Eingriff mit dem Ausrücklager gebracht.

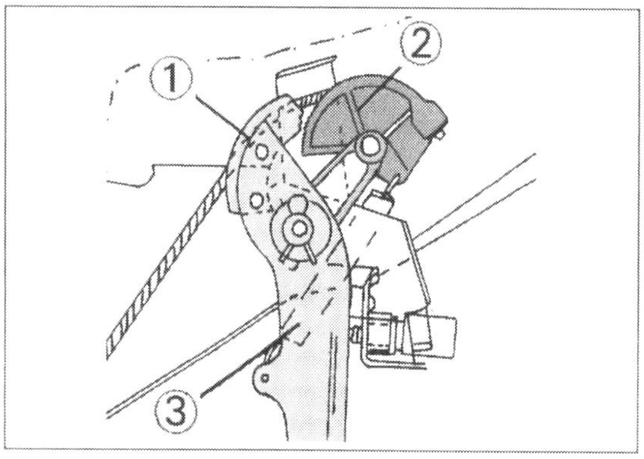

Bild 252
Der Selbstnachstellmechanismus der Kupplung. Auf die Zahlen wird im Text verwiesen.

Das Getriebe muss ebenfalls ausgebaut werden um die Ausrückgabel zu erneuern. Dazu die Gummiabdeckung abziehen und die Gabel nach der Innenseite des Getriebes schieben. Auf die genaue Einbaulage der Gabel achten und diese herausheben.
Die Gabel in die ursprüngliche Lage einsetzen, d.h. man setzt sie in der in Bild 251 gezeigten Weise in das Ausrücklager ein.

Hinweis: Bei Arbeiten, welche den Ausbau des Getriebes nicht erfordern, oder nach dem Einbau des Getriebes, darf man den Ausrückhebel nicht anheben, da er dabei unbemerkt aus dem Eingriff mit dem Ausrücklager kommen könnte.

Kontrolle des Lagers: Um das Ausrücklager im ausgebauten Zustand zu kontrollieren, den Anpressring mit den Fingern durchdrehen. Dabei darf kein rauer oder hakender Lauf festgestellt werden. Das Lager sollte sich geschmeidig durchdrehen lassen.

8.6 Kupplungspedalspiel

Die Einstellung des Freispiels am Kupplungspedal wird automatisch hergestellt. Der Mechanismus arbeitet folgendermaßen:

- Feder (3) in Bild 252 übt einen ständigen Zug auf das Zahnsegment (2) aus. Das Kupplungsseil ist immer unter Spannung, d.h. das Ausrücklager ist ständig in Kontakt mit der Kupplungstellerfeder.
- Wenn das Kupplungspedal durchgetreten wird, greift die Nocke (1) in die Zähne des Segments ein, um dieses am Drehen zu hindern, so dass das Seil wieder strammgezogen wird.
- Falls die Kupplung oder das Kupplungsseil ausgebaut wurde, das Pedal nach dem Einbau einige Male durchtreten, damit die Einstellung in die Grundstellung zurückgebracht wird.

Das Spiel kann man am Seilende kontrollieren, wie es im nächsten Kapitel beschrieben ist, falls man Zweifel über die Einstellung und die Arbeitsweise der Kupplung hat.

8.7 Erneuerung des Kupplungsseils

Bild 253 zeigt die Befestigung des Kupplungsseil am Kupplungspedalende und am Getriebe. Das Seil ist an der Oberseite in das in Bild 252 gezeigte Segment eingehängt. Beim Ausbau folgendermaßen vorgehen:

- Batterie abklemmen.
- Je nach Ausführung den Luftfilterkasten ausbauen (falls er den Zugang versperrt).
- Das Kupplungsseil am Gabelende aushängen. Dazu das Kupplungspedal durchtreten und am Seil ziehen. Das Seil am Nocken (1) in Bild 252 mit einer Hand halten und das Kupplungspedal zurücklassen. Das Seilende klinkt dabei aus dem Zahnsegment (2) aus.
- In der Innenseite des Fahrerraums die Mutter der Pedalachse abschrauben und die Achse weit genug herausziehen, um das Kupplungspedal abzunehmen.
- Die Seilhülle durch die Öffnung im Wagenboden schieben/ziehen (mit einem Schraubendreher nachhelfen) und von der Motorraumseite aus vollkommen herausziehen.

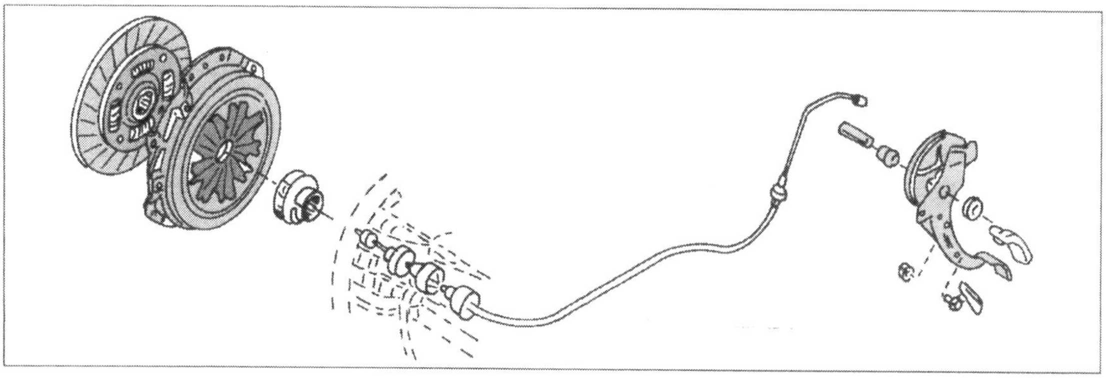

Bild 253
Die Verlegung des Kupplungsseils zusammen mit der Kupplung.

- Neues Seil von der Motorraumseite aus in das Innere des Fahrzeuges einführen, über den Nocken (1) in Bild 252 anbringen und in das Ende des Zahnsegments (2) einhängen, wie es im Bild gezeigt ist.
- Kupplungspedal wieder montieren.
- Das andere Ende des Seils an der Ausrückgabel anschließen.
- Das Kupplungspedal durchtreten, um die Seilhülle in das Loch im Wagenboden zu ziehen.
- Kupplungspedal einige Male betätigen, um die automatische Nachstellung in Gang zu setzen. Um die einwandfreie Einstellung zu kontrollieren, den Ausrückhebel mit dem angeschlossenen Seil in der in Bild 254 gezeigten Weise am Ende erfassen und hin- und herbewegen. Ein Freispiel (Maß X) von 27,4 - 30,7 mm sollte dabei festgestellt werden. Dies sind die offiziellen Werte. Beim Erhalt von 27,5 bis 30,5 kann man ebenfalls zufrieden sein.
- Kontrollieren, ob die Kupplung einwandfrei aus- und einrückt. Dazu den Motor anlassen, das Kupplungspedal durchtreten und den Rückwärtsgang einschalten. Geräusche vom Getriebe weisen auf schlechte Ausrückung hin.

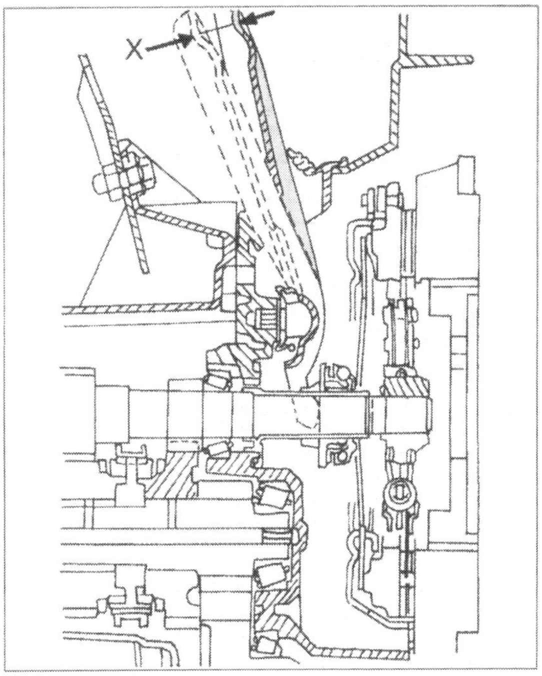

Bild 254
Kontrolle der automatischen Nachstellung nach Einbau des Kupplungsseils. Durch Hin- und Herbewegen des Ausrückhebels (Maß X) wird die Funktion bestätigt.

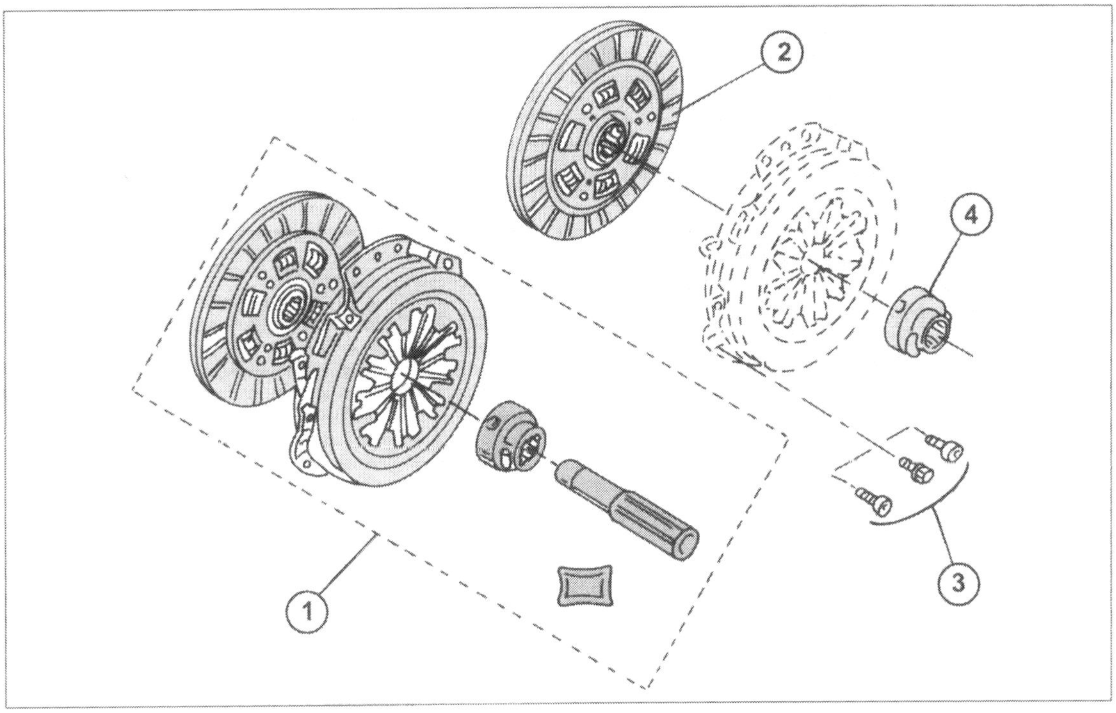

Bild 255
Die Einzelteile der Kupplung.
1 Kupplungsreparatursatz
2 Mitnehmerscheibe (getrennt erhältlich)
3 Schrauben zur Befestigung
4 Kupplungsausrücklager (getrennt erhältlich)

8.8 Störungsbeistand an der Kupplung

Obwohl bereits auf Störungen an der Kupplung eingegangen wurde, kann man sich anhand der folgenden Schnelltabelle informieren, welche Defekte dafür verantwortlich sein könnten. Bild 255 zeigt die Einzelteile der Kupplung, wie man sie im Ersatzteillager erhalten kann.

A	**Kupplung rutscht**	
1.	Kupplung rutscht durch	Kupplungsscheibe ersetzen
2.	Anpressdruck zu gering	Druckplatte ersetzen
3.	Belag verölt	Kupplungsscheibe ersetzen, Leckstellen beheben
4.	Kupplung hat sich überhitzt	Kupplungsscheibe und vielleicht Druckplatte neu
B	**Kupplung rückt nicht aus**	
1.	Seil gerissen	Seil erneuern
2.	Seilmechanismus defekt	Seil erneuern
3.	Kupplungsscheibe hat Schlag	Kupplungsscheibe ersetzen
4.	Kupplungsbeläge gebrochen	Kupplungsscheibe ersetzen
5.	Kupplungsscheibe auf Welle verklemmt	Gangbar machen und einfetten
6.	Belag an Schwungrad festgeklebt (nach langer Stillstandzeit des Wagens)	1. Gang einlegen und Pedal treten. Fahrzeug kurz bei ausgeschalteter Zündung schleppen lassen
C	**Kupplung rupft**	
1.	Siehe unter Punkt A3	
1.	Falsche Beläge (nach Reparatur)	Nachprüfen und Abhilfe schaffen
2.	Ausrücklager drückt ungleichmäßig	Ausrückhebel kontrollieren
3.	Druckplatte drückt einseitig	Druckplatte erneuern
4.	Motor/Getriebeaufhängung defekt	Entsprechend erneuern
D	**Kupplung trennt nicht und rutscht durch**	
1.	Kupplungsdruckplatte defekt	Druckplatte ersetzen
E	**Geräusche von der Gegend der Kupplung**	
1.	Druckplatte/Kupplungsscheibe schlägt	Wie erforderlich erneuern
2.	Mitnehmerscheibenfedern lose	Mitnehmerscheibe erneuern
3.	Ausrücklager nicht mehr einwandfrei	Erneuern
4.	Nietverbindung der Beläge lose	Wie erforderlich Scheibe erneuern

Das eingebaute Fünfganggetriebe ist bei allen Modellen gleich, d.h. ein Getriebe des Typs „JB" ist eingebaut, jedoch ist zu beachten, dass das Getriebe je nach eingebautem Motor eine unterschiedliche Bezeichnung hat, d.h. ein „JB1"- oder ein „JB3"-Getriebe können bis zur Vorstellung des Dieselmotors mit der Bezeichnung F9Q eingebaut sein. Bei den Letztgenannten wird ein ähnliches Getriebe, jedoch mit der Bezeichnung „JC5" eingebaut. Da diese ebenfalls das Antriebsübersetzungsverhältnis bestimmt, muss man z.B. beim Erstehen eines Getriebes aus zweiter Hand darauf achten, dass das richtige Getriebe eingebaut wird. Falls Sie beabsichtigen ein Austauschgetriebe einzubauen, wird Ihr Lieferant natürlich Bescheid darüber wissen. Um das Getriebe zu erkennen, kann man sich an Bilder 256 und 257 halten:

- Ist ein „JB"-Getriebe eingebaut, befindet sich an der in Bild 256 gezeigten Stelle ein angeschraubter Metallwinkel, welcher den Getriebetyp (A), die Getriebeendnummer (B), die laufende Seriennummer (C), die Herstellerfirma (D), ein Schlitz, wenn das Getriebe mit einem 1.4-Liter-Motor eingebaut wird (E) und ein Buchstabe, wenn die Seriennummer größer als 999999 ist.
- Ist ein „JC"-Getriebe eingebaut, befindet sich das Typenschild an der in Bild 257 gezeigten Stelle, gibt jedoch nur den Getriebetyp, die Getriebeendnummer, die Seriennummer und die Herstellerfirma an.

Wichtiger Hinweis: Die Ölfüllmenge des Getriebes ist bei allen Fahrzeugen mit „JB"-Getriebe gleich (3,4 Liter). Das „JC"-Getriebe hat eine Füllmenge von nur 3,1 Liter.
Unterschiede zwischen den Getrieben der Ausführung „JB" und „JC" sind in der Innenseite zu finden. Da wir uns nicht mit der Zerlegung und dem Zusammenbau des Getriebes beschäftigen, sind sie zum Zweck dieser Anleitung nicht weiter wichtig.

9.1 Aus- und Einbau des Getriebes

Das Getriebe kann zusammen mit dem Motor oder getrennt ausgebaut werden, je nachdem um welche Fahrzeugausführung es sich handelt. Einzelheiten über den Ausbau des Motors zusammen mit dem Getriebe wurden in den betreffenden Kapiteln für das betreffende Modell gegeben. Dieser Abschnitt behandelt den Ausbau des Getriebes ohne Motor.
Wir möchten darauf hinweisen, dass zwei Hebezeuge erforderlich sind, um das Getriebe herauszuheben. Ebenfalls braucht man einen Kugelbolzenabzieher für die Spurstangen und einen passenden Durchschlag zum Trennen einer der Antriebswellen. Außerdem muss der Nebenrahmen vom Aufbau abgeschraubt werden, um das Getriebe auszubauen.

- Radmuttern und die Muttern der Antriebswellen lockern und die Vorderseite des Fahrzeuges auf Böcke setzen. Die Vorderräder abschrauben.
- Massekabel der Batterie abklemmen und die Batterie vollkommen ausbauen.
- Unterschutzblech unter der Vorderseite des Fahrzeuges ausbauen und das Getriebeöl ablassen.
- Je nach eingebautem Motor die Kabelstecker von den folgenden Bauelementen abziehen: Den Stecker vom elektronischen Steuergerät (Benzinmotor), den Stecker vom Vorglührelais (Diesel), vom Kraftstofffilter (Diesel) und dem Sicherheitsschalter (alle).
- Den Luftansaugschlauch vom Luftfilter abmontieren.
- Die Befestigungsschrauben des Schutzblechs der Batterie an den in Bild 258 gezeigten Stellen entfernen und das Blech herausnehmen.
- Die zwei in Bild 259 gezeigten Schrauben herausdrehen.
- Kupplungsseil vom Ausrückhebel abschließen.

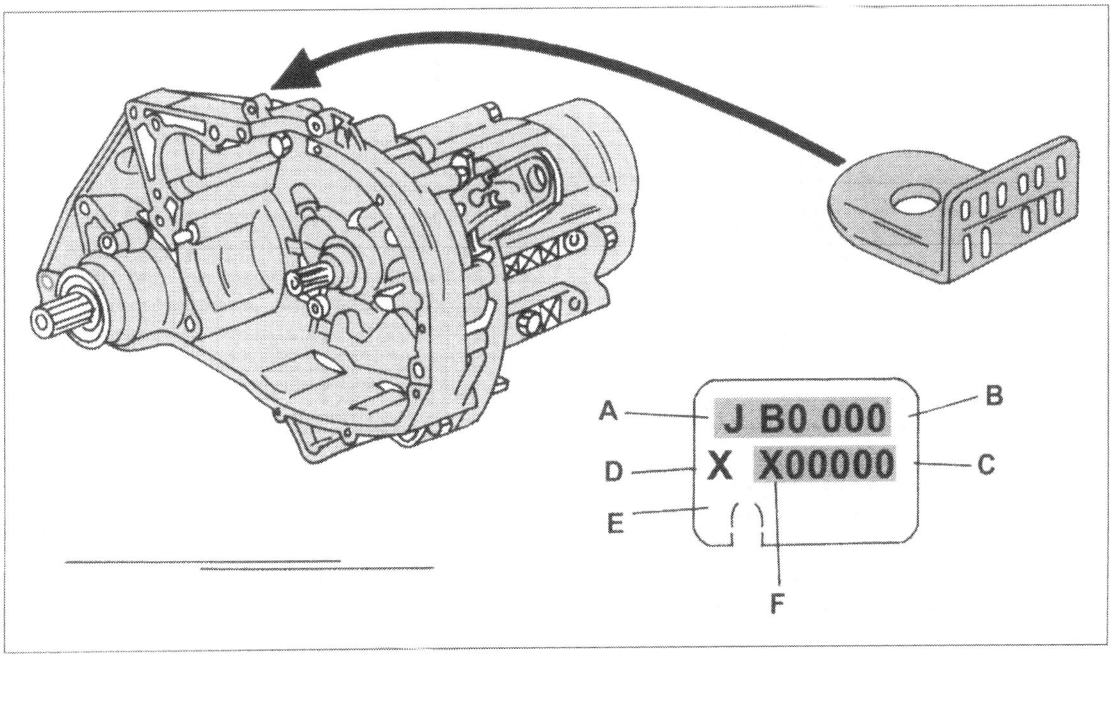

Bild 256
Der kleine Winkel enthält die Angaben der Getriebekennzeichnung bei einem „JB"-Getriebe. Auf die Buchstaben wird im Text eingegangen.

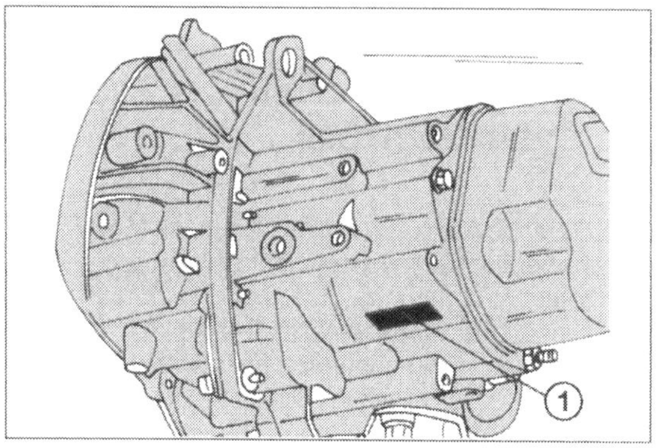

Bild 257
Beim „JC“-Getriebe bei einem Fahrzeug mit F9Q-Dieselmotor befindet sich das Typenschild an der Unterseite des Getriebes.

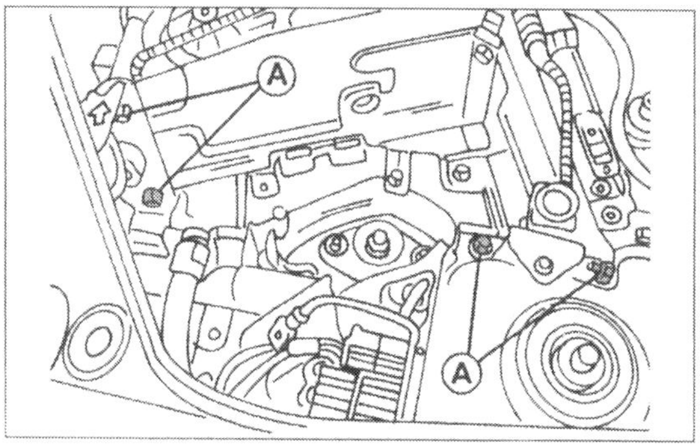

Bild 258
Die Schrauben (A) lösen und die Schutzverkleidung der Batterie ausbauen.

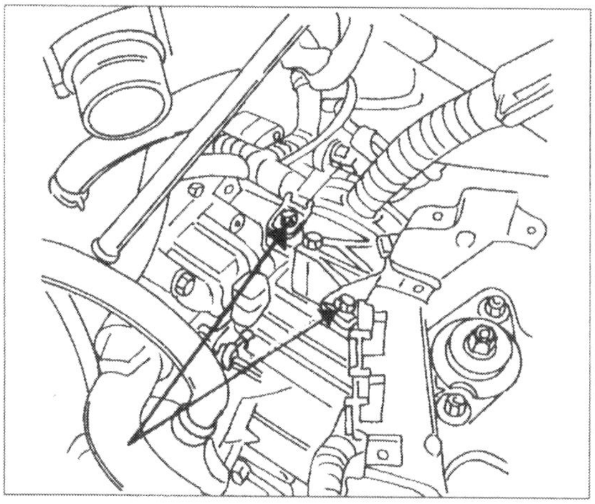

Bild 259
Die beiden mit den Pfeilen bezeichneten Schrauben müssen beim Ausbau des Getriebes ausgeschraubt werden.

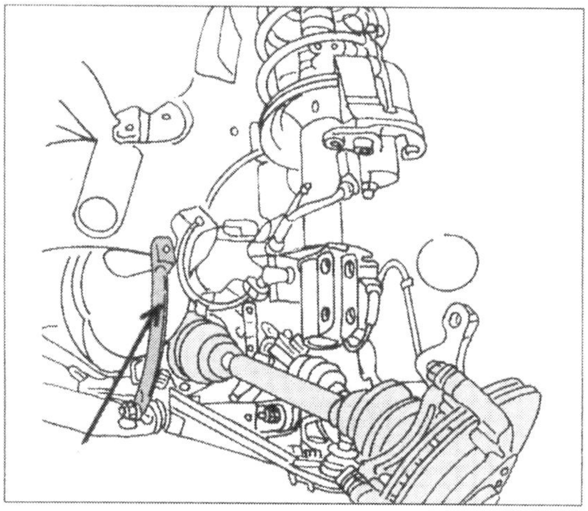

Bild 260
Eine Stützstrebe (Pfeil) ist auf jeder Seite zwischen dem Nebenrahmen und den Rahmenseitenträgern eingebaut und oben und unten befestigt.

- Die oberen Schrauben an der Kante des Getriebes und Anlassers herausdrehen. Eine der Schrauben (auf das Getriebe gesehen die rechte) kann man nur bis zu einem gewissen Maß herausdrehen, da sie nicht vollkommen herauskommt.
- Das Masseband vom Getriebe abschrauben und die Schrauben des OT-Gebers entfernen.
- Die Antriebswellen ausbauen, wie es in Kapitel 10.1 beschrieben ist. Die linke Antriebswelle wird zusammen mit dem Achsschenkel ausgebaut, jedoch muss man vorher die drei Muttern an der Innenseite der Welle entfernen, ehe die Welle herausgezogen wird. Bei dieser Welle darauf achten, dass die Lagerrollen nicht herausfallen können. Die rechte Welle wird in unterschiedlicher Weise ausgebaut. Die Arbeitsbeschreibung ist ebenfalls im genannten Kapitel beschrieben. Ebenfalls auszubauen sind die Streben, welche zwischen dem Nebenrahmen und den Seitenträgern eingesetzt sind. Die Befestigung ist in Bild 260 zu sehen.
- Von der Unterseite des Getriebes das Schaltgestänge von der Seite des Getriebes abschließen. Die Anschlussstelle ist in Bild 261 gezeigt. Im gleichen Bild kann man die Drehmomentstütze zwischen Motor und Getriebe sehen. Diese muss vollkommen an beiden Enden gelöst und ausgebaut werden.
- Die elektrischen Kabel von den Anschlussklemmen des Anlassers und des Schalters der Rückfahrleuchten abklemmen. Den Anlasser danach ausbauen.
- Den Kabelstecker vom Geber des Tachometers und dem Achsantrieb abziehen.
- Das vordere Auspuffrohr vom Auspuffkrümmer abschrauben und in geeigneter Weise an der Unterseite festbinden. Nicht herunterhängen lassen.
- Die hintere Getriebeaufhängung ausbauen.
- Ein Seil oder eine Kette um den Motor legen und an ein Hebezeug hängen. Den Motor anheben, bis das obere hinteren Gummilager auf der Seite des Getriebes nicht länger unter Spannung steht. Beim Herausheben des Motors kann man sich Bild 262 ansehen. Dieses zeigt eine Vorrichtung, mit welcher man das Getriebe aus den Aufhängungen anheben kann, in diesem Fall bei einem Benzinmotor. Beim Dieselmotor sind zwei Hebeösen vorhanden und der Motor ist entsprechend anzuhängen.
- Die Schrauben der Lenkungsbefestigung entfernen und die Lenkung in geeigneter Weise an den Seitenträgern festbinden, um sie in ihrer ungefähren Lage zu halten. Die Muttern müssen von der Unterseite auf beiden Seiten der Lenkung abgeschraubt werden.
- Die drei in Bild 263 gezeigten Schrauben der Getriebeaufhängung herausdrehen und den Motor soweit wie möglich absenken. Einen Wagenheber unter den Vorderwagen untersetzen, um den Nebenrahmen abzustützen, und die vier Befestigungsschrauben des Rahmens auffinden und ausschrauben. Unbedingt darauf achten, dass das gesamte Aggregat sicher auf dem Wagenheber aufsitzt.
- Einen Rollwagenheber unter das Getriebe untersetzen und anheben, bis das Getriebe soeben gehalten wird. Den Motor und das Getriebe jetzt trennen, indem man die in Bild 264 gezeigten Stiftschrauben ausschraubt. Die Stiftschraube (B) kann im Getriebe verbleiben.
- Den Motor etwas anheben, bis genügend Raum vorhanden ist, und das Getriebe vollkommen herausziehen.

Der Einbau des Getriebes findet in umgekehrter Reihenfolge statt. Die folgenden Punkte sollten jedoch besonders beachtet werden:

- Die Keilverzahnungen der Kupplungswelle mit Graphitfett einschmieren. Kontrollieren, dass die Ausrückgabel richtig gegen das Kupplungsausrücklager anliegt. Ebenfalls überzeugen, dass die beiden Zentrierringe für das Getriebe links und rechts in der Getriebefläche sitzen. Die Kupplungswelle mit der Nabe der Mitnehmerscheibe ausrichten und das Getriebe gegen den Motor drücken, bis der Spalt geschlossen ist.
- Die beiden Stiftschrauben (A) und (B) in Bild 264 in gleicher Weise wie beim Ausbau wieder einschrauben, falls beide ausgeschraubt worden sind.
- Die Schrauben zwischen Motor und Getriebe oben und unten einsetzen und gleichmäßig ringsherum mit einem Anzugsdrehmoment von 45 Nm anziehen. Dabei beachten, dass sich der Spalt gleichmäßig schließen muss.
- Bei eingebautem 1.4-Liter-Motor muss das vordere Auspuffrohr angeschlossen werden, ehe man die rechte Antriebswelle einbaut.
- Darauf achten, dass der Anlasser richtig eingebaut wird. Bei der Beschreibung des Anlassers wird im betreffenden Kapitel darauf eingegangen.
- Die Antriebswellen montieren, wie es im Kapitel 10.1 beschrieben ist.
- Abschließend das Getriebe mit Öl füllen.

9.2 Getriebeüberholung

Da die Überholung des Getriebes eine ziemlich aufwändige Arbeit ist, empfehlen wir, dass man bei Getriebeschäden ein Austauschgetriebe einbaut. Dies vermindert die Stillstandszeit des Fahrzeuges und gibt Ihnen die gleiche Garantie, der ein von Renault geliefertes Neuteil unterliegt.
Wie bereits erwähnt, muss darauf geachtet werden, dass man das zum eingebauten Motor passende Getriebe einbaut.

9.3 Getriebeölstand und Getriebeölwechsel

Da es ziemlich lange dauert, bis das Getriebe mit Öl gefüllt ist und man den Ölstand schlecht kontrollieren kann, sind die folgenden Arbeiten beim Einfüllen des Öls durchzuführen. Das Öl muss bis zur Oberkante der Gewindebohrung in der Oberseite des Getriebes stehen, nachdem man den Stopfen (1) in Bildern 265 und 266 herausgedreht hat. Bild 265 zeigt in der oberen Ansicht den 1.4-Liter-Motor. Beim 1.1-Liter-Motor liegt er wie in der unteren Ansicht gezeigt. Wie man aus den Abbildungen sehen kann, sitzt der Stopfen, je nach eingebautem Motor an unterschiedlicher Stelle.

- Den Ablassstopfen herausdrehen und das Getriebeöl ablaufen lassen. Falls das Öl warm ist, läuft es schneller ab.

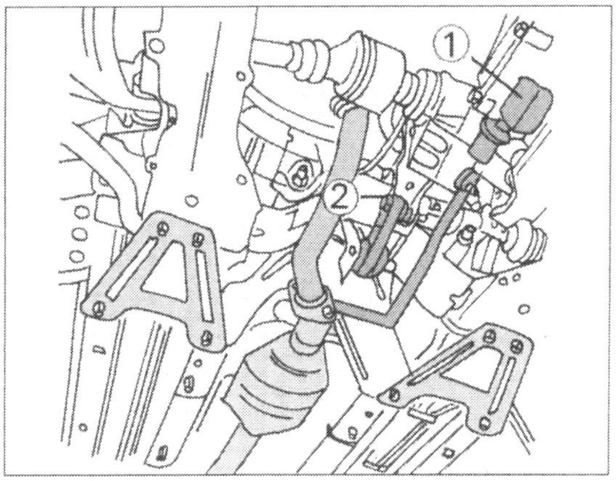

Bild 261
Die Gangschaltung an der gezeigten Stelle (1) ausbauen. Dazu die Schraube lösen und die 3 Schrauben des Wärmeschutzschildes entfernen, um an die Unterseite des Schalthebels zu kommen.

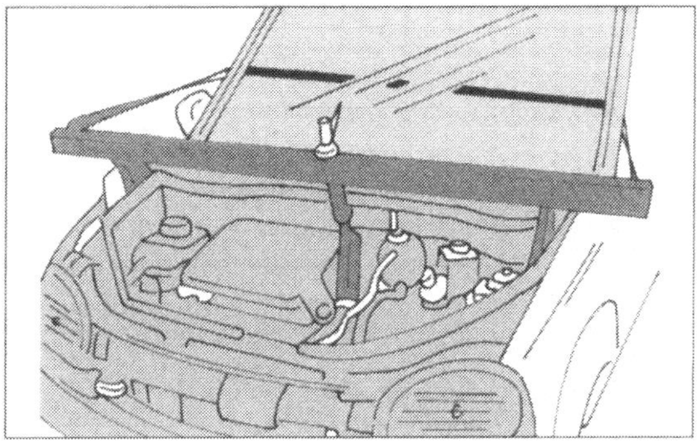

Bild 262
Der Motor kann mit einer Hebevorrichtung aus den Aufhängungen gehoben werden. Eine ähnliche Vorrichtung kann man sich leicht herstellen, jedoch dürfen dabei die Kotflügel nicht beschädigt werden (gezeigt bei einem Benzinmotor).

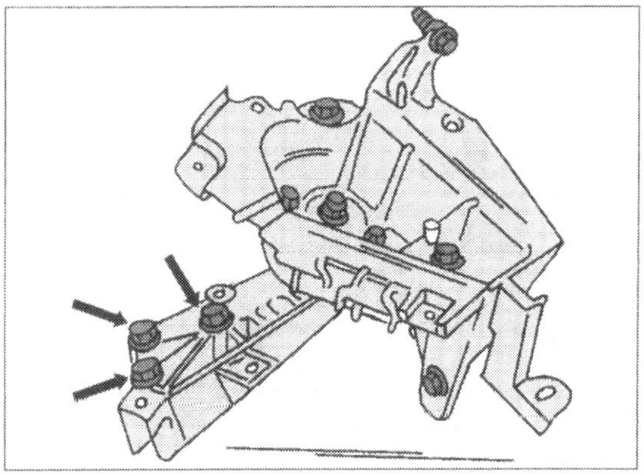

Bild 263
Die Getriebeaufhängung. Die drei Schrauben (Pfeile) lösen, um sie vom Getriebe freizumachen.

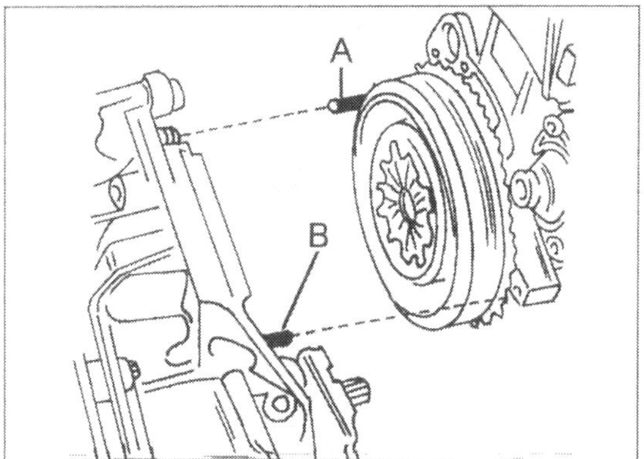

Bild 264
Zwei Stiftschrauben führen das Getriebe. Stiftschraube (A) muss ausgeschraubt werden, Stiftschraube (B) kann beim Ausbau eingeschraubt bleiben.

- Den Stopfen reinigen und wieder einschrauben.
- Die Ölfüllmenge entsprechend des Getriebetyps einfüllen (3,1 oder 3,4 Liter). Öl nur entsprechend den Empfehlungen des Herstellers einfüllen.

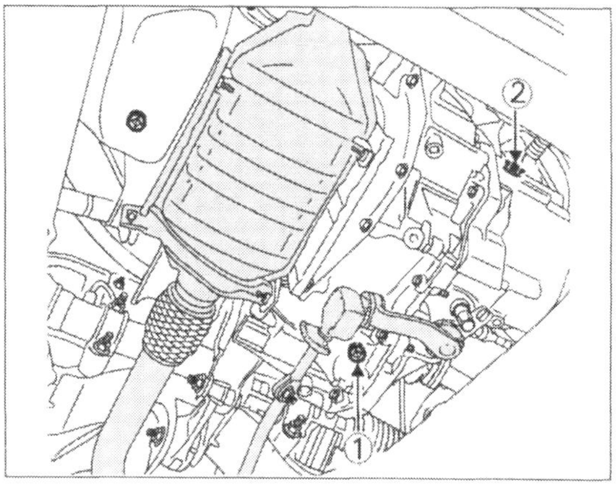

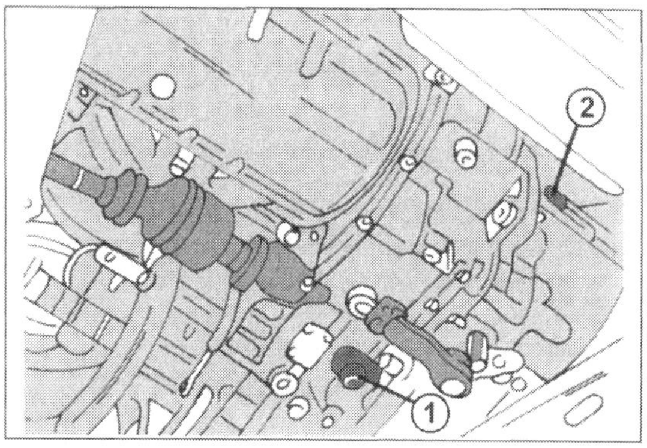

Bild 265
Die Lage des Ölablassstopfens (1) und Öleinfüllstopfens (2), bei eingebautem 1.4-Liter-Benzinmotor oben, beim 1.1-Liter-Motor unten.

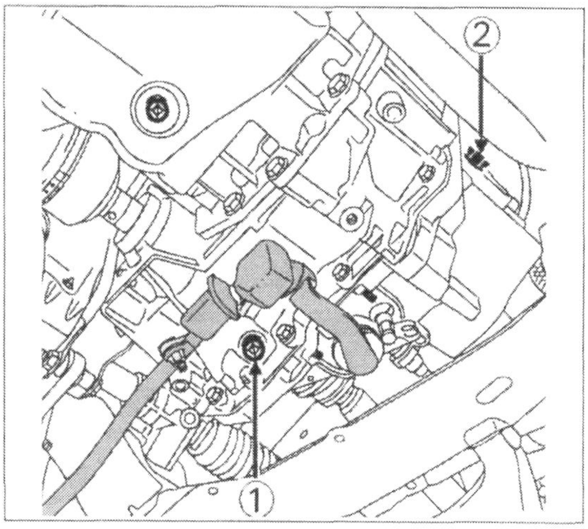

Bild 266
Die Lage des Ölablassstopfens (1) und des Öleinfüllstopfens (2) beim Dieselmotor.

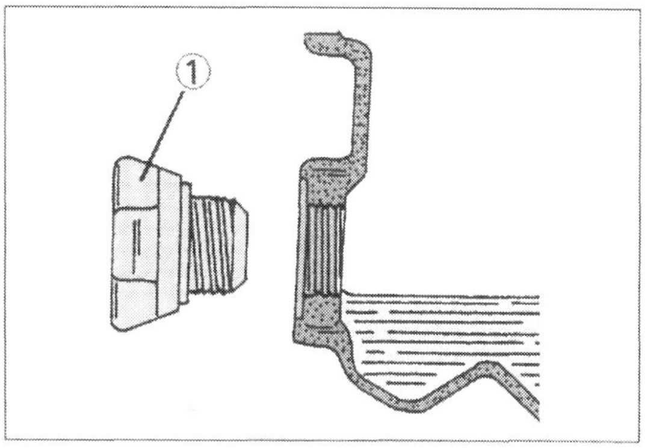

Bild 267
Ansicht des Öleinfüllstopfens (auch bei der Ölstandskontrolle benutzt). Das Öl muss an der Unterkante der Stopfenöffnung stehen.
1 Öleinfüllstopfen

- Die abgemessene Getriebeölmenge durch die Einfüllöffnung nach Entfernen des Stopfens (1) in Bildern 265 und 266 einfüllen.
- Der Stopfen hat das in Bild 267 gezeigte Aussehen und das Öl muss bis zur Unterkante der Gewindebohrung stehen. Zur Kontrolle kann man den abgewinkelten Zeigefinger in die Bohrung stecken.
- Das Getriebe füllen, bis der Ölstand nicht weiter absinkt.
- Den Einfüllstopfen einschrauben.

Der Ölstand sollte im Rahmen der regelmäßigen Inspektionen alle 20 000 km kontrolliert werden.
Zum Nachfüllen oder zum Neufüllen des Getriebes sollte man immer das von Renault empfohlene Getriebeöl verwenden. Dies gibt Ihnen die Gewissheit, dass sich das Öl für das Getriebe eignet.

Ölfüllmengen und Öle

Fünfganggetriebe, JB1	3,4 Liter
Fünfganggetriebe JC	3,1 Liter
Ölsorte	SAE 75 W 80W-Getriebeöl
Empfohlenes Öl	Tranself TRX 75 W 80 W

Die Antriebswellen sind von unterschiedlicher Länge und Bauweise, je nachdem, ob sie links oder rechts eingebaut sind. Renault-Wellen sehen alle gleich aus. Falls eine Antriebswelle erneuert werden muss, unbedingt die richtige Welle kaufen. Auch die beiden Gleichlaufgelenke sind, je nach Welle links oder rechts, nicht an beiden Enden gleich. Das äußere Gleichlaufgelenk ist bei allen Wellen ein GE 86-Gelenk. Ein RC 462-Gelenk wird auf der Getriebeseite der rechten Welle, ein GI 69-Gelenk auf der Getriebeseite der linken Welle eingebaut. Falls Sie einmal ein Gelenk erneuern müssen, können Sie anhand dieser Angaben zum Ersatzteillager gehen.
„Loctite"-Sicherungsmittel muss zum Einbau der Welle in den Achsschenkel benutzt werden.
Das Typenschild des Getriebes und die dazugehörigen Antriebswellen sind durch Farbcode gezeichnet, um die richtige Welle dem betreffenden Fahrzeug zuzuordnen. Die Farbkennzeichnung der Welle ist auf einem Aufkleber in der Nähe der Gummimanschette auf der Radseite zu sehen.
Die Erkennung der Wellen durch die Farbkennzeichnungen ist jedoch ziemlich kompliziert und es ist weitaus bessert, wenn man die alte Welle zum Ersatzteillager mitnimmt, um die richtige Welle zu erhalten. Im Allgemeinen wird man mit den Antriebswellen keine Probleme haben, jedoch hängt die Lebensdauer der Wellen ebenfalls von der Fahrweise ab. Schnellstarts mit eingeschlagenen Vorderrädern und Anfahren mit durchdrehenden Vorderrädern haben keine gute Einwirkung auf die Antriebswellen.

Anzeichen für fortgeschrittenen Verschleiß sind:
- Schlag- und Knackgeräusche beim Gasgeben und beim Zurücknehmen des Gaspedals. Verändern sich diese Geräusche abhängig vom Einschlag der Vorderräder, könnte es sein, dass die radseitigen Gelenke einer näheren Untersuchung bedürfen.
- Falls das Lenkrad beim Einschlagen der Räder vibriert oder zittert, ist dies eine weitere Anzeige, dass die radseitigen Gelenke bald erneuert werden müssen.

10.1 Wartung

Die Gelenke der Antriebswellen sind durch Gummimanschetten (Faltenbälge) vor Feuchtigkeit und Straßenschmutz geschützt. Aus diesem Grund ist die gelegentliche Überprüfung der Gummimanschetten angebracht, um die Manschetten auf undichte Stellen zu kontrollieren.
- Das Vorderrad anheben, Böcke untersetzen und das Rad von einem Helfer durchdrehen lassen, während man die Gummimanschette auf spröde Stellen, Löcher, Risse, usw. kontrolliert. Auf eine verfettete Manschette kann auf ein Loch hinweisen.
- Kontrollieren, dass die Befestigungsbänder einwandfrei sitzen.
- Falls man derartige Schäden festgestellt hat, muss man die Manschetten sobald wie möglich erneuern, da sonst eindringendes Wasser die Gelenke bald zerstören wird (falls es nicht bereits zu spät ist). Falls man die Arbeit nicht selbst durchführen will, muss man so bald wie möglich eine Werkstatt aufsuchen.

10.2 Aus- und Einbau einer Antriebswelle

Ehe man mit dem Ausbau einer Achswelle vornimmt, muss man die folgenden Werkzeuge besorgen:
- Einen zylindrischen Durchschlag zu Ausschlagen des Sicherungsstiftes der Achswelle auf einer Seite.
- Eine Vorrichtung zum Gegenhalten der Radnabe beim Lösen der Achswellenmutter.
- Einen Kugelbolzenabzieher zum Abdrücken des Spurstangenkopfes vom Lenkhebel am Achsschenkel.
- Einen Abzieher zum Ausrücken der Achswelle auf dem Achsschenkel (siehe nachfolgende Beschreibung).

Ein neuer Dichtring muss vor Einbau der Welle in die Seite des Getriebes eingeschlagen werden, da der eingebaute höchstwahrscheinlich beschädigt wird.

Beim Ausbau der Welle folgendermaßen vorgehen:
- Radbolzen lockern, die Vorderseite des Fahrzeuges auf Böcke setzen und das Rad auf der betreffenden Seite abschrauben.
- Getriebeöl ablassen.
- Die Mutter der Achswelle und die Scheibe entfernen. Zum Lösen muss man die Radnabe gegenhalten. Am besten ist es, wenn man sich eine Platte zurechtmacht, welche man an der Radnabe anschrau-

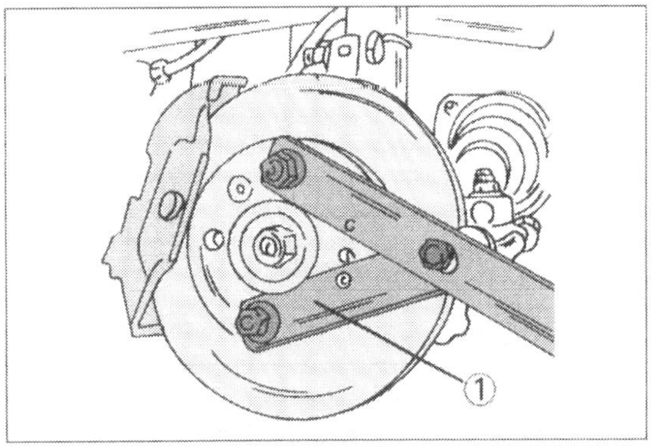

Bild 268
Blockieren der Radnabe mit dem Spezialwerkzeug (1). Eine ähnliche Vorrichtung kann man leicht selbst herstellen.

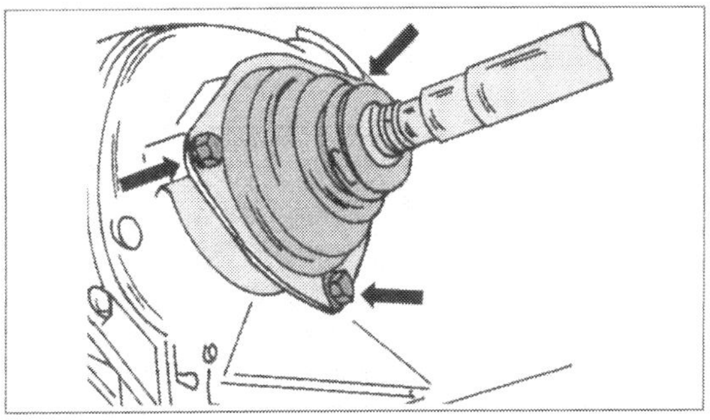

Bild 269
Die Befestigung der linken Antriebswelle am Getriebe.

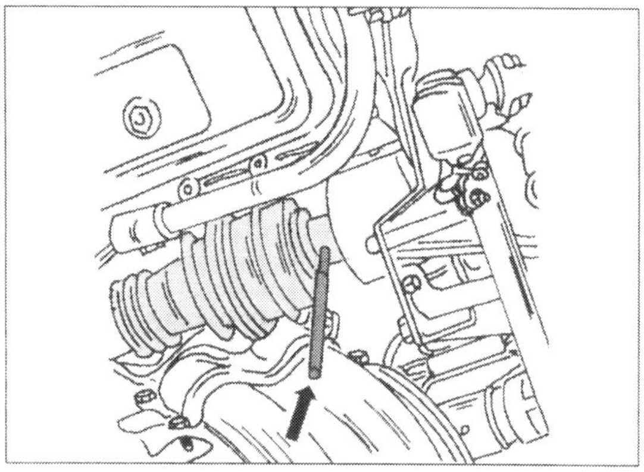

Bild 270
Ausschlagen des Verbindungsstiftes zwischen Antriebswelle und Differentialabtriebswelle mit einem Schaftdorn (Pfeil).

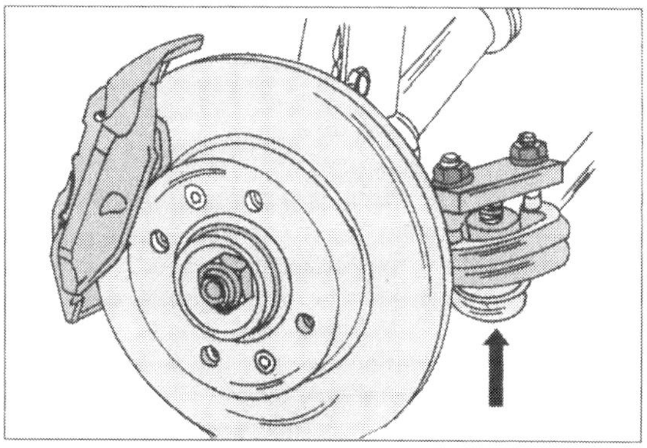

Bild 271
Abdrücken eines Spurstangengelenks mit dem Spezialabzieher. Ein ähnlicher Abzieher eignet sich zum Ausdrücken das Kugelgelenkbolzens.

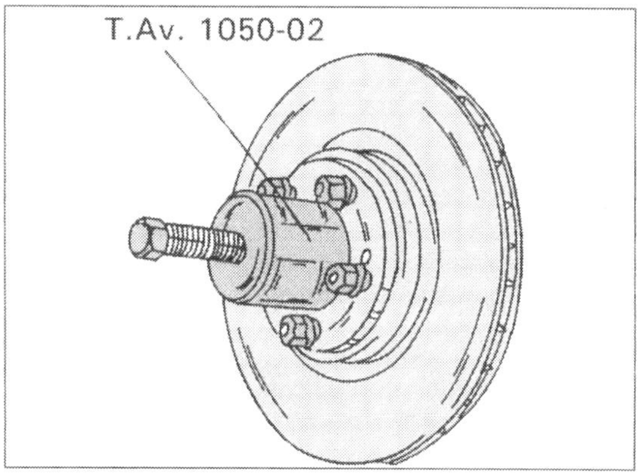

Bild 272
Abzieher zum Ausdrücken einer Achswelle.

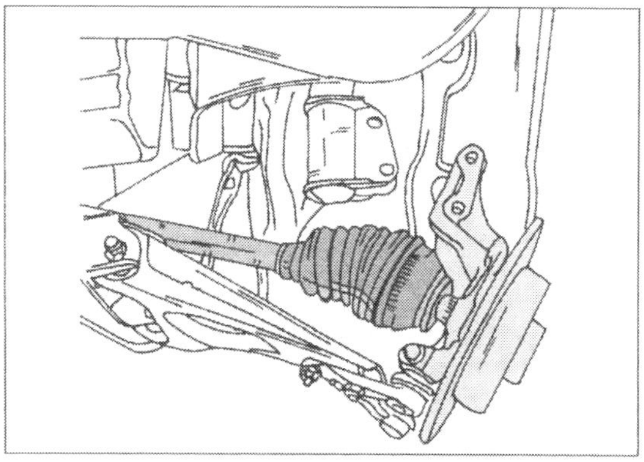

Bild 273
Den Achsschenkel in der gezeigten Weise nach außen ziehen, bis die Achswelle aus dem Eingriff mit dem Achsschenkel und der Innenseite des Differentials gezogen werden kann.

ben kann, mit einer Verlängerung, die auf dem Boden aufsitzen kann, ähnlich, wie es Bild 268 zeigt.

- Den Bremssattel abschrauben und mit einem Stück Draht an der Vorderradaufhängung festbinden. Auf keinen Fall den Bremssattel am Schlauch herunterhängen lassen.
- Zum Trennen der linken Antriebswelle vom Getriebe die drei in Bild 269 gezeigten Schrauben lösen.
- Zum Trennen der rechten Antriebswelle einen Zylinderschaftdorn des passenden Durchmessers verwenden und den Federspannstift aus der Antriebswelle und dem Abtriebsrad des Differentials herausschlagen, wie es in Bild 270 gezeigt ist.
- Auf beiden Seiten die Muttern der beiden Spurstangengelenke entfernen und mit einem passenden Kugelbolzenabzieher die Gelenke von den Lenkhebeln abdrücken (siehe Bild 271).
- Die obere Befestigungsschraube an der Unterseite des Stoßdämpfers entfernen.
- Bei diesen Modellen sind die Verzahnungen der Antriebswelle mit „Loctite" in der Nabe gesichert, d.h. man wird einen Abzieher benötigen, welcher mit vier Schrauben in die Gewindelöcher der Radnabe einzuschrauben ist. Die mittlere Schraube anziehen, bis die Nabe herunterkommt. Bild 272 zeigt wie ein solcher Abzieher angesetzt wird. Wichtig ist, dass die Mittelschraube des Abziehers auf das Ende der Welle drücken kann. Dabei aber nicht das Gewinde beschädigen.
- Die untere Befestigungsschraube an der Unterseite des Federbeins lösen und herausschlagen. Den Achsschenkel jetzt in der in Bild 273 gezeigten Weise nach außen ziehen, bis die Verzahnungen der Antriebswelle aus dem Eingriff in der Innenseite des Getriebes kommen. Dabei darauf achten, dass die Gummimanschette nicht beschädigt wird.

Der Einbau der Antriebswelle geschieht in umgekehrter Reihenfolge wie der Ausbau, unter Beachtung der folgenden Punkte:

- Neue Antriebswellen werden mit Schutzhüllen aus Pappe für die Gummimanschetten geliefert und die beigelegten Einbauanweisungen sind zu beachten. Die Schutzhüllen muss man um die Manschetten lassen, bis die Antriebswelle wieder eingebaut ist. Beim Entfernen der Pappeumhüllungen darf man die Gummimanschette unter keinen Umständen durch Einschieben eines Schraubendrehers oder Ähnliches beschädigen.

Auf der linken Seite

- Die Schutzhülle von der Gummimanschette entfernen und die drei Arme des Gelenks mit den Ausschnitten des Differentialseitenrades in der Innenseite des Getriebes ausrichten. Die Welle vollkommen einschieben und die drei Schrauben in Bild 269 mit 25 Nm anziehen.

Auf der rechten Seite

- Die Verzahnungen der Welle mit Molykote BR2-Graphitfett einschmieren. Die Löcher in der Antriebswelle und dem Seitenrad in eine Flucht bringen und die Welle einschieben. Mit einem Zylinderschaftdorn die Löcher vollkommen ausfluchten und den neuen Federspannstift einschlagen. Bild 274 zeigt die Verbindung. Die Enden der Stifte müssen mit Abdichtmittel bestrichen werden. Dazu wird CAF 4160 THIXO-Dichtmittel oder auch Rhodorseal 5661 benutzt, welches Sie in einer Werkstatt erstehen müssen.
- Das verzahnte Ende der Welle mit „Loctite Scelblock" oder einem ähnlichen Sicherungsmittel ein-

schmieren und die Verzahnungen in die Innenseite der Radnabe einschieben. Den Achsschenkel nach oben kippen und an der Unterseite mit dem Stoßdämpfer verbinden. Die untere Befestigung mit 180 Nm anziehen. Die Muttern der Schraubverbindung müssen zum Bremssattel weisen.

- Die Schrauben der Bremssattelbefestigung mit „Loctite"-Gewindesicherungsmittel einschmieren, den Bremssattel montieren und die Schrauben mit 100 Nm anziehen.
- Die Spurstangen wieder mit den Lenkspurhebeln verbinden, die Kronenmuttern aufschrauben. Die Muttern mit 37 Nm anziehen und versplinten.
- Das Fahrzeug wieder auf die Räder ablassen. Achswellenmutter mit 280 Nm anziehen. Falls der in Bild 268 gezeigte Gegenhalter benutzt wird, kann man die Mutter auch bei aufgebocktem Fahrzeug festziehen.
- Die Radbolzen mit einem Anzugsdrehmoment von 90 Nm anziehen.
- Die Pappeschutzhüllen müssen jetzt herausgezogen werden. Dazu werden sie mit einer Hand gehalten, während die andere Seite abgerissen wird, wie es Bild 275 zeigt. Keinen Schraubendreher benutzen um die Pappe zu zerstechen, da man leicht abrutschen und in die Manschette stoßen kann.
- Das Getriebe mit Öl füllen (je nach eingebautem Getriebe 3,1 oder 3,4 Liter, siehe Abschnitt „Getriebe").

10.3 Antriebswellengelenke

Die Erneuerung der Gummimanschetten ist die einzige Arbeit, welche wir zur Reparatur einer Antriebswelle empfehlen. Verschleiß oder Beschädigung der Welle oder der Gelenke erfordern die Erneuerung des gesamten Teils. Die Gummimanschetten sind im Reparatursatz erhältlich. In diesem Satz ist auch die vorgeschriebene Fettmenge enthalten. Reparaturen von Wellengelenken sind immer eine schwierige Arbeit und aus diesem Grund empfehlen wir, eine Welle mit einer beschädigten Manschette in eine Werkstatt zu bringen, um die Manschette erneuern zu lassen. Es ist leicht möglich, dass Straßenschmutz in das Gelenk eingedrungen ist, d.h. die Werkstatt wird auch in der Lage sein festzustellen, ob dieser Verschleiß der Gelenkteile verursacht hat.
Vor dem Erneuern einer Gummimanschette, muss man sich vergewissern welches Gelenk eingebaut ist. Ihr Ersatzteillieferant wird Sie anhand der Fahrgestellnummer darüber unterrichten. Auch daran denken, dass nicht alle Fahrzeuge die gleichen Wellen haben. Bei Einbau einer neuen Welle unbedingt die Zuordnung des inneren und äußeren Gleichlaufgelenks beachten. Hier kann nur das Ersatzteillager helfen.
Nur wenn man einige Erfahrungen mit Antriebswellen hat, sollte man die Gummimanschette(n) in der unten beschriebenen Weise erneuern. Wichtig ist dabei, dass man sich genau an die betreffende Welle sowie das zuständige Gelenk hält. Eine Handpresse muss zur Verfügung stehen.

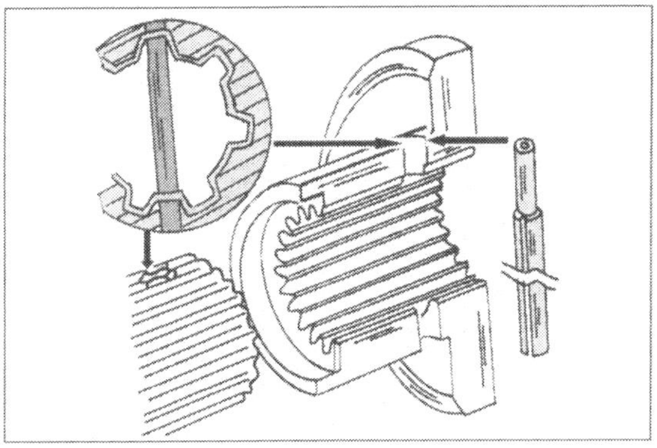

Bild 274
Die Verbindung zwischen der Antriebswelle und dem Seitenrad auf der rechten Seite.

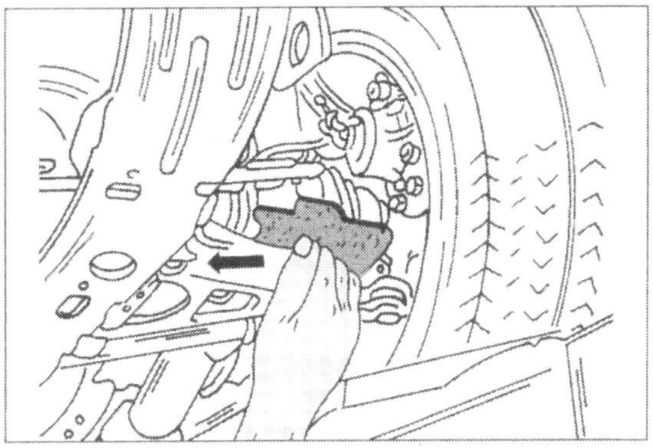

Bild 275
Die Pappeumhüllungen in der gezeigten Weise auseinanderreißen.

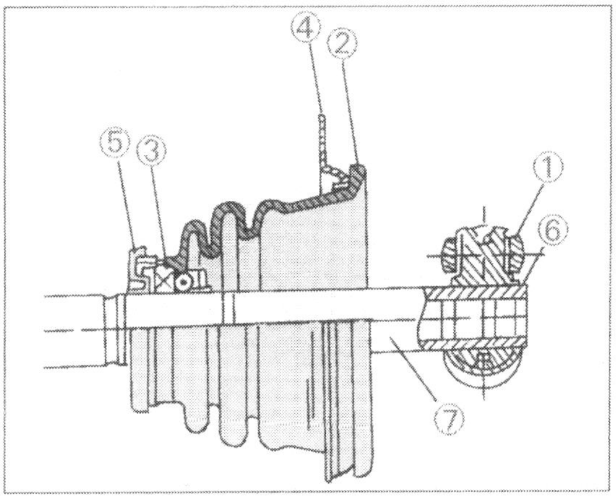

Bild 276
Schnittansicht des Gleichlaufgelenks Gl 69 an der Innenseite der linken Antriebswelle.
1 Gelenkstern
2 Gummimanschette (Faltenbalg)
3 Lagerring
4 Befestigungsband
5 Abdeckscheibe
6 Sicherungsring
7 Antriebswelle

Linke Welle, inneres Gelenk (Bild 276) – Gelenkbezeichnung Gl 69

- Die beiden Befestigungsbänder von der Manschette entfernen und die Manschette zurückdrücken.
- Sprengring (6) ausfedern, die Welle unter eine Presse setzen und die Welle (7) durch den Gelenkstern pressen. Der Sitz des Gelenksterns muss vorher mit Farbe auf dem Wellenende gekennzeichnet werden.
- Den Lagerring (3) in gleicher Weise von der Welle abpressen und mit der Manschette herunterziehen.
- Alle Teile gründlich reinigen und einer kurzen Kontrolle unterziehen.
- Den neuen Lagerring mit der Manschette über die Welle setzen. Der Lagerring muss um ein bestimmtes Maß auf die Welle aufgebracht werden. Dieses in Bild 277 gezeigte Maß muss 118 mm betragen (Toleranz 0,2 mm). Der Lagerring sollte unter einer Presse aufgezogen werden. Beim Aufschlagen könnte es vorkommen, dass man den im Lagerring eingesetzten

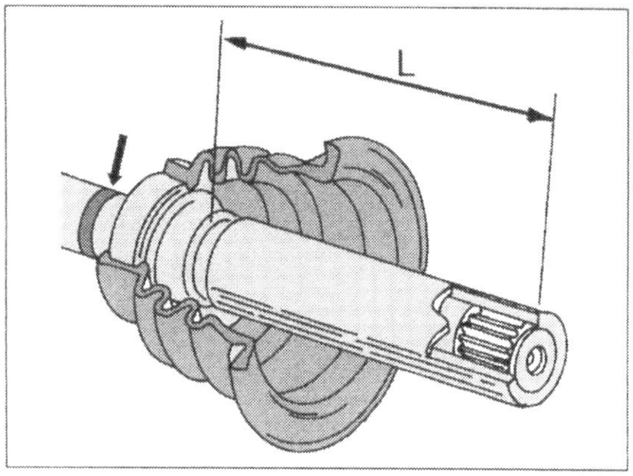

Bild 277
Das Maß „L" zwischen dem Ende der Welle und dem Lagerring auf 118 mm bringen. An der Pfeilstelle kann man eine Schraubzwinge befestigen, um die Welle beim Aufpressen des Lagerrings gut unterzulegen.

Öldichtring beschädigt. Vorsichtiges Aufschlagen sollte jedoch zum Erfolg führen.

- Den Gelenkstern entsprechend der eingezeichneten Kennzeichnungen auf die Welle schlagen oder pressen und den Sprengring einsetzen.
- Abschließend das im Reparatursatz enthaltene Fett gleichmäßig in der Innenseite des Gelenks verteilen.

Linke Welle, äußeres Gelenk (Bild 278) – Gelenkbezeichnung GE 86

Hinweis: Das gleiche Gelenk ist ebenfalls an der Außenseite der rechten Antriebswelle montiert. Falls nur die Manschette erneuert werden soll, kommt sie im Reparatursatz entsprechend der unteren Ansicht von Bild 278.

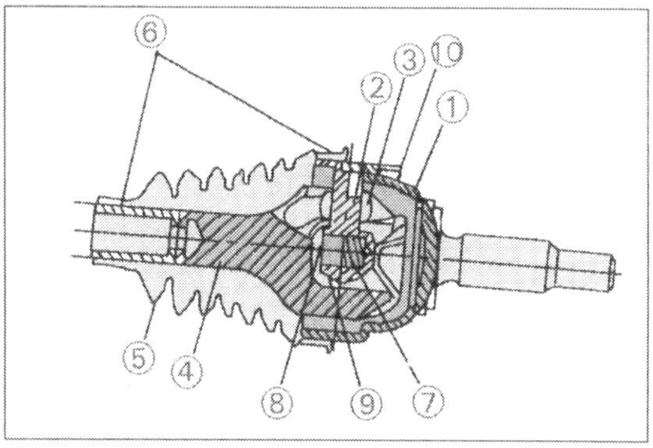

- Gelenkwelle in einen Schraubstock einspannen und die beiden Befestigungsbänder (6) zerschneiden. Die Manschette (5) zurückziehen und alles sichtbare Fett auswischen.
- Das Gleichlaufgelenk an der Innenseite der Welle ausbauen, wie es oben beschrieben wurde. Die Manschette kann danach abgestreift werden.
- Die neue Manschette in die richtige Lage bringen und das im Reparatursatz mitgelieferte Fett in der Innenseite des Gelenks verteilen. Das große Befestigungsband sofort anbringen, die kleine Seite der Manschette in die Rille einlegen.
- Die Klinge eines Schraubendrehers vorsichtig auf der kleinen Seite zwischen Manschette und Achswelle einführen und die Manschette leicht zusammendrücken, um eingeschlossene Luft auszuscheiden. Schraubendreher herausziehen und das kleine Befestigungsband festziehen.

Rechte Welle, äußeres Gelenk (Bild 279) – Bezeichnung RC 462

- Die beiden Befestigungsbänder (5) zerschneiden, die Manschette (4) zurückziehen und alles sichtbare Fett aus dem Gelenk auswischen.
- Den Gelenkkopf (1) herunterziehen.
- Den Sicherungsring (3) aus dem Ende der Welle ausfedern, die genaue Lage des Gelenksterns auf der Welle kennzeichnen und das Gelenk abpressen, indem man es in geeigneter Weise auf Pressplatten auflegt und die Welle durchpresst. Mit Ausnahme des Gelenksterns alle Teile gründlich reinigen.
- Die Manschette über die Welle schieben. Die Welle kann etwas eingefettet werden, damit die Manschette besser gleiten kann. Das kleine Ende sofort in die Rille der Welle einfügen.
- Den Gelenkstern in die ursprüngliche Stellung setzen, vollkommen auf die Welle schlagen oder pressen und den Sicherungsring einfedern.

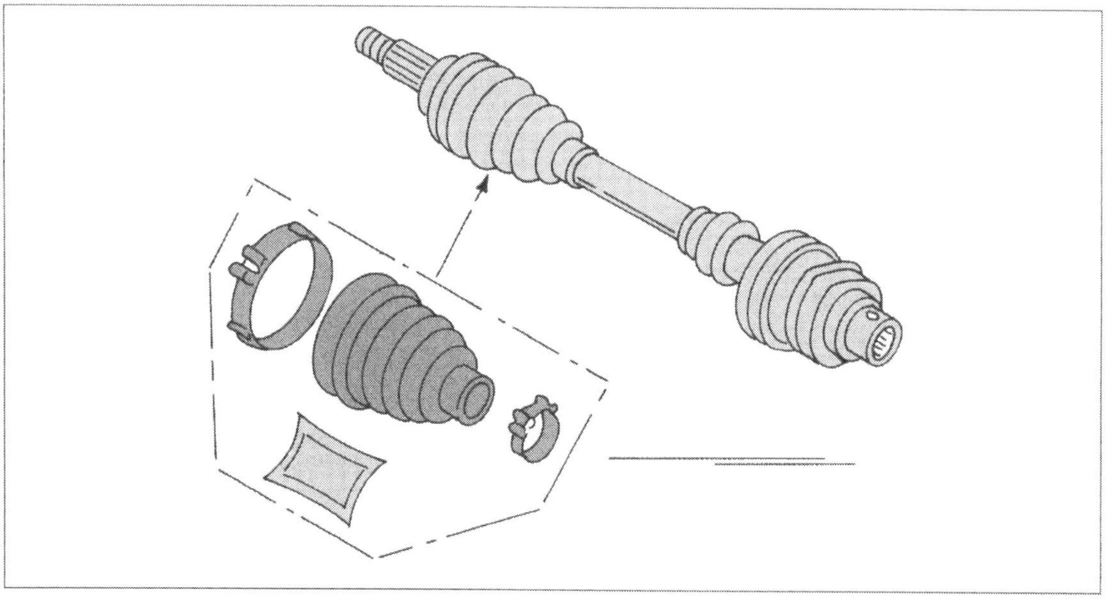

Bild 278
Schnittansicht des Gleichlaufgelenks GE 86 an der Außenseite der linken Antriebswelle. Die untere Ansicht zeigt den Reparatursatz für die Gummimanschette (Faltenbalg).
1 Gelenkkopf mit Achsstumpf
2 Sicherungsscheibe
3 Gelenkstern
4 Wellenkopf
5 Manschette (Faltenbalg)
6 Befestigungsspangen
7 Feder
8 Druckstück
9 Ausgleichsscheibe
10 Zahnkranz für Drehzahlgeber (ABS)

- Den Gelenkkopf (1) über den Gelenkstern (2) schieben und das mitgelieferte Fett gleichmäßig in der Manschette und im Gelenkkopf verteilen. Das große Ende der Manschette in die Rille des Gelenkkopfes einfügen.
- Einen runden Dorn ohne scharfen Kanten in der in Bild 280 gezeigten Weise in die Manschette einsetzen und die Manschette etwas zusammendrücken, um eingeschlossene Luft auszuscheiden.
- Die Länge der Manschette muss jetzt entsprechend Bild 280 auf das richtige Maß gebracht werden (190 mm). Dazu die Manschette auseinanderziehen, bis man das Maß erhalten hat und den Dorn in dieser Stellung herausziehen. Gemessen wird zwischen dem Ende des Gleichlaufgelenks und der Fläche des kleineren Durchmessers der Gelenkbüchse.
- Die beiden Befestigungsbänder (5) jetzt befestigen.

Die beiden Antriebswellen sind in Bild 280a gezeigt.

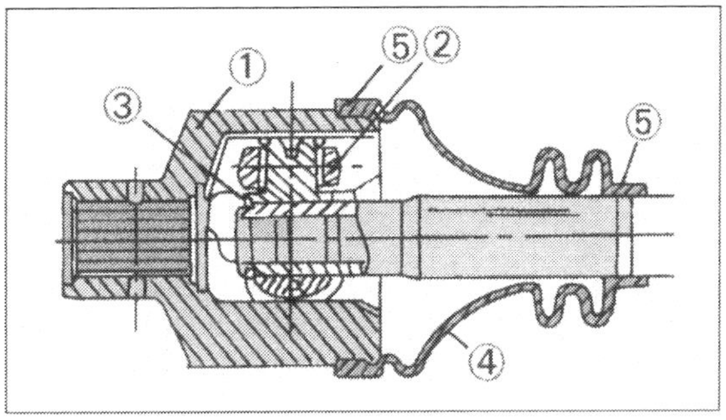

Bild 279
Schnittansicht des Gleichlaufgelenks RC 462 an der Innenseite der rechten Antriebswelle.
1 Gelenkkopf
2 Gelenkstern
3 Sicherungsring
4 Manschette (Faltenbalg)
5 Befestigungsbänder

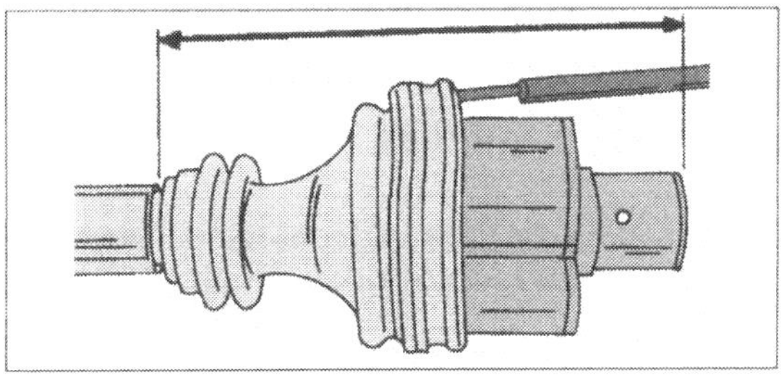

Bild 280
Die Länge der Manschette muss zwischen den Pfeilen auf 190 mm gebracht werden. Der eingeschobene Dorn ermöglicht das Ausscheiden von eingeschlossener Luft.

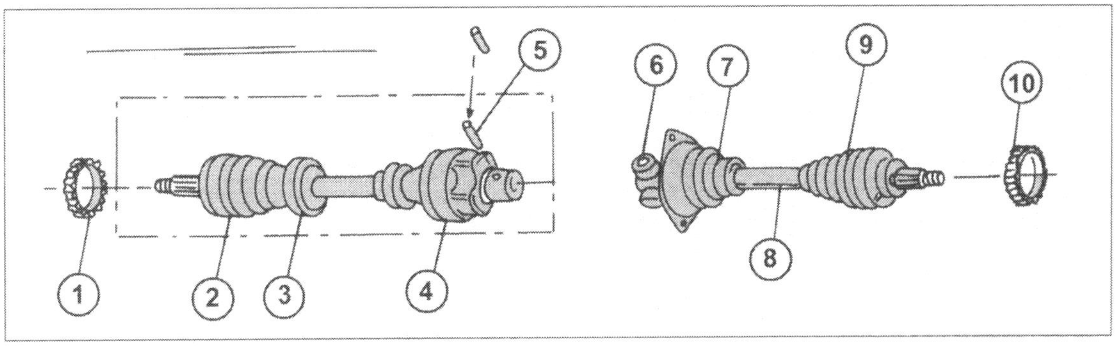

Bild 280a
Ansicht der beiden Antriebswellen.
1 Öldichtring im Differential
2 Manschette, äußeres Gelenk
3 Schwingungsdämpfer, falls eingebaut
4 Inneres Gleichlaufgelenk
5 Sicherungsstift der Welle
6 Inneres Gleichlaufgelenk
7 Manschette, inneres Gelenk
8 Antriebswelle
9 Manschette, äußeres Gelenk
10 Öldichtring im Differential

11 Die Lenkung

Bei allen Fahrzeugen ist eine Zahnstangenlenkung eingebaut, die jedoch serienmäßig oder auf Sonderwunsch mit Servounterstützung versehen sein kann. Die Servolenkung wird unter getrennter Überschrift behandelt.
Zu beachten ist, dass Lenkungen von zwei verschiedenen Herstellern eingebaut werden können, die sich in einigen Hinsichten voneinander unterscheiden.

11.1 Wartungsarbeiten an der Lenkung

Manschetten des Lenkgetriebes kontrollieren: Die Zahnstange der Lenkung wird an beiden Seiten mit einer schwarzen Manschette verschlossen, einem so genannten Faltenbalg. Diese müssen regelmäßig kontrolliert werden, da ein rissiger Faltenbalg Wasser, Staub oder Straßenschmutz in das Innere des Lenkgetriebes eindringen lässt. In Verbindung mit dem Schmiermittel der Lenkung wird dadurch eine Art Schleifpaste hergestellt, die zum Abrieb an der Zahnstange und an der Zahnstangenführung führen. Eine regelmäßige Kontrolle erspart Ihnen spätere Kosten.
Zur Kontrolle den Faltenbalg mit der Hand auseinanderziehen oder die Lenkung vollkommen einschlagen, so dass sich die Manschetten strecken können. Das Material sorgfältig auf Risse kontrollieren. Eine nicht mehr einwandfreie Manschette muss sofort erneuert werden.
Die Befestigungsschellen an den Enden der Faltenbälge müssen fest sitzen.

Staubschutzkappen und Spiel der Spurstangenköpfe prüfen: Die Spurstangengelenke an den äußeren Enden der Spurstangen bestehen aus Stahlkugelköpfen, die mit ein wenig Fett wartungsfrei in eine Kunststoffschale eingesetzt sind. Schutz vor Staub oder Feuchtigkeit gewährleistet in diesem Fall eine Gummikappe. Um den Gelenken eine lange Lebensdauer zu geben, muss man sie im Rahmen der Wartungsarbeiten kontrollieren.

- Die Staubschutzkappen ringsherum auf Rissstellen kontrollieren. Falls man diese feststellen kann, muss man die Spurstangenköpfe erneuern, wie es anschließend beschrieben wird.

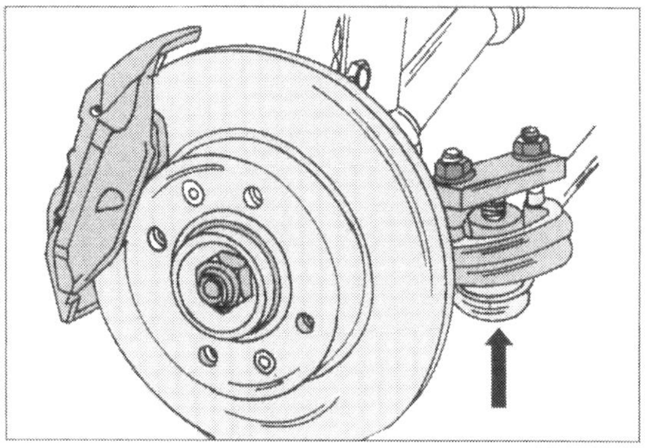

Bild 281
Abdrücken eines Spurstangengelenks. Der Abzieher kann durch einen normalen Kugelbolzenabzieher ersetzt werden. Die Mutter vom Bolzen abschrauben, bis die Fläche bündig mit dem Ende des Gewindes abschneidet (schützt das Gewinde).

- Die Gelenke kann man ebenfalls auf übermäßiges Spiel kontrollieren. Dazu das Fahrzeug vorn auf Böcke setzen und das Rad hin- und herbewegen. Ebenfalls kann man die Spurstange am Rohrstück erfassen und kräftig schütteln. Falls Sie einen Helfer zur Hand haben, erfassen Sie das Gelenk am Eingang in den Lenkhebel (Räder auf dem Boden) und lassen das Lenkrad hin- und herdrehen. Spiel an den Gelenken wird dadurch angezeigt. Auch in diesem Fall das Spurstangengelenk erneuern.
- Die inneren Gelenke können in ähnlicher Weise kontrolliert werden, jedoch ist dies schwieriger. In diesem Fall muss jedoch die gesamte Spurstange erneuert werden.

Lenkungsspiel kontrollieren: Bei geöffnetem Fester das Lenkrad erfassen und kurz hin- und herbewegen. Dabei das linke Vorderrad beobachten. Dieses muss sich sofort mit dem Lenkrad „mitbewegen". Ist dies nicht der Fall, können die folgenden Defekte vorliegen:

- Spiel in der Zahnstange des Lenkgetriebes (in der Werkstatt einstellen lassen).
- Ausgeschlagene Spurstangengelenke außen oder innen (äußeres Gelenk erneuern, inneres mit der Spurstange erneuern).
- Ausgeschlagenes Kreuzgelenk an der Verbindung der Lenkwelle.

11.2 Aus- und Einbau der mechanischen Lenkung

Wichtiger Hinweis: Vor der Trennung der Lenksäule vom Ritzel der Zahnstange muss man das Lenkrad gegen Verdrehung sperren, wenn die Räder in Geradeausstellung stehen, um den unter dem Lenkrad sitzenden Schalter nicht zu beschädigen. Auch nach dem Ausbau des Lenkgetriebes darf das Lenkrad unter keinen Umständen verdreht werden. Wir schlagen vor, dass Sie das Lenkrad mit einem Stück Schnur festbinden. ***Arbeiten an Fahrzeugen mit Airbag unterliegen dem Sprengstoffgesetz.*** Wir möchten darauf hinweisen, dass Sie nur Arbeiten an einer solchen Lenkung durchführen, wenn Sie einige Erfahrungen haben.

- Die Vorderseite des Fahrzeuges auf Böcke setzen und die beiden Räder abnehmen.
- Die Muttern der Spurstangenkugelgelenke entfernen und die Kugelgelenke mit einem geeigneten Abzieher (siehe Bild 281) von den Lenkhebeln abdrücken.
- Die Gummiabdeckung über der Lenkwellenverbindung zur Stirnwand zurückschieben (den Befestigungsclip zerschneiden) und die Klemmschraube des Kreuzgelenkes der Lenkwelle am Lenkritzel in Bild 282 entfernen. Die Lage des Kreuzgelenks am Lenkritzel kennzeichnen (mit Farbe, falls möglich), um das richtige Verhältnis beim Einbau wieder herzustellen.

• Die beiden Befestigungsschrauben (1) der Lenkung am Querträger lösen (Bild 283) und die Lenkung durch die Öffnung im inneren Kotflügelseitenteil herausnehmen. Die ausgebaute Lenkung ist in Bild 284 ohne angeschraubte Spurstangen gezeigt.
Die axialen Kugelgelenke an der Lenkungszahnstange dürfen nicht abmontiert werden, es sei denn, man muss sie erneuern.
Der Einbau der Lenkung geschieht in umgekehrter Reihenfolge wie der Ausbau, falls keine anderen Arbeiten durchgeführt wurden (Kapitel 11.3). Die Befestigungsschrauben der Lenkung mit 55 Nm anziehen. Die Endstellung der Lenkung muss der ursprünglichen Lage entsprechen, um das Verhältnis zwischen Lenkrad, Kreuzgelenk und Lenkungsgehäuse beizubehalten. Die Schrauben des Kreuzgelenkes mit 25 Nm, die Muttern der Spurstangengelenke mit 37 Nm anziehen. Nachdem das Fahrzeug wieder auf den Rädern aufsteht, die Räder mit 90 Nm anziehen.

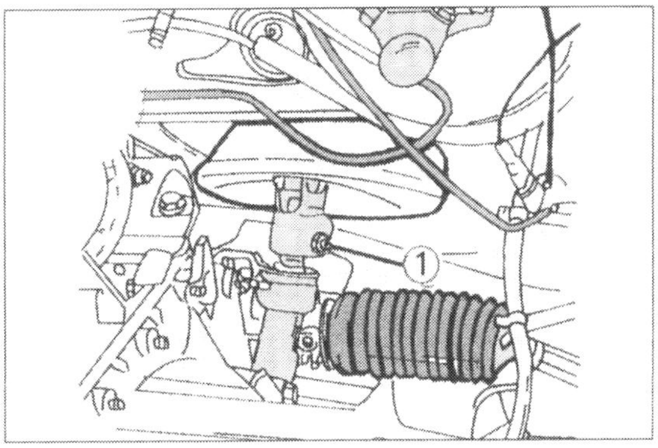

Bild 282
Die Verbindung des Kreuzgelenks an der Lenkwelle. Die Klemmschraube (1) wird nach Zurückschieben der Abdichtung freigelegt.

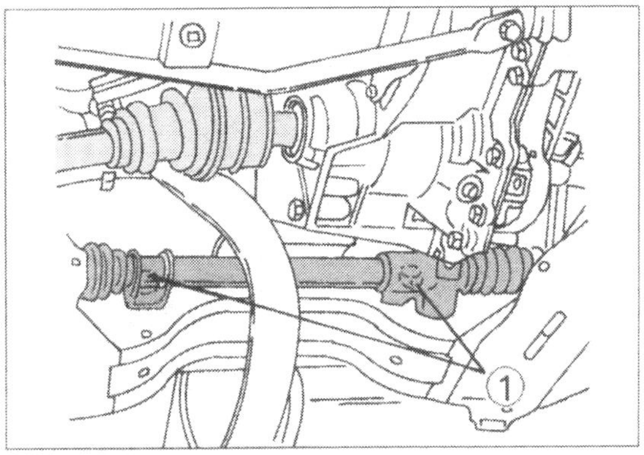

Bild 283
Die Lage der beiden Befestigungsschrauben (1) an der Lenkung.

11.3 Reparatur der Lenkung

Falls die Lenkung erneuert werden soll, müssen die beiden Spurstangenköpfe und die inneren Kugelgelenke ausgetauscht werden:
• Spurstange mit Schutzbacken in einen Schraubstock einspannen.
• Einen Gabelschlüssel an der Zahnstange an der in Bild 285 gezeigten Stelle ansetzen, um das Kugelgelenk gegen Mitdrehen zu sichern und das Kugelgelenk mit einem zweiten Gabelschlüssel abschrauben, wie es im Bild gezeigt ist.
• Kugelgelenk abschrauben, aber gleichzeitig die Anzahl der dazu erforderlichen Umdrehungen zählen. Diese seitenmäßig aufschreiben.
• Um die inneren Kugelgelenkgehäuse auszubauen, die Lenkmanschetten entfernen und das Sicherungsblech zurückbiegen, welches das Kugelgelenkgehäuse an der Zahnstange hält. Die Zahnstange mit einem Gabelschlüssel gegenhalten und das Gelenkgehäuse abschrauben.
• Sicherungsblech, Anlaufscheibe und die Anschlagscheibe der Reihe nach vom Ende der Zahnstange entfernen. Bild 286 zeigt die auf der Zahnstange angebrachten Teile.
• Neue Teile in der in Bild 286 gezeigten Reihenfolge anbringen. Falls möglich das Gewinde in der Innenseite der Zahnstange mit einem M12 x 100-Gewindeschneider nachschneiden, um altes Gewindesicherungsmittel zu entfernen. Das Gewinde des Spurstangenendes/Kugelgehäuses danach mit „Loctite"-Gewindesicherungsmittel einschmieren.
• Die Kugelgelenkgehäuse müssen mit 50 Nm angezogen werden. Da normalerweise Spezialwerkzeuge verwendet werden, um einen Drehmomentschlüssel anzusetzen, ist es wichtig, dass man das Drehmoment richtig einschätzt, wenn die Gehäuse auf andere Weise angezogen werden.
• Das Sicherungsblech in den Schlitz jedes Kugelgelenkgehäuse einbiegen, nachdem die Gelenkgehäuse angezogen sind.

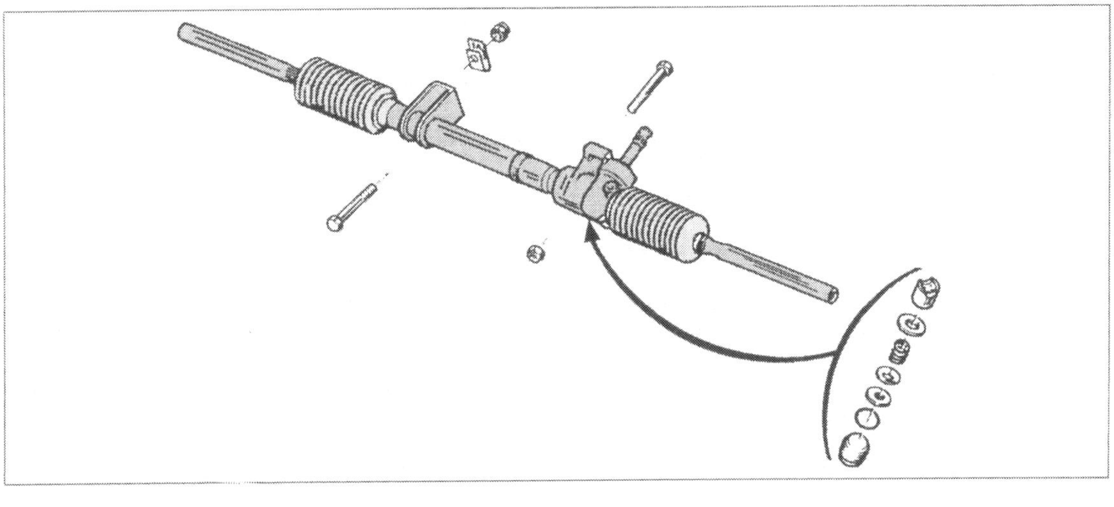

Bild 284
Die Lenkung ohne Spurstangen. Rechts sind die Teile der Flatterbremse (Zahnstangendämpfer) gezeigt.

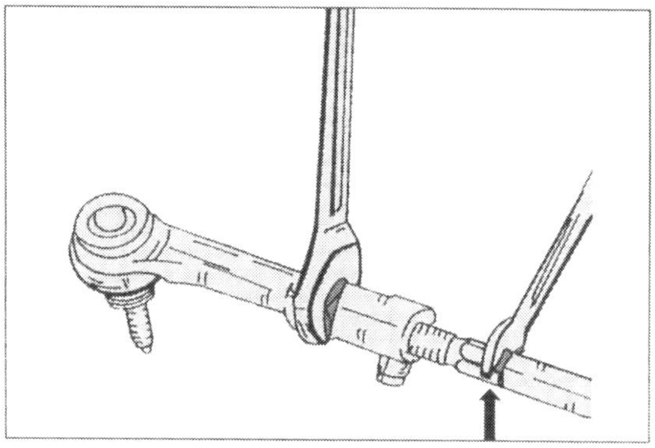

Bild 285
Lösen eines Spurstangenkugelgelenks von der Spurstange. Die Spurstange an der gezeigten Stelle mit einem Gabelschlüssel gegenhalten.

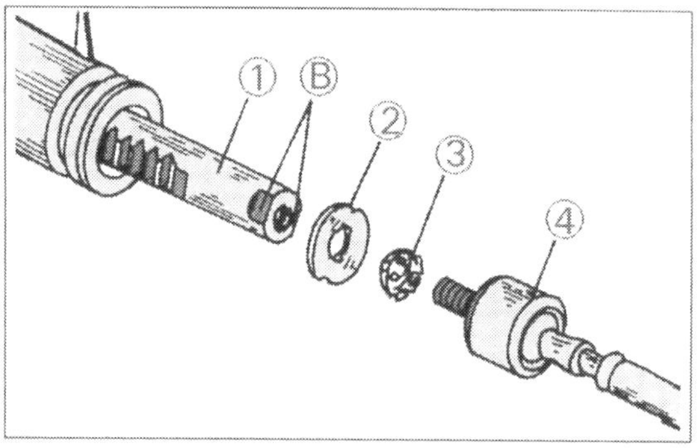

Bild 286
Die Teile auf jedem Ende der Spurstange.
1 Zahnstange
2 Anschlagscheibe
3 Sicherungsblech
4 Kugelgelenkgehäuse
B Fläche an der Zahnstange

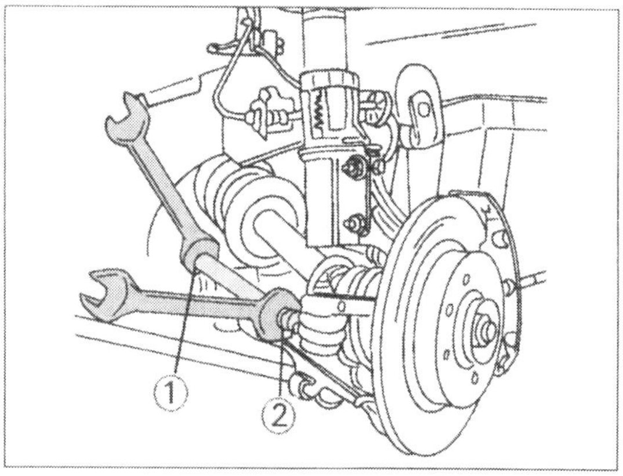

Bild 287
Aus- und Einbau eines Spurstangenkugelgelenks.
1 Gabelschlüssel
2 Kontermutter

• Jeden Spurstangenkopf um die gleiche Anzahl Umdrehungen wie beim Ausbau wieder einschrauben. Die Kontermuttern noch nicht anziehen, da die Vorspur eingestellt und, falls erforderlich, eingestellt werden muss.

11.3.1 Erneuerung der Spurstangenköpfe

Die Spurstangenköpfe können bei eingebauter Lenkung erneuert werden, falls sie ausgeschlagen sind und die Lenkung noch in gutem Zustand ist.
• Radbolzen lösen, die Vorderseite des Fahrzeuges auf Böcke setzen und das Vorderrad auf der betreffenden Seite abschrauben.
• Unter Bezug auf Bild 287 das innere Kugelgelenk (1) am inneren Ende der Spurstange mit einem Gabelschlüssel gegenhalten und die Kontermutter der Spurstange (2) lockern.
• Die Mutter des Kugelbolzens des Spurstangengelenks abschrauben und die Gelenkverbindung in der in Bild 281 gezeigten Weise trennen.
• Das Spurstangengelenk unter genauer Zählung der Umdrehungen von der Spurstange abschrauben und notieren (man kann dies leicht vergessen).
• Das neue Spurstangengelenk um die gleiche Anzahl Umdrehungen auf die Spurstange aufschrauben und den Kugelbolzen wieder am Lenkhebel anschließen. Die Mutter mit 37 Nm anziehen.
• Das innere Kugelgelenk (1) in Bild 287 mit dem Gabelschlüssel gegenhalten und die Kontermutter (2) mit 50 Nm anziehen.
• Die Vorspur sollte abschließend ausgemessen werden.

11.3.2 Einstellen der Lenkung

Falls die Lenkung geräuschvoll ist, könnte es sein, dass die so genannte Flatterbremse (die Teile auf der rechten Seite von Bild 284) nicht länger den vorgeschriebenen Druck auf die Zahnstange ausübt. Ehe man sich entschließt eine neue Lenkung einzubauen, raten wir Ihnen, dass Sie sich an eine Werkstatt wenden, da diese die Lenkung bis zu einem gewissen Ausmaß nachstellen kann. Ist der Verschleiß bereits zu weit fortgeschritten, muss die Lenkung erneuert werden.

11.4 Lenkrad und Lenksäule

Wichtiger Hinweis: Arbeiten an Fahrzeugen mit Airbag unterliegen dem Sprengstoffgesetz. Wir möchten darauf hinweisen, dass Sie nur Arbeiten an einem Fahrzeug mit Airbag durchführen, wenn Sie einige Erfahrungen mitbringen.

Alle Fahrzeuge sind mit einer zusammenstauchbaren Lenkwelle, einer Lenkradwelle und einer Lenksäulenwelle versehen. Die Lenksäule als solche bildet eine Einheit, die man nicht in ihre Einzelteile zerlegen kann. In sehr seltenen Fällen ist es möglich, dass sich die Klemmschraube des Kreuzgelenks nicht länger einschieben lässt, da die am Lenkritzel angeschlossene Welle nicht mehr die ursprüngliche Länge hat.
Da Arbeiten an der Lenkung zwecks Fahrsicherheit immer mit der größten Sorgfalt durchzuführen sind, raten wir Ihnen, die Lenksäule in der Werkstatt erneuern zu lassen, sollte dies einmal erforderlich sein. Die Lenksäule muss eine bestimmte Länge haben, die Ihre Werkstatt bei dieser Gelegenheit auch ausmessen kann.
Zur Erneuerung der Lenksäule muss praktisch das gesamte Armaturenbrett ausgebaut werden und aus diesem Grund sehen wir, verbunden mit den Einschränkungen des eingebauten Airbags, von einer Beschreibung des Aus- und Einbaus ab.
Das Lenkrad kann jedoch in der beschriebenen Weise ausgebaut werden, wenn man sich strikt an die Anweisungen hält. Je nach Ausführung sind verschiedene Lenkradausführungen eingebaut, die in Bildern 288a und 288b gezeigt sind.

- Die beiden Kabel von den Polen der Batterie abschrauben, die Polklemmen herunterziehen und die Kabel gut zur Seite legen.
- Bei einem Fahrzeug ohne Airbag die Abdeckung in der Mitte des Lenkrades ausbauen. Diese ist nur eingeclipst.
- Bei einem Fahrzeug mit Airbag von der Rückseite des Lenkrades aus zwei Schrauben herausdrehen. Dazu wird ein Torx-Kopf-Schlüsseleinsatz der Größe T30 gebraucht. Den Airbag vorsichtig nach vorn ziehen, wie es in Bild 289 zu sehen ist. In der Mitte befindet sich ein Kabelstecker (Pfeilstelle), welchen man abziehen muss.
- Bei allen Ausführungen das Lenkrad in die Mittelstellung drehen (Räder in Geradeausstellung) und die Schraube in der Mitte des Lenkrades herausdrehen. Dabei das Lenkrad an der Felge gegenhalten.
- Das Lenkrad durch Hin- und Herbewegung herunterziehen.

Der Einbau geschieht in umgekehrter Reihenfolge wie der Ausbau. Die Schraube des Lenkrades immer erneuern, da sie nicht ein zweites Mal verwendet werden kann. Schraube mit 45 Nm anziehen. Die Torx-Kopf-Schrauben des Airbags werden nur leicht angezogen (5 Nm). Nach dem Einbau kontrollieren, dass die Räder in der Geradeausstellung stehen, wenn das Lenkrad in der Mittelstellung steht.

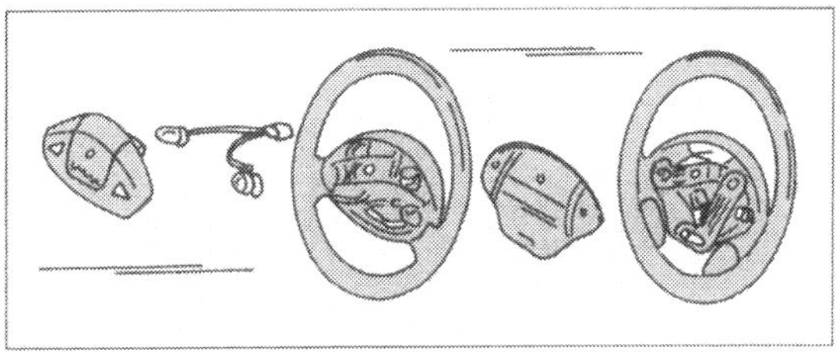

Bild 288a
Lenkrad ohne Airbag.

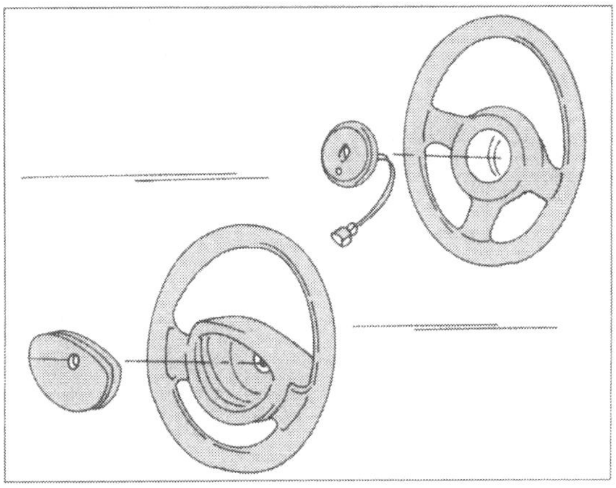

Bild 288b
Lenkrad mit Airbag.

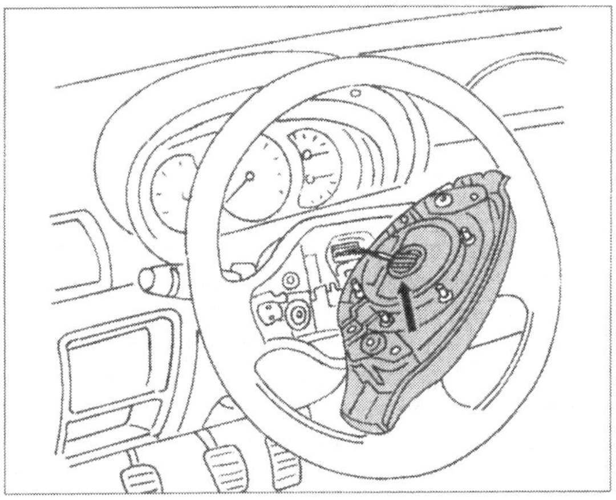

Bild 289
Zum Ausbau des Airbags. Den Airbag in die gezeigte Lage bringen und den Kabelstecker an der Pfeilstelle abziehen.

11.5 Lenkungsmittelpunkt

Die Lenkung muss bei bestimmten Arbeiten, z.B. beim Einstellen der Vorspur oder bei Montage des Lenkrades, in die Mittelstellung gebracht werden. Falls dies verlangt wird, sind die folgenden Arbeiten durchzuführen:

- Lenkrad bis zum Anschlag in einen Einschlag drehen und die Oberseite des Lenkrades mit einem Bleistift anzeichnen.
- Lenkrad in den entgegengesetzten Einschlag drehen, während die Anzahl der Umdrehungen gezählt wird.
- Lenkrad genau um die Hälfte der gezählten Umdrehungen zurückdrehen.

Die Lenkung steht jetzt in der Mittelstellung (Spureinstellung, Lenkradmittelstellung).

11.6 Vorderradeinstellung

Die Einstellung der Vorderräder muss auf ebenem Boden in der angeführten Reihenfolge durchgeführt werden, da die Einstellwerte miteinander verbunden sind:

1. Nachlauf
2. Spreizung
3. Sturz

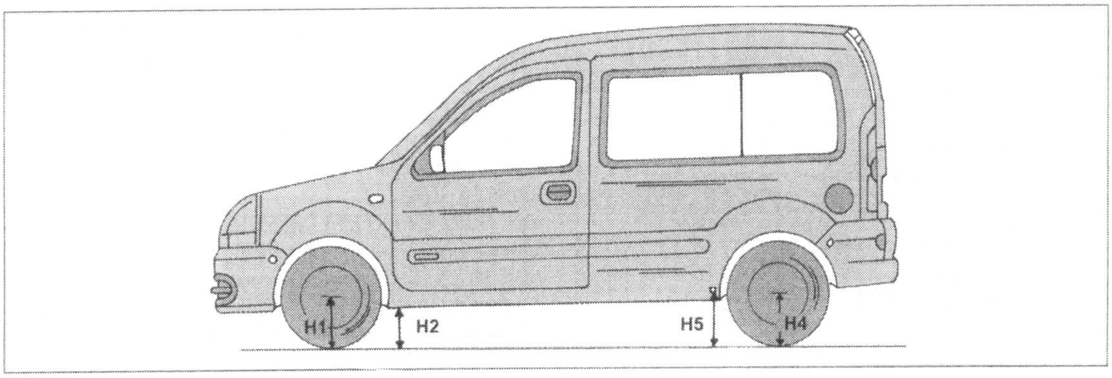

Bild 290
Die Messstellen zur Kontrolle der Sturz- und Nachlaufwerte. Gemessen wird zwischen den Pfeilstellen. Maße „H2" und „H5" werden an den betreffenden Stellen in Bildern 291 und 293 gemessen.

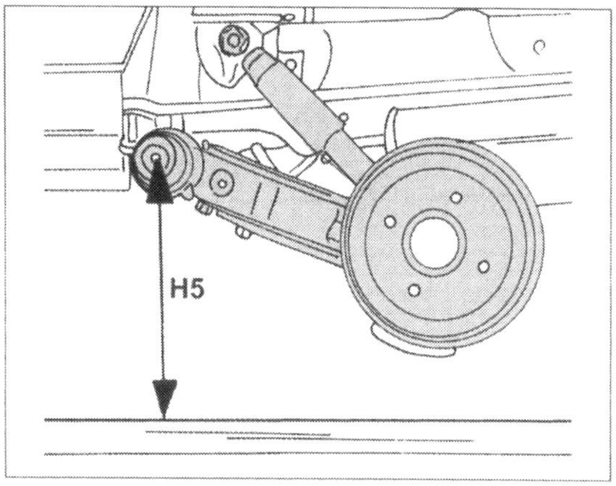

Bild 291
Messstelle für das Maß „H5" in Bild 290.

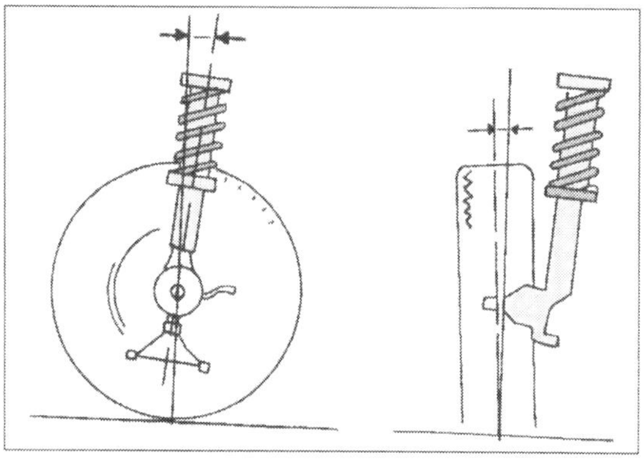

Bild 292
Darstellung des Nachlaufwinkels auf der linken Seite und des Sturzwinkels auf der rechten Seite.

11.6.1 Nachlauf

Der Nachlauf hängt von der Wagenhöhe des Fahrzeuges ab, so dass es zuerst erforderlich ist diese auszumessen. Dazu die Höhen „H2" und „H5" in Bild 290 ausmessen und den Unterschied zwischen den beiden gefundenen Werten ausrechnen. Die Höhen werden von einem ebenen Boden bis zu den gezeigten Stellen ausgemessen. Im Fall der Höhe „H5" wird dabei bis Mittelpunkt des Drehstabs entsprechend Bild 291 gemessen.
Aus diesen Werten ergeben sich die Nachlaufwerte. Da diese bei den verschiedenen Höhen unterschiedlich sind, werden sie in der Maß- und Einstelltabelle angegeben. Nachlaufwerte können aus diesem Grund zwischen 4° und 2° 30' liegen. Der Nachlaufwinkel ist bei allen Fahrzeugen gleich, unabhängig vom eingebauten Motor, jedoch gilt dies nicht bei den „off Road"-Fahrzeugen. Bei diesen liegt der Nachlauf, je nach der Höhe „H5" zwischen 0° 30' und 2°.

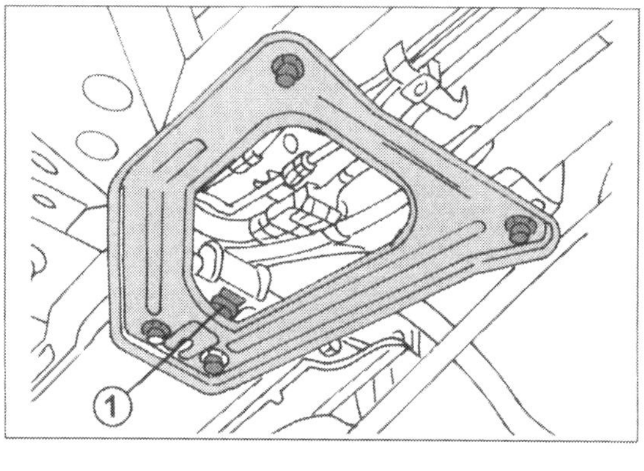

Bild 293
Maß „H2" in Bild 290 wird vom Boden bis zur Fläche „1" am Nebenrahmen gemessen.

Bei der Kontrolle des Nachlaufs muss das Fahrzeug leer, d.h. im Betriebszustand sein. Der Nachlauf kann nicht eingestellt werden. Zur Kontrolle des Nachlaufs können handelsübliche Geräte benutzt werden, jedoch ist den Anweisungen des Geräteherstellers genau zu folgen. Falls der Wert bei einer bestimmten Höhe nicht stimmt, oder der Unterschied zwischen den beiden Seiten beträgt mehr als 1°, muss die Vorderradaufhängung auf Verzug oder Beschädigung kontrolliert werden.
Es passiert öfters, dass man die Ausdrücke „Nachlauf" und „Sturz" verwechselt, Aus diesem Grund sollte man sich Bild 292 ansehen. Links ist der Nachlauf, rechts ist der Sturz gezeigt.

11.6.2 Spreizung

Die Spreizung kann mit handelsüblichen Geräten ausgemessen werden, lässt sich jedoch nicht einstellen. Die Messung erfolgt bei unbelastetem (unbeladenem) Fahrzeug. Der Spreizungswinkel ist in der Maß- und Einstelltabelle angegeben, mit einer Toleranz von plus oder minus 30' (Minuten). Wie beim Nachlauf ändert sich der Winkel mit der Höhe der Vorderradaufhängung, jedoch muss in diesem Fall der Unterschied zwischen den Höhen „H1" und „H2" errechnet werden. Wiederum sollte die angegebene Tabelle dabei helfen. Bei der Ermittlung des Richtwerts wird das Maß „H2" vom ermittelten Maß „H1" abgezogen. Falls der Unterschied zwischen der rechten und linken Seite mehr als 1° beträgt, ist etwas verzogen. Die Spreizung ist bei allen Fahrzeugen gleich, unabhängig vom eingebauten Motor, jedoch gelten wiederum unterschiedliche Werte bei der „off-Road"-Version.

11.6.3 Sturz

Den Sturz der beiden Vorderräder mit einer Sturzlehre ermitteln. Beim Messen muss das Fahrzeug unbelastet sein. Wie beim Nachlauf verändert sich der Sturz mit der Höhe der Vorderradaufhängung. Bei dieser Messung die Höhen „H1" und „H2" in Bild 290 ausmessen. Höhe „H2" wird von einem ebenen Boden bis zum vorderen Seitenträger in Höhe der Radnabe an der Fläche „1" in Bild 293 gemessen. Höhe „H1" wird von der Mitte der Radnabe bis zum Boden ausgemessen. Das Maß „H2" vom Maß „H1" abziehen und aus den erhaltenen Werten den Sturz mit der in der Maß- und Einstelltabelle angegebenen Tabelle vergleichen. Hier sind die einzigen Unterschiede in der Vorderradgeometrie entsprechend des eingebauten Motors zu beachten: Alle Fahrzeuge mit der Ausnahme der „off-Road"-Version haben die gleichen Werte. Die Werte gelten für mechanische und Servolenkung.
Der Sturz kann nicht eingestellt werden. Liegen die Werte einschließlich einer Plus- oder Minustoleranz von 30' (30 Minuten) außerhalb der Grenzen oder der Unterschied zwischen der linken und der rechten Seite beträgt mehr als 1°, sollte man den Vorderwagen fachmännisch ausmessen lassen. In den meisten Fäl-

len ist ein Teil der Vorderradaufhängung verzogen. Ein hartes Auffahren auf einen Bordstein zum Beispiel, kann unter unglücklichen Verhältnissen bereits zu Verzug führen.

11.6.4 Spureinstellung

Übermäßige Nachspur der Vorderräder kann an Verschleiß an den Innenseiten der Reifen erkannt werden; Verschleiß an den Außenseiten der Reifen lässt übermäßige Vorspur erkennen.
Die Spureinstellung der Vorderräder kann nur mit den vorgeschriebenen Geräten genau kontrolliert werden, da es wichtig ist, dass die Räder genau parallel mit der Fahrzeugachse stehen. Falls es jedoch unumgänglich ist, dass man die Spureinstellung überprüfen muss, kann man notfalls eine gewöhnliche Spurlehre, d.h. ein so genanntes Spurmaß verwenden:

- Vorderräder in die Geradeausstellung bringen. Da der Mittelpunkt der Lenkung genau gefunden werden muss, ist Kapitel 11.5 durchzulesen. Von der Vorderseite des Fahrzeuges aus kontrollieren, ob eines der Räder einen Winkel mit dem anderen Rad bildet. Falls dies nicht der Fall ist, kann man die Spur ausmessen.
- Das Spurmaß gegen die Vorderkanten der Radfelgen in Höhe mit den Radnaben ansetzen und das Spurmaß auf Null stellen.
- Die Ansatzstellen der Messstifte an der Felge mit Kreide anzeichnen.
- Fahrzeug um eine halbe Umdrehung der Vorderräder nach vorn schieben, bis die Kreidezeichen an den Felgen sich an der Rückseite befinden, wiederum in der Höhe der Radnaben.
- Spurmaß hinter den Felgen an den Kreidestellen ansetzen und den angezeigten Wert ablesen. Dieser kann entweder größer an der Vorderseite (Nachspur) oder an der Rückseite (Vorspur) sein.

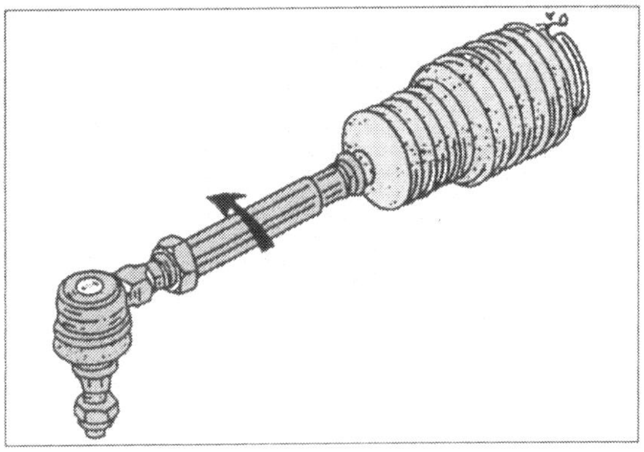

Bild 294
Einstellen der Vorspur der Vorderräder. Die Spurstange in Pfeilrichtung verdrehen, um Nachspur zu erhalten.

- Falls der angezeigte Wert nicht innerhalb 1,0 mm ± 1,0 mm Nachspur liegt (die Räder stehen vorn weiter auseinander), die Mutter der Spurstange in Bild 294 an der Außenseite mit einem Gabelschlüssel lockern. Darauf achten, dass sich die Gummimanschette an der Innenseite leicht mitdrehen kann und das Rohr der Spurstange in die erforderliche Richtung drehen. Wird die Spurstange in die durch den Pfeil angezeigte Richtung gedreht, erhält man Nachspur. Beide Spurstangen müssen um den gleichen Wert verstellt werden. Eine komplette Umdrehung der Spurstange ändert die Spureinstellung um 3,0 mm. Die Kontermutter nach der Einstellung wieder anziehen (50 Nm).

Hinweis: Bei ständigem Reifenverschleiß den Vorderwagen fachmännisch vermessen lassen, da irgendetwas nicht stimmt.

11.7 Die Servolenkung

Die in dieser Ausgabe behandelten Renault-Fahrzeuge können mit einer mechanisch arbeitenden Servo-

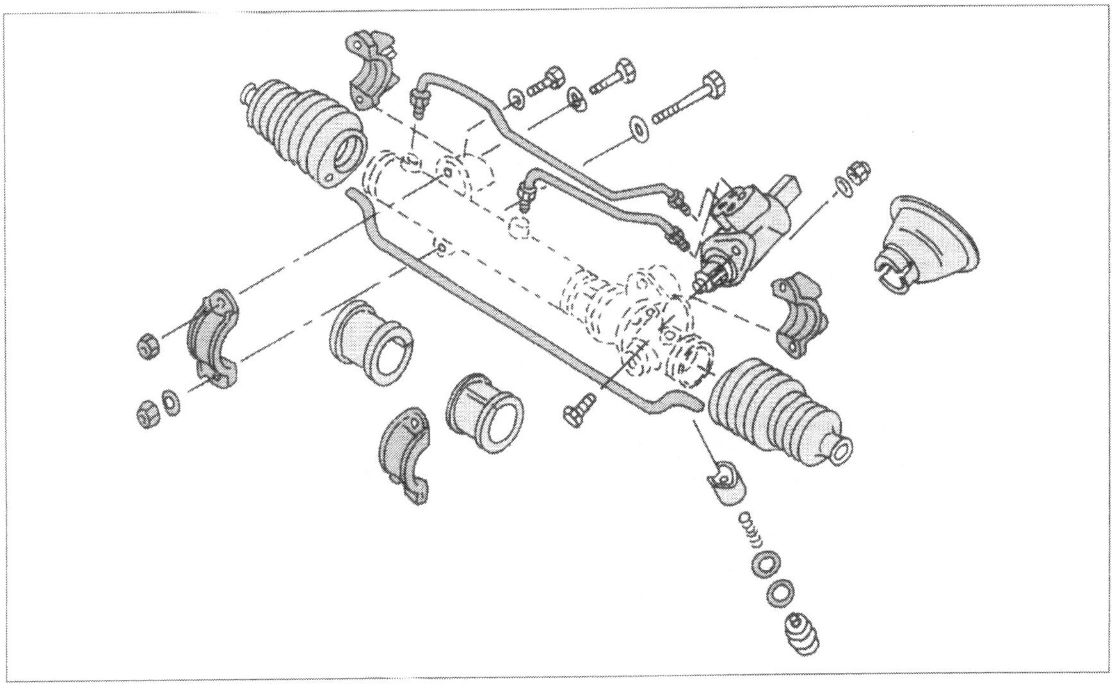

Bild 295
Die Einzelteile der Servolenkung zusammen mit den Befestigungsteilen.

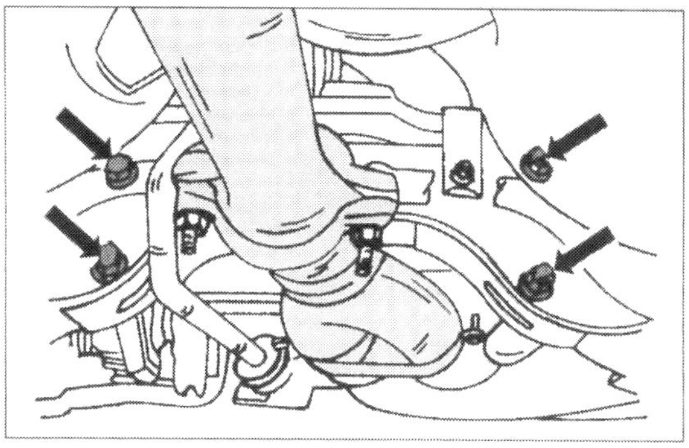

Bild 296
Die Pfeile weisen auf die Befestigungsschrauben der Servolenkung.

lenkung ausgerüstet sein. Bei einem Benzinmotor wird die zum Betrieb der Anlage erforderliche Lenkhilfspumpe durch einen Riemen angetrieben. Dieser fehlt bei bestimmten Dieselmotoren, da die Pumpe elektrisch arbeitet.

11.7.1 Aus- und Einbau der Lenkung

Bild 295 zeigt wie die Lenkung im Fahrzeug eingebaut ist. Ein Kugelbolzenabzieher ist zum Abdrücken der Spurstangenkugelgelenke erforderlich. Außerdem ist es von Vorteil, wenn man zwei Zwingen zur Verfügung hat, um die Lenkungsschläuche abzuklemmen. Dadurch wird ein Entleeren der kompletten Lenkungsanlage vermieden. Unterschiede sind bei eingebautem Dieselmotor zu beachten.

- Bei allen Fahrzeugen die Batterie abklemmen.
- Radschrauben lockern, die Vorderseite des Fahrzeuges auf Böcke setzen und die beiden Räder abnehmen.
- Die Muttern der Spurstangenkugelgelenke entfernen und die Kugelgelenke mit einem geeigneten Abzieher (siehe Bild 281) von den Lenkhebeln abdrücken.
- Die Gummiabdeckung über der Lenkwellenverbindung zur Stirnwand zurückschieben (den Befestigungsclip zerschneiden) und die Klemmschraube des Kreuzgelenkes der Lenkwelle am Lenkritzel entfernen. Die Lage des Kreuzgelenks am Lenkritzel kennzeichnen (mit Farbe, falls möglich), um das richtige Verhältnis beim Einbau wieder herzustellen.
- Die beiden erwähnten Zwingen um die beiden vom Vorratsbehälter kommenden Flüssigkeitsschläuche legen und die Zwingen vorsichtig anziehen, bis die Schläuche zusammengeklemmt sind. Die Hochdruckleitungen können nicht zusammengequetscht werden.

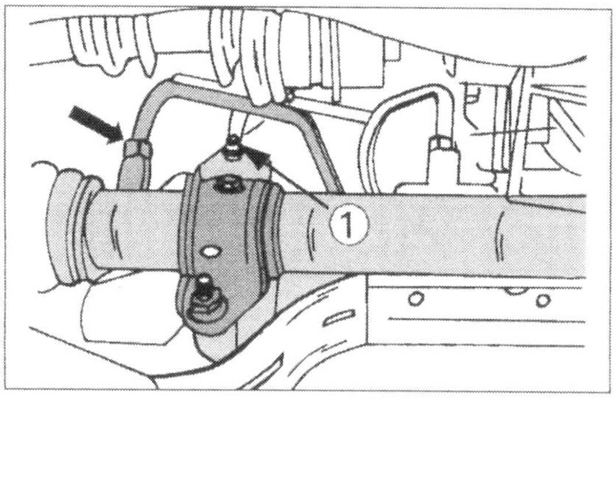

Bild 297
Die Pfeile zeigen wo die beiden Leitungen an der Lenkung angeschlossen sind. Die Mutter (1) lösen, ehe die anderen Befestigungsschrauben herausgedreht werden.

Bei einem Dieselmotor

- Die Batterie und den Batterieträger ausbauen. Die Hochdruckleitung und die Niederdruckleitung vom Lenkungsventil abschrauben.

Bei einem Benzinmotor

- Den Kabelstecker von der Lambda-Sonde abziehen (Benzinmotor).
- Das vordere Auspuffrohr vom Auspuffkrümmer abschrauben und absenken.
- Die motorseitige Schraube der Drehmomentstütze entfernen und den Motor mit dem Getriebe nach vorn abkippen. Einen Holzklotz einschieben, um den Motor in dieser Lager zu halten.
- Die Hochdruckleitung und die Niederdruckleitung vom Zahnstangengehäuse abschließen. Dabei wird etwas Flüssigkeit auslaufen, welche man in geeigneter Weise auffangen muss. Die Mutter der Leitungsschelle lösen, um die Leitung freizulegen. Die offenen Enden der Leitungen sofort mit etwas Klebband verschließen, um Eindringen von Schmutz zu vermeiden.
- Zwei Muttern des Wärmeschutzschildes auf der rechten Seite der Lenkungsbefestigung lösen und das Schild herausnehmen. Die vier Befestigungsschrauben der Lenkung am Nebenrahmen abschrauben und die Lenkung zur Steuerseite des Motors zu herausnehmen. Bild 296 zeigt wo die Schrauben sitzen. Die Lenkung muss dabei entsprechend verdreht werden, um die Leitungen durchzubekommen.

Die axialen Kugelgelenke an der Lenkungszahnstange dürfen nicht abmontiert werden, es sei denn, man muss sie erneuern (siehe Beschreibung bei der mechanischen Lenkung).
Der Einbau der Lenkung geschieht in umgekehrter Reihenfolge wie der Ausbau, falls keine anderen Arbeiten durchgeführt wurden (Kapitel 11.3). Die Endstellung der Lenkung muss der ursprünglichen Lage entsprechen, um das Verhältnis zwischen Lenkrad, Kreuzgelenk und Lenkungsgehäuse beizubehalten. Die folgenden Punkte sind besonders zu beachten:

- Die rechte Lagerung zusammen mit der zum Lenkungszylinder führenden Leitung von der alten Lenkung abnehmen, die Lenkung in die richtige Lage setzen und die rechte Lagerung sowie die in Bild 297 gezeigte Schraube (1) an der Lenkung montieren.
- Die Leitungen zwischen dem Lenkungszylinder und dem Drehschieber und der Lenkung verlegen und die Überwurfmuttern der Leitung einschrauben und handfest anziehen.
- Die vier Befestigungsschrauben der Lenkung (Bild 296) einschrauben und gleichmäßig über Kreuz mit 50 Nm anziehen. Danach die Überwurfmuttern der Leitungen und die Schraube der rechten Lagerung anziehen.
- Die zum Drehschieber führenden Leitungen anschließen. Darauf achten, dass die Niederdruckleitung richtig verlegt wird. Die Überwurfmuttern anziehen.
- Den Schlauch zwischen den beiden Leitungsenden anschließen und befestigen.
- Die verbleibenden Arbeiten in umgekehrter Reihenfolge durchführen, bis man die Zwingen der beiden Schläuche abgenommen hat.

Die Lenkungsanlage wird jetzt in folgender Weise gefüllt:

- Den Vorratsbehälter mit der vorgeschriebenen Flüssigkeit füllen. Der Behälter hat eine „Maxi"- und eine „Mini"-Marke an der Außenseite. Beim anderen Vorratsbehälter muss die Flüssigkeit innerhalb der beiden mit den Pfeilen gezeigten Marken stehen. Bei den meisten Fahrzeugen sitzt der Behälter an Stelle (1) in Bild 298. Eine Ausnahme dabei macht jedoch ein Fahrzeug mit Dieselmotor und eingebauter Klimaanlage. Bei diesem befindet sich der Behälter neben dem linken Scheinwerfer.
- Empfohlene Flüssigkeiten sind Elf Renault Matic D2 oder Mobil ATF 220, Flüssigkeiten, wie sie in einem automatischen Getriebe eingefüllt sind.
- Die Lenkung aus einem Anschlag in den anderen drehen (das Fahrzeug muss immer noch aufgebockt sein) und, falls erforderlich, weitere Flüssigkeit nachfüllen.
- Fahrzeug auf den Boden ablassen, den Motor anlassen und das Lenkrad erneut aus eine Anschlag in den anderen drehen. Diese Drehbewegungen durchführen, bis der Spiegel im Vorratsbehälter nicht weiter abfällt. Die Kappe wieder aufschrauben.
- Nach fertigem Einbau die Einstellung der Radspur kontrollieren, wie es bereits beschrieben wurde.

11.8 Lenkhilfspumpe

Obwohl es sehr selten vorkommen wird, dass man eine Lenkhilfspumpe erneuern muss (sie haben eine lange Lebensdauer), könnte es vorkommen, dass man die Pumpe ausbauen muss, um an andere Teile

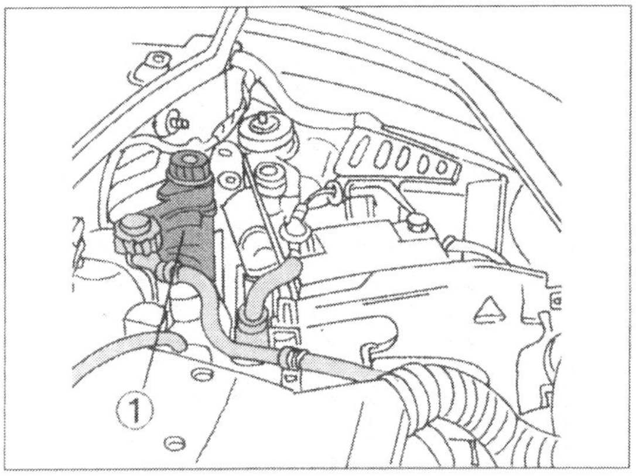

Bild 298
Bei den Benzinmotoren und bei einem Dieselfahrzeug ohne Klimaanlage sitzt der Vorratsbehälter für die Bremsflüssigkeit an der gezeigten Stelle.

im Motorraum zu kommen. Aufgrund der eingebauten mechanischen und der beim Dieselfahrzeug eingebauten elektrischen Pumpe (nur mit Klimaanlage) sind die Arbeiten zum Aus- und Einbau natürlich unterschiedlich. Außerdem muss man zwischen den folgenden Fahrzeugausführungen unterscheiden. Die Anschlussweise der Lenkhilfspumpe, der Lenkung und der damit verbundenen Leitungen und Schläuche sind in Bild 299 gezeigt.

- Fahrzeuge mit 1.4-Liter-Motor und Klimaanlage
- Fahrzeuge mit 1.4-Liter-Motor ohne Klimaanlage
- Fahrzeuge mit 1.1-Liter-Motor und Klimaanlage
- Fahrzeuge mit 1.1-Liter-Motor ohne Klimaanlage
- Fahrzeuge mit Dieselmotor und Klimaanlage
- Fahrzeuge mit Dieselmotor ohne Klimaanlage

Fahrzeuge mit 1.4-Liter-Motor und Klimaanlage

- Batterie abschließen.
- Fahrzeuge vorn auf Böcke setzen, das rechte Vorderrad abschrauben und das Spritzblech in der Innenseite des Radkastens abschrauben.

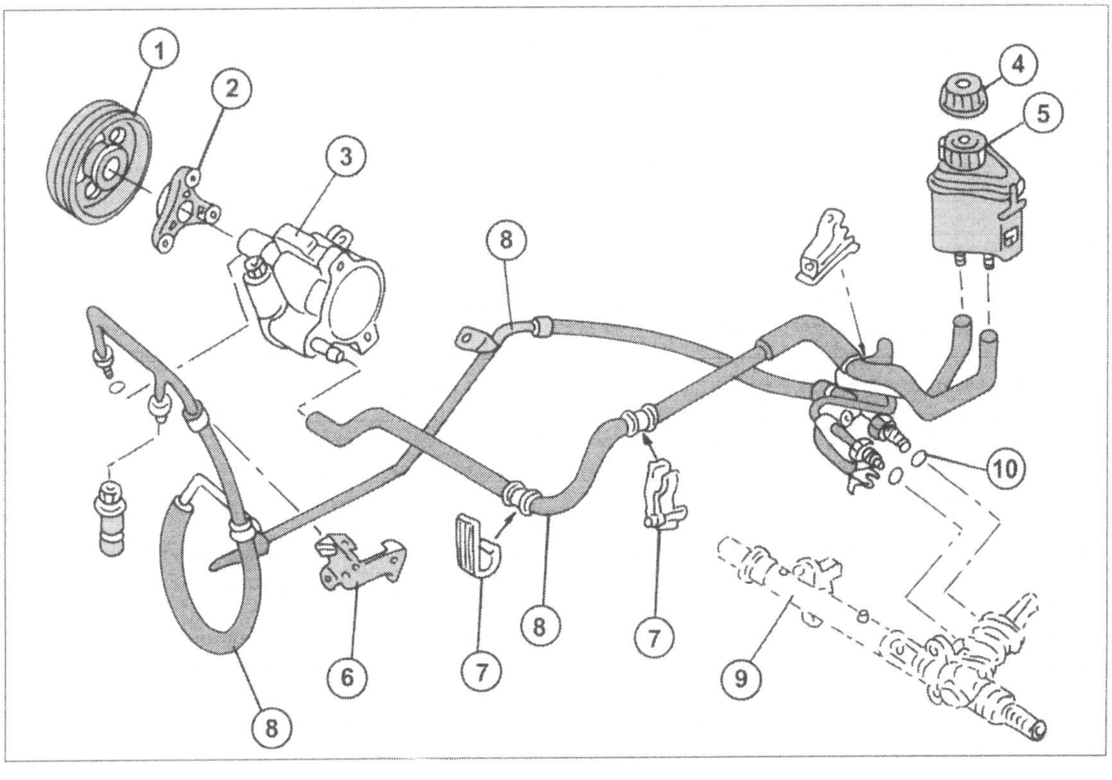

Bild 299
Die Teile der hydraulischen Anlage der mechanischen Servolenkung.

1 Riemenscheibe
2 Nabe der Lenkhilfspumpe
3 Lenkhilfspumpe
4 Verschlussverschraubung
5 Flüssigkeitsvorratsbehälter
6 Halter
7 Leitungsschelle
8 Flüssigkeitsschlauch/Leitung
9 Servolenkung
10 Dichtring

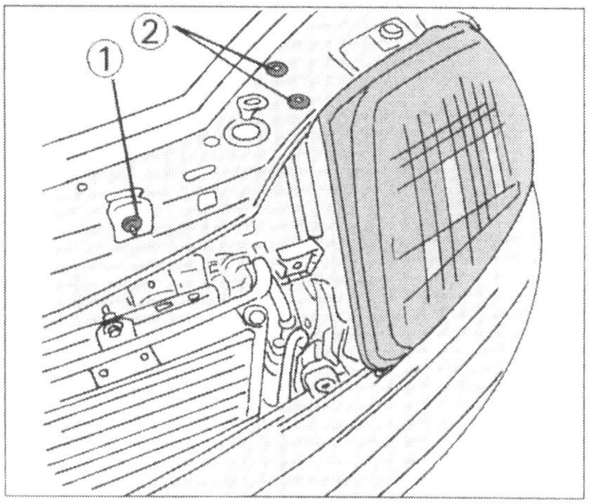

Bild 300
Zum Ausbau der Lenkhilfspumpe bei einem 1.4-Liter-Motor mit Klimaanlage. Schrauben (1) und (2) zum Ausbau des Querträgers ausschrauben.

- Das Kühlergitter ausbauen. Dazu jeweils auf jeder Seite drei Schrauben herausdrehen. Zwei sitzen neben dem Scheinwerfer, die dritte etwas weiter entfernt zur Mitte zu.
- Die beiden in Bild 300 gezeigten Muttern (1) vom oberen Querträger lösen. Die zweite Schraube sitzt auf der gegenüberliegenden Seite. Die beiden unteren Schrauben des Querträgers lockern, ohne sie herauszudrehen. Es werden jetzt die Schrauben (2) auf jeder Seite gelöst. Den Querträger nach hinten schieben. Den Motorhaubenzug nicht abschließen.
- Antriebsriemen der Drehstromlichtmaschine und die Lichtmaschine ausbauen (siehe Abschnitt „Elektrische Anlage").
- Den Antriebsriemen der Lenkhilfspumpe ausbauen (siehe unten).
- Den Kabelstecker vom Druckschalter der Lenkung abziehen.
- Die Leitungsschelle des Hochdruckschlauchs abschrauben.
- Die beiden Niederdruckschläuche jeweils mit einer Zwinge zusammendrücken, um die Flüssigkeit in der Anlage zu halten und die Schläuche abschließen.
- Die vier Schrauben der Pumpe lösen und die Pumpe herausnehmen.
- Falls eine neue Pumpe eingebaut werden soll, muss man die Riemenscheibe abschrauben und übertragen. Die Riemenscheibe muss von der Welle heruntergezogen werden. Vor dem Abziehen jedoch das Maß von der Außenseite der Riemenscheibe bis zum Ende der Welle ausmessen, damit man die Riemenscheibe in gleicher Weise wieder auf die neue Pumpe aufbringen kann.

Der Einbau der Pumpe geschieht in umgekehrter Reihenfolge wie der Ausbau. Die Pumpenschrauben mit 20 Nm, die Schrauben der Drehstromlichtmaschine mit 40 Nm anziehen. Die Spannung des Antriebsriemens der Drehstromlichtmaschine einstellen, wie es im Abschnitt „Kühlanlage" oder „Elektrische Anlage" beschrieben wird, die Spannung des Riemens der Lenkhilfspumpe entsprechend der nachfolgenden Beschreibung einstellen.

Abschließend die Lenkungsanlage mit der vorgeschriebenen Flüssigkeit füllen (oder den Flüssigkeitsspiegel im Vorratsbehälter berichtigen) und die Anlage entsprechend der Beschreibung beim Einbau der Servolenkung entlüften.

Fahrzeuge mit 1.4-Liter-Motor ohne Klimaanlage

- Batterie abklemmen.
- Fahrzeug vorn auf Unterstellböcke setzen.
- Den Antriebsriemen der Lichtmaschine, den Riemen der Lenkhilfspumpe und die Lichtmaschine ausbauen.
- Die Zufuhrleitung zur Pumpe mit einer Zwinge abdrücken.
- Die Leitungen (Zufuhrleitung und Druckleitung) von der Lenkhilfspumpe abschließen (Flüssigkeit auffangen) und die drei Schrauben der Pumpe herausdrehen. Diese sitzen hinter der Riemenscheibe der Pumpe.

Der Einbau geschieht in umgekehrter Reihenfolge wie der Ausbau. Die Schrauben mit 20 Nm anziehen. Den Antriebsriemen der Lichtmaschine und den Riemen der Pumpe einstellen. Abschließend die Lenkungsanlage mit der vorgeschriebenen Flüssigkeit füllen (oder den Flüssigkeitsspiegel im Vorratsbehälter berichtigen) und die Anlage entsprechend der Beschreibung beim Einbau der Servolenkung entlüften.

Fahrzeuge mit 1.1-Liter-Motor und Klimaanlage

- Batterie abschließen.
- Fahrzeug vorn auf Böcke setzen, das rechte Vorderrad abschrauben und das Spritzblech aus der Innenseite des Radkastens abmontieren.
- Den Antriebsriemen der Aggregate von der Vorderseite des Motors abmontieren (siehe Abschnitt „Kühlanlage" oder „Elektrische Anlage").
- Die Zufuhrleitung zur Pumpe mit einer Zwinge abdrücken und die Leitung abschließen. Auf auslaufende Flüssigkeit achten. Um an die Hochdruckleitung zu kommen muss man eine Schraube lösen, die das Stützblech des Anschlusses hält.
- Die drei Schrauben der Pumpe lösen und die Pumpe herausnehmen.

Der Einbau geschieht in umgekehrter Reihenfolge wie der Ausbau. Die Schrauben mit 20 Nm anziehen. Den Riemen der Pumpe nach Auflegen einstellen. Abschließend die Lenkungsanlage mit der vorgeschriebenen Flüssigkeit füllen (oder den Flüssigkeitsspiegel im Vorratsbehälter berichtigen) und die Anlage entsprechend der Beschreibung beim Einbau der Servolenkung entlüften.

Fahrzeuge mit 1.1-Liter-Motor ohne Klimaanlage

- Batterie abschließen.
- Fahrzeug vorn auf Böcke setzen.
- Den Antriebsriemen der Lenkhilfspumpe ausbauen und die Riemenscheibe der Pumpe abschrauben.
- Die Zufuhrleitung zur Pumpe und die Hochdruckleitung mit einer Zwinge abdrücken und die Leitungen abschließen. Auf auslaufende Flüssigkeit achten.
- Die drei Schrauben der Pumpe lösen und die Pumpe herausnehmen.

Der Einbau geschieht in umgekehrter Reihenfolge wie der Ausbau. Die Schrauben mit 20 Nm anziehen. Den Riemen der Pumpe nach Montage einstellen. Abschließend die Lenkungsanlage mit der vorgeschriebenen Flüssigkeit füllen (oder den Flüssigkeitsspiegel im Vorratsbehälter berichtigen) und die Anlage entsprechend der Beschreibung beim Einbau der Servolenkung entlüften.

Fahrzeuge mit Dieselmotor ohne Klimaanlage

- Batterie abschließen.
- Fahrzeug vorn auf Unterstellböcke setzen, das rechte Vorderrad abschrauben und das Spritzblech in der Innenseite des Radkastens ausbauen.
- Den vorderen Stoßfänger ausbauen (10 Schrauben).
- Die Zufuhrleitung zur Pumpe und die Hochdruckleitung mit einer Zwinge abdrücken und die Leitungen abschließen. Auf auslaufende Flüssigkeit achten.
- Die drei Schrauben der Pumpe lösen und die Pumpe herausnehmen.

Der Einbau geschieht in umgekehrter Reihenfolge wie der Ausbau. Die Schrauben mit 20 Nm anziehen. Den Riemen der Pumpe nach Montage einstellen. Abschließend die Lenkungsanlage mit der vorgeschriebenen Flüssigkeit füllen (oder den Flüssigkeitsspiegel im Vorratsbehälter berichtigen) und die Anlage entsprechend der Beschreibung beim Einbau der Servolenkung entlüften.

Fahrzeuge mit Dieselmotor und Klimaanlage

Hinweis: Aufgrund der Einbaulage des Vorratsbehälters für die Lenkungsanlage (siehe Bild 301) muss man die Batterie ausbauen, um an den Vorratsbehälter zu kommen, falls dieser einmal ausgebaut werden muss.

- Batterie abklemmen.
- Fahrzeug vorn auf Unterstellböcke setzen und das linke Vorderrad abschrauben.
- Den linken Scheinwerfer ausbauen und das Spritzblech in der Innenseite des Radkastens abschrauben.
- Die beiden Schläuche mit einer Zwinge abdrücken und abschließen. Auf auslaufende Flüssigkeit achten.
- Den Kabelstecker der elektrischen Pumpe abziehen und die drei Schrauben der Pumpe an der in Bild 302 gezeigten Stelle herausdrehen. Die Pumpe herausnehmen.

Der Einbau findet in umgekehrter Reihenfolge statt. Die Schrauben der Pumpe mit 20 Nm anziehen. Die Scheinwerfer müssen nach dem Einbau eingestellt werden (besser noch man lässt sie einstellen).

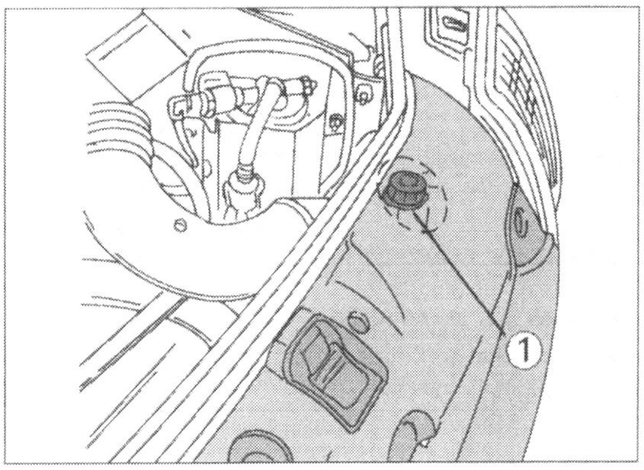

Bild 301
Bei einem Dieselfahrzeug mit Klimaanlage befindet sich die Einfüllverschraubung des Flüssigkeitsbehälters (1) außerhalb des Motorraums.

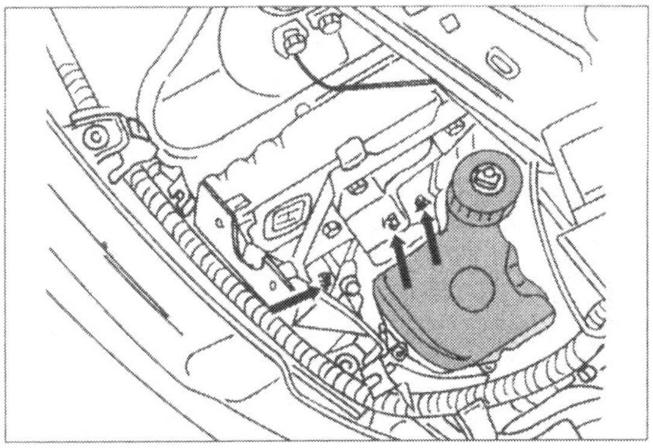

Bild 302
Die Pfeile zeigen wo die elektrische Pumpe für die Servolenkung bei einem Dieselfahrzeug mit eingebauter Klimaanlage befestigt ist.

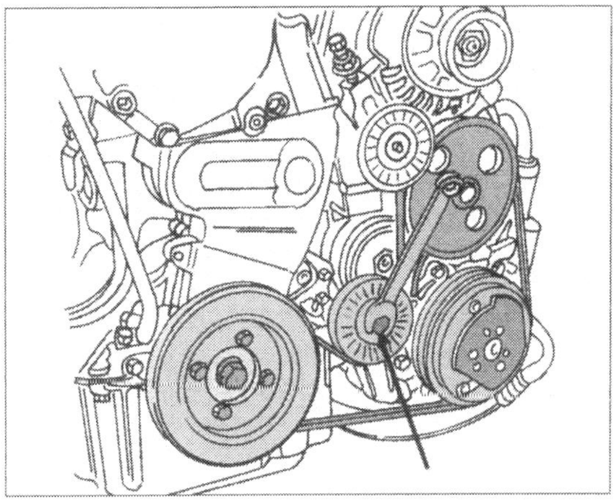

Bild 303
Beim 1.4-Liter-Motor mit Klimaanlage und Servolenkung wird der Riemen durch Verstellen der Schraube (Pfeil) gelockert oder gespannt.

11.8.1 Antriebsriemen der Lenkhilfspumpe

Die Spannung des Riemens zum Antrieb der mechanischen Lenkhilfspumpe wird in der Werkstatt mit einem Spannungsmessgerät kontrolliert und eingestellt. Aus diesem Grund können wir nur aus Erfahrungen erhaltene Werte angeben. Gemessen wird an der längsten Laufstrecke zwischen den beiden Riemenscheiben. Der Riemen muss sich ca. 3,5 mm hin- und herbewegen lassen. Folgendes ist zu beachten:

- Bei einem 1.1-Liter-Motor wird ein Riemen um die Riemenscheibe der Kurbelwelle und die Riemenscheibe der Lenkhilfspumpe verlegt. Die Spannrolle in der Mitte hält den Riemen auf der richtigen Spannung. Ist eine Klimaanlage eingebaut, hat der Riemen an der Oberseite eine Führungsrolle zwischen der Riemenscheibe des Kompressors und der Riemenscheibe der Lenkhilfspumpe. Bei einem Fahrzeug ohne Servolenkung, aber mit Klimaanlage wird ein einzelner Riemen um die Riemenscheiben der Kurbelwelle und des Kompressors verlegt.
- Bei einem 1.4-Liter-Motor ist der Riemen um die Riemenscheiben der Kurbelwelle und der Lenkhilfspumpe gelegt, wenn keine Klimaanlage eingebaut ist. Eine Spannrolle in der Mitte hält den Riemen auf der richtigen Spannung. Die Verlegung des Riemens wurde bereits im Abschnitt „Kühlanlage" gezeigt. Ist eine Klimaanlage eingebaut, ist der Riemen in der in Bild 303 gezeigten Weise über die Riemenscheiben der Kurbelwelle, Lenkhilfspumpe und des Kompressors verlegt. Die Riemenspannung wird an der mit dem Pfeil gezeigten Schraube gelockert und/oder eingestellt.
- Bei einem Dieselmotor mit mechanischer Lenkhilfspumpe ist der einteilige Riemen über die Riemenscheiben der Kurbelwelle, die Drehstromlichtmaschine, die Lenkhilfspumpe und den Riemenspanner verlegt. Die Spannung wird durch den Riemenspanner nach Einstellung auf dem richtigen Wert gehalten.

12 Die Vorderradaufhängung

Die Vorderradaufhängung setzt sich aus Federbeinen mit ko-axialen Stoßdämpfern, Schraubenfeder und einem Kurvenstabilisator zusammen. Die Schraubenfedern sind für das betreffende Fahrzeugmodell ausgewählt worden und nur zwei Federn mit der gleichen Farbkennzeichnung dürfen eingebaut werden.

Hinweis: Die Radschrauben werden mit 90 Nm angezogen. Bei den Arbeitsbeschreibungen wird dies nicht erneut erwähnt.

12.1 Wartungsarbeiten an der Vorderachse

Die Achsgelenke an der Vorderachse zwischen den Querlenkern und dem Radlagergehäuse, das Letztere ebenfalls als Achsschenkel bekannt, sind wartungsfrei. Zum Schutz gegen Eindringen von Schmutz oder Nässe dienen Staubschutzkappen. Eingedrungener Staub führt zum Abrieb, eingedrungene Feuchtigkeit führt im Laufe der Zeit zu Rostbildung. Im Rahmen der Routine-Wartungsarbeiten sollte man die Gelenke deshalb in folgender Weise kontrollieren:

- Das Fahrzeug vorn auf Böcke setzen und die Lenkung nach einer Seite einschlagen.
- Die Staubschutzkappen rechts und links auf Einschnitte, Risse, usw. kontrollieren. Eine schadhafte Staubschutzkappe muss zusammen mit dem Gelenk erneuert werden. Abgesehen dass es keine Kappen als Ersatzteil gibt, könnte bereits Schmutz oder Wasser eingedrungen sein, so dass die Gelenke bereits verschlissen sind.

12.2 Federbeine

12.2.1 Aus- und Einbau

Der folgende Text beschreibt den Ausbau des kompletten Federbeins zusammen mit dem Querlenker

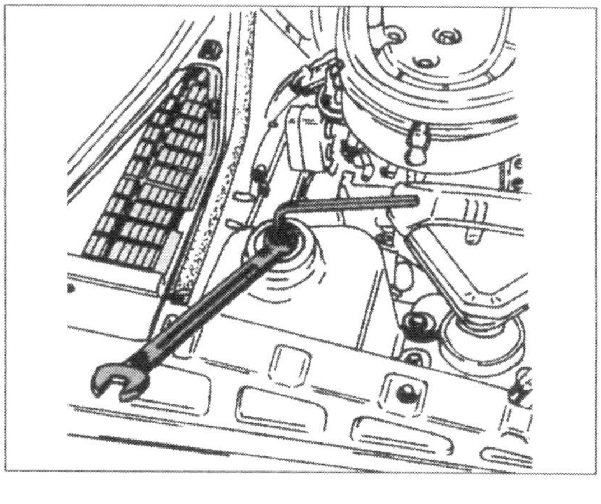

Bild 304
Lösen oder Anziehen der Mutter in der Mitte der oberen Federbeinlagerung. Ein Innensechskantschlüssel (Inbusschlüssel) wird in das Ende der Kolbenstange eingesetzt, während man die Mutter mit einem Ringschlüssel lockert.

und der Antriebswelle. Im Allgemeinen ist diese Ganzarbeit nur erforderlich, falls Karosserieschäden entstanden sind. Alle anderen am Federbein montierten Teile können getrennt ausgebaut werden; die betreffenden Arbeiten werden ebenfalls beschrieben.

- Fahrzeug vorn auf Böcke setzen und das Rad abschrauben. Falls das Federbein zerlegt werden soll, muss die Achswellenmutter gelockert werden, solange das Rad auf dem Boden aufsteht.
- Bremssattel abschrauben und mit einem Stück Draht an der Karosserie festbinden. Nicht den Sattel am Schlauch herunterhängen lassen. Falls ABS eingebaut ist, müssen der Kabelstecker abgezogen und das Kabel an der Unterseite des Federbeins gelöst werden.
- Die Mutter des Spurstangengelenks lösen und das Spurstangengelenk mit einem geeigneten Abdrücker trennen.
- Antriebswelle aus dem Getriebe befreien, wie es für die betreffende Welle in Kapitel 10.1 beschrieben wurde.
- Kurvenstabilisator von der Befestigung am Querlenker lösen (Muttern).
- Mutter und Schraube des Querlenkers an der Innenseite lösen und die Schraube vorsichtig herausschlagen.
- Das Federbein ist jetzt in der Innenseite des Motorraums an der Innenseite des Kotflügels befestigt. Eine einzelne Mutter wird zur Befestigung benutzt, die man in der in Bild 304 gezeigten Weise lockert und abschraubt.
- Das gesamte Federbein mit allen daran angebrachten Teilen herausheben.

Der Einbau geschieht in umgekehrter Reihenfolge wie der Ausbau unter Beachtung der folgenden Punkte:

- Das Federbein in die obere Führung einsetzen und die Mutter fingerfest anziehen.
- Den Querlenker in die Lagerung an der Innenseite einsetzen und die Schraube von der Außenseite auf einer Seite des Querlenkers und die Schelle für die Gummimetallbüchse auf der anderen Seite montieren. Die Schrauben nur fingerfest anziehen.
- Antriebswelle entsprechend den Anweisungen in Kapitel 10.1 am Getriebe anschließen.
- Spurstange anschließen und die Mutter mit 37 Nm anziehen.
- Das Fahrzeug auf den Boden ablassen und die Querlenkerbefestigung sowie das Federbeinlager an der Oberseite auf das vorgeschriebene Anzugsdrehmoment anziehen.
- Falls erforderlich die Bremsen entlüften (falls der Bremsschlauch abgeschlossen wurde).
- Achswellenmutter mit 280 Nm anziehen, falls sie während des Ausbaus gelockert wurde.

12.2.2 Zerlegung des Federbeins

Die folgende Beschreibung befasst sich mit dem Zerlegen eines Federbeins, wenn dieses wie soeben beschrieben aus dem Fahrzeug ausgebaut wurde. Bild

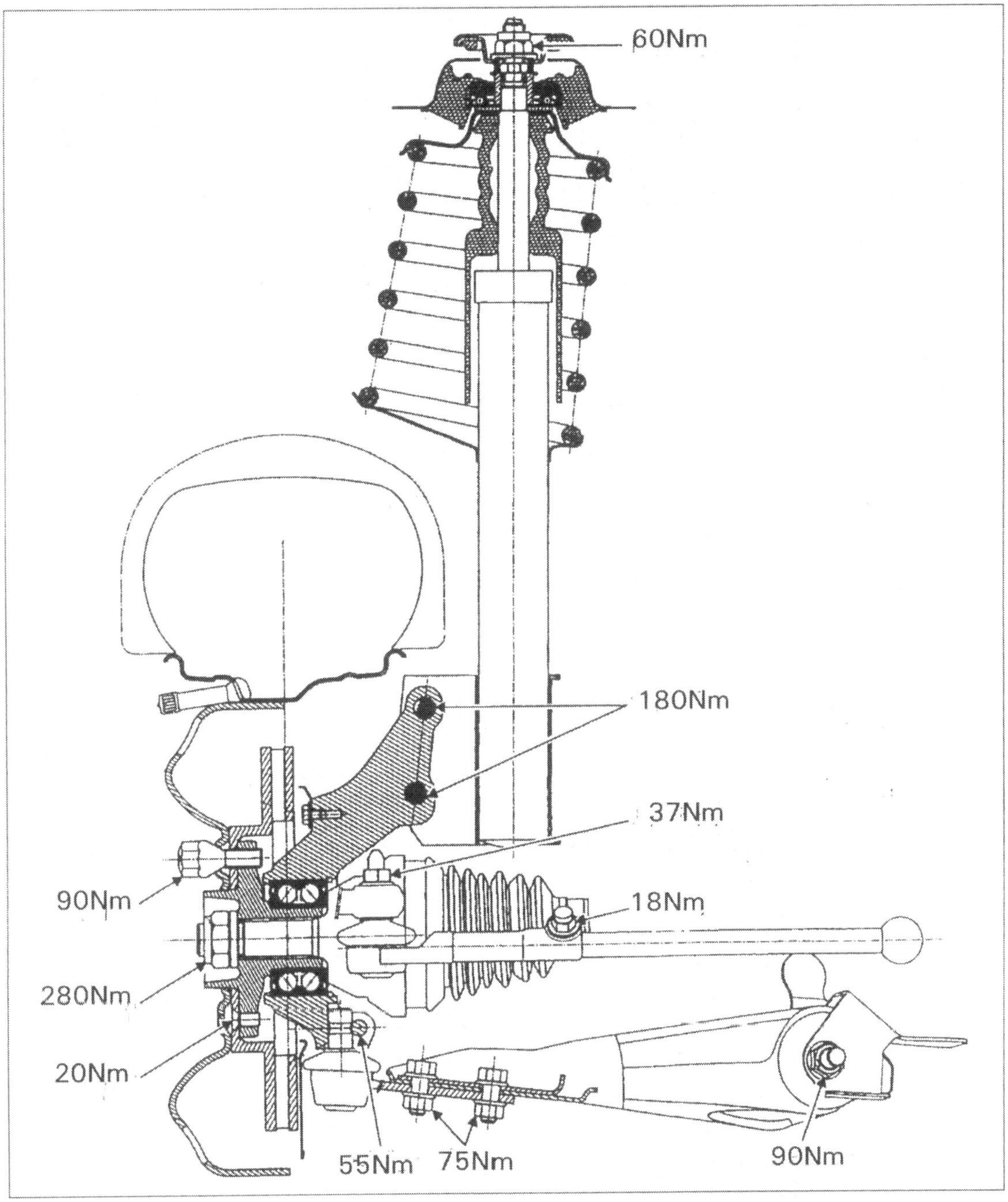

Bild 305
Schnitt durch eine Seite der Vorderradaufhängung mit den wichtigen Anzugsdrehmomenten.

305 zeigt eine Schnittansicht des Federbeins mit allen dazugehörigen Teilen auf einer Seite und kann beim Zerlegen und Zusammenbau hinzugezogen werden. Das Bild zeigt ebenfalls die geltenden Anzugsdrehmomente.

Querlenker

- Die Antriebswelle aus dem Achsschenkel ausbauen.
- Um den Querlenker vom Achsschenkel zu lösen, die Mutter und Klemmschraube des Querlenkers an der Außenseite lösen (2, Bild 306) und den Lenkerarm abnehmen. Die Schraube ist in eine Rille des Kugelgelenkschaftes eingesetzt, muss also vollkommen ausgeschlagen werden. Andernfalls kann man auch die beiden Schrauben und Muttern lösen, die den

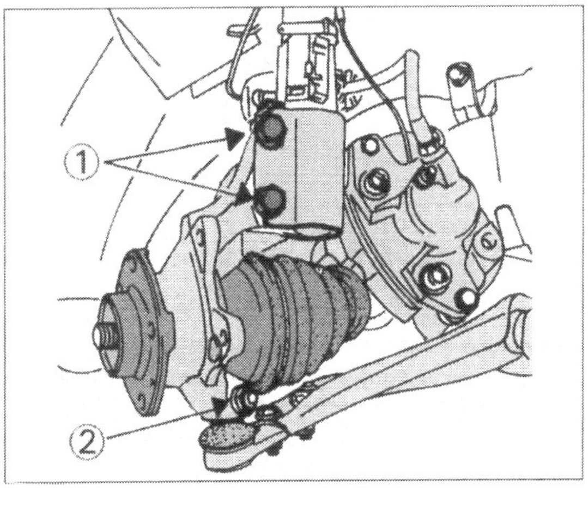

Bild 306
Befestigung des Federbeins. Mit den Schrauben (1) wird es am Achsschenkel gehalten (18 Nm), mit der Klemmschraube (2) am unteren Querlenker (55 Nm).

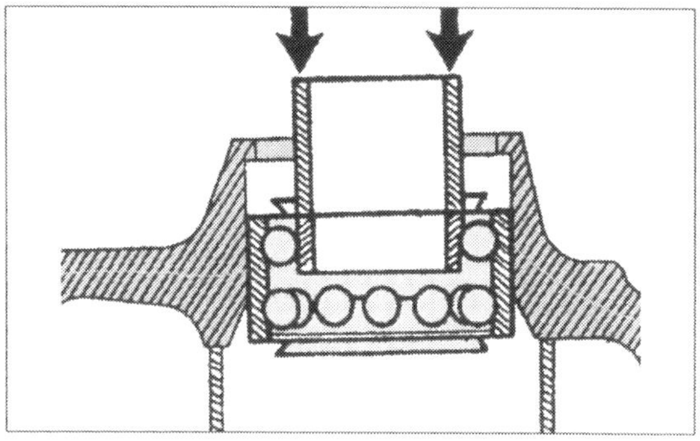

Bild 307
Auspressen des äußeren Lagerringes der Radlager aus dem Achsschenkel (Radlagergehäuse).

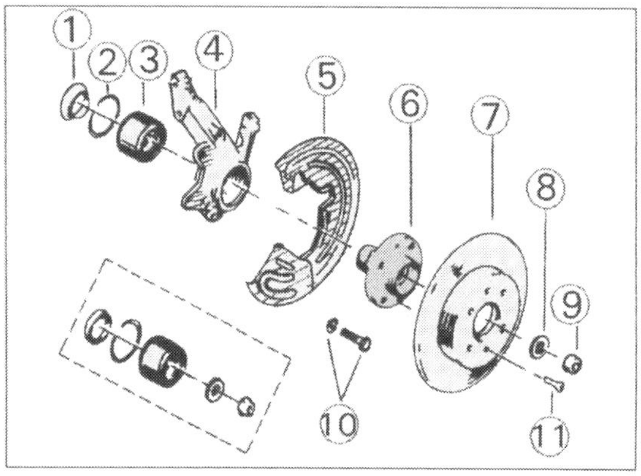

Bild 308
Montagebild eines Radlagers. Im Ausschnitt ist der Reparatursatz gezeigt.
1 Lagerlaufring
2 Lagersprengring
3 Radlager
4 Achsschenkel
5 Spritzblech
6 Radnabe
7 Bremsscheibe
8 Unterlegscheibe
9 Achswellenmutter
10 Schraube, Federring (Spritzblech)
11 Bremsscheibenschraube

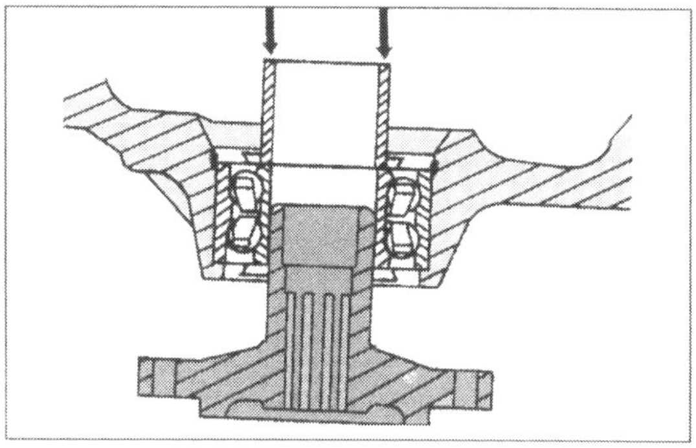

Bild 309
Einbau des Lagergehäuses (Achsschenkels) über die Radnabe. Ein Stück Rohr mit den angegebenen Abmessungen an den Pfeilstellen ansetzen.

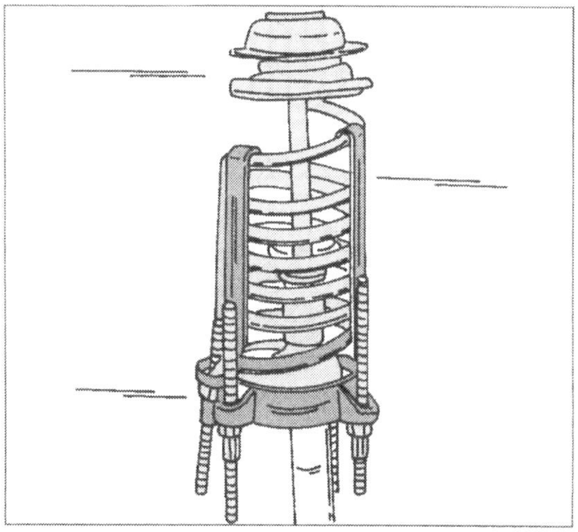

Bild 310
Verwendung eines Federspanners zum Zusammendrücken einer Schraubenfeder. Das nächste Bild zeigt einen Federspannhakensatz, welcher sich ohne Probleme verwenden lässt.

Querlenker mit der Kugelgelenkträgerplatte verbinden, und die Verbindung trennen. Falls erforderlich einen kräftigen Schraubendreher in den Schlitz des Achsschenkels einsetzen, um diesen zu öffnen. Der Kugelbolzenschaft wird dadurch frei.

Achsschenkel

Um den Achsschenkel vom Federbein zu trennen, die Muttern beider Schrauben (1) in Bild 306 lösen und die Schrauben entfernen. Die Schrauben müssen vorsichtig ausgeschlagen werden, ohne deren Gewinde zu beschädigen. Einen Schraubendreher hinter den Montageansatz des Radlagergehäuses ansetzen und den Achsschenkel aus dem Federbein herausheben.

Radlager (Bild 308)

- Achsschenkel in geeigneter Weise unterlegen und die Radnabe auspressen. Der äußere Lagerlaufring verbleibt auf der Radnabe und muss mit einem Abzieher heruntergezogen werden.
- Sprengring von der Innenseite des Radlagergehäuses entfernen und das Lager mit dem inneren Lagerlaufring von außen nach innen zu auspressen. Das Lagergehäuse (Achsschenkel) wird in der in Bild 307 gezeigten Weise auf den Pressentisch aufgelegt.
- Das neue Lager von der Innenseite aus einpressen. Ein Stück Rohr von geeignetem Außendurchmesser (70 mm) und Innendurchmesser (66 mm) sollte zum Einpressen des Lagers benutzt werden. Den Druck nur auf den äußeren Lagerring ausüben. Die Kunststoffhülse nach dem Einpressen entfernen.
- Den Sprengring einfedern.
- Beide Dichtringe mit Mehrzweckfett einschmieren und den Achsschenkel auf die Radnabe aufpressen. Die Radnabe wird auf den Pressentisch aufgelegt, wie es in Bild 309 gezeigt ist. Ein Stück Rohr von 48 mm Außendurchmesser und 42 mm Innendurchmesser eignet sich zum Aufpressen. Den Druck nur auf den inneren Lagerring ausüben.

Schraubenfeder und Stoßdämpfer

- Mit einem Federspanner, wie er in Bild 310 gezeigt ist, die Schraubenfeder zusammendrücken, bis alle Spannung von den Federsitzen entfernt ist. Falls man eine derartige Vorrichtung nicht besorgen kann, eignen sich auch Federspannhaken, die auf dem in Bild 311 gezeigten Arbeitsprinzip funktionieren. Die Spannhaken zusammenspannen, bis sich die Feder oben und unten abhebt.
- Die Mutter in der Mitte des oberen Federbeinlagers lösen. Um ein Mitdrehen der Kolbenstange zu vermeiden, ist ein Innensechskantschlüssel in die Kolbenstange einzusetzen (siehe auch Bild 306). Die losen Teile, einschließlich der Schraubenfeder, von der Oberseite des Federbeins abnehmen, jedoch die folgenden Punkte beachten:
- Die Schraubenfedern sind für das betreffende Fahrzeugmodell bestimmt. Wenn Federn erneuert werden, muss man nur für dieses Modell bestimmte Federn verwenden. Das untere Ende der Feder ist mit einem Farbtupfen gezeichnet.
- Nach dem Ausbau der Schraubenfeder den Stoßdämpfer auf einwandfreies Funktionieren kontrollieren. Dazu das untere Ende des Stoßdämpfers in einen Schraubstock einspannen und die Kolbenstange langsam herausziehen und wieder hineinschieben. Der gesamte Arbeitsweg sollte einen gleichmäßigen Widerstand bieten, ohne totes Spiel aufzuweisen.

Falls der Stoßdämpfer in waagerechter Lage abgelegt wurde, muss man ihn vor dem Einbau einige Male durchpumpen, um alle Luft zu entfernen. Um dies natürlich zu verhindern, sollte man das Federbein in senkrechter Lage aufbewahren. Falls Leckstellen an der oberen Verschlussstelle des Stoßdämpfers festgestellt werden, einen neuen Stoßdämpfer einbauen.

12.2.3 Reparatur der Radaufhängung

Bild 305 zeigt einen Schnitt durch die Vorderradaufhängung auf einer Seite und kann bei den folgenden Arbeiten hinzugezogen werden. Ebenfalls im Bild sind die wichtigen Anzugsdrehmomente gezeigt.

Querlenker

Das Kugelgelenk und die Gummibüchsen der Querlenker können erneuert werden. Beim Erneuern der Büchsen muss man jede Büchse getrennt erneuern. Die erste Büchse mit einem Rohrstück von 30 mm Durchmesser auspressen und danach die neue Büchse einpressen, bis das Maß „A" in Bild 312 genau 146,5 mm beträgt.
Die zweite Büchse auspressen und die neue Büchse einpressen, bis das gleiche Maß wieder erhalten wird.
Der Querlenker kann im Fahrzeug verbleiben, falls das Kugelgelenk erneuert werden soll. Die folgende Beschreibung nimmt an, dass der Querlenker ausgebaut ist:

- Die Befestigungsschrauben der Trägerplatte für das Kugelgelenk vom Querlenker abschrauben und die Platte abnehmen.
- Neues Kugelgelenk anschrauben und die beiden Schrauben mit 75 Nm anziehen.
- Falls das Kugelgelenk bei eingebautem Querlenker erneuert wird, ist in Kapitel 12.4 nachzulesen.

Achsschenkel

Die Reparatur des Achsschenkels schließt die Erneuerung der Radlager und der Radnabe ein.
Diese Arbeiten wurden bereits in Kapitel 12.2.2 beschrieben.

Schraubenfedern

Die Schraubenfedern und Stoßdämpfer können nicht repariert werden und sind im Schadensfall zu erneuern. Federn auf Risse oder sichtbare Verformung kontrollieren. Falls beide Federn ausgebaut wurden, kontrollieren, dass sie beide ungefähr die gleiche Länge haben. Beim Bestellen von neuen Federn immer das Fahrzeugmodell und das Baujahr angeben. Federn sind auf ein bestimmtes Fahrzeugmodell abgestimmt, d.h. der Einbau einer falschen Feder beeinflußt die Fahreigenschaften, die Straßenlage des Fahrzeuges und den Fahrkomfort.

12.2.4 Zusammenbau eines Federbeins

Der Zusammenbau eines Federbeins geschieht in umgekehrter Reihenfolge wie das Zerlegen, jedoch sind die folgenden Punkte bei den einzelnen Bauteilen zu beachten.

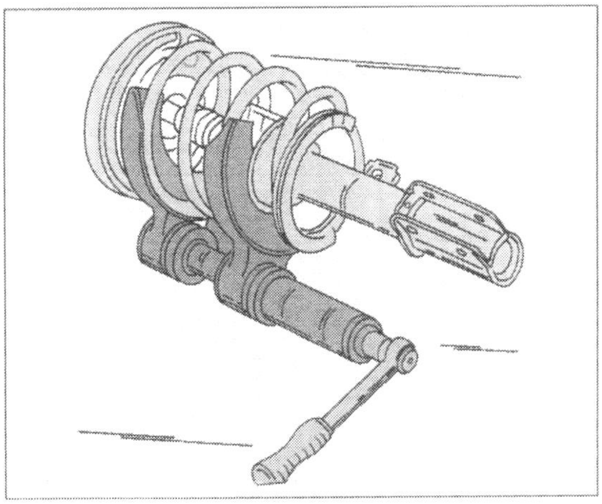

Bild 311
Benutzung von Federspannhaken zum Zusammenspannen von Vorderfedern.

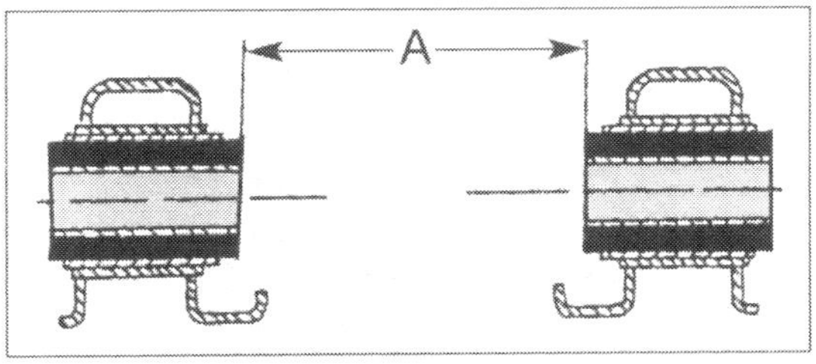

Bild 312
Einbau neuer Büchsen in den Querlenker. Das Maß „A" muss der Anlage im Text entsprechen.

Federbeine

- Die Feder auf den unteren Federsitz aufsetzen. Kontrollieren, dass das Ende der Feder gegen den Anschlag im Federsitz anliegt.
- Alle abgenommenen Teile über die zusammengespannte Feder setzen, die Scheibe auflegen und die Mutter aufschrauben.
- Die Schutzkappe über das zusammengebaute Federbein aufsetzen und den Federspanner langsam zurücklassen. Dabei ständig kontrollieren, dass die Feder unten und oben in die richtige Einbaulage kommt.
- Die Kolbenstange mit einem Innensechskantschlüssel gegenhalten und die Kolbenstangenmutter auf 60 Nm anziehen. Da man die Mutter bei eingesetztem Inbusschlüssel nicht mit einer Stecknuss und einem Drehmomentschlüssel anziehen kann, benutzt man einen Ringschlüssel in der in Bild 304 gezeigten Weise. Nach einer Weile wird sich die Kolbenstange nicht länger mitdrehen, so dass man Stecknuss und Drehmomentschlüssel ansetzen kann.
- Das untere Ende des Federbeins mit dem Achsschenkel verbinden. Die beiden Schrauben und Muttern (1) in Bild 306 mit 180 Nm anziehen. Bremssattel wieder montieren (siehe Abschnitt „Bremsen"). Die Bremsanlage muss entlüftet werden, wenn man die Anlage an den Bremsschläuchen oder Bremsleitungen geöffnet hat.

Querlenker

Den Schaft des Kugelgelenks in den Achsschenkel einführen, die Schraube vorsichtig einschlagen und die Mutter mit einem Anzugsdrehmoment von 55 Nm anziehen. Die Montage des Querlenkers am Fahrgestell wird im nächsten Kapitel beschrieben.

Achsschenkel

Den Montageansatz zwischen die beiden Flächen an der Unterseite des Federbeins einsetzen und die bei-

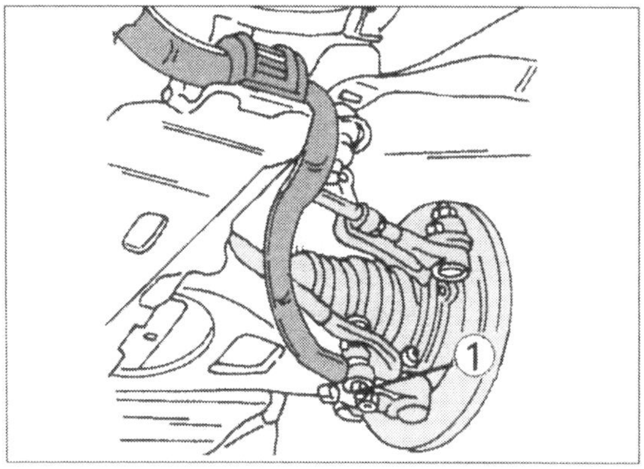

Bild 313
Die Mutter (1) vom Kurvenstabilisator lösen, um die Stange von der Vorderradaufhängung zu trennen (auf beiden Seiten).

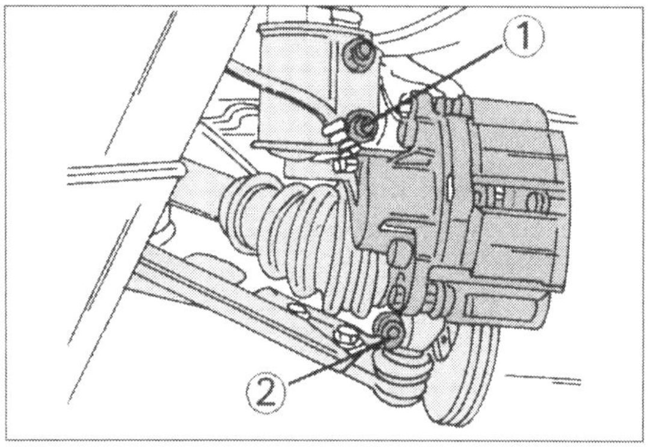

Bild 314
Eine Passschraube und Mutter (2) halten den Kugelbolzenschaft des Querlenkers in der Unterseite des Achsschenkels. Oben ist der Achsschenkel mit den Schrauben (1) befestigt (18 Nm).

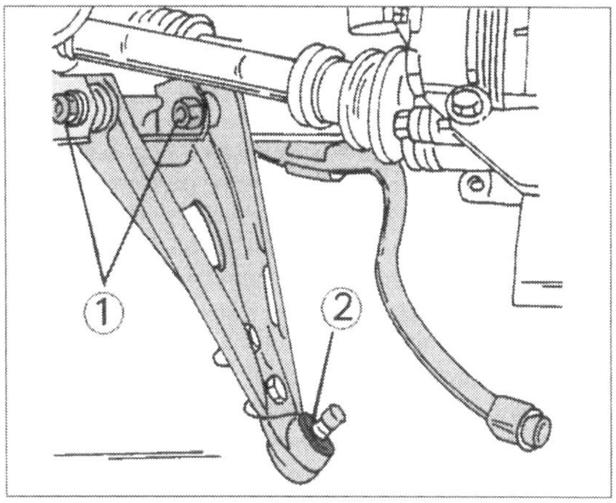

Bild 315
Die Schrauben und Muttern (1) halten den Querlenker an der Innenseite am Nebenrahmen. Beim Einbau des Querlenkers nicht vergessen die Kunststoffscheibe (2) auf den Kugelbolzenschaft aufzulegen.

den Schrauben und Muttern (1) in Bild 306 anbringen. Dabei nicht die Gewinde der Schrauben beschädigen. Die Schrauben müssen von der richtigen Seite aus eingeschlagen werden. Die Muttern mit 180 Nm anziehen.

12.3 Aus- und Einbau der Querlenker

Bei der folgenden Beschreibung wird der Querlenker ausgebaut. Die verbleibenden Teile der Radaufhängung verbleiben am Fahrgestell. Zu beachten ist, dass die Querlenker in einer bestimmten Weise angezogen werden müssen. Falls man das Fahrzeug nicht auf eine Hebebühne oder über eine Montagegrube fahren kann, wird es ziemlich schwer sein an die Schrauben der Querlenker heran zu kommen und außerdem die erforderliche Messung durchzuführen. Ehe die Vorderseite des Fahrzeuges auf Böcke gesetzt wird, muss man den Kurvenstabilisator von der Unterseite des Querlenkers abschrauben, um dem Querlenker die Spannung zu entnehmen. Da der Raum zum Arbeiten sehr begrenzt ist, wenn das Fahrzeug auf den Rädern aufsteht, sollte man sich Auffahrrampen besorgen und die Vorderräder auf die Rampen auffahren. Die Muttern (1) in Bild 313 müssen auf jeder Seite gelöst werden, um die äußeren Enden des Kurvenstabilisators von der Aufhängung zu trennen. Der Kurvenstabilisator kann am Fahrgestell gelassen werden.

Beim Ausbau jetzt folgendermaßen vorgehen:

- Radbolzen lockern und die Vorderseite des Fahrzeuges auf Böcke setzen. Den Stabilisator so weit wie möglich nach unten drücken.
- Das Rad abnehmen.
- Unter Bezug auf Bild 314 die Schraube (2) entfernen. Diese klemmt den Kugelgelenkschaft am Achsschenkel. Ein Hebel kann benutzt werden, um den Querlenker nach unten zu drücken. Auf dem Kugelbolzenzapfen ist eine Kunststoffscheibe auflegt, welche man nicht verlieren darf.
- An der Innenseite des Querlenkers die Mutter des Lagerbolzens (1) in Bild 315 entfernen und den Bolzen vorsichtig herausschlagen.
- Den Querlenker herausheben. Wiederum darauf achten, dass die kleine Kunststoffscheibe über dem Kugelbolzenschaft (in Bild 315 mit „2" angegeben) nicht verlorengeht.

Der Einbau des Querlenkers geschieht in umgekehrter Reihenfolge wie der Ausbau:

- Den Querlenker mit dem Lagerbolzen an der Innenseite befestigen und die Mutter fingerfest anziehen.
- Kontrollieren, dass die kleine Kunststoffscheibe (2) auf dem Kugelbolzenschaft sitzt (Bild 315) und den Schaft in die Unterseite des Achsschenkels einführen. Kontrollieren, dass er einwandfrei sitzt.
- Die Klemmschraube vorsichtig einschlagen. Dabei darauf achten, dass die Löcher genau ausgerichtet sind.
- Die Mutter aufschrauben und sofort mit 55 Nm anziehen.
- Kurvenstabilisator montieren ohne die Muttern vollkommen anzuziehen. Einzelheiten dazu werden beim Aus- und Einbau des Kurvenstabilisators (Kapitel 12.6) beschrieben.
- Rad wieder anschrauben und das Fahrzeug auf den Boden ablassen.
- Fahrzeug einige Male vorwärts und rückwärts schieben und einige Male „durchschwingen", um die Gummilager einzuspielen.

Beim Anziehen der Querlenker müssen jetzt laut Werksangaben die folgenden Arbeiten durchgeführt werden, damit die Querlenkerbüchsen die richtige Vorspannung erhalten. Dies setzt die folgenden Bedingungen voraus:

- Die Räder müssen abmontiert sein.
- Die Stützstreben zwischen dem Nebenrahmen und der Karosserie müssen abgeschraubt sein.

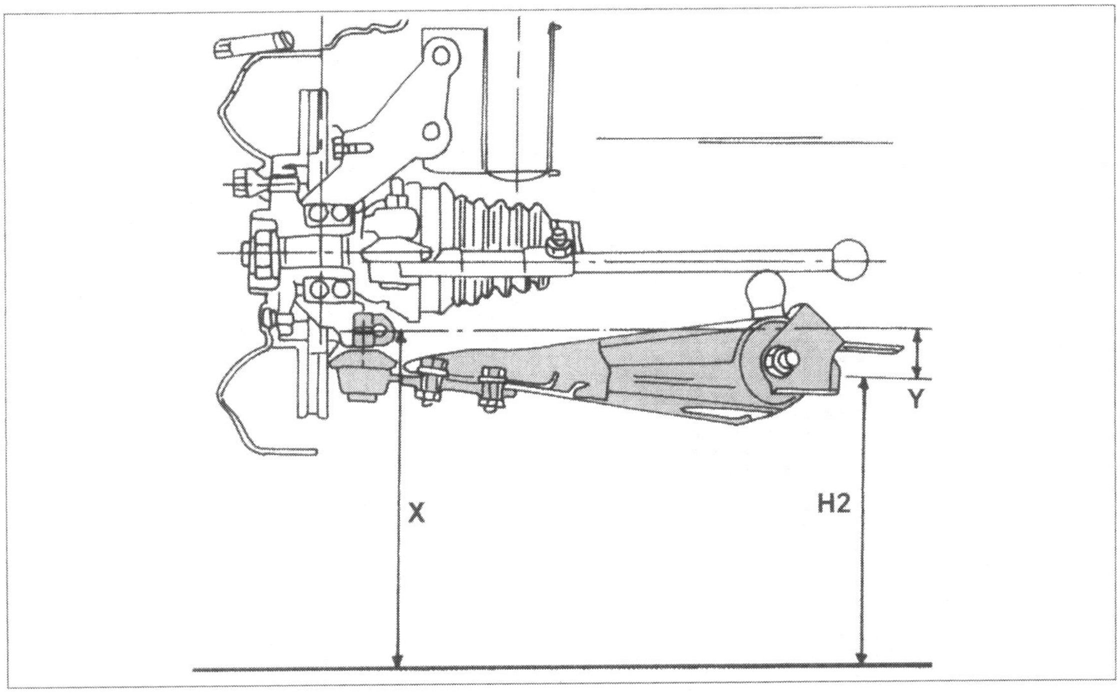

Bild 316
Einzelheiten zum Festziehen der Querlenker am Nebenrahmen. Auf die Bezeichnungen wird im Text eingegangen.

- Die unteren Befestigungsschrauben des Stoßdämpfers (Federbeins) müssen ausgeschraubt werden
- Die Muttern der Querlenkerschrauben müssen locker sein.
- Falls die Arbeiten nur an einem Querlenker durchgeführt werden, muss der Lenkerarm auf der anderen Seite in gleicher Weise angezogen werden.

Ein weiterer Hinweis: Bei Durchführung dieser Arbeit muss das Federbein auf eine Seite gedrückt und der Achsschenkel gerade gehalten werden. Dies bedeutet, dass man einen Helfer braucht.

Beim Anziehen jetzt folgendermaßen vorgehen:

- Einen Wagenheber unter den betreffenden Querlenker untersetzen und den Querlenker anheben, bis das Maß zwischen der Auflagefläche des Fahrzeuges (entweder Boden oder Hebebühne) und der Klemmschraube des Aufhängungskugelgelenks genau 148,5 mm beträgt, wie es in Bild 316 mit „X“ angegeben ist. Dies schließt ebenfalls das Maß „Y“ ein, welches 36,5 mm beträgt. Dabei wird angenommen, dass das Maß „H2“ in Bild 290 bis zur Fläche „A“ in Bild 293 stimmt (112 mm). Dies gewährleistet, dass der Querlenker in waagerechter Stellung liegt.
- In dieser Querlenkerstellung die Mutter des Lagerbolzens mit 90 anziehen.
- Die Klemmschelle der Kurvenstabilisatorlager mit 30 Nm anziehen. Vor dem Anziehen der besagten Befestigungen kontrollieren, dass sich keine zusätzlichen Gewichte im Kofferraum befinden, da das Fahrzeug unbeladen sein muss.
- Stoßdämpfer (Federbein) wieder befestigen und die Schraubverbindung mit 170 Nm anziehen. In Bild 305 sind diese Schrauben mit „180 Nm“ angegeben, da die Änderung erst ca. im September 1998 stattgefunden hat. Auch früher gebaute Fahrzeuge werden jedoch in dieser Weise behandelt.
- Falls die Kugelgelenkträgerplatte vom Querlenker abgeschraubt wurde, die beiden Muttern und Schrauben bei der Montage der Platte mit 75 Nm anziehen.

12.4 Aus- und Einbau des Achsschenkels

Da die Antriebswelle mit „Loctite“ in die Radnabe eingesetzt wird, muss man sich dieses besorgen, ehe man die Arbeit vornimmt. Ebenfalls die beim Aus- und Einbau der Antriebswelle in Abschnitt 10 erwähnten Werkzeuge besorgen.

- Radbolzen lockern und Mutter der Antriebswelle lockern, während die Räder auf dem Boden aufsitzen.
- Vorderseite des Fahrzeuges auf Böcke setzen.
- Spurstangengelenk mit einem geeigneten Abzieher (siehe Bild 281) vom Lenkhebel abdrücken.
- Die Vorderradnabe ausbauen, wie es beim Ausbau der Antriebswelle beschrieben wurde (Kapitel 10.1).

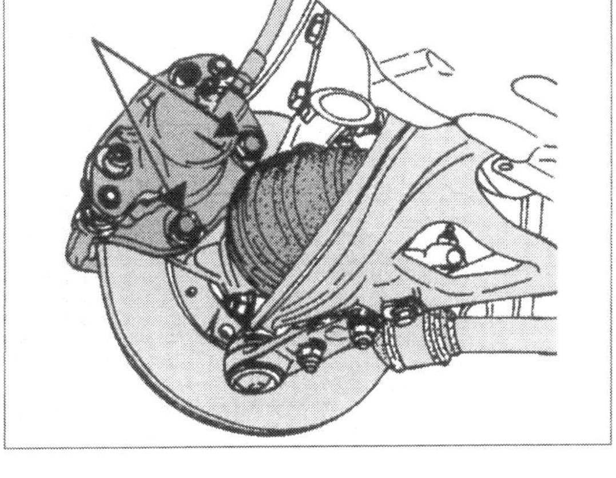

Bild 317
Die Pfeilen weisen auf die Befestigungsschrauben eines Bremssattels.

- Den Bremssattel abschrauben (die Befestigungsschrauben sind in Bild 317 gezeigt) oder den am Bremssattel angeschlossenen Bremsschlauch abschließen, je nachdem, welche Arbeiten erforderlich sind.
- Querlenker von der Unterseite des Achsschenkels abmontieren, wie es im letzten Kapitel beschrieben wurde.
- Schrauben an der Unterseite des Federbeins vom Achsschenkel lösen (die beiden oberen Schrauben (1) in Bild 314) und den Achsschenkel herausziehen, wobei er gleichzeitig vom Ende der Antriebswelle zu ziehen ist.

Der Einbau geschieht in umgekehrter Reihenfolge wie der Ausbau. Die Antriebswelle entsprechend Kapitel 10.1 montieren. Alle Befestigungen auf das vorgeschriebene Anzugsdrehmoment anziehen.
Alle gummigelagerten Stellen, welche während der Reparatur gelockert wurden, müssen angezogen werden, wenn das Fahrzeug wieder mit den Rädern auf dem Boden aufsteht. Auffahrrampen werden hier empfohlen, um an die einzelnen Verbindungen zu gelangen.

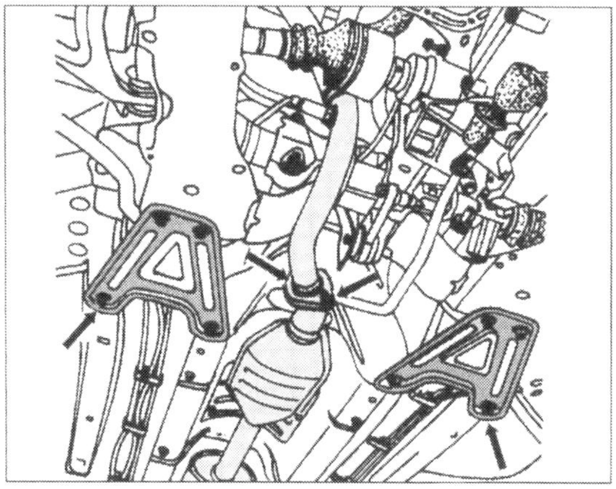

Bild 318
Die beiden Versteifungsplatten (1) sind am Nebenrahmen angeschraubt.

12.5 Schraubenfedern

Der Ausbau der Schraubenfeder erfordert den Ausbau des gesamten Federbeins. Diese Arbeiten wurden in Kapiteln 12.2.1 (Ausbau), bzw. 12.3.2 (Einbau) beschrieben. Die Anzugsdrehmomente beachten.

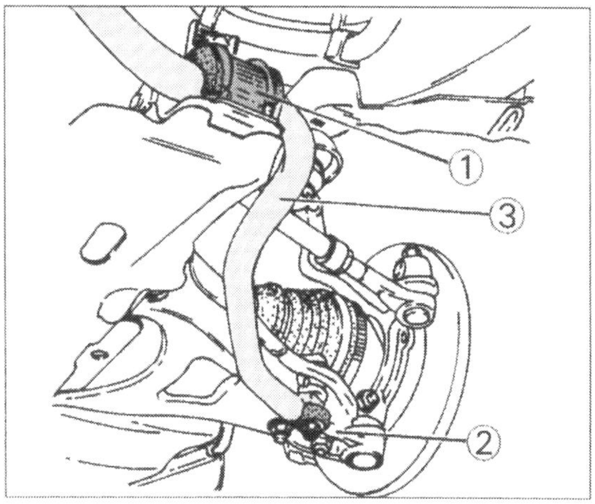

Bild 319
Die Befestigung des Kurvenstabilisators.
1 Lager am Nebenrahmen
2 Lager am Querlenker
3 Kurvenstabilisator

12.6 Aus- und Einbau des Kurvenstabilisators

Die Gummilager der Stabilisatorbefestigung sowie die Lager am Nebenrahmen müssen zusammengedrückt werden, damit man in der Lage ist die Muttern aufzuschrauben. In der folgenden Beschreibung zeigen wir die in der Werkstatt benutzten Werkzeuge. Beim Anbringen der Stabilisatorenden an der Vorderradaufhängung wird es möglich sein, einen kleinen Wagenheber (z.B. einen hydraulischen) unter das Ende des Kurvenstabilisators unterzusetzen und den Stabilisator damit anzuheben, bis man die Mutter anschrauben kann. Die mittleren Gummilager müssen ebenfalls zusammengedrückt werden, um die Mut-

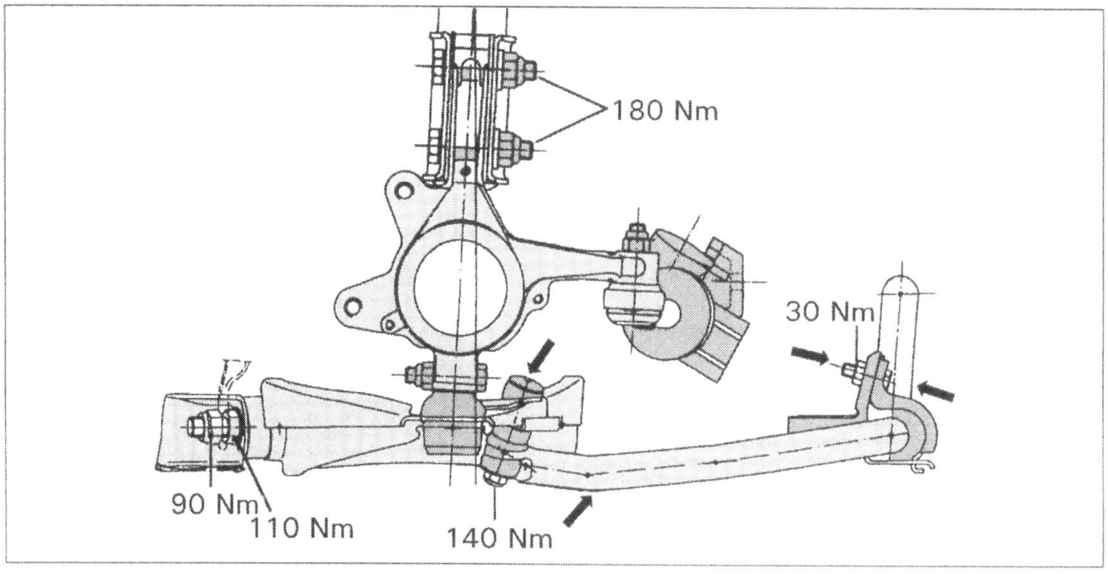

Bild 320
Schnitt durch die Befestigung des Kurvenstabilisators an der Unterseite der Radaufhängung. Zum Anziehen des Stabilisatorlagers am Querlenker muss die Verbindung an der oberen Pfeilstelle nach unten und an der unteren Pfeilstelle nach oben gedrückt werden. In ähnlicher Weise die Lagerung auf der rechten Seite zusammenziehen.

tern anzuschrauben. Dazu benutzt man einen Hebel, welcher ebenfalls gezeigt wird.

- Vorderseite des Fahrzeuges auf Böcke setzen.
- Von der Unterseite des Fahrzeuges die beiden in Bild 318 gezeigten Versteifungsplatten für den Nebenrahmen abschrauben. Jeweils vier Schrauben lösen.
- Das Auspuffrohr von der Verbindung am Schalldämpfer abschrauben. Diese sind in Bild 318 mit den Pfeilen bezeichnet.
- Unter Bezug auf Bild 319 das Kurvenstabilisatorlager (1) vom Nebenrahmen und das Lager (2) auf jeder Seite vom Querlenker abschrauben und den Stabilisator (3) herausheben.

Den Zustand der Lager und Büchsen kontrollieren und diese wie erforderlich erneuern. Die Büchsen mit Mehrzweckfett einschmieren.

Der Einbau geschieht in umgekehrter Reihenfolge. Grundsätzlich gilt, dass die Lagerungen des Kurvenstabilisators angezogen werden müssen, wenn das Gewicht des Fahrzeuges auf den Rädern ruht. Vorher muss man jedoch die Enden des Stabilisators und die mittleren Lager montieren. Die Schnittansicht der Befestigung in Bild 320 wird bei der Montage der Stabilisatorstange helfen.

- Die Enden des Kurvenstabilisators mit den eingesetzten Gummilagern an der Unterseite des Querlenkers anbringen. In der Werkstatt wird jetzt das in Bild 321 gezeigte Spannwerkzeug benutzt. Dieses mit der Schraube auf die Oberseite des Bolzens aufgesetzt (siehe Pfeilstelle in Bild 320) und unten gegen das Lager angesetzt. Der Bolzen an der Oberseite wird jetzt angezogen, bis das Lager ausreichen zusammengedrückt ist, um die Mutter aufzuschrauben. Ohne Werkzeug kann man versuchen die Teile mit einer Zwinge zusammenzuziehen (Stabilisator gegen den Querlenker ziehen), bis man die Mutter aufschrauben kann. Die Muttern einstweilen handfest anziehen.
- Den Kurvenstabilisator am Nebenrahmen ansetzen und die Montageschellen entsprechend Bild 320 (rechts) anbringen. Wiederum muss man die Gummilager zusammendrücken, bis man die Mutter jedes Lagers aufschrauben kann. In diesem Fall wird der in Bild 322 gezeigte Hebel benutzt. Anhand des Bildes sind Sie bestimmt in der Lage sich eine ähnliche Hebelvorrichtung herzustellen. Die Muttern einstweilen handfest anziehen.
- Die in Bild 318 gezeigten Versteifungsplatten wieder anschrauben und die Verbindung am Auspuffrohr herstellen.
- Das Fahrzeug wieder auf die Räder ablassen und einige Male durchfedern, damit sich die Gummilager einspielen können. Die Befestigungen des Kurvenstabilisators werden jetzt mit 30 Nm am Nebenrahmen und mit 15 Nm an den Querlenkern festgezogen. Falls man Auffahrrampen zur Verfügung hat, sollte man diese benutzen, um besser an die Befestigungen zu kommen. Ideal wäre eine Hebebühne oder eine Montagegrube.

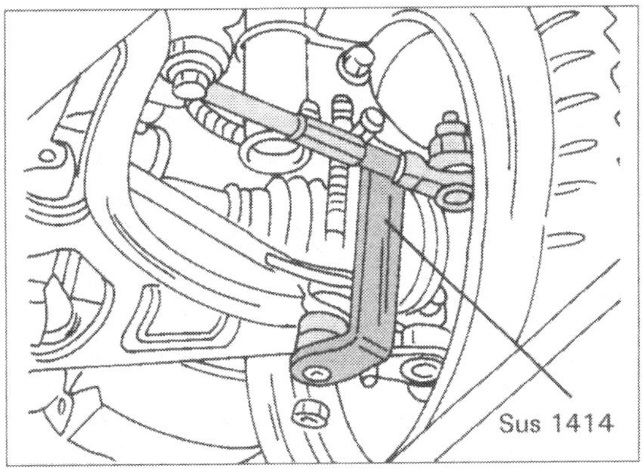

Bild 321
Eingesetztes Spezialwerkzeug Sus. 1414 zum Zusammenziehen des Stabilisatorlagers am Querlenker.

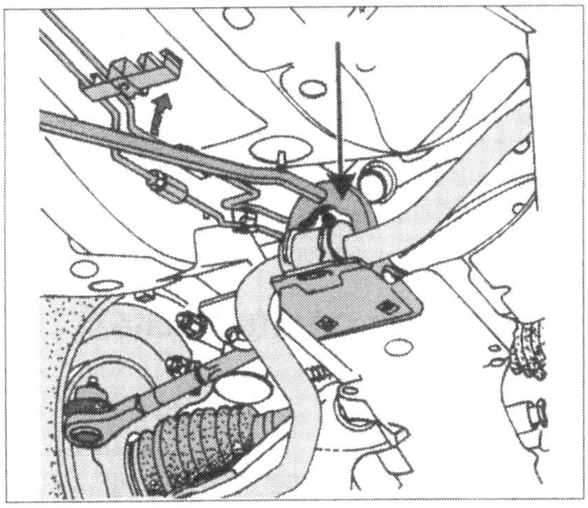

Bild 322
Gummilager mit dem gezeigten Hebel (Sus. 1413) zusammendrücken, bis man die Mutter aufschrauben kann (auf beiden Seiten).

12.7 Aus- und Einbau eines Aufhängungskugelgelenks (Querlenker eingebaut)

- Vorderseite des Fahrzeuges auf Böcke setzen und das Rad auf der betreffenden Seite abnehmen.
- Die Schraube (2) in Bild 314 entfernen und das Kugelgelenk aus dem Achsschenkel herausziehen. Nicht die Kunststoffscheibe (2) in Bild 315 verlieren.
- Die Trägerplatte des Kugelgelenks vom Querlenker abschrauben.

Der Einbau geschieht in umgekehrter Reihenfolge. Die Schrauben und Muttern auf das vorgeschriebene Anzugsdrehmoment anziehen. Klemmschraube des Kugelbolzenzapfens mit 55 Nm, Kugelgelenkplatte an Querträger mit 75 Nm.

12.8 Vorderradeinstellung (Vorderradgeometrie)

Alle sich mit der Vorderradeinstellung befassenden Themen sind im Abschnitt „Lenkung" behandelt.

13 Die Hinterradaufhängung

Nicht alle Modelle haben die gleiche Hinterradaufhängung. Bei den meisten Modellen sind die einzeln abgefederten Räder an Längslenkern mit Gummilagern und quer eingesetzten Drehstäben auf jeder Seite montiert. Ein Kurvenstabilisator und hydraulische Teleskop-Stoßdämpfer vervollständigen die Radaufhängung. Bild 323 zeigt eine Ansicht dieser Radaufhängung, welche im Allgemeinen als Rohrachse bezeichnet wird. Die Hinterradnaben laufen auf Doppelreihen-Rollenlager.

Bei bestimmten Modellen besteht die Hinterachse aus zwei Aufhängungsarmen, welche an einem „L“-förmigen Träger angeschweißt sind, zwei Drehstäben, welche als Kurvenstabilisator wirken und zwei Drehstäben, die die Abfederung der Hinterräder übernehmen. Ein Verbindungsstück nimmt die vier Drehstäbe in der Mitte auf. Die gesamte Radaufhängung wird durch zwei Gummilager an der Karosserie gehalten. Auf diese Radaufhängung wird in einem getrennten Kapitel eingegangen.

13.1 Längslenker (Rohrachse)

13.1.1 Ausbau

- Rückseite des Fahrzeuges auf Böcke setzen und die Räder abschrauben. Die Vorderräder gut verkeilen, damit das Fahrzeug nicht von den Böcken rollen kann.
- Den Bremsschlauch auf der betreffenden Seite abschließen. Die offenen Anschlüsse in geeigneter Weise verschließen, um Eindringen von Schmutz zu vermeiden. Um ein Auslaufen der Bremsflüssigkeit zu vermeiden kann man die Verschlussverschraubung des Vorratsbehälters auf dem Hauptbremszylinder abschrauben, den Behälter bis zur Kante mit Bremsflüssigkeit füllen, ein Stück einer Plastiktüte über den Behälter legen und den Deckel wieder aufschrauben. Auf diese Weise wird die Anlage luftdicht verschlossen.
- Stoßdämpfer ausbauen, wie es in Kapitel 13.3 beschrieben ist.
- Kurvenstabilisator ausbauen, wie es in Kapitel 13.3 beschrieben ist.
- Das Handbremsseil vom Handbremsausgleichshebel an der Unterseite des Fahrzeuges abschließen (Handbremse muss anschließend eingestellt werden).
- Den Torsionsdrehstab ausbauen (Kapitel 13.4).
- Die beiden Lagerbefestigungsschrauben (1) in Bild 324 durch Lösen der Muttern befreien.
- Den äußeren Längslenker von der Radaufhängung abziehen. Da der Längslenker manchmal fest sitzen könnte, muss man versuchen ihn mit einem kurzen, scharfen Ruck herauszuziehen. Dies setzt voraus, dass das Fahrzeug sicher aufgebockt ist.

Vor dem Einbau des Längslenkers kontrollieren, dass keine Schadstellen oder übermäßiger Verschleiß an der Längslenkerwelle sichtbar sind. Die Wellen und die Büchsen müssen mit Fett eingeschmiert werden. Die beiden Längslenker müssen ineinander eingeschoben werden, jedoch könnte dies manchmal mit Schwierigkeiten verbunden sein. Sollte dies vorkommen, muss man eine Kette mit einem Spannschloss (1) in der Mitte benutzen, ähnlich wie es in Bild 325 ge-

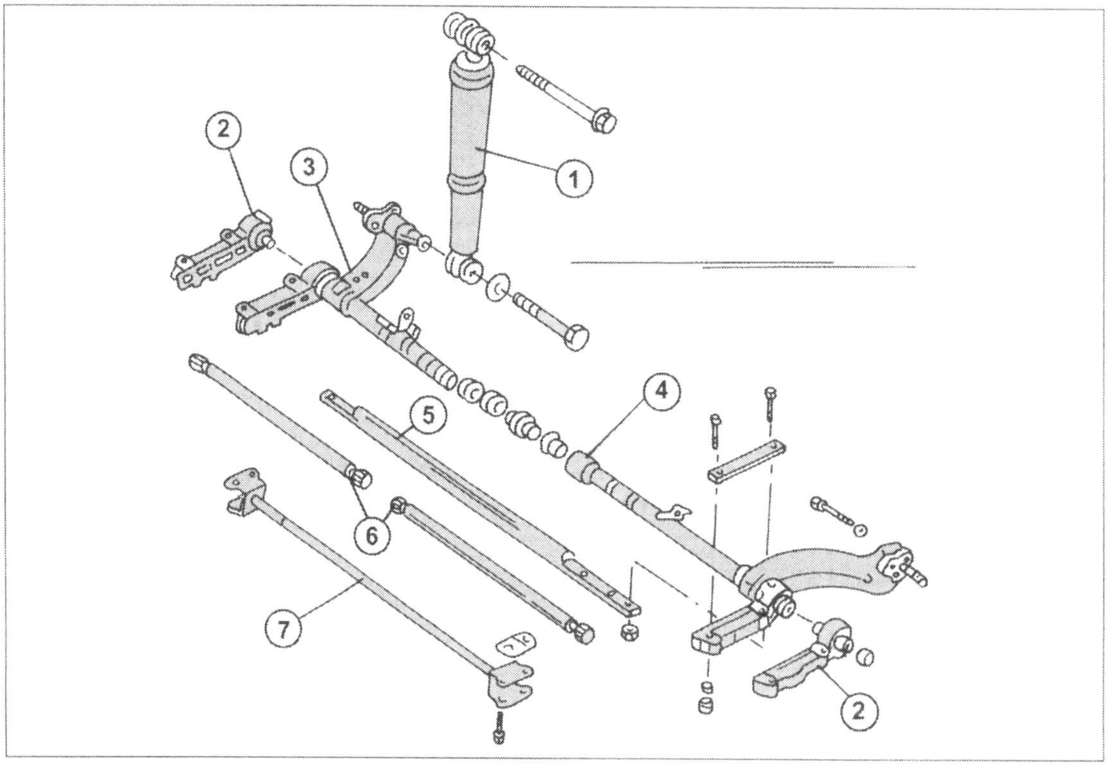

Bild 323
Die Bestandteile der Hinterradaufhängung der Grundausführungen. Fahrzeuge mit vier Torsionsdrehstäben sind unter getrennter Überschrift behandelt.
1 Stoßdämpfer
2 Stützarme
3 Aufhängungsarm
4 Aufhängungsarm
5 Versteifungsstange
6 Torsionsdrehstäbe
7 Kurvenstabilisator

zeigt ist. Die Ketten an den beiden Längslenkern anbringen und das Spannschloss in der Mitte einsetzen. Das Spannschloss langsam anziehen, aber dabei kontrollieren, dass die Bremsschläuche nicht von den Ketten eingeklemmt werden, um sie nicht zu beschädigen.
Das Spannschloss langsam anziehen, während der linke Längslenker nach oben bewegt wird. Die beiden Wellen der Längslenker werden dabei ineinandergleiten. Dabei häufig den hinteren Kurvenstabilisator ansetzen. Sobald sich dieser anbringen lässt, ist das richtige Maß zwischen den beiden Längslenkern erhalten. Zu beachten ist der richtige Einbau des Kurvenstabilisators, welcher Bild 326 zu entnehmen ist. Die beiden Ansatzstellen an den Enden der Befestigungen müssen in Fahrtrichtung (großer Pfeil) weisen. Der weitere Einbau geschieht in umgekehrter Reihenfolge wie der Ausbau. Die Anzugsdrehmomente in der Anzugsdrehmomenttabelle befolgen. Die Bremsanlage entlüften, die Handbremse einstellen und das Bremsregelventil, falls erforderlich, einstellen oder einstellen lassen.

13.1.2 Erneuerung der Längslenkerlager

Die Lager haben eine Presspassung im Längslenker und müssen mit einem Dreiarmabzieher herausgezogen werden. Um das Lager herauszuziehen, das komplette äußere Lager in einen Behälter mit Bremsflüssigkeit einlegen, damit diese den Gummi zersetzt. Danach mit einem Abzieher, wie in Bild 327 gezeigt, die äußere Hülse der Büchse herausziehen. Der Gummi zerreißt während des Ausbaus. Danach mit einer Säge die innere Büchse zersägen, wie es in Bild 328 gezeigt ist, ohne jedoch den Längslenker dabei zu beschädigen. Unbedingt die Einbauposition des Lagers kennzeichnen.
Das neue Lager in den Längslenker einpressen, aber darauf achten, dass es richtig herum kommt und im richtigen Verhältnis zum Lenkerarm steht. Das äußere Lager sollte bündig mit der Außenfläche des Lenkerarms abschneiden. Um den Längslenker richtig anzuordnen, sind zwei weitere Messungen erforderlich:

- Den Längslenker im Verhältnis zum Achsstumpf ausrichten, wie es in Bild 329 gezeigt ist. Das Maß beträgt 156 mm mit einer Toleranz von 3,5 mm nach beiden Seiten.
- Die beiden Lager aufpressen, bis das Maß „X" in Bild 330 zwischen der gezeigten Seite und der gleichen Stelle auf der anderen Seite der Achse auf 1164 mm gebracht wird. Hier ist nur eine Abweichung von 1 mm erlaubt.

Die Nadelrollenlager an den inneren Enden der Längslenker haben eine Presspassung auf dem Längslenker und die Erneuerung der Lager ist mit der Verwendung eines kompletten Werkzeugsatzes zum Aus- und Einbau verbunden. Aus diesem Grund können wir nur empfehlen, dass man die gesamte Hinterradaufhängung oder den entsprechenden Längslenker ausbaut und die Lager in einer Werkstatt erneuern lässt, oder das Fahrzeug zur Erneuerung der Lager in eine Werkstatt bringt.

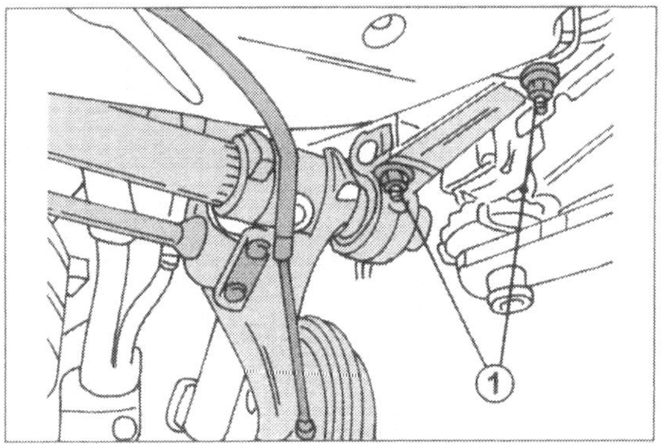

Bild 324
Die Muttern (1) halten die Lagerungen an der Unterseite.

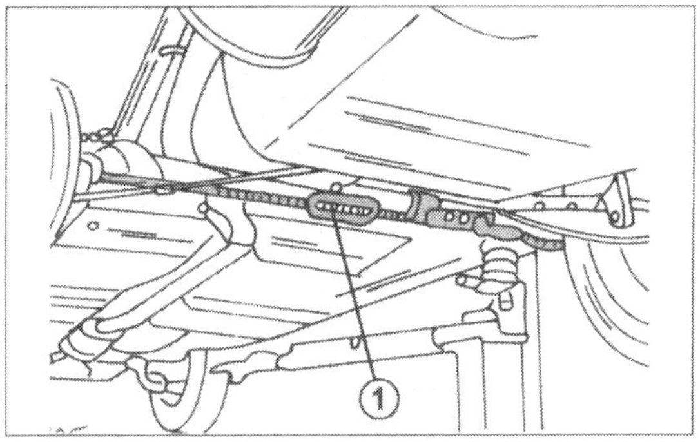

Bild 325
Zusammenziehen der beiden Längslenker, um sie in die richtige Lage zu ziehen. Das Spannschloss (1) wird entsprechend angezogen.

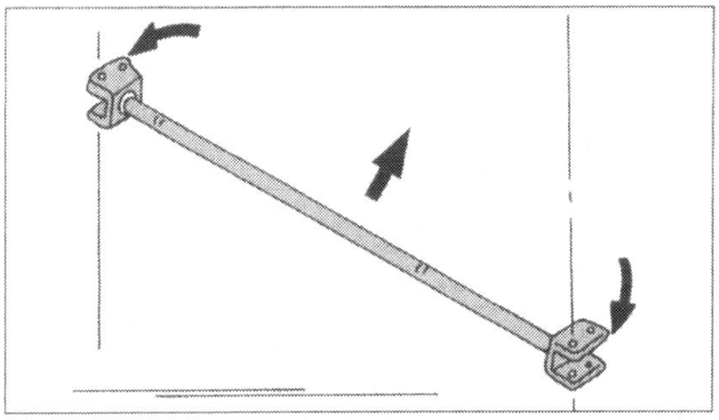

Bild 326
Vorschriftsmäßiger Einbau des hinteren Kurvenstabilisators. Die Ansatzstellen (kleine Pfeile) müssen in Fahrtrichtung weisen.

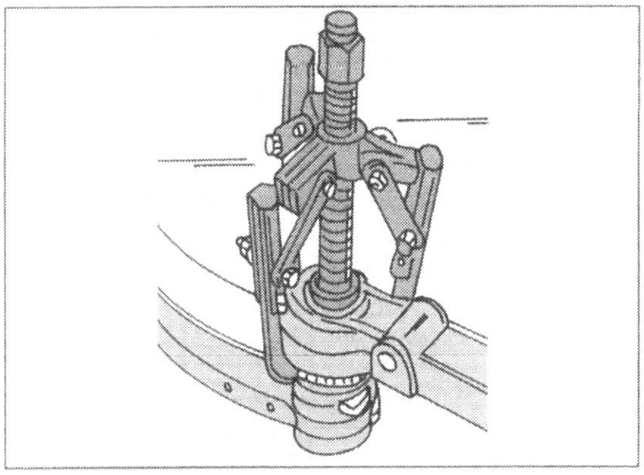

Bild 327
Abziehen eines äußeren Längslenkerlagers mit einem Dreiarmabzieher.

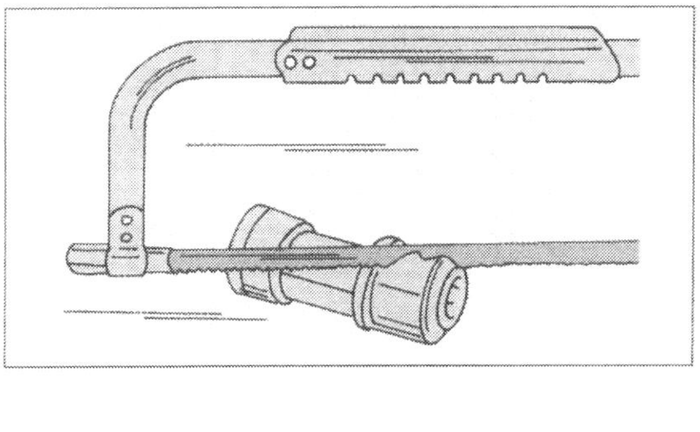

Bild 328
Aufsägen der inneren Lagerhülse. Dabei den Längslenkerarm nicht beschädigen.

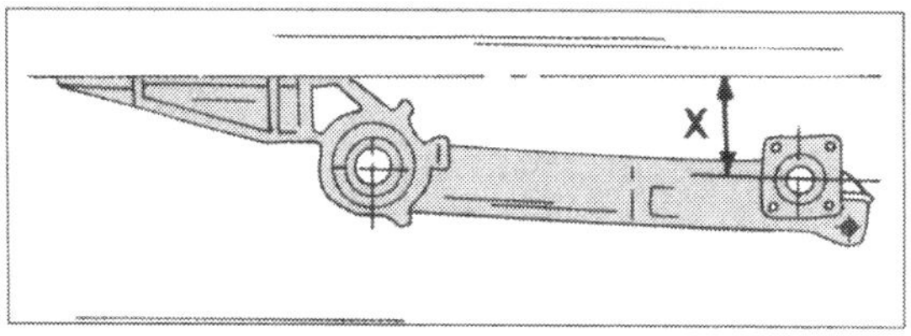

Bild 329
Das Maß „X" muss bei der Montage des Längslenkers auf 156 mm (mit einer Toleranz von 3,5 mm) gebracht werden, d.h. der Lenkerarm muss ziemlich waagerecht liegen,

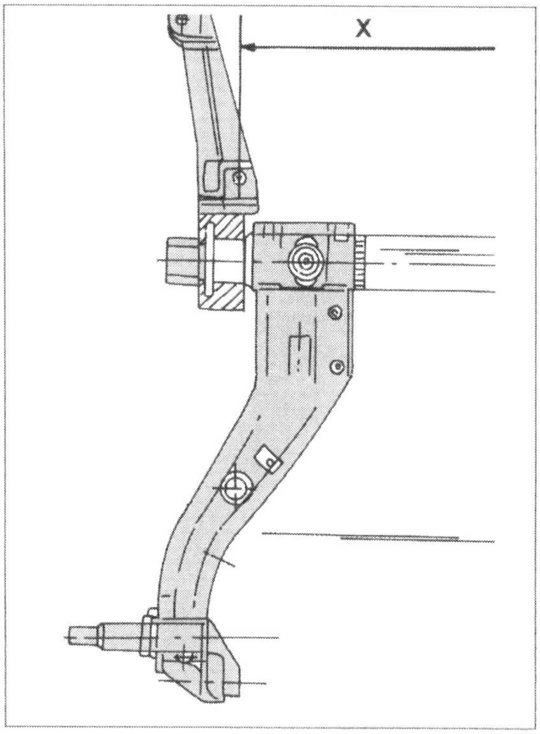

Bild 330
Beim Aufpressen der Lager das Maß „X" vom gezeigten Lenkerarm bis zu gleichen Stelle am gegenüberliegenden Lenkerarm auf genau 1164 mm bringen (Abweichung 1 mm).

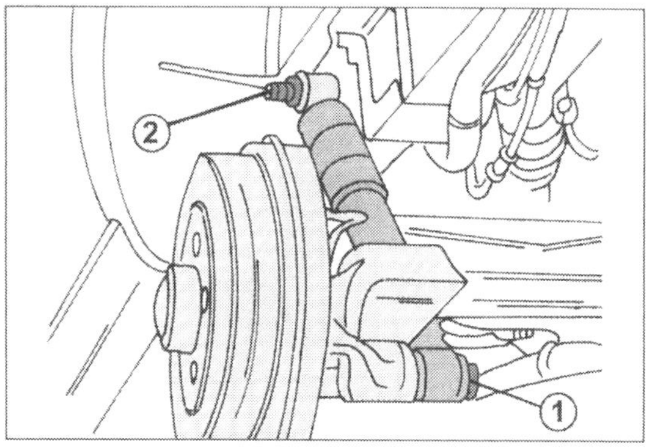

Bild 331
Eingebauter Stoßdämpfer (alle Ausführungen).
1 Untere Befestigung
2 Obere Befestigung

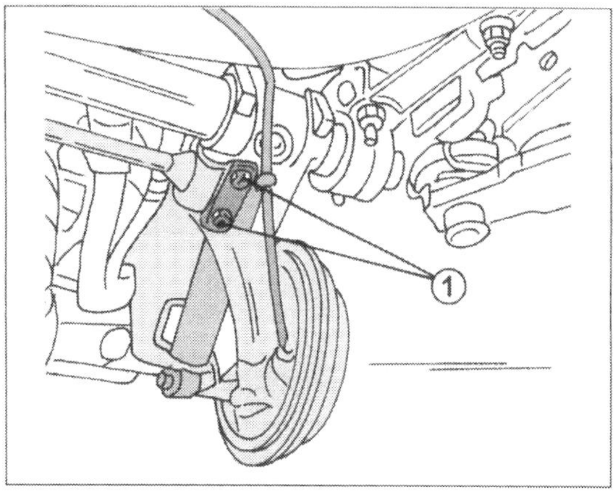

Bild 332
Die Befestigung des hinteren Kurvenstabilisators bei der Radaufhängung mit Rohrachse. Schrauben (1) müssen auf beiden Seiten gelöst werden. An der Oberseite befinden sich Muttern.

13.2 Hintere Stoßdämpfer

Die Beschreibung gilt für alle Hinterradaufhängungen. Bei Fahrzeugausführungen werden die Stoßdämpfer oben und unten mit einer Mutter und Schraube befestigt, jedoch sind diese mit unterschiedlichen Anzugsdrehmomenten angezogen, oben mit 115 Nm, unten mit 85 Nm. Um einen Stoßdämpfer auszutauschen:

- Fahrzeug auf Böcke setzen und das Rad auf der betreffenden Seite abschrauben. Ebenfalls kann man die Hinterräder auf Auffahrrampen auffahren, falls man diese zur Verfügung hat.
- Bei abgenommenem Rad einen Wagenheber unter die Bremstrommel untersetzen und die Radaufhängung etwas anheben, um den Stoßdämpfer zusammenzuschieben.
- Die untere Befestigungsschraube des Stoßdämpfers (1) in Bild 331 lösen und herausschlagen. Darauf achten, von welcher Seite aus die Schraube eingesetzt ist.
- Die obere Befestigungsschraube (2) lösen und herausschlagen und den Stoßdämpfer herausnehmen. Darauf achten, von welcher Seite aus die Schraube eingesetzt ist.

Vor dem Einbau eines neuen Stoßdämpfers sollten Sie wissen:

- Stoßdämpfer werden in waagerechter Lage gelagert, so dass sich das Öl versetzen kann. Aus diesem Grund muss man einen neuen Stoßdämpfer vor dem Einbau aufrecht in einen Schraubstock einspannen und das Oberteil auseinanderziehen und zusammenschieben. Durch die Pumpbewegung wird das Öl wieder verteilt.
- Der Einbau des Stoßdämpfers geschieht in umgekehrter Reihenfolge. Beide Befestigungsschrauben vorher mit Graphitfett einschmieren (Molykote BR2 wird in der Werkstatt verwendet). Die obere Schraube zuerst von der richtigen Seite aus einsetzen und danach die Radnabe mit dem Wagenheber anheben, um den Stoßdämpfer unten anzuschließen. Wiederum auf die Einbaurichtung der Schraube achten. Die Muttern aufschrauben und die Verbindungen fingerfest anziehen.
- Das endgültige Anziehen der Muttern findet statt, wenn das Fahrzeug wieder auf dem Boden aufsitzt. Da man schlecht an die Schraubverbindungen kommt, ist es ratsam, dass man die Rückseite des Fahrzeuges auf Auffahrrampen fährt. Die Muttern entsprechend den gültigen Anzugsdrehmomenten anziehen.

13.3 Hinterer Kurvenstabilisator

Der in Bild 326 gezeigte Kurvenstabilisator ist zwischen den hinteren Längslenkern eingesetzt. Beim Ausbau folgendermaßen vorgehen:

- Rückseite des Fahrzeuges aufbocken. Die Hinterräder müssen frei herunterhängen können. Man kann die Räder auch abschrauben.
- Die Schrauben (1) in Bild 332 entfernen. Die Käfigmuttern aufbewahren.

• Stabilisatorstange herausheben.
Der Einbau geschieht in umgekehrter Reihenfolge wie der Ausbau, jedoch muss die Stabilisatorstange in der in Bild 326 gezeigten Weise eingebaut werden, d.h. die mit den Pfeilen gezeigten Ansätze müssen nach vorn weisen. Die Muttern mit 55 Nm anziehen. Das Maß zwischen den Pfeilen ist der Abstand zwischen den Verankerungspunkten der Befestigung an den Aufhängungsarmen. Das Maß kann kontrolliert werden, indem man den Stabilisator auf einer Seite anbringt und die andere Schraube einschiebt. Dies muss ohne Zwang geschehen.
Die Schraubenverbindung kann bei aufgebocktem Fahrzeug angezogen werden, da keine Gummilagerungen verwendet werden. Die alten Muttern wieder verwenden.

13.4 Quertorsionsdrehstäbe

Die Torsionsdrehstäbe sind in ihren Endflächen mit karo-förmigen Symbolen gezeichnet, um sie voneinander zu unterscheiden. Der linke Drehstab ist mit zwei Zeichen versehen; der rechte hat drei. Niemals die beiden Drehstäbe untereinander verwechseln, da sie vorgespannt sind und andernfalls brechen können, sobald sie unter Belastung kommen.
Die Fahrzeughöhe muss eingestellt werden (nur an der Rückseite), falls ein Drehstab ausgetauscht wird oder nachdem er wieder eingebaut ist. Außerdem muss man die Möglichkeiten haben, sich eine Montagevorrichtung selbst herzustellen, um den Drehstab wieder in die richtige Lage zu bringen. Einzelheiten darüber werden im weiteren Text erwähnt. Es soll darauf hingewiesen werden, dass der Aus- und Einbau der Drehstäbe keine einfache Arbeit ist.

13.4.1 Aus- und Einbau

Ein Schlaghammer mit einem einschraubbaren Adapter ist zum Herausziehen der Drehstäbe aus der Hinterradaufhängung erforderlich. Falls sich dieser besorgen lässt, die folgenden Arbeiten durchführen:
• Rückseite des Fahrzeuges auf Böcke setzen. Die Räder müssen frei herunterhängen.
• Hinteren Kurvenstabilisator ausbauen (Kapitel 13.3).
• Stoßdämpfer auf der betreffenden Seite ausbauen (Kapitel 13.2).
• Den Schlaghammer am Ende des Drehstabes anbringen. Bild 333 zeigt das angesetzte Werkzeug. Erschwert wird das Ganze dadurch, dass man die Stange des Schlaghammers nicht direkt in den Drehstab einschrauben kann, da das Karosserieblech im Wege ist. Im Bild ist das in der Werkstatt verwendete Winkelstück gezeigt. Dieses wird mit einer Schraube am Drehstab befestigt und der Schlaghammer wird auf der anderen Seite angeschraubt. Das Gewicht dann nach außen gegen den Anschlag schlagen, bis der Drehstab herauskommt. Zu beachten ist, dass man die Drehstäbe nicht vollkommen ausbauen kann, wenn sich die Achse noch im Fahrzeug befindet, d.h. man kann die Drehstäbe nur aus dem Eingriff bringen.
Zum Einbau des Drehstabes muss man sich eine Hilfsvorrichtung herstellen. Dabei handelt es sich um einen Gewindestab, welcher aus den in Bild 334 gezeigten Teilen besteht:
A = M14-Mutter
B = M12-Muttern
C = Gewindestab, M12-Gewinde, 660 mm lang. Falls kein Stab mit Ganzgewinde vorhanden ist, kann man auch ein solches auf die beiden Enden eines entsprechenden Metallstabs schneiden.
D = Winkelstück, aus 30 x 5 mm Flacheisen herzustellen
E = 12 x 60-Schraube, auf eine Länge von 20 mm geschnitten
F = Muttern an dieser Stelle festschweißen
Die Teile der Vorrichtung zusammenschrauben, bis man das in Bild 335 gezeigte Hilfswerkzeug erhalten

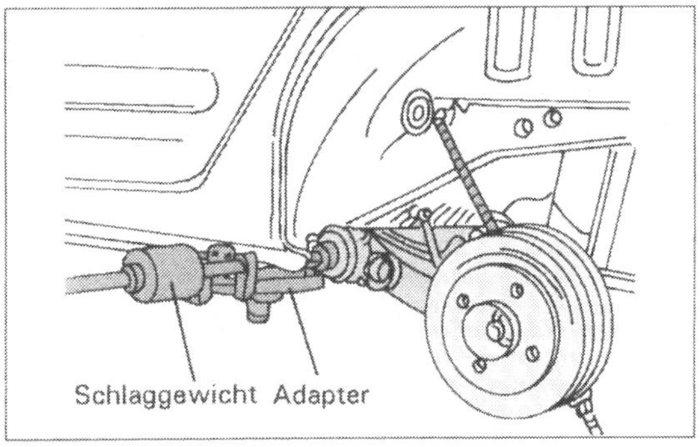

Bild 333
Schlaghammer zum Herausziehen des Torsionsdrehstabs.

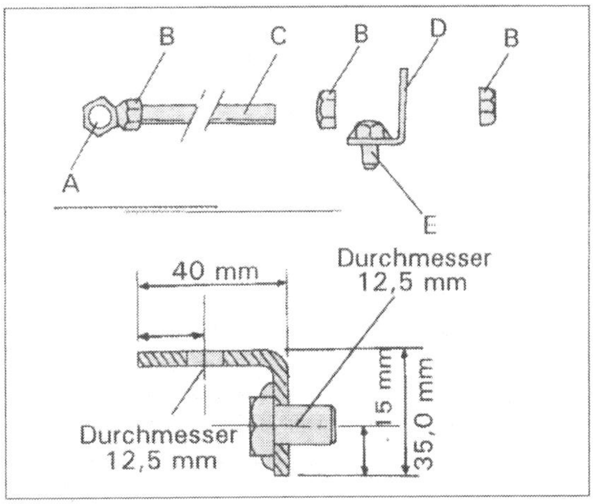

Bild 334
Das Spezialwerkzeug zum Vorspannen der Längslenker beim Einbau der Torsionsdrehstäbe. Auf die Buchstaben wird im Text verwiesen.

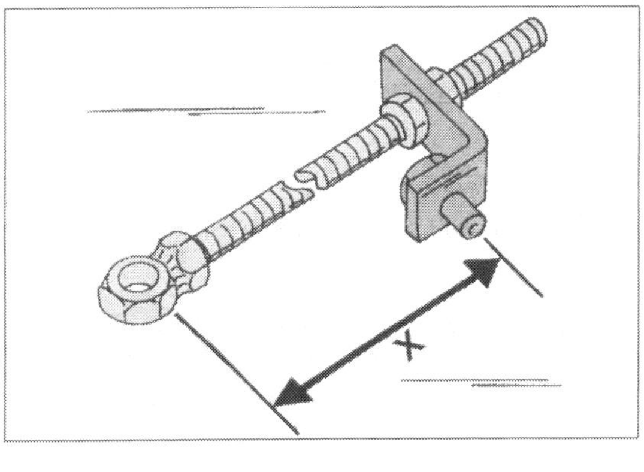

Bild 335
Das Maß „X" vor Benutzung des Werkzeuges auf das betreffende Maß einstellen. Gilt bei allen Radaufhängungen.

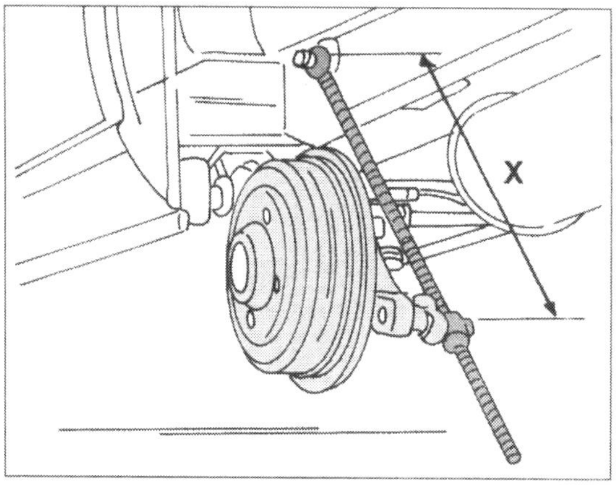

Bild 336
Das in Bild 335 gezeigte Werkzeug anstelle des hinteren Stoßdämpfers eingebaut (alle Radaufhängungen).

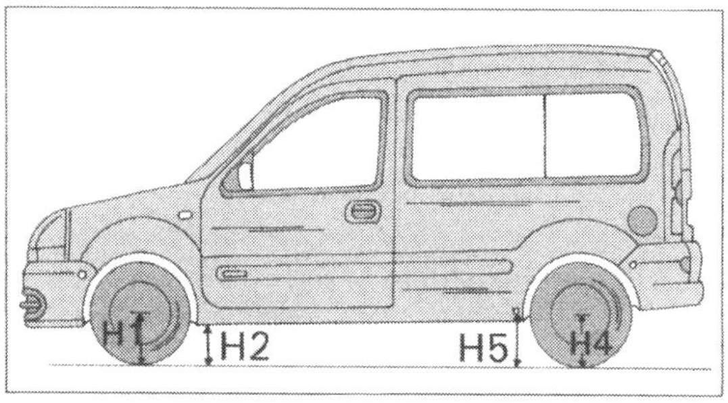

Bild 337
Die bei der Kontrolle der Wagenhöhe wichtigen Masse (siehe Text).

hat. Das Maß „X" ist auf genau 402 mm bringen (Ausnahme „off-Road"-Version = 414 mm).

Beim Einbau eines Drehstabes folgendermaßen vorgehen:

- Das Werkzeug anstelle des Stoßdämpfers einbauen, wie man es in Bild 336 sehen kann. Das Hilfswerkzeug in Bild 335 sollte bereits auf das Maß „X" eingestellt sein. Andernfalls die Mutter an der Unterseite der Distanzhülse anziehen, bis das in Bild 336 gezeigte Maß „X" stimmt. Der Zapfen des Winkelstücks (E) in Bild 333 wird dabei in die Bohrung für die untere Stoßdämpferaufhängung eingeschoben, während die Öse (A) an der oberen Stoßdämpferaufhängung angeschraubt wird.
- Die Verzahnungen des Stabes mit Molykote BR.2-Fett einschmieren und den Stab in das Lager und den Längslenker einführen. Diese Arbeit muss durch mehrere Versuche durchgeführt werden, da man eine Stellung finden muss, in welcher sich der Stab in beide Teile ohne Verspannung einsetzen lässt. ***Niemals versuchen den Drehstab hineinzuzwingen.*** Eine gute Ausfluchtung garantiert einen leichten Einbau.
- Den Gewindestab herausnehmen und den Stoßdämpfer sowie den Kurvenstabilisator montieren.
- Fahrzeug auf die Räder ablassen und die Wagenhöhe ausmessen und ggf. einstellen, wie es im nächsten Kapitel beschrieben ist.

13.5 Fahrzeughöhen

Die Fahrzeughöhen sind in Bild 337 gezeigt. „H1" und „H4" sind die Höhen von den Radmittelpunkten bis zum Boden. „H2" wird vom vorderen Seitenträger zum Boden in einer Linie mit dem Radmittelpunkt gemessen (siehe Bild 293), „H5" ist das Maß zwischen dem Mittelpunkt des Drehstabes zum Boden, wie es bereits in Bild 291 gezeigt wurde. Nur die hintere Wagenhöhe kann durch Verdrehen der Torsionsstäbe eingestellt werden. Die folgenden Voraussetzungen gelten zum Messen oder Einstellen der Wagenhöhe:

- Das Fahrzeug muss auf ebenem Boden stehen.
- Das Fahrzeug muss sein Betriebsgewicht haben, d.h. der Kraftstofftank muss gefüllt sein.
- Die Reifen müssen den richtigen Fülldruck haben.

Die Angaben der Wagenhöhen an der Vorder und an der Rückseite sind untenstehend angegeben, jedoch ist auf den Unterschied innerhalb der Baureihe zu achten.

Vordere Wagenhöhen (H1 - H2)	73,50 mm
„off-Road"-Version	56,00 mm
Hintere Wagenhöhen (H4 – H5):	
Fahrzeugkennzeichnung „FC"	- 60,50 mm (erhöhte Nutzlast)
„off-Road"-Version, „FC"	- 84,00 mm
„off-Road"-Version, „KC"	- 78,00 mm

Eine Toleranz von plus oder minus 7,5 mm zulässig. Die Höhen dürfen nicht niedriger liegen und der Unterschied zwischen der linken und der rechten Seite darf nicht mehr als 5 mm betragen, jedoch muss die Fahrerseite immer höher sein. Die Scheinwerfer müssen eingestellt werden, nachdem man die Wagenhöhe eingestellt hat.

13.5.1 Einstellung

Die Einstellmethode ist auf dem Unterschied in der Anzahl der Zähne an den Enden der Torsionsdrehstäbe aufgebaut. Falls der Drehstab um einen oder mehrere Zähne mehr als die ursprüngliche Stellung versetzt wird, hebt oder senkt sich die Karosserie um ca. 3 mm für jeden Zahn. Der Drehstab muss ausgebaut werden, bis die Verzahnung aus dem Eingriff mit dem Längslenker und dem Lager kommt, wie es in Kapitel 13.4 beschrieben wurde, wenn man die Wagenhöhe neu einstellen will.

Zum Einstellen Bezug auf Bilder 335 und 336 nehmen und das Maß „X" um 3 mm vergrößern, um die Karosserie anzuheben oder um 3 mm verringern, um die Karosserie zu senken. Die Änderung der Fahrzeughöhe kann nur bei jeder Einstellung um 3 mm erfolgen, da dies die Mindesteinstellung ist.

Den Drehstab nach der Versetzung wieder einbauen. Den Bremsdruckregler in einer Renault-Werkstatt einstellen lassen und die Scheinwerfer einstellen oder einstellen lassen. Wird dies versäumt, verändert sich der Ansprechdruck des Bremsdruckreglers, wodurch die Gefahr des Schleuderns erhöht wird. Falsch eingestellte Scheinwerfer könnten andere Verkehrsteilnehmer blenden.

13.6 Erneuerung der Hinterradlager/Radnabe

Die folgende Beschreibung gilt für alle Fahrzeuge, ganz gleich welche Hinterradaufhängung eingebaut ist.
Radlager haben ein Axialspiel von 0 bis 0,3 mm. Das Spiel muss mit einer Messuhr gemessen werden. Dazu bei abgeschraubtem Rad eine Messuhr mit einem geeigneten Ständer vor der Hinterradnabe aufsetzen und den Messfinger auf die Fläche der Bremstrommel setzen. Messuhr auf Null stellen und die Bremstrommel hin- und herziehen. Die Anzeige ist das Axialspiel. Aus dem Ergebnis kann der Zustand der Radlager erkannt werden. Um ein Radlager auszubauen sind die folgenden Arbeiten durchzuführen:

- Rückseite des Fahrzeuges auf Böcke setzen und das Hinterrad abschrauben. Die Vorderräder verkeilen, damit das Fahrzeug nicht von den Böcken rollen kann.
- Das Handbremsseil von der Unterseite des Fahrzeuges lockern.
- Einen Schraubendreher durch eines der Schraubenlöcher in die Bremstrommel einsetzen, wie es in Bild 338 gezeigt ist, und den Handbremsbetätigungshebel in der Innenseite der Bremstrommel zur Mitte des Fahrzeuges drücken. Ein kleiner Stift im Bremsbacken wird dabei vom Hebel frei. Der Hebel kann jetzt nach hinten gedrückt werden, um die automatische Nachstellung zum Abziehen der Bremstrommel freizumachen.
- Nabenfettkappe vorsichtig mit einem Schraubendreher und einem Hammer von der Bremstrommel abschlagen. Da in der Werkstatt dazu ein Abzieher mit einem daran angebrachten Schlaghammer benutzt wird, muss man besonders vorsichtig beim Ausbau der Nabenfettkappe vorgehen.
- Nabenmutter abschrauben.
- Die Bremstrommel zusammen mit der Radnabe herunterziehen. Eine festsitzende Bremstrommel kann mit einem Abzieher heruntergezogen werden, welchen man mit Hilfe der Radbolzen anschraubt. Unbedingt überzeugen, dass der Grund einer festsetzenden Trommel nicht in hängenden Bremsbacken liegt.
- Den Sprengring von der Außenseite der Bremstrommel entfernen.
- Die Bremstrommel mit der Außenseite über die geöffneten Backen eines Schraubstocks auflegen. Mit einem passenden Dorn das Lager nach außen aus der Bremstrommel ausschlagen. Bild 339 zeigt die Teile eines Radlagers zusammen mit der Bremstrommel.
- Den Zustand der Achswelle kontrollieren. Falls Fressstellen festgestellt werden, muss der gesamte Lenkerarm ausgetauscht werden. Das Radlager wieder folgendermaßen montieren:
- Das neue Radlager gut einfetten und von der Außenseite mit einem passenden Dorn in die Bremstrommel einschlagen.
- Den Sprengring in der Innenseite der Bremstrommel einfedern, aber darauf achten, dass er ringsherum einwandfrei sitzt.

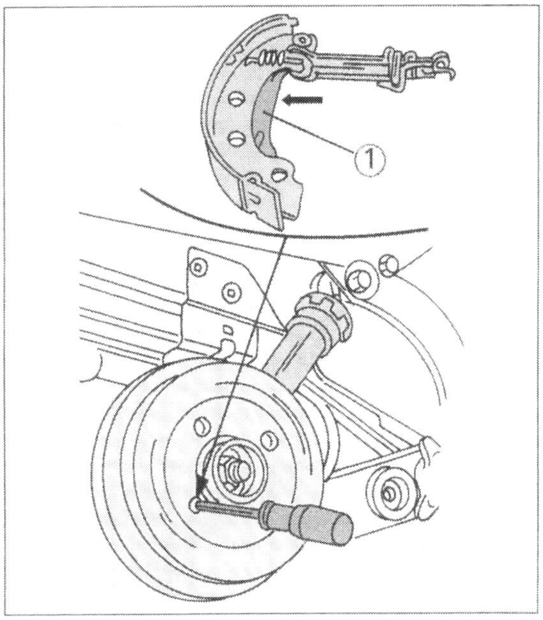

Bild 338
Lösen der automatischen Bremsennachstellung von der Außenseite der Bremstrommel. Den Schraubendreher wie gezeigt einsetzen. Dieser drückt dabei gegen den Hebel des Bremsbackens und löst ihn vom Arretierstift.

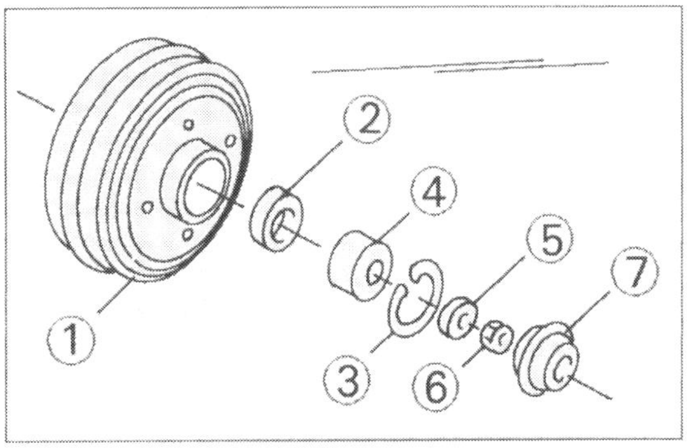

Bild 339
Die Einzelteile eines Hinterradlagers zusammen mit der Bremstrommel.
1 Bremstrommel
2 Ölabweisring
3 Lagersprengring
4 Radlager
5 Unterlegscheibe
6 Radnabenmutter (175 Nm)
7 Nabenfettkappe

- Bremstrommel aufstecken und falls erforderlich mit einem Gummihammer aufschlagen.
- Scheibe aufstecken und eine neue Mutter aufschrauben. Die Mutter mit einem Anzugsdrehmoment von 175 Nm anziehen.
- Nabenfettkappe mit etwas Fett füllen und auf die Bremstrommel aufschlagen.
- Rad anschrauben und das Bremspedal einige Male durchtreten, um den Nachstellmechanismus der Hinterradbremsen in Gang zu setzen.
- Abschließend die Handbremse einstellen wie es im betreffenden Kapitel beschrieben ist.

13.7 Hinterradaufhängung mit vier Drehstäben

13.7.1 Aus- und Einbau der Hinterachse

Bild 340 zeigt die Teile dieser Hinterradaufhängung. Die Radaufhängung besteht aus zwei Lenkerarmen, die durch einen „L"-förmigen Träger verbunden sind. Die Achseinheit (1) kann nicht getrennt werden. Falls das Achsenstück verbogen oder verzogen ist, muss es komplett erneuert werden. Aus diesem Grund ist es auch unter keinen Umständen erlaubt die Rück-

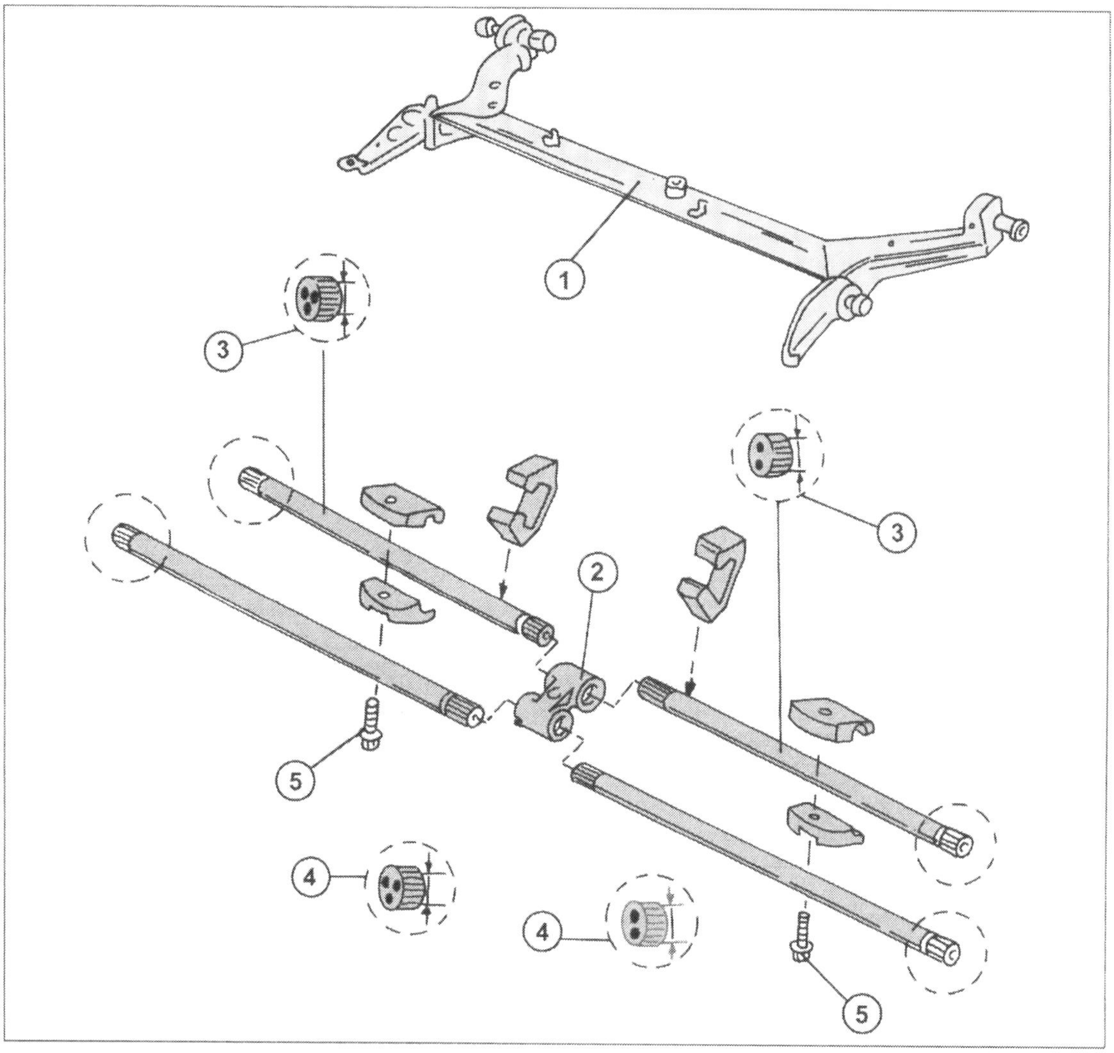

Bild 340
Ansicht der Hinterachse mit vier Drehstäben.
1 Hinterachsträger
2 Verbindungsstück
3 Stabilisatordrehstäbe
4 Federungsdrehstäbe
5 Klemmschraube

seite des Fahrzeuges durch Untersetzen unter die Achse anzuheben.
Zwei als Kurvenstabilisator dienende Torsionsdrehstäbe (3) und zwei zur Abfederung der Radaufhängung dienende Torsionsdrehstäbe (4), die in der Mitte durch eine Verbindungsstück (2) zusammengehalten werden, vervollständigen die Radaufhängung. Zwei in Gummi gelagerte Aufhängungen halten die Hinterachse am Aufbau.
Die Achse wird als Ganzeinheit zusammen mit den Kurvenstabilisatorstangen und Torsionsstäben ausgebaut, sollte aber nur ausgebaut werden, wenn die Achse erneuert werden muss.
- Rückseite des Fahrzeuges auf Böcke setzen und die Räder abschrauben. Die Vorderräder gut verkeilen, damit das Fahrzeug nicht von den Böcken rollen kann.
- Den Bremsschlauch auf der betreffenden Seite abschließen. Die offenen Anschlüsse in geeigneter Weise verschließen, um Eindringen von Schmutz zu vermeiden.
- Stoßdämpfer ausbauen, wie es in Kapitel 13.2 beschrieben ist.
- Handbremsseil und den Hebel des Bremsdruckreglers abschließen.
- Einen Wagenheber unter die Hinterachse setzen (normalerweise nicht gestattet, jedoch in diesem Fall zulässig) und die beiden Lagerbefestigungsmuttern auf beiden Seiten der Radaufhängung lösen.
- Die Hinterachse auf einem Wagenheber ablassen und herausziehen.

Der Einbau der Hinterachse geschieht in umgekehrter Reihenfolge wie der Ausbau.

13.7.2 Hinterachse zerlegen und zusammenbauen

Das Zerlegen der Hinterachse ist ziemlich kompliziert. Falls die Achse zerlegt werden muss, um die Torsionsdrehstäbe oder die Kurvenstabilisatorstäbe zu erneuern, sollte man die Achseinheit in eine Renault-Werkstatt bringen, um die Arbeiten durchführen zu lassen. Dabei werden alle Drehstäbe auf die richtige Stellung eingestellt.

13.7.3 Hintere Stoßdämpfer

Die Erneuerung der Stoßdämpfer findet in gleicher Weise statt, wie es bei den anderen Modellen beschrieben wurde (Kapitel 13.2).

13.7.4 Hintere Kurvenstabilisatordrehstäbe

Die Kurvenstabilisatorstangen sind zwischen den hinteren Längslenkern eingesetzt und in der Mitte durch ein Verbindungsstück geführt. Sie sind in ähnlicher Weise wie die Torsionsdrehstäbe gestaltet. Zum Herausziehen der Stangen ist das in Bild 341 gezeigte Werkzeug erforderlich. In diesem Fall wird der Schlaghammer direkt in den Drehstab eingeschraubt und mit einer Kontermutter befestigt. Da man die Fahrzeughöhe nach Einbau eines Stabilisatordrehstabs einstellen muss, sollte man sich überlegen, ob man die Arbeiten selbst durchführen sollte. Die Fahrzeughöhe wird im Anschluss an diese Beschreibung erörtert, um Ihnen einen Einblick darüber zu geben.
Beim Ausbau folgendermaßen vorgehen:

- Rückseite des Fahrzeuges aufbocken. Die Hinterräder müssen frei herunterhängen können. Die Räder abschrauben.
- Die Stellung der beiden Torsionsdrehstäbe an Drehlager und in der Endfläche der Stangen an gegenüberliegenden Stellen mit einem Körnerschlag zeichnen und die beiden Drehstäbe ausbauen, wie es untenstehend beschrieben ist.
- Die Stellung der Kurvenstabilisatorstange in ähnlicher Weise am Verbindungsstück in der Mitte kennzeichnen und die Stange mit dem Schlaghammer herausziehen, wie es Bild 341 zeigt.

Der Einbau geschieht in umgekehrter Reihenfolge wie der Ausbau. Die eingezeichneten Markierungen müssen nach dem Einbau wieder fluchten. Wird die Kurvenstabilisatorstange erneuert, muss die Fahrzeughöhe eingestellt werden. Diese Arbeit sollte man einer Werkstatt überlassen.

13.7.5 Torsionsdrehstäbe

Die Torsionsdrehstäbe sind in ihren Endflächen mit karo-förmigen Symbolen oder Buchstaben gezeichnet, um sie untereinander zu unterscheiden. Der linke Drehstab ist mit zwei Zeichen versehen; der rechte hat drei. Niemals die beiden Drehstäbe untereinander verwechseln, da sie vorgespannt sind und brechen können, sobald sie unter Belastung kommen.
Die Fahrzeughöhe muss eingestellt werden (nur an der Rückseite), falls ein Drehstab ausgetauscht wird oder nachdem er wieder eingebaut ist. Außerdem muss man die Möglichkeiten haben, sich eine Montagevorrichtung selbst herzustellen, um den Drehstab wieder in die richtige Lage zu bringen. Einzelheiten darüber werden im weiteren Text erwähnt.

Aus- und Einbau
Ein Schlaghammer sowie ein Anschlussstück (siehe Bild 333) sind zum Herausziehen der Drehstäbe bis zum Anschlag aus der Hinterradaufhängung erforderlich. Falls sich diese Werkzeuge besorgen lassen, die folgenden Arbeiten durchführen:

- Rückseite des Fahrzeuges auf Böcke setzen. Die Räder müssen frei herunterhängen. Die Räder abnehmen.
- Stoßdämpfer auf der betreffenden Seite ausbauen (Kapitel 13.2).

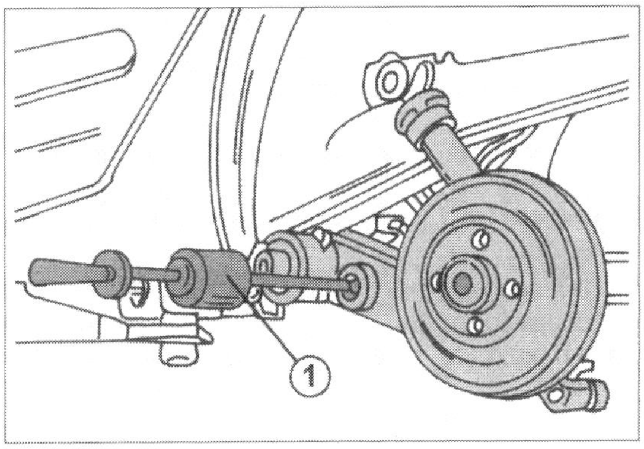

Bild 341
Herausziehen eines Kurvenstabilisatorstabs mit einem Schlaghammer (1). Die Drehstäbe der Aufhängungsarme werden in der in Bild 333 gezeigten Weise herausgezogen, jedoch ändert sich nur das Werkzeug.

- Den Schlaghammer mit dem Zusatzstück am Ende des Drehstabes anbringen, wie es in Bild 333 gezeigt ist. Die Stange wird in das Zwischenstück eingeschraubt und das Zwischenstück am Drehstab verschraubt. Das Gewicht dann nach außen gegen den Anschlag schlagen, bis der Drehstab herauskommt. Der Drehstab kann jedoch nicht vollkommen ausgebaut werden, wenn sich die Achse im Fahrzeug befindet, da er außen anschlägt.
- Eine Kurvenstabilisatorstange ausbauen, wie es im letzten Kapitel beschrieben wurde und das Verbindungsstück in der Mitte abnehmen (es ist jetzt frei vom Torsionsdrehstab und vom Kurvenstabilisatorstab).
- Den zweiten Torsionsdrehstab von der anderen Seite herausziehen (mit dem Schlaghammer).

Zum Einbau des Drehstabes muss man sich eine Hilfsvorrichtung herstellen. Dabei handelt es sich um einen Gewindestab, welcher aus den bereits in Bild 334 gezeigten Teilen besteht.
Beim Einbau eines Drehstabes in gleicher Weise vorgehen wie es bei den normalen Ausführungen beschrieben wurde, mit dem Unterschied, dass man zwei Vorrichtungen herstellen muss und das Maß „X" 430 mm beträgt (siehe Bilder 335 und 336).

- Die Verzahnungen des Stabes mit Molycote BR.2-Fett einschmieren und den Stab in das Lager in der Mitte und den Längslenker einführen. Diese Arbeit muss durch mehrere Versuche durchgeführt werden, da man eine Stellung finden muss, in welcher sich der Stab in beide Teile ohne Verspannung einsetzen lässt. Niemals versuchen den Drehstab hineinzuzwingen. Eine gute Ausflucht garantiert einen leichten Einbau.
- Die Gewindestäbe herausnehmen und die Stoßdämpfer montieren.
- Fahrzeug auf die Räder ablassen und die Wagenhöhe ausmessen und ggf. einstellen lassen.

Fahrzeughöhen
Die Fahrzeughöhen sind in Bildern 290 gezeigt. „H1" und „H4" sind die Höhen von den Radmittelpunkten bis zum Boden. „H2" wird vom vorderen Seitenträger zum Boden in einer Linie mit dem Radmittelpunkt gemessen, „H5" ist das Maß zwischen dem Mittelpunkt des Drehstabes zum Boden, wie es in Bild 291 gezeigt ist. Nur die hintere Wagenhöhe kann durch Verdrehen der Torsionsstäbe eingestellt werden. Die folgenden Voraussetzungen gelten zum Messen oder Einstellen der Wagenhöhe:

- Das Fahrzeug muss auf ebenem Boden stehen.
- Das Fahrzeug muss sein Betriebsgewicht haben, d.h. der Kraftstofftank muss gefüllt sein.
- Die Reifen müssen den richtigen Fülldruck haben.

Den Unterschied zwischen den Höhen H4 und H5 ermitteln, d.h. den Wert H5 vom Wert H4 abziehen. Der Unterschied, d.h. die Fahrzeughöhe muss −54,10 mm betragen.
Die Höhen dürfen nicht niedriger liegen und der Unterschied zwischen der linken und der rechten Seite darf nicht mehr als 5 mm betragen. Der Bremsdruckregler und die Scheinwerfer müssen eingestellt werden nachdem man die Wagenhöhe eingestellt hat.
Die Einstellung ist ziemlich kompliziert und sollte einer Werkstatt überlassen werden. Die Einstellmethode ist auf dem Unterschied in der Anzahl der Zähne an den Enden der Torsionsdrehstäbe und Kurvenstabilisatorstäbe aufgebaut. Falls die Drehstäbe um einen oder mehrere Zähne mehr als die ursprüngliche Stellung versetzt werden, hebt oder senkt sich die Karosserie. Der Drehstab muss ausgebaut werden, bis die Verzahnung aus dem Eingriff mit dem Längslenker und dem Verbindungslager kommt, wie es bereits beschrieben wurde, wenn man die Wagenhöhe neu einstellen will.

13.7.6 Erneuerung der Hinterradlager

Die Erneuerung der Hinterradlager findet in der in Kapitel 13.6 beschriebenen Weise statt.
Den Zustand der Achswelle kontrollieren. Falls Fressstellen festgestellt werden, muss der gesamte Träger der Hinterradaufhängung erneuert werden, da die Achswellen in den Achsträger eingearbeitet sind.

13.8 Hinterradeinstellung

Nur zwei Werte können an den Hinterrädern ausgemessen werden, die Spurstellung der Hinterräder sowie der Sturz. Beide lassen sich nicht einstellen. Beide sind in unbeladenem Zustand unter Verwendung optischer Instrumente zu messen. Am besten ist es, wenn man dies in einer Werkstatt durchführen lässt, vor allem die Ausmessung des Sturzwinkels. Es wird kaum vorkommen, dass die Werte bei normalem Betrieb des Fahrzeuges außerhalb die Grenzwerte kommen.

14 Die Bremsanlage

Die Straßenverkehrs-Zulassungsordnung (StVZO) in Deutschland oder entsprechende Gesetze in anderen Ländern, schreiben vor, dass ein Pkw stets mit zwei Bremsanlagen – der Feststellbremse (Handbremse) und der hydraulischen Betriebsbremse (Fußbremse) – ausgestattet ist, die unabhängig voneinander arbeiten. Sinn dieser Vorschrift: Fällt ein System aus, kann das andere das Fahrzeug immer noch abbremsen. Die Bremsanlage des Kangoo erfüllt diese Bestimmung mit einer Handbremse sowie einer diagonal geteilten Zweikreisbremsanlage, deren Anordnung in Bild 342 zu sehen ist. Dabei ist ein Bremskreis jeweils für ein Vorderrad und das gegenüberliegende Hinterrad zuständig. Fällt ein Bremskreis aus, bleiben Vorderrad und Hinterrad des anderen Kreises bremsfähig. In diesem Fall müssen Sie freilich stärker aufs Bremspedal treten, um die gleiche Wirkung zu erreichen wie bei einer intakten Anlage. Das Pedal lässt sich weiter durchtreten und der Anhalteweg wird wesentlich länger.

14.1 Die Konstruktion der Bremsen

Für die Vorderräder und die Hinterräder werden bei allen Modellen Scheibenbremsen/Trommelbremsen verwendet. Gleitbremssättel, auch als Faustsättel bekannt, werden an den Vorderrädern eingebaut. Die Hinterradbremsen sind von herkömmlicher Bauweise, mit Anlaufbacken und Ablaufbacken.
Die Anlage ist als Zweikreissystem ausgebildet, d.h. jeder Abschnitt des Hauptbremszylinders übernimmt einen Bremskreis. Die Bremsanlage ist serienmäßig mit einem Bremskraftverstärker ausgerüstet, welcher seinen Unterdruck aus dem Ansaugsammelrohr des Motors oder im Falle des Dieselmotors von einer getrennten Unterdruckpumpe erhält.
Eine Antiblockier-Bremsanlage (ABS) ist entweder auf Sonderwunsch oder serienmäßig eingebaut.
An der Vorderachse und an der Hinterachse verzögern die Bremsen die Fahrgeschwindigkeit des Fahrzeuges. Beim Tritt aufs Bremspedal presst eine mit dem Pedal verbundene Druckstange zwei hintereinanderliegende Kolben in den Hauptbremszylinder, der im Motorraum an den Bremskraftverstärker montiert ist. Die Kolben übertragen die Fußkraft auf die im Hauptbremszylinder eingeschlossene Bremsflüssigkeit. Dadurch entsteht ein hydraulischer Druck, der sich über Rohr- und Schlauchleitungen zu den Bremszangenzylindern bzw. Radbremszylindern fortsetzt. Dabei drücken im Fall der Vorderradbremsen Kolben die Bremsklötze gegen die Bremsscheiben. Drücken ist dabei nur grob gesagt. Im Fall jedes vorderen Bremssattels, auch Bremszangen genannt, der nur einen Kolben hat, drückt der hergestellte Bremsdruck gegen diesen Kolben, welcher dabei den Bremsklotz gegen die Bremsscheibe drückt. Sobald der Kolben nicht weiter kann, wird der gesamte Bremssattel auf einem Mechanismus von Gleitbolzen auf die andere Seite gedrückt wobei der zweite Bremsklotz gegen die andere Seite der Bremsscheibe gedrückt wird. Die Bremsung ist damit komplett. Anders sieht es bei den eingebauten Trommelbremsen statt. Hier wird zuerst der Anlaufbacken gegen die Fläche der Bremstrommel gedrückt und unmittelbar durch das Andrücken des Ablaufbackens gefolgt.
Die Handbremse wirkt über einen Hebel- und Seilmechanismus auf die Hinterradbremsen. Wenn der Hebel in der Mitte des Fahrerraums gezogen wird, spannt sich das vordere Bremsseil. Dies führt zum Seilzugausgleich. Von dort verläuft je ein Bremsseil zur jeweiligen Hinterradbremse. Die Bremsbacken werden durch die eingebaute Hebelanordnung auseinander bewegt und legen sich gegen die Fläche der Bremstrommel an.
Vorder- und Hinterradbremsen stellen sich übrigens selbst nach, d.h. regelmäßige Kontrolle der Einstellung ist nicht erforderlich.

14.2 Wartungsarbeiten an den Bremsen – Im Zweifel in die Werkstatt

Die Bremsen entscheiden im Straßenverkehr über Ihre Sicherheit und die anderer Verkehrsteilnehmer. Deshalb ist eine regelmäßige Kontrolle der Bremsanlage Ihre beste Lebensversicherung. Scheuen Sie sich nicht, die Räder abzunehmen und den Zustand der Bremsklotzbeläge oder Bremsbackenbeläge zu prüfen. Die Wartungen an der Bremsanlage sind kein Hexenwerk. Die meisten Arbeiten an den Bremsen sind nicht zu schwer, es sei denn, wir weisen auf be-

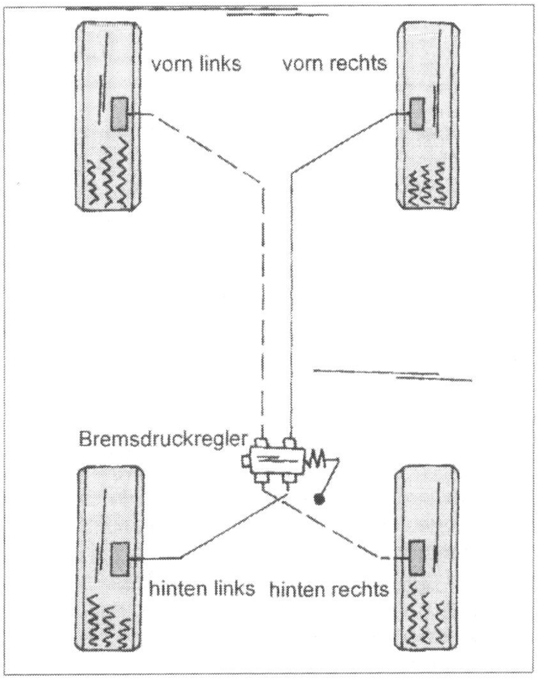

Bild 342
Diagramm der Zweikreisbremsanlage. An der Rückseite ist der Bremsdruckregler eingebaut (Fahrzeuge ohne ABS).

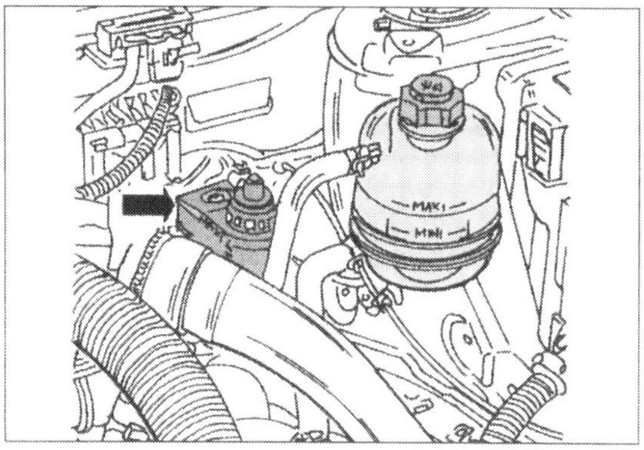

Bild 343
Der Pfeil zeigt Ihnen, wo der Vorratsbehälter des Hauptbremszylinders sitzt.

sondere Arbeiten hin, die wir nicht empfehlen können. Trotzdem sollten Sie sich nur ans Schrauben machen, wenn Sie sich Ihrer Sache wirklich sicher sind. Überlassen Sie Arbeiten an der Bremse im Zweifelsfall lieber einer Fachwerkstatt.
Falls Ihnen einige der mit der Bremsanlage verbundenen Teile nicht genau bekannt sind, werden Ihnen die folgenden Beschreibungen zum besseren Verständnis helfen:

Zweikreisbremsanlage. Diagonal geteilte hydraulisch Anlage. Jeweils ein Bremskreis für Vorderrad und schräg gegenüber liegendes Hinterrad.

Hauptbremszylinder. Wandelt die mechanische Kraft des Bremspedals in hydraulische Kraft um. Sorgt für schnellen Druckabbau im System beim Lösen der Bremsen.

Bremskraftverstärker. Sitzt links im Motorraum hinter dem Hauptbremszylinder. Bringt etwa 60 Prozent der Bremskraft. Bezieht seine Kraft beim Benziner über einen Schlauch durch Unterdruck im Ansaugrohr oder beim Diesel von einer getrennten Unterdruckpumpe. Beim Bremsen reagiert eine elastische Membrane auf den Druckunterschied zwischen äußerem Luftdruck und dem Unterdruck aus dem Ansaugrohr. Sie drückt zusätzlich auf die Kolben im Hauptbremszylinder.

Bremsflüssigkeit: Die Flüssigkeit in den Bremsleitungen und Bremszylindern ist eine Mischung aus Glykol, Polyglykoläther und ein paar weiteren Bestandteilen. Diese meistens gelbliche bis farblose – übrigens giftige und gegen Autolack aggressive – Flüssigkeit greift die Metall- und die Gummiteile des Bremssystems nicht an, sie bleibt selbst bei –40°C noch ausreichend dünnflüssig, und sie hat trotz ihrer Dünnflüssigkeit den extrem hohen Siedepunkt von ca. 290°C.
Aber die Bremsflüssigkeit hat auch eine sehr unangenehme Eigenschaft: Sie nimmt gern Wasser auf, sie ist „hygroskopisch“. Bei nur 2,5% Wassergehalt liegt der Siedepunkt nur noch bei 150°C. Das wird bei starker Belastung der Bremsen gefährlich. In der Nähe der erhitzten Bremsen können sich Dampfblasen in der Hydraulikflüssigkeit bilden, die sich zusammenpressen lassen – das Bremspedal lässt sich tief durchtreten, manchmal tritt man sogar ins Leere (in diesem Fall hilft bisweilen noch schnelles Pumpen mit dem Bremspedal).

Die folgende Beschreibung soll Sie mit den an der Bremsanlage durchzuführenden Wartungsarbeiten vertraut machen, ehe Sie sich an die komplizierteren Arbeiten herantrauen.

Stand der Bremsflüssigkeit prüfen
Der Bremsflüssigkeitsbehälter sitzt im Motorraum links hinten auf dem Hauptbremszylinder. Im durchscheinenden Behälter muss die Bremsflüssigkeit stets zwischen den Markierungen „MINI“ und „MAXI“ stehen. In Bild 343, in der oberen Ansicht, können Sie an der Pfeilstelle sehen, wo der Flüssigkeitsstand abgelesen werden kann.
Bedingt durch die im Durchmesser verhältnismäßig großen Kolben in den Bremssätteln sinkt der Flüssigkeitsspiegel ein wenig, wenn die Kolben durch die verschleißenden Bremsklötze weiter herauswandern und Bremsflüssigkeit nachfließt. Ein minimales Absinken der Bremsflüssigkeit muss also nicht unbedingt alarmierend sein. Fällt der Stand der Bremsflüssigkeit innerhalb kurzer Zeitabstände immer wieder unter die „MINI“-Marke, muss dringend nach den Ursachen geforscht werden.

Bremsflüssigkeit austauschen
Wie Sie im letzten Abschnitt lesen konnten, spricht einiges dafür, die Bremsflüssigkeit entsprechend den Angaben im Wartungsscheckheft zu wechseln. Absichtlich geben wir dabei keine Zeitintervalle an, da Autohersteller diese dem Stand der Technik nach abändern und eine im Moment gültige Zeitangabe könnte in einigen Jahren nicht mehr stimmen. Für diese Arbeit sind Sie in der Werkstatt gut aufgehoben. Im Allgemeinen gilt, dass man die Bremsflüssigkeit alle 60 000 km wechseln sollte. Falls Sie dies befolgen, liegen Sie richtig. Wer unbedingt den Ehrgeiz zum Selbermachen besitzt, geht ähnlich vor wie beim Entlüften der Bremsanlage. Das Folgende nur in Stichwortform:
- Den Bremsflüssigkeitsbehälter mit einer Spritze o.Ä. bis auf etwa 1 cm leer saugen.
- Mit neuer Bremsflüssigkeit (DOT 3 oder 4) auffüllen.
- Nacheinander an jeder Radbremse die Entlüftungsschrauben öffnen und mit dem Bremspedal langsam Bremsflüssigkeit herauspumpen. Das Bremspedal pro Bremse 10-mal durchtreten.
- Unbedingt auf den Stand der Bremsflüssigkeit im Vorratsbehälter achten und rechtzeitig Bremsflüssigkeit nachfüllen, bevor Luft angesaugt wird.
- An der rechten Hinterradbremse beginnen (am weitesten entfernt).

Bremsen überprüfen
Am besten suchen Sie sich eine wenig befahrene Straße oder einen leeren Parkplatz. Auf solch einer ebenen und trockenen Teststrecke bremsen Sie mehrmals mehr oder weniger stark ab. Zieht der Wagen einseitig nach rechts, ist die Wirkung der linken Vorder- oder Hinterradbremse zu schwach. Ungleich lange Bremsspuren – sie werden durch kurze Vollbremsungen aus ca. 40 km/h erzeugt – weisen ebenfalls auf ungleiche Bremswirkung hin. Bei einer weiteren Prüfung können Sie noch das Lenkrad leicht loslassen (Hände griffbereit!) und fühlen, ob es während des Bremsens einzu-

schlagen versucht. Die Feststellbremse prüfen Sie beim Ausrollenlassen des Wagens. Bei kräftigem Treten des Pedals müssen sich gleich lange Bremsspuren ergeben. Genauer ist der preisgünstige Bremsentest auf einem Prüfstand in der Werkstatt. Den Test spätestens vor jeder TÜV/DEKRA-Untersuchung (Deutschland) oder den entsprechenden technischen Untersuchungen in anderen Ländern durchführen lassen.

Ratgeber: Durch Streusalzeinwirkung auf Bremsscheibe und Bremsbeläge kann sich besonders bei überwiegendem Stadtverkehr die Bremswirkung deutlich verschlechtern. Zur Abhilfe das Fahrzeug mehrmals aus ca. 80 km/h kräftig abbremsen. Unfallgefahr beachten.

Bremsanlage auf Dichtheit und Beschädigung prüfen

- Verfolgen Sie die Bremsleitungen unter dem Wagen: Sie dürfen nicht angerostet, geknickt oder platt gedrückt sein. Schwarzer feuchter Schmutz an den Leitungsanschlüssen deutet auf undichte Stellen hin.
- Die Bremsschläuche dürfen nicht spröde oder angescheuert sein.
- Feuchter dunkler Schmutz an den Bremssätteln, an den Entlüftungsventilen und am Anschluss des Bremsschlauches lässt Undichtheit vermuten.
- Alle Staubschutzkappen auf den Entlüftungsventilen vorhanden?
- Zuletzt eine provisorische Bremsdruckprüfung: Treten Sie mit großer Kraft (rund 300 Nm) auf das Bremspedal. Der harte Widerstand darf auch nach einigen Minuten nicht nachgeben. Sonst ist das System irgendwo undicht, oder der Hauptbremszylinder ist defekt.

Bremsklötze kontrollieren

Für denjenigen, der seine Bremsanlage selbst wartet, ist diese Arbeit mit die wichtigste. Pünktlich ist die Kontrolle durchzuführen. Die Bremsklötze der Vorderachse verschleißen relativ schnell – besonders bei Automatikfahrzeugen.

Im Armaturenbrett ist eine Bremsbelagverschleißanzeige zu finden (nicht bei allen Modellen). Diese leuchtet beim Bremsen auf, wenn der bremskolbenseitige Bremsbelag einer Vorderradbremse eine bestimmte Stärke hat. Von den Bremsklotzbelägen ist dann so viel abgeschliffen, dass alle vier vorderen Bremsklötze erneuert werden müssen.

- Die hinteren Bremsbacken sind immer dann zu prüfen, wenn vorne neue eingebaut werden.
- Zur Kontrolle der Bremsbelagdicke das jeweilige Rad abmontieren.

Feststellbremse nachstellen

Die Arbeiten sind im Kapitel 14.8 beschrieben.

14.3 Allgemeine Anweisungen bei Arbeiten an der Bremsanlage

Es ist äußerst wichtig, dass man sich beim Bestellen von Teilen der Bremse über die genaue Ausführung im Klaren ist (siehe oben). Die vorderen Bremsscheiben sind bei der Herausgabe dieser Reparaturanleitung von gleicher Stärke (20 mm), jedoch verändern Fahrzeughersteller gern die Stärke von Bremsscheiben, nachdem das Fahrzeug einige Zeit lang gebaut wurde, d.h. der angegebenen Wert braucht in einigen Jahren nicht unbedingt stimmen. Wenn es zur Mindeststärke der Bremsscheiben kommt, gelten im Moment 17,7 mm. Scheibenbremsen als auch Trommelbremsen stellen sich von selbst automatisch nach.

Die Bremsklötze oder die Bremsbeläge dürfen nur in kompletten Sätzen gewechselt werden. Niemals Bremsteile verschiedener Hersteller an einem Fahrzeug vermischen. Falls verschlissene Bremsscheiben nachgeschliffen werden, sind beide Seiten auf das gleiche Maß zu bringen. Falls Sie dies in einer Renault-Werkstatt durchführen lassen, ist dies eine Selbstverständlichkeit. Wir erwähnen dies nur, falls Sie die Absicht haben die Scheiben in einem Schlosserbetrieb nachschleifen zu lassen.

Trommelbremsen zweier verschiedener Durchmesser kommen bei der behandelten Baureihe zum Einbau, jedoch ist der Durchmesser der Radbremszylinder bei allen Ausführungen gleich.

Falls hydraulische Zylinder zerlegt werden, müssen die Gummimanschetten immer erneuert werden. Reparatursätze stehen zur Überholung zur Verfügung und. alle im Satz enthaltenen Teile sind beim Zusammenbau zu verwenden. Ehe man jedoch einen hydraulischen Zylinder zerlegt, sollte man sich erkundigen, ob ein Reparatursatz erhältlich ist, da nicht mehr alle Hydraulikteile überholt werden.

Mineralfette oder -öle müssen von Teilen der Bremse fern gehalten werden. Alle Überholungsarbeiten müssen unter den saubersten Bedingungen durchgeführt werden. Dies bezieht sich ebenfalls auf Werkzeuge und die Hände.

Manschetten dürfen nur mit den Fingern von den Kolben gezogen werden und sind vor dem Einbau in saubere Bremsflüssigkeit einzulegen. Verschlissene oder festgefressene Zylinder immer als Ganzteil erneuern. Leichte Druckstellen einer Zylinderbohrung können mit sehr feinem Sandpapier herauspoliert werden.

Bremsflüssigkeit von Lackstellen des Fahrzeuges fern halten. Niemals aus der Anlage ausgestoßene Bremsflüssigkeit wieder zum Nachfüllen verwenden. Auch Bremsflüssigkeit, welche lange ohne Verschluss gestanden hat, darf man nicht verwenden. Beim Entlüften der Bremsanlage das Bremspedal durchpumpen, bis frische Bremsflüssigkeit wieder herauskommt.

14.4 Der Hauptbremszylinder

14.4.1 Aus- und Einbau

Hinweis: Bei bestimmten Fahrzeugen muss man das elektronischer Steuergerät der Einspritz/Zündanlage ausbauen. Sie müssen selbst entscheiden, ob er im Wege sein könnte.

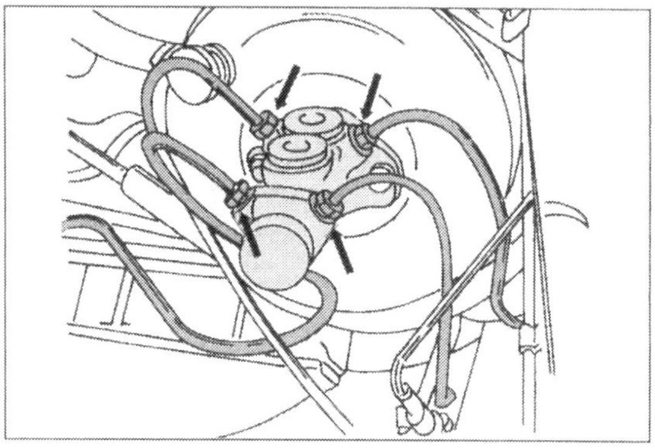

Bild 344
Die Leitungsanschlüsse sind mit den Pfeilen bezeichnet. Die Leitungen nur abschrauben und vorsichtig zur Seite drücken. Fahrzeuge mit und ohne ABS haben unterschiedliche Leitungsanschlüsse (siehe Text).

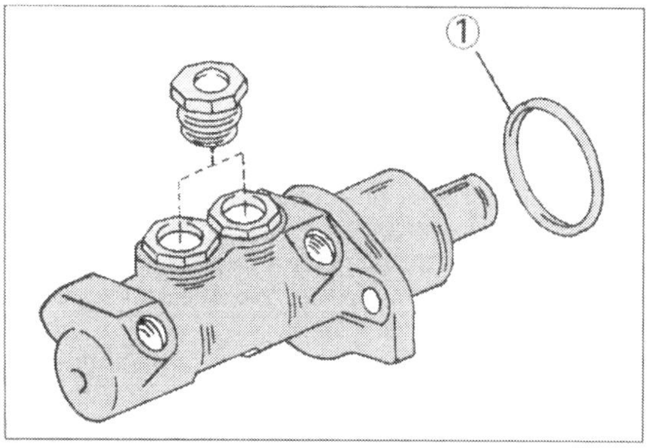

Bild 345
Der Dichtring (1) zwischen dem Hauptbremszylinderflansch und der Anlagefläche am Bremskraftverstärker muss immer erneuert werden.

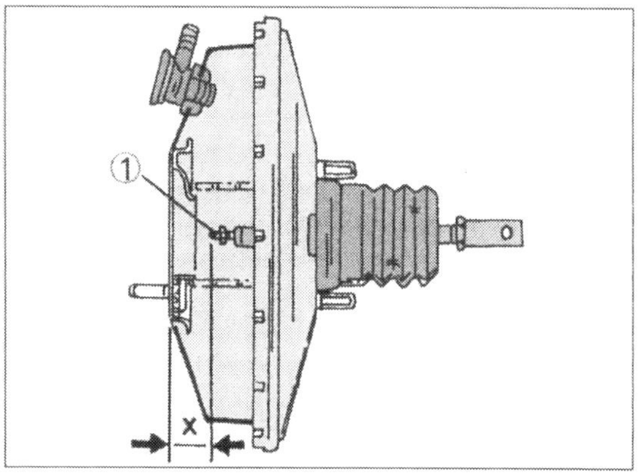

Bild 346
Das Maß „X“ auf 22,3 mm einstellen, indem man die Stößelstange (1) nach Lockern der Kontermutter verstellt. Dadurch wird das vorgeschriebene Spiel für die Kolben des Hauptbremszylinders hergestellt.

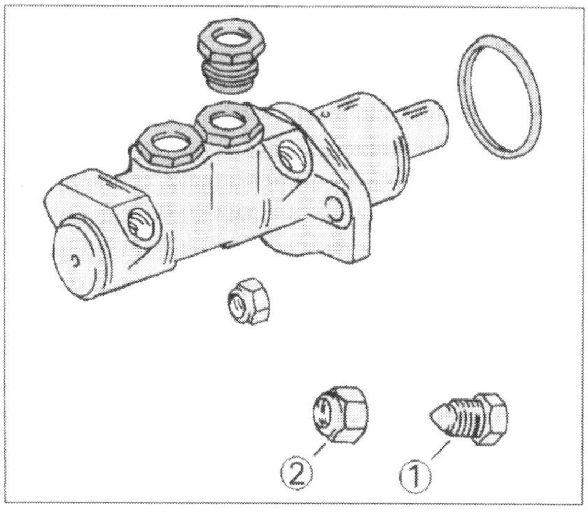

Bild 347
Ansicht des Hauptbremszylinder, wie er aus dem Ersatzteillager erhalten wird. Der Stopfen (1) wird nicht bei allen Ausführungen verwendet. Die Muttern (2) werden immer erneuert.

- Massekabel der Batterie abklemmen.
- Den Kabelstecker für den Warnschalter des Bremsflüssigkeitsstands von der Seite der Verschlusskappe abziehen.
- Falls erforderlich jetzt das Steuergerät der Einspritz/Zündanlage ausbauen und auf einer Seite ablegen.
- Die Gegend um den Verschluss des Vorratsbehälters für den Hauptbremszylinder und der Bremsleitungsanschlüsse gut säubern, die Verschlusskappe entfernen und die Bremsleitung mit einem Sauger aus dem Vorratsbehälter entfernen. Dazu lässt sich zum Beispiel ein Batteriesäureheber verwenden, welchen man vorher jedoch einwandfrei säubern muss. In Bild 343 kann man sehen, wo der Zylinder sitzt.
- Den Vorratsbehälter durch Hin- und Herwackeln aus dem Hauptbremszylinder herausziehen.
- Die Überwurfmuttern der Bremsleitungen lösen und die beiden Befestigungsmuttern des Hauptbremszylinders entfernen. Darauf achten, wo die einzelnen Leitungen angeschlossen sind und den Zylinder vorsichtig herausheben. In diesem Zusammenhang sollte man sich Bild 344 ansehen und die nachstehenden Hinweise beachten. Darauf achten, dass keine Bremsflüssigkeit auf die Lackstellen tropfen kann.

Falls ein neuer Hauptbremszylinder eingebaut wird, muss man sich zuerst die im Anschluss der Einbaubeschreibung gegebenen Hinweise über neue Zylinder durchlesen.

Auf der Anschlussfläche des Zylinders ist ein Dichtring aufgelegt (Bild 345), welchen man immer erneuern muss.

Der Einbau geschieht in umgekehrter Reihenfolge. Den Dichtring (1) in Bild 345 auf die Flanschfläche auflegen und den Zylinder anbringen. Die beiden Muttern gleichmäßig mit 18 Nm anziehen. Falls der Bremskraftverstärker ausgetauscht wurde, das herausstehende Ende der Stößelstange in der Endfläche des Bremsgerätes ausmessen. Dabei vom Ende der Stößelstange zur Montagefläche für den Zylinder messen, wie es durch „X“ in Bild 346 angegeben ist. Falls dieses Maß nicht 22,3 mm beträgt, die Kontermutter lockern und die Stößelstange (1) entsprechend verstellen. Wir müssen darauf hinweisen, dass die Einstellung nicht bei allen Ausführungen des Bremskraftverstärkers möglich ist, ohne dass wir Ihnen darüber genaue Anweisungen geben können. Hat die Stößelstange eine Kontermutter, kann sie verstellt werden.

Den Vorratsbehälter wieder montieren. Dazu den Behälter in die Gummitüllen des Zylinders drücken, bis er einschnappt. Die Anlage mit frischer Bremsflüssigkeit füllen und die Bremsanlage entlüften, wie es in Kapitel 14.9 beschrieben ist.

14.4.2 Hauptbremszylinder überholen

Die Überholung des Hauptbremszylinders ist bei diesen Fahrzeugen nicht länger möglich. Hat der Hauptbremszylinder Schaden erlitten, muss ein neuer Zylinder eingebaut werden.

Beim Erneuern des Zylinders folgende Hinweise beachten:

Der Zylinder kommt in der in Bild 347 gezeigten Form. Der Zylinder hat vier Leitungsanschlussstellen, zwei

Stopfen (1) und zwei Muttern (2). Daraus ergibt sich Folgendes:

- Falls das Fahrzeug ohne ABS arbeitet, werden alle vier Anschlussstellen benutzt, wie es aus Bild 344 ersichtlich ist.
- Falls das Fahrzeug mit ABS ausgerüstet ist, werden die beiden Stopfen (1) in die nicht benutzten Leitungsanschlussstellen eingeschraubt.

14.5 Vordere Scheibenbremsen

14.5.1 Bremsklötze erneuern

Die Bremsklötze müssen erneuert werden, wenn die Gesamtstärke der Klötze, einschließlich der Metallplatte bis auf einen bestimmten Wert abgenutzt ist. Dieser Wert ist bei allen Fahrzeugmodellen gleich (6 mm). Das Maß kann mit einem Messlineal wie in Bild 348 gezeigt, ausgemessen werden, ohne dass man die Bremsklötze ausbaut. Die beiden Räder müssen dazu abgeschraubt werden, damit man die Bremsklötze sehen kann. Niemals nur eine Seite kontrollieren, da sich die Bremsklötze durchaus auf beiden Seiten unterschiedlich abnutzen können. Bremsklötze werden immer im Satz erneuert. Beim Ausbau der Bremsklötze folgendermaßen vorgehen:

- Radbolzen lockern, die Vorderseite des Fahrzeuges auf Böcke setzen und die Räder abschrauben.
- Das Kabel vom Verschleißanzeiger der Bremsklötze abschließen (nicht bei allen Fahrzeugen).
- Den Bremssattel erfassen und mit einem kurzen Ruck nach außen bewegen. Dabei wird der Kolben vollkommen in die Bohrung des Zylinders gestoßen.
- Unter Bezug auf Bild 349 mit Hilfe eines Ringschlüssels und eines Gabelschlüssels zum Gegenhalten an der Innenseite die untere Führungsschraube aus den Gleitbolzen herausdrehen. Die Schrauben sollte man erneuern. Falls die alten Schrauben wieder verwendet werden sollen, darf man sie unter keinen Umständen reinigen. In diesem Fall muss man Gewindesicherungsmittel „Loctite“ beim Einbau des Bremssattelgehäuses bereit haben.
- Den Gleitsattel an der Unterseite erfassen und nach oben schwenken. Die Bremsklötze links und rechts der Bremsscheibe abnehmen.

Hinweis: Das Bremspedal nicht betätigen, wenn Bremsklötze oder Bremssattel ausgebaut wurden.

Den Zustand der Staubschutzringe kontrollieren und ebenfalls überzeugen, dass die beiden Gummiabdichtungen für den Schutz der Gleitstifte in gutem Zustand sind. Falls sie erneuert werden müssen, müssen das Ende des Kolbens und die beiden Stifte mit sauberer Bremsflüssigkeit gereinigt werden und sind mit Bremsfett einzuschmieren. Die neuen Gummiteile montieren. Beim Einbau folgendermaßen vorgehen:

- Den Kolben in die Bohrung zurückstoßen. Dazu entweder eine Kolbenspannzwinge in der in Bild 350 gezeigten Weise verwenden (bei ausgebautem

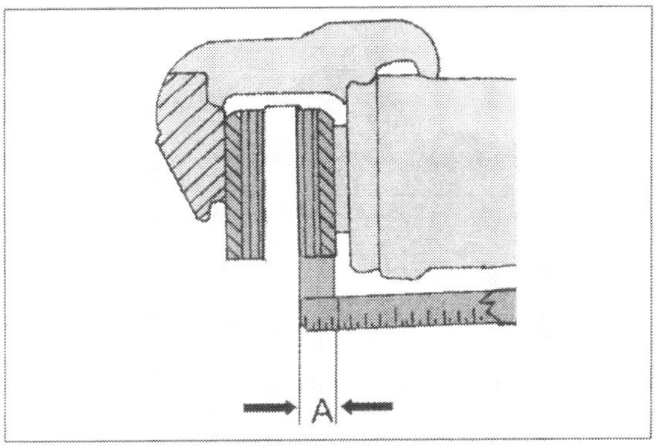

Bild 348
Ausmessen der Stärke der Bremsklotzbeläge im eingebauten Zustand. Das Maß „A“ darf nicht weniger betragen, als für das betreffende Modell in der Maß- und Einstelltabelle angegeben.

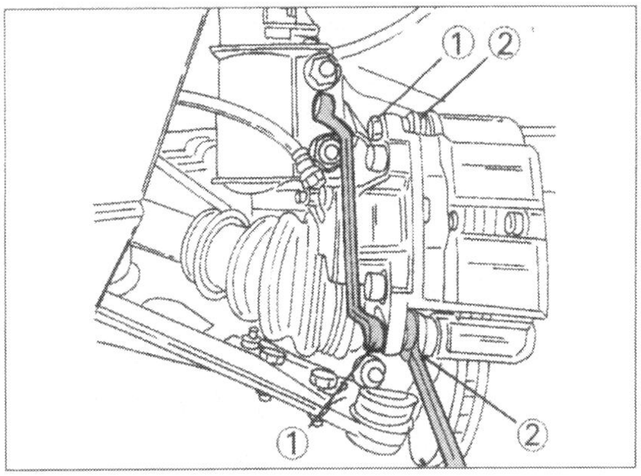

Bild 349
Ausbau der Bremssättel. Beim Lösen der Schrauben (1) muss das Sechskant an der Innenseite mit einem Gabelschlüssel gegengehalten werden. Eventuell muss man den Gabelschlüssel abschleifen, damit er sich einsetzen lässt.

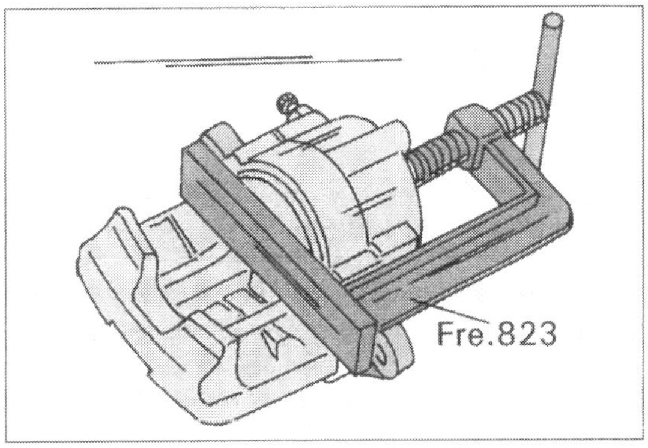

Bild 350
Eine Zwinge kann benutzt werden, um den Zylinder in den Kolben zu drücken.

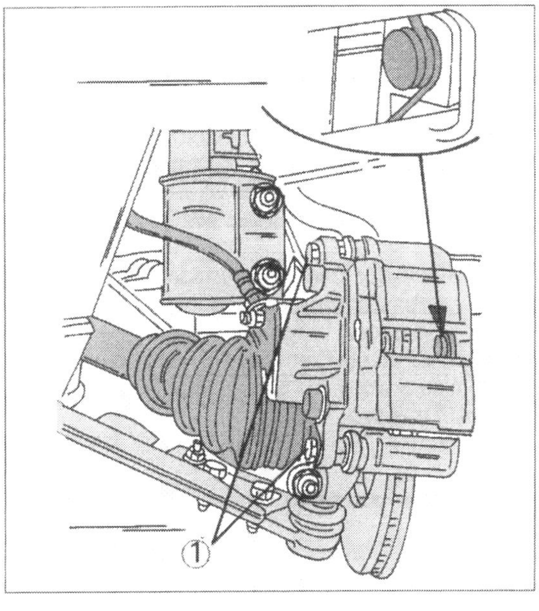

Bild 351
Vor Anziehen der beiden Führungsbolzen (1, 40 Nm) kontrollieren, dass die Federn in der gezeigten Weise eingebaut sind.

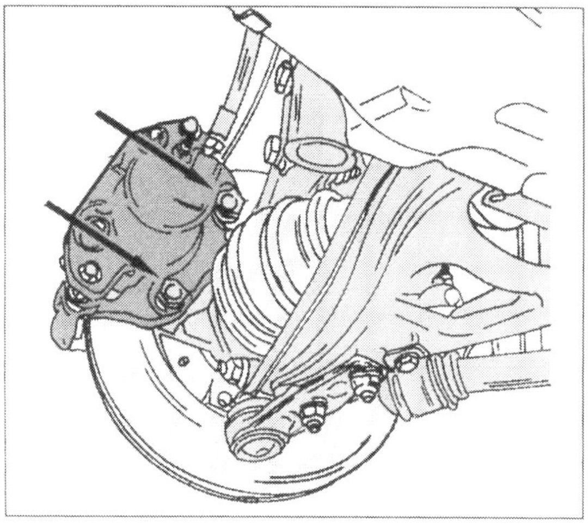

Bild 352
Die Befestigungsschrauben des Bremssattels am Achsschenkel (Pfeile).

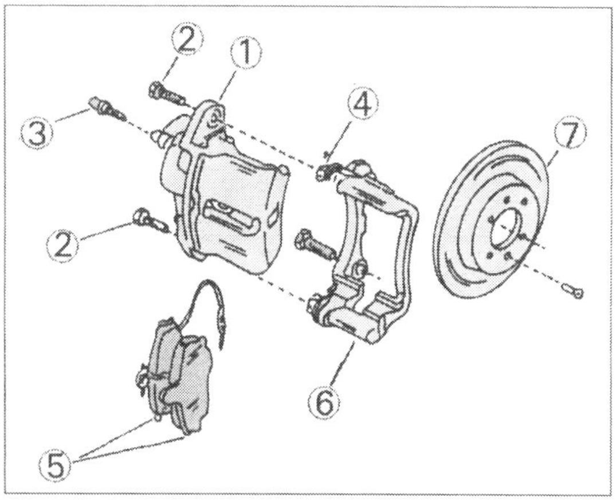

Bild 353
Die Einzelteile eines vorderen Bremssattels. Die Bremsscheiben können entweder aus Festmaterial hergestellt sein oder sind belüftet.
1 Bremssattelzylinder
2 Sattelbefestigungsschraube
3 Entlüftungsschraube
4 Bremssattelträgerschraube
5 Bremsklötze
6 Bremssattelträger
7 Bremsscheibe

Bremssattel gezeigt) oder einen Holzblock ansetzen und den Kolben vorsichtig mit einem großen Schraubendreher in die Bohrung drücken.

- Die neuen Bremsklötze mit den Federn einsetzen. Dabei besonders auf das richtige Anbringen der Federn achten, wobei man Bild 351 hinzuziehen kann. Der Bremsklotz mit dem Kabel für die Verschleißanzeige (falls eingebaut) kommt an die Innenseite.
- Den Bremssattel vorsichtig über die beiden Bremsklötze setzen und zuerst mit der unteren Schraube befestigen. *Das Gewinde der Schraube mit „Loctite" einschmieren, falls die alten Schrauben verwendet werden.*
- Beide Schrauben jetzt mit einem Anzugsdrehmoment von 40 Nm anziehen. Zuerst wird die untere Schraube angezogen. Dabei wieder die Innenseite des Gleitbolzens gegenhalten, wie es in Bild 349 zu sehen ist.
- Das Kabel für den Verschleißanzeiger mit dem Stecker verbinden (falls vorhanden).
- Das Bremspedal einige Male durchtreten, um die Bremsklötze an die Bremsscheibe zu bringen. Daran denken, dass sich neue Bremsklötze eine Weile „einbremsen" müssen.

14.5.2 Aus- und Einbau eines Bremssattels

Der Aus- und Einbau eines Bremssattels folgt im Allgemeinen den Anweisungen im letzten Kapitel, mit dem Unterschied, dass man ebenfalls die obere Führungsschraube in der beschriebenen Weise lösen und herausziehen muss. Der Bremssattel kann nach Ausbau der Bremsklötze abgeschraubt werden (2 Schrauben, siehe Bild 352) oder ist frei. Beim Ausbau sind jedoch die folgenden Varianten zu beachten. Nach dem Ausbau hat man die in Bild 353 gezeigten Teile vor sich.

- Der Bremsschlauch kann entweder vom Bremssattel abgeschraubt werden oder ist an der Verbindung an der Bremsleitung zu trennen. Im ersten Fall ist es besser, wenn man den Schlauch am Sechskant vom Bremssattel abschraubt (nur lockern), ehe die in Bild 352 gezeigten Schrauben gelöst werden, im letzteren Fall die Überwurfmutter lockern und danach die Federplatte aus dem Metallhalter ausschlagen.

Hinweis in beiden Fällen: Um ein Auslaufen der Bremsflüssigkeit zu vermeiden, den Deckel des Vorratsbehälters abschrauben, den Behälter bis zur Oberkante füllen, ein Stück einer Kunststofftüte auf den Behälter legen und den Deckel wieder aufschrauben. Durch die luftdichte Verbindung wird die Bremsflüssigkeit nur austropfen.

- Beim Anschließen des Bremsschlauchs eine neue Kupferscheibe zwischen Schlauch und Bremssattel einsetzen. Wurde der Bremsschlauch am Bremssattel abgeschraubt, schraubt man den Bremssattel an den Schlauch an, bis er fast ansitzt. Dabei mit einem am Sechskant angesetzten Gabelschlüssel den Schlauch festziehen. Das endgültige Festziehen findet nach Einbau des Bremssattels statt.
- Die Befestigungsschrauben des Bremssattels mit 100 Nm anziehen, falls der komplette Bremssattel eingebaut wurde. Die Führungsschrauben des Zylinders (entweder neue oder die alten mit „Loctite" einschmieren) mit 40 Nm anziehen.
- Falls der Schlauch von der Bremsleitung abgeschlossen wurde, muss der Schlauch ohne Verspannung oder Verdrehung wieder angeschlossen werden. Zur Kontrolle die Räder aus einem Einschlag in den anderen drehen lassen und beobachten, dass der Schlauch nirgends anstoßen kann. Die Überwurfmutter anziehen, während das Sechskant des Schlauchs gegengehalten wird.

Die Bremsanlage nach Einbau des Bremssattels entlüften. Wurde der Behälter luftdicht verschlossen, muss man die Flüssigkeit zuerst auf das vorschriftsmäßige Niveau bringen. Um das Entlüften zu beschleunigen, kann man bei ausgebautem Bremssattel etwas Bremsflüssigkeit durch die Anschlussöffnung für den Bremsschlauch füllen, ehe der Schlauch angeschlossen wird (falls diese Ausbauvariante befolgt wurde). Nach dem Einbau das Bremspedal einige Male betätigen, damit sich die Bremsklötze einwandfrei gegen die Bremsscheibe ansetzen können.

14.5.3 Bremssattel überholen

Hinweis: Ehe man einen Bremssattel verlegt, sollte man sich erkundigen, ob ein Reparatursatz an Ort und Stelle erhältlich ist. Bei der folgenden Beschreibung müssen wir voraussetzen, dass Sie einige Erfahrungen bei der Überholung von Bremssätteln haben.

- Staubschutzabdeckung entfernen. Vorher einen Befestigungsring abnehmen.
- Einen Holzklotz zwischen den Kolben und den Bremssattel einlegen und den Kolben vorsichtig mit Pressluft ausblasen. Das Holzstück wird dabei in der in Bild 354 gezeigten Weise in die Öffnung des Bremssattels eingesetzt.
- Den Dichtring aus der Innenseite der Bohrung mit einem stumpfen Gegenstand herausheben. Eine stumpfe Blattfühlerlehre kann, wie in Bild 355 gezeigt, dazu verwendet werden.
- Alle Teile in Spiritus reinigen und auf Verschleiß, Riefenbildung oder Korrosion von Zylinder oder Kolben überprüfen. Keines dieser Teile sollte wieder verwendet werden, falls derartige Schäden sichtbar sind. Mit dem Finger die Innenseite der Kolbenbohrung „abfühlen". Falls man Riefen oder Scharten feststellen kann, sollte der Zylinder ohne weitere Reparatur erneuert werden.
- Einen neuen Dichtring in die Rille der Zylinderbohrung einsetzen und den Kolben sowie den Dichtring mit sauberer Bremsflüssigkeit einschmieren.
- Kolben einschieben und den Staubschutzdichtring anbringen. Den Befestigungsring am Bremssattel befestigen.

14.5.4 Bremsscheiben

Bremsscheiben können nicht nachgeschliffen werden und müssen bei übermäßigem Verschleiß erneuert werden. Der Verschleiß der Bremsscheibe darf 0,5 mm auf beiden Seiten der Scheibe nicht überschreiten. Die Bremsscheibe sollte mit einer Messuhr auf Schlag kontrolliert werden. Dazu die Messuhr mit einem Halter so anbringen, dass der Messstift ca. 5 mm von der Außenkante angesetzt wird. Beim Durchdrehen der Scheibe sollte die Nadel nicht um mehr als 0,07 mm ausschlagen.
Um die Scheibe auszubauen, die Bremsklötze ausbauen, wie es bereits beschrieben wurde, und die beiden Befestigungsschrauben des Bremssattels lösen (siehe Bild 352) lösen, worauf der Bremssattel abgenommen werden kann.
Die beiden Schrauben in der Stirnfläche der Bremsscheibe entfernen und die Bremsscheibe abnehmen. Die Lage der Schrauben ist aus Bild 356 ersichtlich. Ein Spezial-Torx 40-Schlüssel wird dazu verwendet, dessen Form man dem Schraubenkopf entnehmen kann. Die Scheibe mit einem Gummihammer abschlagen, falls sie festsitzen sollte.
Der Einbau der Bremsscheibe geschieht in umgekehrter Reihenfolge. Die beiden Schrauben des Bremssattels mit 100 Nm anziehen. Abschließend die Bremsklötze wieder einbauen, wie es bereits beschrieben wurde. Das Fahrzeug Probe fahren und die Bremsen überprüfen. Manchmal dauert es eine Weile, bis die Bremsen ihre volle Leistungsfähigkeit erhalten haben – Vorsicht!

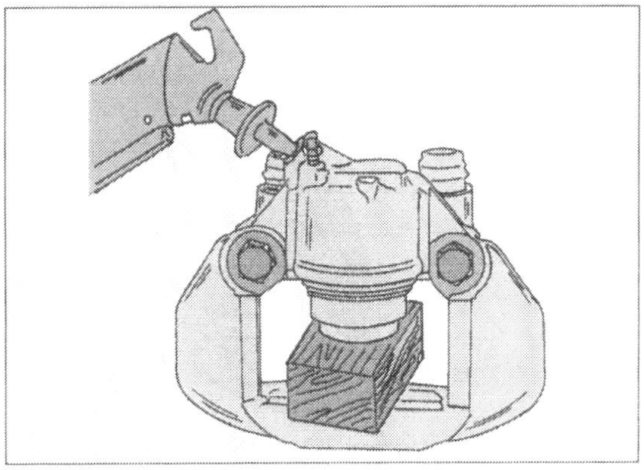

Bild 354
Ausbau eines Kolbens. Ein Holzstück unter den Kolben untersetzen.

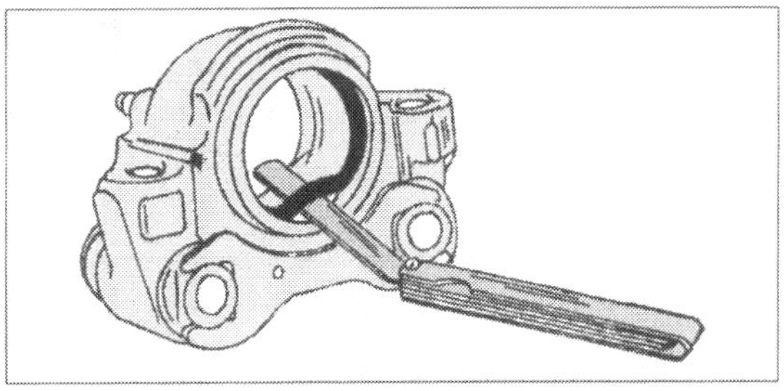

Bild 355
Herausheben des Dichtringes aus der Bohrung des Bremssattelzylinders.

14.6 Hinterradbremsen

14.6.1 Aus- und Einbau der Bremstrommel

Die Bremstrommeln werden aus- und eingebaut wie es in Kapitel 13.6 beim Erneuern der Hinterradlager

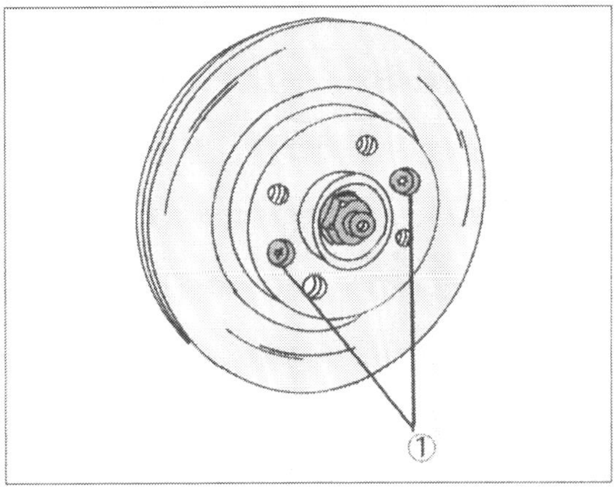

Bild 356
Die Bremsscheiben werden mit Schrauben (Torx-Kopf) an der Radnabe gehalten.

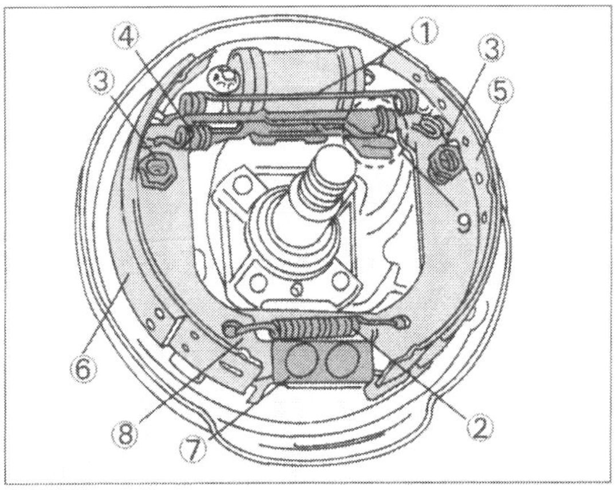

Bild 357
Ansicht einer eingebauten Hinterradbremse.
1 Obere Backenrückzugfeder
2 Untere Backenrückzugfeder
3 Bremsbackenankerstifte
4 Rückzugfeder des Handbremshebels
5 Anlaufbremsbacken
6 Ablaufbremsbacken
7 Backenwiderlager
8 Backen in Widerlager eingesetzt

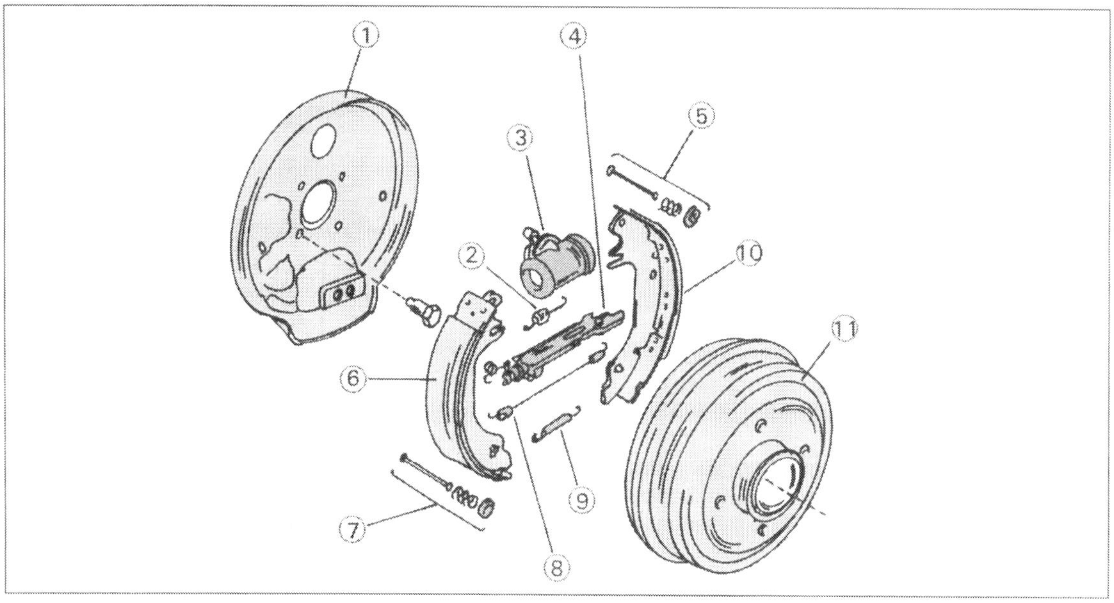

Bild 358
Zerlegte Hinterradbremse.
1 Bremsträgerplatte
2 Rückzugfeder des Verstellmechanismus
3 Radbremszylinder
4 Druckstange mit Backenversteller
5 Bremsbackenankerstifte
6 Bremsbacken
7 Bremsbackenankerstift
8 Obere Rückzugfeder
9 Untere Rückzugfeder
10 Bremsbacken
11 Bremstrommel

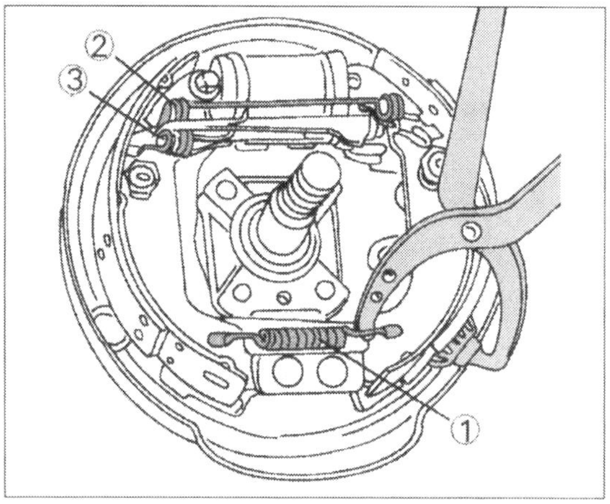

Bild 359
Die untere Feder (1) zwischen den Bremsbacken in der gezeigten Weise aushängen. Die beiden anderen Federn (2) und (3) werden beim Zerlegen der Backen aus dem Eingriff gebracht.

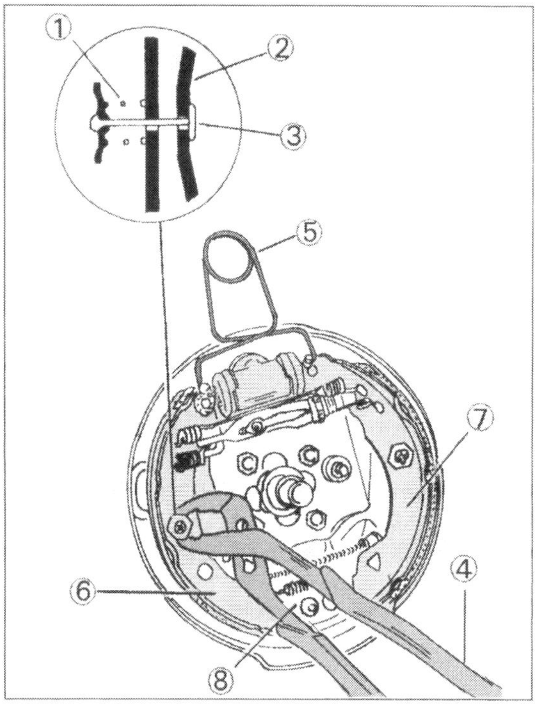

Bild 360
Einzelheiten zum Aus- und Einbau der Hinterradbremsen. Der Kreisausschnitt weist auf die Befestigungsweise der Bremsbackenankerstifte.
1 Feder
2 Bremsträgerplatte
3 Ankerstift
4 Wasserpumpenzange
5 Spannfeder für Radbremszylinder
6 Ablaufbacken
7 Anlaufbacken
8 Backenwiderlager

beschrieben wurde. Der Bremsennachsteller muss vorher gelöst werden, wie es im gleichen Abschnitt beschrieben ist. In diesem Zusammenhang verweisen wir auf Bild 338. Die Nabenfettkappe kann man mit einem Schraubendreher vorsichtig abschlagen. Nach dem Einbau die Radlagermutter auf das angegebene Anzugsdrehmoment von 175 Nm anziehen. Die Handbremseinstellung kontrollieren und ggf. berichtigen.

14.6.2 Bremsbacken ausbauen

Unterschiedliche Hinterradbremsen werden in die in dieser Reparaturanleitung behandelten Fahrzeuge eingebaut. Der Unterschied liegt jedoch nur im Durchmesser der Bremstrommeln, der entweder je nach Fahrzeugausführung 203,2 mm oder 228,3 mm betragen kann. Beim Kauf von Neuteilen sind diese Hinweise zu beachten.
Nach Ausbau der Bremstrommel ist es am besten, wenn man sich eine Skizze anfertigt, um die Einbaulage aller Teile zu registrieren. Dies gilt besonders auf die Eingriffsweise der Enden von Backenrückzugfedern.

Hinweis: Es soll nochmals erwähnt werden, dass Bremsbacken nur im Satz ausgetauscht werden dürfen. Außerdem darf man keine Bremsbacken von unterschiedlichen Herstellern oder mit unterschiedlichem Belagmaterial einbauen. Wenn es zu den Bremsen kommt, hält man sich an die Originalteile des Fahrzeugherstellers. Bei diesen Fahrzeugen werden von Bendix hergestellte Hinterradbremsen eingebaut.

Nach Ausbau der Bremstrommel (siehe betreffendes Kapitel beim Ausbau der Hinterradlager, Abschnitt 13), wird man die in Bild 357 gezeigte Konstruktion der Bremsen sehen. Beim Ausbau folgendermaßen vorgehen, jedoch möchten wir darauf aufmerksam machen, dass diese Arbeit komplizierter ist, als dies normalerweise bei Renault der Fall ist. Nach dem

Ausbau der Bremsbacken wird man die in Bild 358 gezeigten Einzelteile haben.

- Die untere Backenrückzugfeder mit einer Zange aus dem Eingriff mit dem Bremsbacken bringen. Falls man eine wie im Bild 359 gezeigte Zange nicht zur Verfügung hat, muss man darauf achten, dass man beim Aushängen mit einer anderen Zange nicht abrutscht – Verletzungsgefahr.
- Die Bremsbacken von den Ankerstiften lösen. Die Arbeit ist in Bild 360 gezeigt. Von der Rückseite der Bremsträgerplatte mit einem Finger gegen den Stift (3) drücken und von vorn mit einer Wasserpumpenzange den Federsitz (2) in der gezeigten Weise verdrehen, bis man den Stift durch das Loch im Federsitz führen kann. Zange zurücklassen und den Federsitz und die Feder (1) abnehmen. Diese Arbeiten auf beiden Seiten durchführen.
- Die Unterseite der beiden Bremsbacken (6) und (7) aus dem unteren Widerlager (8) herausheben. Die Rückzugfeder wird dabei frei und kann abgenommen werden.
- Die beiden Backen unten gegeneinander drücken und an der Oberseite aus dem Eingriff mit den Kolben der Radbremszylinder bringen. Sofort ein Gummiband um die beiden Kolben des Radbremszylinders wickeln, damit die Kolben nicht herausgedrückt werden. In Bild 360 wird eine Federspange gezeigt, die man ebenfalls benutzen kann.
- Die Bremsbacken können jetzt abgenommen werden. Die Feder des Handbremsseils zusammendrücken und das Handbremsseil aus dem Betätigungshebel aushängen.
- Falls die Backen erneuert werden, muss man die beiden Backen voneinander trennen. Dazu die Backen in der in Bild 361 gezeigten Weise auf die Werkbank auflegen und den linken Backen in Pfeilrichtung schwenken, bis er oben aus dem Eingriff kommt, d.h. beide Rückzugfedern werden frei. An der Pfeilstelle rechts einen Schraubendreher unter die Feder untersetzen und das Federende aus der Verankerung herausheben. Die Backen auf der rechten Seite jetzt oben verdrehen, bis das Ende der Druckstange aus dem Eingriff kommt. Die obere Rückzugfeder wird dabei frei. Die Druckstange ist immer noch am linken Backen befestigt. Zum Ausbau die Druckstange nach außen ziehen, bis die Feder weit genug gestreckt ist, um die Stange im 90°-Winkel abzukippen. Beim Ausbau der Druckstangen, d.h. der Versteller für die automatische Nachstellung und des Verstellmechanismus ist jedoch auf die Unterschiede zwischen der linken und der rechten Seite zu achten. Vor dem Zerlegen genau den Zusammenbau des Verstellers einprägen.
- Auf der linken Seite ist eine Schraube mit Linksgewinde mit einer Mutter mit zwei Rillen eingebaut.
- Auf der rechten Seite ist eine Schraube mit Rechtsgewinde mit einer Mutter mit einer Rille eingebaut.
- Der linke Verstellmechanismus ist in Bild 362 gezeigt und wird in der gezeigten Weise eingebaut.
- Der rechte Verstellmechanismus wird verkehrt herum eingebaut, jedoch verbleibt die Sicherungsfeder (1) an der Oberseite.
- Beim Zusammenbau des Verstellers darf man die Schraube nicht vollkommen gegen die Mutter schrauben, d.h. an Stelle „S" sollte ein kleines Spiel verbleiben.

Alle Teile, einschließlich der Bremsträgerplatte, einwandfrei reinigen. Falls Waschbenzin dazu verwendet wird, darf dieses nicht an die Gummikappen der Radbremszylinder kommen. Falls die Stärke der Brems-

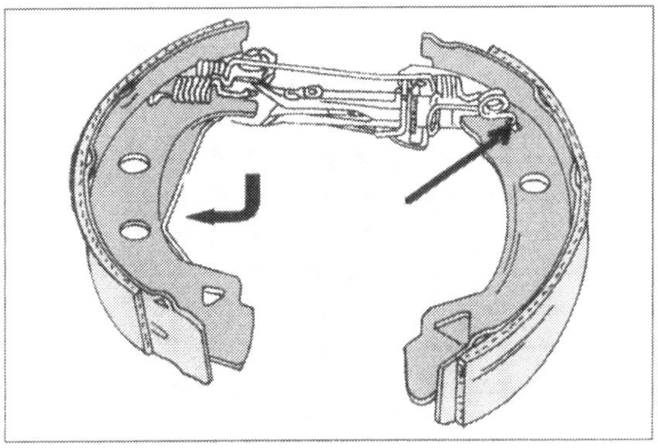

Bild 361
Zerlegung der ausgebauten Bremsbacken (siehe Text).

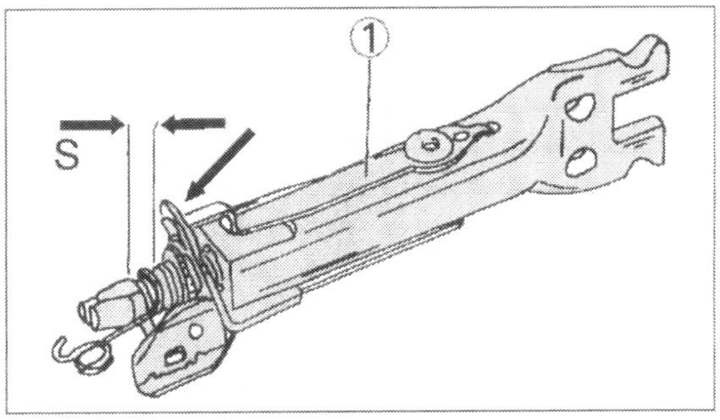

Bild 362
Ansicht des zusammengebauten Verstellers auf der linken Seite. Die Sperrfeder (1) muss auf beiden Seiten an der Oberseite sitzen. An Stelle „S" ein Spiel hinterlassen.

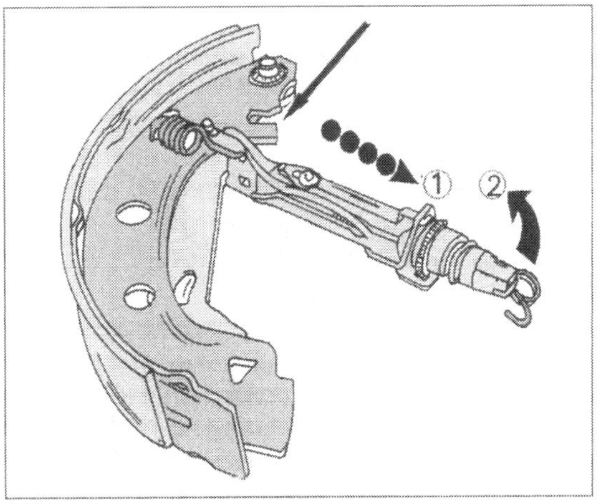

Bild 363
Anbringen des Verstellers am Ablaufbacken. Die Feder strecken, indem der Versteller in Pfeilrichtung 1 gezogen wird und danach in Pfeilrichtung 2 verdrehen, um ihn in den Bremsbacken einzusetzen.

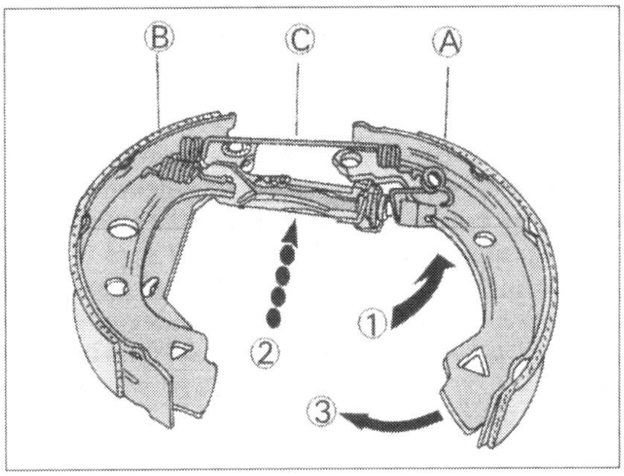

Bild 364
Anbringen des Anlaufbackens (A) an den Ablaufbacken (B). Zuerst wird die Feder (C) eingehängt.

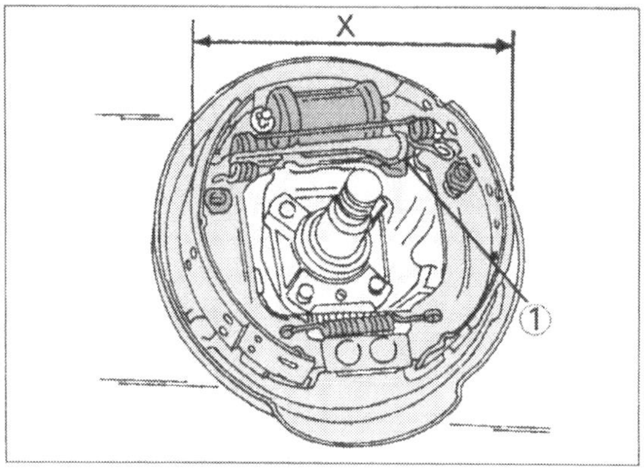

Bild 365
Den Durchmesser der eingebauten Bremsbacken auf den im Text angegebenen Wert bringen, indem man das Verstellrädchen (1) verstellt.

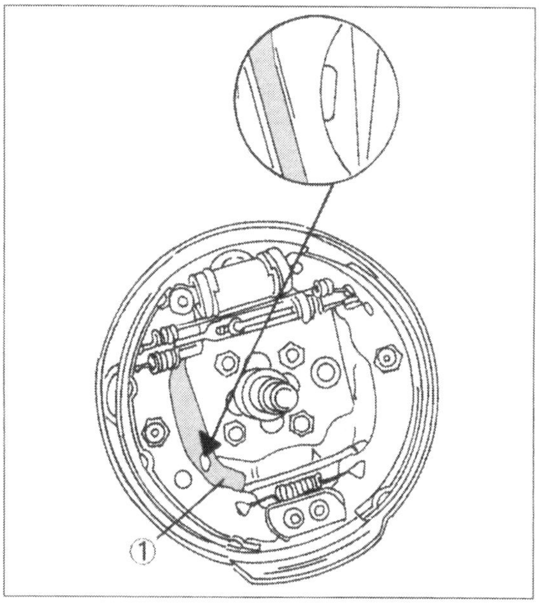

Bild 366
Zum Einstellen der Handbremse. Der Handbremshebel (1) ist entsprechend den Anweisungen in der Beschreibung zu beobachten.

beläge bis auf eine Stärke von 1 mm über den Nietenköpfen abgenutzt sind, baut man neue Bremsbacken ein. Falls die Radbremszylinder Zeichen von Leckstellen aufweisen, sind sie zu erneuern.

Beim Zusammenbau und Einbau der Bremsbacken folgendermaßen vorgehen. Backen und Versteller werden auf der Werkbank vormontiert.

- Falls die Bremsbacken erneuert werden, den Handbremshebel vom Backen abmontieren und mit einer neuen Sicherungsspange am neuen Bremsbacken anbringen. Die kleine Feder an der Oberseite mit dem kurzen Ende in den Bremsbacken einhängen, den zusammengebauten Einsteller (Seitenzugehörigkeit beachten, siehe oben) mit dem Ende in die Feder einhängen und die Feder damit strecken, wie es durch den Pfeil (1) in Bild 363 gezeigt ist. Sobald es möglich ist, das Verstellergestänge in die Ausschnitt des Bremsbackens hineinheben, wie es durch Pfeil (2) gezeigt ist.
- Den Anlaufbacken (A) in Bild 364 mit der Feder (C) am Ablaufbacken befestigen und die Backen entsprechend der Pfeilrichtungen zusammensetzen. Nachdem das Verstellergestänge sitzt, die Feder oben rechts mit dem Ende in den Bremsbacken einhängen.
- Die Bremsbacken jetzt an der Bremsträgerplatte ansetzen. Als Erstes das Handbremsseil einhängen.
- Die Backen an der Unterseite zusammendrücken und die oberen Enden in die Kolben des Radbremszylinders einsetzen, ohne die Gummikappen zu beschädigen. Das Gummiband oder die benutzte Spange vorher entfernen.
- Bremsbacken unten in das Widerlager heben und die Backen an der Bremsträgerplatte befestigen. Dazu die Ankerstifte von der Rückseite einsetzen und vorn die Feder und den Federsitz aufsetzen. Den Ankerstift von hinten gegenhalten, den Federsitz mit einer Zange erfassen und über den Stift drücken. Wenn der Stift durch die Öffnung durchkommt, den Federsitz verdrehen, bis er mit dem Stift gesperrt ist.
- Die untere Feder einhängen, wie es in Bild 357 gezeigt wurde.
- Den Durchmesser der Bremsbacken auf den betreffenden Durchmesser der Bremstrommel einstellen, indem man das Rädchen des Einstellers mit einem Schraubendreher verstellt. Dadurch wird der Nachstellmechanismus in die Grundstellung gebracht. Gemessen wird dabei entsprechend Bild 365. Diese Arbeit auf beiden Seiten durchführen.
- Die Bremstrommeln montieren, ohne die Muttern anzuziehen.
- Das Bremspedal jetzt ca. 20 Mal betätigen lassen. Wenn man das Ohr an die Bremstrommel hält, kann man ein „Klicken“ vernehmen, welches auf das Funktionieren der Nachstellung hinweist. Besser ist es, wenn eine weitere Person die gegenüberliegende Seite kontrolliert.
- Die Bremstrommel wieder abmontieren und kontrollieren, dass die Handbremsbetätigungshebel gegen die Bremsbacken anliegen.
- Das Handbremsseil langsam am Ausgleichshebel anziehen, bis sich die Hebel an den Bremsbacken bewegen, wenn der Handbremshebel im Wageninneren zwischen die erste oder zweite Raste gezogen wird (natürlich von einem Helfer), und beim Anziehen auf die zweite Raste sich nicht weiter bewegen. Dies ist der in Bild 366 gezeigte Hebel. Der Hebel auf der anderen Seite muss ebenfalls kontrolliert werden. Die Kontermutter am Handbremseinsteller in dieser Stellung festziehen.
- Bremstrommeln montieren und die Muttern mit 175 Nm anziehen.
- Alle anderen Arbeiten in umgekehrter Reihenfolge durchführen.

14.6.3 Radbremszylinder

Radbremszylinder können nicht repariert werden. Im Schadensfall muss man einen neuen Zylinder einbauen (Achtung: zwei verschiedene Durchmesser). Zur Erneuerung eines Zylinders die Bremsbacken ausbauen, wie es oben beschrieben wurde, die Bremsleitung an der Rückseite des Zylinders abschrauben (Überwurfmutter) und den Zylinder abschrauben. Wir möchten jedoch darauf hinweisen, dass man den Zylinder ebenfalls ausbauen kann, ohne die Bremsbacken vollkommen herauszunehmen. In diesem Fall die obere Rückzugfeder der Backen aushängen und nach Lösen des Zylinders die Backen oben auseinander drücken, bis man den Zylinder herausnehmen kann. Beim Einbau darf man auf keinen

Fall die Staubschutzkappen des Zylinders an den scharfen Kanten der Bremsbacken beschädigen.
Der Einbau geschieht in umgekehrter Reihenfolge. Die Überwurfmutter der Leitung mit 17 Nm anziehen, die Zylinderschrauben mit 13 Nm.

14.7 Handbremse

14.7.1 Einstellung

Die Handbremse braucht nur eingestellt werden, wenn die Bremsbacken erneuert oder neue Handbremsseile eingebaut wurden. Dies gilt ebenfalls bei der Erneuerung des Handbremshebels, was natürlich kaum vorkommen sollte. Die Handbremsseile müssen in bestimmter Weise eingestellt werden, damit die Selbstnachstellung einwandfrei arbeiten kann.

Was passiert, wenn die Handbremsseile nicht vorschriftsmäßig eingestellt sind:

- Wenn die Handbremsseile zu stramm eingestellt werden, kann der Nachstellmechanismus nicht einwandfrei arbeiten. Dies kann meistens an einem langen Pedalweg erkannt werden, obwohl alles in Ordnung sein sollte.
- Wenn die Handbremsseile zur Beseitigung eines langen Weges des Handbremshebels eingestellt werden, da dieser trotz Einstellung bald wieder auftreten wird.

Bei der Einstellung der Handbremse folgendermaßen vorgehen. Vorausgesagt sei, dass man sich Zugang zum zentralen Seileinsteller unter dem Fahrzeug verschafft:

- Die Radbolzen lockern und das Fahrzeug vorn und hinten auf Böcke setzen.
- Die beiden Hinterräder abschrauben und die Bremstrommeln abmontieren, wie es bei der Erneuerung der Radlager im Abschnitt 13 beschrieben wurde.
- Die Arbeitsweise des Verstellmechanismus kontrollieren, indem man das Verstellrädchen (Pfeil, Bild 367) hin- und herdreht. Es muss sich frei drehen lassen. Das Rädchen danach um 5 bis 6 Zähne zurückdrehen.
- Kontrollieren, dass die Handbremsseile nicht festgefressen sind und dass die Betätigungshebel der Handbremshebel auf beiden Seiten gegen die Bremsbacken anliegen. Dabei muss man sich wieder an Bild 366 halten.
- An der Unterseite des Fahrzeuges das Wärmeschutzschild lösen. Der Seileinsteller kann danach an der in Bild 368 gezeigten Stelle gesehen werden.
- Die beiden Seile durch Anziehen der Mutter am Seilausgleichshebel (Pfeil) straffen, bis sich die beiden Hebel an den Bremsbacken bewegen, wenn der Handbremshebel im Fahrzeug zwischen der ersten und zweiten Raste angezogen wird. Steht der Hebel auf der zweiten Raste, müssen die Betätigungshebel an den Backen in dieser Stellung verbleiben. Dies muss man wieder durch Beobachtung des Hebels in Bild 366 kontrollieren.
- Die Kontermutter der Einstellmutter in dieser Stellung anziehen.
- Räder anschrauben, das Fahrzeug wieder auf den Boden ablassen und von einem Helfer das Bremspedal betätigen lassen. Dabei an den beiden Hinterrädern auf das hörbare „Klicken“ des Verstellmechanismus achten. Da dies auf beiden Seiten gleichzeitig stattfindet, muss ein weiterer Helfer auf der anderen Seite auf das „Klicken“ achten.
- Rückseite des Fahrzeuges erneut anheben, den Handbremshebel im Wageninneren vollkommen zurückstellen und die Hinterräder durchdrehen. Beide Räder müssen sich ohne Schleifgeräusche drehen lassen.

14.8 Entlüften der Bremsanlage

Achtung: Siehe Kapitel 14.11, wenn das Fahrzeug mit ABS ausgerüstet ist.

Ein Entlüften der hydraulischen Anlage ist erforderlich, falls das Bremsleitungsnetz an irgendeiner Stelle geöffnet wurde oder Luft auf andere Weise in die Anlage gekommen ist.
Vor der Entlüftung der Anlage sind Schmutz und Fremdkörper von den Entlüftungsstellen und dem Einfüllverschluss des Vorratsbehälters zu entfernen.
Falls nur ein Radbremszylinder oder ein Bremssattel abgeschlossen wurde, könnte es ausreichen, wenn man nur diesen betreffenden Bremskreis ent-

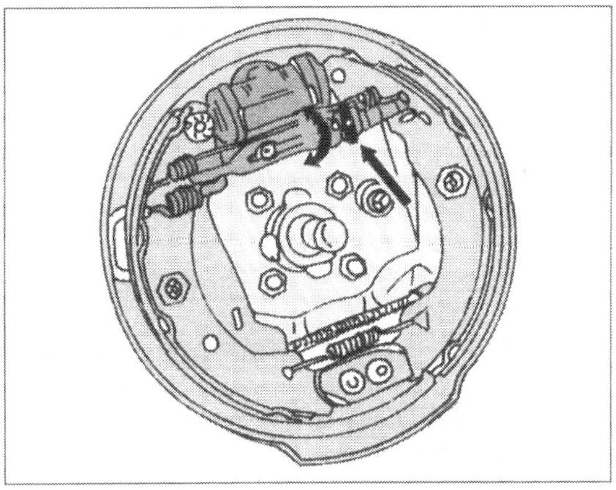

Bild 367
Das Verstellerrädchen (Pfeilstelle) hin- und herdrehen, um den Mechanismus auf Leichtgängigkeit zu kontrollieren.

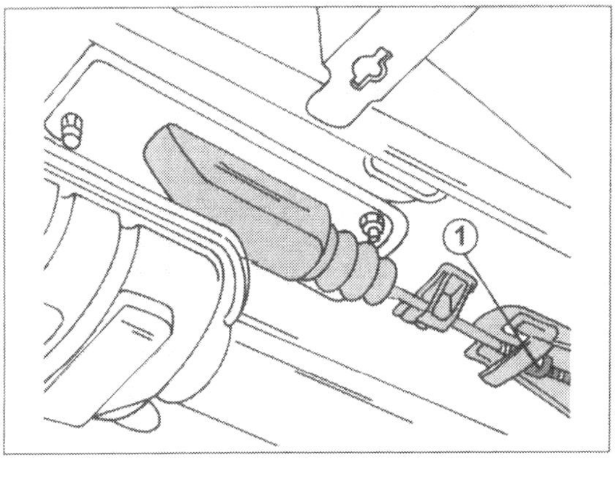

Bild 368
Die Lage des Ausgleichshebels der Handbremsseile an der Unterseite des Fahrzeuges. Die Einstellung erfolgt an der Mutter (1).

lüftet, d.h. hinten rechts und vorn links oder hinten links und vorn rechts. Bei einer Entlüftung der gesamten Anlage immer an den Hinterradbremsen anfangen.
In der Werkstatt werden die Bremsen mit Hilfe eines Druckentlüftungsgeräts entlüftet. Bei der folgenden Beschreibung können wir nur auf die überlieferte Entlüftungsweise durch „Aufpumpen" der Bremsanlage eingehen.

- Einen durchsichtigen Kunststoffschlauch nach Entfernen der Staubschutzkappe auf das betreffende Entlüftungsventil aufstecken. Das andere Ende des Schlauches in ein mit etwas Bremsflüssigkeit gefülltes Glasgefäß einhängen.
- Das Bremspedal von einer zweiten Person auf den Boden durchtreten lassen. Die Entlüftungsschraube um eine halbe Umdrehung öffnen, wenn das Pedal auf dem Boden aufsitzt. Den aus dem Schlauch austretenden Flüssigkeitsstrom beobachten.
- Sobald keine Luftblasen mehr herauskommen, ist alle Luft aus der Anlage ausgeschieden. Das Bremspedal beim letzten Hub auf dem Boden halten und das Entlüftungsventil schließen. Das Pedal langsam zurückkehren lassen.
- Gleiche Arbeiten in der angegebenen Reihenfolge an den anderen Entlüftungsschrauben durchführen.

Es wird nochmals darauf hingewiesen, dass der Stand der Bremsflüssigkeit laufend kontrolliert werden muss, so dass keine Luft in die Anlage gesaugt wird. Niemals aus der Anlage ausgepumpte Flüssigkeit wieder in den Behälter einfüllen. Auch keine Flüssigkeit verwenden, welche längere Zeit ohne Verschluss gestanden hat. Um keine Fehler bei der Verwendung von Bremsflüssigkeit zu machen, sollte man die von Renault gehandelte Flüssigkeit verwenden.

14.9 Bremsdruckregler

Der Bremsdruckregler kann nicht repariert werden und ist im Schadensfall zu erneuern. Die Einstellung des Bremsdruckreglers ist möglich und erfolgt durch Verlängerung oder Verkürzung des Reglergestänges. Die Einstellung des Absperrdrucks des Reglers ist eine Arbeit, die man in einer Renault-Werkstatt durchführen lässt. Zwei Druckmanometer sind zur Kontrolle erforderlich und außerdem liegt eine Tabelle vor, die die Druckabgleichung zwischen den Vorder- und den Hinterradbremsen angibt.

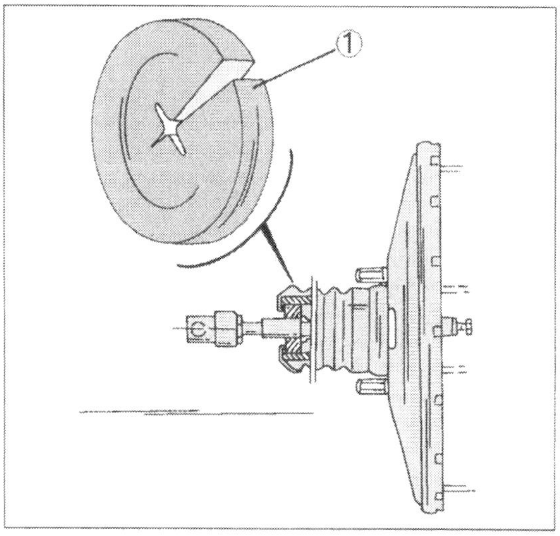

Bild 369
Die Lage des Filters im Bremskraftverstärker (2). Den Filter (1) zerschneiden und beim Einbau über die Stößelstange und in das Verstärkergerät einfügen.

14.9.1 Aus- und Einbau

Da der Bremsdruckregler nach Einbau vorschriftsmäßig eingestellt werden muss, sollte man die gesamte Arbeit der Erneuerung des Reglers einer Werkstatt überlassen. Ein Anzeichen des Ausfalls des Druckreglers ist z.B. ein Ihnen unbekanntes Blockieren der Hinterräder.

14.10 Bremskraftverstärker (Servo)

Eine Überholung des Bremskraftverstärkers sollte nicht vorgenommen werden, da zum Zerlegen und Zusammenbauen Spezialwerkzeuge erforderlich sind. Ein Ausfall des Bremskraftverstärkers bedeutet keinen Verlust der Bremsleistung, lediglich ist der Kraftaufwand am Bremspedal größer, um den gleichen Bremsweg einzuhalten.
Falls Sie das Fahrzeug ohne laufenden Motor eine Steigung herunterollen lassen, sollten Sie daran denken, dass sich der Unterdruck nach einigen Betätigungen der Bremsen aufbraucht und die Bremsanlage danach ohne Servounterstützung arbeitet. Der Kraftaufwand wird entsprechend größer.

Ehe Sie irgendwelchen Arbeiten am Bremskraftverstärker durchführen, können Sie die Anlage folgendermaßen kontrollieren:

- Den Motor abstellen und das Bremspedal mehrere Male betätigen, um jegliche Unterdruck aus der Anlage auszuscheiden.
- Das Pedal fest auf den Boden drücken und den Motor anlassen. Das Pedal muss jetzt fühlbar nachgeben. Falls dies nicht der Fall ist, kann man annehmen, dass irgendetwas nicht stimmt. Die einzige Kontrolle, die Ihnen verbleibt, ist die Überprüfung der richtigen Anschlussweise des Unterdruckschlauchs am Bremskraftverstärker oder auf der anderen Seite am Ansaugsammelrohr oder an der Unterdruckpumpe.

Der Hauptbremszylinder muss ausgebaut werden, ehe man an den Bremskraftverstärker heran kann. Außerdem die Schutzeinfassung der Batterie (4 Schrauben, 1 Mutter) sowie den Ausgleichsbehälter der Kühlanlage ausbauen. Den Letzteren in Richtung Motor verlegen, um mehr Raum zu schaffen. Eine Federspange und ein Splintbolzen werden zum Befestigen der Stößelstange am Bremspedal verwendet. Zum Lösen der Federspange die Unterseite nach außen ziehen und die Spange danach nach oben zu abziehen. Den Unterdruckschlauch vom Anschluss abziehen.
Der Filter am Stößelstangenende des Bremsgeräts kann erneuert werden. Dazu mit einem spitzen Ge-

genstand in den Filter stoßen und diesen herausdrücken. Den neuen Filter aufschneiden, um ihn über die Stößelstange zu setzen. Bild 369 zeigt eine Darstellung der Erneuerung.
Das Rückschlagventil hat das in Bild 370 gezeigte Aussehen. Auf das obere Ventil (1) ist der Unterdruckschlauch aufgesteckt und befestigt, die andere Seite ist in die in den Bremskraftverstärker eingesetzte Gummiabdichtung (2) eingeschoben. Zur Erneuerung den Schlauch abziehen und das Ventil an der Außenseite erfassen. Das Ventil unter gleichzeitigem Hin- und Herwackeln aus dem Bremsservo herausziehen. Kontrollieren, ob die Gummiabdichtung noch einwandfrei aussieht und das neue Ventile fest einschieben. Den Schlauch danach wieder aufstecken und befestigen.
Falls ein neuer Bremskraftverstärker eingebaut wird, muss die Länge der Stößelstange neu eingestellt werden. Die Länge „L" in Bild 371 muss auf ein Maß von 104,8 mm gebracht werden. Die geschieht nach Lockern der Kontermutter (3) und Verstellen des Gabelkopfes (2). Auf der anderen Seite des Bremskraftverstärkers das hervorstehende Ende der Stößelstange für den Hauptbremszylinder ausmessen. Das Maß „X" muss 22,3 mm betragen und die Stößelstange muss nach Lockern der Kontermutter auf dieses Maß gebracht werden. Die Kontermutter nach der Einstellung wieder anziehen. Wie bereits weiter vorn erwähnt, ist diese Einstellung nicht bei allen Fahrzeugausführungen möglich.

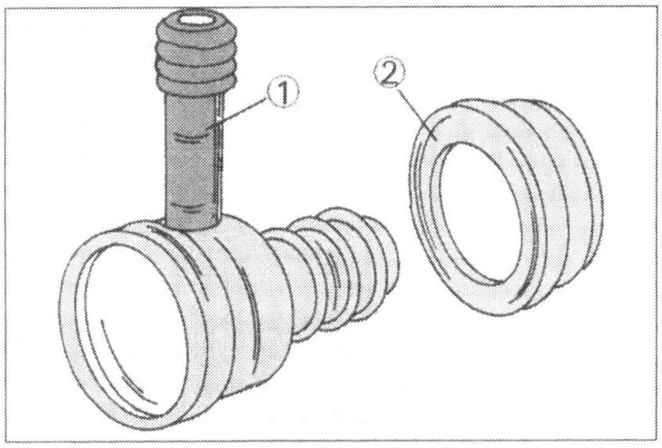

Bild 370
Ansicht des Rückschlagventils im Bremskraftverstärker. Der Anschluss (1) ist mit dem Unterdruckschlauch verbunden. Das Ventil wird in die Gummiabdichtung (2) eingedrückt.

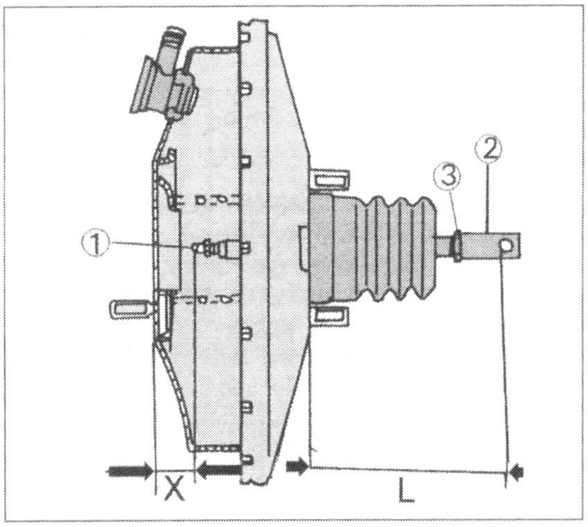

Bild 371
Einstelleinzelheiten für den Bremskraftverstärker. Die Maße „X" und „L" sind im Text angegeben.
1 Stößelstange
2 Gabelkopf
3 Kontermutter

14.11 ABS-Anlage

Es ist normalerweise nicht der Sinn des Buches auf die Arbeitsweise der ABS-Anlage einzugehen, jedoch werden Sie Ihre Anlage besser verstehen, wenn Sie wissen wie sie arbeitet. Als Erstes sollte man Folgendes wissen:

- Die eingebaute Anlage ist von Bosch hergestellt und trägt die Bezeichnung 5.3.
- Der entscheidende Sicherheitsfaktor der ABS-Anlage ist die Fähigkeit, die Räder am Blockieren zu hindern, wenn das Fahrzeug heftig abgebremst wird, wodurch die Gewährleistung besteht, dass man das Fahrzeug noch lenken kann. Auch bei einer Notbremsung besteht immer noch die Chance, dass man ein Hindernis umfahren kann, ohne dass die Hinterräder ausbrechen. Man darf aber nie vergessen, dass eine ABS-Anlage keine Wunder vollbringen kann. Falls die physikalischen Grenzen der Anlage überschritten werden, d.h. die Geschwindigkeit ist zu hoch, kann auch ein Fahrzeug mit ABS-Anlage ins Schleudern geraten.
- Vier elektronische Fühler zur Aufnahme der Raddrehzahl, die in die Achsschenkel oder den hinteren Radnabenträger eingesetzt sind, überwachen unabhängig voneinander die Drehzahl jedes Rades, indem sie die Drehzahl der am Achsenstumpf angebrachten Zahnkränze „überwachen". Unabhängig bedeutet jedoch, dass die beiden Vorderräder getrennt reguliert werden. Die beiden Hinterräder werden jedoch

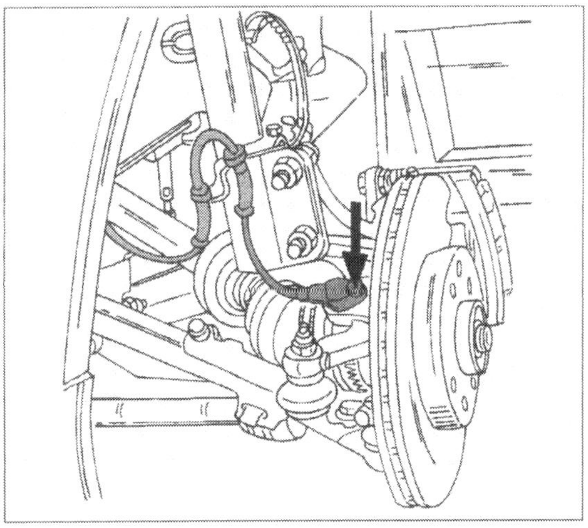

Bild 372
Die Lage des Drehzahlfühlers an der Vorderradbremse ist mit dem Pfeil gezeigt.

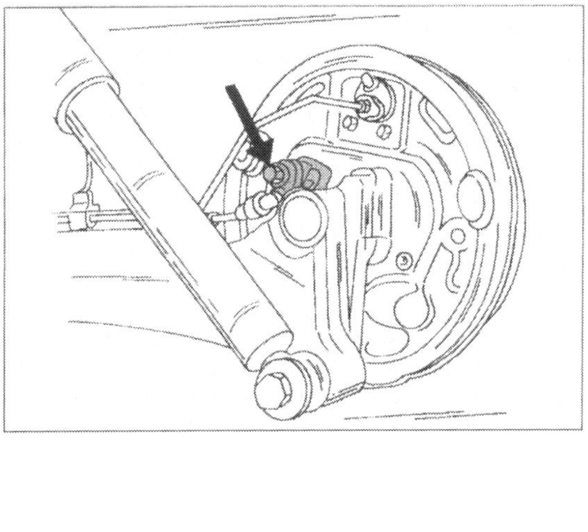

Bild 373
Der Drehzahlfühler sitzt bei der Trommelbremse an der mit dem Pfeil gezeigten Stelle.

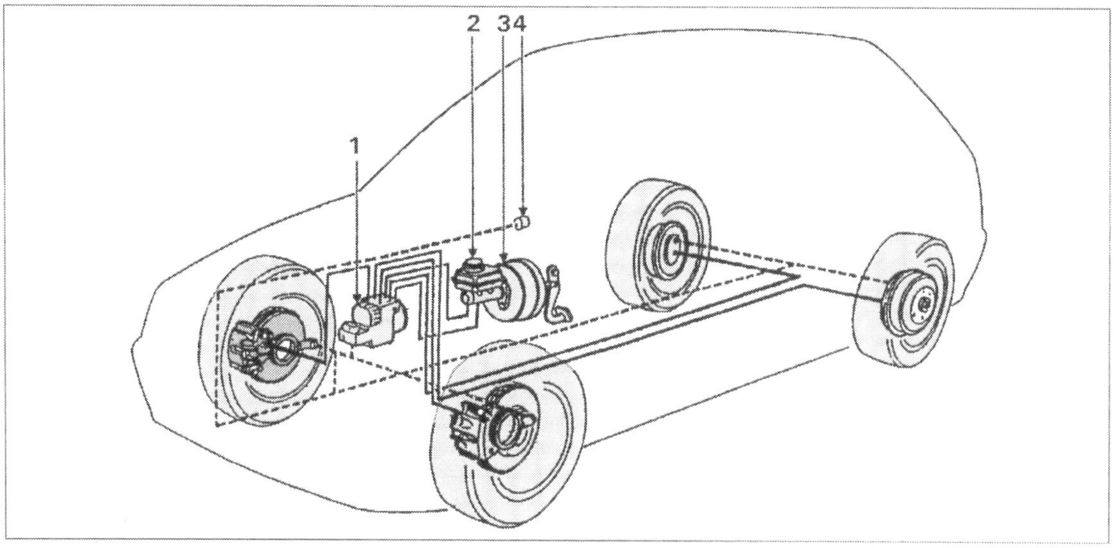

Bild 374
ABS-Diagramm.
1 Hydrogerät
2 Hauptbremszylinder
3 Bremskraftverstärker
4 Kontrollleuchte im Armaturenbrett

gleichzeitig reguliert. Sobald eines der Räder blockiert, tritt eine Gesamtregulierung der Hinterräder ein. Normalerweise haben die Fahrzeuge Scheibenbremsen an allen Rädern, wenn ABS eingebaut ist. Bei diesen Fahrzeugen werden jedoch Trommelbremsen an der Hinterachse verwendet. Bilder 372 und 373 zeigen, wo die Fühler und die Zahnkränze sitzen, wenn eine ABS-Anlage eingebaut ist. Ein Computer nimmt diese Drehzahlsignale auf und wertet alle Abnormitäten im Verhältnis zu den vorprogrammierten Werten aus. Durch diesen Prozess wird der Bremsdruck auf das betreffende Rad vier bis zehn Mal in der Sekunde in Verbindung mit der hydraulischen Anlage verringert oder erhöht, viel schneller, als man dies durch „stotterndes“ Betätigen des Bremspedales durchführen kann, und außerdem wird die Bremsregulierung an jedem Rad einzeln vorgenommen und nicht an allen vier Rädern gleichzeitig, wie dies durch Betätigung des Bremspedals bei Fahrzeugen ohne ABS-Anlage der Fall ist.

- Zwei hydraulische Ventile verteilen genau den erforderlichen Bremsdruck an die Vorderradbremsen in Abhängigkeit von der Straßenbeschaffenheit. Ein weiteres Regelventil steuert die Hinterradbremsen. In diesem Fall reagiert das elektronische Steuersystem zuerst auf das zuerst blockierte Rad. Bei optimaler Abbremsung verbleibt das Fahrzeug lenkbar, die Richtungsstabilität wird beibehalten und das Fahrzeug kann unter Kontrolle gehalten werden.

Da Ihnen die ABS-Anlage zusätzliche Sicherheit geben soll, empfehlen wir nicht, irgendwelche anderen Arbeiten daran durchzuführen, obwohl einige Arbeiten keine Schwierigkeiten machen. Ihre Werkstatt wird jedoch weitaus besser in der Lage sein, dies durchzuführen. Es werden aber immer Arbeiten am Fahrzeug vorkommen, die ohne Zweifel die ABS-Anlage beeinflussen. Aus diesem Grund müssen die folgenden Vorschriften bei jeglichen Arbeiten an der Bremsanlage beachtet werden:

- Alle Anschlüsse und deren unmittelbare Umgebung einwandfrei reinigen, ehe sie gelöst werden.
- Ausgebaute Teile auf eine saubere Fläche ablegen und mit Kunststofffolie oder sauberem Papier abdecken. Keine flusenden Lappen dazu verwenden.
- Geöffnete Teile der Anlage gut abdecken oder verschließen, falls die Reparatur nicht sofort durchgeführt werden kann. Dies gilt besonders, wenn man das Fahrzeug im Freien abstellen muss.
- Nur vollkommen saubere Teile einbauen. Auf keinen Fall Teile wieder verwenden, welche längere Zeit gelegen haben.
- Mit dem Vorhandensein von Luftkompressoren, die man anstelle des Zigarrenanzünders einstecken kann, ist es immer verlockend Pressluft zum Reinigen von Teilen zu verwenden. Dies auf keinen Fall durchführen, falls Anschlüsse der Anlage geöffnet sind.

Nach Einschalten der Zündanlage baut die Hydraulikpumpe innerhalb 60 Sekunden den Betriebsdruck für die Anlage auf. Die ABS-Warnleuchte leuchtet 2 bis 20 Sekunden auf, je nachdem, wie hoch der Druck in der Anlage ist. Das elektronische Steuergerät in der Anlage überprüft jetzt die einzelnen Komponenten. Falls dabei irgendwelche Störungen festgestellt werden, arbeitet die Bremsanlage in diesem Fall wie eine konventionelle Anlage ohne ABS-Anlage. Falls dies vorkommt, d.h. die Warnleuchte bleibt erhellt, muss man sich an eine Werkstatt wenden.
Diese ist in der Lage anhand einer Störungsdiagnose den Fehler in der Anlage mit Spezialgeräten herauszufinden, welcher entweder elektrischer oder hydraulischer Natur sein kann.
Die folgenden Arbeiten könnten jedoch schon einmal erforderlich sein und sollen aus diesem Grund beschrieben werden.
Wie die Teile der ABS-Anlage zueinander stehen, zeigt Ihnen Bild 374.

14.11.1 Aus- und Einbau von Teilen der ABS-Anlage

Aus- und Einbau des Drehzahlfühlers an der Vorderachse

- Fahrzeug vorn auf Böcke setzen und das Vorderrad abschrauben.
- Die Schraube (Pfeil in Bild 372) herausdrehen (Torx-Kopf) und den Raddrehzahlfühler aus dem Achsschenkel herausziehen.

• Das Kabel von den im Bild gezeigten Befestigungen lösen und den Stecker neben der vorderen Aufhängung des Motornebenrahmens trennen.
• Die Innenseite der Bohrung im Radlagergehäuse einwandfrei reinigen und den neuen Drehzahlfühler in die Bohrung des Radlagergehäuses einschieben (vorher etwas mit Mehrzweckfett einschmieren), die Schraube eindrehen und mit einem Drehmoment von 8 Nm anziehen.
• Den Kabelstecker wieder aufstecken und das Kabel befestigen.
• Die Räder vollkommen in beide Einschläge drehen und kontrollieren, dass sich das Kabel in keiner Stellung anderen Teilen der Radaufhängung nähern kann.

Aus- und Einbau des Drehzahlfühlers an der Hinterachse
• Fahrzeug hinten auf Böcke setzen und das Rad abschrauben.
• Unter Bezug auf Bild 373 die Schraube (Pfeil) mit einem Ringschlüssel von S/W 10 aus der Achse herausdrehen.
• Das Kabel von den Befestigungsschellen freimachen und den Stecker der Kabelverbindung trennen.
• Den Drehzahlfühler aus der Achse herausziehen.
• Die Innenseite der Bohrung einwandfrei reinigen, den neuen Drehzahlfühler ringsherum gut mit dem bereits genannten Fett einschmieren und die Schraube eindrehen. Die Schraube mit 8 Nm anziehen.
• Den Kabelstecker wieder aufstecken und das Kabel befestigen.

Hydrogerät und elektronisches Steuergerät
Da das Entlüften der Bremsanlage eine heikle Angelegenheit ist, sehen wir von der Beschreibung des Aus- und Einbaus ab. Ein neues Hydrogerät kommt vorgefüllt mit Bremsflüssigkeit. Der Grund dafür liegt in der Konstruktion des Geräts. Falls die elektrische Pumpe Luft in das Hydrogerät ansaugen kann, wird es sehr schwer oder sogar unmöglich sein das Gerät zu entlüften, d.h. es wird nutzlos. Falls Fehler im Hydrogerät vermutet werden, müssen wir Sie deshalb an eine Werkstatt verweisen.

Entlüften der hydraulischen Anlage
Hinweis: Falls nach Entlüften der Anlage in der unten beschriebenen Weise kein einwandfreier Druck zustande kommt, muss das Hydrogerät entlüftet werden. In diesem Fall müssen Sie sich an eine Werkstatt wenden. Die Fahrt dahin mit der notwendigen Vorsicht vornehmen (vorausgesetzt, dass überhaupt Druck vorhanden ist).

Je nach durchgeführten Arbeiten sind unterschiedliche Arbeiten beim Entlüften der Bremsanlage zu befolgen. Das Entlüften des Hydrogeräts wurde aus den oben beschriebenen Gründen weggelassen. Die anderen Arbeiten können jedoch durchgeführt werden, ohne dass das Hydrogerät dabei betroffen wird.

Nach Aus- und Einbau eines Bremssattels
• Vorratsbehälter mit Flüssigkeit füllen.
• Einen Entlüftungsschlauch auf die Entlüftungsschraube des betreffenden Bremssattels aufstecken, die Entlüftungsschraube um eine halbe Umdrehung öffnen und das Bremspedal durchtreten und auf dem Boden halten lassen. Die Schraube wieder festziehen und das Pedal zurückkommen lassen. Ungefähr 3 Sekunden warten.
• Diesen Entlüftungsvorgang ca. 10 Mal wiederholen, bis die in das Glasgefäß einströmende Flüssigkeit frei von Luftblasen ist.
• Das Bremspedal jetzt zwei- oder dreimal durchpumpen lassen und danach die Entlüftungsschraube öffnen, bis das Pedal auf dem Boden ansitzt. Die Schraube jetzt schließen. Die gleiche Arbeit wiederholen.
• Den Behälter auf den vorschriftsmäßigen Flüssigkeitsstand füllen.

Entlüften nach Einbau des Hauptbremszylinders
Um den Hauptbremszylinder vorschriftsmäßig zu füllen, muss man die Auslassanschlüsse des Zylinders verschließen. Dies muss man durch Einschrauben von Entlüftungsschrauben durchführen, mit deren Hilfe dann auch der Zylinder entlüftet werden kann.
• Vorratsbehälter füllen und die Entlüftungsschraube des Hauptdruckkreises (neben dem Bremskraftverstärker) des Hauptbremszylinders öffnen und das Bremspedal durchtreten und auf dem Boden halten lassen.
• Entlüftungsschraube schließen und das Bremspedal langsam zurückkommen lassen. Drei Sekunden warten, damit sich der Zylinder wieder füllen kann.
• Die beschriebenen Entlüftungsarbeiten 5 bis 6 Mal wiederholen.
• Den Bremszwischenkreis in gleicher Weise entlüften.
• Vor dem Anschließen der Bremsleitungen am Zylinder das Bremspedal mindestens 30 mm durchtreten lassen, damit keine Flüssigkeit aus dem Vorratsbehälter in den Zylinder laufen kann und auch keine Flüssigkeit aus dem Zylinder auslaufen kann.
• Die Leitungen jetzt am Zylinder anschließen.
• Die Bremsanlage jetzt entlüften wie es bereits nach Einbau eines Bremssattels beschrieben wurde. Die Reihenfolge lautet: vorn links, hinten rechts, vorn rechts und hinten links.

15 Elektrische Anlage

Wenn Sie den Zündschlüssel drehen, springt der Motor an. Wenn es draußen regnet oder kalt ist, schalten Sie die Scheibenwischer oder das Gebläse ein. Ein Griff an den Lichthebel genügt, und die Scheinwerfer strahlen hell in der Dunkelheit. Damit das alles funktioniert, braucht das Fahrzeug Strom. Die Liste der Stromverbraucher in Ihrem Fahrzeug ist freilich viel länger. Denn auch Systeme wie Motorsteuerung und Benzineinspritzung oder die Dieseleinspritzanlage müssen während der Fahrt mit Energie versorgt werden. Doch so wichtig die Autoelektrik auch ist – manchem Fahrer fällt zu diesem Thema eine unangenehme Geschichte ein. Die beginnt meist damit, dass der Strom im Motorraum produziert wird. Die Arbeitsbedingungen sind dort nicht gerade ideal. Mal ist es zu kalt, mal zu warm, oft ist es feucht und manchmal richtig nass. Und weil viele Stromverbraucher an exponierten Stellen sitzen, sind Störungen programmiert. Aber auch Batterie und Lichtmaschine, die Stromerzeuger, sorgen bisweilen für Ärger. Verlieren Sie jedoch nicht gleich den Mut, wenn Sie einen Schalter drücken und nichts geschieht. Oft sitzt nur ein Kabel lose oder ein Kontakt ist korrodiert. Viele Störungen an der Elektrik lassen sich mit einfachen Mitteln beheben. Auch dann, wenn man kein Elektrik-Profi ist.

Alle in dieser Ausgabe behandelten Fahrzeuge sind mit einer elektrischen Anlage mit einer Spannungsstärke von 12 Volt ausgerüstet. Die Masserückstromführung erfolgt über die Minusklemme der Batterie. Die Batterie befindet sich im Motorraum und hat im Allgemeinen eine Kapazität von 40 Ah oder 70 Ah beim Dieselmotor.

Ein Schubtriebanlasser wird zum Anlassen des Motors verwendet. Der Anlassschalter bildet einen Teil des Zündschalters und erregt bei Betätigung einen im Anlasser montierten Einrückmagnetschalter. Auch der Anlasser ist je nach eingebauten Motor nicht gleich, da Renault von Valeo oder Bosch hergestellte Anlasser während der Produktion einbaut. Der 1.1-Liter-Motor kann einen Anlasser von Bosch oder Valeo haben, beim 1.4-Liter-Motor wird nur ein Valeo-Anlasser eingebaut, beim Dieselmotor nur ein Bosch-Anlasser.

Die eingebaute Drehstromlichtmaschine hat je nach eingebautem Motor und eingebauter Ausrüstung eine unterschiedliche Leistung. Beim 1.1-Liter-Motor hat die Lichtmaschine eine Leistung von 80 A (von AC Delco hergestellt). Eine Lichtmaschine mit einer Leistung von 75 A wird beim 1.4-Liter-Motor eingebaut, wenn keine Klimaanlage eingebaut ist. Mit Klimaanlage hat die LM eine Leistung von 110 A. Eine Lichtmaschine mit der gleichen Leistung, jedoch eine unterschiedliche Ausführung kommt beim Dieselmotor zum Einbau (mit und ohne Klimaanlage). Die Lichtmaschine wird für die anderen Fahrzeuge von Valeo hergestellt.

Die Lichtmaschine wird über einen Riemen von der Kurbelwelle aus angetrieben. Ein elektromechanischer Regler dient zur Regulierung des Ladestromes und befindet sich auf dem hinteren Deckel.

Eine in die Instrumententafel eingesetzte Ladekontrollleuchte gibt eine Anzeige über das einwandfreie Funktionieren der elektrischen Anlage, soweit die Aufladung der Batterie betroffen ist.

15.1 Allgemeine Begriffe

Batterie, Generator und Anlasser – Die Grundbegriffe der Elektrik

Elektrischer Strom kann nur in einem geschlossenen Stromkreis fließen. Der besteht aus Erzeuger (z.B. Batterie), Verbraucher (z.B. Glühlampe, Anlasser) und den Leitungen (Kabel), mit denen Erzeuger und Verbraucher verbunden sind. Die Grundbegriffe der Elektrik veranschaulicht folgendes Beispiel. Stellen Sie sich eine Wasserleitung vor, durch die unter einem bestimmten Druck eine bestimmte Menge Wasser fließt. Dieses System lässt sich mit einem Stromkreis vergleichen.

Spannung. Sie entspricht dem Druck in der Wasserleitung. Wird in Volt (V) gemessen.

Strom. Entspricht der Wassermenge, die in einer bestimmten Zeit durch die Leitung fließt. Maßeinheit ist Ampere (A).

Leistung. Das Produkt aus Spannung und Strom gibt an, welche elektrische Arbeit ein Stromerzeuger an einen Verbraucher abgibt. Wird in Watt (W) angegeben.

Widerstand. Vergleichbar mit dem Absperrhahn der Wasserleitung. Ist er ganz geöffnet, fließt das Wasser ungehindert (Widerstand 0). Dreht man den Hahn zu, erhöht sich der Widerstand, bis das Wasser nicht mehr fließen kann (Widerstand ∞). Maßeinheit ist Ohm (Ω).

Kabel. Entsprechen der Wasserleitung. Die Dicke der Leitung (Querschnitt) hängt vom Verbraucher ab. Ein Kontrolllämpchen kommt mit einer Kabelstärke von 0,5 mm^2 aus, der Anlasser braucht dagegen eine 16-mm^2-Leitung. Ein zu dünnes Kabel heizt sich auf – die Spannung fällt ab. Dann kommen zum Beispiel am Scheinwerfer nicht 12 Volt, sondern nur 10 oder 9,5 Volt an – das Licht wird trübe.

Spannung, Strom und Widerstand messen

Wenn Sie wissen wollen, ob die verschiedenen elektrischen Systeme Ihres Fahrzeuges in Ordnung sind, brauchen Sie nicht gleich einen Elektriker. Im Handel gibt es eine Reihe von Prüfgeräten, mit denen Sie sich selbst über den Zustand Ihrer elektrischen Anlage informieren können.

Prüflampe (mit Nadelkontakt). Damit testen Sie, ob Spannung in einem Stromkreis anliegt. Je heller die Lampe leuchtet, desto mehr Spannung ist vorhanden. Mit der Nadel der Lampe die Isolierung des zu prüfenden Kabels durchstechen. Die Klemme am Kabel der Lampe wird am blanken Metall angeclipst (Masse). Vorsicht: Die Prüflampe nimmt viel Leistung auf und eignet sich daher nicht für Messungen an elektronischen Bauteilen (z.B. Steuergerät). Hier müssen Sie einen Spannungsprüfer mit Leuchtdioden verwenden.

Spannungsprüfer mit Leuchtdioden. Je nach Ausführung zeigt dieses Gerät Gleich- und Wechselspannungen zwischen sechs und rund 700 Volt an. Die Spannungsanzeige erfolgt optisch über die Leuchtdioden. Einfache Geräte gibt's im Handel bereits sehr preisgünstig.

Multimeter (Vielfachinstrument). Damit lassen sich Spannung, Strom (Gleich-/Wechselstrom) und Widerstand messen. Geeignete Geräte mit digitaler Anzeige gibt's in Zubehörgeschäften zu einem angemessenen Preis. Die Stromversorgung des Multimeters erfolgt in der Regel durch eine Batterie.

Spannung messen. Um mit einem Multimeter zum Beispiel die Ruhespannung der Batterie zu messen, müssen Sie das mit „–"gekennzeichnete Kabel an den Minuspol der Batterie oder Masse anklemmen. Das „+"-Kabel des Messgeräts an den Pluspol der Batterie oder die zu messende Leitung klemmen. Zeigt das Instrument etwa nur 10,4 Volt an, deutet das auf einen Kurzschluss in einer Batteriezelle hin. Prüfen Sie einmal die Spannung der Batterie, während der Anlasser betätigt wird – ein Messergebnis von 5 Volt bedeutet, dass es um den Akku nicht mehr gut steht.

Strom messen. Dazu müssen Sie den Stromkreis auftrennen und das Messgerät dazwischen schalten. Bei einer Reihe von Messungen in Ihrem Fahrzeug genügt es, wenn Sie einen Steckkontakt abziehen und dann das Messgerät zwischen Stecker und Kontaktzunge schalten. Vorsicht: Achten Sie stets auf den Messbereich Ihres Multimeters. In Verbrauchern wie Anlasser und Glühkerzen (Dieselmotor) fließen sehr hohe Ströme, die Ihr Gerät bei einer Messung beschädigen könnten.

Widerstand messen. Mit dem Multimeter prüfen Sie, ob eine Leitung oder ein Schalter Durchgang hat. Fließt der Strom ungehindert, zeigt das Gerät den Messwert 0. Ist der Stromweg jedoch an einer Stelle unterbrochen, erhalten Sie den Messwert unendlich (∞). Außerdem können Sie feststellen, welchen Innenwiderstand ein bestimmtes Bauteil hat.

Der Schub-Schraubtrieb-Anlasser

- Beim Drehen des Zündschlüssels in Richtung „Start" liefert eine Klemme am Zündschloss über ein Kabel Spannung an den Magnetschalter, der oben auf dem Anlasser sitzt.
- Eine Einrückgabel schiebt das Zahnritzel des Anlassers auf einem Steilgewinde der Ankerwelle in den Zahnkranz des Motorschwungrads (Schubweg).
- Das Ritzel greift ein, dann schaltet der Magnetschalter über die Hauptkontakte den vollen Batteriestrom ein. Das Ritzel schraubt sich in den Zahnkranz und stellt so den Kraftschluss her (Schraubweg) – der Anlasser dreht den Motor durch.
- Ist der Motor angesprungen und wird der Zündschlüssel losgelassen, bricht das magnetische Feld in der Haltewicklung des Magnetschalters zusammen. Die Einrückgabel wird durch eine Rückzugfeder in die Ruhestellung gezogen. Das Ritzel spurt aus und die Stromzufuhr zum Anlasser wird unterbrochen.

15.2 Die Batterie

Die eingebaute 12-Volt-Batterie besitzt sechs Zellen, die aus positiven und negativen Platten bestehen, welche in eine Schwefelsäurelösung eingetaucht sind. Die Batterie hat die Aufgabe, den Strom zum Anlassen des Fahrzeugs, zur Beleuchtung des Fahrzeugs sowie für andere Stromverbraucher zu liefern. In Ihrem Renault eingebaute Batterie hat die bereits oben angegebene Kapazität. Die Stärke Ihrer Batterie werden Sie bestimmt kennen. Die Batterie sitzt auf der linken Seite des Fahrzeuges (von vorn gesehen rechts) im Motorraum, wie es aus Bild 375 gezeigt ist. Die folgenden Arbeiten sind von Zeit zu Zeit durchzuführen, um der Batterie eine lange Lebensdauer zu geben und deren Leistung immer auf dem Höhepunkt zu halten. Die Batterie kann man als wartungsfrei bezeichnen, d.h. unter normalen Betriebsbedingungen sollte es nicht notwendig sein sie nachzufüllen. Manchmal passiert es jedoch, dass der Flüssigkeitsspiegel durch bestimmte Umstände absinkt.

- Batterie und die sie umgebenden Teile immer sauber halten. Die Oberfläche der Batterie muss immer gut trocken sein, da sich sonst zwischen den einzelnen Zellen Kriechströme entwickeln können, wovon sich die Batterie von selbst entladen kann.
- Die Batteriesäure muss jederzeit bis zur Höhe des unteren Striches an der Außenseite des Batteriegehäuses stehen (falls eine Batterie mit durchsichtigem Gehäuse eingebaut ist) oder man entfernt die Batterieabdeckung mit der Hand oder einem spachtelähnlichen Werkzeug und kontrolliert, dass die Batteriesäure oberhalb der Trennplatten in der Innenseite der Batterie steht. Zum Nachfüllen destilliertes Wasser verwenden – ***Niemals Batteriesäure nachfüllen.***

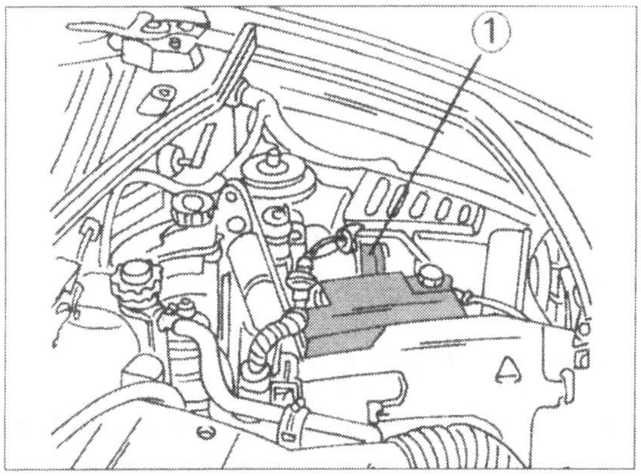

Bild 375
Zum Ausbau der Batterie die mit (1) bezeichnete Befestigung lösen.

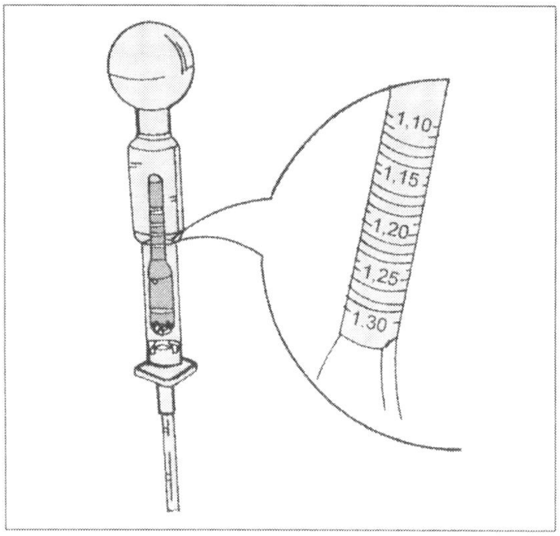

Bild 376
Ansicht eines Säurehebers zur Kontrolle des spez. Gewichts der Batteriesäure. Die Säuredichte wird direkt an der Skala abgelesen.

- Bei kaltem Wetter die Batterie nicht in ungeladenem Zustand stehen lassen, da sie sonst einfriert. Schwach geladene Batterien frieren eher ein als geladene, d.h. man muss der Batterie die notwendige Pflege geben, um dies zu verhindern.

15.2.1 Prüfen der Batterie

Säurestand: Wie bereits erwähnt ist die Batterie entweder mit einem Deckel verschlossen oder durchsichtig (siehe oben). Die Batterie ist mit Schwefelsäure gefüllt, die mit destilliertem Wasser verdünnt wurde. Da die Wasseranteile verdunsten können, muss man gelegentlich den Säurestand überprüfen und ggf. destilliertes Wasser nachfüllen. Die Batteriesäure muss zwischen den Markierungen am Batteriegehäuse liegen oder oberhalb der Trennplatten in der Batterie liegen. Zum Nachfüllen muss die Abdeckung abgenommen werden (entweder mit der Hand abziehen oder ein spachtelähnliches Werkzeug benutzen), um destilliertes Wasser einzufüllen, bis der Säurestand stimmt.

Ladezustand: Zur Kontrolle des Ladezustandes ist ein Säureheber erforderlich. Zur Kontrolle die Abdeckung abhebeln und die Spitze des Säurehebers in die sichtbare Batteriesäure eintauchen. Mit Hilfe des Gummiballs genügend Säure ansaugen, dass der Schwimmer frei schwimmen kann. Je nach Ladezustand besitzt die Säure ein unterschiedliches spezifisches Gewicht, welches durch das Eintauchen des Schwimmers in die Säure angezeigt wird. Bei einer Anzeige von 1,28 ist die Batterie voll geladen; bei 1,12 ist die Batterie vollkommen entladen. Dazwischenliegende Werte weisen auf die entsprechende Ladestärke hin. Die Anzeigen am Säureheber sind in kg/l angegeben. Bild 376 zeigt, wie ein solcher Säureheber aussieht. Andere Ausführungen können jedoch ebenfalls benutzt werden.

Aufladen der Batterie: Eine sehr entladene Batterie sollte erst nach dem Aufladen mit destilliertem Wasser aufgefüllt werden. Beim Laden steigt der Säurestand an und eine vorschriftsmäßig gefüllte Batterie könnte aus diesem Grund „überkochen“. Der Ladestrom sollte am Anfang 10% der Batteriekapazität (4,0 A, bzw. 7,0 A) nicht überschreiten. Man muss sich deshalb vergewissern, mit welcher Batterie man es zu tun hat. Je nach Aufbau des verwendeten Batterieladegeräts wird sich der Ladestrom allmählich automatisch verringern. Die Batterie ist voll geladen, wenn sich die Säuredichte innerhalb zwei aufeinanderfolgender Stunden nicht verändert.
Die Verschlussstopfen der Batterie sollten ausgeschraubt und lose auf die Einfüllöffnungen gelegt werden. Damit kann das aus Sauerstoff und Wasserstoff entstehende Knallgas entweichen. Da bei lebhafter Aufladung ein Spritzen der Säure unvermeidlich ist, sollte man die Umgebung der Batterie mit Zeitungen oder Ähnlichem schützen. Wird die Aufladung in einem geschlossenen Raum durchgeführt, muss dieser gut belüftet sein. Auf keinen Fall mit nackter Flamme in die Batterieöffnungen leuchten.
Bei Verwendung eines Heimladegeräts kann die Batterie im Auto verbleiben. Auch die Kabel braucht man nicht abzuschließen. Anders ist es bei der Verwendung eines Schnellladegeräts. Beide Batteriekabel abklemmen um die Dioden der Drehstromlichtmaschine, die elektronischen Schaltgeräte, Autoradio, usw. nicht zu gefährden.

Aus- und Einbau: Die Batterie sitzt an der in Bild 375 gezeigten Stelle. Vor dem Ausbau die beiden Batteriekabel von den Polen abschrauben. Wie Sie ja wissen werden, liegt die positive Klemme unter der Abdeckklappe. Immer zuerst das Minuskabel abklemmen. Zum Ausbau die Befestigung an Stelle (1) im Bild mit einer Stecknuss und Verlängerung benutzen.
- Beim Einbau der Originalbatterie zuerst die Polköpfe reinigen und mit einem guten Polfett einschmieren. Zuerst das Pluskabel anschließen und festschrauben. Unbedingt kontrollieren, dass die Klemmen fest angezogen sind, da eine schlechte Strom- oder Masseverbindung zu Störungen führen kann. Abgesehen davon kann es zur Funkenbildung und in schlimmen Fällen dabei zu Feuer kommen.

Hinweis: Bei einem Autoradio mit Diebstahlcode muss die Eingabenummer zur Hand sein, um das Radio wieder in Gang zu setzen. Ebenfalls die Zeituhr stellen. Nach Anschließen der Batterie das Fahrzeug eine Strecke fahren, damit das Steuergerät der Einspritz- und Zündanlage „neu lernen“ kann.

Start mit leerer Batterie: Am einfachsten ist die Verwendung von Starthilfekabeln, die aber einen kräftigen Querschnitt und starke Anschlussklemmen haben müssen, um den Strom von einer Batterie zur anderen durchzulassen. Beim Anschaffen solcher Kabel sollte man immer etwas tiefer in die Tasche greifen, um Kupferkabel zu kaufen. Aluminiumkabel sind zwar billiger, werden aber sehr heiß, sodass die Isolierung schmilzt und man sich beim Abnehmen der Klemmen die Finger verbrennen kann. Zuerst das Pluskabel an die beiden Pluskabel anklemmen und danach erst die Minuskabel anschließen. Der „Helfer“ sollte den Motor anlassen und mit mittleren Drehzahlen laufen lassen, damit die Lichtmaschine zusätzlichen Strom aufbauen kann.

Anschieben oder Anrollen lassen sowie Anschleppen sind die bekanntesten Methoden zum Anlassen eines Motors mit schwacher Batterie.

Wagen anschieben: Mit zwei Helfern lässt sich der Renault bei gutem Motorzustand anschieben, jedoch ein Wort der Warnung: Bei einem heißen Katalysator sammelt sich unverbrannter Kraftstoff im Katalysator an, welcher sich beim Motorstart entzünden und durch Explosion des Katalysators die Innenteile beschädigen kann. Dies ist besonders bei einem Benzinmotor kritisch. Nur wenn der Motor aufgrund einer leeren Batterie nicht anspringt, sollte man das Anschieben versuchen. Außerdem muss der Motor kalt sein.

- Zündung einschalten.
- 1. Gang einlegen. Einschalten des 2. Ganges könnte bedeuten, dass die Lichtmaschine sich zu langsam für eine gute Stromlieferung durchdreht.
- Kupplung durchtreten, Wagen anschieben lassen, bis er eine gute Geschwindigkeit erreicht hat.
- Kupplungspedal schnell zurücklassen. Der Motor wird dadurch durchgedreht und sollte anspringen.
- Kupplung sofort durchtreten und Gas geben.

Voraussetzung zum Gelingen des Startens ist einige Erfahrung.

Wagen anschleppen: Anschleppen lassen hat immer Nachteile, da manchmal durch Ungeschicklichkeit größere Schäden entstehen können. Denken Sie daran, dass bei stillstehendem Motor die Servounterstützung der Bremsanlage und der Lenkung nicht arbeiten. Ebenfalls die obige Warnung über den Katalysator beachten. Aus diesem Grund wollen wir keine Anweisungen zum Anschleppen angeben, mit der Ausnahme, dass man ein Abschleppseil nur an der Abschleppöse festbinden darf, die Ihnen bestimmt aus der Betriebsanleitung bekannt sein wird. Falls Sie selbst ein anderes Auto abschleppen wollen, muss das Abschleppseil an der Abschleppöse an der Rückseite befestigt werden.

Hinweis: Obwohl die Abschleppöse kräftig genug ist, um das Fahrzeug abzuschleppen, sollte man niemals das Fahrzeug durch Untersetzen eines Wagenhebers an dieser Stelle anheben. Das Gleiche gilt für die Abschleppöse an der Rückseite.

15.2.2 Wissenswertes über die Batterie

Nennspannung. Die allgemeine Spannungsabgabe (Maßeinheit „V"). Beträgt bei allen 12 Volt. Die tatsächliche Spannung hängt vom Ladezustand der Batterie ab. Sie kann größer oder kleiner sein als die Nennspannung.

Nennkapazität. Eine Batterienorm. Steht für das Speichervermögen einer Batterie (Maßeinheit „Ah"). Die Kapazität, die eine voll geladene Batterie bei einer Temperatur von 27 Grad in 20 Stunden abgeben kann, ohne dass dabei die Spannung unter 10,5 Volt absinkt (Entladeschlussspannung). Das Standlicht Ihres Fahrzeuges nimmt zum Beispiel ca. 25 Watt auf. Bei der Bordspannung von 12 Volt gibt die Batterie einen Strom von 2,08 Ampere ab, nach der Formel „Strom (A) = Leistung (W)/Spannung (V)". Mit einer 40-Ah-Batterie könnten Sie Ihr Fahrzeug also theoretisch ca. 25 Stunden mit eingeschaltetem Parklicht parken. Lassen Sie Ihr Fahrzeug mit Standlicht stehen, wird die Batterie bereits nach ca. 10 bis 15 Stunden leer sein. Die eingeschalteten Warnblinker zehren den Batteriestrom bereits nach ca. 8 Stunden auf. Dies sind nur einige typische Beispiele, die Ihnen jedoch beim Betrieb Ihres Fahrzeuges helfen können.

Kapazität. Die entnehmbare Strommenge in Amperestunden (Ah). Sie hängt vor allem ab vom Entladestrom, der Temperatur, dem Ladezustand und dem Allgemeinzustand (Alter) der Batterie.

Kälteprüfstrom. Steht für die Startfähigkeit einer Batterie bei Kälte (Maßeinheit „A"). Ein definierter Entladestrom, der einer 12-Volt-Batterie bei –18 Grad entnommen werden kann, ohne dass die Spannung innerhalb von 30 Sekunden unter 9 Volt, innerhalb von 150 Sekunden unter 6 Volt absinkt.

Selbstentladung. Chemische Vorgänge im Inneren der Batterie führen zur Entladung, auch wenn kein Verbraucher angeschlossen ist. Eine geladene Starterbatterie verliert täglich etwa 0,5 Prozent ihrer Ladung. Hohe Temperaturen, Beschädigungen und Verschmutzungen des Batteriedeckels beschleunigen die Selbstentladung.

15.2.3 Defekten Verbraucher ermitteln

Liefert die am Vortag intakte Batterie keinen Strom, hat vielleicht ein defekter Verbraucher im Bordnetz den Akku über Nacht leer gesaugt. Das überprüfen Sie zunächst mit einer Strommessung. Wenn nötig, ermitteln Sie dann den betreffenden Verbraucher.

- Batterie-Minuskabel abnehmen, Kabel des Multimeters zwischen Minuspol und Batteriekabel anschließen. Zeigt das Gerät einen Stromfluss an, ist ein Verbraucher defekt.
- Massekabel anschließen, Sicherungskasten öffnen und eine Sicherung herausnehmen. An die Kontakte das Multimeter anschließen. Fließt kein Strom, ist der betreffende Stromkreis in Ordnung. Auch ein geringer Stromfluss ist kein Alarmsignal. Geräte wie Bordcomputer, Uhren, Radios und Alarmanlagen nehmen ständig Energie von der Batterie. Der Stromfluss ist freilich viel geringer als bei einem defekten Verbraucher.
- Wiederholen Sie die Messungen, bis das Gerät einen höheren Stromfluss anzeigt. Die Sicherungstabelle zeigt Ihnen, welche Verbraucher zu diesem Stromkreis gehören.
- Die Verbraucher der Reihe nach ausbauen und jeweils den Strom messen. Wenn das Multimeter keinen Strom mehr anzeigt, haben Sie den Übeltäter ermittelt.

15.3 Die Drehstromlichtmaschine

In der Autofahrersprache hat sich der Begriff Lichtmaschine oder Generator für den Stromerzeuger fest eingebürgert, obwohl es schon sehr lange her ist, dass der erzeugte Strom ausschließlich zur Fahrzeugbeleuchtung diente: Heute wollen noch zahlreiche andere Stromverbraucher mit elektrischer Energie gespeist werden. Bei stehendem Motor besorgt dies die Batterie. Sobald der Motor läuft und sich die Lichtmaschine dreht, tritt sie als Stromquelle in Aktion.
Die wartungsfreie Drehstrom-Lichtmaschine erzeugt trotz ihrer relativ kleinen Baugröße recht viel Strom. Allerdings hat sie noch mehr Vorzüge. Bereits bei Leerlaufdrehzahl des Motors werden ca. 25 A geliefert, und bei 2400/min wird bereits die Maximalleistung abgegeben. Dies sind natürlich nur Richtwerte. Ferner halten die Schleifkohlen weit über 100 000 km. Die Lichtmaschine wird über einen Riemen an der Vorderseite des Motors angetrieben. Getreu ihrem Namen kann die Lichtmaschine nur Drehstrom erzeugen. Diesen können wir jedoch im Fahrzeug nicht gebrauchen, denn die Batterie kann nur Gleichstrom speichern. In der Lichtmaschine sind deshalb mehrere Dioden eingebaut, die den Drehstrom in einen Gleichstrom umwandeln. Diese Dioden sind empfindlich gegen Spannungsspitzen.
Um schon bei möglichst tiefer Motordrehzahl die beste Leistung der Lichtmaschine zu erzielen, dreht die Lichtmaschine schneller als die Kurbelwelle. Man erreicht diese Drehzahlsteigerung, indem man die Riemenscheibe der Lichtmaschine kleiner wählt als die Kurbelwellen-Riemenscheibe. Der Spannungsregler ist an die Rückseite der Lichtmaschine geschraubt.

15.3.1 Vorsichtsmaßnahmen bei Arbeiten an der Ladestromanlage

Ehe irgendwelche Arbeiten an der Ladestromanlage durchgeführt werden, müssen die folgenden Vorsichtsmaßnahmen unbedingt eingeprägt werden:

- Niemals die Batterie oder den Spannungsregler abklemmen, während der Motor und somit die Lichtmaschine laufen. Ansonsten entstehen Spannungsspitzen, die den elektronischen Geräten schaden können.
- Niemals die Erregerklemme (Feldklemme) der Lichtmaschine oder das daran befestigte Kabel in Berührung mit Masse kommen lassen.
- Niemals die beiden Leitungen des Spannungsreglers verwechseln.
- Niemals den Spannungsregler in Betrieb bringen, wenn er mit Masse verbunden ist (sofortige Beschädigung).
- Niemals die Lichtmaschine ausbauen, wenn die Batterie nicht vorher aus dem Stromkreis genommen wurde (mindestens Minusklemme abschrauben). Andernfalls können irreparable Schäden auftreten.
- Beim Einbau der Batterie darauf achten, dass die Minusklemme an Masse angeschlossen wird.
- Niemals eine Prüflampe verwenden, die direkt an das Hauptstromnetz (110 oder 220 V) angeschlossen ist. Nur eine Prüflampe mit einer Spannungsstärke von 12 V benutzen.
- Falls eine Batterie im eingebauten Zustand mit einem Batterieladegerät aufgeladen wird, müssen die beiden Batteriekabel abgeklemmt werden. Die positive Klemme des Ladegerätes an den positiven Pol der Batterie und die negative Klemme des Ladegerätes an den negativen Pol der Batterie anschließen. Verwechseln kann man die Klemmen kaum, da sie einen unterschiedlichen Innendurchmesser haben.
- Falsches Anschließen der Leitungen führt zur Zerstörung der Gleichrichter und des Spannungsreglers sowie anderer elektrischer/elektronischer Bauteile.

15.3.2 Eingebaute Drehstromlichtmaschine prüfen

Während normaler Fahrt muss die Ladekontrollleuchte erlöschen. Falls dies nicht der Fall ist, liegt ein Fehler in der Drehstromlichtmaschine oder im Spannungsregler vor. Als Erstes alle Stromververbindungsanschlüsse der Drehstromlichtmaschine prüfen.
Kontrollieren, ob der Antriebsriemen einwandfrei gespannt wird. Weitere Überprüfungen sollten in einer Werkstatt durchgeführt werden, da es leicht möglich ist, dass man beim Anschließen von Prüfgeräten an der falschen Klemme die gesamte Anlage untauglich machen kann.
Eine leichte Prüfung kann man jedoch ohne Gefahr der Beschädigung durchführen:

- Ein Voltmeter an den beiden Batterieklemmen anlegen und den Motor anlassen.
- Die Motordrehzahl bei gleichzeitiger Beobachtung des Voltmeters erhöhen und kontrollieren, dass die Anzeige zwischen 13,5 und 14,8 V liegt.
- Motor weiterhin mit dieser Drehzahl laufen lassen und möglichst viele Stromabnehmer einschalten. Die Spannung muss weiterhin innerhalb der angegebenen Werte verbleiben. Falls dies nicht der Fall ist, muss der Fehler im Regler liegen oder die Kohlen der Lichtmaschine sind abgenutzt. Bei hoher Anzeige (um die 20 Volt herum) können die Dioden ausgebrannt sein.

Ergibt die Prüfung, dass die Lichtmaschine defekt ist, können Sie sich günstigen Ersatz auf folgende Arten beschaffen:

- Die defekte Lichtmaschine ausbauen und in eine Autoelektrik-Werkstatt bringen. Prüfung und Reparaturen, wie das Ersetzen der Schleifkohlen oder den Einbau eines neuen Spannungsreglers, können Sie dort durchführen lassen.

15.3.3 Aus- und Einbau

Beim Ausbau der Drehstromlichtmaschine muss man den Anweisungen entsprechend dem eingebauten Motor folgen. Erwähnen müssen wir, dass das Spannen des Antriebsriemens bei allen Ausführungen in der Werkstatt mit einem Spezialmessgerät durchgeführt wird. Im Kapitel 4.4 kann man jedoch einige Allgemeinanweisungen finden, nach deren Befolgung

Sie den Riemen auf die ungefähre Spannung bringen können.

1.4-Liter-Motor

Der Ausbau der Lichtmaschine ist komplizierter als man erwarten wird, da man die Maschine von der Unterseite des Fahrzeuges lösen, aber von oben herausnehmen muss. Außerdem muss die Abdeckung der Motoraufhängung ausgebaut werden, da man sonst den Antriebsriemen nach Einbau nicht spannen kann. Das Fahrzeug dabei auf Böcke setzen.

- Batteriekabel abklemmen.
- Die elektrischen Kabel an der Rückseite der Drehstromlichtmaschine abklemmen.
- Den Motor mit einem geeigneten Hebezeug aus dem Motorraum heraussheben, bis die in Bild 377 gezeigte Motoraufhängung nicht länger unter Spannung steht. Die mit den Pfeilen gezeigten Schrauben/Muttern lösen und das Oberteil der Aufhängung herausnehmen.
- Vom der Stirnseite aus die Schraube der Spannvorrichtung für den Keilriemen die Lichtmaschine lockern. Dazu die Kontermutter (2) in Bild 378 lockern und die Schraube (1) herausdrehen, bis die darunterliegende Spannrolle den Riemen so weit gelockert hat, dass man ihn abnehmen kann.
- Bei eingebauter Klimaanlage ist ein Gehäuse neben dem Luftfilter angebracht, welches man abschrauben muss. Die Schraube (3) der Lichtmaschine in Bild 378 an der Oberseite lösen, eine ähnliche an der Unterseite und die Lichtmaschine herausheben.

Der Einbau geschieht in umgekehrter Reihenfolge wie der Ausbau. Der Antriebsriemen sollte am besten immer erneuert werden, da er bestimmt eine lange Betriebszeit hinter sich hat, wenn man die Lichtmaschine ausbauen musste. Die Keilriemenspannung einstellen, wie es im Abschnitt „Kühlanlage" für den entsprechenden Motor beschrieben ist. Die Einstellschraube und Mutter sind ebenfalls in Bild 378 zu sehen. Die Motoraufhängung anziehen, nachdem der Motor wieder in die Aufhängung gesenkt wurde.

1.1-Liter-Motor

Bei diesem Motor ist der Aus- und Einbau der Lichtmaschine etwas umfangreicher, da man verschiedene Teile ausbauen muss, um an alle Befestigungsstellen heranzukommen. Das Fahrzeug sollte vorn außerdem auf Unterstellböcken ruhen.

- Massekabel der Batterie abklemmen und Fahrzeug vorn auf Böcke setzen.
- Die elektrischen Anschlüsse an der Rückseite der Batterie abschließen.
- Bei eingebauter Servolenkung den Antriebsriemen ausbauen. Die Arbeitsschritte sind in Kapitel 11.9 bei Fahrzeugen mit und ohne Klimaanlage beschrieben. Bei den letzteren Ausführungen ebenfalls den Riemen für den Kompressorantrieb ausbauen. Bei Fahrzeugen ohne Klimaanlage nur den Riemen zwischen den Riemenscheiben der Kurbelwelle und der Lichtmaschine ausbauen. Nach Lockern der oberen Schraube der Lichtmaschine wird der Riemen locker und kann abgenommen werden. Die Lichtmaschine vollkommen abschrauben und herausnehmen.

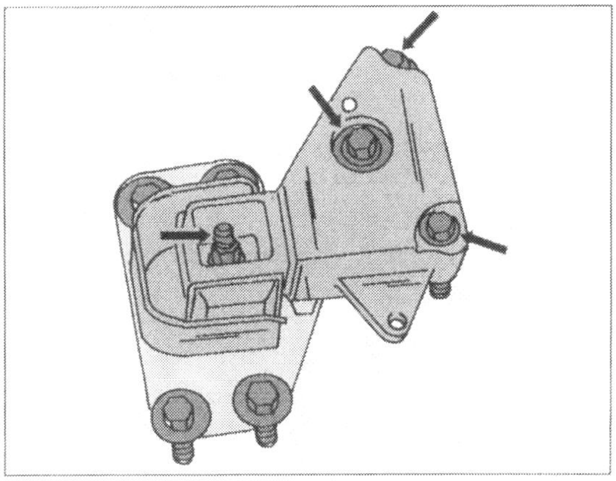

Bild 377
Beim Ausbau einer Drehstromlichtmaschine eines 1.4-Liter-Motors muss die gezeigte Motoraufhängung an den Pfeilstellen abgeschraubt werden.

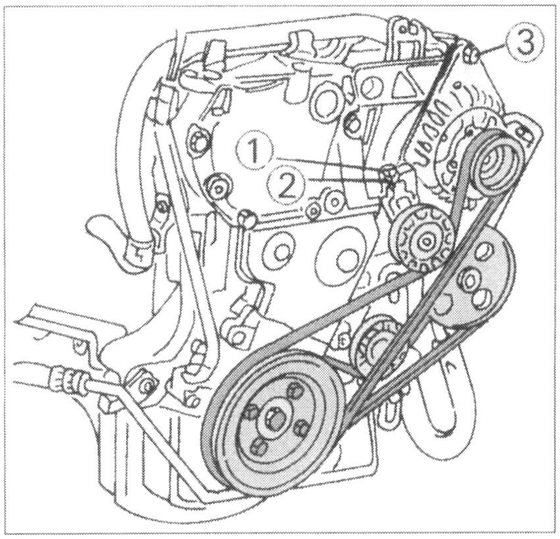

Bild 378
Der Antriebsriemen der Lichtmaschine wird an den gezeigten Stellen eingestellt.
1 Spannschraube
2 Kontermutter
3 Schraube der Lichtmaschine

- Bei eingebauter Klimaanlage das Kühlergitter ausbauen, die oberen Kühlerbefestigungen lösen, den Kühler anheben und die Lüftereinheit an der Unterseite abschrauben. Die Lichtmaschine kann danach ausgebaut werden.

Der Einbau findet in umgekehrter Reihenfolge statt. Die Spannung des Riemens einstellen, wie es in Kapitel 11.9 beschrieben wurde, wenn eine Klimaanlage oder eine Servolenkung eingebaut ist. Wird nur ein einzelner Riemen zwischen LM und Kurbelwelle verwendet, muss man die Lichtmaschine mit einem Hebel nach außen drücken, bis sich der Riemen ca. 5 mm durchdrücken lässt. Es soll nochmals erwähnt werden, dass es sich dabei nur um einen Richtwert aus der Praxis handelt.

Dieselmotor

Verschiedene Teile müssen ausgebaut werden, ehe man an die Befestigung der Drehstromlichtmaschine heran kann.

- Vorderseite des Fahrzeuges auf Unterstellböcke setzen.
- Massekabel der Batterie abklemmen.
- Die Kabelanschlüsse an der Rückseite der Lichtmaschine abklemmen.
- Das Schutzblech unter der Unterseite des Fahrzeuges ausbauen.
- Das Spritzblech aus der Innenseite des rechten Radkastens ausbauen. Falls man mehr Platz zum Ar-

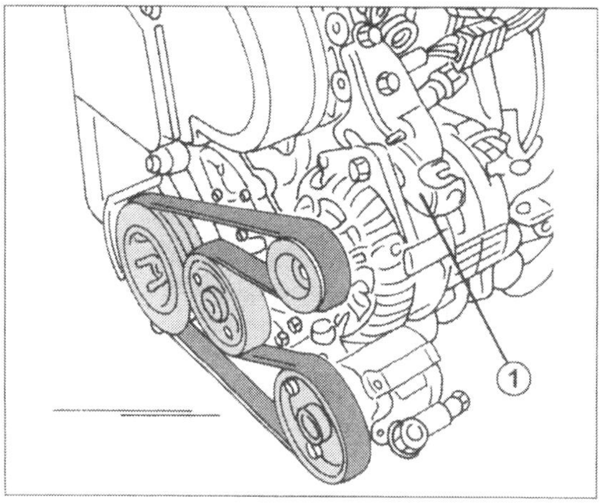

Bild 379
Verlegung des Antriebsriemens bei einem Dieselmotor (F8Q).

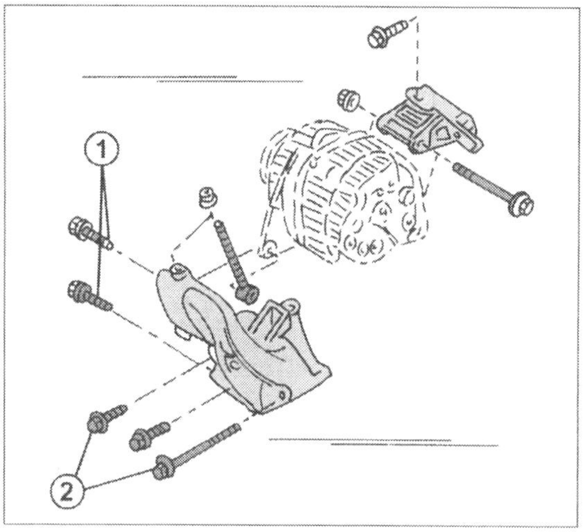

Bild 380
Die gezeigten Teile müssen bei einem F9Q-Motor mit Turbolader zum Ausbau der Drehstromlichtmaschine ausgebaut werden.
Die Schrauben (1) und (2) zum Ausbau der Konsole ausschrauben.

beiten schaffen will, kann man das rechte Rad abschrauben.

- Das Kühlergitter ausbauen.
- Den oberen quer um Fahrzeug eingebauten Querträger ausbauen.
- Den Antriebsriemen der Drehstromlichtmaschine ausbauen, wie es in Kapitel 4.4 beschrieben wurde.
- Die Lüftereinheit ausbauen (untere Befestigungen lösen).
- Die Lichtmaschine abschrauben und herausnehmen.

Der Einbau geschieht in umgekehrter Reihenfolge wie der Ausbau. Den Antriebsriemen spannen, wie es in Kapitel 4.4 beschrieben wurde. Der Antriebsriemen wird in der in Bild 379 gezeigten Weise verlegt.

Nur beim F9Q-Dieselmotor
Falls der genannte Motor eingebaut ist, sind die in Bild 380 eingebauten Teile auszubauen, um die Lichtmaschine erfolgreich aus dem Motorraum herauszunehmen.

15.3.4 Drehstromlichtmaschine reparieren

Die Drehstromlichtmaschine und der damit verbundene Regler sollten nicht eingestellt oder repariert werden, wenn man nicht die notwendigen Erfahrungen dazu hat. Eine nicht mehr aufladende Drehstromlichtmaschine ist im Austausch gegen Rückgabe des alten Aggregates erhältlich und sollte immer eingebaut werden. Kleinere Reparaturen, wie z.B. das Erneuern der Schleifbürsten, kann man in einer Elektrowerkstatt durchführen lassen.
Die Drehstromlichtmaschine ist mit Lagern versehen, welche auf Lebenszeit geschmiert sind und keine regelmäßige Wartung verlangen. Die Außenseite der Lichtmaschine sauber halten und kein Wasser oder andere Lösungsmittel darüber laufen lassen.
Die Bürsten der Drehstromlichtmaschine laufen auf glatten Schleifringen und haben aus diesem Grund eine sehr lange Lebensdauer. Falls man ein Nachlassen der Lichtmaschinenleistung auf die Bürsten zurückführen kann, sollte man auch hier eine Elektrowerkstatt aufsuchen.

15.3.5 Störungen an der Drehstromlichtmaschine

Ursache	Abhilfe
1. Batterie leer	Mit Starthilfekabeln starten oder Wagen anschleppen
2. Batteriekabel gebrochen	Batterie und Klemmen kontrollieren
3. Glühlampe defekt	Ersetzen lassen
4. Kabel zwischen Zündschloss, Kontrolllampe und Lichtmaschine unterbrochen	Stromweg mit Prüflampe kontrollieren
5. Massekabel zwischen Lichtmaschine und Motorblock unterbrochen	Kabel kontrollieren
6. Schleifkohlen abgenutzt	Erneuern
7. Spannungsregler defekt	Regler austauschen
8. Lichtmaschine defekt	Lichtmaschine reparieren lassen oder ersetzen
9. Lichtmaschine nach Motorwäsche nass geworden	Mit Pressluft ausblasen

B Rote Kontrollleuchte brennt oder glimmt bei laufendem Motor

Ursache	Abhilfe
1. Riemenantrieb schadhaft	Antrieb überprüfen
2. Kabelanschlüsse	Kontrollieren
3. Siehe A6, A7, A8	

15.4 Der Anlasser

Der Anlasser, technisch nüchterner als Schub-Schraubtrieb-Starter bezeichnet, bekommt beim Durchdrehen des Zündschlüssels erst an der Hauptklemme Strom. Zunächst wird also der Magnetschalter (auch als Einschaltrelais bezeichnet) aktiviert. Dessen Einrückhebel schiebt das Anlasserritzel in Richtung Zahnkranz auf der Schwungscheibe des Motors. Rutscht das Ritzel direkt in den Zahnkranz, schließt hinten im Magnetschalter eine Kontaktplatte den Stromkreis zum Anlassermotor – der Anlasser dreht kraftvoll los. Stoßen hingegen Zähne von Anlasserritzel und Zahnkranz aufeinander, sorgt ein steiles Gewinde dafür, dass sich das Anlasserritzel etwas verdrehen kann, sich also in den Zahnkranz „hineinschraubt". Erst anschließend läuft der Anlassermotor los. Diese Wirkungsweise führte zur beschriebenen Namengebung.
Wenn der Fahrzeugmotor angesprungen ist und sich der Zahnkranz schneller dreht als das Anlasserritzel, sorgt ein Rollenfreilauf dafür, dass sich die Verbindung zwischen Ankerwelle und Anlasserritzel löst. Das Ritzel wird aus dem Zahnkranz ausgespurt, der Kontakt im Magnetschalter öffnet, und der Anlassermotor wird stromlos.

Arbeitet der Anlasser nicht?
Schadhafte Anlasser zeigen oft folgendes Verhalten:
- In Startstellung „klickt" es aus Richtung Anlasser, der Startermotor dreht aber nur kurz mit rauem Laufgeräusch oder gar nicht. Legen Sie den 1. Gang ein und halten Sie den Zündschlüssel in Startstellung, während ein Helfer etwas am Fahrzeug schiebt bzw. daran hin und her ruckelt. Dreht der Anlasser jetzt los, sind entweder seine Kohlen abgenutzt, die Ankerwicklung stellenweise durchgebrannt, oder der Kollektor ist stark eingelaufen.
- Bisweilen kommt es auch vor, dass nach langer Fahrt der heiße Anlasser streikt. Dieser Effekt ist auf ungünstige Maßpaarungen von Ankerwelle und Ritzel zurückzuführen. Bei starker Erwärmung klemmen dann diese Teile gegeneinander, das Ritzel kann nicht mehr verschoben werden, und folglich wird auch der Kontakt im Magnetschalter nicht mehr geschlossen. Manchmal hilft dann ein Hammerschlag auf die Seite des Anlassers, während ein Helfer gleichzeitig den Zündschlüssel in Startstellung hält.

15.4.1 Anlasser prüfen

Um den Anlasser unter voller Batteriespannung zu kontrollieren, sind die große Klemme und die danebenliegende kleine Klemme mit einem Kabel von mindestens 4,0 mm² Querschnitt zu verbinden. Falls der Anlasser jetzt einwandfrei arbeitet, ist die Zuleitung zum Anlasser zu kontrollieren. Spurt der Anlasser nicht ein, muss er ausgebaut und überprüft werden.
Eine einwandfreie Prüfung des Anlassers in einer Prüfbank sollte von einer Elektrowerkstatt durchgeführt werden. Die Renault-Werkstatt hat eine OPTIMA 5800-Diagnosestation, welche den Betrieb des Anlassers schnell kontrollieren und irgendwelche Defekte dabei sofort feststellen kann.

Hinweis: Falls man den Motor mit dem Anlasser durchdrehen will, ohne dass er anspringt, kann man dies folgendermaßen verhindern:
- **Bei den Benzinmotoren:** Den Stecker vom Geber für die OT-Anzeige (ebenfalls Drehzahlgeber) abziehen.
- **Beim Dieselmotor:** Den Kabelstecker vom Schaltventil an der Einspritzpumpe abziehen.

15.4.2 Anlasser aus- und einbauen

Der Aus- und Einbau des Anlassers ist ebenfalls bei den verschiedenen Motoren in unterschiedlicher Weise durchzuführen.

Mit 1.1-Liter-Motor
Das Fahrzeug sollte vorn auf Unterstellböcken ruhen, um besser an die Befestigung des Anlassers heranzukommen.
- Massekabel der Batterie abklemmen.
- Die Kabelverbindungen an der Rückseite des Anlassers abklemmen.
- Die beiden in Bild 381 gezeigten Schrauben der Anlasserbefestigung lösen. Wie aus dem Bild ersichtlich ist, muss man die Lage der Schrauben lokalisieren. Den Anlasser danach herausziehen.

Der Einbau geschieht in umgekehrter Reihenfolge wie der Ausbau.

Mit 1.4-Liter-Motor
Das Fahrzeug sollte vorn auf Unterstellböcken ruhen, um besser an die Befestigung des Anlassers heranzukommen. Bei diesen Fahrzeugen ist der Ausbau weit umfangreicher, da man die Antriebswelle sowie den Achsschenkel teilweise ausbauen muss, um den Anlasser auszubauen.
- Massekabel der Batterie abklemmen.
- Von der Unterseite des Fahrzeuges das Schutzblech abschrauben.
- Die Befestigung des elektronischen Steuergeräts nach Abziehen des Hauptsteckers lösen. Ebenfalls den Kabelstecker vom Notabstellschalter abziehen.

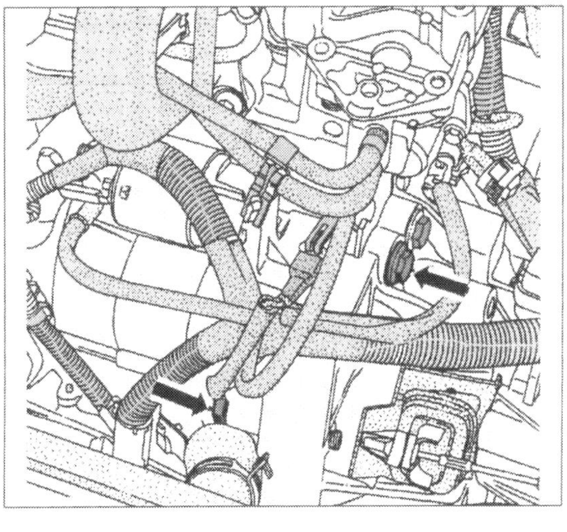

Bild 381
Zum Aus- und Einbau des Anlassers beim 1.1-Liter-Motor die beiden mit den Pfeilen gezeigten Schrauben herausdrehen.

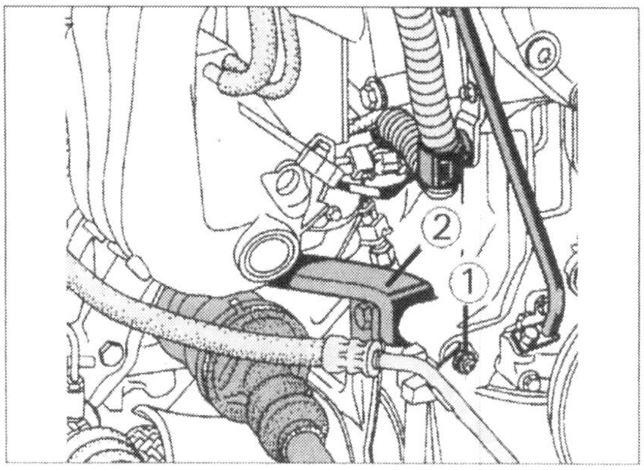

Bild 382
Zum Aus- und Einbau des Anlassers beim 1.4-Liter-Motors. Die Schraube (1) hält die Leitungsschelle für die Flüssigkeit der Servolenkung. Die Strebe (2) an der gezeigten Stelle abschrauben.

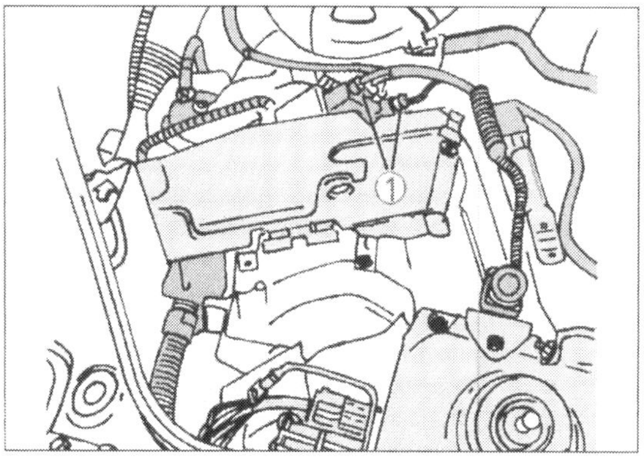

Bild 383
Zum Aus- und Einbau des Anlassers beim Dieselmotor. Die beiden Kabelstecker (1) abziehen, um das Steuergerät abzunehmen.

- Unter Bezug auf Bild 382 die Schraube (1) der Befestigung für die Leitung der Servolenkung lösen und die Stütze an Stelle (2) abschrauben.
- Das rechte Vorderrad abschrauben, die Verbindung der rechten Antriebswelle lösen, wie es im Abschnitt „Antriebswellen" beschrieben wurde.
- Die obere Schraube der Federbeinverbindung lösen und ausschlagen und die untere Schraube lockern. Den Achsschenkel mit der Radnabe jetzt nach außen schieben, bis man die Antriebswelle aus dem Getriebe herausziehen kann.
- Die Kabelanschlüsse an der Rückseite des Anlassers abklemmen, die Befestigungsschrauben lösen und danach den Anlasser von der Unterseite des Fahrzeuges her herausziehen.

Der Einbau findet in umgekehrter Reihenfolge statt. Darauf achten, dass der Anlasser durch eine Passhülse geführt wird, die an der richtigen Stelle einzusetzen ist. Über den Einbau der Antriebswelle ist im betreffenden Kapitel nachzulesen. Anzugsdrehmomente dem gleichen Kapitel entnehmen oder in der Maß- und Einstelltabelle nachschlagen.

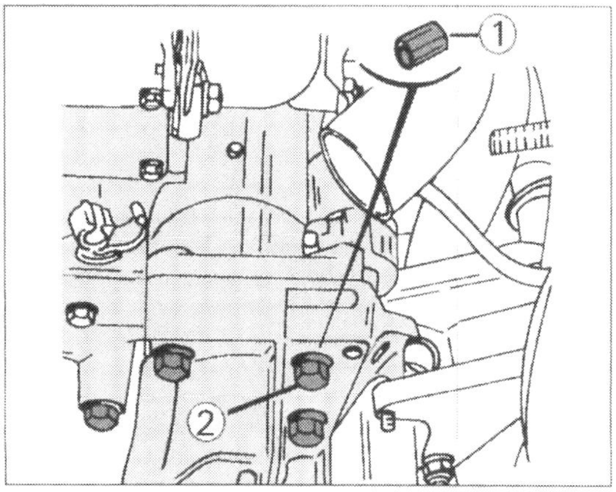

Bild 384
Einbauweise des Anlassers. Die Büchse (1) wird je nach Motor an unterschiedlicher Stelle entweder im Loch der Schraube (2) oder in das danebenliegende Loch eingesetzt (siehe Text).

Mit Dieselmotor

Das Fahrzeug sollte vorn auf Unterstellböcken ruhen, um besser an die Befestigung des Anlassers heranzukommen. Bei diesen Fahrzeugen sind einige Zusatzarbeiten durchzuführen, ehe man an den Anlasser heran kann.

- Massekabel der Batterie abklemmen. Die Batterie muss ausgebaut werden.
- Den zum Luftfilter führenden Luftansaugschlauch ausbauen.
- Die Befestigungsschrauben des Montagehalters für das elektronische Steuergerät entfernen, die beiden Anschlüsse (1) in Bild 383 lösen und danach den Montagehalter des Steuergeräts und den Kraftstofffilter auf eine Seite verlegen.
- An der Unterseite des Fahrzeuges das Unterschutzblech abschrauben.
- Die Schrauben des Anlassers und das dahinter angebrachte Wärmeschutzschild entfernen und den Anlasser herausziehen. Darauf achten, an welcher Stelle die Passhülse sitzt. Die Kabel werden erst jetzt abgeschlossen. Den Anlasser danach vollkommen herausziehen.

Der Einbau geschieht in umgekehrter Reihenfolge wie der Ausbau. Darauf achten, dass das Wärmeschutzblech richtig eingebaut wird und dass die Passhülse an der richtigen Stelle eingesetzt wird.

Fahrzeug mit F9Q-Motor

Bei dieser Variante müssen außer der Batterie auch der Batterieträger und der Kraftstofffilter ausgebaut werden. Außerdem die Halterung der Vorheizung am Getriebe, die Stütze des Abgasturboladers, die Ölrücklaufleitung für den Turbolader und die Luftauslassleitung des Turboladers ausgebaut werden. Ebenfalls die Befestigungsschrauben des Kabelstrangs am Getriebe lösen. Den Anlasser von der Unterseite des Motors herausnehmen.

Wichtiger Hinweis: Beim Einbau des Anlassers bei einem 1.4-Liter-Motor und beim Dieselmotor ist es wichtig, dass die Führungsbüchse in das richtige Loch kommt, da dies nicht bei allen Motoren gleich ist. Falls der Anlasser nicht einwandfrei geführt wird, kann er sich verklemmen und muss noch einmal ausgebaut werden.
Ist ein 1.4-Liter-Motor eingebaut, kommt die Büchse in das in Bild 384 gezeigte Loch, in welche im Bild die Schraube (2) eingedreht wird. Ist ein Dieselmotor eingebaut, kommt die Büchse in das neben der Schraube (2) sichtbare Loch, wo auch dann die Schraube eingedreht wird.

15.4.3 Anlasserreparaturen

Falls der Anlasser Schaden erlitten hat, ist es am besten, wenn man einen Austauschanlasser gegen Rückgabe des alten Aggregats bezieht. Dieser unterliegt der gleichen Garantie wie ein Neuteil und gibt Ihnen die erforderliche Betriebszuverlässigkeit. Außerdem wird die Stillstandszeit des Fahrzeuges weitgehend verringert. Folgend sind jedoch einige Arbeiten angeführt, die Sie vielleicht selbst durchführen können:

- **Magnetschalter** ersetzen: Kabel zum Startermotor vom unteren Anschlussbolzen losschrauben. Den Magnetschalter vorne vom Anlassergehäuse abschrauben (Schlitzschrauben) und vom Einrückhebel aushängen. Neuen Magnetschalter in umgekehrter Arbeitsfolge einbauen.
- **Kohlebürsten** ersetzen: Den hinteren Deckel mit dem Kollektorlager abschrauben. Die Bürstenfedern abheben und die Kohlebürsten losschrauben oder ablöten. Neue Kohlen in umgekehrter Reihenfolge einbauen.

Ratgeber
Wenn der Anlasser schon einige Jahre in Betrieb ist, sollte man von Reparaturversuchen absehen und besser gleich einen Tauschanlasser einbauen. Diesen können Sie auch beim Bosch-Dienst erhalten (Dieselmotor) oder in den entsprechenden Werkstätten, die sich auf Valeo-Anlasser spezialisiert haben. Andernfalls verbleibt Ihnen nur die Renault-Werkstatt.

Störungshinweis: Falls es beim Betätigen des Anlassers einmal nur „klicken" sollte, ist es möglich, dass der elektrische Kontakt am Massepol der Batterie keine einwandfreie Verbindung herstellt. Ebenfalls Anschlüsse des Massekabels an anderen Stellen kontrollieren.

15.4.4 Anlasser-Störungstabelle

A Beim Drehen des Zündschlüssels in Startstellung dreht der Anlasser langsam, gar nicht oder nur kurz

Ursache	Abhilfe
1. Kontrolllampen brennen schwach oder verlöschen:	
a) Batterie entladen	Starthilfe oder abschleppen
b) Kabelanschlüsse lose oder oxidiert	Anschlüsse kontrollieren
c) Anlasser hat Masseschluss	Anlasser überholen lassen
2. Kontrolllampen brennen hell, Klicken aus Richtung Anlasser:	
a) Kohlebürsten abgenutzt bzw. deren Anschlüsse im Anlasser gelöst	Kohlebürsten überprüfen
b) Kontakte im Magnetschalter	Magnetschalter ersetzen
c) Anlasserwicklung defekt	Anlasser überholen lassen
3. Kontrolllampen brennen, keine Geräusche vom Motor	Leitungen überprüfen

B Anlasser läuft, ohne den Motor durchzudrehen

Ursache	Abhilfe
1. Magnetschalter defekt	Ersetzen
2. Einrückvorrichtung klemmt	Anlasser überholen lassen
3. Verzahnung des Ritzels oder des Motorschwungrades beschädigt	Wagen bei eingelegtem Gang ein Stück verschieben. Startvorgang wiederholen. Andernfalls Defekt im Anlasser

C Anlasser läuft weiter, obwohl Zündschlüssel losgelassen wurde

Ursache	Abhilfe
1. Magnetschalter hängt und schaltet nicht ab	Zündung ausschalten, Magnetschalter erneuern
2. Einrückvorrichtung klemmt	Anlasser überholen lassen
3. Zünd-/Anlassschalter defekt	Schalter erneuern

D Ritzel spurt nach Anspringen des Motors nicht aus

Ursache	Abhilfe
1. Rückstellfeder des Einrückhebels lahm oder gebrochen	Zündung sofort ausschalten. Anlasser überholen lassen
2. Zahnkranz beschädigt	Ersetzen lassen oder das Schwungrad erneuern

15.5 Die Beleuchtung

Nacht und Nebel machen dem Fahrer das Leben schwer, da ist gutes Licht von höchster Wichtigkeit. Einerseits, damit Sie sehen, wohin Sie fahren und andererseits, damit andere Verkehrsteilnehmer rechtzeitig Ihren Renault erkennen. Im Innenraum sorgen viele Lämpchen für gutes Zurechtfinden bei Nacht.

Ständige Kontrolle der Beleuchtung
Der Gesetzgeber schreibt vor, dass Sie sich vor Antritt jeder Fahrt vergewissern müssen, ob auch alle Lampen am Auto brennen. So häufig wird wohl kaum jemand die Beleuchtung prüfen, aber einmal in der Woche ist andererseits auch nicht zu viel verlangt. Bei Dunkelheit geht die Kontrolle am einfachsten vor sich. In einer Kolonne reflektieren Vordermänner das Licht beider Abblendscheinwerfer oft durch die Stoßstange oder die Lackierung.

Ersatzglühbirnen sollten mitgeführt werden
- Immer sollte ein entsprechend gefüllter Ersatzlampenkasten an Bord sein, damit Sie unterwegs einen Lampendefekt beheben können. Als Ersatzlampen für Ihren Renault benötigen Sie Halogen-Zweifadenlampen für Fern- und Abblendlicht (H4 55/60 W), Halogen-Einfadenlampe H1 für die Nebelscheinwerfer, Birnen für die Blinkleuchten vorn und hinten (21 W), Rückfahrleuchte (21 W), Nebelschlussleuchte (21 W), Birne für das Standlicht (5 W), die Schluss/Bremsleuchten (21/5 Watt), die Kennzeichenleuchten (5 W), Seitenblinkleuchten (5 W) und andere Birnen, die Sie aber mehr Gründen des Komforts mitführen sollten, nicht aufgrund fehlender Sicherheit.

15.5.1 Scheinwerfer erneuern

Da die Erneuerung der Scheinwerfer immer eine Einstellung der Scheinwerfer zur Folge hat, und diese in einer Elektrowerkstatt oder in der Renault-Werkstatt durchgeführt werden muss, sehen wir im Allgemeinen von einer Beschreibung der Arbeiten ab. Falls Sie jedoch die Absicht haben den Scheinwerfer selbst zu erneuern, können Sie die Arbeit durchaus durchführen, vorausgesetzt, dass Sie die Scheinwerfereinstellung anschließend in einer Werkstatt kontrollieren lassen. Zu sagen wäre noch, dass vor Durchführung

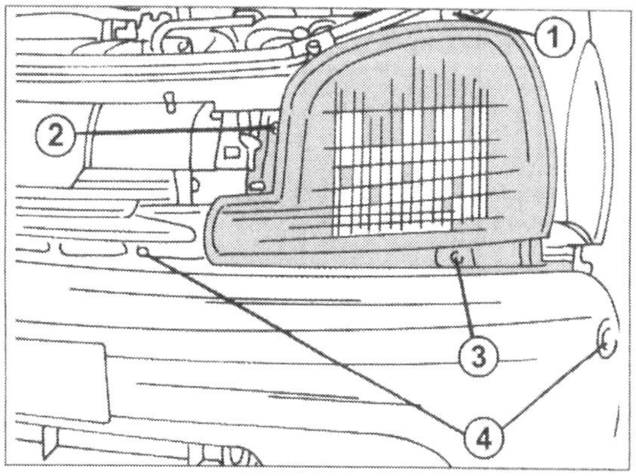

Bild 385
Die Befestigungsschrauben 1 bis 4 zum Ausbau der Scheinwerfer lösen. Auf der anderen Seite sieht es spiegelbildlich aus.

irgendwelcher Arbeiten am Scheinwerfer die Batterie abgeklemmt werden muss. Die Leuchteinheit und die Blinkleuchten bilden eine Einheit. Bei Arbeiten an den Scheinwerfern sind außerdem folgende Hinweise zu beachten:
- Die Streuscheiben der Scheinwerfer, mit anderen Worten die „Scheinwerfergläser" sind aus Kunststoff hergestellt. Bei Erneuerung der Scheinwerferbirnen für Abblend- und Fernlicht dürfen nur zugelassene Glühlampen eingebaut werden (H4).
- Zum Reinigen der Streuscheiben nur einen in Seifenwasser getauchten weichen Lappen oder Watte benutzen. Auf Alkohol aufgebaute Mittel dürfen nicht verwendet werden.

Bei der Erneuerung eines Scheinwerfers folgendermaßen vorgehen:
- Von der Innenseite des Motorraums aus die Abdeckkappe über dem Scheinwerfereinsatz entfernen. Dabei werden die Kabelstecker sichtbar, die man der Reihe nach abzieht.
- Das Kühlergitter ausbauen. Die unmittelbar neben dem Scheinwerfer sitzenden Schrauben dazu lösen.
- Die drei in Bild 385 gezeigten Befestigungsschrauben des Scheinwerfers lösen und den Scheinwerfer herausziehen. Schraube (1) sitzt an der Oberseite, die Schrauben (4) des Stoßfängers lösen und die drei Befestigungsschrauben des Kotflügels lösen, um den Stoßfänger teilweise zu trennen und die Schrauben (2) und (3) halten den Scheinwerfer.

Der Einbau geschieht in umgekehrter Reihenfolge wie der Ausbau. Nach dem Einbau die Scheinwerfer einstellen lassen. Provisorisch können sie entsprechend den nachfolgenden Anweisungen eingestellt werden:

15.5.2 Scheinwerfer einstellen

Die Einstellung der Scheinwerfer erfolgt von der Rückseite. Die Scheinwerfer müssen mit einem optischen Gerät eingestellt werden. Um die strikten Gesetze nicht zu verletzen sehen wir deshalb von einer genauen Beschreibung ab.
Die billige, bisweilen sogar kostenlose Einstellarbeit überlässt man der Werkstatt, einer Tankstelle oder dem mobilen Prüfstand eines Autoclubs. Behelfsmäßig gibt es verschiedene, unterschiedlich genaue Methoden. Dabei immer den Motor kurz starten und die Leuchtweiten-Regulierung auf „O" stellen (falls damit ausgerüstet).
- Wagen möglichst im rechten Winkel in fünf Meter Abstand vor eine helle Wand stellen. Erneuerten Scheinwerfer in der Höhe dem unveränderten gleichstellen. Eine Seitenkorrektur ist so allerdings nicht möglich.
- Nach einer genauen Einstellung mit dem Messgerät die Abknickpunkte (in diesen Punkten steigt der Abblend-Lichtstrahl um 15' nach oben an) an der Garagenwand anzeichnen. Dazu den Renault am Garagentor abstellen. So lässt sich später bei gleicher Fahrzeugstellung auch die Lichtstrahl-Seitenrichtung überprüfen.
- Falls Einstellungen durchgeführt werden bedient man sich der beiden Einstellschrauben in Bild 386. Um die Scheinwerferstrahlen in der Höhe einzustellen

(senkrechte Verstellung) die Schraube (1) verstellen; um die Scheinwerferstrahlen nach links oder rechts zu verstellen (Seiteneinstellung) die Schraube (2) verstellen.

15.5.3 Leuchtweitenregulierung

Im Fahrzeug kann eine Leuchtweiten-Regulierung eingebaut sein. Falls dies der Fall ist, wird man neben der in Bild 386 gezeigten Scheinwerfereinstellschraube (1) einen kleinen Empfänger (Motor) sehen. Zum Ausbau den Stecker (Pfeil) abziehen und den Empfänger um eine Achtelumdrehung in Richtung Fahrzeugmitte verdrehen, um ihn aus der Leuchteinheit freizumachen. Das Kugelgelenk aus dem Eingriff bringen und den Empfänger herausnehmen.
Der Einbau geschieht in umgekehrter Reihenfolge.

15.6 Blinkleuchten

Wie bereits erwähnt, bilden die vorderen Blinkleuchten einen Teil der Scheinwerferleuchteinheit.
Die Rundumwarnblinkanlage wird ständig mit Strom versorgt. Drücken Sie bei ausgeschalteter Zündung auf den roten Wippschalter. Alle 4 Blinkerlampen und der transparente Schalterknopf leuchten im gleichen Rhythmus auf.
Zur Kontrolle der Richtungsblinker muss die Zündung eingeschaltet, aber die Warnblinkanlage ausgeschaltet sein, denn die Warnblinker überlagern die Richtungsblinker. Bei gedrücktem Blinkerhebel müssen eine Blinkerseite und die entsprechende grüne Kontrollleuchte in regelmäßigen Abständen aufleuchten.
Die gesamte Blinkanlage ist etwas kompliziert, weil vorschriftsgemäß die Warnblinkanlage ständig funktionieren muss – der Warnblinkschalter bezieht den Strom über eine Sicherung direkt von der Batterie. Die Richtungsblinker erhalten dagegen nur bei eingeschalteter Zündung Strom, ebenfalls über eine Sicherung.
Störungen gibt es schon einmal an der Blinkanlage und die folgenden Anregungen könnten Ihnen im Notfall helfen:

- Wenn die Blinkerkontrolle in irgendeiner Weise nicht einwandfrei funktioniert oder nur rhythmisch kurz aufblitzt, ist meist eine Blinkerlampe defekt.
- Bleibt der Blinkrhythmus oder Warnblinkanlage aus, brennt also Dauerlicht statt Blinklicht, liegt der Fehler im Blinkrelais.
- Leuchten die Blinker mal in langsamer Folge, mal schnell und sind alle Steckverbindungen einschließlich der Massekabel in Ordnung, muss das Relais erneuert werden.
- Leuchten die Warnblinker auf, während die Richtungsblinker bei eingeschalteter Zündung dunkel bleiben, ist die Sicherung defekt.
- Wenn weder Warn- noch Richtungsblinken funktioniert, ist das Blinkrelais schuld. Neben den Blinkerkontrollen, die im Blinkrhythmus mit blinken, werden Sie durch ein akustisches Geräusch ans Blinken erinnert. Das Klacken stammt von einem Relais.

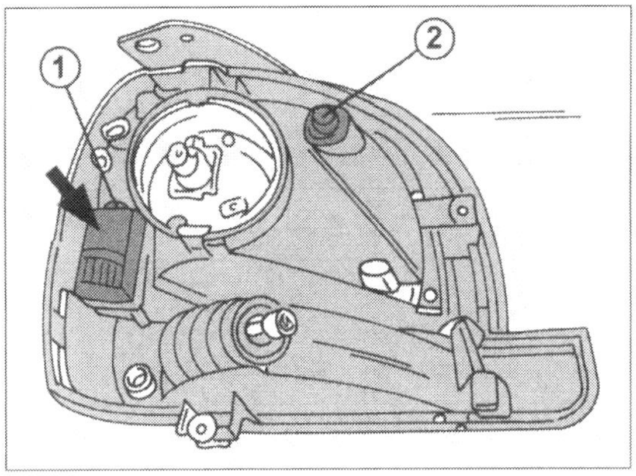

Bild 386
Die beiden Einstellschrauben des Scheinwerfers. An der Pfeilstelle sitzt der Motor für die Strahlenverstellung.
1 Höheneinstellschraube
2 Seiteneinstellschraube

15.7 Windschutzscheibenwischer

15.7.1 Scheibenwischerblatt erneuern

Nach etwa einem halben Jahr ist das Wischergummi so weit verschlissen, dass es besonders auf einer verregneten Nachtfahrt nicht mehr für einen verkehrssicheren „Durchblick" sorgen kann. Entscheiden Sie sich, ob das komplette Wischerblatt oder nur der Wischergummi erneuert werden soll. Zuerst den Wischerarm ausbauen:

- Zündung ausschalten, kontrollieren, dass die Scheibenwischerblätter in der richtigen Stellung „geparkt" sind und die Batterie abklemmen.
- Die Abdeckkappe am Wischerlager zurückklappen.
- Die Mutter des Scheibenwischerarms entfernen.
- Den Wischerarm an der Gelenkstelle halten und von der Spindel herunterziehen. Darauf achten, dass der Arm nicht auf die Windschutzscheibe aufschlagen kann. In der Werkstatt wird ein Abzieher zum Herunterziehen der Scheibenwischerarme benutzt, falls es Schwierigkeiten beim Abziehen geben sollte. Sie müssen also darauf vorbereitet sein, dass der Wischerarm klemmt.

Die Wischergummi können getrennt erneuert werden. Verschiedene Firmen stellen Wischerblätter für alle gängigen Fahrzeugmodelle her. Wir schlagen vor, dass Sie sich in Ihrem Autozubehörgeschäft darüber erkundigen. In den meisten Fällen können Sie die Gummi durch die gut erklärten Montageanweisungen ohne jegliche Schwierigkeiten montieren.
Der Einbau des Wischerarms geschieht in umgekehrter Reihenfolge wie der Ausbau. Den Wischerarm auf die Spindel aufstecken, wenn diese in der Ruhestellung (Parkstellung) steht. Nach dem Einbau kontrollieren, dass der Wischerarm seinen vorgeschriebenen Wischbogen ausführt.

Falls Sie es nicht wissen sollten: Falls bei starkem Schneetreiben der Wischerarm nicht mehr in die Endstellung zurückkehren kann, steht der Wischermotor weiterhin unter Spannung und die Wicklung kann durchbrennen, wenn man dies eine geraume Zeit zulässt. In diesem Fall so schnell wie möglich anhalten und den Wischerarm von der Scheibe abheben, damit er wieder in die Endposition zurückkehren kann. Hält das Wischerblatt jedoch in der

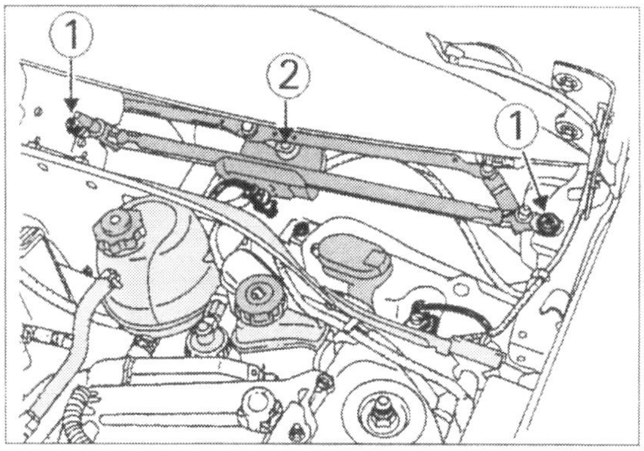

Bild 387
Zum Ausbau des Scheibenwischergestänges mit dem Motor.
1 Schrauben des Wischerrahmens
2 Mutter an der Motorwelle

Mitte der Scheibe an, wenn die Zündung ausgeschaltet wird, ist dies nur ein Schönheitsfehler, welcher keinen Schaden anrichtet. Zündung erneut einschalten. Der Wischer wird jetzt in die Ruhestellung zurückkehren.

15.7.2 Aus- und Einbau des Wischersystems

- Kontrollieren, dass die Scheibenwischerblätter in der Ruhestellung stehen, die Zündung ausschalten und Batterie abklemmen.
- Scheibenwischerarme ausbauen (siehe oben).
- Motorhaube öffnen.
- Die Abdichtung des Luftgitters vor der Windschutzscheibe lösen und die beiden Clips des Luftgitters entfernen, indem man gegen die Mitte der Clips drückt. Das Luftgitter danach herausnehmen.
- Es bietet sich jetzt der in Bild 387 gezeigte Anblick.

Die beiden Schrauben (1) von den Scheibenwischerspindeln abschrauben, den Kabelstecker vom Scheibenwischermotor abziehen und den gesamten Scheibenwischerrahmen von der Befestigungsstelle an der Rückseite frei machen. Der Motor mit den daran angebrachten Gestängen kann jetzt herausgenommen werden.
Der Einbau geschieht in umgekehrter Reihenfolge wie der Ausbau. Den Stecker erst nach Einbau des Mechanismus auf den Motor aufstecken. Vor dem Aufstecken der Wischerarme kontrollieren, dass der Motor in der Parkstellung abgestellt hat. Die Verzahnungen der Scheibenwischerspindeln gut mit einer Drahtbürste reinigen, ehe die Arme aufgesteckt werden. Die Muttern mit 18 Nm anziehen.
Nach dem Einbau den nochmals Wischer einschalten, um zu kontrollieren, dass der Wischerarm seinen vorgeschriebenen Wischbogen ausführt und beim Ausschalten in der richtigen Stellung parkt.

15.7.3 Aus- und Einbau des Scheibenwischermotors

Der Ausbau des Scheibenwischermotors erfolgt nach Ausbau der Scheibenwischereinheit in der oben beschriebenen Weise. Zu lösen ist die Mutter (2) von der Welle des Wischermotors. Auf die genaue Zusammengehörigkeit des Wischergestänges achten und den Motor von den drei Befestigungsstellen lösen.
Der Einbau findet in umgekehrter Reihenfolge statt.

15.8 Scheibenwaschanlage

Wenn die Kontrollleuchte im Armaturenbrett aufleuchtet, ist es Zeit nachzufüllen. Um der Verschmierung beim Wischvorgang entgegenzuwirken, sollten Sie dem Wischwasser stets Reinigungsmittel zugeben. Abgasrückstände, Öldunst und Silikon aus Lackpflegemitteln können sich so weniger hartnäckig auf die flach eingebaute Windschutzscheibe setzen. Renault bietet ein besonderes Konzentrat zum besseren Reinigen der Scheibe an. Zusätzlich ist noch zu beachten, dass dieses für Sommer oder Winter verkauft wird. Das Konzentrat darf nicht mit anderen Zusatzmitteln vermischt werden.
Spätestens beim Nachfüllen des Waschwassers sollten Sie die Windschutzscheibe unter Beachtung des folgenden Ratgebers gründlich reinigen. Besser ist es jedoch, wenn Sie dies alle 2 Wochen tun.
Damit sich Zusatzmittel und Wasser gut durchmischen, erst das Zusatzmittel, dann das Wasser in den Waschwasserbehälter einfüllen. In der kalten Jahreszeit Zusatzmittel mit Frostschutz verwenden bzw. dem Waschwasser 1/3 Brennspiritus zumischen.

Ratgeber: Wenn beim Wischen das Sichtfeld trotz Reinigungsmittel im Waschwasser verschmiert bleibt, muss die Scheibe gründlich gereinigt werden. Dazu ein gutes Scheibenreinigungsmittel auftragen und die Scheibe anschließend mit zusammengeknülltem Zeitungspapier recht kräftig abreiben. So wird der Film regelrecht abgeschabt. Lappen oder Fensterleder sind hierfür zu weich. Versuche haben gezeigt, dass mit Glasreinigern für Haushaltbenutzung die besten Ergebnisse erzielt werden.

15.9 Die Sicherungen

Die Sicherungen sind in einem Sicherungskasten untergebracht. Ein Sicherungskasten befindet sich im Fahrgastraum auf der linken Seite des Lenkrades am Ende des Armaturenbretts (mit einem Deckel verschlossen). Je nach Modell ist die Sicherungsbestückung nicht bei allen Ausführungen gleich. Auf jede einzelne einzugehen ist nicht die Absicht dieser Anleitung, vor allem, da immer die Möglichkeit besteht, dass die Anordnung der Sicherungen innerhalb der behandelten Baujahre geändert wird.
Auf der Innenseite der Abdeckung finden Sie die Sicherungstabelle, in Symbolen ausgedrückt. Die Stärke der Sicherungen ist unterschiedlich und liegt zwischen 5 A und 30 A. Auch hier raten wir Ihnen, dass Sie sich in der Werkstatt erkundigen, wenn eine Sicherung erneuert werden soll. Zu beachten ist jedoch, dass bestimmte Sicherungen außer dem gut erkennbaren und übersetzbaren Symbol auch andere Stromabnehmer schützen. Dazu soll besonders das Symbol STOP genannt werden. Durch solche Sicherungen werden ebenfalls die Instrumententafel und die Diagnosesteckdose abgesichert. Andere Ausnahmen sind das Zeichen der Heckscheibenbeheizung

(mit Komputer der Klimaanlage und Heckscheibenwischern), das Radiozeichen (mit Zigarrenanzünder und Zeituhr).

- Eine Sicherung brennt selten wegen Überlastung durch. Entweder wird bei Basteleien ein Kurzschluss verursacht, oder ein Gerät ist schadhaft. Meist ist irgendwo eine Verbindung zur Fahrzeugmasse entstanden. Wird der Fehler nicht gefunden, nützt der Austausch einer durchgebrannten Sicherung nichts.
- Mit dem Schaltplan klären, wann die Sicherung Strom erhält. Dies kann entweder ständig sein oder erst bei entsprechender Zündschlüsselstellung. Klären Sie, welche Verbraucher an die Sicherung angeschlossen sind.
- Statt einer neuen Sicherung verwendet man nun ein Drahtstück und überbrückt die beiden Halteklemmen der Sicherung ganz kurz (ca. 1 Sekunde). Funkt es kräftig, besteht im entsprechenden Zweig der Fahrzeugelektrik irgendwo ein Kurzschluss. Nacheinander versuchsweise die Leitungsverbindungen zu den angeschlossenen Verbrauchern auftrennen. Verschwindet das starke Funken, am gerade abgeklemmten Verbraucher den Fehler weiter suchen.
- Funkt es beim Überbrücken nicht gleich, den Zündschlüssel so weit drehen, bis an die Sicherung Strom gelangt Nachweis mit einer Prüflampe. Entsteht beim Überbrücken nun der starke Funke, wie beschrieben die Verbraucher durchprüfen.
- Bisweilen entsteht der Kurzschluss erst dann, wenn der defekte Verbraucher eingeschaltet wird (z.B. Heckscheibenheizung, Scheibenwischer, Blinklichter, Bremslichter usw.). Die „Funkenprobe" wird dann schwieriger, und es ist mehr Erfahrung nötig – vielleicht sollte hier ein Autoelektriker hinzugezogen werden. Leichteres Funken ist jetzt normal, weil ja ein Strom zum eingeschalteten Verbraucher fließt. Starkes Funken deutet hingegen weiter auf einen Kurzschluss hin. Verwendet man statt der Drahtbrücke ein Amperemeter im etwa 30-Ampere-Bereich, kann man dies besser klären. Schlagartiger Vollausschlag des Zeigers zeigt den Kurzschluss an (Messkabel sofort wieder wegziehen).

Ratgeber: Wenn ein Stromverbraucher ausfällt, liegt es bisweilen auch daran, dass die Haltezungen der betreffenden Sicherung lose oder oxidiert sind, sodass der Strom nicht hindurchfließen kann. Sicherungen herausnehmen, Haltezungen sauberkratzen und neue Sicherung einsetzen.

16 Die Auspuffanlage

Aufgrund der vielen in dieser Ausgabe behandelten Fahrzeugmodelle gibt es offensichtlich Unterschiede in der Ausführung der Auspuffanlage. Im Allgemeinen kann man sagen, dass Fahrzeuge mit 1.1-Liter-Motor und 1.4-Liter-Motor die gleiche Anlage haben, wenn man davon absieht, dass der 1.1-Liter-Motor einen Katalysator zwischen Auspuffkrümmer und vorderem Schalldämpfer eingebaut hat.

Die Auspuffanlage ist mit Gummiaufhängungen an der Unterseite des Fahrzeuges angebracht, die sich normalerweise nach Anheben des Auspuffrohres aushängen lassen. In bestimmten Fällen könnte es jedoch erforderlich sein, dass man die gesamte Aufhängung abschrauben muss, um den Aufhängungsring auszuhängen.

Die Auspuffrohre sind zu einem Stück hergestellt, d.h. die Teile vom Ansaugkrümmer bis zum Katalysator oder zum Schalldämpfer können nicht einfach abgeschraubt und wieder angeschraubt werden. Einzelne Teilabschnitt der Auspuffanlage sind jedoch vom Ersatzteillager erhältlich. Um diese einzubauen muss man das alte Rohr ungefähr in der Mitte des Auspuffrohres zerschneiden und das Neuteil mit einer Rohrschelle befestigen. Die Trennlinie des Rohrstücks wird durch zwei Punktmarkierungen angezeigt (siehe Bild 388), die 90 mm voneinander wegstehen. Das Rohr genau in der Mitte durchsägen. Das Rohr kann an zwei verschiedenen Stellen zerschnitten werden, die in Bild 389 entsprechend angegeben sind.

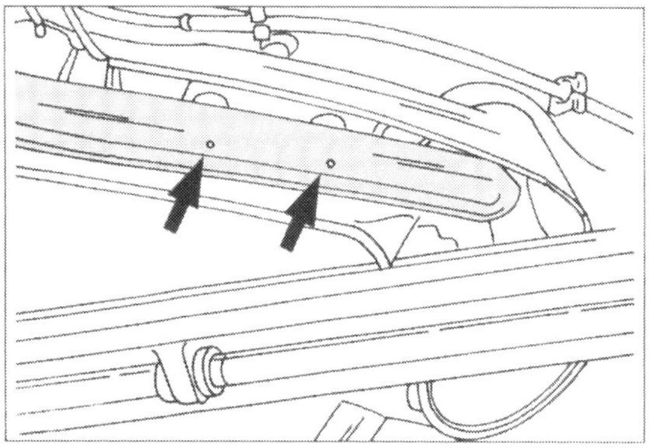

Bild 388
Am Auspuffrohr kann man an zwei Stellen zwei eingestanzte Markierungen sehen, die in Bild 389 entsprechend angegeben sind.

Beim Einbau des neuen Rohrteils bezieht man ebenfalls die Rohrschelle. Die Schelle zuerst über das alte, noch vorhandene Rohrende schieben, bis das Rohr in der Innenseite der Schelle anschlägt, und die Schelle leicht anziehen. Danach das Neuteil auf der anderen Seite bis zum Anschlag in die Schelle einschieben. Um die Abdichtung zu verbessern kann man Auspuffdichtmasse an die Verbindungen schmieren. Wichtig ist, dass man die Schraube und Mutter der Rohrschelle senkrecht anordnet, um ein Anschlagen gegen die Karosserie zu vermeiden.

Die Mutter der Schelle anziehen, bis die in die Mutter eingearbeitete Rille nicht länger sichtbar ist. Dies entspricht einem Anzugsdrehmoment von 25 Nm.

Ebenfalls bei Arbeiten an der Auspuffanlage beachten:

- Wir raten Ihnen die Vorsichtsmaßnahmen beim Betrieb eines Fahrzeuges mit Katalysator im nächsten Kapitel durchzulesen. Einige könnten Ihnen bekannt sein, andere nicht.
- Hitzebeständiges Fett muss vor Einbau der Lambda-Sonde an die Gewinde geschmiert werden. Die Sonde mit einem Anzugsdrehmoment von 27 - 34 Nm anziehen. Wir möchten darauf hinweisen, dass man eine neue Lambda-Sonde einbauen muss, wenn die Leitungen beschädigt wurden.
- Die Teile der Aufhängung nach Ausbau von Teilen der Anlage kontrollieren. Beim Einbau der Anlage dürfen die Aufhängungen nicht unter Spannung sitzen, da sie sonst bald reißen werden. Der Auspuff muss gut federnd gehalten werden.
- Dichtung zwischen Auspuffrohr und Auspuffkrümmer immer erneuern.

16.1 Katalysator

Ehe man einen Katalysator erneuert, müssen die folgenden Voraussetzungen gegeben sein:

- Das Fahrzeug muss sich in gutem Zustand befinden.

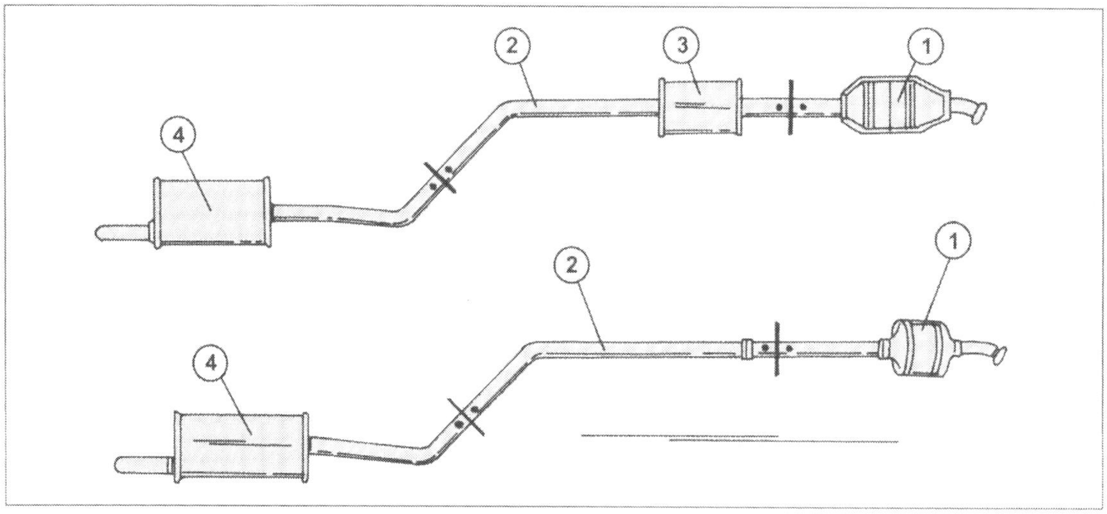

Bild 389
Die Teile der Auspuffanlage. In der oberen Ansicht für den 1.1-Liter-Motor, in der unteren für den Dieselmotor F8Q. Beim 1.4-Liter-Motor sieht es ähnlich wie beim 1.1-Liter-Motor aus. Die Trennstellen des mittleren Rohres sind entsprechend angezeichnet.

1 Katalysator (Oxydationskatalysator beim Diesel)
2 Mittleres Auspuffrohr mit Schnittstellen
3 Vorschalldämpfer (Benziner)
4 Nachschalldämpfer

- Kraftstoffanlage, Zündanlage und Lambda-Regulierung müssen sich in gutem Zustand befinden. Der Luftfiltereinsatz muss erneuert werden, falls er bereits 20 000 km in Betrieb war.
- Die verbleibenden Teile der Auspuffanlage dürfen keine Leckstellen haben.
- Nicht alle Fahrzeuge haben den gleichen Katalysator. Beim Kauf eines neuen Katalysators immer die Motor- und Fahrgestellnummer angeben.

Ebenfalls muss man bei einem eingebauten Katalysator Folgendes beachten:

- Niemals das Fahrzeug bei laufendem Motor abstellen, wo leicht brennender Unterboden sich durch den heißen Katalysator entflammen kann.
- Die Ölwanne nicht überfüllen. Durch den Motor in die Auspuffanlage kommendes Öl kann den Katalysator beschädigen.
- Unbedingt vermeiden, dass man den Tank vollkommen leer fährt.
- Der Katalysator darf sich nicht überhitzen. Einspritz- und Zündanlage müssen in gutem Betriebszustand sein. Auch ein defekter Katalysator kann zu Überhitzungen führen.
- Der Motor sollte sofort abgestellt werden, falls man Fehlzündungen (z.B. „Knallen“) feststellen kann.
- Beim Anschleppen eines Fahrzeuges mit Katalysator muss die Anschleppstrecke auf einem Minimum gehalten werden, da der plötzliche anspringende Motor sonst den Katalysator beschädigen kann.

17 Wartungs- und Pflegearbeiten

Die meisten Wartungsarbeiten können selbst durchgeführt werden. Manchmal ist es jedoch zweckmäßiger die Wartung in einer Werkstatt durchführen zu lassen, d.h. es fehlen die notwendigen Einrichtungen oder Erfahrungen, Messgeräte sind erforderlich oder die Werkstatt kann die Arbeit einfach schneller durchführen. Vor allem wichtig sind die regelmäßigen Inspektionen und Kontrollen, welche untenstehend angeführt sind. Nach einer bestimmten Fahrstrecke oder nach Ablauf einer gewissen Zeit durchzuführende Wartungsarbeiten werden meistens in der Betriebsanleitung oder im Wartungsscheckheft angegeben.

Ehe Sie mit irgendwelchen Wartungsarbeiten beginnen, möchten wir auf einige Grundregeln hinweisen, die Ihnen Zeit und Kosten ersparen werden.

Der Ersatzteilkauf

Die für Wartungs- oder Reparaturarbeiten benötigten Ersatzteile sollten Sie spätestens am Tag der Arbeit parat haben. Stellen Sie sich eine Liste der Ersatzteile zusammen, die Sie für Ihre Arbeit brauchen. Denken Sie dabei nicht nur an die direkt betroffenen Teile, sondern auch an Zubehör wie Dichtungen, Sicherungsringe und selbstsichernde Muttern. Fragen Sie zur Sicherheit den Fachmann im Ersatzteillager – er ist mit diesem Problem vertraut und sucht Ihnen die erforderlichen Teile heraus.

Reparaturen, deren Umfang Sie nicht genau abschätzen können, sollten Sie auf einen Termin legen, der Ihnen auch einen außerplanmäßigen Besuch beim Zubehörhändler erlaubt. Rechnen Sie damit, dass selbst eine Werkstatt nicht immer alle Teile auf Lager hat und diese dann erst bestellen muss. Denken Sie auch daran, dass das Lager auch Schließzeiten hat.

Das richtige Ersatzteil

Im Laufe der Produktionszeit haben sich bestimmt Details an Ihrem Fahrzeug geändert. Deshalb entscheidet oft das Baujahr, welches Ersatzteil für Ihr Fahrzeug das richtige ist. Sie erleichtern sich und dem Verkäufer die Arbeit, wenn Sie den Fahrzeugschein mitnehmen und die Daten des Typenschilds auf einem Zettel notiert haben. Mit diesen Informationen kann ein geschulter Ersatzteilverkäufer das für Ihr Fahrzeug passende Teil mühelos aus dem Katalog oder dem vom Hersteller zusammengestellten Microfiche ermitteln. Noch wichtiger ist, dass Ihr Ersatzteilverkäufer irgendwelche Änderungen sofort feststellen kann. Manchmal ist es auch möglich, dass durch Änderung eines bestimmten Teils andere Teile davon betroffen sind und ebenfalls erneuert werden müssen. Wenn Sie auf Nummer Sicher gehen wollen: Bringen Sie das ausgebaute Altteil gleich mit zum Händler.

Originalteile oder Fremdteile?

Alle Ersatzteile, die Sie im Reparaturfall für Ihr Fahrzeug benötigen, erhalten Sie bei dem dafür zuständigen Händler. Aber Sie müssen nicht ausschließlich dort einkaufen. Der Zubehörhandel hält ebenfalls ein breites Angebot bereit, darunter Teile von denselben Herstellern, die das betreffende Montagewerk beliefern. Vergleichen Sie die Preise, wenn Service und Lieferfähigkeit gleich sind, jedoch bestehen Sie darauf, dass die Teile von gleicher Qualität wie die Originalteile sind. Wir sind z. B. vollkommen gegen den Kauf von Bremsklötzen, welche nicht ausdrücklich vom in Frage kommenden Hersteller genehmigt und freigegeben sind. Nachfragen und Erkundigen ist hier die einzige Lösung. Supermärkte sollten Sie beim Ersatzteilkauf meiden. Die eingesparten Beträge sind gering und machen die fehlende Beratung beim Kauf von Verschleißteilen nicht wett.

Das kaufen Sie im Zubehörhandel

Anlasser und Drehstromlichtmaschinen (welche der Originalausrüstung, wie z.B. Bosch, entsprechend müssen), Ölfilter, Luftfiltereinsätze, Glühlampen, Hauptbremszylinder, Keilriemen, Kupplung komplett, Lack, Lichtmaschine, Motordichtungen, Reparaturbleche, Scheinwerfer. Erwähnen möchten wir hier auch Auspuffanlagen. Hier steht nichts gegen den Einbau von Fremdprodukten. Wir empfehlen vor allem rostfreie Anlagen, welche meistens eine bestimmte Garantie tragen. Andernfalls vergleichen Sie Preise von Originalanlagen und Fremdprodukten und deren voraussichtliche Lebensdauer.

Safety first

Bei sicherheitsrelevanten Ersatzteilen ist Sparsamkeit am falschen Platz. Bremsbeläge, Bremsscheiben, Radlager, Antriebswellen und Gelenke sollten Sie grundsätzlich in Erstausrüster- oder Originalqualität kaufen. Die meisten Billig-Produkte entsprechen bei weitem nicht der vom Hersteller geforderten Mindestqualität. Was nützen Ihnen preiswerte Bremsscheiben aus Osteuropa oder Asien, wenn sie nach dem Einbau eine Unruhe in der Vorderachse verursachen, die nur für teures Geld in der Werkstatt behoben werden kann? Alle Hersteller sehen eine spezielle Mischung des Bremsbelagmaterials vor. Die Kennnummer ist der Werkstatt bekannt. Falls Ihr Fahrzeug nach einem ernsteren Unfall begutachtet wird und sich dabei eine nicht freigegebene Belagsmischung herausstellt, kann sich dies zu Ihren Ungunsten auswirken. Ihre Sicherheit und die Sicherheit anderer Verkehrsteilnehmer muss Ihnen daher die zusätzlichen Geldausgaben wert sein. Und noch etwas: Bremsbelag- bzw. Bremsklotzmaterial ist in Originalausführung asbestfrei. Diese Gewähr haben Sie vielleicht nicht bei Billigprodukten. Auch Scheibenwischerblätter, welche in Vielzahl billiger angeboten werden, haben bestimmt nicht die gleiche Lebensdauer als vom Hersteller gelieferte.

Austauschteile

Secondhand macht bei einer Reihe von Ersatzteilen Sinn. Austauschteile von Renault haben die gleiche Qualität wie ein Neuteil, sind deutlich billiger und werden mit gleicher Garantie geliefert. Auch der Zubehörhandel bietet zahlreiche neuwertige Austauschteile an. Erneuerte Elektrik-Bauteile vertreiben die Firma Bosch und auch andere in Frage kommende Lieferanten über ihre Autoelektrik-Werkstätten. Aber auch der Autoverwerter ist in vielen Fällen eine gute Adresse – wenn Sie eine Reparatur besonders billig ausführen wollen und auf Äußerlichkeiten keinen großen Wert legen. Das gilt etwa für Karosserie-Bauteile wie Türen, Stoßfänger und Motorhauben. Gebrauchte Verschleißteile lohnen sich jedoch nur dann, wenn sie deutlich besser sind als die bisher im Wagen eingebauten. Bisweilen müssen Sie das gewünschte Ersatzteil selbst ausbauen. Fragen Sie auf jeden Fall nach dem Preis: Das gebrauchte Teil darf höchstens halb so teuer sein wie das Neuteil. Ein Verschleißteil darf nicht mehr als ein Viertel des Neupreises kosten.

Hier lohnen sich Austauschteile
Anlasser, Getriebe, Antriebswellen, Kupplungsdruckplatte, Kupplungs-Mitnehmerscheibe, Kurbelwelle mit Lagern, Lichtmaschine, Teilmotor, Scheibenbremssättel, Scheibenwischermotor, Schwungrad, Wasserpumpe, Zylinderblock mit Kolben, Zylinderkopf. Natürlich sind die genannten Teile nicht unbedingt von allen Standorten erhältlich.

Wir raten: Ehe Sie sich zu größere Ausgaben entschließen, erkundigen Sie sich in der Werkstatt ob es ein Austauschteil gegen Eingabe des alten Teils gibt. Nur Ihre Werkstatt ist in der Lage Ihnen dies mitzuteilen, abgesehen davon, daß hier der Platz fehlt, um viele im Austausch erhältliche Teile anzugeben.

Arbeitssicherheit
Es ist eine Selbstverständlichkeit, doch wir möchten es an dieser Stelle noch einmal ausdrücklich unterstreichen: Sicherheit hat beim Heimwerken absolute Priorität. Wagen Sie sich nur an Arbeiten, die Sie sich wirklich zutrauen können. Nehmen Sie handwerkliche Aufgaben, mit denen Sie in der Praxis bislang wenig oder gar keine Erfahrung haben, nicht auf die leichte Schulter. Fatale Folgen können mangelhaft ausgeführte Arbeit natürlich auch im Straßenverkehr haben – übrigens nicht nur für Sie, sondern auch für Dritte.

Vorsicht bei allen Arbeiten im Motorraum! Bei laufendem Motor steht die Anlage hochspannungsseitig (Primärstromkreis) sehr hoch unter Spannung. Führen Sie Prüfungen am Motor deshalb nur bei Motorstillstand aus. Oder richten Sie den Prüfaufbau so aus, dass Sie während des Motorlaufs nicht die Hand anlegen müssen.

17.1 Regelmäßige Wartungsarbeiten

Im Allgemeinen empfehlen wir, dass Sie sich bei der Durchführung der Wartungsarbeiten an die im Wartungsscheckheft angegebenen Wartungsintervalle halten. Schmieren und Ölen von beweglichen Teilen (z.B. Scharniere, usw.) werden in den folgenden Angaben nicht berücksichtigt, da sie als selbstverständlich anzusehen sind.

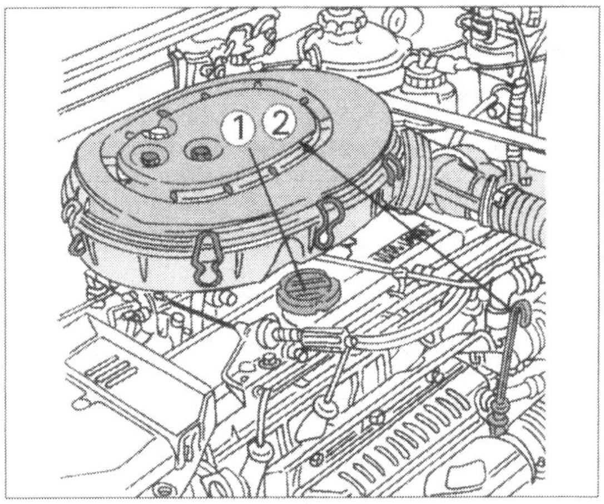

Bild 390
Die Lage des Verschlussdeckels für das Motoröl (1) und des Ölmessstabs (2) bei einem 1.4-Liter-Motor.

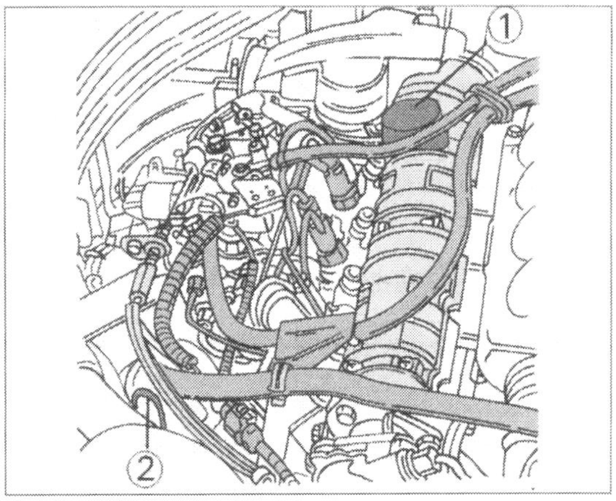

Bild 391
Die Lage des Verschlussdeckels für das Motoröl (1) und des Ölmessstabs (2) bei einem Dieselmotor.

17.1.1 Motorölstand kontrollieren

Der Stand des Motoröls sollte etwa alle 600 km kontrolliert werden. Dazu den Ölmessstab herausziehen und mit einem sauberen Lappen abwischen. Messstab nochmals hineinschieben und ihn wieder herausziehen. Bilder 390 und 391 zeigen an zwei Beispielen, wo sich der Ölmessstab befindet, falls Sie den Motor das erste Mal sehen. Das Öl muss bei waagerecht stehendem Fahrzeug zwischen der oberen und unteren Markierung liegen. Zwei Kerben sind in den Ölmessstab eingearbeitet, um Ihnen das Ablesen zu erleichtern. Liegt der Ölstand an der unteren Markierung, muss nachgefüllt werden. Der Ölmessstab ist mit ein „Max"-Marke und einer „Min"-Marke gezeichnet. Die Ölmenge zwischen den beiden Markierungen beträgt ca. 1,5 Liter (2 Liter beim Dieselmotor), so dass Sie daraus schließen können, wie viel Öl fehlt. Auf keine Fall den Motor überfüllen, d.h. das Öl darf nicht über die obere Marke steigen. *Falls Ihnen dies nicht bekannt ist: der eingebauter Katalysator eines Benzinmotors könnte dadurch beschädigt werden.* Unbedingt das vorgeschriebene Öl bei einem Dieselmotor einfüllen.

17.1.2 Bremsflüssigkeitsstand kontrollieren

Der Behälter für die Bremsflüssigkeit sitzt an der Oberseite des Hauptbremszylinders. Der Behälter ist durchsichtig, so dass die Bremsflüssigkeit von der

Außenseite gesehen werden kann Den Flüssigkeitsstand immer soeben an der „Max“-Markierung halten. Falls erforderlich die Verschraubung abdrehen und frische Bremsflüssigkeit nachfüllen. Liegt der Flüssigkeitsspiegel niedriger als erwartet, muss man den Verschleiß der Bremsklotzbeläge kontrollieren (sie nützen sich eher ab als die Beläge der hinteren Bremsbacken). *Beim Einfüllen keine Bremsflüssigkeit auf Lackstellen tropfen lassen.*

17.1.3 Bremsleuchten überprüfen

Die Arbeitsweise der Bremsleuchten kann mit Hilfe einer zweiten Person oder auch allein kontrolliert werden. Bei der ersten Methode auf die Bremse treten, während die zweite Person das Aufleuchten der Lampen kontrolliert. Sind Sie allein, rückwärts vor die Garagentür fahren und auf die Bremse treten. Die Lampen scheinen rot gegen die Garagentür. Falls eine Lampe nicht aufleuchtet, die Glühbirne ersetzen; leuchten beide Lampen nicht auf, könnte der Bremslichtschalter defekt sein.

17.1.4 Beleuchtung kontrollieren

Alle Beleuchtungskörper (einschließlich der Hupe und Warnblinkanlage) der Reihe nach durchschalten und deren Funktion kontrollieren. Rücklichter und Rückfahrscheinwerfer können am besten im Dunkeln vor der Garagentür kontrolliert werden, ohne dass man aus dem Fahrzeug aussteigt. Falls Sie nicht sicher über die Einstellung der Scheinwerfer sind, müssen Sie die Einstellung in einer Werkstatt prüfen lassen.

17.1.5 Reifendruck und Reifenzustand kontrollieren

Den Reifendruck an einer Tankstelle kontrollieren. Falls Sie den Druck nicht auswendig wissen, ist es am besten, wenn man sich an die an Tankstellen ausgehängten Tabellen hält. Unbedingt unter den betreffenden Reifen nachlesen, mit welchen Ihr Fahrzeug versehen ist. Außerdem gibt der Ihnen bekannte Reifendruckaufkleber den Druck für die serienmäßig montierten Reifen an. Drücke können je nach aufmontierten Reifen unterschiedlich sein. Falls man größere Reisen mit höheren Geschwindigkeiten vorhat, kann man den Reifendruck etwas erhöhen. Bei aufgezogenen Winterreifen gelten ebenfalls unterschiedliche Reifendrücke.

Bei der Kontrolle des Reifendrucks ist es ebenfalls angebracht den Zustand der Reifen zu kontrollieren. Die Vorderräder treiben das Fahrzeug an, lenken es und müssen die Hauptbelastung beim Bremsen aushalten. Sie sind daher auch früher verschlissen als die hinteren Pneus. Den Zustand der Reifen kontrollieren Sie am besten bei aufgebocktem Wagen.

- Drehen Sie jedes Rad einmal komplett durch. Entfernen Sie Steinchen und andere Fremdkörper vorsichtig mit einem kleinen Schraubenzieher aus den Profillamellen. Sitzt in der Reifendecke eine Glasscherbe oder ein Nagel, kann an dieser Stelle Luft entweichen.
- Achten Sie auf Unregelmäßigkeiten wie Einstiche, Schnitte, Risse und herausgebrochene Profilstücke. Bei einem beschädigten Gummi dringt leicht Feuchtigkeit ins Reifeninnere. Sie können jedoch von außen nicht erkennen, ob der stabilisierende Stahlgürtel schon vom Rost angefressen ist. Lassen Sie den Pneu zur Sicherheit vom Fachmann prüfen. Das gilt übrigens auch bei auffälligem Reifenabrieb.
- Das Reifenprofil muss über die gesamte Lauffläche mindestens 1,6 Millimeter tief sein. Bei dieser Marke wird auf der Lauffläche an mehreren Stellen ein Profilstandsanzeiger sichtbar. Die Buchstaben „twi“ (tread wear indicator) auf der Reifenflanke zeigen, wo sich diese Anzeiger befinden. Tauschen Sie Sommerreifen zur Sicherheit bereits bei einer Profiltiefe von zwei Millimetern, Winterreifen bei vier Millimetern – das Fahrverhalten wird mit abnehmendem Profil schlechter, vor allem auf nasser Fahrbahn. Zum Messen der Profiltiefe gibt es spezielle Tester, welche man in der in Bild 392 gezeigten Weise auf den Reifen aufsetzen kann. Durch Hineinschieben des Messstiftes kann man die Anzeige in Millimetern an der Skala ablesen.
- Kontrollieren Sie, ob alle Reifen gleichmäßig abgefahren sind.
- Sehen Sie sich die Seitenwände der Reifen genau an. Beulen deuten auf eine Beschädigung des Reifenunterbaus hin.

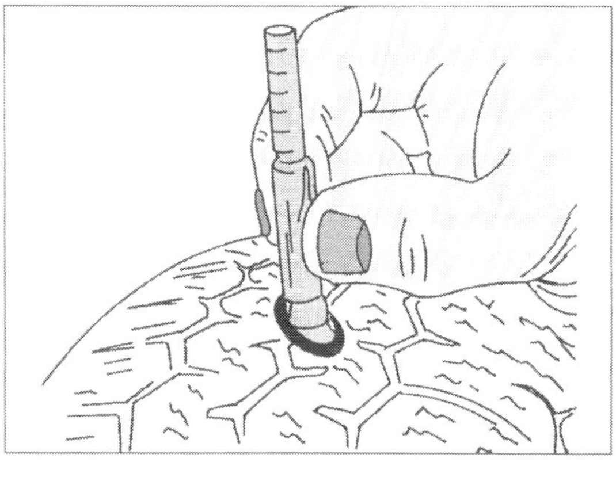

Bild 392
Kontrolle der Tiefe des Reifenprofils mit dem Prüfgerät der Reifenhersteller.

17.1.6 Kühlmittelstand kontrollieren

Das kalte Kühlmittel muss zwischen den „Mini“- und „Maxi“-Markierungen am Ausgleichsbehälter stehen. Falls erforderlich abwarten, bis das Kühlmittel abgekühlt ist und zusätzliches Frostschutzmittel einfüllen. Die Temperatur des Motors darf nicht mehr als 50°C betragen und der Motor muss abgestellt sein. Ist der Motor heiß, den Verschlussdeckel des Ausgleichsbehälters bis zur ersten Raste lösen und abwarten, bis der Druck abgefallen ist. Danach den Deckel vollkommen abschrauben. Vor den ersten Frostnächten den Verschlussdeckel am Ausgleichsbehälter abnehmen und das Frostschutzmittel mit einem Tester prüfen.

Vor Anbruch des Winters sollte man die Gelegenheit wahrnehmen und die Stärke des Frostschutzmittels kontrollieren. Bis mindestens –30°C muss der Ge-

frierschutz reichen. Einzelheiten darüber in Abschnitt „Kühlanlage“.
Zum Ergänzen kleiner Kühlmittelverluste normales Wasser verwenden. Mit völlig kalkfreiem Wasser, Regenwasser, destilliertem oder entsalztem Wasser tun Sie der Kühlanlage keinen Gefallen, weil diese Wasserarten korrosiver wirken.
Falls Sie unterwegs erhebliche Wassermengen aus dem Kühlsystem verloren haben, soll bei heißer Maschine kein kaltes Wasser nachgegossen werden, denn der Zylinderkopf kann sich verziehen oder gar Spannungsrisse bekommen. Kleinere Wassermengen dürfen aber auch bei warmem Motor nachgegossen werden.

17.1.7 Ölstand im automatischen Getriebe kontrollieren

Da ein automatisches Getriebe bei fehlender Flüssigkeit nicht einwandfrei durchschalten kann, sollte der Stand der Flüssigkeit häufig kontrolliert werden. Der Flüssigkeitsstand im Getriebe kann nur mit einem Renault-Gerät überprüft werden, welches unter der Bezeichnung „XR 25“ läuft. Es verbleibt also nur eine Kontrolle in der Werkstatt.

17.1.8 Ölstand im Schaltgetriebe prüfen

Der Motor muss abgestellt sein, wenn der Ölstand in einem Schaltgetriebe kontrolliert wird. Ein Öleinfüllstopfen ist in die Seite des Getriebes eingesetzt. Im Kapitel „Schaltgetriebe“ sind genauere Einzelheiten darüber angegeben, jedoch möchten wir Ihnen in diesem Zusammenhang die Lage des Ablass-Einfüllstopfens in Bild 393 zeigen.

17.1.9 Spannung der Keilriemen (Antriebsriemen) kontrollieren

Je nach eingebauten Aggregaten ist die Anordnung der einzelnen Keilriemen nicht bei allen Ausführungen gleich. Im Kapitel „Kühlanlage“ wird in Einzelheiten auf das Nachspannen der Antriebsriemen eingegangen. Wenn die Spannung der Riemen kontrolliert wird, muss man den oder die Riemen auf Risse, ausgefranste Seiten oder Lösen der Gummischichten kontrollieren. Falls der Riemen bis zum Boden der Riemenscheiben aufliegt, muss er erneuert werden. Die Spannung der Riemen wird in der Mitte zwischen den Riemenscheiben kontrolliert.

Hinweis: Die Spannung eines Keilriemens nur bei kaltem Motor überprüfen. Ist der Motor heiß, muss man ihn mindestens 30 Minuten lang stehen lassen, ehe man die Riemenspannung kontrolliert.

17.1.10 Handbremse einstellen

Durch die Abnutzung der Bremsbeläge wird der zum Anziehen der Handbremse benutzte Weg des Handbremshebels nach einer gewissen Zeit länger. Falls die Hinterräder nicht feststehen, nachdem man den Handbremshebel bis zu 12 Zähne angezogen hat (die Hinterräder müssen angehoben sein), ist eine Nachstellung durchzuführen. Die Einstellung erfolgt an der Unterseite des Fahrzeuges und ist im Kapitel „Bremsen“ beschrieben. Nach der Einstellung die Handbremse lösen und kontrollieren, dass die Räder frei drehbar sind.

17.1.11 Luftfiltereinsatz erneuern

Der Papierfiltereinsatz sollte alle 30 000 km erneuert werden, öfters, wenn das Fahrzeug unter staubigen Verhältnissen gefahren wird. Ja nach Ausführung wird der Deckel des Luftfiltergehäuses mit Schrauben oder Federklammern an der Seite gehalten. Nach Ausbau des Deckels den Filtereinsatz herausnehmen. Innenseite des Filtergehäuses einwandfrei reinigen und den neuen Einsatz in umgekehrter Reihenfolge wieder einbauen. Den Deckel wieder montieren.
Um den Filter zu reinigen, kann man ihn gegen eine harte Unterlage aufschlagen und den feinen Staub mit Pressluft ausblasen. Dabei den Luftstrahl seitlich an den Lamellen vorbeistreichen lassen. Niemals die Luft direkt auf die Lamellen richten, da sonst der Staub nach innen gezwungen wird. Flüssigkeit darf nicht zum Reinigen benutzt werden. Das Filtergehäuse säubern, indem man es mit einem Lappen auswischt.

17.1.12 Flüssigkeitsstand der Servolenkung

Der Behälter für die Flüssigkeit der Servolenkungsanlage befindet sich im Motorraum an der Vorderseite des Motors, von vorn gesehen auf der rechten Seite. Die Kontrolle des Flüssigkeitsstands geschieht durch Sichtprüfung des Behälters. Die Lenkungsflüssigkeit muss dabei betriebswarm sein, der Motor muss abgestellt sein. Falls bei einer Kontrolle mehr Flüssigkeit als bei früheren Kontrollen fehlt, muss man die Anlage auf Leckstellen kontrollieren.

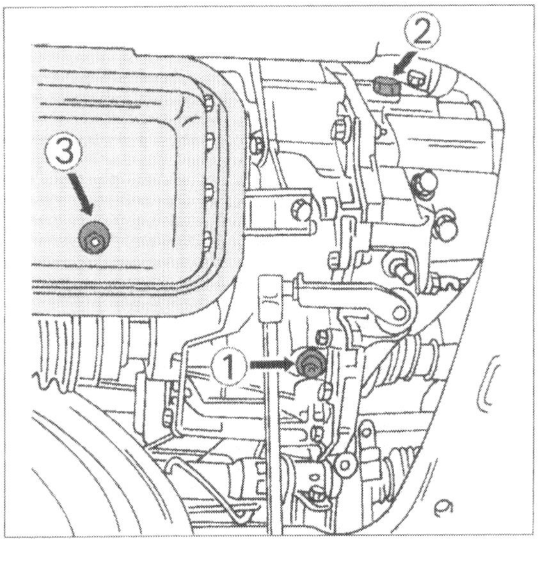

Bild 393
Ölablassstopfen (1) und Öleinfüllstopfen (2) an der Unterseite des Getriebes. Links ist der Ablassstopfen (3) in der Ölwanne zu sehen.

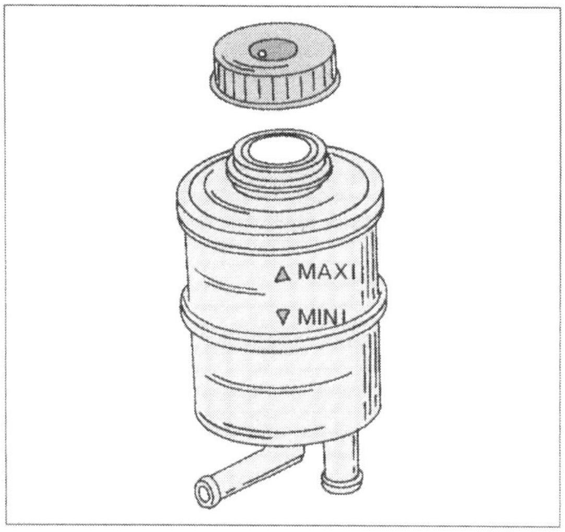

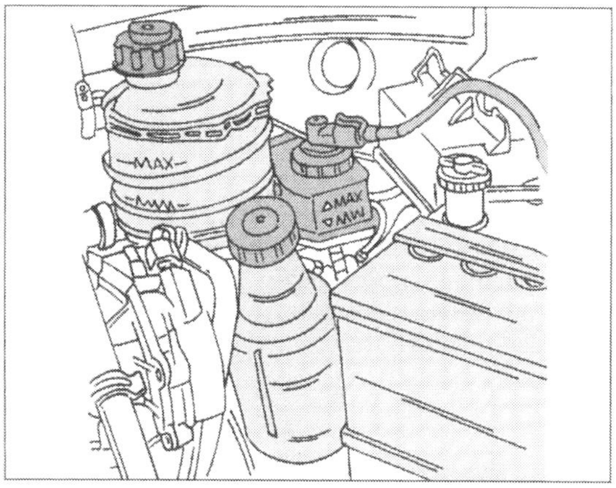

Bild 394
Ansicht des Vorratsbehälters für die Flüssigkeit der Servolenkung bei eingebautem Benzinmotor (oberes Bild) und beim Dieselmotor im unteren Bild.

Der Behälter für die Flüssigkeit der Servolenkung hat nicht bei allen eingebauten Motoren das gleiche Aussehen, d.h. bei Benzin- und Dieselmotoren ist die Kontrolle anhand von Bild 394 durchzuführen. In der oberen Ansicht ist der Behälter bei eingebautem Benzinmotor zu sehen, beim Dieselmotor gilt die untere Ansicht. In beiden Fällen gilt, dass die Flüssigkeit am Strich mit der „Maxi"-Kennzeichnung stehen muss. Zum Einfüllen nur die von Renault empfohlene Flüssigkeit „ELF RENAULTMATIC D2" oder „MOBIL ATF 220" benutzen. Dies ist die gleiche Flüssigkeit wie sie in einem automatischen Getriebe eingefüllt ist.
Nach Nachfüllen der Flüssigkeit den Motor anlassen und das Lenkrad langsam aus einem Anschlag in den anderen drehen. Den Flüssigkeitsstand erneut kontrollieren und falls erforderlich nochmals nachfüllen.

17.1.13 Nicht genannte Wartungsarbeiten

Viele der als Wartungsarbeiten zu betrachtenden Arbeiten, wie z.B. Kontrolle des Säurestands der Batterie, Wechsel des Ölfilters oder Austausch des Kraftstofffilters, Kontrolle des Verschleißes der Bremsklotz- und Bremsbackenbeläge, usw. sind in den dafür zuständigen Kapiteln beschrieben.

Modellverzeichnis:

Fahrzeugausführung FC/KC0A	1149 cm^3, D7F-Motor
Fahrzeugausführung FC/KC0C	1390 cm^3, E7J-Motor
Fahrzeugausführung FC/KC0D	1870 cm^3, F8Q-662-Motor
Fahrzeugausführung FC/KC0E	1870 cm^3, F8Q-630-Motor
Fahrzeugausführung FC/KC0J	1870 cm^3, F8Q-632Motor
Fahrzeugausführung FC/KC0U	1870 cm^3, F9Q-780-Motor
Fahrzeugausführung FC/KC0X (Pampa, „off-Road")	„X" bedeutet 1.4-Liter Benzin oder Diesel

1.1-Liter-Motor (D7F)

Allgemeine Angaben

Bauart	Vierzylinder-Viertaktmotor, mit hängenden Ventilen und Nockenwelle im Zylinderkopf. Nockenwelle durch Zahnriemen angetrieben.
Anzahl der Zylinder	4
Zylinderbohrung	69,00 mm
Kolbenhub	76,80 mm
Zündfolge	1-3-4-2
Verdichtungsverhältnis	9,65 : 1
Motorleistung	43 kW (58 PS) bei 5200/min
Max. Drehmoment	93 Nm bei 2500/min

Hinweis: Die obigen Leistungsangaben sind allgemeine Angaben, die in einigen Zulassungsländern leicht abweichen können. Genaue Werte können immer dem Fahrzeugzulassungsschein oder der Verkaufslektüre entnommen werden.

Zylinderkopf	
Werkstoff	Spezialaluminiumlegierung mit halbrunden Verbrennungskammern, mit auswechselbaren Ventilsitzringen und Ventilführungen. Nockenwelle läuft direkt ohne Lager im Zylinderkopf. Zylinderkopf auf dem Block durch Passhülse zentriert.
Kopfhöhe, Fläche zu Fläche	113,5 ± 0,05 mm
Stärke der Zylinderkopfdichtung	1,2 mm ± 0,05 mm
Nachschleifhöhe	Nachschleifen nicht zulässig
Max. Verzug der Zylinderkopffläche	0,05 mm
Inhalt der Verbrennungskammern	27,68 cm^3 ± 0,65 cm^3
Zylinderkopfdichtung	Synthetischer Werkstoff, trocken montiert
Montagerichtung	„TOP" von oben lesbar
Stärke der Dichtung	1,2 mm (Nennmaß)
Ventilführungen	
– Außendurchmesser – Nenngröße	11,0 mm
– Reparaturgrößen	11,20 mm
– Innendurchmesser	6,0 mm
– Einbauwinkel der Führungen	17,5° von einer senkrechten Linie
– Einbauhöhe, Unterseite des Ventilfedersitzes zur Oberseite der Führung	15,00 ± 0,15 mm, Einlass- und Auslassventile
Ventilsitze	
Ventilsitzwinkel	120° Einlassventile, 90° Auslassventile
Breite des Ventilsitzes	1,7 mm
Außendurchmesser der Ventilsitze:	
– Einlassventile	33,5 mm
– Auslassventile	30,5 mm
Ventile	
Ventilschaftdurchmesser, alle Ventile und Motoren	5,98 mm (Einlass), 5,97 mm (Auslass)
Ventiltellerwinkel:	
– Einlassventile	120°

– Auslassventile	90°
Ventiltellerdurchmesser:	
– Einlassventile	32,88 mm
– Auslassventile	29,88 mm

Ventilfedern

Drahtdurchmesser	3,90 mm
Wicklungsinnendurchmesser, innen	20,2 mm
Ungespannte Länge (ca.)	43,00 mm
Länge unter Belastung von 24 kg	37,0 mm
Länge unter Belastung von 48,3 kg	31,00 mm

Ventilspiele

– Motor kalt – Einlassventile	0,10 mm
– Motor kalt – Auslassventile	0,20 mm
– Motor warm	Nicht gestattet

Kolben und Pleuelstangen

Kolbenausführung	Aluminiumlegierung und drei Kolbenringe
Kolbenbolzenpassung	Presspassung in Pleuelauge und schwimmend in Kolben gelagert
Einbaurichtung der Kolben	Pfeil zur Schwungradseite gerichtet
Kolbengrößen	Zwei Größenklassen
Messstellen des Kolbendurchmessers	Siehe Haupttext
Kolbendurchmesser:	
– Kolbenkennzeichnung „A"	68,965 mm
– Kolbenkennzeichnung „B"	68,975 mm
– Größentoleranz	0,005 mm

Kolbenringe

Anzahl der Ringe	2 Verdichtungsringe, 1 Ölabstreifring
Montagerichtung	„TOP" von oben lesbar
Stärke der Kolbenringe:	
Oberer Ring	1,47 - 1,49 mm
Mittlerer Ring	1,47 - 1,49 mm
Ölabstreifring	2,47 - 2,49 mm
Kolbenringstoßspiele	Voreingestellt, darf nicht verändert werden

Pleuelstangen und Pleuellager

Werkstoff	Geschmiedeter Stahl, „I"-Querschnitt
Bauart	Lagerschalen
Material	Aluminium-Zinn
Axialspiel der Pleuellager	0,21 - 0,453 mm

Kurbelwelle

Bauart	Anzahl der Lager 5
Bauart der Lagerung	Lagerschalen
Material des Lagermetalls	Aluminium/Zinn
Kurbelzapfendurchmesser:	
– Nenndurchmesser	40,00 mm
– Reparaturdurchmesser	39,75 mm
– Nachschleiftoleranzen	bis -0,016 mm
Hauptlagerzapfendurchmesser:	
– Nenndurchmesser	44,00 mm
– Reparaturdurchmesser	43,75 mm
– Nachschleiftoleranzen	bis -0,01 mm
Axialspiel der Kurbelwelle	0,06 - 0,235 mm
Anordnung der Kurbelwellenlagerschalen	Lagerschalen mit Ölschmiernut auf Blockseite, ohne Schmiernut in Lagerdeckel, Lagerschale mit Flanschen am mittleren Lager in Zylinderblock
Durchmesser der Lagerschalen	44,00 mm (Reparaturgröße 43,750 mm)
Durchmesser der Pleuellagerschalen	40,00 mm (Reparaturgröße 39,75 mm)

Nockenwelle und Steuerung

Anzahl der Wellenlager	5, in Zylinderkopf eingearbeitet
Nockenwellenantrieb	Durch Zahnriemen. Spannungseinstellung durch Exzenterspannrolle. Handeinstellung unter Verwendung von Spezialspannungsmessgerät
Zahnriemen:	
– Drehrichtung	Durch Pfeil eingezeichnet
– Spannungseinstellung	Sollte mit Messinstrument eingestellt werden
– Regelmäßige Erneuerung (empfohlen)	Alle 120 000 km oder 5 Jahre
Nockenwellenaxialspiel	0,07 - 0,148 mm

Zylinderblock und Laufbüchsen

Bauweise	Zylinderbohrungen direkt in Zylinderblock eingearbeitet. Zwei Bohrungs-Größenklassen, in Zylinderblock eingezeichnet, können eingebaut sein (auf Auspuffkrümmerseite über dem Ölfilter).
Zylinderdurchmesser:	
– Klasse A	69,000 - 69,015 mm
– Klasse B	69,015 - 69,030 mm

1.4-Liter-Motor (E7J

Allgemeine Angaben

Bauart	Vierzylinder-Viertaktmotor, mit hängenden Ventilen und Nockenwelle im Zylinderkopf. Nockenwelle durch Zahnriemen angetrieben.
Anzahl der Zylinder	4
Zylinderbohrung	75,8 mm
Kolbenhub	77,0 mm
Zündfolge	1-3-4-2
Verdichtungsverhältnis	9,5 : 1
Motorleistung	55 kW (75 PS) bei 5500/min
Max. Drehmoment	114 Nm bei 4250/min

Hinweis: Die obigen Angaben sind allgemeine Angaben, die in einigen Zulassungsländern leicht abweichen können. Genaue Werte können immer dem Fahrzeugzulassungsschein oder der Verkaufslektüre entnommen werden.

Zylinderkopf

Werkstoff	Spezialaluminiumlegierung mit halbrunden Verbrennungskammern, mit auswechselbaren Ventilsitzringen und Ventilführungen. Nockenwelle läuft direkt ohne Lager im Zylinderkopf. Zylinderkopf auf dem Block durch Passhülse zentriert.
Kopfhöhe, Fläche zu Fläche	113 ± 0,05 mm
Nachschleifhöhe	Nachschleifen nicht zulässig
Max. Verzug der Zylinderkopffläche	0,05 mm
Inhalt der Verbrennungskammern	26.25 ± 0,6 cm^3

Zylinderkopfdichtung	Synthetischer Werkstoff, trocken montiert
Montagerichtung	„TOP" von oben lesbar
Stärke der Dichtung	1,37 mm (Nennmaß)

Ventilführungen

Außendurchmesser:	
– Nenngröße	12,10 mm
– Reparaturgrößen	Nicht angeführt
– Innendurchmesser	7,0 mm
– Einbauwinkel der Führungen	17° von einer senkrechten Linie
Einbauhöhe, Innenfläche Führung/Innenfläche/Ventilsitz:	
– Einlassventile	34,7 mm
– Auslassventile	27,5 mm
– Toleranz der Einbauhöhe	Plus oder minus 0,2 mm
Einbauhöhe, Unterseite des Ventilfedersitzes	

zur Oberseite der Führung	12,34 mm, Einlass- und Auslassventile
Ventilsitze	
Ventilsitzwinkel	120° Einlassventile, 90° Auslassventile
Breite des Ventilsitzes	1,7 mm
Außendurchmesser der Ventilsitze:	
– Einlassventile	38,5 mm
– Auslassventile	34,5 mm
Ventile	
Ventilschaftdurchmesser, alle Ventile und Motoren	7,0 mm
Ventiltellerwinkel:	
– Einlassventile	120°
– Auslassventile	90°
Ventiltellerdurchmesser:	
– Einlassventile	37,5 mm
– Auslassventile	33,5 mm
Ventilfedern	
Drahtdurchmesser	3,8 mm (schwarzes Zeichen), oder 4,0 mm (orangefarben)
Wicklungsinnendurchmesser	21,5 mm – Alle Federn
Ungespannte Länge (ca.)	46,46 mm (schwarz), 44,93 mm (orangefarben)
Länge unter Belastung von 27 kg	37,0 mm (schwarz und orangefarben)
Länge unter Belastung von 53,6 kg	27,50 mm (schwarz)
Länge unter Belastung von 65 kg	27,60 mm (orangefarben)
Ventilspiele	
Motor kalt – Einlassventile	0,10 mm
Motor kalt – Auslassventile	0,25 mm
Motor warm	Nicht gestattet
Kolben und Pleuelstangen	
Kolbenausführung	Aluminiumlegierung und drei Kolbenringe
Kolbenbolzenpassung	Presspassung in Pleuelauge und schwimmend in Kolben gelagert
Einbaurichtung der Kolben	Pfeil zur Schwungradseite gerichtet
Kolbengrößen	Drei Größenklassen
Messstellen des Kolbendurchmessers	Siehe Haupttext
Kolbendurchmesser	
– Kolbenkennzeichnung „A“	75,765 – 75,775 mm
– Kolbenkennzeichnung „B“	75,775 – 75,785 mm
– Kolbenkennzeichnung „C“	75,785 – 75,795 mm
Kolbenbolzen	
Länge	60,00 mm
Außendurchmesser	19,00 mm
Innendurchmesser	11,00 mm
Kolbenringe	
Anzahl der Ringe	2 Verdichtungsringe, 1 Ölabstreifring
Montagerichtung	„TOP“ von oben lesbar
Stärke der Kolbenringe:	
– Oberer Ring	1,50 mm
– Mittlerer Ring	1,75 mm
– Ölabstreifring	3,0 mm
Kolbenringstossspiele	Voreingestellt, darf nicht verändert werden
Pleuelstangen und Pleuellager	
Werkstoff	Geschmiedeter Stahl, „I“-Querschnitt
Bauart	Lagerschalen
Material	Aluminium-Zinn
Axialspiel der Pleuellager	0,310 - 0,572 mm

Kurbelwelle

Bauart	Anzahl der Lager 5, 4 Gegengewichte
Bauart der Lagerung	Lagerschalen
Material des Lagermetalls	Aluminium/Zinn
Kurbelzapfendurchmesser:	
– Nenndurchmesser	43,98 mm
– Reparaturdurchmesser	43,73 mm
– Nachschleiftoleranzen	bis -0,020 mm
Hauptlagerzapfendurchmesser:	
– Nenndurchmesser	54,795 mm
– Reparaturdurchmesser	54,545 mm
– Nachschleiftoleranzen	bis -0,02 mm
Axialspiel der Kurbelwelle	0,045 - 0,252 mm (neu) 0,045 – 0,085 mm (bereits gelaufen)
Stärke der Halbscheiben	2,80 bis 2,95 mm, in Stufen von 0,05 mm. Mit Schmiernut zur Kurbelwellenwange zu einlegen.
Anordnung der Kurbelwellenlagerschalen	Lagerschalen mit Schmierlöchern auf Blockseite

Nockenwelle und Steuerung

Anzahl der Wellenlager	3, in Zylinderkopf eingearbeitet
Nockenwellenantrieb, alle Motoren	Durch Zahnriemen. Treibt ebenfalls die Wasserpumpe an. Spannungseinstellung durch Exzenterspannrolle. Handeinstellung.
Zahnriemen:	
– Drehrichtung	Durch Pfeil eingezeichnet
– Spannungseinstellung	Sollte mit Messinstrument eingestellt werden
– Regelmäßige Erneuerung (empfohlen)	Alle 120 000 km oder 5 Jahre
Nockenwellenaxialspiel	0,06 – 0.15 mm

Zylinderblock und Laufbüchsen

Bauweise	Zylinderblock mit „nassen" Zylinderlaufbüchsen
– Bohrungsdurchmesser der Laufbüchsen im Zylinderblock	91,50 mm (Sollmaß)
– Länge der Laufbüchsen	130,0 mm
– Innendurchmesser der Laufbüchsen	75,80 mm + 0,03 mm
– Vorstehmaß der Laufbüchsen (ohne Dichtring)	0,02 – 0,09 mm
– Unterschied des Vorstehmaßes zwischen 2 Laufbüchsen	0,05 mm
– Spalt zwischen Laufbüchsen	min. 0,10 mm
Zylinderlaufbüchsendurchmesser:	
– Klasse A	75,800 – 78,810 mm
– Klasse B	75,810 – 75,820 mm
– Klasse C	75,820 – 75,830 mm

1.9-Liter-Dieselmotor

Allgemeine Angaben

Bauart	Vierzylinder-Dieselmotor mit indirekter Einspritzung (F8Q) oder Direkteinspritzung (F9Q), quer zur Fahrtrichtung eingebaut. Mit hängenden Ventilen (2 pro Zylinder) und einer Nockenwelle im Zylinderkopf aus Aluminiumlegierung. Nockenwelle durch Zahnriemen angetrieben.
Anzahl der Zylinder	4
Zylinderbohrung	80,00 mm
Kolbenhub	93,0 mm
Verdichtungsverhältnis	21,5 : 1 (F8Q), 18,3 : 1 (F9Q)
Motorleistung	
– F8Q-Motor	47 kW (64 PS) bei 4500/min
– F9Q-Motor	59 kW (80 PS) bei 4000/min.
Max. Drehmoment:	
– F8Q-Motor	120 Nm bei 2250/min
– F9Q-Motor	160 Nm bei 2000/min

Zylinderkopf	
Kopfhöhe, Fläche zu Fläche	159,5 ± 0,02 mm
Nachschleifhöhe	Nachschleifen nicht zulässig
Max. Verzug der Zylinderkopffläche	0,05 mm
Ventilführungen	
Außendurchmesser – Nenngröße	13,0 mm
– Reparaturgrößen (2 Rillen)	13,30 mm
Durchmesser der Aufnahmebohrungen im Block	12,90 mm – Nenngröße
– Reparaturgröße	13,20 mm
Einbauhöhe, Führung/untere Fläche des Kopfes	43,0 mm ± 0,2 mm
Ventilsitze	
Ventilsitzwinkel:	
– Einlassventile	120°
– Auslassventile	90°
Breite des Ventilsitzes	1,8 mm, alle Ventile
Außendurchmesser der Ventilsitze:	
– Einlassventile	37,30 mm
– Auslassventile	32,80 mm
Ventile	
Ventilschaftdurchmesser, alle Ventile	8,0 mm
Ventiltellerwinkel	120° (Einlass), 90° (Auslass)
Ventiltellerdurchmesser:	
– Einlassventile	36,10 mm (36,35 mm aus Spezialstahl)
– Auslassventile	31,5 mm
Ventilfedern	
Drahtdurchmesser	4,25 mm
Wicklungsinnendurchmesser	21,5 mm – Alle Federn
Ungespannte Länge (ca.)	44,95 mm
Länge unter Belastung von 29,8 kg	37,90 mm
Länge unter Belastung von 70 kg	28,40 mm
Mit geschlossenen Wicklungen	25,60 mm
Ventilstößel	
Durchmesser	35,0 mm
Stärke der Ventileinstellscheiben	2,90 – 3,70 mm in Stufen von je 0,05 mm (Einstellung wird in der Werkstatt empfohlen)
Ventilspiele	
– Motor kalt – Einlassventile	0,20 mm
– Motor kalt – Auslassventile	0,40 mm
– Motor warm	Nicht gestattet
Kolben und Pleuelstangen	
Kolbenausführung	Aluminiumlegierung mit drei Kolbenringen
Kolbenbolzenpassung	Schwimmend in Kolben und Pleuelstangenauge. Mit Sicherungsringen auf beiden Seiten gehalten.
Einbaurichtung der Kolben	Pfeil zur Schwungradseite gerichtet
Kolbengrößen	Zwei Größenklassen
Messstellen des Kolbendurchmessers	Siehe Haupttext
Kolbenlaufspiel	0,03 – 0,055 mm
Kolbendurchmesser (Kennzeichnung im Kolbenboden):	
– Kolbenkennzeichnung „1“	79,960 – 79,970 mm
– Kolbenkennzeichnung „2“	79,970 – 79,980 mm
Kolbenringe	
Anzahl der Ringe	2 Verdichtungsringe, 1 Ölabstreifring
Montagerichtung	„TOP“ von oben lesbar
Breite der Kolbenringe:	
– Oberer Ring	2,00 mm
– Mittlerer Ring	2,00 mm

– Ölabstreifring	3,00 mm
Kolbenringstoßspiele	Voreingestellt, darf nicht verändert werden
Pleuelstangen und Pleuellager	
Werkstoff	Geschmiedeter Stahl, „I"-Querschnitt
Bauart	Lagerschalen
Material	Aluminium-Zinn
Axialspiel der Pleuellager	0,22 – 0,40 mm
Kurbelwelle	
Bauart	Anzahl der Lager 5
Bauart der Lagerung	Lagerschalen
Material des Lagermetalls	Aluminium/Zinn
Kurbelzapfendurchmesser	
– Nenndurchmesser	48,00 mm
– Reparaturdurchmesser	47,75 mm
– Nachschleiftoleranzen	bis +0,020 mm
Hauptlagerzapfendurchmesser:	
– Nenndurchmesser	54,795 mm
– Reparaturdurchmesser	54,545 mm
– Nachschleiftoleranzen	± 0,01 mm
Axialspiel der Kurbelwelle	0,05 - 0,23 mm (neu)
Stärke der Halbscheiben	2,30 bis 2,50 mm, in Stufen von 0,05 mm, mit Schmiernute zur Kurbelwellenwange zu einlegen.
Anordnung der Kurbelwellenlagerschalen	Lagerschalen mit Schmierlöchern auf Blockseite, Lagerschalen ohne Schmiernuten in Hauptlagerdeckel
Nockenwelle und Steuerung	
Anzahl der Wellenlager	5, in Zylinderkopf eingearbeitet
Nockenwellenantrieb	Durch Zahnriemen. Treibt ebenfalls Wasserpumpe an. Spannungseinstellung durch Exzenterspannrolle. Handeinstellung. *Bestimmte Motoren muss man in der Werkstatt einstellen lassen (siehe Haupttext). Bezieht sich ebenfalls auf die Erneuerung des Zahnriemens.*
Zahnriemen:	
– Drehrichtung	Durch Pfeil eingezeichnet (Uhrzeigersinn, auf Stirnseite gesehen.
– Spannungseinstellung	Sollte mit Messinstrument eingestellt werden (siehe auch obigen Hinweis)
– Regelmäßige Erneuerung (empfohlen)	Alle 120 000 km oder 5 Jahre
Nockenwellenaxialspiel	0,048 – 0,133 mm
Nockenwellenradialspiel	0,04 – 0,082 mm
Zylinderblock	
Bauweise	Zylinderbohrungen direkt in Zylinderblock eingearbeitet. 2 Größenklassen werden verwendet, auf der Seite des Auspuffkrümmers in Zylinderblock eingezeichnet.
Zylinderbohrungsdurchmesser:	
– Klasse 1	80,000 – 80,015 mm
– Klasse 2	80,015 – 80,030 mm

Motorschmierung

Ölfüllmenge	
– 1.1-Liter-Motor – Ohne Ölfilter	3,5 Liter
– 1.4-Liter-Motor – Ohne Ölfilter	2,7 Liter
– Dieselmotor – Ohne Ölfilter	4,7 Liter
– 1.1-Liter-Motor – Mit Ölfilter	3,7 Liter
– 1.4-Liter-Motor – Mit Ölfilter	2,9 Liter
– Dieselmotor – Mit Ölfilter	5,2 Liter
Unterschied zwischen „Min." und „Max."	ca. 1,0 Liter
Zulässiger Ölverbrauch	ca. 1,0 Liter pro 1000 km (alle Motoren)
Ölsorte	Nach Renault-Vorschriften

Motorschmierung – Benzinmotoren

Bauart	Druckschmierung durch Zahnradölpumpe, durch Kette von der Kurbelwelle angetrieben oder direkt durch die Vorderseite der Kurbelwelle mit Hilfe von zwei Mitnehmern (1.1-Liter-Motor).
Pumpendaten (Pumpe des 1.1-Liter-Motors kann nicht repariert werden):	
– Axialspiel zwischen Zahnrädern und Pumpendeckel	0,020 – 0,086 mm
– Spiel zwischen Zahnflanken und Gehäuse	0,11 – 0,25 mm
– Min. Öldruck	1,0 bar im Leerlauf
– Öldruck bei 80°C	3,0 bar bei 3000/min
Öldruckschalter	In Zylinderblock auf der linken Seite des Ölfilters eingeschraubt. Erhellt die Öldruckwarnleuchte im Armaturenbrett, wenn der Öldruck unter den Mindestwert abfällt.
Geber für Öltemperatur und Ölstand in der Ölwanne	Geber an der Rückseite des Zylinderblocks eingeschraubt. Arbeitet elektrisch. Anzeige der Öltemperatur und mangelnder Ölstand in der Instrumententafel.
Ölfilter	Mit auswechselbarem Filtereinsatz, an der Vorderseite des Motors montiert.
– Empfohlener Filtereinsatz	Purflux LS 218
– Wechselzeiten	Zusammen mit dem Motoröl (alle 15 000 km oder mindestens einmal im Jahr).

Motorschmierung – Dieselmotor

Bauart	Druckumlaufschmierung mit Zahnradölpumpe, angetrieben durch getrennte Kette von der Kurbelwelle.
Ölpumpendaten:	
– Laufspiel zwischen Zahnräderflanken	0,020 – 0,24 mm
– Radialspiel zwischen Zahnräderspitzen und Gehäuse	0,10 – 0,24 mm
– Min. Öldruck bei 80°C Öltemperatur	1,2 bar im Leerlauf 3,5 bar bei 3500/min
Öldruckschalter	Links neben dem Ölfilter in den Zylinderblock eingeschraubt. Erhellt die Warnleuchte im Kombiinstrument bei unzureichendem Öldruck.
Öffnungsdruck des Öldruckschalters	0,6 bar
Geber für Ölstand und Öltemperatur	Sitzt unter dem Ölfilter. Andernfalls wie beim 1.4-Liter-Motor (siehe oben)
Ölfilter	Auswechselbarer Filtereinsatz, an der Vorderseite des Zylinderblocks montiert.
Wechselzeiten	Zusammen mit dem Motoröl (alle 15 000 km oder einmal im Jahr)

Kühlanlage

Bauart	Verschlossene Anlage mit Pumpenumlaufunterstützung. Anlage bestehend aus: Kühler, Ausgleichsbehälter (Dehngefäß), Wasserpumpe, Kühlmittelregler (Thermostat) und elektrischem Ventilator, geschaltet durch Thermoschalter in der Unterseite des Kühlers.

Wasserpumpe

Bauart und Antrieb:	
– 1,4-Liter-Motor	Auf der rechten Seite des Zylinderblocks montiert. Durch Steuerzahnriemen von der Kurbelwelle aus angetrieben.
– 1.1-Liter-Motor und Dieselmotor	Auf der rechten Seite des Zylinderblocks montiert. Durch „Poly“-Keilriemen von der Kurbelwelle aus angetrieben.
– Antriebsriemen der Wasserpumpe – Dieselmotor	Treibt ebenfalls die Drehstromlichtmaschine, die Lenkhilfspumpe und den Kompressor einer eingebauten Klimaanlage an.
Kühler	Aluminiumkühler mit Wasserkasten. Vor dem Motor am vorderen Querträger montiert.
Ausgleichsbehälter	Kunststoffbehälter, am linken Kotflügelseitenteil montiert.
Öffnungsdruckwert der Verschlusskappe	1,2 bar (Kennfarbe braun), alle Motoren
Kühlungsventilator	Elektrischer Ventilator, hinter dem Kühler montiert und durch Thermoschalter betätigt. Innenwiderstand 0,5 Ohm Thermoschalter unten links in Kühler eingesetzt.
Thermostat	Wachselement, in eigenem Gehäuse auf der linken Seite des Zylinderkopfes untergebracht.

– Öffnungstemperatur	89°C, alle Motoren
– Vollkommen geöffnet bei	101°C, alle Motoren
– Weg des Thermostatstiftes bei dieser Temperatur	7,5 mm
Temperaturgeber	In Thermostatgehäuse eingeschraubt. Elektrisch mit der Warnleuchte im Kombiinstrument verbunden. Leuchte erhellt sich bei Überhitzung. Schließtemperatur der Kontakte 115°C.
Füllmenge der Anlage:	
– 1.4-Liter-Motor	5,5 Liter
– 1.1-Liter-Motor	5,0 Liter
– Dieselmotor	7,4 Liter
Frostschutzmittel (empfohlen)	Glaceol RX, Typ D

Kraftstoffeinspritzanlage – 1.4-Liter-Motor

Bauart	Mehrpunkt-Einspritzanlage (indirekt und semi-sequentiell) mit gemeinsamem Steuergerät für die Zündanlage. Die Einspritzventile werden in Paaren gesteuert. Daten wie Druck im Ansaugsammelrohr, Stellung der Drosselklappe, Drehzahl und Stellung der Drosselklappe, Temperatur des Kühlmittels, usw. bestimmen die Einspritzung. Anreicherung des Kraftstoffeinspritzgemischs wird durch die Lambda-Sonde reguliert (Ausführung mit Katalysator). Statische Zündanlage mit Zündkennfeld. Zwei Zündspulen mit Doppelausgängen werden direkt vom elektronischen Steuergerät gesteuert.
Elektronisches Steuergerät	Gemeinsam für Einspritz- und Zündanlage, mit 55 Steckklemmen, erhält die Daten von den verschiedenen Gebern und Sensoren. Automatische Fehleraufzeichnung und Drehzahlbegrenzung (6500/min) im Steuergerät integriert.
Zündspulen	Zwei Zündspulen mit Doppelausgängen, auf der rechten Seite der Zylinderkopfhaube montiert. Jede Zündspule beliefert gleichzeitig zwei Zündkerzen. Widerstand des Primärstromkreises 1 Ohm, Widerstand des Sekundärstromkreises 10 Kiloohm.
Zündverteiler	Wird durch die Zündspulen und die statische Zündung ersetzt.
Anzahl der Einspritzventile	4
Wiederverbrennung der Kraftstoffdämpfe	Durch Aktivkohlebehälter
Kraftstoffbehälter (Tank)	Fassungsvermögen 50 Liter, aus Kunststoff hergestellt, Kraftstoff mit 95 oder 98 Oktan einfüllen.
Kraftstofftankgeber	In die Oberseite des Tanks eingesetzt. Arbeitet als Schwimmer durch elektrischen Widerstand. Zugang von der Innenseite des Fahrzeuges möglich. Sitzt in der Nähe des hinteren, rechten Fahrgastsitzes.
Kraftstoffpumpe	Elektrische Pumpe, in den Tank eingesetzt. Durch elektronisches Steuergerät über ein Relais betatigt. Zugang wie zum Tankgeber (siche oben).
– Kraftstoffdruck	3 bar
– Fördermenge, Liter/Stunde, mindestens	80
– Öffnungsdruck des Sicherheitsventils	4,5 – 7,5 bar
Kraftstofffilter:	
– Einbaulage	Unter dem Wagenboden, gegen und vor dem Kraftstofftank montiert.
– Hersteller (empfohlen)	Purflux EP 144
– Einbaurichtung	Pfeil im Filtergehäuse in Strömungsrichtung des Kraftstoffs oder Bezeichnung OUT in der Seite des Filters muss auf rechter Seite des Fahrzeuges liegen.
– Membranregler im Ansaugsammelrohr	Eingebaut am Ende des Kraftstoffverteilerrohres.
Regeldruck:	
– Unter atmosphärischem Druck	3 bar
– Unter Druck von 500 mbar	2,5 bar
Einspritzventile:	
– Bauart	Vier elektromagnetische Einspritzventile im Kraftstoffverteilerrohr.
– Hersteller	Siemens
– Widerstand	14,5 Ohm
Aktivkohlebehälter und Schaltventil:	
– Bauart	Mit Aktivkohle gefüllter Behälter, vorn rechts im Motorraum. Schaltventil rechts am Ansaugsammelrohr angebracht.
– Spannungszufuhr	12 Volt

– Hersteller und Typ	Delco Remy
– Innenwiderstand des Schaltventils	35 ± 5 Ohm
Luftfilter:	
– Bauart	Trockenpapierfiltereinsatz in der Innenseite des Gehäuses auf der linken Seite des Motorraums montiert.
Regelmäßige Erneuerung	Alle 30 000 km
Drosselklappengehäuse:	
– Bauart und Einbaulage	Leichtmetalllegierungsgehäuse auf dem Ansaugsammelrohr mit einer Drosselklappe
– Hersteller und Durchmesser der Ansaugbohrung	Pierburg, 41 mm
Leerlaufregler	Stufenmotor am Drosselklappengehäuse
Geber für Motordrehzahl und Stellung der Kurbelwelle	Sitzt an der Oberseite des Kupplungsgehäuses.
Kühlmitteltemperaturgeber	Sitzt im Thermostatgehäuse (weißer Stecker). Arbeitet im direkten Verhältnis zwischen Temperatur und Widerstand.
Lambda-Sonde (falls eingebaut)	Mit elektrischer Beheizung. Im vorderen Auspuffrohr. Hersteller NGK. Führt dem Steuergerät eine Spannung zur Abregelung der Gemischanreicherung zu.
Notabstellschalter	Sitzt in Radkastennähe. Schaltet die elektrische Stromzufuhr zum Kraftstoffpumpenrelais aus, wenn das Fahrzeug einen Unfall erlitten hat. Wird durch plötzlichen Schockaufprall ausgelöst. Durch Druck auf einen Knopf wieder in Betrieb gebracht.
Druckschalter der Servolenkung	Sitzt am Ausgang des Hochdrucks an der Lenkhilfspumpe. Gleicht den Leerlaufverlust durch Betrieb der Servolenkung ab.
Zündkerzen	Siehe Abschnitt 7 „Zündkerzen“
Elektrodenabstand	0,9 mm
Leerlaufdrehzahl	750 ± 50/min bei Betriebstemperatur (80°C). Motordrehzahl 30 Sekunden lang mit 2500/min stabilisieren, ehe sie in den Leerlauf zurückgebracht wird.
CO-Anteil	Höchstwert 0,5%

Kraftstoffeinspritzanlage – 1.1-Liter-Motor

Bauart	Wie 1.4-Liter-Motor. Von Sagem oder Magnetti Marelli hergestellt. Statische Zündanlage mit Zündkennfeld. Zwei Zündspulen mit Doppelausgängen in einem Verbundgehäuse werden direkt vom elektronischen Steuergerät gesteuert.
Elektronisches Steuergerät	Gemeinsam für Einspritz- und Zündanlage, mit 55 Steckklemmen, erhält die Daten von den verschiedenen Gebern und Sensoren. Automatische Fehleraufzeichnung und Drehzahlbegrenzung im Steuergerät integriert.
Zündspulen	Zwei Zündspulen mit Doppelausgängen in einem Verbundgehäuse (können nicht getrennt werden). Jede Zündspule beliefert gleichzeitig zwei Zündkerzen. Widerstand des Primärstromkreises 1 Ohm, Widerstand des Sekundärstromkreises 8 Kiloohm.
Zündverteiler	Wird durch die Zündspulen und die statische Zündung ersetzt.
Anzahl der Einspritzventile	4
Wiederverbrennung der Kraftstoffdämpfe	Durch Aktivkohlebehälter
Kraftstoffbehälter (Tank)	Fassungsvermögen 50 Liter, aus Kunststoff hergestellt, Kraftstoff mit 95 oder 98 Oktan einfüllen.
Kraftstofftankgeber	In die Oberseite des Tanks eingesetzt. Arbeitet als Schwimmer durch elektrischen Widerstand. Zugang von der Innenseite des Fahrzeuges möglich. Sitzt in der Nähe des hinteren, rechten Fahrgastsitzes.
Kraftstoffpumpe	Elektrische Pumpe, in den Tank eingesetzt. Durch elektronisches Steuergerät über ein Relais betätigt. Zugang wie zum Tankgeber (siehe oben).
– Kraftstoffdruck	3 bar
– Fördermenge, Liter/Stunde, mindestens	80
– Öffnungsdruck des Sicherheitsventils	4,5 – 7,5 bar
Kraftstofffilter:	
– Einbaulage	Unter dem Wagenboden, gegen und vor dem Kraftstofftank montiert.
– Hersteller (empfohlen)	Purflux EP 144
– Einbaurichtung	Pfeil im Filtergehäuse in Strömungsrichtung des Kraftstoffs oder Bezeichnung OUT in der Seite des Filters muss auf rechter Seite des Fahrzeuges liegen.
– Regelmäßige Erneuerung (empfohlen)	Alle 60 000 km

Kraftstoffdruckregler:	
– Bauart	Mechanischer, druckempfindlicher Membranregler im Ansaugsammelrohr. Eingebaut am Ende des Kraftstoffverteilerrohres.
Regeldruck:	
– Unter atmosphärischem Druck	3 bar
– Unter Druck von 500 mbar	2,5 bar
Einspritzventile:	
– Bauart	Vier elektromagnetische Einspritzventile im Kraftstoffverteilerrohr.
– Hersteller	Siemens
– Widerstand	14,5 Ohm
Aktivkohlebehälter und Schaltventil:	
– Bauart	Mit Aktivkohle gefüllter Behälter, vorn rechts im Motorraum. Schaltventil rechts am Ansaugsammelrohr angebracht.
– Spannungszufuhr	12 Volt
– Innenwiderstand des Schaltventils	35 ± 5 Ohm
Luftfilter:	
– Bauart	Trockenpapierfiltereinsatz in der Innenseite des Gehäuses auf der linken Seite des Motorraums montiert.
– Regelmäßige Erneuerung	Alle 30 000 km
Drosselklappengehäuse:	
– Bauart und Einbaulage	Leichtmetalllegierungsgehäuse auf dem Ansaugsammelrohr mit einer Drosselklappe.
– Hersteller und Durchmesser der Ansaugbohrung	Magnetti Marelli 873 633, 36 mm
Leerlaufregler	Stufenmotor am Drosselklappengehäuse, Hersteller Air Pax
Geber für Motordrehzahl und Stellung der Kurbelwelle	Sitzt an der Oberseite des Kupplungsgehäuses.
Kühlmitteltemperaturgeber	Sitzt im Thermostatgehäuse. Arbeitet im direkten Verhältnis zwischen Temperatur und Widerstand.
Lambda-Sonde	Mit elektrischer Beheizung. Im vorderen Auspuffrohr. Hersteller Bosch oder Delphi. Führt dem Steuergerät eine Spannung zur Abregelung der Gemischanreicherung zu.
Notabstellschalter	Sitzt in Radkastennähe. Schaltet die elektrische Stromzufuhr zum Kraftstoffpumpenrelais aus, wenn das Fahrzeug einen Unfall erlitten hat. Wird durch plötzlichen Schockaufprall ausgelöst. Durch Druck auf einen Knopf wieder in Betrieb gebracht.
Druckschalter der Servolenkung	Sitzt am Ausgang des Hochdrucks an der Lenkhilfspumpe. Gleicht den Leerlaufverlust durch Betrieb der Servolenkung ab.
Zündkerzen	Siehe Abschnitt 7, Zündkerzen
Elektrodenabstand	0,9 mm
Anzugsdrehmoment	2,5 - 3,0 mm
Leerlaufdrehzahl	740 ± 50/min bei Betriebstemperatur (80°C). Motordrehzahl 30 Sekunden lang mit 2500/min stabilisieren, ehe sie in den Leerlauf zurückgebracht wird.
CO-Anteil	Höchstwert 0,5%

Dieseleinspritzanlage

Bauart (allgemeine Angaben)	Elektronisch regulierte Einspritzanlage mit Steuergerät. Erhält Daten über die Temperatur des Kühlmittels, der Ansaugluft, die Motordrehzahl, die Fahrgeschwindigkeit, die Belastung des Motors, usw. über Sensoren und Geber und gleicht die Einspritzzeiten entsprechend ab. Indirekte Einspritzung oder Direkteinspritzung (F9Q-Motor) mit oder ohne Turbolader. F8Q-Motoren haben nicht alle die gleichen Einspritzpumpe.
Elektronisches Steuergerät	Hersteller Lucas, 25 Steckklemmen (F8Q) oder Bosch MSA 15.5 mit eingebautem Druckgeber, 68 Steckklemmen (F9Q-Motor).
– F8Q 632-Motor	Einspritzsteuergerät (EPIC) mit 90 Steckklemmen.
Einspritzpumpe:	
– F8Q 630 und 662-Motor	Drehverteilerpumpe, Lucas 8448B 171A/231A (F8Q-630-Motor) oder 8448152B/241B (F8Q 662-Motor) mit Einspritzverstellventil und Höhenkorrektur.

– F8Q-632-Motor	Lucas EPIC-Einspritzpumpe R8640 A111A, elektronische Drehverteilerpumpe.
– F9Q-Motor	Bosch VE 4/11 E2000 R803 Verteilereinspritzpumpe, mit Computer reguliert.
Einspritzdüsenträger – F8Q 662 und 630-Motor	Lucas LCR 6735 405. Anzugsdrehmoment 70 Nm (Düse in Düsenträger und Düsenträger in Zylinderkopf).
– Träger für Düse mit Nadelhubgeber (Nr. 3)	Lucas LDCR 02201
Einspritzdüsenträger – F8Q 632-Motor	Lucas LCR 67354
Einspritzdüsenträger – F9Q 780-Motor	Bosch Y431 K02431 (Zyl. 1 bis 3), Y431 K02474 (Zyl. 4)
Einspritzdüsen:	
– F8Q 662 und 630-Motor	Lucas RDN OSDC 6902
– F8Q 632-Motor	Lucas RDN OSDC 67511
– F9Q 780-Motor	Bosch DSLA 145 PSOS
Vorglühkerzen	Beru, Anzugsdrehmoment 20 Nm (F8Q) oder 15 Nm F9Q)
Leerlaufdrehzahl:	
– F8Q-Motoren	825 ± 50/min
– F9Q-Motor	850 ± 25/min
Höchstdrehzahl unter Belastung (außer unten)	4100 ± 100/min (F8Q), 4750 ± 250/min (F9Q)
– F8Q 632-Motor	4600 ± 100/min
Höchstdrehzahl ohne Belastung (außer unten)	4100 ± 100/min (F8Q), 4800 ± 250/min (F9Q)
– F8Q 632-Motor	5175 ± 50/min

Kupplung

Bauart	Einscheibentrockenkupplung mit Tellerfeder
Betätigung	Durch Kupplungsseil
Pedaleinstellung	Automatische Nachstellung
Kupplungsdrucklager	Verkapseltes Kugellager, in ständiger Verbindung mit dem Kupplungskörper
Kupplungsausführung:	
– 1.1- und 1.4-Liter-Motor	Valeo 180 CP3300
– Dieselmotoren – F8Q	Valeo 200 CPOV 3250
– Dieselmotor – F9Q	Valeo 215 CPOV 4000
Kupplungsdurchmesser:	
– 1.1- und 1.4-Liter-Motor	181,5 mm
– Dieselmotoren – F8Q	200,0 mm
– Dieselmotoren – F9Q	200,0 oder 215,0 mm
Farbe der Torsionsfedern in der Mitnehmerscheibe	Siehe Abschnitt „Kupplung"
Starke der Mitnehmerscheibe:	
– 180 CP 3300 (1.1/1.4-Liter)	6,7 mm
– Alle anderen	6,8 mm
Wichtige Anzugsdrehmomente:	
Getriebegehäuse an Motor	50 Nm
Kupplung an Schwungrad	20 Nm

Mechanisches Getriebe und Differential

Eingebaute Getriebe:	
– 1.1-Liter-Motor	JB1
– 1.4-Liter-Motor	JB3
– Dieselmotor – F8Q-Motoren	JB1
– Dieselmotor – F9Q-Motor	JC5

Getriebeübersetzungen

Alle JB1-Getriebe:	
– 1. Gang	3.727 : 1
– 2. Gang	1.593 : 1
– 3. Gang	1.393 : 1
– 4. Gang	1.029 : 1
– 5. Gang	0.790 : 1, 0.821 : 1, 0.892 : 1, je nach Motor
– Rückwärtsgang	3.550 : 1 (Diesel 3,640 : 1)

JB3-Getriebe:	
– 1. Gang	3.727 : 1
– 2. Gang	2.050 : 1
– 3. Gang	1.393 : 1
– 4. Gang	1.029 : 1
– 5. Gang	0.821 : 1
– Rückwärtsgang	3.550 : 1
JC5-Getriebe:	
– 1. Gang	3.727 : 1
– 2. Gang	1.955 : 1
– 3. Gang	1.321 : 1
– 4. Gang	0.971 : 1
– 5. Gang	0.750 : 1
– Rückwärtsgang	3.550 : 1
Getriebeöl	
Füllmenge	3,4 Liter (JB1 & JB3), 3,1 Liter (JC5)
Ölstandskontrolle	Alle 60 000 km
Ölwechsel	Nicht vorgesehen
Ölsorte	SAE 75W/80W nach API GL5
Empfohlenes Öl	Tranself TRX

Automatisches Getriebe

Eingebautes Getriebe	Computergesteuertes Vierganggetriebe des Typs DP0 002
Getriebeübersetzungen:	
– 1. Gang	3.62 : 1
– 2. Gang	2.00 : 1
– 3. Gang	1.33 : 1
– 4. Gang	0.94 : 1
– Rückwärtsgang	2.11 : 1
Getriebeflüssigkeit:	
– Gesamtfüllmenge	6,0 Liter
– Bei Ölwechsel	3,5 Liter
– Ölsorte	Elf Renaultmatic D3 SYN, Dexron III
Ölwechsel	Auf Lebenszeit gefüllt

Antriebswellen

Eingebaute Gelenke:	
– Rechte Antriebswelle – Radseite	Dreisterngelenk GE 86
– Rechte Antriebswelle – Getriebeseite	Dreisterngelenk RC 462
– Linke Antriebswelle – Radseite	Dreisterngelenk GE 86
– Linke Antriebswelle – Getriebeseite	Dreisterngelenk GI 69
Fettfüllmenge:	
– GE 86-Gelenk	180 g, im Reparatursatz enthalten
– RC 462-Gelenk	110 g, im Reparatursatz enthalten

Lenkung

Bauart	Meistens Servolenkung, außer bestimmte Ausführungen. Zahnstangenlenkung. Auf Sonderwunsch mit Airbag auf Fahrer- und Beifahrerseite.
Lenkhilfspumpe:	
– Antrieb	Durch Keilriemen oder elektrisch (F8Q Diesel)
– Druck – Räder in Geradeausstellung	5 bis 7 bar
– Räder im Einschlag	79 bis 86 bar
Lenkungsflüssigkeit:	
– Füllmenge	1.1-Liter
– Flüssigkeitssorte	Elf Renault Matic D2 oder Mobil ATF 220
– Flüssigkeitsstandkontrolle	Alle 10 000 km

Vorderradaufhängung

Bauart	Einzelradabfederung mit Federbeinen, unteren Dreiecksquerlenkern, Schraubenfedern und Kurvenstabilisator. Federbeine und Stoßdämpfer formen die Aufhängungselemente.
Schraubenfedern	Konzentrisch um die Stoßdämpfer herum montiert. Einbaurichtung ist wichtig.
Kurvenstabilisator:	
– Montageweise	Mit Montageschellen und Gummilagern am Querträger und an den Querlenkern verschraubt.
– Durchmesser	23,0 mm

Vorderradgeometrie
Hinweis: Die angeführten Messhöhen „H1“ bis „H5“ sind im betreffenden Kapitel erklärt.

Winkel	*Einstellwert*	*Fahrzeughöhe*	*Verstellung*
Nachlauf	3° 55’	H5-H2 = 97,0 mm	Nicht verstellbar
	3° 25’	H5-H2 = 117,0 mm	Nicht verstellbar
	3° 55’	H5-H2 = 137,0 mm	Nicht verstellbar
	2° 25’	H5-H2 = 157,0 mm	Nicht verstellbar
Toleranz	Plus oder minus 30’		
Max. Unterschied links/rechts	1°		
Sturzwinkel	- 1° 12’	H1-H2 = 7 mm	Nicht verstellbar
	- 1° 15’	H1-H2 = 74 mm	Nicht verstellbar
	- 1° 29’	H1-H2 = 98 mm	Nicht verstellbar
	- 0° 13’	H1-H2 = 164 mm	Nicht verstellbar
Toleranz	Plus oder minus 30’		
Max. Unterschied links/rechts	1°		
Spreizung	8° 05’	H1-H2 = 7 mm	Nicht verstellbar
	10° 25’	H1-H2 = 74 mm	Nicht verstellbar
	11° 01’	H1-H2 = 98 mm	Nicht verstellbar
	11° 56’	H1-H2 = 164 mm	Nicht verstellbar
Toleranz	Plus oder minus 30’		
Max. Unterschied links/rechts	1°		
Spureinstellung, Fahrzeug leer	+ 1,0 mm ± 1,0 mm über beide Räder		
Einstellung	1 Umdrehung des Spurstangenrohres verstellt die Vorspur um 3 mm die Vorspur um 3 mm 30’		

Vorderradeinstellung – Pampas – „off-Road“

Winkel	*Einstellwerte*	*Fahrzeughöhe*	*Verstellung*
Nachlauf	0° 30’	H5-H2 = 170,0 mm	Nicht verstellbar
	1° 00’	H5-H2 = 150,0 mm	Nicht verstellbar
	1° 30’	H5-H2 = 130,0 mm	Nicht verstellbar
	2° 00’	H5-H2 = 110,0 mm	Nicht verstellbar
Toleranz	Plus oder minus 30’		
Max. Unterschied links/rechts	1°		
Sturzwinkel	1° 29’	H1-H2 = 13 mm	Nicht verstellbar
	- 1° 11’	H1-H2 = 48 mm	Nicht verstellbar
	- 1° 41’	H1-H2 = 78 mm	Nicht verstellbar
	- 0° 54’	H1-H2 = 145 mm	Nicht verstellbar
Toleranz	Plus oder minus 30’		
Max. Unterschied links/rechts	1°		
Spreizung	7° 34’	H1-H2 = 13 mm	Nicht verstellbar
	9° 56’	H1-H2 = 48 mm	Nicht verstellbar
	10° 54’	H1-H2 = 78 mm	Nicht verstellbar
	12° 12’	H1-H2 = 145 mm	Nicht verstellbar
Toleranz	Plus oder minus 30’		
Max. Unterschied links/rechts	1°		

Spureinstellung, Fahrzeug leer	+ 1,0 mm ± 1,0 mm über beide Räder
Einstellung	1 Umdrehung des Spurstangenrohres verstellt die Vorspur um 3 mm die Vorspur um 3 mm 30'
Vorderradlager	
Bauart	Radnabe auf einem Doppelreihenkugellager montiert und in Achsschenkel eingepresst.
Radlageraxialspiel	0 bis 0,05 mm

Bremsanlage

Bauart	Zweikreisbremsanlage, System diagonal geteilt, mit lastenabhängigem Bremsdruckregler bei Ausführungen ohne ABS. Alle Fahrzeuge mit Bremskraftverstärker. Handbremse wirkt auf Hinterräder. Auf Sonderwunsch mit Bosch-ABS-Anlage.
Vorderradbremsen	
Bauart	Scheibenbremsen mit Gleitbremssätteln, von Lucas (Girling) hergestellt.
Bremsscheibenausführung	Belüftet
Bremssattelzylinderdurchmesser:	
– Alle Ausführungen	54,0 mm
Bremsscheibenstärke	20,0 mm
Bremsscheibendurchmesser	238,2 mm
Mindestzulässige Bremsscheibenstärke	17,7 mm
Bremsklotzstärke (neu)	17,8 mm
Min. Bremsklotzstärke (einschließlich Metallplatte)	6,0 mm
Max. Seitenschlag der Bremsscheibe	0,07 mm
Hinterrad-Trommelbremsen	
Hersteller	Bendix mit automatischer Nachstellung
Radbremszylinderdurchmesser	22,0 mm
Bremstrommeldurchmesser	203,2 oder 228,3 mm
Max. zulässiger Bremstrommeldurchmesser	204,45 oder 229,5 mm
Breite der Bremsbacken	40,00 mm, alle Bremsen
Stärke der Bremsbeläge, Nennmaß:	
– Trommeldurchmesser 203,2 mm	3,15 mm Ablaufbacken (mit ABS) 2,8 mm (ohne ABS) 4,6 mm Ablaufbacken (mit ABS) 4,2 mm (ohne ABS)
– Trommeldurchmesser 228,3 mm	4,8 mm (mit ABS), 4,5 mm (ohne ABS)
Min. Stärke der Bremsbeläge	2,0 mm
Hauptbremszylinder	
Kolbendurchmesser – Alle Modelle	22,20 mm
Bremsflüssigkeit	Nach Norm SAE J 1703 DOT 4
Füllmenge	0,7 Liter (ohne ABS), 1 Liter (mit ABS)
Regelmäßige Erneuerung	Alle 60 000 km

Elektrische Anlage

Batterie	
Spannung	12 Volt
Kapazität	40 oder 70 Ah, letztere im Diesel
Einbaulage der Batterie	Motorraum
Drehstromlichtmaschine	
Eingebaute Lichtmaschine:	
– 1.1-Liter-Motor	Delphi 1ß4 802 215, 80 A
– 1.4-Liter-Motor	Valeo A 11 VI 87, 75 A
– 1,4-Liter-Motor mit Klimaanlage	Valeo A 13 VI 188, 110 A
– Dieselmotor	Valeo A 11 VI 88. 75 A
– Dieselmotor mit Klimaanlage	Valeo A 13 VI 195, 110 A

Lichtmaschinendaten	***75 A***	***80 A***	***110 A***
Maximale Stromleistung	75 A	80 A	110 A
Min. Leistung bei voller Belastung	45 A	50 A	80 A
Leistung bei 13.5 V, Lichtmaschine warm:			
– Bei 1000/min	46 A	54 A	57 A
– Bei 2000/min	68 A	75 A	94 A
– Bei 3000/min	71 A	80 A	105 A
– Bei 4000/min	72 A	82 A	108 A

Lichtmaschinenantriebsriemen — Siehe betreffender Abschnitt

Anlasser

Eingebaute Anlasser:	
– 1.1-Liter-Motor	Valeo D7 E1 oder Bosch 0001116001
– 1.4-Liter-Motor	Valeo D6 RA 73
– Dieselmotor	Bosch 0001108180

Glühbirnentabelle

Hauptscheinwerfer	H4 55/60 Watt
Nebelscheinwerfer	H1
Brems/Schlussleuchte	21/5 Watt
Nebelschlussleuchte	21 Watt
Rückfahrleuchte	21 Watt
Blinkleuchten	21 Watt
Zusätzliche Rückleuchte	5 Watt
Kennzeichenleuchten	5 Watt
Standleuchten, vorn	5 Watt
Dritte Bremsleuchte	5 Watt

Füllmengen

Motor	Siehe unter „Motorschmierung“ in diesem Abschnitt
Schaltgetriebe	3,4 Liter oder 3,1 Liter (JC5-Getriebe)
Automatisches Getriebe (bei Flüssigkeitswechsel)	3,5 Liter
Bremsanlage:	
– Ohne ABS	0,7 Liter
– Mit ABS	1,0 Liter
Kraftstofftank	50 Liter
Servolenkung	1,1 Liter
Kühlanlage	Siehe unter „Kühlanlage“ in diesem Abschnitt

Abmessungen (anhand von Baujahr 2001)

Länge über alles	3995 mm
Breite über alles	1660 mm
Breite über alles (Karosserie)	1640 mm
Höhe über alles	1830 mm (Pampa 1870 mm)
Radstand	2600 mm
Spurweite, vorn	1400 mm
Spurweite, hinten	1410 mm
Wendekreis	10,9 m, zwischen Bordsteinen

Gewichte (typische Angaben, Baujahr 2001 als Beispiel)

Hinweis: Die Gewichte des in Frage kommenden Fahrzeuges sind im Typenschild angegeben.

Leergewicht:	
– Mit 1.1-Liter-Motor	ab 1020 kg (Pampa ab 1065 kg)
– Mit 1.4-Liter-Motor	ab 1065 kg
– Mit Dieselmotor F8Q	ab 1110 kg
– Mit Dieselmotor F9Q	ab 1120 kg (Pampa ab 1155 kg)

Zulässiges Gesamtgewicht:	
– Mit 1.1-Liter-Motor	1600 kg (Pampa 1645 kg)
– Mit 1.4-Liter-Motor	1645 kg
– Mit Dieselmotor F8Q	1690 kg
– Mit Dieselmotor F9Q	1700 kg (Pampa 1800 kg)

Motoren – Aus- und Einbau

1.1- und 1.4-Liter

Bremssattelführungsschrauben	40 Nm
Schrauben des Faltenbalgs an Getriebe	25 Nm
Untere Stoßdämpferschraube	180 Nm (einige 170 Nm, siehe Text)
Mutter des Spurstangengelenks	37 Nm
Radbolzen	90 Nm
Motorstützstrebe:	
– Am Getriebe	65 Nm
– Am Nebenrahmen	75 Nm
Schrauben, Nebenrahmen, vorn	62 Nm
Schrauben, Nebenrahmen, hinten	105 Nm
Motoraufhängung, 1.1-Liter-Motor	Siehe Bilder in Kapitel 2
Motoraufhängung, 1.4-Liter-Motor	Siehe Bilder in Kapitel 2
Schraube des Lenkungskreuzgelenks	30 Nm
Motor an Getriebe (alle Motoren)	50 Nm

Dieselmotor

Motoraufhängungen	Siehe Bilder in Kapitel 2
Nicht gezeigte Aufhängung:	
– Schrauben	62 Nm
– Mutter in der Mitte	45 Nm
Alle anderen Anzugsdrehmomente	Wie Benzinmotor

Spezifische Anzugsdrehmomente

1.4-Liter-Motor

Zylinderkopfschrauben (siehe Anzugsdiagramm)	Siehe genaue Anweisung in Kapitel 2.3 unter 1.4-Liter-Motor
– 1. Stufe	20 Nm, danach 97° ± 20 Nm im Winkelanzug
– 2. Stufe	3 Min. warten (Dichtung setzt sich)
– 3. Stufe	Schrauben 1 und 2 lösen
– 4. Stufe	Schrauben auf 20 Nm anziehen
– 5. Stufe	Mit Gradscheibe 97°± 2° anziehen
– 6. Stufe	Schraubenpaare 3-4, 5-6, 7-8 und 9-10 in gleicher Weise behandeln
Hauptlagerdeckel:	
– 1. Stufe	25 Nm
– 2. Stufe	Winkelanzug 43 ± 6°
Pleuellagerdeckel	42 Nm
Schwungradschrauben	50 - 55 Nm
Kurbelwellenriemenscheibe:	
– 1. Stufe	20 Nm
– 2. Stufe	Winkelanzug 68 ± 6°
Mutter des Zahnriemenspanners	50 Nm
Schrauben der Kipphebelwelle	23 Nm
Schraube des Nockenwellenrades	45 Nm
Auspuff- und Ansaugkrümmer	25 Nm
Ölwannenschrauben	10 Nm
Ölablassstopfen	20 Nm
Ölpumpenantriebsrad an Nabe	10 Nm
Ölpumpe an Motor	25 Nm
Zündkerzen	25 – 30 Nm
Kontermuttern der Ventileinstellschrauben	15 Nm
Wasserpumpe	10 Nm
Zylinderkopfhaube	10 Nm

1.1-Liter-Motor

Zylinderkopfschrauben:	Siehe genaue Anweisung in Kapitel 2.3
– 1. Stufe	20 Nm
– 2. Stufe	Mit Gradscheibe um Viertelumdrehung (90°) anziehen
– 3. Stufe	3 Min. warten
– 4. Stufe	Schrauben vollkommen lösen (siehe Beschreibung)
– 5. Stufe	Schrauben auf 20 Nm anziehen
– 6. Stufe	Mit Gradscheibe 200° anziehen
Hauptlagerdeckel:	
– 1. Stufe	20 Nm
– 2. Stufe	Winkelanzug 80° (Gradscheibe)
Pleuellagerdeckel:	
– 1. Stufe	14 Nm
– 2. Stufe	Winkelanzug 39° (Gradscheibe)
Schwungradschrauben:	
– 1. Stufe	20 Nm
– 2. Stufe	Winkelanzug 110° (Gradscheibe)
Kurbelwellenriemenscheibe:	
– 1. Stufe	20 Nm
– 2. Stufe	Winkelanzug 90° (Gradscheibe)
Ölpumpenschrauben	9 Nm
Mutter des Zahnriemenspanners	50 Nm
Schraube des Nockenwellenrades	45 Nm
Schrauben der Kipphebelwelle	23 Nm
Zylinderkopfhaube	9 Nm
Ölwannenschrauben	10 Nm
Ölablassstopfen	25 Nm
Zündkerzen	25 – 30 Nm
Auspuffkrümmer	25 Nm
Ansaugsammelrohr	15 Nm
Kontermuttern der Ventileinstellschrauben	9 Nm

Dieselmotor

Zylinderkopfschrauben:	Siehe genaue Anweisung in Kapitel 2.3 für den Dieselmotor
– 1. Stufe	30 Nm
– 2. Stufe	Mit Gradscheibe 80° ± 4° anziehen
– 3. Stufe	3 Min. warten
– 4. Stufe	Schrauben vollkommen lösen (siehe Beschreibung)
– 5. Stufe	Schrauben auf 25 Nm anziehen
– 6. Stufe	Mit Gradscheibe 213° ± 7° anziehen
Hauptlagerdeckel	60 – 65 Nm
Pleuellagerdeckel	45 – 50 Nm
Schwungradschrauben	50 – 55 Nm
Kurbelwellenriemenscheibe:	
– 1. Stufe	20 Nm
– 2. Stufe	Winkelanzug 115° ± 15°
Mutter des Zahnriemenspanners	50 Nm
Schraube des Zwischenwellenrades	50 Nm
Schraube des Nockenwellenrades	50 Nm
Auspuff- und Ansaugkrümmer	25 Nm
Ölwannenschrauben	10 Nm
Ölablassstopfen	25 Nm
Schrauben und Muttern der Nockenwellenlagerdeckel:	
– 8-mm-Gewinde	20 Nm
– 6-mm-Gewinde	10 Nm
Glühkerzen	15 – 30 Nm
Wasserpumpe	10 Nm

Einspritzdüsen (F8Q)	70 Nm (25 Nm F9Q)
Zylinderkopfhaube	10 Nm

Antriebswellen

Spurstangenkugelgelenk	37 Nm
Bremssattelschrauben an Achsschenkel	100 Nm
Führungsbolzen der Bremssättel	40 Nm
Antriebswelle an Getriebe (links)	25 Nm
Antriebswellenmutter	280 Nm
Radbolzen	90 Nm
Stoßdämpfer, unten	180 Nm (ebenfalls 170 Nm)

Vorderradaufhängung

Querlenker an Nebenrahmen	90 Nm
Zapfen des Querlenkers an Achsschenkel	55 Nm (Klemmschraube)
Mutter des Spurstangengelenks	37 Nm
Achsschenkel an Federbein	180 Nm (ebenfalls 170 Nm)
Kugelgelenkplatte an Querlenker	75 Nm
Linke Achswelle an Getriebe	25 Nm
Lagerung des Kurvenstabilisators	15 Nm
Kurvenstabilisator an Querlenker	30 Nm
Oberes Federbeinlager an Karosserie	60 Nm
Radbolzen	90 Nm
Achswellenmutter	280 Nm
Bremssattelschrauben (Montagerahmen)	100 Nm
Führungsschrauben (Bremssättel)	40 Nm
Kontermutter des Spurstangengelenks	18 Nm
Bremsscheibe an Radnabe	7 Nm
ABS-Drehzahlfühler (falls eingebaut)	10 Nm

Hinterradaufhängung

Achswellenmutter hinten	175 Nm
Radbolzen	90 Nm
Muttern der Achsenbefestigung	55 Nm
Stoßdämpferbefestigung, oben	115 Nm
Stoßdämpferbefestigung, unten	85 Nm
Längslenker an Karosserie	110 Nm
Bremsträgerplatte an Achse	45 Nm

Lenkung

Schrauben der Lenkungsbefestigung	50 Nm
Muttern der Spurstangengelenke	37 Nm
Kontermuttern der Gelenke an der Innenseite der Spurstangen	50 Nm
Kontermutter am Spurstangenrohr	18 Nm
Befestigungsschrauben der Lenkung	50 – 55 Nm
Radbolzen	90 Nm
Klemmschraube des Lenkungsgelenks	30 Nm
Lenkradmutter	40 Nm
Hochdruckleitung an Lenkung und Pumpe	25 Nm
Niederdruckleitung an Lenkung:	
– Aluminiumleitung	22 Nm
– Stahlleitung	28 Nm

Bremsanlage

Entlüftungsschrauben	8 Nm
Bremsschlauchanschlüsse	17 Nm
Überwurfmuttern der Bremsleitungen	14 Nm
Schrauben der vorderen Bremsscheiben	7 Nm
Schrauben des Bremssattelträgers, vorn	100 Nm
Führungsschrauben der Bremssättel	40 Nm
Mutter der Hinterradnaben	175 Nm
Mutter der Vorderradnaben (Achswellen)	280 Nm
Radbolzen	90 Nm
Leitungen der Radbremszylinder (hinten)	17 Nm
Leitungen des Hauptbremszylinders	13 Nm
Muttern des Hauptbremszylinders	13 Nm
Muttern des Bremskraftverstärkers	13 Nm

Schaltplanverzeichnis

Kabelfarbenerklärung

BA = Weiß
BE = Blau
BJ = Beige
CY = Durchsichtig
GR = Grau
JA = Gelb
MA = Braun
NO = Schwarz
OR = Orangefarben
RG = Rot
SA = Rosa
VE = Grün
VI = Lila

Legende zu den Schaltplänen

Die folgenden Zahlenangaben beziehen sich auf die in den verschiedenen Schaltplänen gezeigten Nummern. Nicht alle Stromabnehmer sind in alle Modelle eingebaut. Viele der Zahlen beziehen sich im Allgemeinen auf die Bezeichnung von Stromabnehmern, welche Renault in allen Fahrzeugen verwendet.

1 Nur für Fahrschulfahrzeuge
2 Batterieabsperrschalter
3 Tachograph
4 Türschließschalter, rechts
5 Türschließschalter, links
6 Elektronisches Modul, Klimaanlage
7 Widerstand für (6)
8 Leitungsdruckfühler (Automatik)
9 Magnetschaltventil
10 Schalter, 1. Gang, Automatik
11 Differentialsperrschalter
12 Masserelais, Abblendlicht
13 Rückstellschalter
14 Türschließschalter, hinten
15 Warnleuchte, Türverschließung, hinten
16 Verstellmagnetschalterrelais für Einspritzpumpe
17 Temperaturschalter für Einspritzverstellung der Einspritzpumpe
18 Temperaturfühler, Gebläseluft
19 Elektronischer Thermostat
20 Aschenbecherbeleuchtung, vorn
21 Alarmanzeigen-Diode
22 Gasstütze der Heckklappe
23 Relais für Tür- und Heckklappenverschließung
24 Sensor für ABS
25 Türöffnungsmotor, rechts
26 Türöffnungsmotor, links
27 Abschaltrelais für Kühlungsventilator
28 Türschließrelais, rechts
29 Türschließrelais, links
30 Warndiode, Türverschließung
31 Diode, Nebelschlussleuchte
32 Diode, Aktivkohlebehälter
33 Zeitrelais für elektronischen Tankgeber
34 Deckenleuchten
35 Sensor, Niveauregulierung der Radaufhängung
36 Kompressor für Niveauregulierung
37 Zentrales Steuergerät für Zubehör
38 Steuergerät für Scheinwerfereinziehung
39 Regelmotor für Scheinwerfereinziehung, rechts
40 Regelmotor für Scheinwerfereinziehung, links
41 Computer für Niveauregulierung
42 Regelcomputer für EGR-Steuerventil
43 Warnleuchte, Startvorrichtung
44 Warnleuchte, Sitzheizung
45 Schaltgerät für Startvorrichtung
46 Kaltstart-Schaltventil (nur Diesel)
47 Anzeigegerät für Motorölstand
48 Rechtes Fernlicht
49 Linkes Fernlicht
50 Rechtes Abblendlicht
51 Linkes Abblendlicht
52 Schlüssel für Alarm
53 Diode für Lüftereinheit
54 Filter für Scheibenwischermotor (Radioentstörung)
55 Relais für Scheinwerfereinzug
56 Widerstandsschalter, Beleuchtung
57 Ventilatorrelais
58 Limitschalter
59 Luftverteilermotor
60 Entfrostermotor
61 Anschlussplatte für Einspritzeinheit
62 Mikroschalter 1, EGR-Vorheizung
63 Mikroschalter 2, EGR-Vorheizung
64 Temperaturschalter, 110-115°C, Abstellung der Einspritzanlage
65 Schaltventil, Luftumwälzung
66 Relais, Schiebedach
67 Relais, Innenraumventilation
68 Stufenrelais, Innenraumventilation
69 Geber, Außentemperatur
70 Nur mit Dieselmotor
71 Elektrisches Schloss, Tür
72 Elektrisches Schloss, Schiebetür
73 Diebstahlsperre, Motor
74 Relais, Innenleuchte
75 CD-Eingabe
76 Nur Diesel
77 Nur Diesel
78 Nur Diesel
101 Zigarrenanzünder
102 Zündverteiler
103 Drehstromlichtmaschine
104 Lenkschloss/Zündschloss
105 Signalhupe
106 Signalhupe (elektro-pneumatisch)
107 Batterie
108 Zündspule
109 Bordcomputer
110 Bremsdruckregelgerät
111 Zündungssteuerteil
112 Zeitschalter, hinterer Scheibenwischer
113 Zeitschalter, Windschutzscheibenwischer
114 Abblend/Aufblendrelais
115 Steuerteil für elektrische Pumpe
116 Zeitsteuerung für Scheinwerferwaschanlage
117 Warnsummer, Licht eingeschaltet
118 ABS-Computer
119 Computer, Getriebeautomatik
120 Einspritz-Computer
121 Schalter, Nebelschlussleuchte
122 Schalter, Nebelleuchten
123 Türschließschalter
124 Heizungsschalter
125 Schalter, Rundumblinkanlage
126 Schalter, Kaltluftgebläse
127 Schalter, Scheibenwischer, hinten
128 Schalter, beheizte Heckscheibe
129 Regelschalter, Schaltstufen, Getriebeautomatik
130 Fensterschalter, hinten rechts
131 Fensterschalter, hinten links
132 Fensterschalter, vorn links
133 Fensterschalter, vorn rechts
134 Schalter, Rückblickspiegel
135 Sperrschalter, Fensterbetätigung, hinten
136 Betätigung, Startvorrichtung
137 Blinkrelais
138 Sperrschalter, rechte Hintertür
139 Sperrschalter, linke Hintertür
140 Sperrschalter, linke Vordertür
141 Sperrschalter, rechte Vordertür
142 Sperrschalter, Heckklappe
143 Sensor, Behälter der Scheibenwaschanlage
144 Sensor, Kühlmittelanzeige
145 Wischer-Kombischalter
146 Klopfsensor (Motor)
147 Atmosphärendrucksensor
148 Öldruckgeber
149 o.T.-Geber
150 Sensor, ABS, hinten rechts
151 Sensor, ABS, hinten links
152 Sensor, ABS, vorn rechts
153 Sensor, ABS, vorn links
154 Schalter, Heckklappe
155 Schalter, Rückfahrleuchte
156 Schalter an Handbremse
157 Bremspedalschalter
158 Volllast-Drosselklappenschalter
159 Leerlauf-Schalter
160 Bremslichtschalter
161 Schalter, Handschuhkastenleuchte
162 Luftströmungsmesser
163 Anlasser
164 Kaltluftgebläse
165 Kofferraumleuchte
166 Kennzeichenleuchte, rechts
167 Kennzeichenleuchte, links
168 Handschuhkastenleuchte
169 Magnetschaltventil, Abgasrückführung
170 Magnetschaltventil, Lenkung
171 Schalter, Klimaanlage
172 Schlussleuchte, rechts
173 Schlussleuchte, links
174 Nebelschlussleuchte, rechts
176 Nebelschlussleuchte, links
176 Nebelleuchte, rechts
177 Nebelleuchte, links
178 Türschalter, hinten rechts
179 Türschalter, hinten links
180 Türschalter, vorn links
181 Türschalter, vorn rechts
182 Rückfahrleuchte, rechts
183 Rückfahrleuchte, links
184 Seitenleuchte, rechts
185 Seitenleuchte, links
186 Elektrische Lenkhilfspumpe
187 Heizungsgebläse
188 Kühlungsventilatormotor
189 Lautsprecher, hinten rechts
190 Lautsprecher, hinten links
191 Lautsprecher, vorn rechts
192 Lautsprecher, vorn links
193 Einspritzventil Nr. 1
194 Einspritzventil Nr. 2
195 Einspritzventil Nr. 3
196 Einspritzventil Nr. 4
197 Einspritzventil Nr. 5
198 Einspritzventil Nr. 6
199 Kraftstoffuhr
200 Beheizte Heckscheibe
201 Fensterschalter, hinten rechts

202 Fensterschalter, hinten links
203 Fensterschalter, vorn links
204 Fensterschalter, vorn rechts
205 Druckschalter
206 Druckschalter, Klimaanlage
207 Bremsflüssigkeitsschalter
208 Elektronisches Steuergerät (Zündung)
209 Hupen- und Lichtschalter
210 Zeituhr
211 Scheibenwischermotor, hinten
212 Scheibenwischermotor, vorn
213 Vordere Innenleuchte
214 Hintere, rechte Innenleuchte
215 Hintere, linke Innenleuchte
216 Verschleißanzeige, Bremsklötze, vorn rechts
217 Verschleißanzeige, Bremsklötze, vorn links
218 Kraftstoffpumpe
219 Pumpe, Scheinwerferreinigung
220 Pumpe, Heckscheibenwaschanlage
221 Pumpe, Windschutzscheibenwaschanlage
222 Drosselklappen-Potentiometer
223 Leerlauf-Potentiometer
224 Druckschalter, Servolenkung
225 Diagnosesteckdose
226 Scheinwerfer, rechts
227 Scheinwerfer, links
228 Leerlaufregelmotor
229 Hupenrelais
230 Relais, Nebelschlussleuchte
231 Relais, Nebelleuchten
232 Relais, Anlasser
233 Relais, Kaltluftgebläse
234 Relais, elektrischer Ventilator
235 Relais, beheizte Heckscheibe
236 Relais, Kraftstoffpumpe
237 Relais, Doppelscheinwerfer
238 Sperrrelais, Einspritzung
239 Elektrischer Spiegel, links
240 Elektrischer Spiegel, rechts
241 Widerstandsschalter, Instrumentbeleuchtung
242 Lambda-Sonde
243 Ölstandsgeber
244 Sensor, Kühlmittel
245 Sensor, Außentemperatur
246 Elektrische Abstellung
247 Armaturenbrett
248 Temperaturschalter, Ventilator
249 Infrarot-Transmitter
250 Drehzahl-Sensor
251 Temperaturschalter
252 Radiotelephonfilter
253 Lautsprecher, vom rechts
254 Lautsprecher, vom links
255 Rechte Blinkkontrollleuchte
256 Linke Blinkkontrollleuchte
257 Vorglühsteuergerät
258 Vorglühkerzen
259 Temperaturschalter
260 Sicherungskasten
261 Autoradio
262 Ventilator, Klimaanlage
263 Schalter, Scheibenwischer, hinten
264 Türschlosszeitschalter
265 Kartenleselampe
266 Drosselklappen/ Leerlaufschalter
267 Wiederholblinkleuchte, rechts
268 Wiederholblinkleuchte, links
269 Leerlaufabsperrung
270 8°-Temperaturschalter
271 Thermistor
272 Sensor, Lufttemperatur
273 Sensor, Motordrehzahl
274 Schaltventil, Klimaanlage
276 Schalter, Fensterbetätigung
277 Warneinrichtung, Birnenausfall
278 Klopfsensor, Nr. 2
280 Elektronische Zündanlagenunterbrechung
281 Relais, Abblendlicht
282 Tankdeckelverschluss
283 Zusatzkraftstoffpumpe
284 Wischermotor, Scheinwerfer, rechts
285 Wischermotor, Scheinwerfer, links
286 Schalter, Heckscheibenwascher
287 Relais, Zündspulenwiderstand
288 Relais, Beleuchtung
289 Relais, Standleuchten
290 Relais, Abblendlicht
291 Magnetventil, Vergaser
292 Relais, Instrumentbeleuchtung
293 Stromzufuhr
294 Zeitschalter, Heckscheibe
295 Warnleuchtengerät
296 Relais, Nebelleuchten
297 Vordere Nebelleuchten
298 Heizung
299 Anschlussleiste
300 Hintere Innenleuchte
301 Relais, Pumpe, ABS
302 Relais, Lenkhilfspumpe
303 Beleuchtung, Gangwählhebel
304 Schiebedach
305 Schaltventil, Verstellkorrektur
306 Temperaturschalter
307 Masse, Zubehör
309 Mehrfunktion-Summer
310 Strommodul, Einspritzung
311 Zeitschalter, Innenleuchte
313 Relais, Tachometer
314 Relais, Scheinwerferreinigung
315 Relais, Scheibenwischer, Schnellstufe
316 4°-Zündanlagenrelais
317 Schalter, Schiebedach
328 Innenleuchte, vorn links
329 Innenleuchte, vorn rechts
330 Zigarrenanzünder, hinten
331 Temporegulierung
332 Schalter, Fensterbetätigung
333 Schalter, Sitzgurt
334 Thermal-Stromkreisunterbrecher
335 Relais, Kühlungsventilator
336 Relais, Kühlungsventilator
337 Relais, Kühlungsventilator
338 Turbo-Druckregler
339 Kaltstart-Einspritzer
340 Temperaturschalter
341 Leerlaufregelventil
343 Öltemperaturgeber
347 Radioanschluss
349 Zündschalter
350 Verschleißanzeige, Bremsklötze, hinten links
351 Verschleißgrenze, Bremsklötze, hinten rechts
361 Hydrauliksteuerung, ABS
362 Batterie-Plusanschluss
370 Widerstand, Scheinwerfer
379 Schnellleerlauf-Relais
383 Temperaturschalter, Ansaugkrümmer
384 Ansaugkrümmervorheizung
389 Mittlerer Lautsprecher
390 Anschluss, Nebelschlussleuchten
391 Zeitschalter, Heckscheiben-Scheibenwischer
394 Elektrische Antenne
396 Drosselklappenschalter
402 Öldruckschalter
406 Temperaturschalter, Glühkerzen (Diesel)
409 Relais, Lenkhilfspumpe
410 Leerlaufabsperrrelais
412 Magnetschalter, Schnellleerlauf
415 Schaltventil, Scheinwerferreinigung
421 Kupplungspedalschalter
425 ABS-Anschlussleiste
428 Bosch-ABS-Relais
429 Bosch-ABS-Zusatzrelais
430 Bosch-ABS-Diode
432 ABS-Hauptrelais
435 ABS-Schieberventileinheit
438 Motorhaubenschalter
439 ABS-Computer-Relais
441 Automatisches Getriebe
444 Kartenleselampe
458 Nebel- und Nebelschlussleuchte
459 Zeitschalter, Heckscheibenwischer
462 Kennzeichenleuchte
464 Innenleuchtenschalter
467 Relais, Außenbeleuchtung
485 Mehrfunktionsschalter
486 Sitzgurtschalter, rechts
504 Leseleuchte, hinten rechts
505 Leseleuchte, hinten links
506 Steckdose
507 Mehrfunktionsschalter
508 Kofferraumleuchte, rechts
509 Kofferraumleuchte
512 Schalter, Kartenleseleuchte
519 Türleuchte, vorn links
520 Dito, vorn rechts
521 Dito, hinten rechts
522 Dito, hinten links
523 Leuchte, Vordertür links
524 Dito, Vordertür rechts
525 Dito, Hintertür, rechts
526 Dito, Hintertür, links
537 Korrekturmotor, linker Scheinwerfer
538 Korrekturmotor, rechter Scheinwerfer
539 Schalter, Motorraumleuchte
541 Schminkspiegel
560 Betätigung der Heckklappe
562 Einstellschalter, Scheinwerfer
584 Sensor für Schwungrad-Stellung
586 Schalter, Rundumblinkanlage
590 Alarmschalter
591 Temperaturschalter, Katalysator
594 Warnleuchte, Katalysator
597 Sicherungsdose, Motor
600 Heizungsgebläsemotor
602 Relais, Rückfahrleuchten
610 ABS-Diagnoseschalter
611 Windschutzscheibenheizung, links
612 Relais, Entfrostung, Windschutzscheibe, links
630 Windschutzscheibenheizung, rechts
646 Relais, beheizte Heckscheibe
647 Beheizte Heckscheibe
655 Sensor, Motordrehzahl
663 Doppelzündspule Nr. 1
664 Doppelzündspule Nr. 2
665 Doppelzündspule Nr. 3
688 Sensor, Ölstand und Temperatur
703 Relais, Fensterbetätigung
704 Summer, Motorhaube
705 Gebläserelais
706 Schalter, Motorhaube
707 Schalter
709 Diode, Servolenkung
710 Sicherung
711 Dieselpumpe

712 Kühlungseinheit
713 Anschluss, Wohnwagen
714 Diode, Klimaanlage, Diesel
716 Rechter, vorderer Stoßdämpfer
717 Linker, vorderer Stoßdämpfer
718 Rechter, hinterer Stoßdämpfer
719 Linker, hinterer Stoßdämpfer
720 Abstellrelais, Klimaanlage
721 Computer, ABS-Hydrogerät
722 Doppelschalter, beheizte Windschutz- und Heckscheibe
723 Diode, automatische Kupplung
724 Pumpe, automatische Kupplung
725 Schaltventil, automatische Kupplung
726 Geber, Gang eingeschaltet
727 Geber, Kupplungsstellung
728 Geber, Schalthebelstellung
729 Geber, Gaspedalstellung
730 Computer, automatische Kupplung
731 Zeitschalter, Heckscheibenbeheizung
734 Schnellschalter, Fensterbetätigung
735 Warnsummer, Sicherheitsgurte
736 Magnetometer
738 Geber, Hubsensor für Einspritzdüse Nr. 3 (Diesel)
739 Geber, Flüssigkeitsstand im Behälter der Scheibenwaschanlage
741 Höhenmesserkapsel
742 Verstellschalter, Dieseleinspritzung
743 Relais, Höhenmessung
744 AGR-Relais (Diesel)
745 Relais, Kraftstoffvorwärmung (Diesel)
746 Geber, Nockenwellenstellung
747 Schalter, linker Rücksitz
748 Schalter, rechter Rücksitz
749 Schalter, linke, vordere Kopfstütze
750 Relais
751 Relais Nr. 1, nach Zündschalter
752 Relais Nr. 2, nach Zündschalter
753 Relais, Scheinwerferreinigungsanlage
756 Computer, Airbag
757 Sicherheitsgurtstraffer, Fahrerseite
758 Sicherheitsgurtstraffer, Beifahrerseite
759 Schalter, Heckklappe
760 Schalter, beheizte Windschutz- und Heckscheibe
762 Relais, Pumpe der automatischen Kupplung
763 Warnsummer, automatische Kupplung
771 Warngerät, Tür, Kofferraumdeckel, Sitzgurt geöffnet
772 Heizungsrelais
773 Heizung
774 Gurtstraffereinheit
800 Regelrelais, Gebläse
801 Diode, Ladestromkreis
805 Relais, beheizte Windschutzscheibe
808 Stromrelais, Zündung
809 Airbag, Beifahrerseite
813 Zündleistungsstufe Nr. 1
814 Zündleistungsstufe Nr. 2
815 Zündpille, Airbag, Beifahrerseite
826 Kassettenspieler
831 Bedienungstafel, Klimaanlage, Fahrerseite
832 Bedienungstafel, Klimaanlage, Beifahrerseite
833 Geber, Kraftstoffpumpe
855 Kraftstoffabsperrschalter mit Wegfahrsperre
858 Verdunkelschalter, Armaturenbrettbeleuchtung
860 Drehkontakt, unter Lenkrad
861 Airbag, Beifahrerseite
866 Einspritzcomputer, Diesel
869 Türkontaktschalter, vorn links
870 Türkontaktschalter, vorn rechts
871 Türkontaktschalter, Hintertür
882 Entsperrschalter, Motorhaube
897 Widerstand, Nebelleuchten
899 Airbag, Fahrerseite
907 Unterdruckpumpe

Erklärung der Schaltpläne

Eine Anzahl Schaltpläne folgen auf den nächsten Seiten, welche einen Querschnitt der Stromlinienführung des Fahrzeuges geben, jedoch möchten wir darauf hinweisen, dass es aufgrund der vielen Varianten unmöglich ist auf alle Fahrzeuge und Stromabschnitte einzugehen.
Renault-Schältpläne sind schwer zu verstehen, es sei denn man hat die erforderliche Fachschulung, vor allem, da einige Zahlen nur auf eine Kabelnummer oder Anschlussnummer hinweisen. So braucht man z.B. in einem Rechteck eingesetzte Zahlen nicht weiter zu beachten. Eine Zahl mit einem davorstehenden „R" ist eine Kabelverbindung. Diese können nicht alle einzeln angeführt werden. Eine Masseverbindung wird durch den Buchstaben „M" angegeben, welchem normalerweise eine Zahl oder ein Buchstabe folgt. Elektronische Masseverbindungen werden durch den Buchstaben „N" angegeben. Elektrische Stromabnehmer werden normalerweise durch leicht verständliche Symbole angegeben.
Kabel werden durch eine Zahl und zwei Buchstaben angegeben. Die Zahl weist auf die Kabelnummer und ist nicht so wichtig. Die Buchstaben sind jedoch die Kabelfarben, die auf Seite 200 angegeben sind.
Folgend sind einige Hinweise, welche Ihnen helfen werden bestimmte Kabelstränge zu finden. Alle Kabel vor der Zündung haben eine rote Farbe (RG), alle Kabel nach der Zündung haben eine graue Farbe (GR), alle zu den Stand- und Schlussleuchten sowie dem Armaturenbrett gehörenden Kabel haben eine grüne Farbe (VE). Alle Massekabel sind schwarz (NO). Ebenfalls sind die folgenden Abkürzungen eine Hilfe:

AEI	Elektronische Zündung
Alim	Stromzufuhr
Cig.	Zigarrenanzünder
+ APC	Nach dem Zündschloss
ARD	Hinten rechts
ARG	Hinten links
AV	Vorn
+ AVC	Vor dem Zündschloss
Bat.	Batterie
CDE	Schalter
CPE	Türschlösser, elektr.
CTR	Schalter
DDIDG	Rechts/Linkslenker
Dim.	Abblendlicht
Eis	Scheibenwischer, hinten
EPJ	Scheinwerferreinigung
EPP	Kennzeichenleuchten
F.A.M.	Handbremse
F.R.	Rückfahrleuchten
Hay	Heckklappe
LVE	Elektrische Fenster
Mot.	Motor
Pav.	Schiebedach
Plaf	Innenleuchte
PDS	Armaturenbrett
Racc.	Kabelverzweigung
Rel	Relais
+ S	Zubehör „+"
T.T.	Alle Modelle
TUP	Bremsklotzverschleiß
TO	Temperatur
LARC	Beh. Heckscheibe

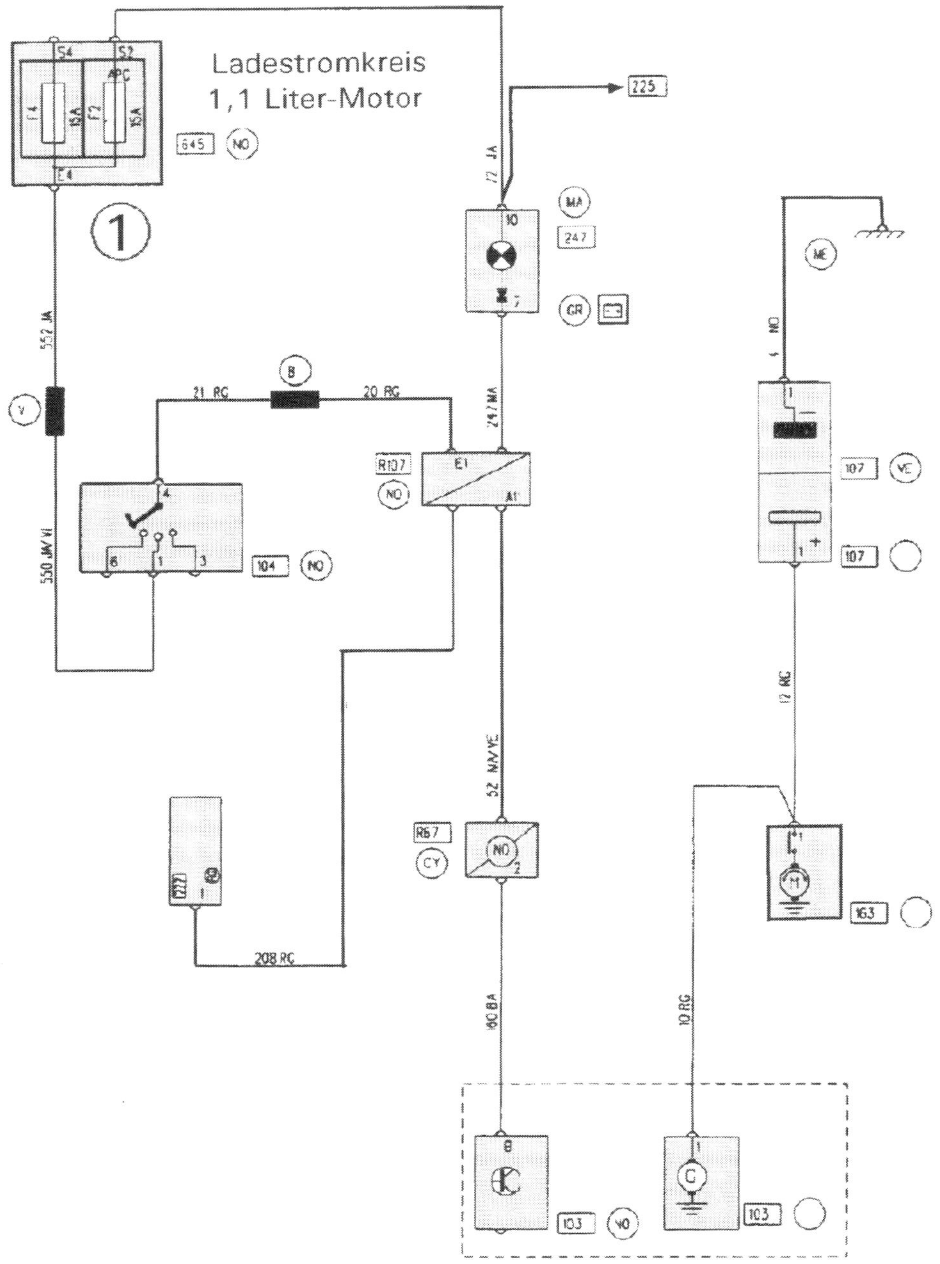
Ladestromkreis
1,1 Liter-Motor
S4
S2
APC
F4
15A
F2
15A
E4
645
NO
72 JA
225
10
MA
247
7
GR
552 JA
V
21 RG
B
20 RG
247 MA
R107
NO
E1
A11
4
6
1
3
104
NO
550 JA/VI
4 NO
ME
107
VE
107
12 RG
52 MA/VE
R67
CY
NO
2
222
1
208 RG
163
160 BA
10 RG
B
103
NO
103

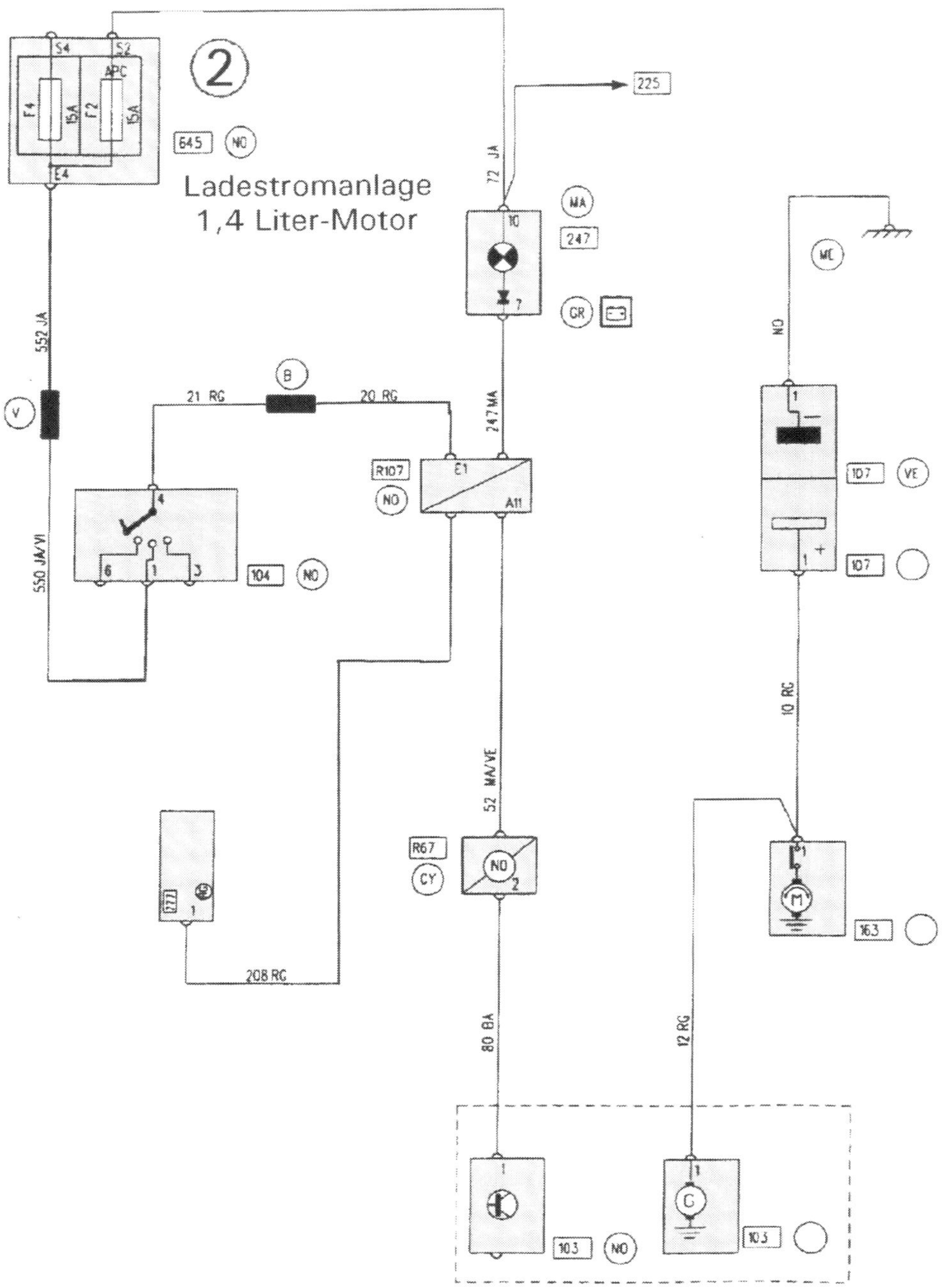
Ladestromanlage
1,4 Liter-Motor
S4
S2
APC
F4
15A
F2
15A
E4
645
NO
72 JA
225
10
MA
247
7
GR
552 JA
V
21 RG
B
20 RG
247 MA
R107
NO
E1
A11
4
6
1
3
104
NO
550 JA/VI
NO
ME
107
VE
107
10 RG
52 MA/VE
R67
CY
NO
2
222
1
208 RG
163
80 BA
12 RG
103
NO
103

③ Ladestromanlage Dieselmotor

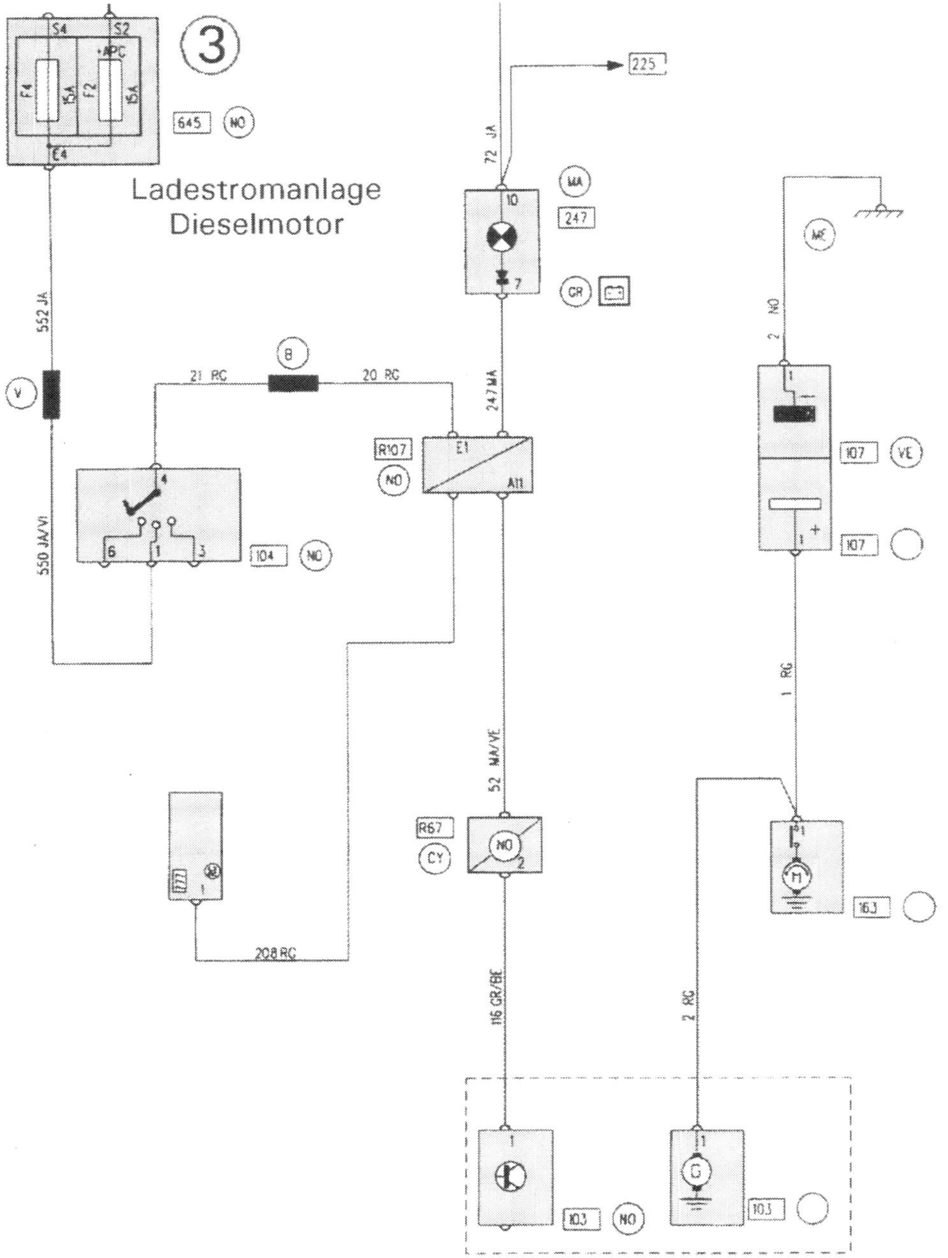

④ Anlasserstromkreis 1,1 Liter-Motor

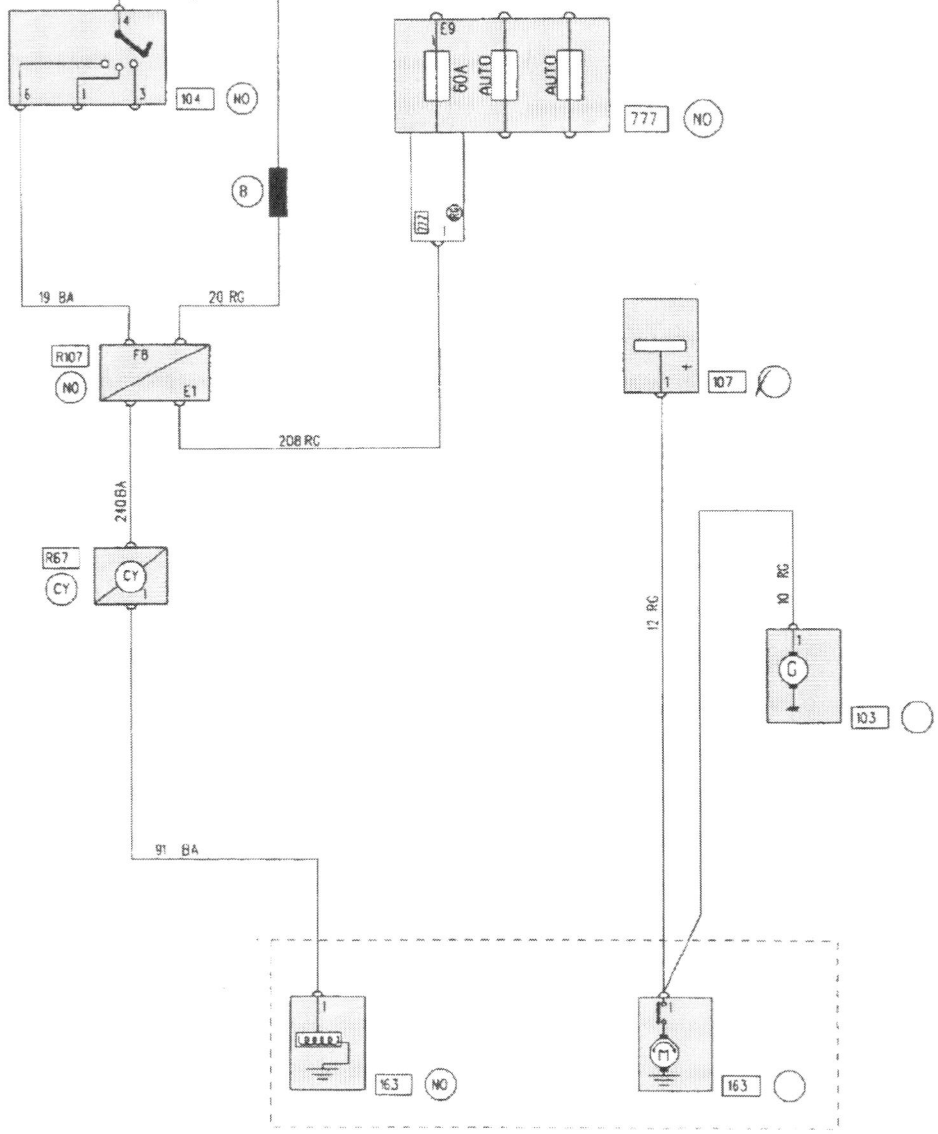

Anlasserstromkreis - Schaltgetriebe Dieselmotor mit Klimaanlage

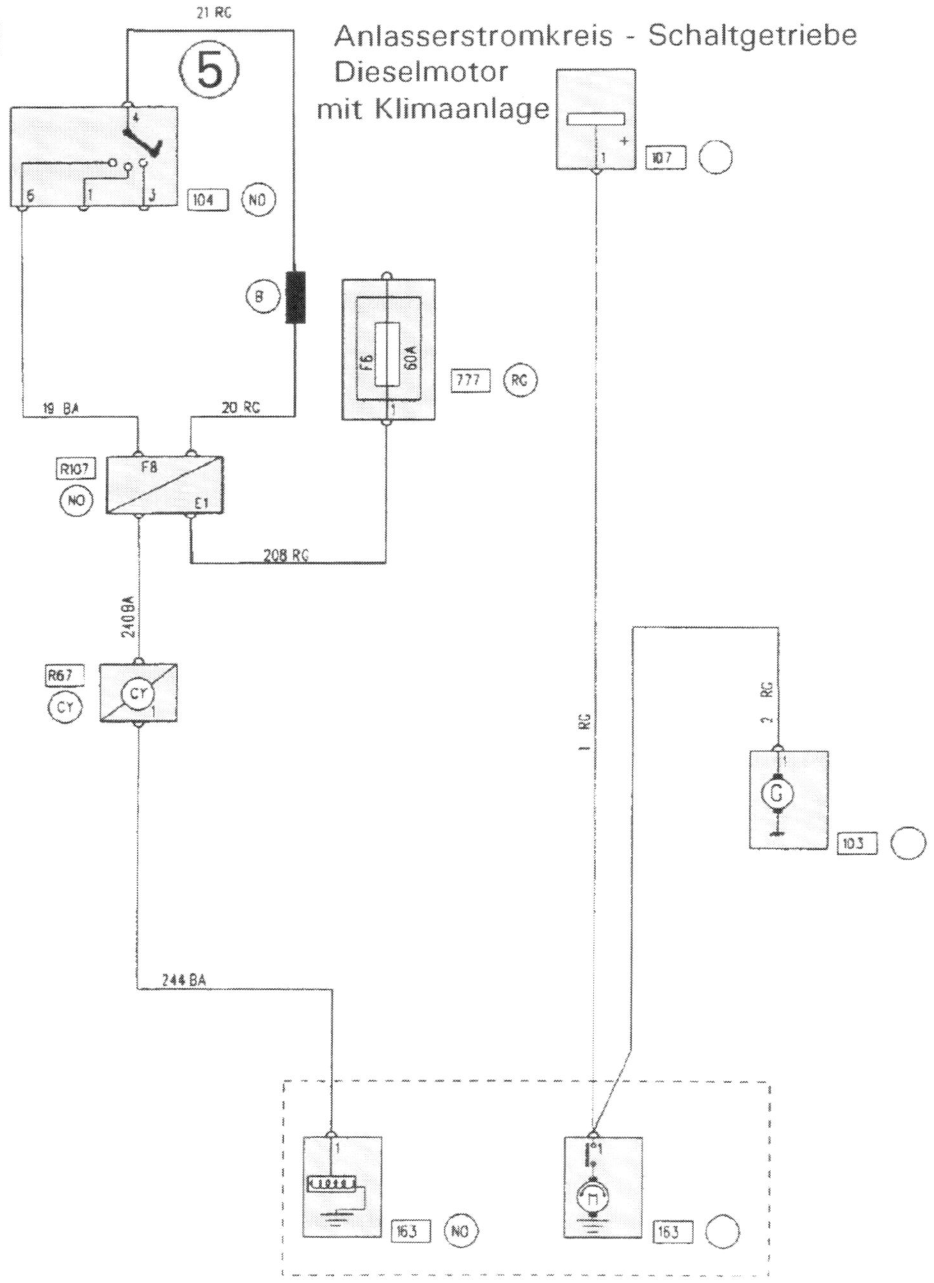

Anlasserstromkreis Schaltgetriebe - ohne Klimaanlage Dieselmotor

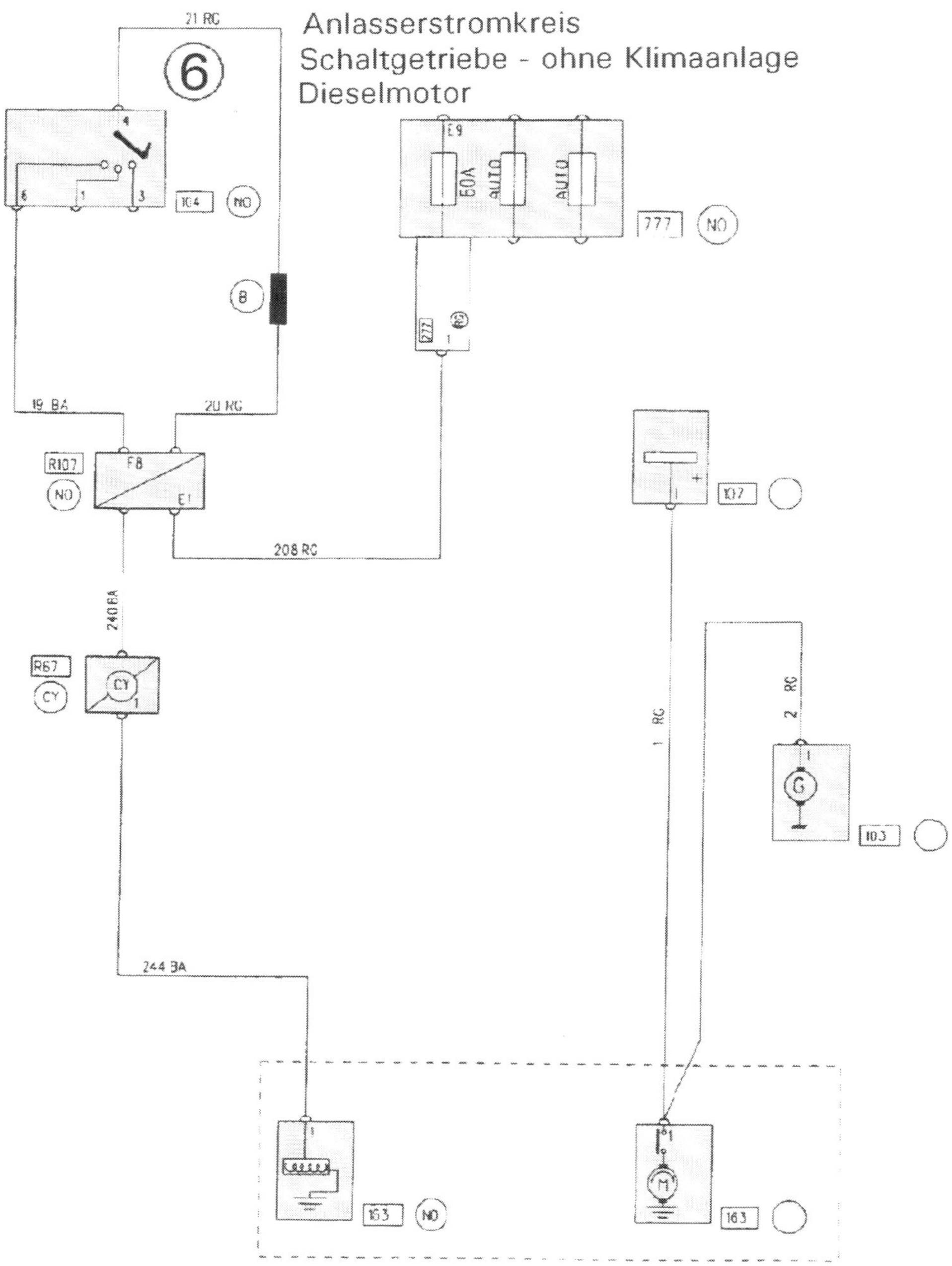

Lucas-Dieseleinspritzanlage - ohne Klimaanlage

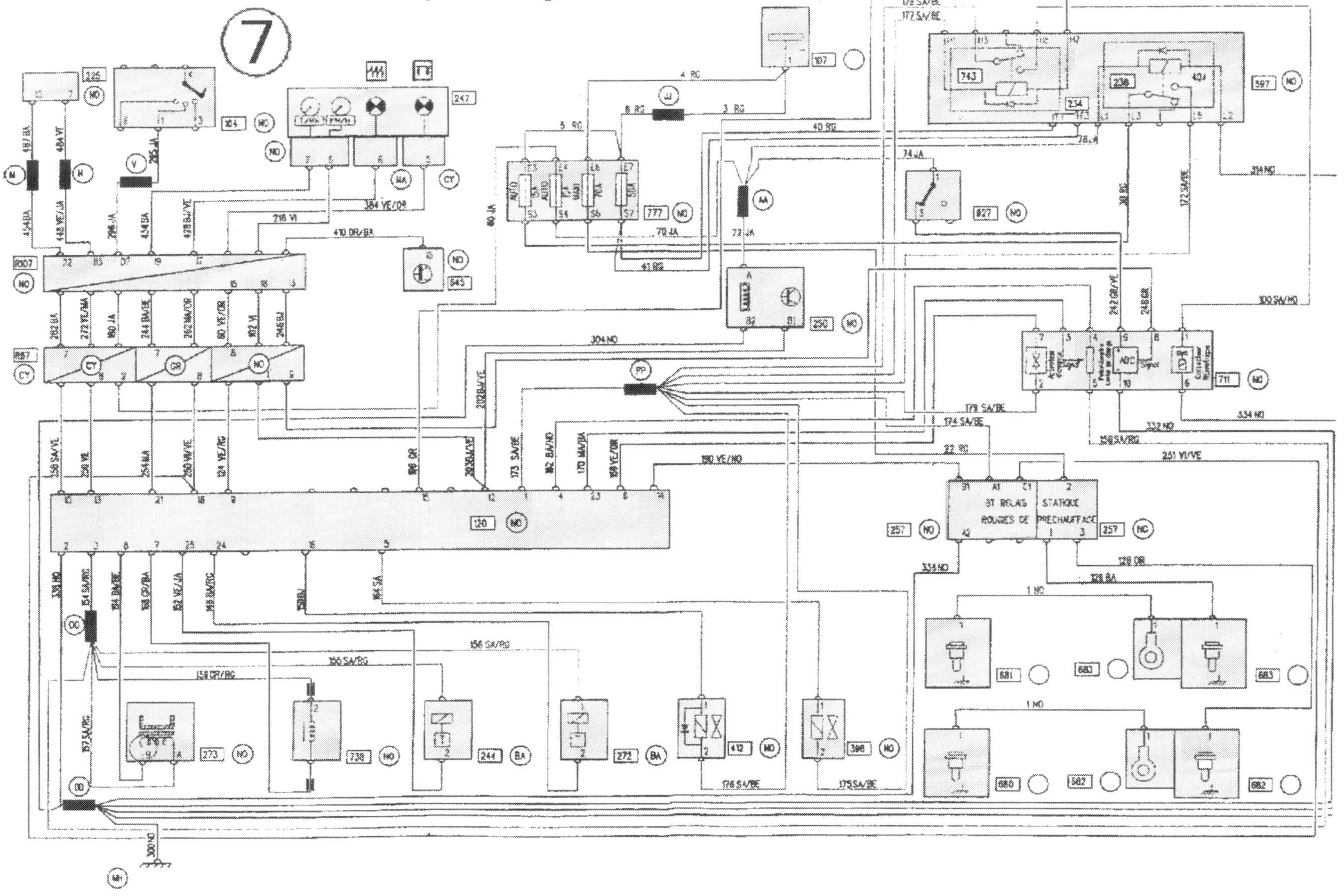

Kraftstoffeinspritzanlage - 1,4 Liter-Motor - mit Klimaanlage/Servolenkung

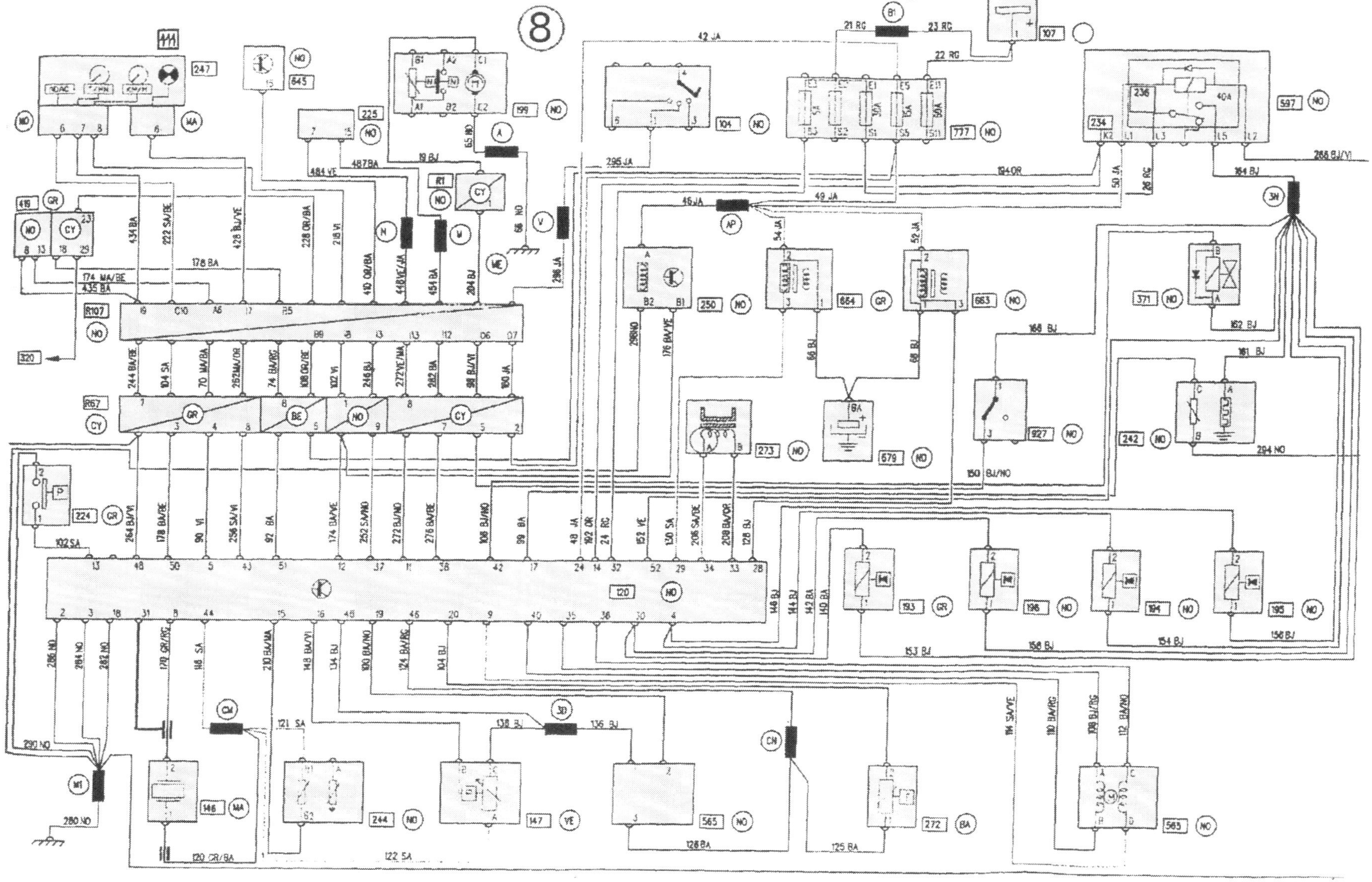

Einspritzanlage - 1,1 Liter - mit Klimaanlage/Servolenkung

9

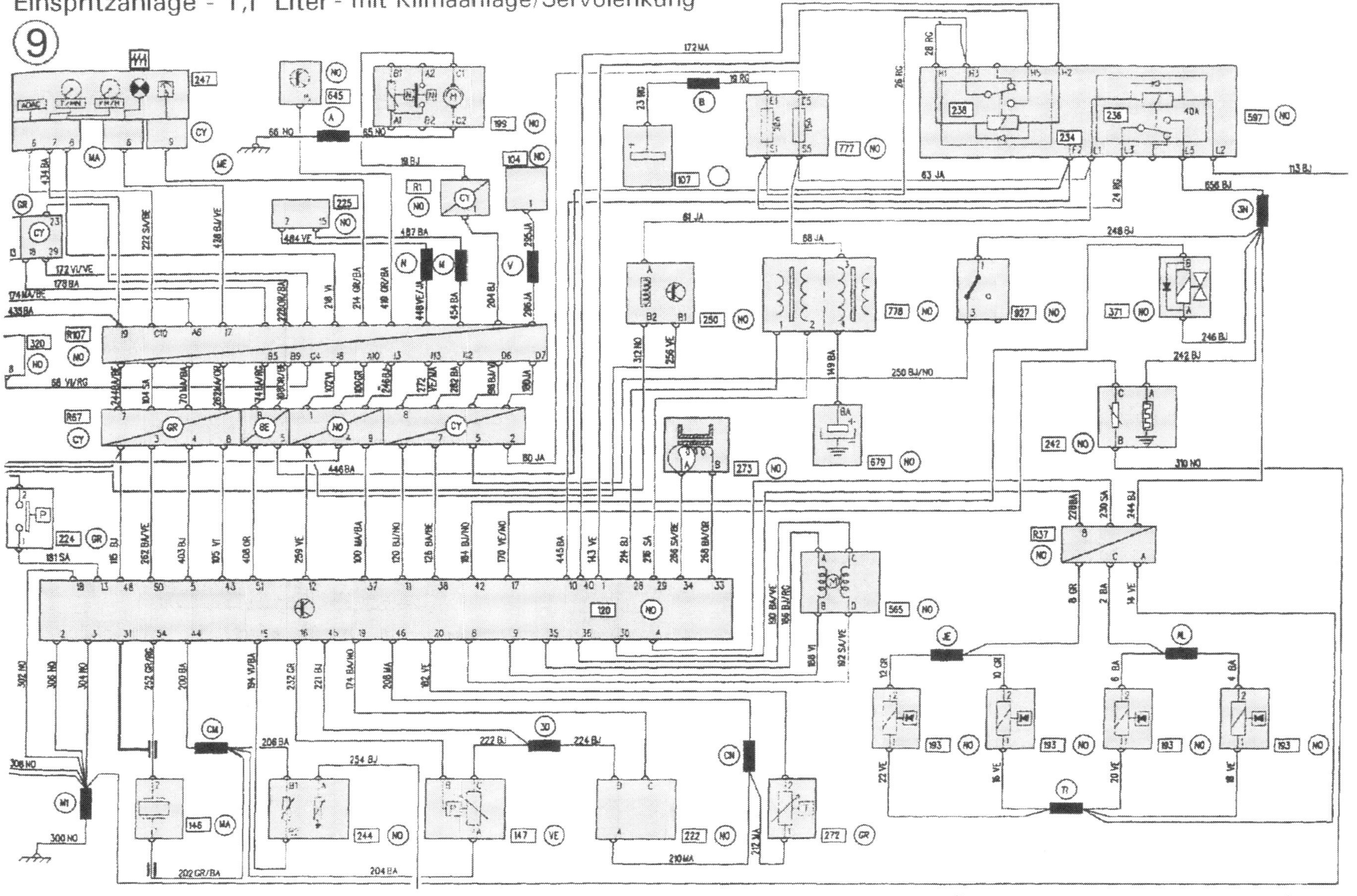

Bosch Anti-Blockiersystem (ABS)

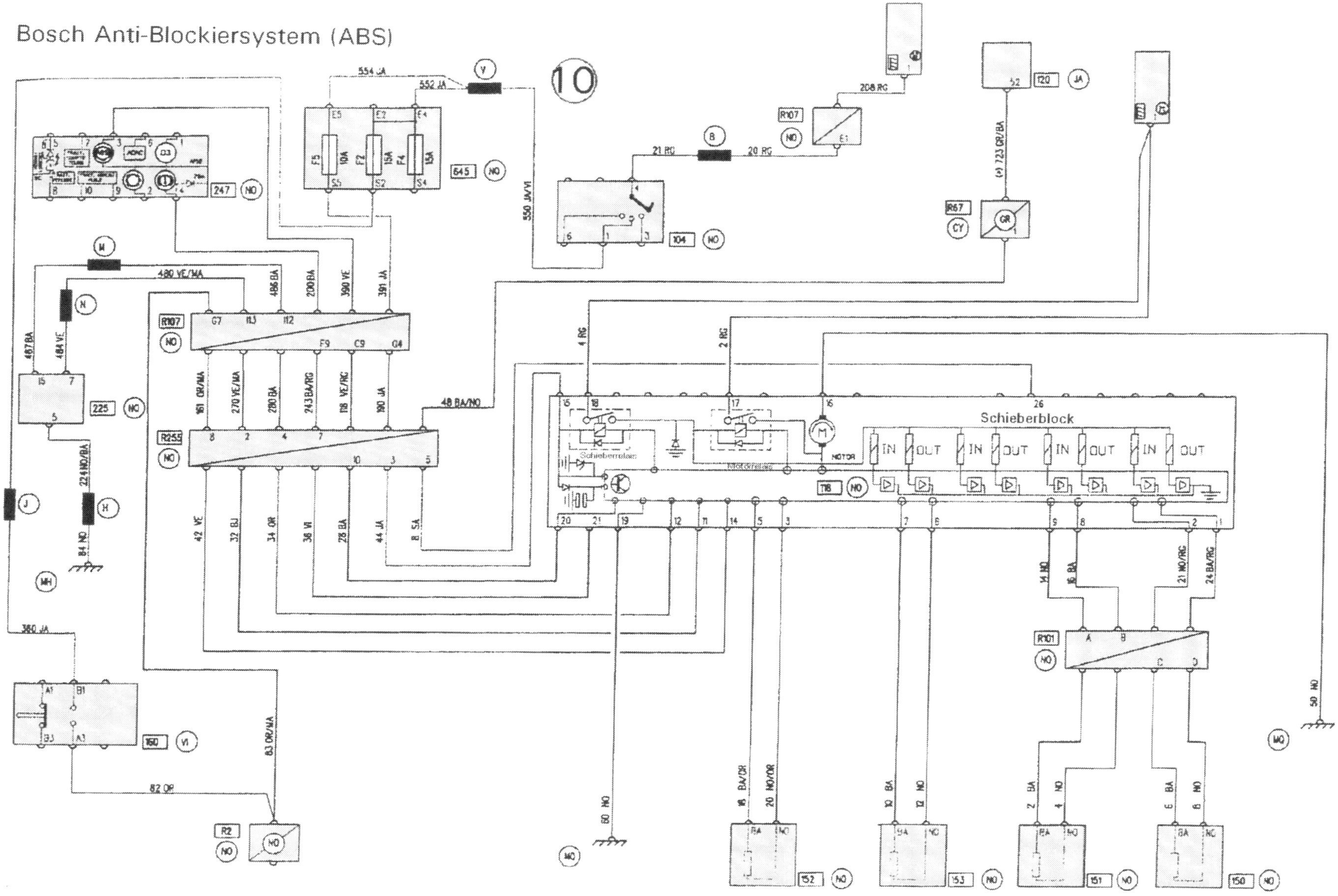

11 Zigarrenanzünder

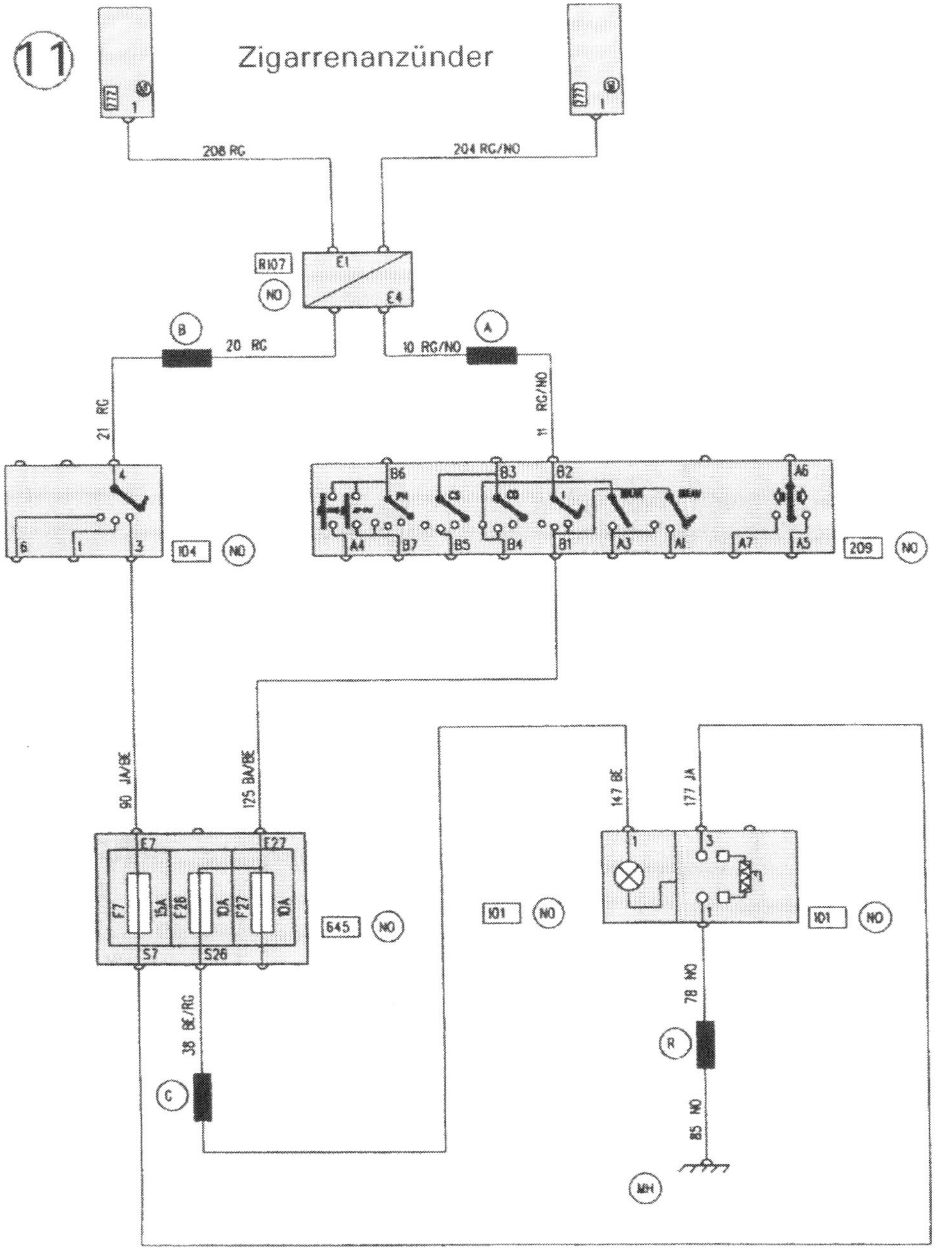

12 Nebelschlussleuchten

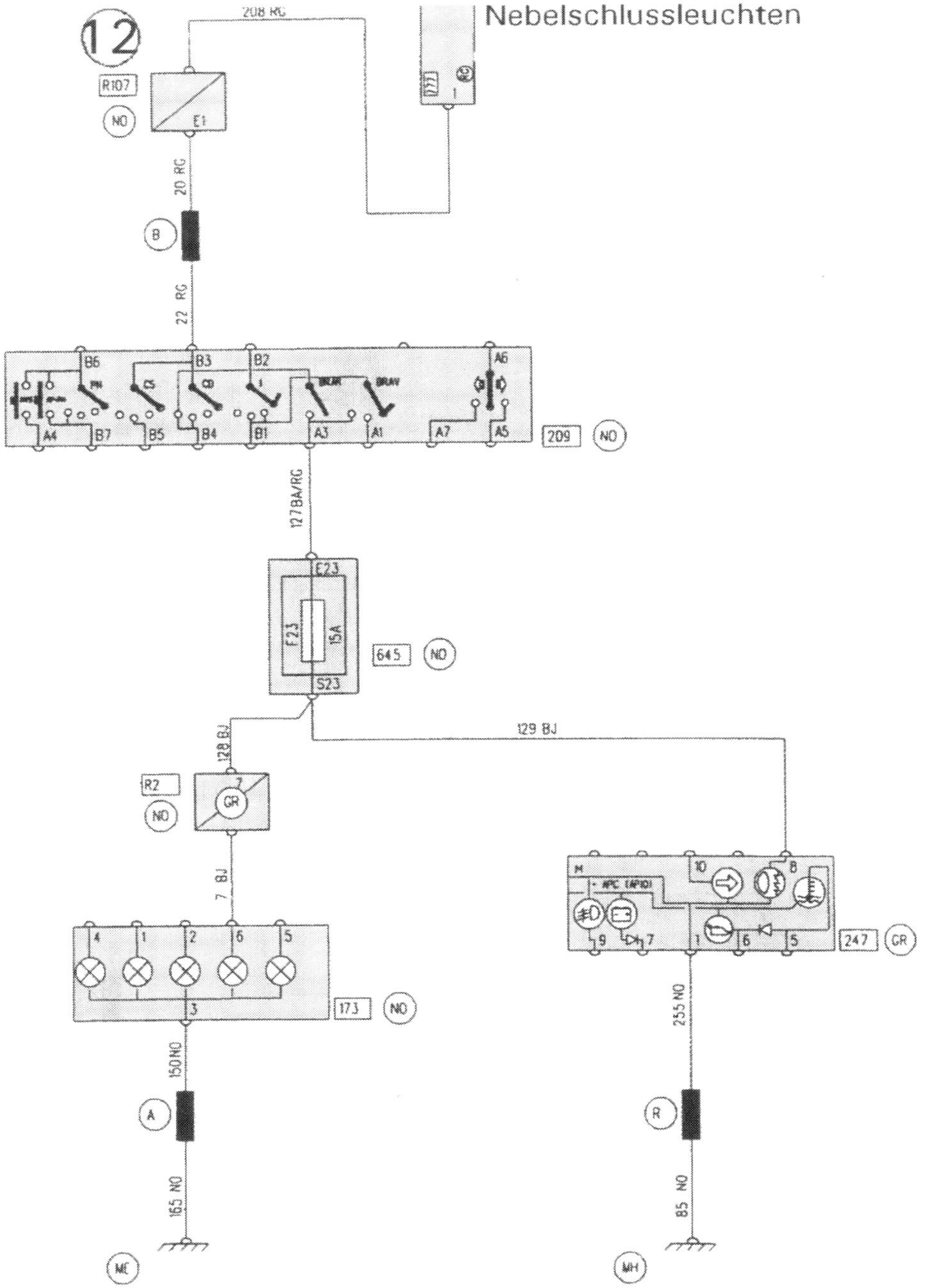

13 Rückfahrleuchten - Mit Dieselmotor

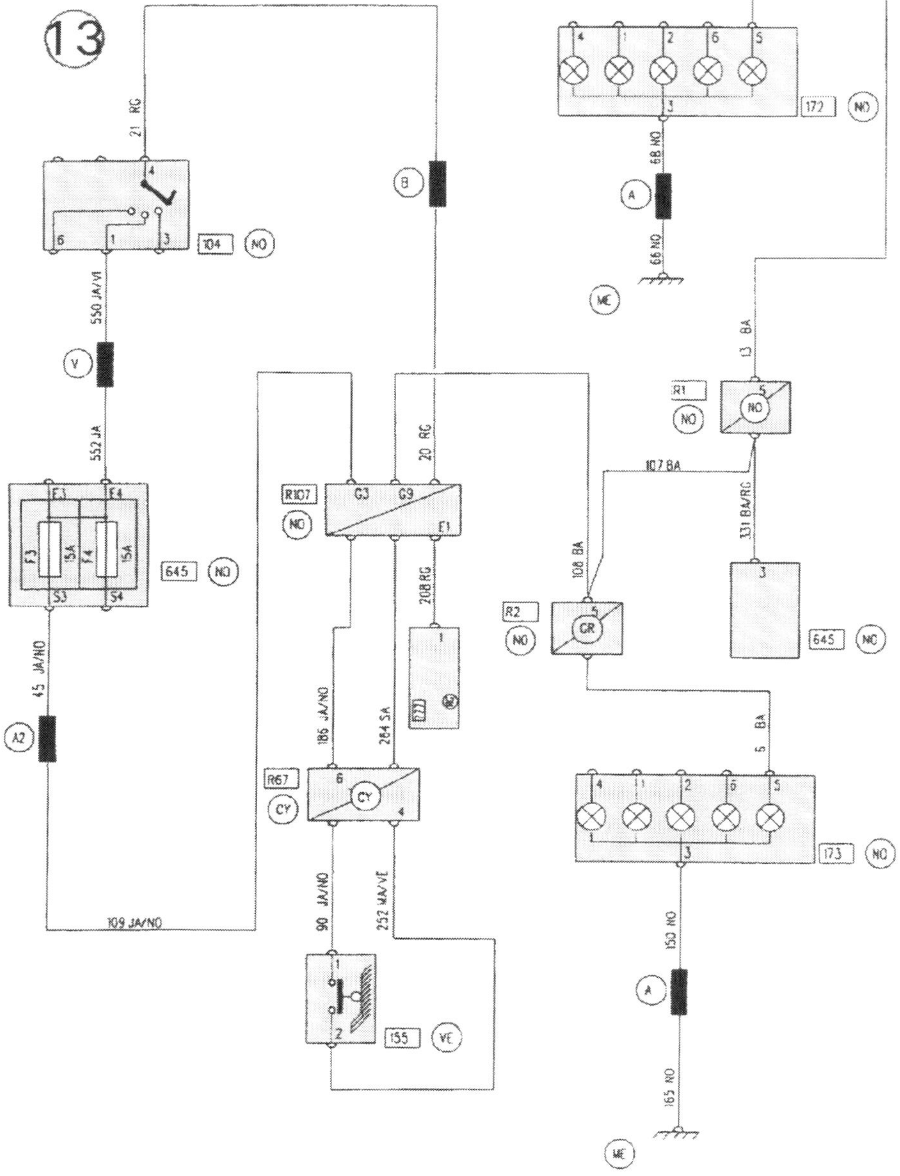

14 Rückfahrleuchten - Benzinmotor - mit Schaltgetriebe

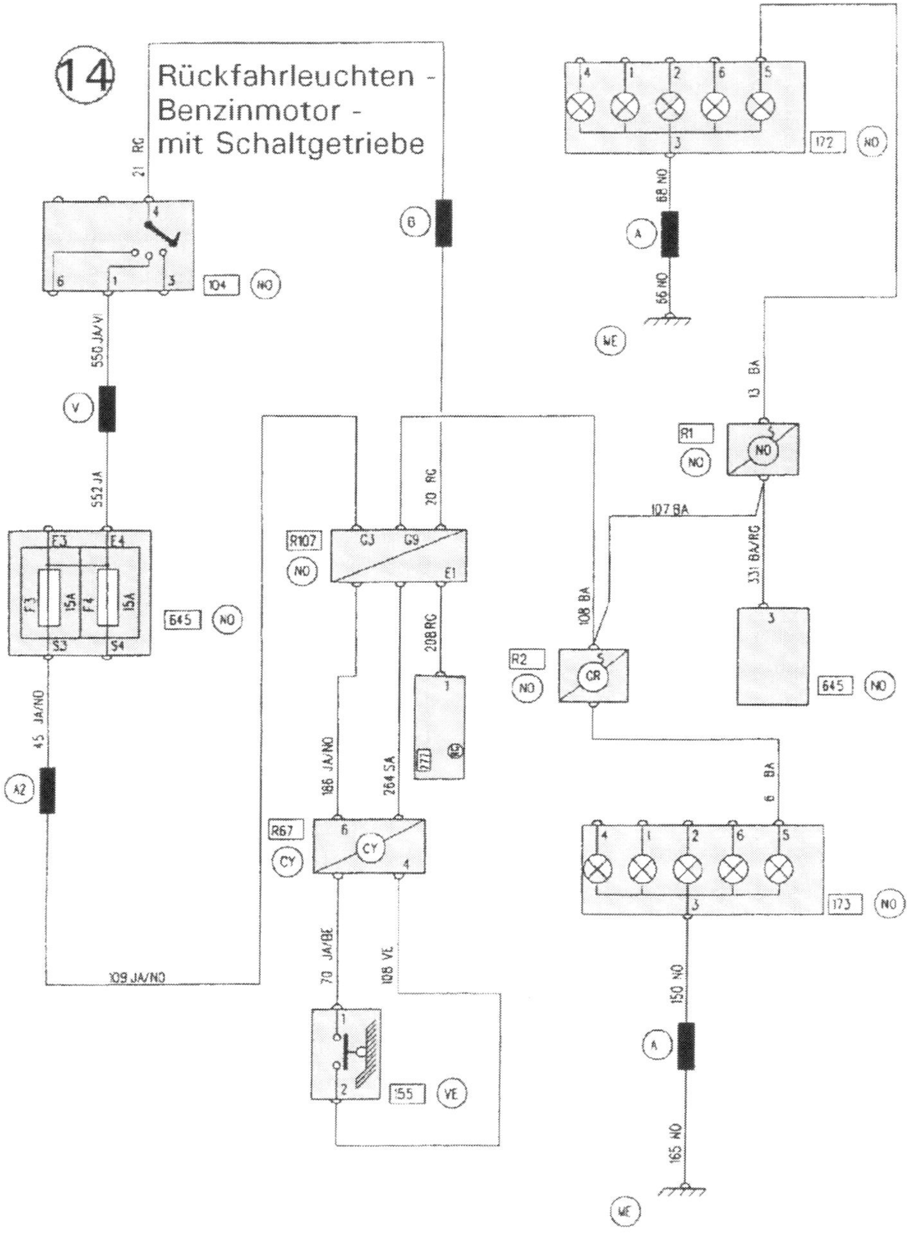

15 Nebelleuchten

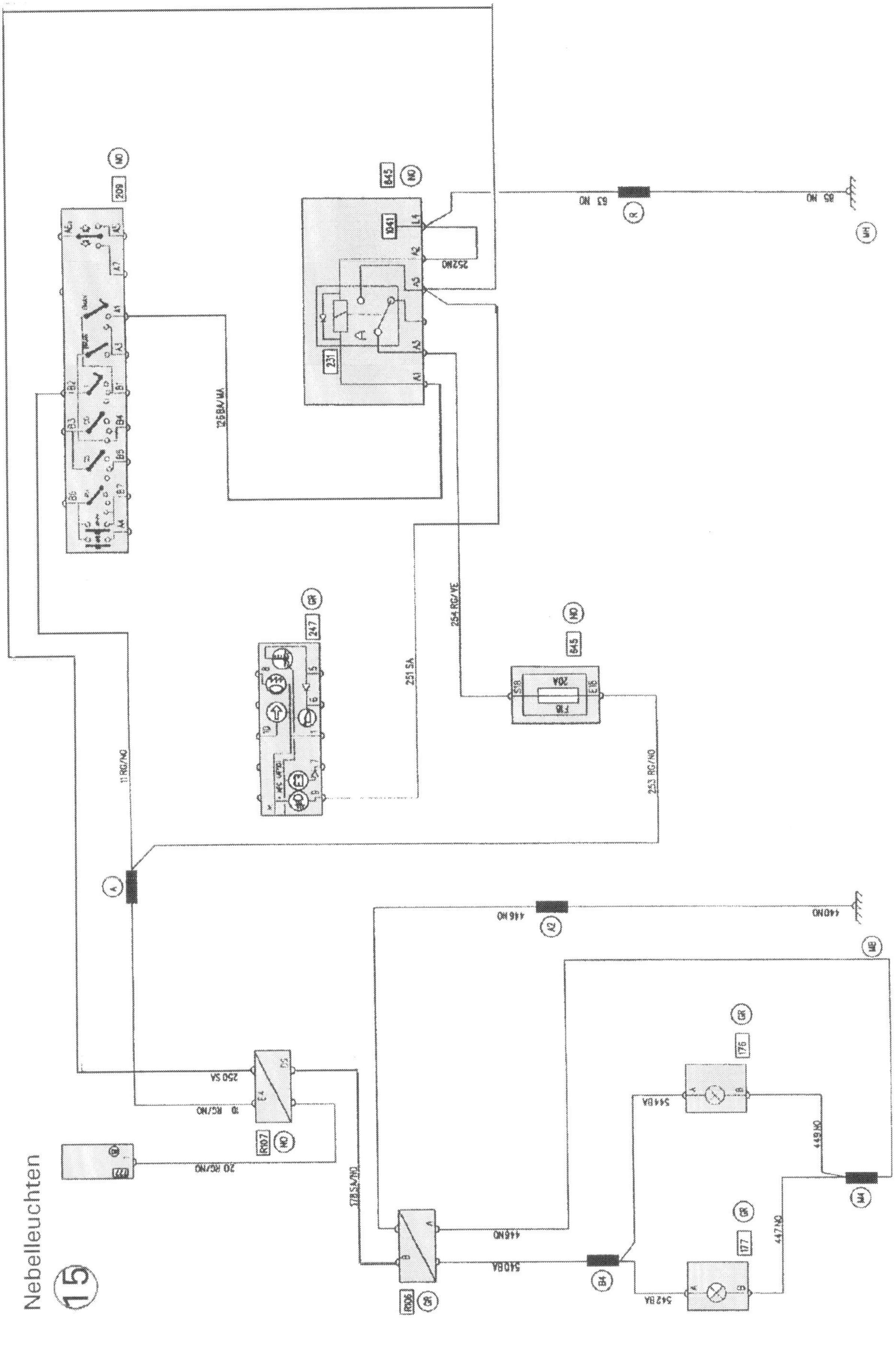

Beleuchtungsstromkreis

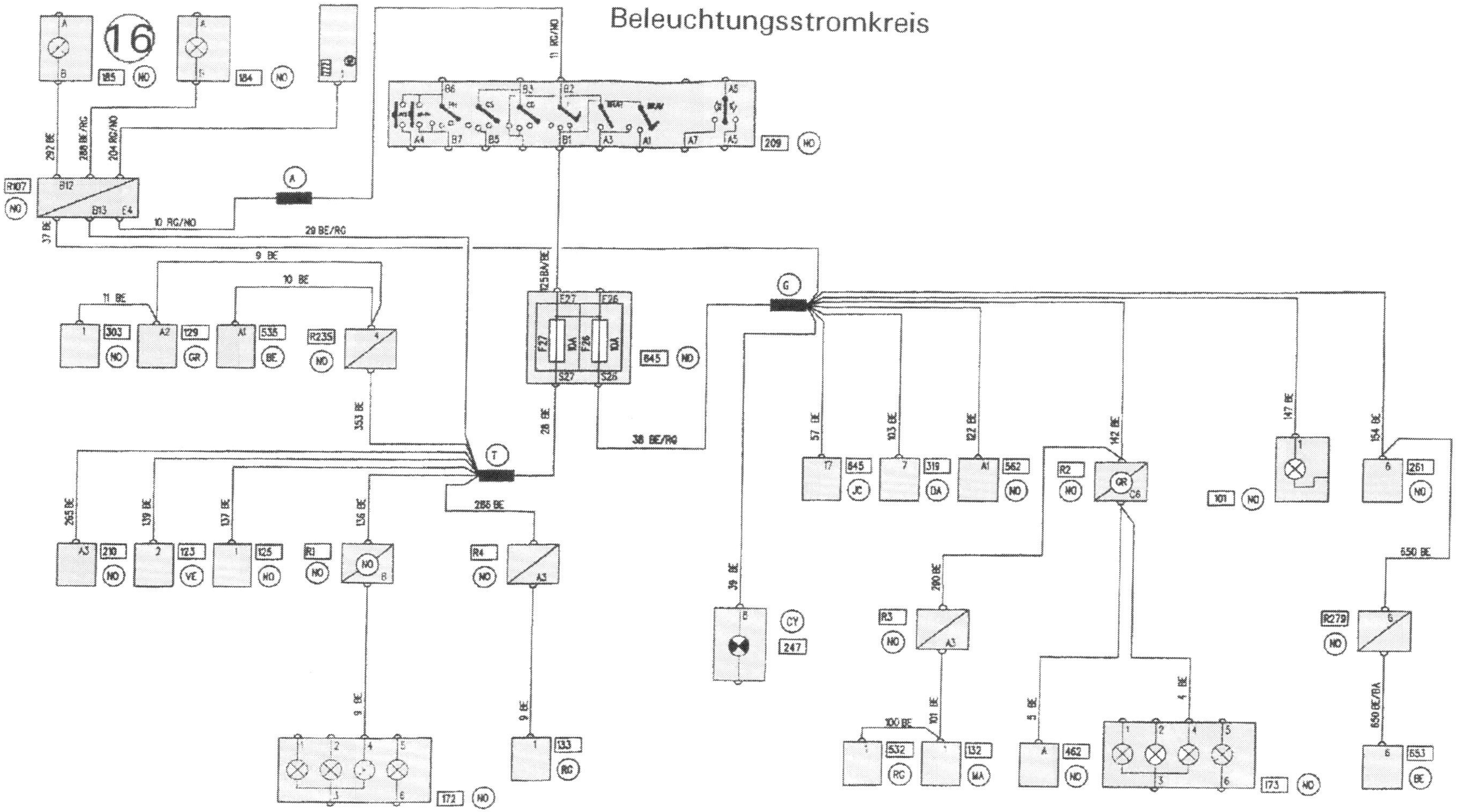

Fernlicht/Abblendlicht/Standlicht

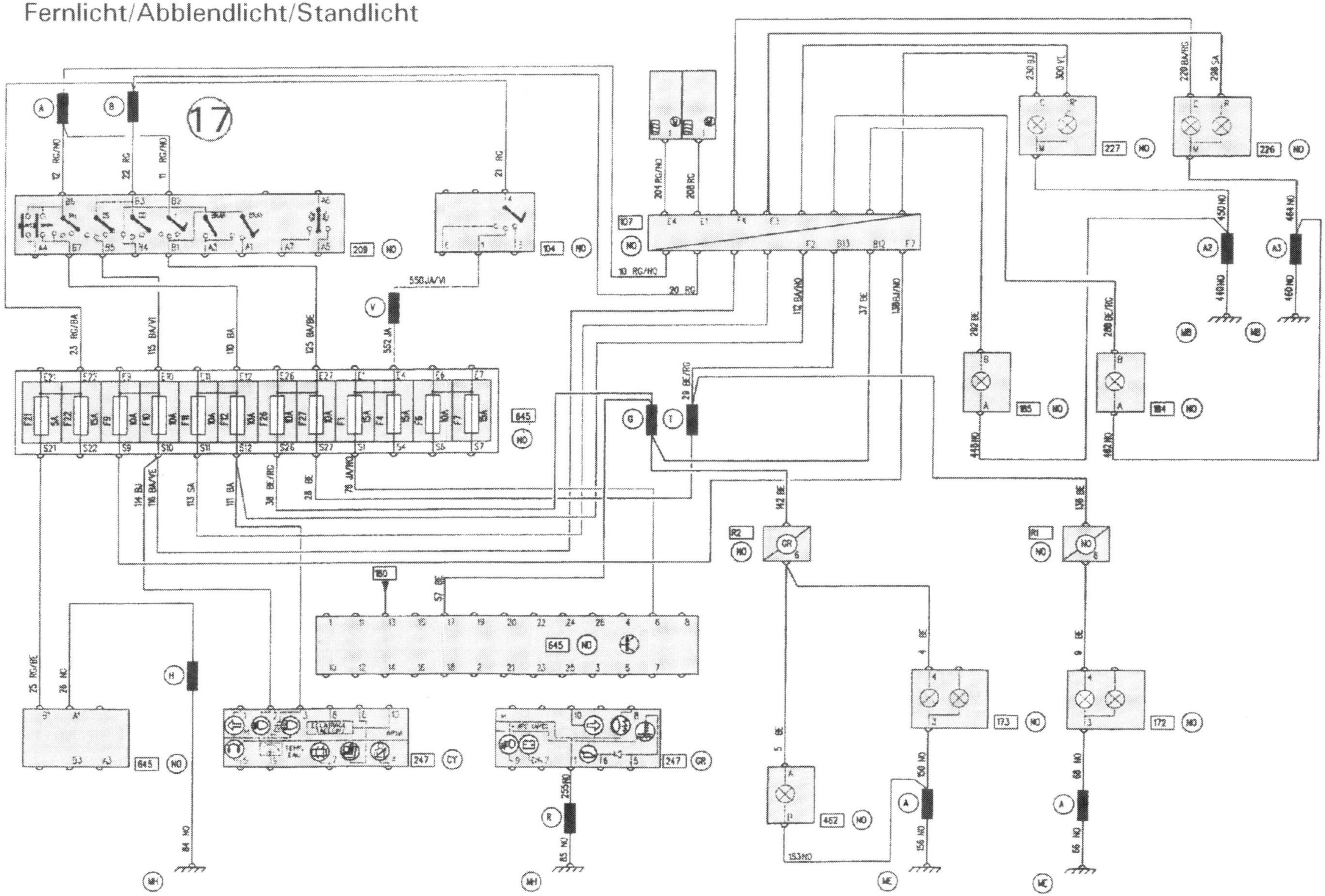

18 Scheinwerfer-Leuchtweiten-verstellung

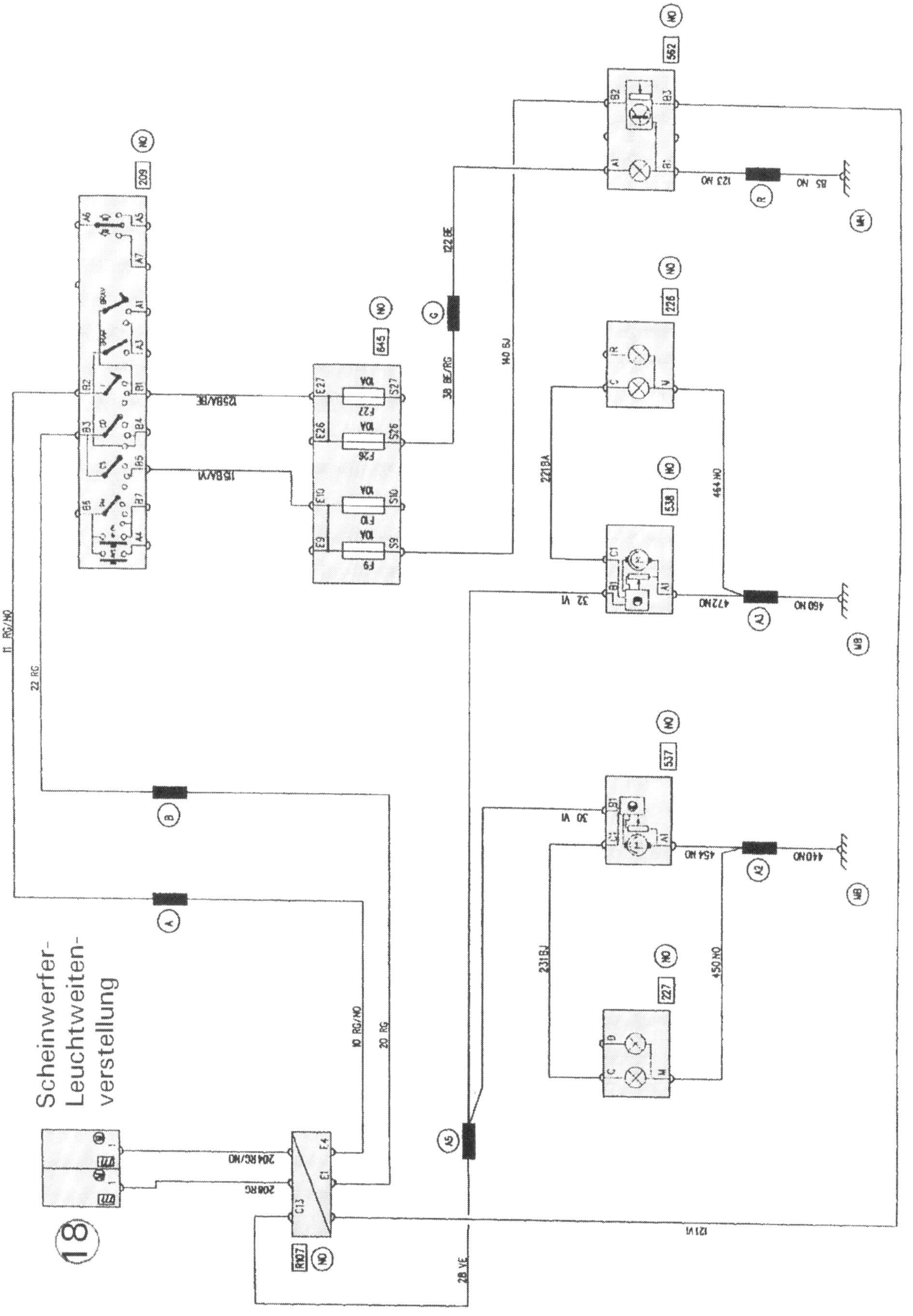

Bremsleuchten, mit Schaltgetriebe

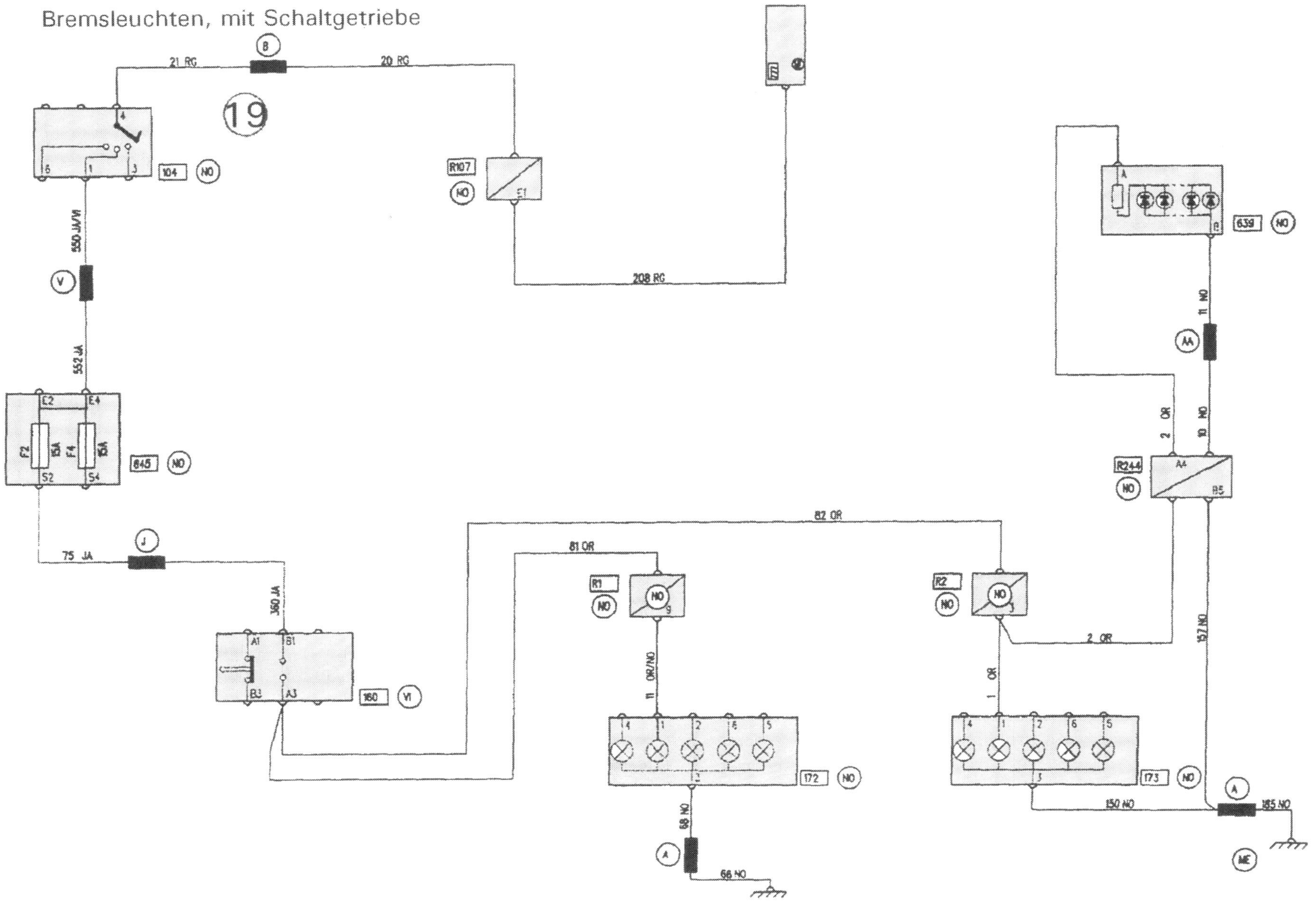

20 Scheibenwischer und Scheibenwaschanlage vorn und hinten

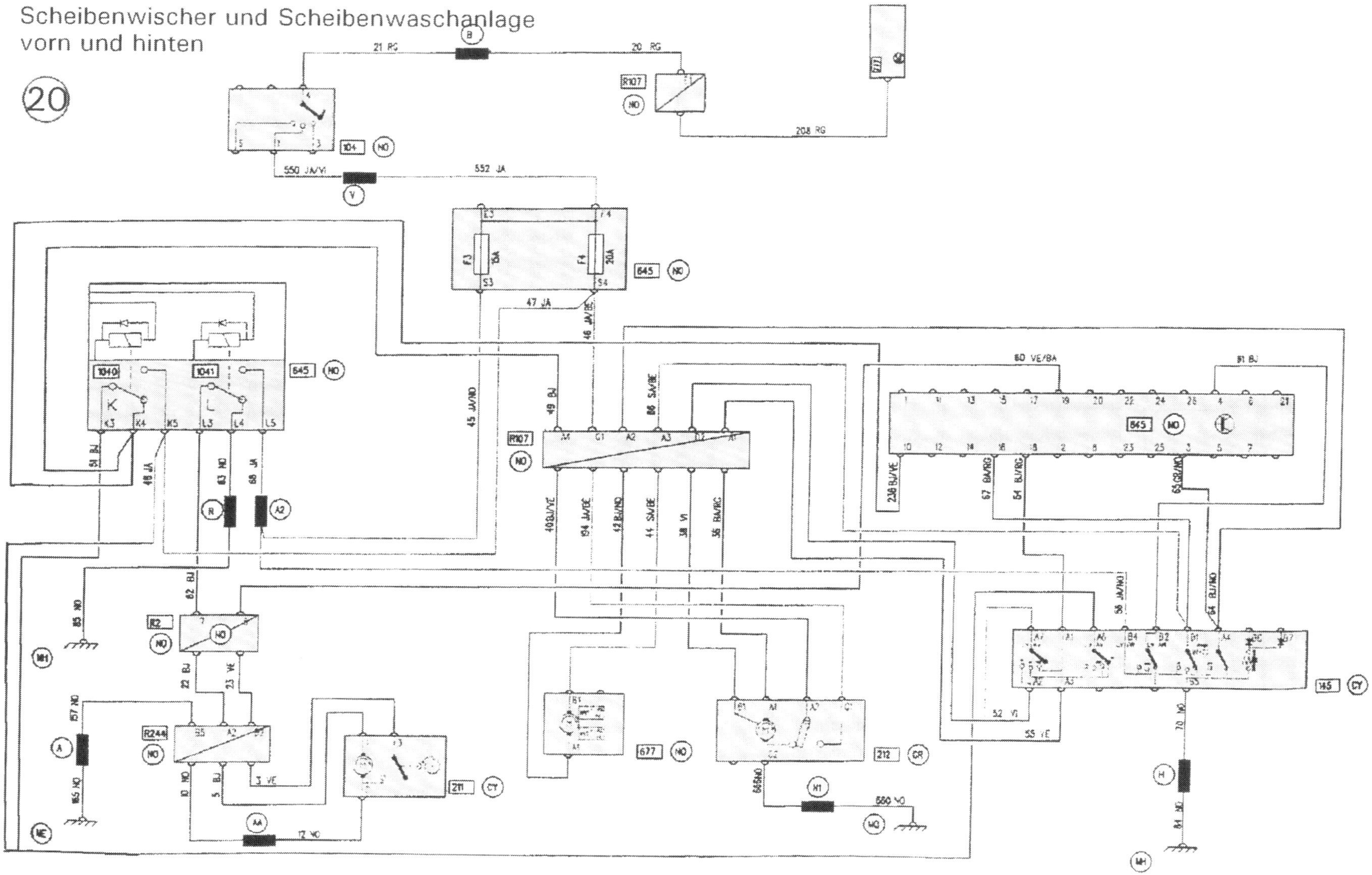

Blinkleuchten und Rundumblinkanlage

21

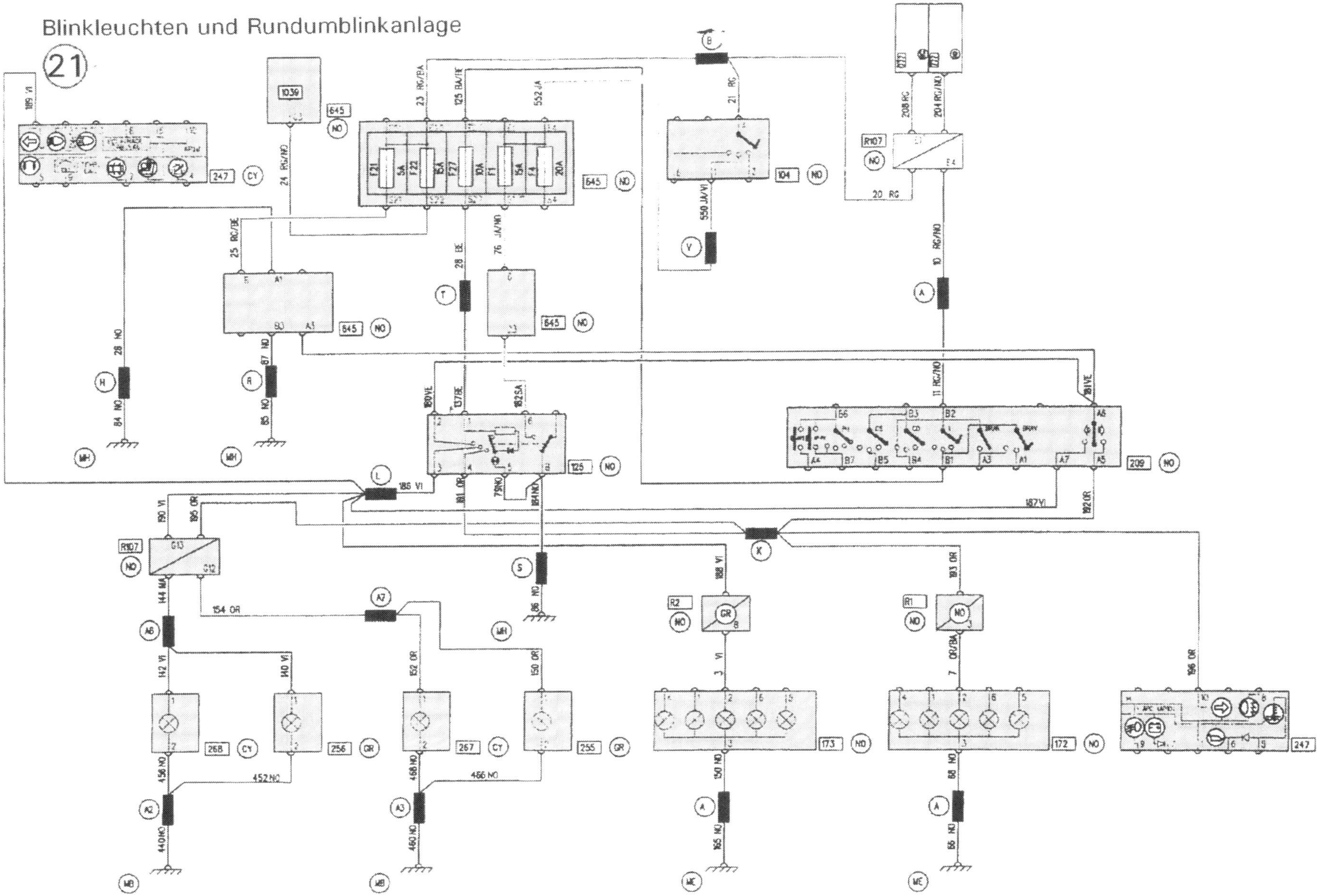

22 Bremsen - Mit ABS

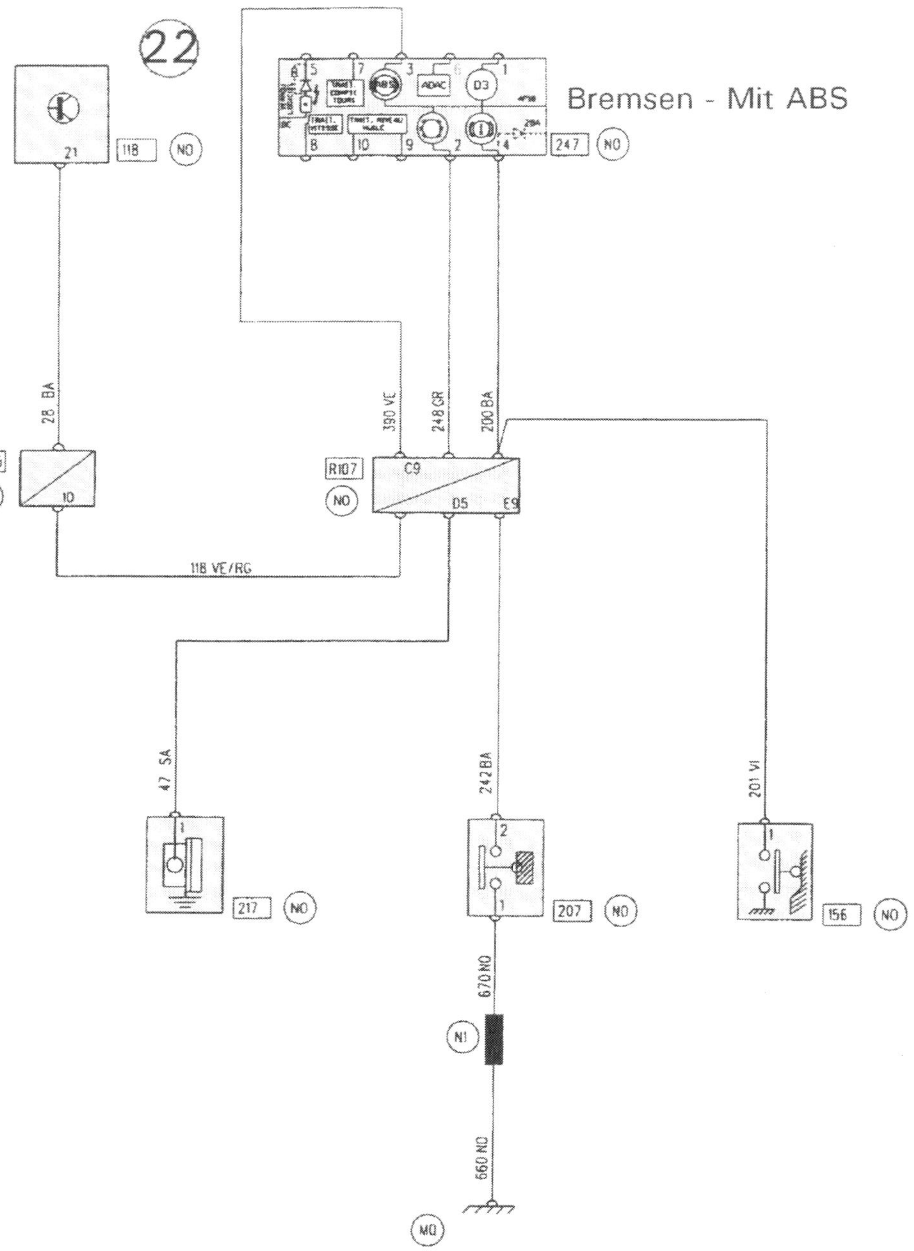

23 Bremsen - Ohne ABS

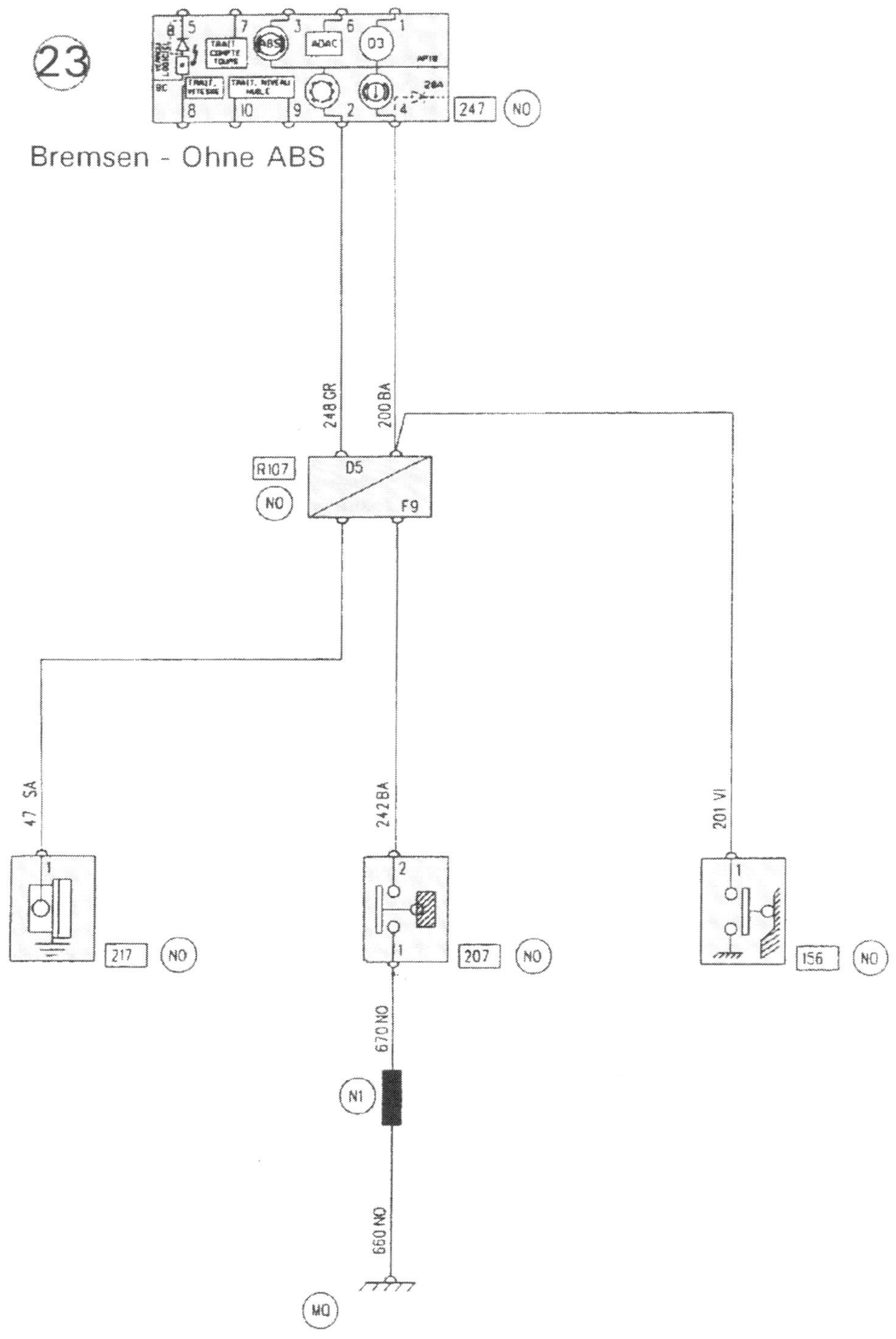

24 Instrumententafel - Armaturenbrett

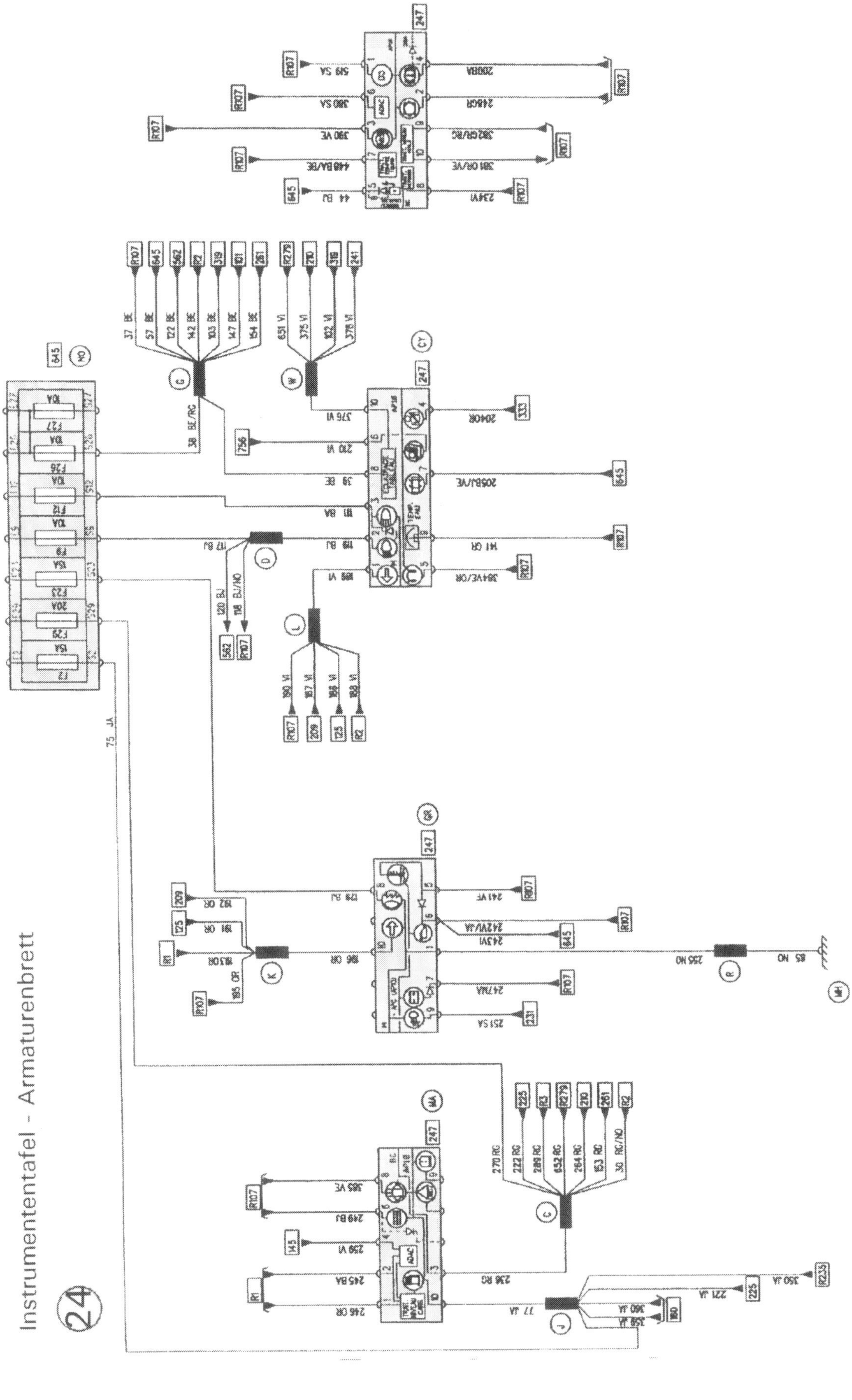

25 Vordere Innenleuchten

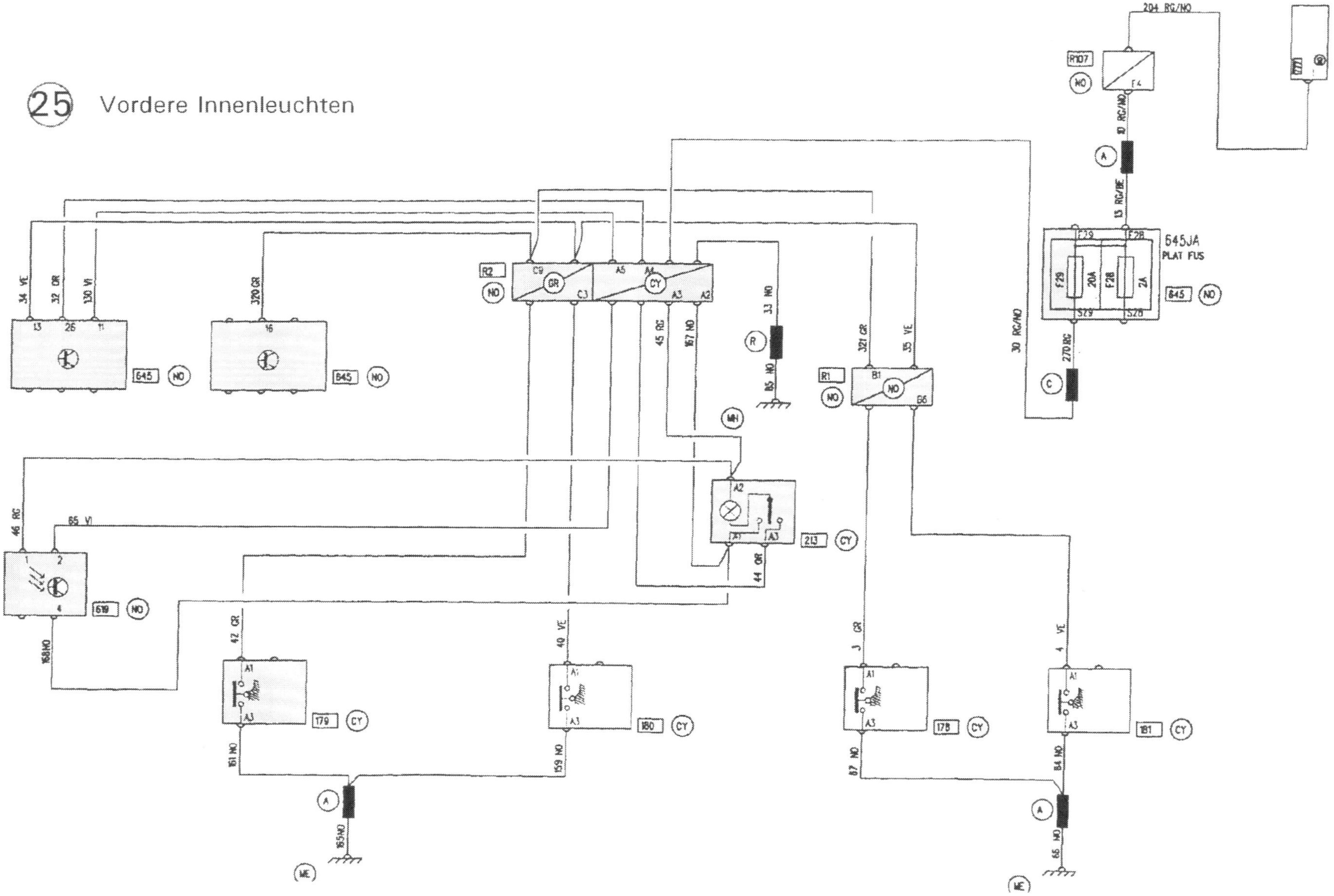

Kühlungslüfter - 1,1 Liter-Motor

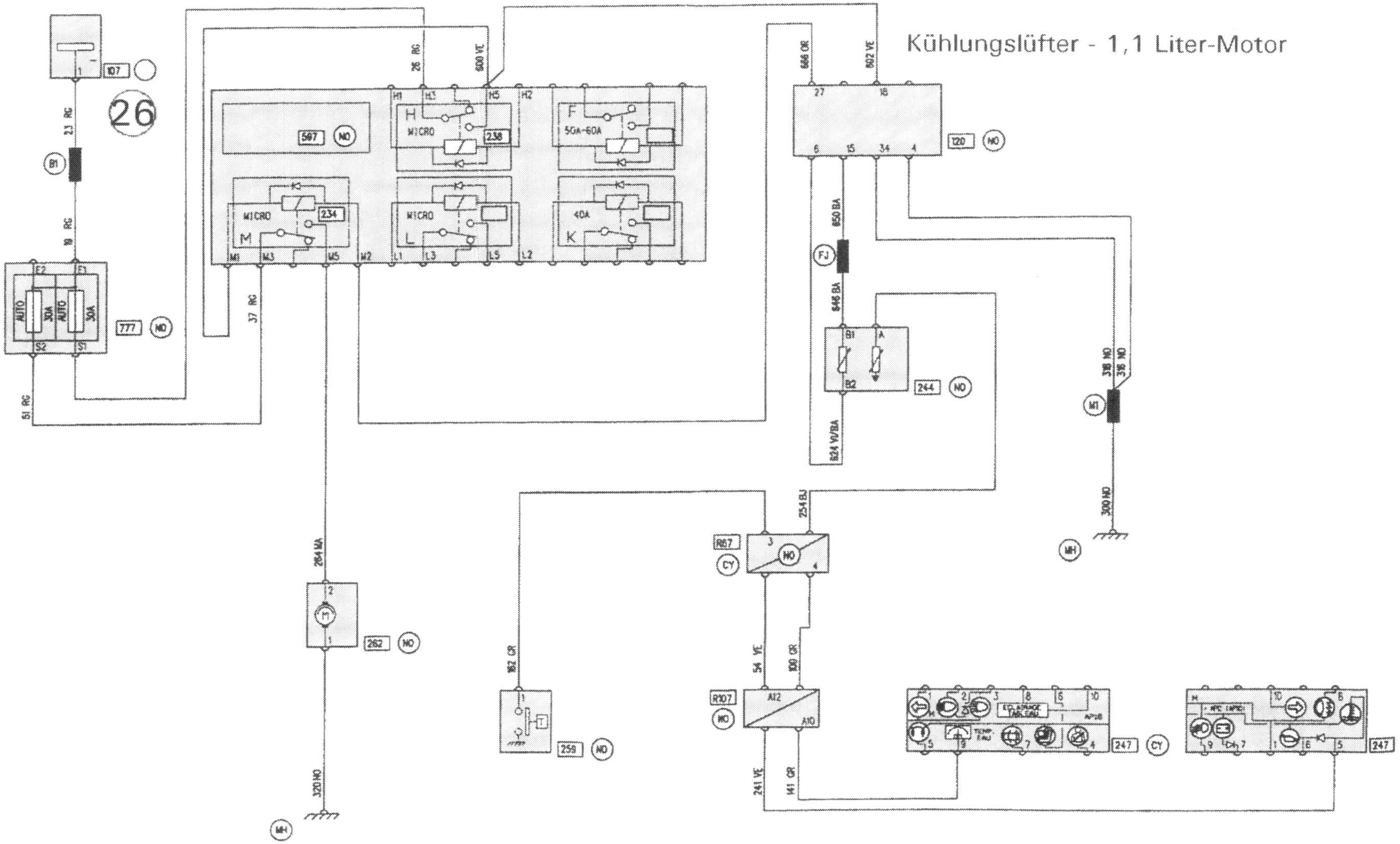

Kühlungslüfter - 1,4 Liter-Motor

27

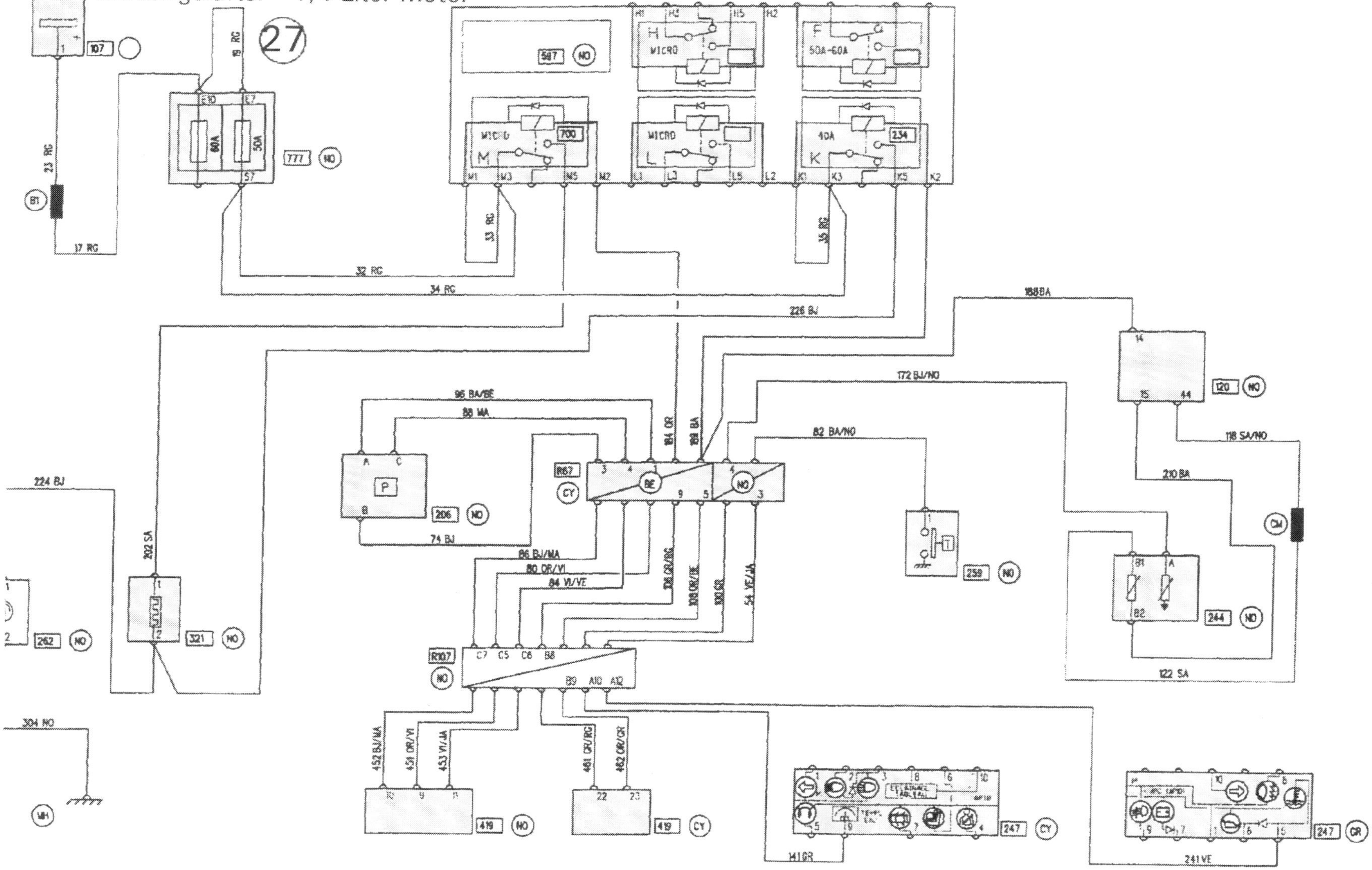

28 Warnleuchte, Türöffnung

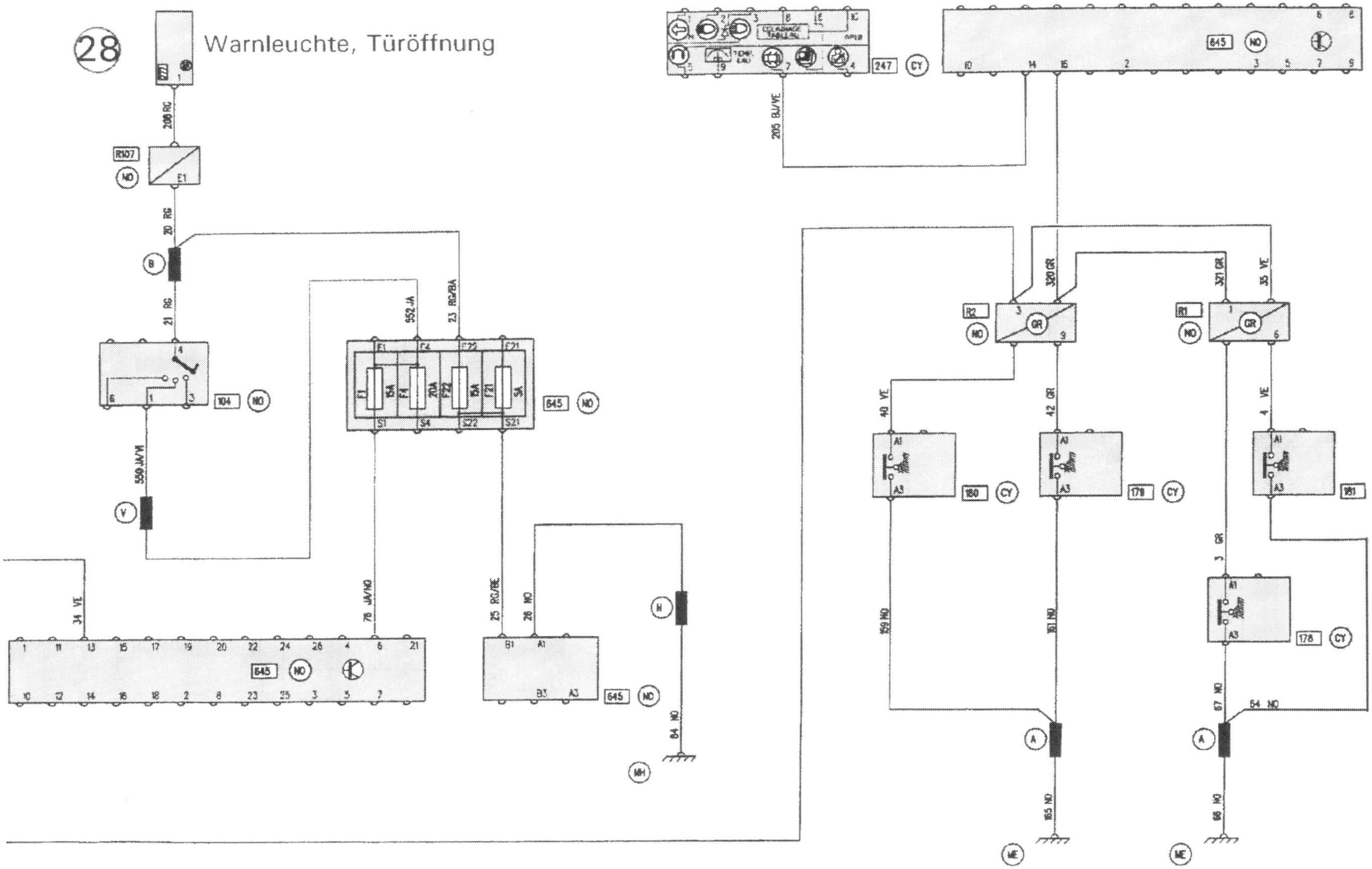

29 Elektrische Türverriegelung

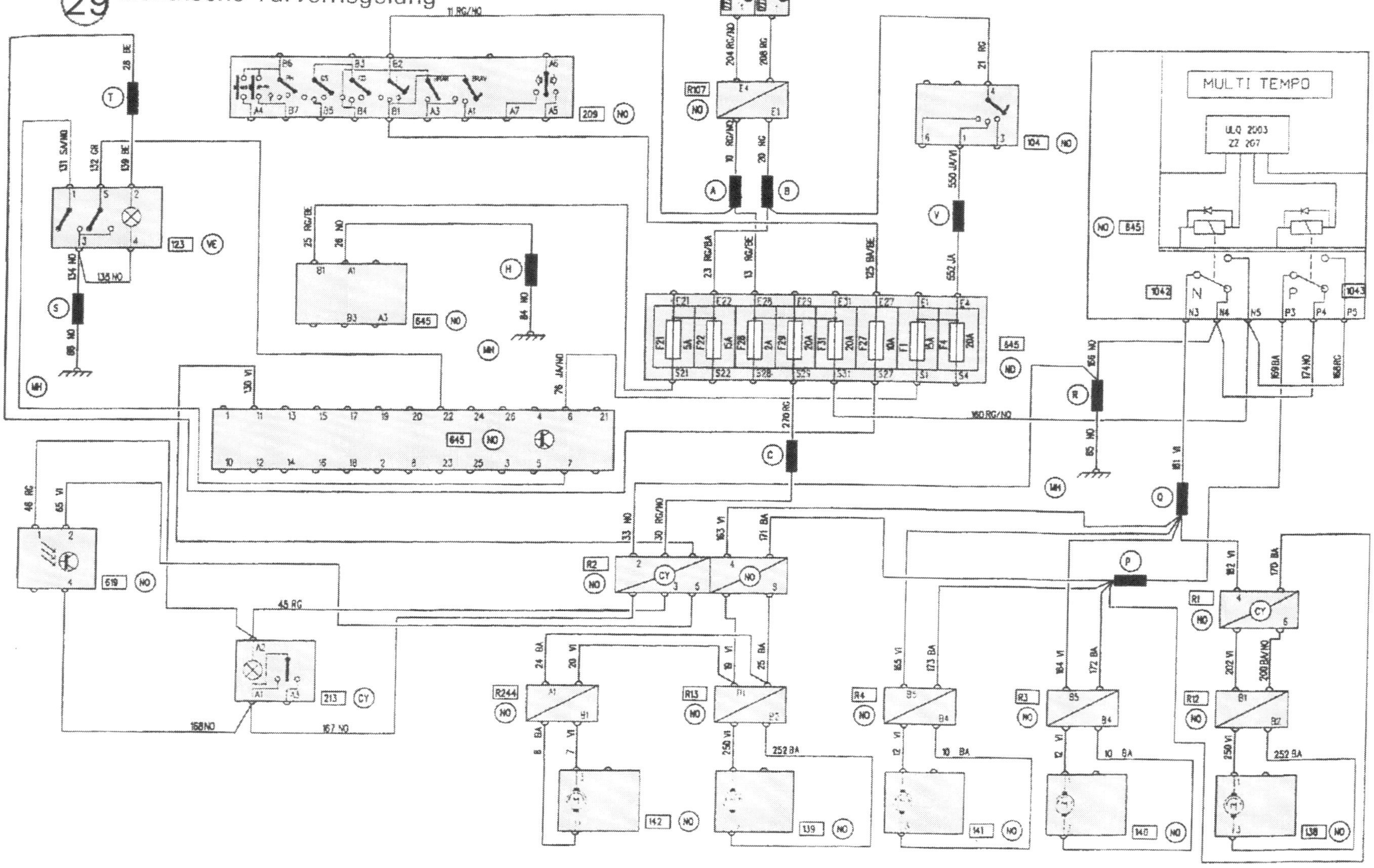

30 Heizung, alle Modelle

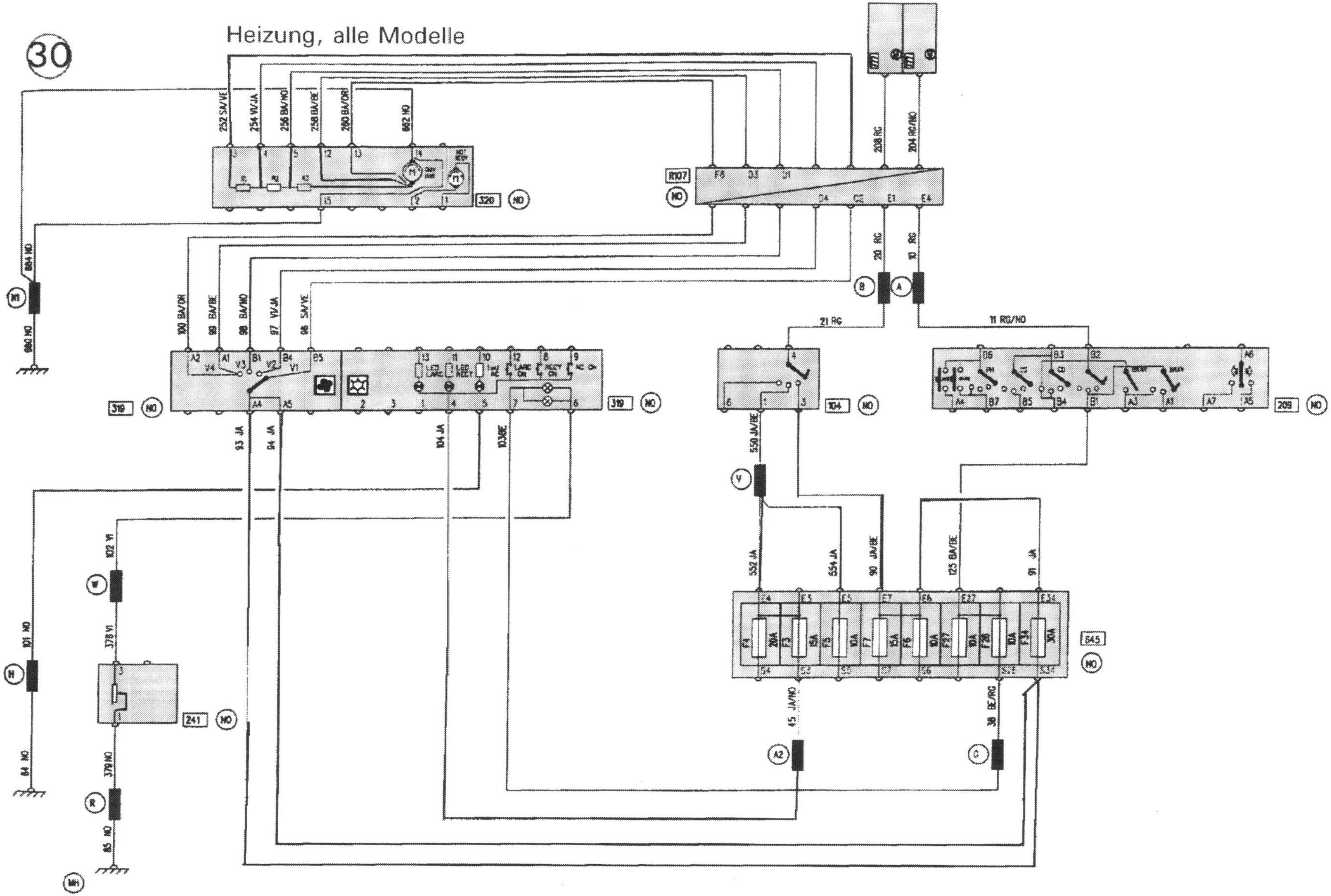

Kolibri 360 GmbH
Ferdinand-Jühlke-Straße 7
99095 Erfurt, Deutschland
produktsicherheit@kolibri360.de